普通高等教育“十一五”国家级规划教材
教育部高等学校电工电子基础课程教学指导分委员会推荐教材
“双一流”建设高校立项教材
国家级一流本科课程教材
新工科电工电子基础课程一流精品教材

电路与电气工程基础

◎ 潘孟春　主编
◎ 张　琦　唐　莺　副主编
◎ 孟祥贵　李　季　王　伟　陈棣湘　编

電子工業出版社
Publishing House of Electronics Industry
北京 · BEIJING

内容简介

本书是普通高等教育“十一五”国家级规划教材，是教育部高等学校电工电子基础课程教学指导分委员会推荐教材。本书共10章，主要内容包括：电路的基本概念与分析定律、电路的基本分析方法、动态电路的暂态分析、正弦交流电路的稳态分析、含二端口元件电路的分析、交流电动机及应用、直流电动机及应用、控制电机及应用、电气控制系统、电工测量与安全用电。本书提供配套微课视频、电子课件、习题参考答案等。

本书理论与实践结合紧密、系统性强、易于自学，可作为高等学校理工科相关课程的教材，也可作为电子信息、仪器仪表、自动化等领域的科研人员和工程技术人员的参考书。

图书在版编目（CIP）数据

电路与电气工程基础 / 潘孟春主编. -- 北京 : 电子工业出版社，2024. 8. -- ISBN 978-7-121-48456-8

Ⅰ. TM

中国国家版本馆CIP数据核字第202463VP08号

责任编辑：王羽佳　　文字编辑：底　波

印　　刷：河北鑫兆源印刷有限公司

装　　订：河北鑫兆源印刷有限公司

出版发行：电子工业出版社

　　　　　北京市海淀区万寿路173信箱　邮编100036

开　　本：787×1092　1/16　印张：24　字数：710.4千字

版　　次：2024年8月第1版

印　　次：2024年8月第1次印刷

定　　价：89.00元

凡所购买电子工业出版社图书有缺损问题，请向购买书店调换。若书店售缺，请与本社发行部联系。联系及邮购电话：（010）88254888，（010）88258888。

质量投诉请发邮件至zlts@phei.com.cn，盗版侵权举报请发邮件至dbqq@phei.com.cn。

本书咨询联系方式：（010）88254535，wyj@phei.com.cn。

前　言

电工学类课程是电专业和许多非电专业的重要基础课程，它不仅解决传授知识、培养技能的问题，而且作为数学、物理等基础科学课程与众多工科专业课程之间的桥梁课程，引导学生应用数学、物理等知识解决电路与电气方面的实际问题，训练学生的科学思维和工程素养，为学生进行专业课程学习打下坚实的基础，因此，工科院校都开设了相关课程。

我们之所以再度修订本教材，第一是适应军队机械化、信息化、智能化三化融合发展战略之要求，同时遵循新一轮军队院校人才培养方案课程门数不变的方针，我们对电工与电路基础课程和电子技术课程进行了统筹设计，将电力电子技术内容加入电子技术课程，将电机及应用内容加入本课程。第二是进一步强化本课程在工科人才培养中的重要地位和作用，以往电路基础课程强大的基础作用并没有被很好地认识或贯彻，对本课程来自数学、物理又摆脱数学、物理形成了一套特有的分析方法和思维方法的独特魅力诠释不够，所以在学生层面容易产生课程太抽象乃至用处不大的认识，导致其学习的主动性大打折扣；而且，由于计算机的应用普及，解方程变得非常容易，一些人认为典型的以降方程维数为出发点的电路分析方法有点“故弄玄虚”，导致高校有些专业在制定人才培养方案时有取缔本课程的观点。为此，我们在教材编写中十分强调电路分析方法建立过程中的建构主义、归纳演绎和理论联系实际等思维和方法，力图培养学生的科学思维和工程素养。第三是适应课程思政建设的要求。从基尔霍夫定律到节点电压法、网孔电流法等定律和方法的诞生，既是前人对如何解放劳动、解放生产力做出的杰出贡献，更是科学思维的重大成果，而过去人们不太重视本课程蕴含的强大科学思维、前人担当精神的挖掘。第四是适应信息化技术推动教育发展的必然要求，运用信息技术建设视频、课件、拓展阅读等课程资源，将教材的表现形式、承载内容多样化，更好地发挥教材对人才培养的支撑作用。

基于上述考虑，我们在邹逢兴、潘孟春等主编的普通高等教育“十一五”国家级规划教材《电工与电路基础》和张玘、潘孟春等编著的《电工与电路基础》的基础上，融合6年的教学改革实践成果，对电子工业出版社出版的《电工与电路基础》（2016年版）进行了修订改版。一是面向智能装备发展趋势，新增交流电机、直流电机、控制电机和电气控制等电力驱动内容；二是进一步梳理并强化以知识重构为主线、学用结合的体系结构；三是增加知识点+武器装备案例+思政元素一体的思政案例；四是采用信息技术丰富了教材的展现形态。同时结合专家意见，将教材改名为《电路与电气工程基础》，使得书名与内容更加契合。

本教材分为10章。每章由导读信息、知识内容、拓展阅读、应用案例、思考题与习题等组成。第1章为电路的基本概念与分析定律，第2章为电路的基本分析方法，第3章为动态电路的暂态分析，第4章为正弦交流电路的稳态分析，第5章为含二端口元件电路的分析，第6章为交流电动机及应用，第7章为直流电动机及应用，第8章为控制电机及应用，第9章为电气控制系统，第10章为电工测量与安全用电。本教材的主要特点如下。

1．拓展电路基础元件的范畴，系统设计了课程内容。将电子技术中半导体器件内容前移到本教材，拓展传统电路教材中元器件的范畴。尽管耗费了一定笔墨来讲述这些元器件的结构和原理，但关注的落脚点仍然是这些元器件的电路模型，既遵循电路的传统体系，又为电路理论的实际应用奠定基础。

2．强调学用结合。贯彻“元件为路用，路为系统用”的课程基本体系，将知识点和相应的应用案例贯穿全教材，使所学即所用得到及时确认，强化电路理论实践性强的特点。

3．强调系统性。一方面在内容设计上按照“基础知识”“工具知识”“应用知识”“技能知识”

四个模块来布局；另一方面彰显本课程数学思维的本质和知识的可重构性，唤醒读者对数学、物理知识的理解和应用，强化科学思维能力的建立，提升读者对知识的驾驭力。

4．强化教材的可读性。在每章设置了包括“内容提要”“重点难点”等内容的导读信息，读者一看便知道“为什么要学、如何学、重点是什么、难点在哪”，为读者学习提供有利指导，以提高学习效率。

5．贯彻课程思政。在拓展阅读中，通过安培、瓦特等科学家的故事，鼓励学生勇于探索未知的科学精神；通过电磁弹射、我国电力建设成就等故事，鼓励学生献身国家建设和国防军队的使命担当；通过应用案例紧密结合典型装备，强化理论联系实际。

6．配套丰富的学习资源。采用二维码连接课程学习微课视频、课件、在线实验、拓展知识等在线资源，打造立体化的学习资源，方便学生和社会学习者开展自学。

本教材是潘孟春教授领衔的电工电子系列课程教学团队多年实践总结的成果。第 1、2 章由唐莺编写，第 3 章由张琦编写，第 4、5 章由李季编写，第 6、10 章由王伟编写，第 7 章由陈棣湘编写，第 8、9 章由孟祥贵编写；由潘孟春、张琦完成统稿工作。本教材融入了国家教学名师邹逢兴教授，以及张玘、胡佳飞、任远、邱晓天、刘中艳、安寅等老师的辛勤劳动。

教育部高等学校电工电子基础课程教学指导分委员会主任委员王志功教授、中国高等学校电工学研究会秘书长雷勇教授在百忙之中审阅了本教材，并提出了许多宝贵的意见。

在此一并向多年来为本教材发展给予指导和帮助的专家学者们表示深深的感谢！

由于作者水平有限，也可能实践和总结归纳不够，尚不能完全达到重编本教材的初衷，甚至还有不妥之处，敬请读者不吝赐教，以便来日更好地完善。

目　录

第 1 章　电路的基本概念与分析定律

本章导读信息

电路的基本概念与分析定律是本课程的基础，回答的是研究对象——电路模型、电路组成要素——元件、电路遵循规律（拓扑约束）——基尔霍夫电流和基尔霍夫电压定律、元件特性（元件约束）——各元件上的电流电压之间的关系等是什么的问题。本章内容尽管在高中物理和大学物理涉及过，但本课程的研究对象是复杂电路，其一，电路中的电压电流很难一眼确定；其二，元件类型繁多，有无源元件和有源元件之分，有的模型还很抽象，如受控源等。因此，我们要求建立大学电路分析的思维，基于参考方向，依据两类约束，建立起支路或回路中电压与电流二者的关联——方程或方程组，最终求解方程来完成电路的分析任务。

1. 内容提要

本章在引入电路模型概念的基础上，首先介绍电路中的电流、电压和功率等基本物理量；接下来介绍基本无源电路元件和基本有源电路元件的伏安特性，基本半导体器件的结构、工作原理和外部特性曲线，运算放大器的符号、电压传输特性曲线及理想运算放大器的特点；最后阐述基尔霍夫定律。

本章主要名词与概念：电路，信号源，负载，中间环节，电路模型，集总元件，集总假设条件，静态电路与动态电路，线性电路和非线性电路，时变电路和非时变电路，集总参数电路与分布参数电路，模拟电路和数字电路，模拟信号，数字信号；电路的基本变量，电流，电压，电流、电压的参考方向，关联方向，电功率，消耗功率，吸收功率；无源元件和有源元件，伏安特性，线性电阻，非线性电阻，电容元件的动态、记忆和储能特性，电感元件的动态、记忆和储能特性，理想电压源，理想电流源，受控源、控制量和控制系数；本征半导体，共价键，空穴，载流子，N 型半导体，P 型半导体，PN 结，空间电荷区，单向导电性，正向偏置，导通状态，反向偏置，截止状态；二极管，反向击穿；三极管，基极，发射极，集电极，发射结，集电结，放大状态，截止状态，饱和状态；场效应管，开启电压、饱和漏极电流；集成运算放大器，开环，同相输入端，反相输入端，理想运算放大器，虚短，虚断；节点，回路，网孔，基尔霍夫电流定律（KCL），基尔霍夫电压定律（KVL），两类约束。

2. 重点难点

【本章重点】

（1）参考方向；

（2）三种无源电路元件（电阻、电容、电感）的伏安关系；

（3）三种有源元件（电压源、电流源和受控源）的伏安关系；

（4）基尔霍夫定律及其应用。

【本章难点】

（1）电压源、电流源、受控源等电路基本元件的特性及其在电路中的作用；

（2）基尔霍夫定律及其应用。

1.1 电路概述

电路，是由电气设备或元件相互连接构成的整体，能够实现一定的功能。图 1.1 是飞机供电系统电路示意图，图 1.2 是扩音机原理示意图。

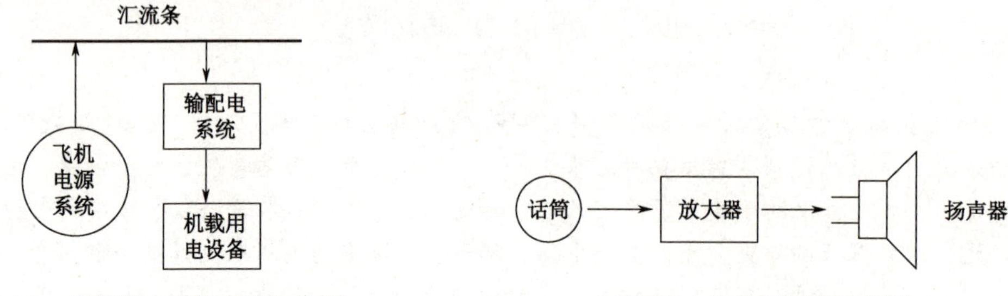

图 1.1 飞机供电系统电路示意图

图 1.2 扩音机原理示意图

在本书中，电路的定义是：由若干电路基本元件相互连接而构成的电流的通路。

基本元件是指从实际电路元件抽象出来，进行了适当简化，突出主要矛盾，忽略次要矛盾，得到的相对简单的电压-电流关系的理想元件，具体有：电阻、电容、电感、独立电源和受控源等。从实际电路元件抽象得到理想元件的过程称为电路元件的建模，将实际电路中所有实际元件均由理想元件替代就构成了电路模型，这个过程称作电路建模。特别要指出的是，根据实际情况的不同，同一个实际电路可以得到不同的电路模型。

1.1.1 电路的功能与组成

视频——电路组成与电路模型

电路是被人为设计出来的，因此一般具有一定功能。尽管实际电路种类繁多、用途各异，但从宏观角度看，电路具有两种功能：一是实现电能的传输和转换，如图 1.1 所示，这类电路一般电压高、频率低、电流大；二是实现信号的传递和处理，如图 1.2 所示，话筒将声音的振动信号转换为电信号（电压或电流），该信号经过放大器放大后传递给扬声器，再由扬声器还原为声音。

当然，某些电路同时具有能量处理和信号处理功能。

前述两种电路都可以看成由电源（包括信号源）、负载和中间环节三个基本部分组成。其中电源的作用是为电路提供电能，图 1.1 中，飞机电源系统属于电源，包括从电源设备到汇流条之间的全部设备，是提供电能的设备，图 1.2 中的话筒是输出信号的设备，称为信号源；机载设备如航空仪表、雷达设备、导航设备等属于负载，负载将电能转化为其他形式的能量加以利用，如图 1.2 所示的扬声器，将带有声音信息电信号转化为声音；中间环节作为电源和负载的连接体，其作用是传输、分配、控制等，如图 1.1 所示的电源和负载的输配电系统。

无论是电能的传输和转换，还是信号的传递和处理，电源和信号源的电压或者电流称为激励，由激励在电路各部分产生的电压和电流称为响应。

1.1.2 电路模型与集总假设

1. 电路模型

前面提到了电路建模和电路模型。什么是电路模型？与实际电路的区别是什么呢？

实际电路是由一些实际元件连接而成的总体。这些实际元件通常包括电阻器、电容器、线圈、变压器、电源等。这些元件都具有特定的电气特性，如电阻器表现的是它对电流的阻碍作用，将电能转化为热能。但实际上它不是一个纯粹的电热转换体，根据电磁感应定律，电流流过电阻器时还会有电能到磁能的转换，即部分电能转换为磁能存储下来，但这部分能量是次要的；为了用数学的方法从理论上判断电路的主要性能，在一定条件下对实际元件忽略其次要性质，按其主要性质，用一个表征主要性能的模型来表示，即将实际元件理想化，从而得到一系列理想化的基本元件，如将电阻器视作理想电阻元件，只消耗电能，又简称为电阻元件。

类似地将电容器、线圈、电源相应地视作理想电容元件（只存储电能）、理想电感元件（只存储磁场能）、理想电压源或理想电流源。这种由理想化的基本元件构成的电路称作电路模型，在本书中，除非特别指出，电路都是指由理想化基本元件构成的电路模型。

2．集总元件与集总假设

实际电路在什么情况下可以转换成电路模型呢？

当实际电路几何尺寸远小于最高工作频率所对应的波长，即信号从电路的一端传输到另一端所需的时间远小于信号的周期时，可以认为传输到电路各处的电磁能量是同时到达的，这时整个电路可以看成电磁空间的一个点，由此认为交织在元件内部的电磁现象可以分开考虑，即电路中电场与磁场的相互作用可以不用考虑，这又称为集总假设。我国的供电频率是50Hz，对应的波长是6000km，对以此为工作频率的日常用电设备来说，其尺寸远小于这一波长，满足集总假设。

当电路满足集总假设时，电路中的电场和磁场可以分开考虑，每一种元件只反映一种基本电磁现象，而且可以用数学方法进行定义，如电阻元件只涉及消耗电能，电容元件只涉及与电场相关的现象，电感元件只涉及与磁场有关现象。我们将电感元件、电容元件、电阻元件等称为集总参数元件，简称为集总元件。

上面提到的电感、电容、电阻等集总元件有一个共同的特点，都具有两个端钮，所以人们称它们为二端元件，又叫单口元件。除二端元件外，后面章节还会介绍多端元件，如变压器、受控源、晶体三极管等。

3．集总电路与电路图

由集总元件构成的电路模型称为集总电路模型，简称集总电路。集总电路的前提是集总假设。为了表述集总电路，通常引入一套符号，图 1.3 分别是将电能转换为热能的电阻元件、表示磁场性质的电感元件、表示电场性质的电容元件、理想电压源元件和理想电流源元件的电路符号，用这些符号表示的拓扑结构称为集总电路图，简称为电路图。图 1.4（b）是对应图 1.4（a）所示简单照明电路的电路模型，即对应的电路图。之所以进行电路建模，是因为需要针对某一实际电路，综合运用各种电路分析方法，从解析的角度获得电路的特性，如某元件上的电压或者电流。这个过程称为电路分析。

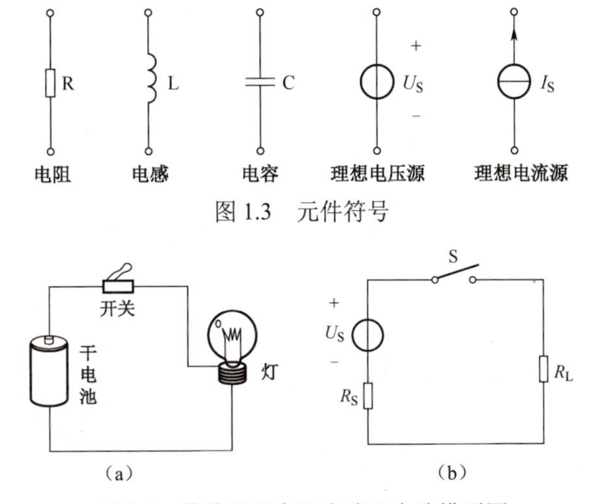

图 1.3　元件符号

图 1.4　简单照明实际电路及电路模型图

采用不同的电路模型，理论分析得到的结果将不同。这些不同的结果反映出模型的精确性。对一个具体实际电路来说，电路建模时要综合考虑模型的精确性和便捷性。

1.1.3 电路的分类

电路的种类繁多，按其处理的信号不同可分为模拟电路和数字电路两大类。模拟电路中的工作信号是模拟信号。所谓模拟信号是指在时间上或数值上是连续的信号，且在一定动态范围内可以任意取值。数字电路处理的是数字信号。

按电路的尺寸可分为集总参数电路与分布参数电路，如 30km 长的电力输电线，其长度远小于工作频率为 50Hz 对应的波长 6000km，可以看作集总参数电路；电视天线及其传输线，工作频率一般为10^8 Hz 数量级，如工作频率约为 200MHz 的某一电视频道，其相应工作波长为 1.5m，0.5m 长的传输线视作分布参数电路。

按电路中输入与输出关系可分为线性电路和非线性电路，若描述电路特性的所有方程都是线性代数或微积分方程，则称这类电路是线性电路；否则为非线性电路。非线性电路在工程中应用更为普遍，线性电路常常是非线性电路的近似模型，线性电路理论是分析非线性电路的基础。

按电路中元件参数是否随时间变化，电路又可分为时变电路和非时变电路，非时变电路中所有元件参数不随时间变化，描述它的电路方程是常系数的代数或微积分方程；时变电路中含有参数随时间变化的元件，由变系数方程描述。本书主要讨论的是集总电路中的线性非时变（时不变）电路。

1.2 电路的基本物理量

研究电路的基本规律，分析电路性能，通常需要引入一些典型变量来表征，这些变量就是电路的基本物理量，包括电流、电压、功率等。

1.2.1 电流

1. 电流的定义

在电场力作用下，电荷的定向移动形成电流。为了表征电流的大小，定义单位时间内通过导体横截面积的电量为电流强度，简称为电流，用 i 表示，即

$$i=\frac{\mathrm{d}q}{\mathrm{d}t} \tag{1.1}$$

电流不仅是电路中一种特定物理现象，而且是描述电路的一个基本物理量。

如果电流一直在一个方向上流动，我们称之为直流（DC 或 dc）；如果单位时间内通过导体横截面的电荷量为常数，即电流的大小和方向都不随时间变化，我们称之为理想直流电流。

电流方向随时间变化的电流称为交流（AC 或 ac）；若电流的大小和方向都随时间做周期性变化，则称之为周期性交变电流，如第 4 章将要介绍的正弦交流电就是典型的交流电。

一般使用大写英文 I 表示直流电流，用小写英文字母 i 表示交流电流。

在国际单位制中，时间的单位为秒（s），电量的单位为库仑（C），电流的单位为安培（A），简称安。电流的辅助单位有毫安（mA）、微安（μA）和千安（kA）等。

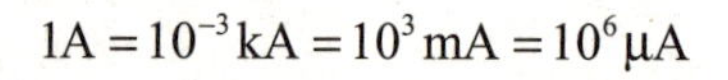

$$1\mathrm{A}=10^{-3}\mathrm{kA}=10^{3}\mathrm{mA}=10^{6}\mu\mathrm{A}$$

2. 电流的参考方向

习惯上把正电荷运动的方向作为电流方向。如图 1.5 所示。

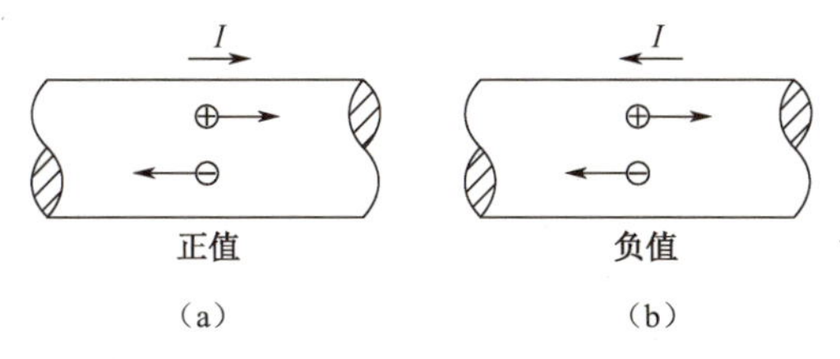

图 1.5 电流的参考方向

在简单电路中，电流的实际方向可以预先确定，但在如图 1.6 所示电路中，由于电路较复杂，只凭观察，是不容易得出流过 3Ω 电阻的电流方向的。为解决这个问题，通常引入参考方向的概念。

电流的参考方向在电路中常用箭头表示。图 1.7 中所示的电流 i 的参考方向是由 a 流向 b。

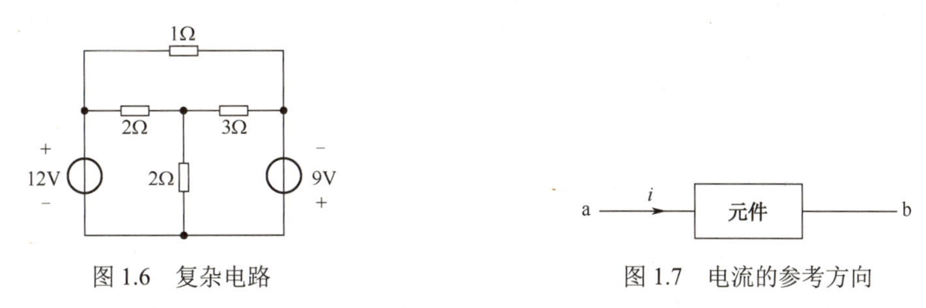

图 1.6 复杂电路　　图 1.7 电流的参考方向

假定了电流的参考方向，可以此方向为依据对电路进行求解。若解得电流 i 值为正，则说明电流的实际方向与参考方向一致；反之，则说明电流的实际方向与参考方向相反。如果在电路中没有标明参考方向，则计算所得电流的正、负值没有任何意义。因此，进行电路分析之前必须标明电流的参考方向。

【例 1.1】在图 1.7 中

（1）已知 i=−2A，试指出电流的实际方向；

（2）已知 $i = 2\sin(100\pi t + \frac{3}{2}\pi)\text{A}$，试指出 t=1s 时 i 的实际方向。

解：（1）i 为负值，表示电流的实际方向与图中所标的参考方向相反，故电流的实际方向是由 b 指向 a。

（2）当 t=1s 时，可求出该瞬时电流的值为

$$i = 2\sin\left(100\pi + \frac{3}{2}\pi\right)\text{A} = -2\text{A}$$

故电流的实际方向也与参考方向相反，即由 b 指向 a。

1.2.2 电位、电压和电动势

1. 电位

在电场力作用下，电荷发生运动，电场对电荷做功。为了定量描述做功情况，需要定义相关物理量：电压和电位。

由物理学可知，电位（本书使用 V 表示）即电场中某点的电势，它在数值上等于电场力把单位正电荷从某点移动至无穷远处所做的功。电场无穷远处的电位被认定为零，作为衡量电场中各点电位的参考点。工程上常选与大地相连的部件（如机壳等）作为参考点，没有

与大地相连的部件的电路，常选许多元件的公共节点作为参考点，并称为“地”。在电路分析中，可选且只能选电路中的一点作为各节点的参考点。参考点常用接地符号“⊥”标出。

在电子电路中，常常不画电源，用标明的端点极性和电位值代替电源，如图 1.8（a）所示的电路可简化为图 1.8（b）所示的电路，这是电子电路中的常见画法。

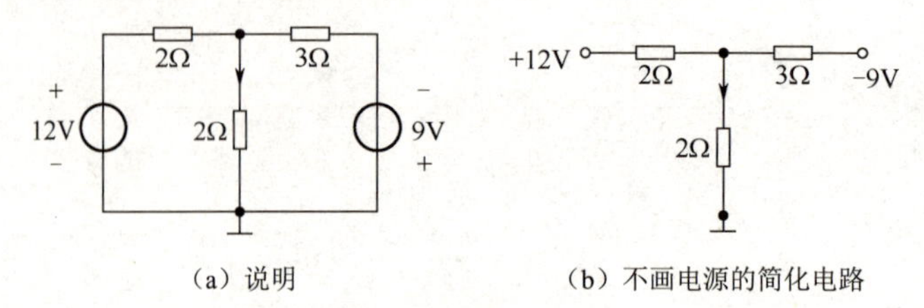

图 1.8　电位常用画法

2. 电压

电路中 a、b 两点间的电压u_{ab}是指将单位正电荷从 a 点移到 b 点所做的功，即所需要的能量。在数学上可以表示为

$$u_{ab}=\frac{dw_{ab}}{dq} \tag{1.2}$$

根据电压和电位的定义可知，a、b 两点间的电压等于 a、b 两点间的电位之差，即：

$$U_{ab}=V_a-V_b$$

因此，电压也称为“电位差”。设电池的正极电位为V_a，负极电位为V_b，在电位差V_a-V_b的作用下，能够使电流在电路中流通。

若 a 点是电路中元件的连接点，称为节点，选取 b 为参考点，a、b 两点间的电压等于 a 点的电位。a 点的电位又称为节点电压或者节点电位。

【例 1.2】在图 1.9（a）所示电路中，已知$U_{S1}=6V$，$U_{S2}=3V$，求U_{bc}。

解：

$$V_c=0V，V_a=6V$$
$$V_b=6V+3V=9V$$
$$U_{bc}=V_b-V_c=9V$$

若以 b 为参考点，如图 1.9（b）所示，则各节点电位分别为：

$$V_b=0V，V_a=-3V$$
$$V_c=-(3+6)V=-9V$$
$$U_{bc}=V_b-V_c=9V$$

由例 1.2 可以看出：

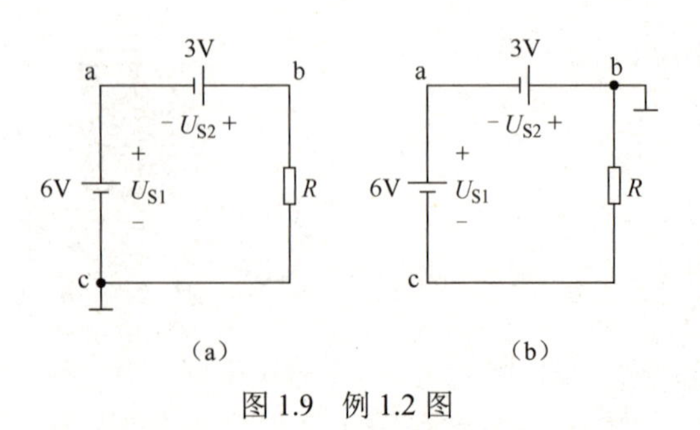

图 1.9　例 1.2 图

（1）若$V_b>V_c$，则$U_{bc}>0$，反之则$U_{bc}<0$。电压的方向为电位降低的方向；

（2）电路中各点的电位值是相对值，是相对于参考点而言的，参考点改变，各节点的电位值将随之改变，但无论参考点如何改变，任意两点间的电压（即电位差）不会改变，因此两点间的电压值是绝对的；

（3）电位值和电压值与计算时所选的路径无关。

将方向不随时间而变化的电压称为直流电压；用符号U表示直流电压，用u表示交流电压。

3. 电动势

电池等电源不断将正电荷从低电位即电源负极经电源内部移到高电位即电源正极，这样电路中才能有连续不断的电流，这与高楼层供水类似，需要电泵作用，使用抽水机将水从低位输送至高位水箱。为了衡量电源移动正电荷的本领，引入电动势这一物理量。电源内部移送正电荷的过程是非电场力克服电场力所做的功，电能增加，其实是把其他形式的能量如化学能、机械能、风能、太阳能等转化为电能的过程。

把单位正电荷从电源负极（设为 b）经电源内部移至电源正极（设为 a）所做的功称为电源的电动势，用 e_{ba} 表示。

$$e_{ba} = \frac{w_{ba}}{dq} \tag{1.3}$$

电场力把单位正电荷从 a 移到 b 所做的功，与外力克服电场力把相同的单位正电荷从 b 经电源内部移至 a 所做的功是相同的，根据能量守恒，有

$$u_{ab} = -e_{ba} \tag{1.4}$$

两者大小相等、方向相反，电动势的方向为电位升高的方向。

电位、电压和电动势三者单位相同，都是伏特，简称伏（V），辅助单位有千伏（kV）、毫伏（mV）、微伏（μV）等。

$$1V = 10^{-3}kV = 10^{3}mV = 10^{6}\mu V$$

4. 电压的参考方向

如同需要为电流规定参考方向一样，也需要为电压规定参考方向。电压的参考方向可以用箭头表示，箭头指向端为低电位端，也可以在元件或电路的两端用“+”“-”符号来表示。“+”号表示高电位端，“-”号表示低电位端，如图 1.10 所示；还可以用双下标表示，如 U_{ab} 表示 a 点和 b 点之间电压的参考方向由 a 点指向 b 点。当计算所得 U_{ab} 电压为正值时，该电压的实际方向与参考方向相同，也就是 a 点电位高于 b 点电位；反之，该电压的实际方向与参考方向相反，即 b 点电位高于 a 点电位。在未标示电压参考方向的情况下，电压的正、负值是毫无意义的。

在分析电路时，为了方便，习惯上将无源元件（电阻、电容、电感等）的电流参考方向与电压的参考方向取得一致，即如果已选定电压的参考方向，则电流的参考方向约定为由“+”端流向“-”端（由高电位流向低电位）；反之，若已选定了电流的参考方向，则电压的参考方向也约定与电流的流向一致。按照这种约定所选定的电流、电压参考方向称为关联参考方向，如图 1.11（a）所示。如果某元件所选取的电流参考方向与电压的参考方向相反，则称为非关联参考方向，如图 1.11（b）所示。在采用关联参考方向时，电路图中电压的参考方向和电流的参考方向只需标出其中一个即可。如无特殊说明，本书对无源元件一般采用关联参考方向，对有源元件则采用非关联参考方向。

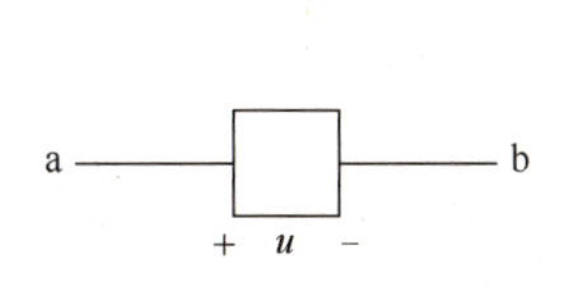

图 1.10　电压参考方向的表示方式

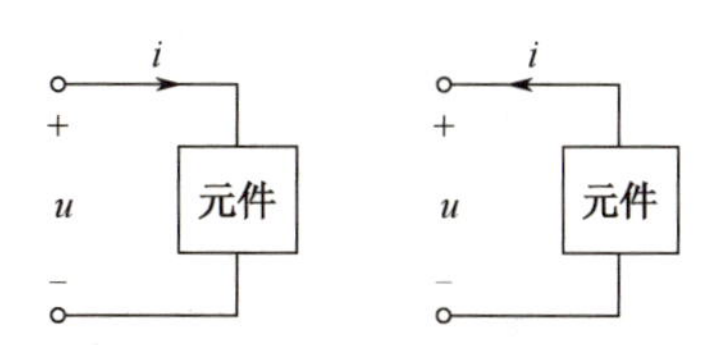

图 1.11　关联参考方向与非关联参考方向

【例 1.3】分析图 1.12 所示电路中各电流、电压参考方向的关联情况。

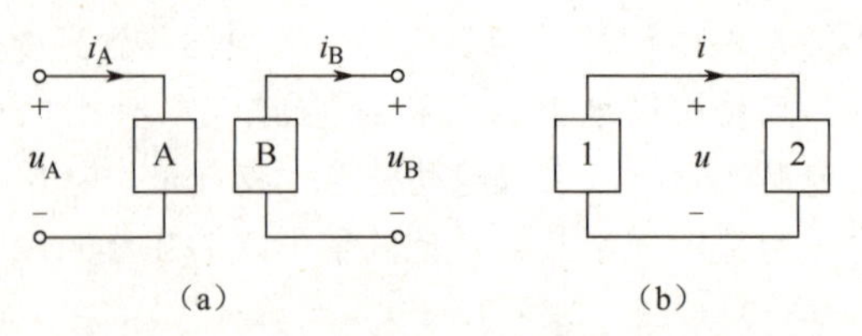

图 1.12 例 1.3 图

解：如图 1.12（a）所示，电流 i_A 的参考方向从电压 u_A 的“+”极，经过元件 A 流向“−”极，则 i_A 与 u_A 关联，而电流 i_B 的参考方向由电压 u_B 的“−”极，经过元件 B 流向“+”极，所以 i_B 与 u_B 非关联。

如图 1.12（b）所示，对于元件 1，电流 i 的参考方向与电压 u 的参考方向相反，则 u 与 i 为非关联参考方向。对于元件 2，电流 i 的参考方向自电压 u 的正极端流入 2，从负极端流出，两者参考方向一致，所以 u 与 i 是关联参考方向。

1.2.3 电功率与电能

1. 电功率

视频——
电路基本物理量
(电压与电位的关系)

在对电路进行分析时，功率和能量的计算十分重要。这是因为：一方面，电路工作时伴随着其他形式能量的相互交换；另一方面，电气设备和电路部件本身都有功率的限制，使用时要注意是否过载，过载会使设备或部件损坏，或者无法正常工作。

电路（或元件）吸收（或消耗）的功率等于单位时间内电路（或元件）吸收（或消耗）的能量，用字母 p 表示。由此可以定义

$$p=\frac{\mathrm{d}W}{\mathrm{d}t}=u\cdot i \tag{1.5}$$

若电流、电压都是恒定量，式（1.5）可表示为

$$P=UI \tag{1.6}$$

功率的计算与电压、电流的参考方向有关。式（1.6）中，电流和电压为关联参考方向，计算的功率为电路吸收或消耗的功率；当元件电压、电流参考方向相反即非关联参考方向时，计算元件吸收或消耗的功率要在表达式前加负号“−”，即

$$P=-UI \tag{1.7}$$

无论是使用关联参考方向时的式（1.6）还是非关联参考方向时的式（1.7）计算电路（或元件）吸收或消耗的功率，若计算结果 $P>0$，则说明元件消耗电能，该元件在电路中的作用为负载；若 $P<0$，即元件消耗的电能为负，则说明元件产生电能，该元件在电路中的作用为电源。

功率的单位为瓦特，简称瓦（W），辅助单位有千瓦（kW）、毫瓦（mW）等。

$$1\mathrm{kW}=10^3\,\mathrm{W}=10^6\,\mathrm{mW}$$

2. 电能

负载消耗或吸收的电能，即电场力移动电荷 q 所做的功，用字母 W 表示。

根据电压、电流的定义，在 t_0 到 t 的时间内，元件吸收的电能即电场力所做的功，可表示为

$$W=\int_{q(t_0)}^{q(t)}u\mathrm{d}q$$

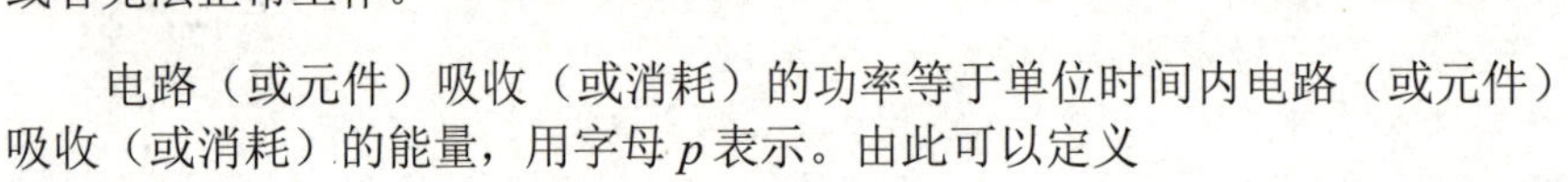

由 $i=\dfrac{\mathrm{d}q}{\mathrm{d}t}$，有

$$W=\int_{t_0}^{t}u(\xi)i(\xi)\mathrm{d}(\xi) \tag{1.8}$$

能量的单位为焦耳（J）。

在实际生活中，电能的常用单位为千瓦时（kW·h）。1 kW·h 的电能通常为一度电。

$$1度=1\mathrm{kW}\times1\mathrm{h}=1000\mathrm{W}\times3600\mathrm{s}=3.6\times10^6\mathrm{J}$$

【例 1.4】某电路中元件 A 的电压、电流参考方向如图 1.13 所示。若 $U=5\mathrm{V}$，$I=-1\mathrm{A}$，试判断元件 A 在电路中的作用是电源还是负载。若电流参考方向与图中所设相反，则又如何？

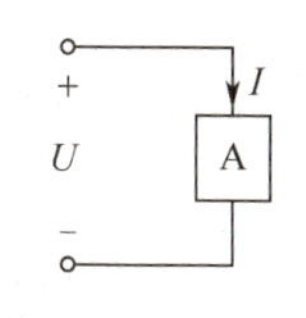

图 1.13　例 1.4 图

解：（1）因为 U、I 参考方向一致，功率为

$$P=UI=5\times(-1)\mathrm{W}=-5\mathrm{W}<0$$

元件 A 为电源。

（2）若电流参考方向与图中所设相反，则

$$P=-UI=-5\times(-1)\mathrm{W}=5\mathrm{W}>0$$

元件 A 为负载。

1.2.4　元器件的额定值

实际的电路元件或电气设备都只能在规定的电压、电流和功率的条件下才能发挥出最佳的效能，这个值称为额定值。各种电气设备的电压、电流及功率都有一个额定值。例如，某白炽灯的电压是 220V，40W，这些都是额定值。

电气设备常用的额定值有额定电压、额定电流和额定功率。有的电气设备如电机还有额定转速、额定转矩等。通常电阻器只标出它的电阻值和额定功率，电容器则只标出它的电容值和额定电压等。

在选定电气设备或实际元件时，应尽可能使它们工作在额定值或接近额定值的状态下。若超过额定值过多，则电气设备将损坏。例如，额定电压是 220V 的白炽灯，若将它误接入 380V 的电源上，它将立即被烧毁。相反，如果电气设备所加的电压和电流远低于额定值，则电气设备不能正常工作，有的电气设备因此也会损坏，如电动机。所以在电路设计时要考虑增加过压和欠压保护装置。

需要指出的是，在实际工作时，电气设备并不一定工作于额定状态，主要原因有：一是受外界的影响，如电源额定值是 220V，事实上电源电压经常波动，稍低于或高于 220V；二是在一定电压下，电源输出的功率和电流取决于负载的大小，即负载需要多少功率和电流，电源就提供多少。

【例 1.5】有一电阻，额定值为 $1\,\mathrm{W}/100\,\Omega$，其额定电流为多少？

解：由 $P=I^2R$，额定电流为

$$I=\sqrt{\frac{P}{R}}=\sqrt{\frac{1}{100}}\mathrm{A}=0.1\mathrm{A}$$

1.3　无 源 元 件

电路由元件连接构成，每种元件都有着精确的定义，由此可以确定每一种元件电压与电流之间的关系，即 VCR（Voltage Current Relation）。元件的 VCR 与 1.7 节介绍的基尔霍夫定律构成集总电路分析的依据。

元件的种类非常多，按照能否向外部提供能量，可分成两类：无源元件和有源元件。不能向外提供能量的元件称为无源元件，反之，称为有源元件。本节介绍三种常用无源元件：电阻、电容和

电感。

1.3.1 电阻元件

电阻元件是实际电阻器的理想化模型，简称电阻。它用来描述元件“阻碍”电流流通能力。

1. 电阻元件的定义和分类

当电流 i 流过电阻元件时，电阻元件两端将产生电压 u 。由于电压的单位为伏特，电流的单位为安培，电阻元件的定义为：一种二端元件，如果两端的电压与流过的电流之间的关系可以用 u-i 平面上的一条曲线来描述，则该二端元件称为电阻元件，简称电阻。

根据特性曲线在平面上的具体情况，电阻元件可以分为线性时不变电阻、非线性时不变电阻、线性时变电阻和非线性时不变电阻四种类型。本书主要讨论时不变电阻，且以线性时不变电阻为主。

2. 线性电阻的伏安特性

电阻元件的电流 i 与电压 u 之间的关系通常称为电阻元件的伏安关系，在 u-i 平面上的曲线就称为伏安特性曲线，如图 1.14 所示。如果这条曲线是通过坐标原点的一条直线（如图 1.14 中直线 1），则称为线性时不变电阻元件，简称线性电阻元件，符号如图 1.15 所示。如果不是直线（如图 1.14 中曲线 2），则称为非线性时不变电阻元件。

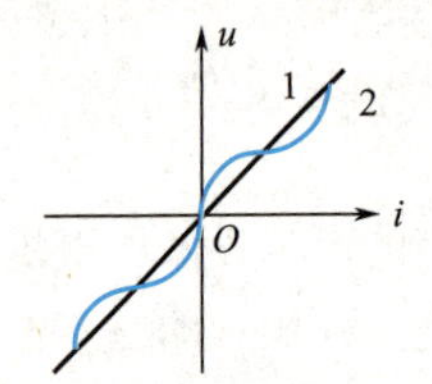

图 1.14 电阻元件的伏安特性曲线

i R
\+ u −

图 1.15 线性电阻元件的符号

线性电阻元件的端电压 u 与流过它的电流 i 成正比，即服从欧姆定律。当 u 、i 为关联参考方向（见图 1.15）时，有

$$u = R \cdot i \tag{1.9}$$

或 $i = \dfrac{u}{R}$，或 $R = \dfrac{u}{i}$ 。

式（1.9）中 R 称为电阻。电阻的单位为欧姆，用 Ω 表示，阻值较大的电阻常以千欧（kΩ）、兆欧（MΩ）为单位。

拓展阅读:
欧姆

$$1\text{M}\Omega = 10^3\text{k}\Omega = 10^6\Omega$$

电阻的倒数定义为电导，用符号 G 表示，即

$$G = \frac{1}{R}$$

欧姆定律可以表示为

$$i = G \cdot u \text{，} u = \frac{i}{G}$$

或

$$G = \frac{i}{u} \tag{1.10}$$

电导 G 是反映材料导电能力的一个参数，单位为西门子，用 S 表示。

当 u、i 为非关联参考方向时，式（1.9）和式（1.10）等式右边均应该冠以负号，即

$$u = -R \cdot i$$

$$i = -G \cdot u$$

当电阻元件电压和电流为关联参考方向，电流 i 流过 R 时，电阻元件上将要消耗功率，其值为

$$p = ui = Ri^2 = u^2 / R \tag{1.11}$$

式（1.11）中，对于正电阻，R 为正实数，所以功率 p 恒为正值，即电阻元件始终消耗功率。由于电阻元件具有消耗电能的性质，因此为耗能元件。

拓展阅读：忆阻器

消耗在电阻元件上的功率将使电阻元件发热，电热设备就是利用这个特性工作的，但在电子设备中应防止元件严重过热而损坏设备，这是在选用电阻元件时应注意的问题。

常用的实际电阻器有：金属膜电阻、碳膜电阻、线绕电阻以及电炉、电灯等。其中无感金属膜电阻是最接近理想电阻元件的实际电阻器，而线绕电阻以及电炉、电灯等元件在直流电路和低频交流电路中可作为电阻元件对待，但在高频电路或脉冲电路中应用时，它们的电感效应将不可忽略。

1.3.2　电容元件

电容元件是电容器的理想化模型。两个平板导体中间充以绝缘物质（电介质）即可构成电容器。

1. 电容器和电容元件

在工程技术中，电容器的应用非常广泛。实际电容器的种类和规格很多，但它们基本上都是由两片金属板中间隔以介质（如云母，空气或电解质等）所组成的，如图 1.16 所示。

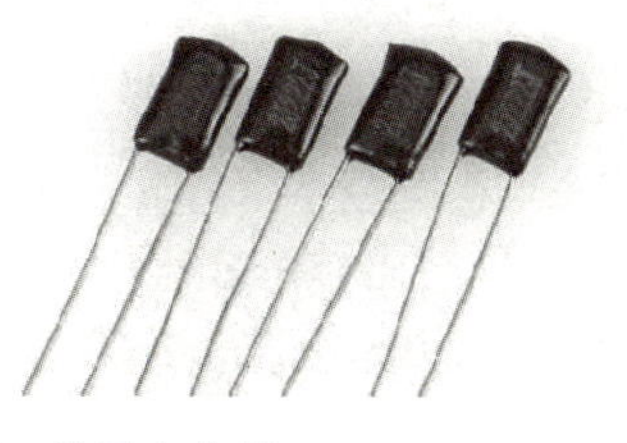

图 1.16　常见电容器

由于介质的隔离，电容器本身不导电。当电容器的两个极板外加电源后，与电源正极相连接的金属板就积聚正电荷（$+q$），与电源负极相连接的金属板积聚负电荷，如图 1.17 所示。在外电源作用下，两个金属板将储存等量的异性电荷，这样，在介质中建立电场。外电源撤走后，这些电荷依靠电场力互相吸引，又由于介质绝缘不能中和，金属板上的电荷长久地储存下去。因此，电容器是一种储存电荷的器件，或者说是一种储存电场能的器件。在实际应用中，介质内会有一定的损耗或者多少有一点导电能力，由于介质损耗和漏电比较微小，所以可忽略不计。电容器的主要物理特性是储存电场能量。电容元件是实际电容器的理想化模型，简称电容。

电容元件的定义为：在任意时刻 t，所储存的电荷 q 与两端电压 u 可用 u-q 平面上的一条曲线描述的二端元件。如果 u-q 平面上的曲线是一条过原点的直线，则称为线性时不变电容元件，其库伏特性如图 1.18 所示。另外，还有非线性时不变电容元件，本书没有特殊说明的都是线性时不变电容元件。

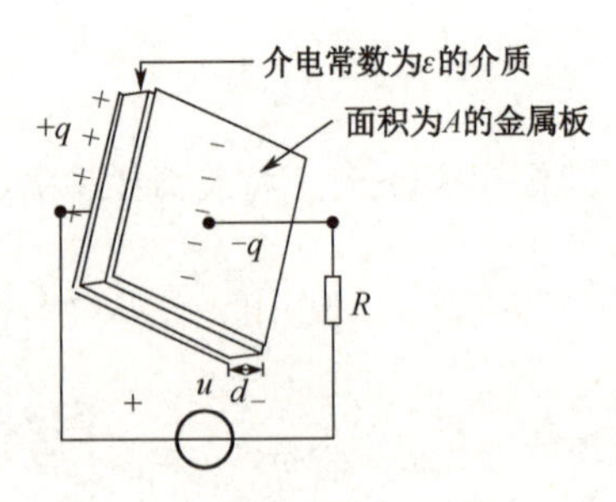

图 1.17 电容器存储电荷示意图

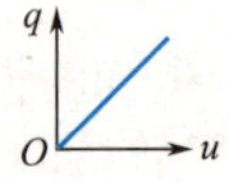

图 1.18 线性时不变电容元件的库伏特性

2. 电容元件的伏安特性

电容元件的符号如图 1.19 所示。

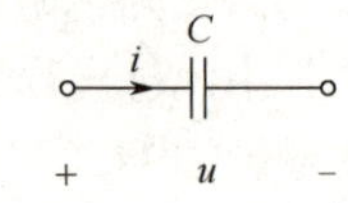

图 1.19 电容元件的符号

如果电容元件极板上所储存的电荷为 q，端电压为 u，则两者的比值称为电容器的电容，用字母 C 表示，即

$$C=\frac{q}{u} \tag{1.12}$$

C 称为该元件的电容量，简称电容，C 表示电容元件存储电荷的能力，是一个与 q、u 无关的正实数。在国际单位制中，电荷单位为库仑（C），电压单位为伏特（V），则电容的单位是法拉，用字母“F”表示，其辅助单位有微法（μF）、皮法（pF）等。

$$1\text{pF}=10^{-6}\mu\text{F}=10^{-12}\text{F}$$

电容元件的电容值与金属板的尺寸、介质的介电常数等有关。

由式（1.12）可知，当电容元件金属板上的电压发生变化，金属板上的电荷 q 将随之发生改变，与元件相连接的导线中有电荷运动，从而形成电流，电流 i 与电荷 q 的关系为

$$i=\frac{\mathrm{d}q}{\mathrm{d}t}=C\frac{\mathrm{d}u}{\mathrm{d}t} \tag{1.13}$$

式（1.13）中 u 和 i 的方向为关联参考方向，如图 1.19 所示。式（1.13）是反映电容元件电流与电压关系的约束方程，它表明只有当电容元件两端的电压发生变化时，才有电流通过，当电压恒定时，电流为零，相当于开路，因此电容元件有隔断直流电流的作用。这些规律称为电容元件的动态特性，电容元件常称为动态元件。

式（1.13）也可以写成积分形式，即

$$u(t)=\frac{1}{C}\int_{-\infty}^{t}i\mathrm{d}t=\frac{1}{C}\int_{-\infty}^{t_0}i\mathrm{d}t+\frac{1}{C}\int_{t_0}^{t}i\mathrm{d}t=u(t_0)+\frac{1}{C}\int_{t_0}^{t}i\mathrm{d}t \tag{1.14}$$

式（1.14）表明，某一时刻 t 电容元件电压 $u(t)$ 取决于电容元件电流 $i(t)$ 从 $-\infty$ 到 t 的积分，即与电容元件电流过去的全部历史有关，这说明电容元件对电流具有记忆特性，所以电容元件又称为记忆元件。

式（1.14）中 t_0 是任意选定的初始时刻，$u(t_0)$ 表示 t_0 时刻电容元件电压值，称为初始电压，它是电容元件电流从 $-\infty$ 到 t_0 时间的积分，反映了 t_0 以前电容元件电流的全部历史。

3. 电容元件的储能

当电容元件金属板上聚集有电荷时，电容元件中建立了电场，存储了电场能量。

设 u、i 为关联参考方向，则电容元件的功率为

$$p=ui=Cu\frac{\mathrm{d}u}{\mathrm{d}t}$$

无论电压 $u>0$ 或者 $u<0$，还是电压 u 的变化率大于零或者 u 的变化率小于零，只要 $p>0$，电容元件就吸收能量；$p<0$，电容元件就释放能量。

电容元件中的能量为

$$W_C=\int_{-\infty}^{t}p\mathrm{d}t=\int_{-\infty}^{t}ui\mathrm{d}t=\int_{-\infty}^{t}Cu\frac{\mathrm{d}u}{\mathrm{d}t}\mathrm{d}t=\int_{-\infty}^{u}Cu\mathrm{d}u=\frac{1}{2}Cu^2-\frac{1}{2}Cu^2(-\infty)=\frac{1}{2}Cu^2 \quad (1.15)$$

$u(-\infty)$ 是指电容元件未充电时的电压值，设为零。式（1.15）表明，电容元件储存的电场能量与其端电压的平方成正比，当电压增高时，储存的电场能量增加，电容元件从电源吸收能量，这个过程称为充电；当电压降低时，储存的能量减少，电容元件释放能量，这个过程称为放电。由此可见，电容元件具有储存电场能量的性质，不消耗能量，故又称为储能元件。

式（1.13）、式（1.14）和式（1.15）说明电容元件的一个重要性质：电容元件电压具有连续性，或称电容元件电压不能发生跃变，即 $u(t_{0+})=u(t_{0-})$，这里的“t_{0+}”“t_{0-}”是指 t_0 时刻的前一瞬间和后一瞬间。从能量的观点来看，如果电容元件电压发生跃变，则它所储存的电场能量必然发生跃变。

从式（1.15）中可以看出，电容元件储存的能量是始终大于零的，即它是从外电路吸收能量的，因此，电容元件也是无源元件。

【例 1.6】如图 1.20（a）所示电路，电压源电压如图 1.20（b）所示，求电容元件的电流。

解：

从 0ms 到 0.5ms 期间，电压 u 由 0V 线性上升到+50V，其变化率

$$\frac{\mathrm{d}u}{\mathrm{d}t}=\frac{50}{0.5}\times10^3\,\mathrm{V/s}=1\times10^5\,\mathrm{V/s}$$

在此期间，电流

$$i=C\frac{\mathrm{d}u}{\mathrm{d}t}=10^{-6}\times10^5\,\mathrm{A}=0.1\mathrm{A}$$

从 0.5ms 到 1.5ms 期间，电压 u 由+50V 线性下降到−50V，其变化率

$$\frac{\mathrm{d}u}{\mathrm{d}t}=-\frac{100}{1}\times10^3\,\mathrm{V/s}=-1\times10^5\,\mathrm{V/s}$$

在此期间，电流

$$i=C\frac{\mathrm{d}u}{\mathrm{d}t}=-10^{-6}\times10^5\,\mathrm{A}=-0.1\mathrm{A}$$

从 1.5ms 到 2.5ms 期间，电压 u 由线性−50V 上升到+50V，其变化率

$$\frac{\mathrm{d}u}{\mathrm{d}t}=\frac{100}{1}\times10^3\,\mathrm{V/s}=1\times10^5\,\mathrm{V/s}$$

在此期间，电流

$$i=C\frac{\mathrm{d}u}{\mathrm{d}t}=10^{-6}\times10^5\,\mathrm{A}=0.1\mathrm{A}$$

电流随时间变化的曲线（波形图）如图 1.20（c）所示。

由 $p(t)=u(t)\cdot i(t)$ 可得功率 p 的波形如图 1.20（d）所示。

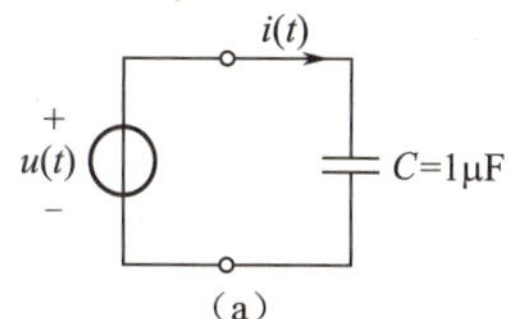

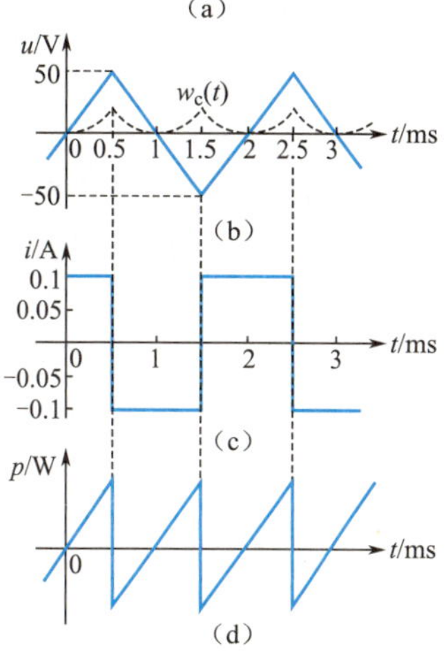

图 1.20　例 1.6 图

1.3.3　电感元件

1．电感器和电感元件

电感器是常见的电路基本元器件之一。实际电感器一般用导线绕制而成，也称之为电感线圈，如图 1.21 所示。

图 1.21 电感线圈

当电感线圈中有电流流过时，会在周围产生磁场，并储存磁场能量。

如图 1.22 所示电感线圈示意图，设匝数为 N，如果线圈通以电流 i，则线圈中会产生磁通 Φ，若 Φ 与 N 匝线圈全部交链，设磁链为ψ，则$\psi = N\Phi$。也就是说，有了电流 i 就有了磁链。可见，电感线圈是一种储存磁场能量的元件。电感元件是电感线圈的理想化模型。

电感元件的定义：任何时刻 t，所产生的磁链与流过的电流可用ψ-i 平面上的一条曲线描述的二端元件。

如果ψ-i平面上的曲线是一条过原点的直线，则称为线性时不变电感元件，其韦安特性如图 1.23 所示，否则为非线性时不变电感元件，本书没有特殊说明的都是线性时不变电感元件。

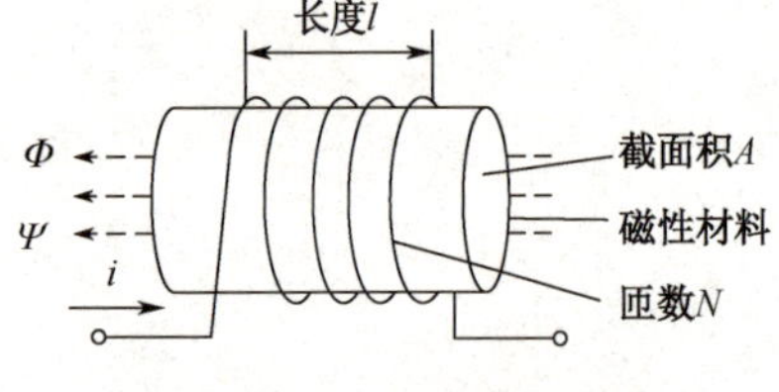

图 1.22 电感线圈示意图

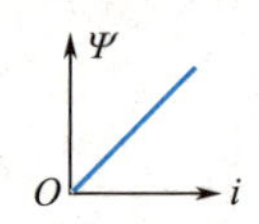

图 1.23 线性时不变电感元件的韦安特性

2. 电感元件的伏安关系

当磁链 Ψ 的参考方向与电流 i 的参考方向满足右手螺旋定则时，有

$$\psi = Li \tag{1.16}$$

式（1.16）中的 L 称为电感元件的自感系数，简称电感。它是一个正实常数，电感的单位是亨利，用字母“H”表示，常用的辅助单位有毫亨（mH）和微亨（μH）等。

$$1\text{H} = 10^3\text{mH} = 10^6\mu\text{H}$$

电感元件的符号如图 1.24 所示。

i L
\+ u −

图 1.24 电感元件的符号

当通过电感元件的电流 i 发生变化时，磁链ψ也成比例变化。根据电磁感应定律可知，电感元件两端产生的感应电压正比于磁链的变化率。如果选取电压和电流为关联参考方向，则有

$$u = \frac{\mathrm{d}\psi}{\mathrm{d}t} = L\frac{\mathrm{d}i}{\mathrm{d}t} \tag{1.17}$$

式（1.17）表明，电感元件两端的电压与通过它的电流变化率成正比，即某一时刻电感的电压取决于该时刻电流的变化率。当电流 i 增大时，电压为正，电感元件阻碍电流增大；当电流 i 减小时，电压为负，电感元件阻碍电流减小；当电流恒定时，电压为零，电感元件相当于短路。这一规律表征了电感元件的动态特性，电感元件也是动态元件。

式（1.17）可以写成积分形式，即

$$i(t)=\frac{1}{L}\int_{-\infty}^{t}u\mathrm{d}t=\frac{1}{L}\int_{-\infty}^{0}u\mathrm{d}t+\frac{1}{L}\int_{0}^{t}u\mathrm{d}t=i(0)+\frac{1}{L}\int_{0}^{t}u\mathrm{d}t \tag{1.18}$$

式（1.18）表明，某一时刻 t 的电感元件电流 $i(t)$取决于电感元件电压 $u(t)$从 $-\infty$ 到 t 的积分，即与电感元件电压过去的全部历史有关，这说明电感元件对电压具有记忆特性，电感元件是一种记忆元件。

式（1.18）中 $i(0)$ 是 $t=0$ 时通过电感元件的初始电流。

3. 电感元件的储能

设电感元件电压和电感元件电流为关联参考方向，电感元件储存的磁场能量

$$W_{\mathrm{L}}(t)=\int_{-\infty}^{t}p\mathrm{d}t=\int_{-\infty}^{t}ui\mathrm{d}t=L\int_{-\infty}^{i}i\mathrm{d}i=\frac{1}{2}Li^2-\frac{1}{2}Li^2(-\infty) \tag{1.19}$$

如果 $i(-\infty)=0$，则式（1.19）可改写为

$$W_{\mathrm{L}}(t)=\frac{1}{2}Li^2 \tag{1.20}$$

式（1.20）表明，电感元件中储存的磁场能量与通过元件的电流有关，电流增大时，储能增加，电感元件从电源吸收能量；电流减小时，储能减少，电感元件释放能量。因此，电感元件也是储能元件。

与电容元件相对应，电感元件也有一个重要性质：当电感元件两端电压为有限值时，流过电感元件的电流具有连续性，不能发生跃变，t 时刻前瞬间的电流等于 t 时刻后瞬间的电流，即 $i(t_+)=i(t_-)$。

从式（1.20）中可以看出，电感元件储存的能量是始终大于零的，即它是从外电路吸收能量的，电感元件也是无源元件。

1.4 有 源 元 件

1.3 节介绍的无源元件，它们自身不产生能量，但在电路中如果没有提供能量的元件，电路就不能工作，电路能量的供给来自有源元件，典型的有源元件包括独立电源和受控源。

1.4.1 独立电源（理想电源）

独立电源分为独立电压源和独立电流源两种。所谓独立电源是指能够独立地向电路提供电压和电流，且不受电路中其他支路电压或电流影响的电源，它是从实际电源抽象出来的理想元件。

1. 独立电压源

电池是大家可以购买到的一种实际电压源，在理想情况下，电池可以近似地用独立电压源来表示，即内阻为零。独立电压源又称为理想电压源，或简称电压源。在不同应用场合下，实际电源可以有不同的电路模型。这里的独立电压源是指内阻为零的理想电压源。

独立电压源有直流和交流之分。独立电压源的符号如图 1.25 所示，它既可以表示直流也可以表示交流，图 1.26（a）所示为仅表示理想直流电压源的符号。独立电压源有两个基本性质：其一，它的端电压是恒定值 U_{S} 或为一定的时变函数 $u_{\mathrm{S}}(t)$，与通过它的电流无关；其二，它的电流由与其连接的外电路决定。图 1.26（b）给出了理想直流电压源的伏安特性，它是一条与横轴平行的直线，这表明端电压与电流的大小无关。

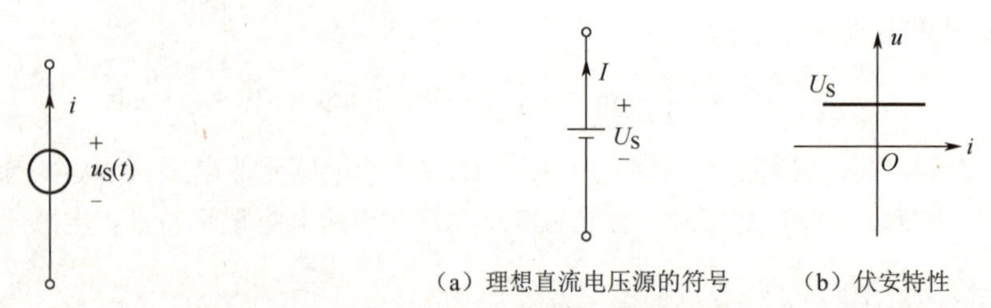

图 1.25 独立电压源的符号

图 1.26 理想直流电压源的符号及伏安特性

例如，一个负载 R_L 接于1V 的理想直流电压源上，如图 1.27 所示。

当 $R_L = 2\Omega$ 时，$I = 0.5A$，$U_{AB} = 1V$

当 $R_L = 5\Omega$ 时，$I = 0.2A$，$U_{AB} = 1V$

当 $R = \infty$ 时，$I = 0A$，$U_{AB} = 1V$

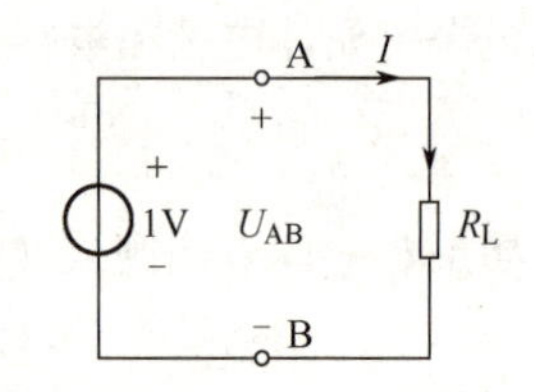

图 1.27 理想直流电压源电路

可见，理想直流电压源提供的电流随负载电阻的变化而变化，电压源的端电压不变，这就是独立电压源“恒压不恒流”的外部特性。

需要指出的是，理论上独立电压源的电流可以在无限范围内变化，但实际电源的功率有限，且存在内阻，因此恒压源是不存在的，是理想化模型，是理论上的概念。

2. 独立电流源

在实际应用中，电子元器件可以构成恒流源，能独立地向外部电路输出电流。独立电流源可以作为这类电源装置的电路模型。独立电压源是一种能产生电压的装置，而独立电流源是一种能产生电流的装置。这里的独立电流源是理想电流源，简称电流源，理想电流源内阻为无穷大。

独立电流源也有两个基本性质：其一，它向电路提供的电流不随负载改变；其二，它的端电压取决于与它连接的外电路。

独立电流源的符号如图 1.28 所示，图 1.29 所示为理想直流电流源的伏安特性，它是一条平行于纵轴的直线。

图 1.30 所示为一个 10A 的直流电流源与负载 R_L 接通的电路，无论 R_L 如何变化（$R_L=\infty$除外），电流源提供给 R_L 的电流 I=10A 不变，但其端电压将随 R_L 而改变：

当 $R_L=2\Omega$ 时，U_{AB}=20V

当 $R_L=5\Omega$ 时，U_{AB}=50V

可见，理想直流电流源两端的电压随负载电阻的变化而变化，电流源输出的电流不变，这就是独立电流源“恒流不恒压”的特性。

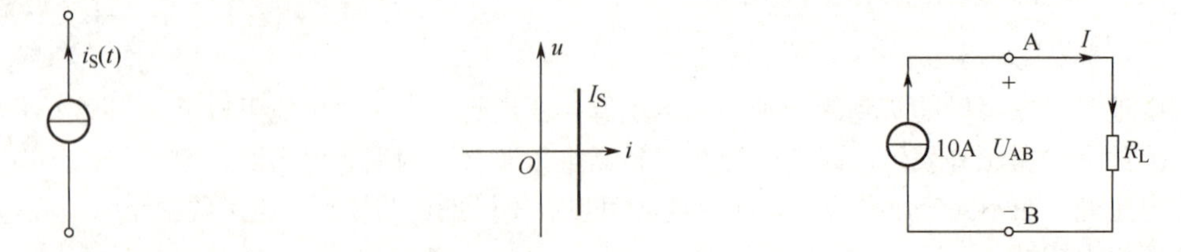

图 1.28 独立电流源的符号　图 1.29 理想直流电流源的伏安特性　图 1.30 理想直流电流源电路

3. 实际电源的两种等效模型

理想电源都是由实际有源元件抽象出来的理想模型。理想电压源内阻为零，端电压不随负载变化；理想电流源内阻为无穷大，输出电流不随负载变化。但实际电源内阻既不可能为无穷大，也不可能为零，当负载变化时，它们的端电压或输出电流也总会有所变化。考虑电源存在内阻的实际情况，一般采用图 1.31（a）、（b）所示的两种电路模型，更加接近实际电源的特性。

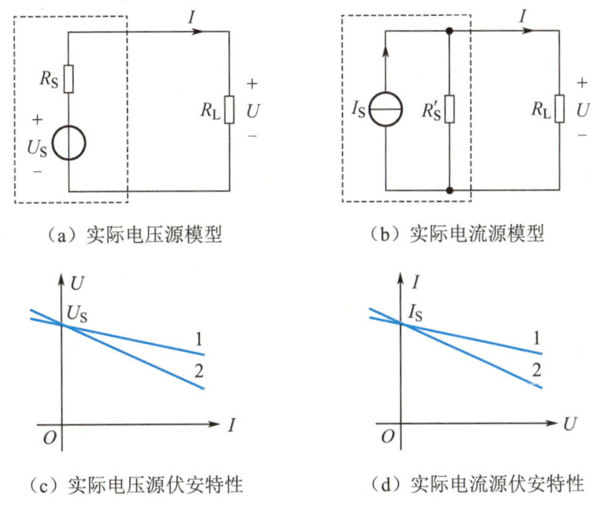

图 1.31　实际电源的模型及伏安特性

图 1.31（a）虚线框内表示的是实际电源的电压源模型，它由理想电压源 U_S 与内阻 R_S 串联而成。图 1.31（b）虚线框内表示的是实际电源的电流源模型，它由理想电流源 I_S 与内阻 R'_s 并联而成。

由图 1.31（a）可得实际电压源的外部特性为

$$U = U_S - IR_S \tag{1.21}$$

其特性曲线如图 1.31（c）所示。可见，当 $I>0$ 时，实际电压源向外供电（称为供电状态），其端电压低于 U_S，供出电流越大端电压越低；当 $I<0$ 时，实际电压源处于充电状态（如充电电池），其端电压高于 U_S；当 $I=0$ 时，实际电压源处于开路状态，其端电压等于 U_S。图 1.31（c）中曲线 1、2 表示不同内阻的实际电压源端电压随电流的变化，曲线 1 比曲线 2 变化慢，其内阻较小。

由图 1.31（b）可知

$$I = I_S - \frac{U}{R'_S} \tag{1.22}$$

其特性曲线如图 1.31（d）所示。可见，当 $U>0$ 时，实际电流源向外供电（称为供电状态），其端电流低于 I_S；图 1.31（d）中曲线 1、2 表示不同内阻的实际电流源端电压随电流的变化，曲线 1 较曲线 2 变化慢，这说明曲线 1 所表示的实际电流源内阻比曲线 2 表示的要大。

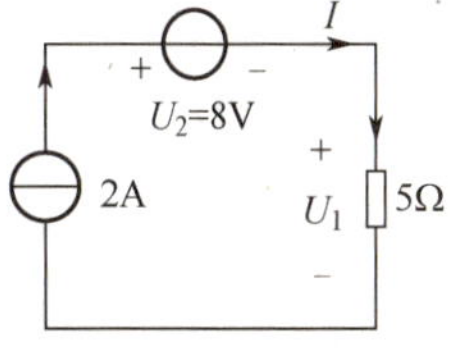

图 1.32　例 1.7 图

【例 1.7】计算图 1.32 电路中电阻元件和独立电压源的功率。

解：电阻上的电压和电流为关联参考方向，有

$$U_1=2\times5\text{V}=10\text{V}$$

$$P_1=U_1\times I=10\times2\text{W}=20\text{W}\ （吸收）$$

独立电压源的电压和电流为关联参考方向，所以

$$P_2=U_2\times I=8\times2\text{W}=16\text{W}\ （吸收）$$

1.4.2　受控源

1. 受控源的概念

上述讨论的独立电压源和独立电流源，能独立地为电路提供能量，即电压源的电压或电流源的电流是一固定值或固定的时间函数，不受其他电流或

电压的控制。在电子电路中存在某一条支路电流或电压受另一条支路的电压或电流影响（或控制）的情况，如晶体三极管、运算放大器等，它们虽然不能独立地为电路提供能量，但在其他信号控制下仍然可以提供一定的信号电压或电流，这类元件用受控源来表征。受控源主要是为了描述电子元器件内部的微观物理过程而建立的理想电路模型。

当受控源的控制量为零时，其电压或电流也将为零，受控源是“非独立的”。

2. 受控源的分类

受控源向外电路提供的电压或电流是受其他元件或支路的电压或电流控制的，因此受控源有两对端钮：一对为其输出电压或电流的端钮，称为输出端钮；另一对为控制端钮，或者称为输入端钮。因此，受控源是四端元件。

根据受控源是电压源或是电流源，控制量是支路电流或是电压，可把它分为四种不同类型，即电压控制电压源（VCVS）、电流控制电压源（CCVS）、电压控制电流源（VCCS）和电流控制电流源（CCCS）。

为了区别于独立电源，受控源用菱形来表示。四种理想的受控源模型如图 1.33 所示。

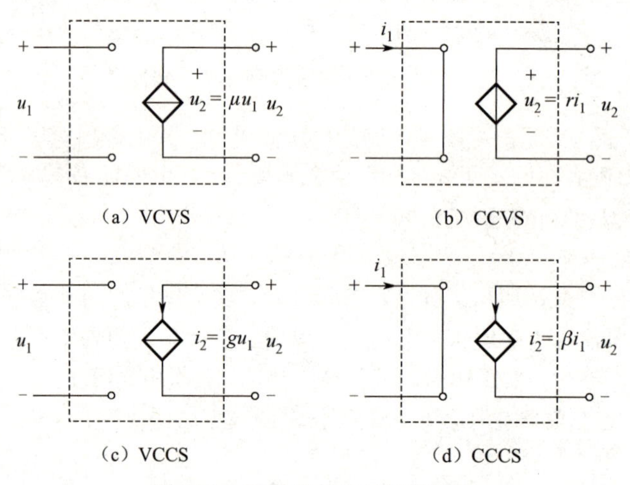

图 1.33 四种理想的受控源模型

受控源的受控量和控制量之比，称为受控源的控制系数。图 1.33 中 μ、r、g、β 分别为四种受控源的控制系数，其中

VCVS 中，$\mu=\dfrac{u_2}{u_1}$ 称为电压放大倍数；

CCVS 中，$r=\dfrac{u_2}{i_1}$ 称为转移电阻；

VCCS 中，$g=\dfrac{i_2}{u_1}$ 称为转移电导；

CCCS 中，$\beta=\dfrac{i_2}{i_1}$ 称为电流放大倍数。

当控制系数为常数时，受控源是线性元件。

受控源输入端口的电阻称为输入电阻，输出端口的电阻称为输出电阻。理想受控源是指它的输入端（控制端）和输出端（受控端）都是理想的，在输入端，对电压控制来说，其输入电阻无穷大，如图 1.33（a）、（c）所示的输入端；对电流控制来说，输入电阻为零，如图 1.33（b）、（d）所示的输入端，控制端的功率为零。对于受控电压源，输出电阻为零，输出电压恒定，如图 1.33（a）、（b）所示的输出端；对于受控电流源，输出电阻为无穷大，输出电流恒定，如图 1.33 中（c）、（d）所示的输出端。

受控源是从某些电路元器件中抽象出来的。在实际分析过程中，为了更精确地描述某些部件，往往采用非理想受控源模型。例如，半导体晶体三极管可用相应的受控源作为其电路模型。图 1.34 (a)、(b) 分别给出了 NPN 型晶体管的电路符号及其相应的电流控制电流源（CCCS）受控源的电路模型，受控源的输入端电阻并不为零。

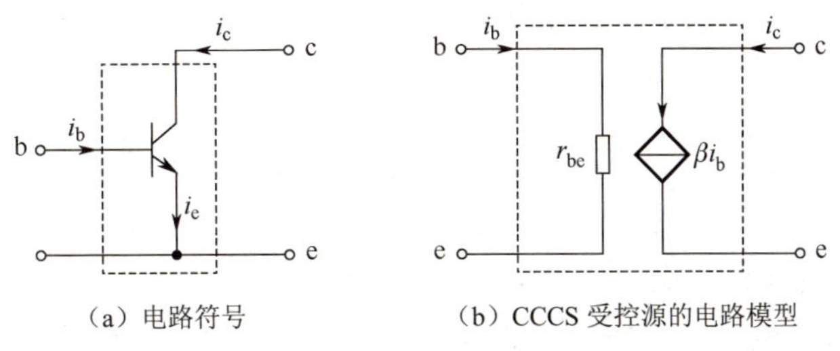

（a）电路符号　（b）CCCS 受控源的电路模型

图 1.34　NPN 型晶体管的电路符号及其受控源的电路模型

3. 受控源在电路中的表示

电路中受控源的出现往往不像图 1.33 那样一目了然，如图 1.35 所示电路中就含有一个受控源，我们要善于从一个电路中区分出受控源的类型。其方法是：首先识别出受控源的符号，根据受控源的符号确定是受控电压源还是受控电流源，然后根据受控变量表达式中电压或电流确定是电压控制还是电流控制，最后根据表达式中电流或电压变量找出控制量的位置。根据符号可判断出图 1.35 中的受控源是一个受控电流源，其大小为 $2I$，I 是 8Ω 支路中的电流，因此它是电流控制电流源(CCCS)。

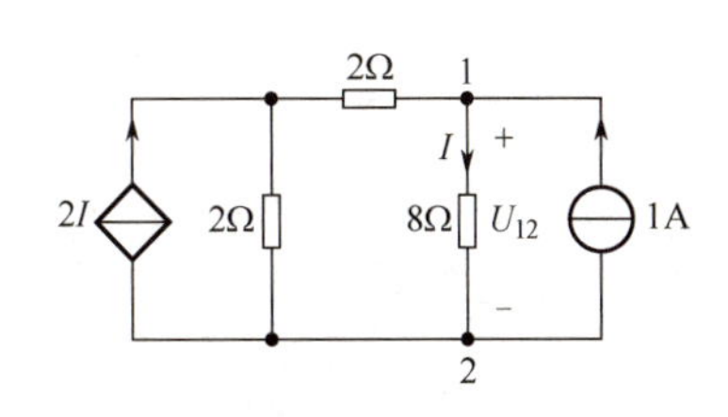

图 1.35　含有受控源的电路

4. 受控源的注意事项

（1）受控源与独立电源的区别。独立电源在电路中起“激励”作用，在电路中产生电压、电流。受控源的电压或电流受其他支路的电压或电流控制，其输出量不是独立的，只是起到了能量、信号的转换作用。

（2）由于受控源特性的关系式是电压电流的代数方程，因此，受控源既可以提供能量，也可以吸收能量，具有电源和电阻的两重性。

（3）对于含有受控源的电路分析，可以把受控源视作独立电源来列写基本方程，然后写出控制量与待求量的关系式即辅助方程。特别注意的是，在电路分析过程中，由于受控源依附于控制量而存在，所以不能把控制量支路消除。

1.5　基本半导体器件

二极管、晶体三极管、场效应管是常用的半导体器件。半导体器件是现代电子技术的重要组成部分。本节先介绍半导体的基础知识，接下来讨论半导体器件的核心——PN 结，在此基础上，讨论二极管、晶体三体管和场效应管的结构、工作原理、特性曲线。

1.5.1　半导体基础与 PN 结

1. 半导体的导电性能

纯净的半导体称为本征半导体。常用的半导体有硅和锗，它们都是四价元素。其原子的最外层轨道上有四个价电子。在原子排列整齐的硅（或锗）晶体中，每个原子与相邻原子的价电子互相结合形成共价键。共价键中的电子不能自由运动，因此在绝对零度且没有光照的条件下，本征半导体不导电。但是当温度增高（如常温）或受光照后，少数价电子获得能量挣脱原子核的束缚，成为自由电子，同时在原来的共价键中留下一个空位，称为空穴，如图 1.36 所示。这个空穴可以填补相邻的因失去电子而留下的空位，使空穴在共价键中移动。

在外电场的作用下，自由电子沿着与电场相反的方向移动，形成电子电流；空穴因相邻价电子的替补作用沿着与电场相同的方向移动，形成空穴电流。半导体中的电流就是由这两部分电流组成的。自由电子和空穴称作载流子。

如果在纯净的半导体中掺入微量的五价元素（如磷），其原子外层五个价电子中只有四个能与周围的硅原子结成共价键，多余的一个价电子将成为自由电子，如图 1.37 所示，从而使半导体中的自由电子数大大增加。自由电子成为这种半导体中的多数载流子，空穴成为少数载流子。这种以自由电子导电为主的杂质半导体称为 N 型半导体。 若掺入微量的三价元素（如硼），则其外层的三个价电子在与硅原子结成共价键时，将因缺少一个电子而形成一个空穴，如图 1.38 所示，从而使半导体中的空穴数大大增加。空穴成为这种半导体中的多数载流子，自由电子成为少数载流子。这种以空穴导电为主的杂质半导体称为 P 型半导体。

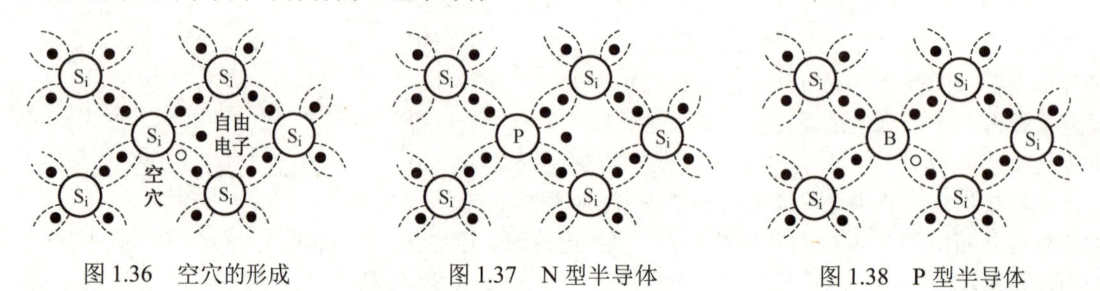

图 1.36 空穴的形成 图 1.37 N 型半导体 图 1.38 P 型半导体

必须注意，无论 N 型半导体还是 P 型半导体，它们虽然有带不同电荷的多数载流子，但整个半导体仍然是电中性。N 型半导体和 P 型半导体统称为掺杂半导体。

2. PN 结

如果通过一定的掺杂工艺措施，使一块半导体的一侧形成 N 型半导体，另一侧形成 P 型半导体，那么它们的交界面就成为 PN 结。PN 结很薄，只有微米级的厚度，却有重要的特性，它是制造各种半导体器件的基础。

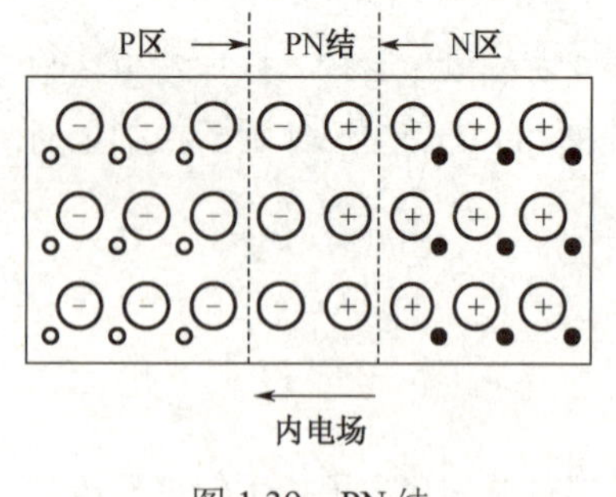

图 1.39 PN 结

在 PN 结两侧，由于 N 区的自由电子浓度远大于 P 区的自由电子浓度，N 区的自由电子必然向 P 区扩散，交界面 N 区一侧因失去自由电子而留下带正电且不能移动的正离子；同样 P 区的空穴浓度远大于 N 区的空穴浓度，P 区的空穴必然向 N 区扩散，交界面 P 区一侧因失去空穴而留下带负电且不能移动的负离子。这些带电离子在交界面两侧形成带异号电荷的空间电荷区，它就是 PN 结。由于空间电荷区中载流子因为扩散已基本耗尽，因此空间电荷区也称为耗尽层或阻挡层，如图 1.39 所示。

由于 PN 结的 N 区一侧为正电荷、P 区一侧为负电荷，因此形成由 N 区指向 P 区的内电场。内电场一方面阻止多数载流子的继续扩散，另一方面又促使靠近 PN 结边界的 N 区的少数载流子空穴向 P 区运动，P 区的少数载流子自由电子向 N 区运动。载流子在电场作用下的运动称为漂移。少数载流子在内电场作用下漂移形成的电流和多数载流子扩散形成的电流方向是相反的，平衡时二者必然相等，通过 PN 结的总电流为零。如果在 PN 结两端施加外电压，则这种平衡就会被打破。

通常将加在 PN 结上的电压称为偏置电压。若 P 区接电源正极、N 区接电源负极，则称为正向偏置，简称正偏，如图 1.40 所示。此时外电场与内电场方向相反，内电场被削弱，多数载流子被推向耗尽层，使耗尽层变薄，从而使多数载流子的扩散运动加强，形成较大的由 P 区流向 N 区的扩散电流，称为正向电流。这时 PN 结呈现的电阻很低，其状态称为导通状态。

若 P 区接电源负极、N 区接电源正极，则称 PN 结反向偏置，简称反偏，如图 1.41 所示。此时外电场与内电场方向一致，内电场加强，耗尽层变厚，使多数载流子的扩散运动难以进行。这种情况虽有利于少数载流子的漂移运动，但因少数载流子数量很少，只能形成很小的反向电流，因此反偏时呈现的电阻很高，其状态称为截止状态。

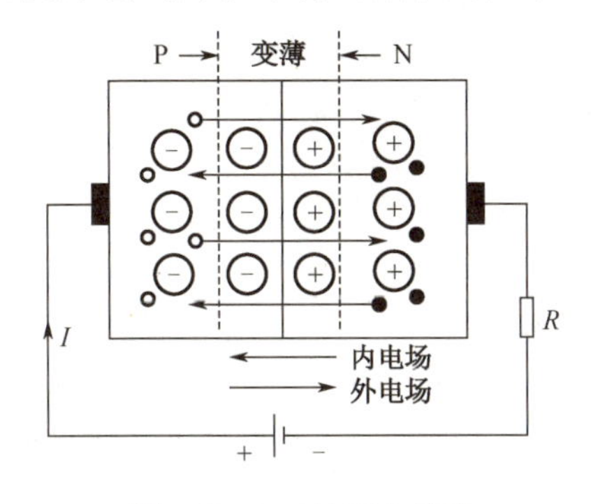

图 1.40　PN 结正向偏置

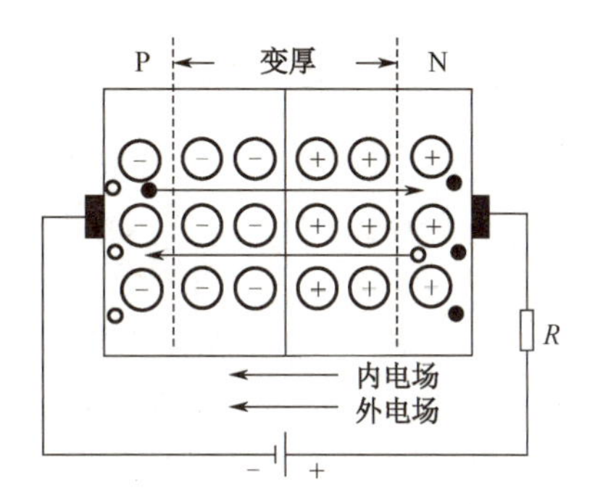

图 1.41　PN 结反向偏置

少数载流子是由于价电子获得能量挣脱共价键的束缚而产生的，环境温度越高，少数载流子的数量也就越多，所以温度对反向电流的影响较大。

综合以上分析，可以得出一个结论：PN 结具有单向导电性，即正向偏置时，PN 结电阻很低，呈导通状态；反向偏置时，PN 结电阻很高，呈截止状态。

1.5.2　半导体二极管

在 PN 结的两侧引出两根电极线，再加上管壳封装就成为半导体二极管（简称二极管）。其符号如图 1.42 所示。接 P 区的电极称为正极或阳极，接 N 区的电极称为负极或阴极，箭头表示正向导通时电流的方向。

+ U_D −

图 1.42　二极管符号

二极管根据所用材料的不同，可分为硅二极管和锗二极管。硅二极管的温度稳定性较好，应用较为广泛。

1. 特性曲线

由于二极管实质上就是一个 PN 结，因而同样具有单向导电性。图 1.43 所示是二极管端电压与电流的关系，称为伏安特性，它可以通过实验测出。其中实线表示硅二极管伏安特性，虚线表示锗二极管伏安特性。

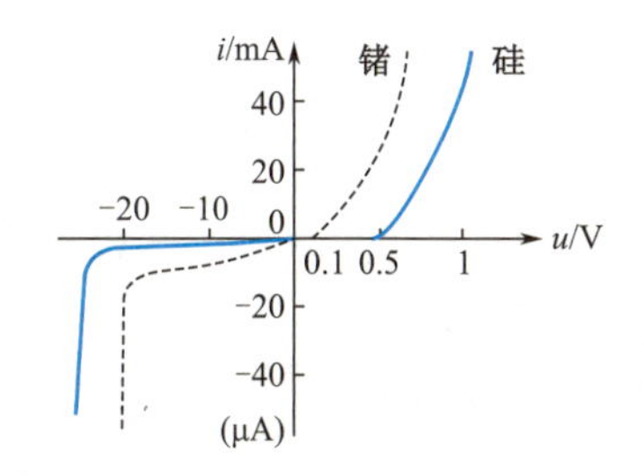

图 1.43　二极管的伏安特性

伏安特性曲线图的第一象限称为正向特性。它表示当外加正向电压时二极管的工作情况。当正向电压很小时，外电场不足以克服 PN 结内电场对多数载流子扩散运动的阻力，故正向电流很小，几乎为零，此区域称为死区。硅二极管的死区电压约为 0.5V，锗二极管的死区电压约为 0.1V。当正向电压超过死区电压后，内电场被大大削弱，电流迅速增长，二极管导通。导通时二极管的端电压基本上是一常量。硅二极管约为 0.7V，锗二极管约为 0.2V。

第三象限称为反向特性。它表示当外加反向电压时二极管的工作情况。在反向电压作用下，由于少数载流子的漂移运动，形成很小的反向电流。反向电流在一定范围内与反向电压的大小无关，故通常称之为反向饱和电流。反向饱和电流越小，二极管性能越好。一般硅二极管是微安数量级，锗二极管比硅二极管高 1～2 个数量级。当反向电压增大到某一数值时，反向电流突然增大，这种现象称为击穿。此时的电压称为反向击穿电压。各类二极管的反向击穿电压从几十到几百伏不等，最高可达千伏以上。通常情况下，二极管击穿时的电流、电压都较大，当超过它允许的功耗时，将使 PN 结过热而损坏。

2. 主要参数

二极管的参数是选用二极管的依据，可从半导体元件手册上查到。下面介绍几个主要参数。

（1）最大正向电流 I_F：二极管允许长期通过的最大平均正向电流。它主要取决于 PN 结的结面积。

（2）最大反向工作电压 U_R：二极管工作时允许施加的最大反向电压。

（3）反向漏电流 I_R：二极管未被击穿时的反向饱和电流值，此值越小越好。反向漏电流大，说明二极管的单向导电性差，并且受温度影响大。

（4）最高工作频率 f_M：超过此频率，二极管将丧失单向导电性。PN 结两侧的空间电荷与电容器金属板充电时所储存的电荷类似，因此 PN 结具有电容效应，称为结电容。二极管的 PN 结面积越大，结电容也越大。由于高频电流可以直接通过结电容，从而破坏了二极管的单向导电性。故二极管有最高工作频率的限制。

3. 二极管的等效电路

由于二极管的单向导电特性，二极管工作于正向电压与工作于反向电压的状态是不同的，作用也不一样。在进行电路分析时，应根据应用场合，选择不同的等效电路。

1）二极管正向工作时的等效电路

图 1.44（b）是图 1.44（a）所示电路加正向电压、考虑 PN 结导通压降 U_D 和体电阻的等效电路，此时二极管用一个电压值为 U_D（硅二极管 0.7V，锗二极管 0.2V）的电压源与体电阻 r_D 串联等效；图 1.44（c）是只考虑 PN 结压降时的等效电路，此时二极管由独立电压源来等效。图 1.44（d）是不考虑 PN 结压降和体电阻（理想二极管）的等效电路，此时二极管用一根导线等效。二极管在加正向电压时，根据不同情况可按上述三种不同形式进行等效。

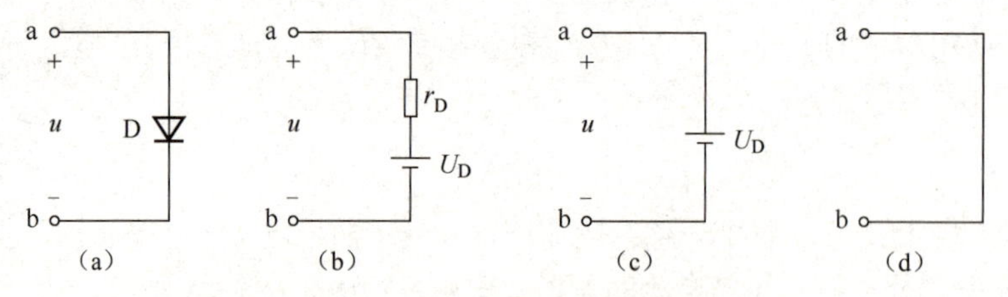

图 1.44　二极管正向工作时的等效电路

2）二极管反向工作时的等效电路

图 1.45（b）是图 1.45（a）所示电路加反向电压、考虑反向饱和电流 I_S 的等效电路，此时二极管用一个电流值为 I_S（微安数量级）的电流源等效；图 1.45（c）是忽略反向饱和电流（理想二极管）的等效电路，此时二极管相当于开路。

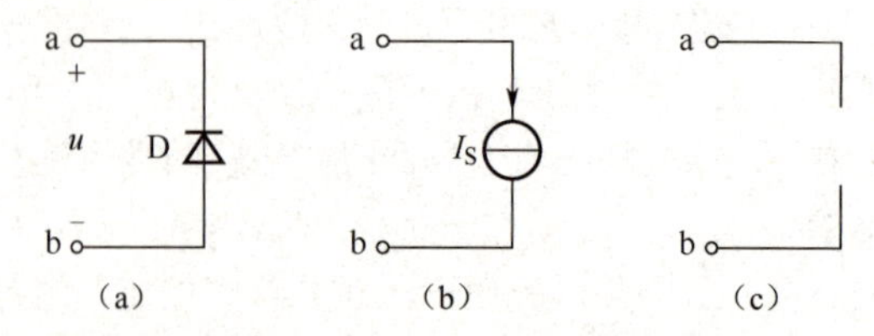

图 1.45　二极管反向工作时的等效电路

在分析含有二极管的电路时，首先分析二极管处于正向还是反向工作状态，然后用其对应状态下的等效电路代替二极管，就可以按电路基础的方法进行分析了。

二极管的应用十分广泛，如整流、检波、限幅以及二极管门电路等，它们将在模拟电子技术和数字电子技术课程中给予介绍。

4．稳压二极管

稳压二极管（简称稳压管）是一种特殊的硅二极管。由于它具有掺杂浓度高，PN 结薄的特点，因而其反向击穿电压可以做得较低。它的符号如图 1.46 所示。

稳压管的伏安特性与普通二极管的类似，如图 1.47 所示，不同的是稳压管主要工作在反向击穿区。从反向特性曲线中可以看出，当反向击穿电流在很大范围内变化时，其端电压变化很小，利用这一特性可以起到稳定电压的作用。

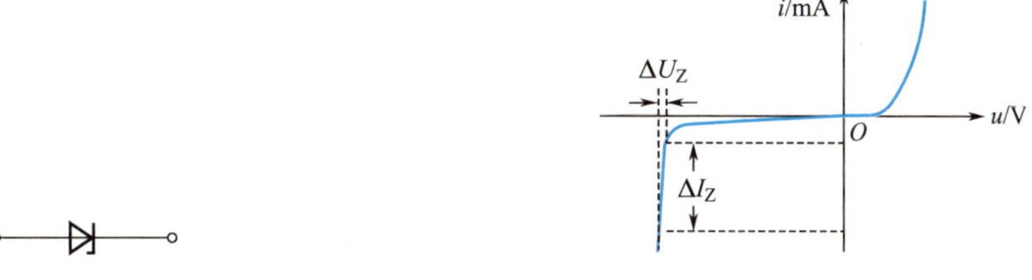

图 1.46　稳压管符号　　　图 1.47　稳压管的伏安特性

由于稳压管击穿电压较低，只要把电流限制在其允许的范围内，那么它在击穿区工作时产生的热损耗将不会超过它允许的功耗范围，因而它的电击穿是可逆的，去掉反向电压后，PN 结又可恢复正常。

稳压管的主要参数如下。

（1）稳定电压 U_Z：稳压管的稳压值。由于制造工艺的原因，同一型号的稳压管稳压值略有不同，有一定的分散性。

（2）稳定电流 I_Z：稳压管工作电压等于稳定电压时的工作电流。

（3）最大稳定电流 I_{Zmax}：稳压管允许的最大工作电流，超过此值稳压管将因发热而损坏。

（4）动态电阻 r_Z：稳压管两端电压的变化量与相应的电流变化量的比值，即

$$r_Z = \frac{\Delta U_Z}{\Delta I_Z}$$

稳压管击穿区的反向特性曲线越陡，则动态电阻越小，稳压性能也越好。

使用稳压管时主要注意两点：一是要使它工作在反向击穿区；二是要串联适当的限流电阻，以免电流过大烧坏管子。图 1.48（a）是稳压管的应用电路，图 1.48（b）是图 1.48（a）的等效电路，稳压管用一个电压值为 U_Z 的恒压源等效。

稳压管工作在反向击穿状态。对普通二极管而言，要避免的击穿现象却是稳压管发挥作用的工作区。因此，没有绝对的“有用”和“没用”，要正确把握一定条件下事物内在的矛盾运动规律。

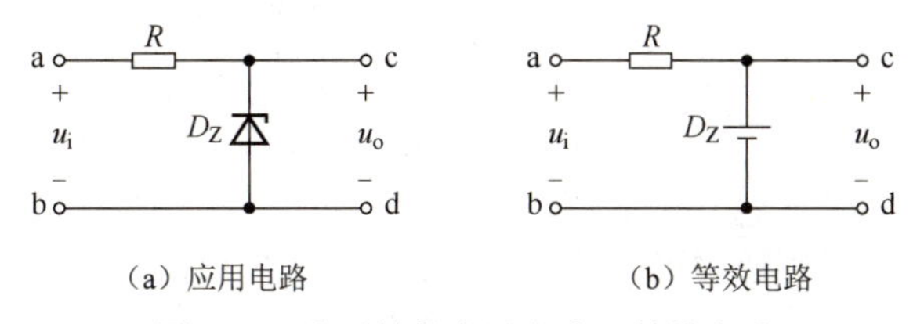

（a）应用电路　　（b）等效电路

图 1.48　稳压管的应用电路及等效电路

1.5.3 半导体三极管

半导体三极管又称晶体三极管，简称晶体管，是具有放大作用和开关作用的半导体器件。它是电子电路的核心，对电子技术的发展起着重要的作用。

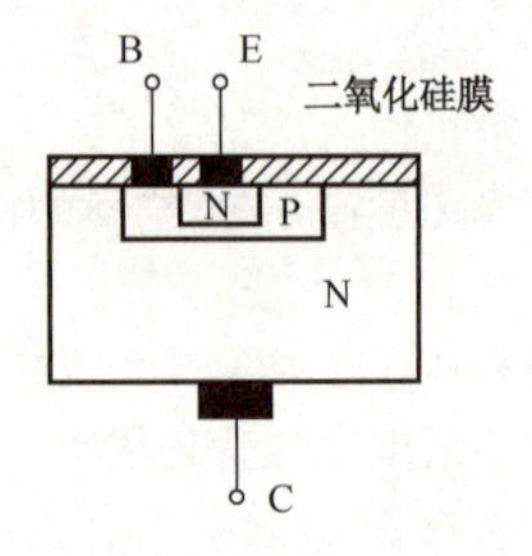

图 1.49 NPN 型晶体管的结构剖面图

1. 结构特点

晶体管分成 NPN 型和 PNP 型两大类，图 1.49 所示是 NPN 型晶体管的结构剖面图。它是在 N 型硅片上端的中部通过扩散工艺掺入 P 型杂质，形成一个 P 区，再在 P 区的中部掺入高浓度的 N 型杂质，再形成一个 N 区，然后在这三个区域分别引出三个电极，即发射极 E、基极 B 和集电极 C。发射区用来发射载流子，集电区用来收集发射区发出的载流子，基区用来控制发射区发射载流子的数量。为了保证上述功能的实现，晶体管在结构上具有以下特点：

（1）发射区的掺杂浓度大，以便能产生较多的载流子；

（2）集电区的面积大，以便收集从发射区发出的载流子；

（3）基区很薄且掺杂浓度低，目的是减小基极电流，增强基极的控制作用。

NPN 型和 PNP 型晶体管的结构示意图和符号如图 1.50 所示。可见，无论哪一类晶体管都有两个 PN 结，基区和发射区之间的 PN 结称为发射结；基区和集电区之间的 PN 结称为集电结。

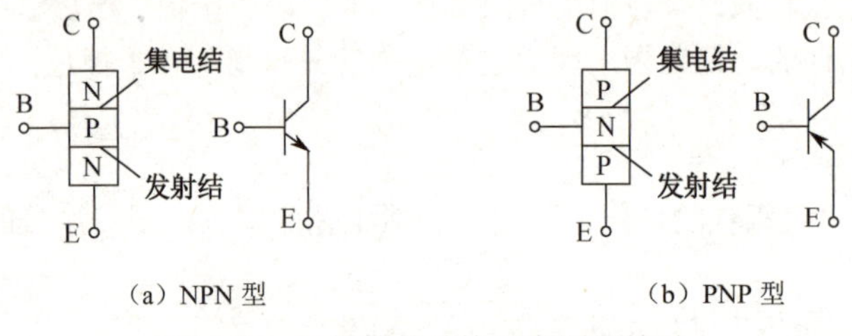

（a）NPN 型　　（b）PNP 型

图 1.50 晶体管的结构示意图和符号

根据制造材料的不同，晶体管又可分为硅管和锗管两种。使用较为普遍的是 NPN 型硅管，其次是 PNP 型硅管。下面以 NPN 型晶体管为例来说明晶体管的放大原理。

2. 放大原理

晶体管是一个具有放大作用的元件。下面以 NPN 型晶体管为例讨论其工作原理和特性。

图 1.51 所示的晶体管放大原理图中晶体管接成两个回路。晶体管的基极、R_B、U_{BB} 和发射极组成输入回路；晶体管的集电极、R_C、U_{CC} 和晶体管的发射极组成输出回路。发射极是两个回路的公共端，因此这种接法称为晶体管的共发射极电路。电路中集电极电源电压 U_{CC} 比基极电源电压 U_{BB} 大，从而使 $U_{BC} < 0$，$U_{BE} > 0$，即集电结反向偏置，发射结正向偏置，这是晶体管工作于放大状态的外部条件。

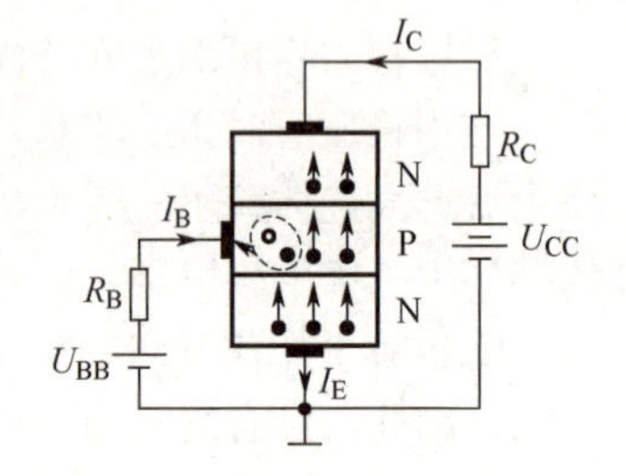

图 1.51 晶体管放大原理图

发射结处于正向偏置，发射区的自由电子不断扩散到基区，并从电源 U_{CC} 负极得到补充，从而形成发射极电流 I_E。从发射区扩散到基区的自由电子中有一小部分要与基区的空穴复合，被复合掉的空穴由基极电源 U_{BB} 补充，形成基极电流 I_B。基区很薄，且掺杂浓度很低，发射极发出的自由电子只有少部分被复合掉，大部分自由电子由于浓度差而继续向集电结方向扩散，到达集电结附近。

集电结处于反向偏置，它能阻挡集电区的自由电子向基区扩散，而从发射区扩散到集电结附近的自由电子，却可以顺利地通过，从而形成集电极电流 I_C。

综上所述，从发射区发出的自由电子中只有一小部分在基区复合，形成基极电流 I_B，而绝大部分自由电子到达集电区形成集电极电流 I_C。I_C 与 I_B 的比值用 $\bar{\beta}$ 表示，即

$$\bar{\beta}=\frac{I_C}{I_B} \tag{1.23}$$

$\bar{\beta}$ 表示基极电流对集电极电流的控制作用，$\bar{\beta}$ 表征晶体管的电流放大能力，称为共发射极直流电流放大系数。

发射极和基极、集电极电流之间的关系为

$$I_E=I_B+I_C=I_B+\bar{\beta}I_B=(1+\bar{\beta})I_B \tag{1.24}$$

值得注意的是：

（1）在上述分析晶体管内部载流子运动过程中，未考虑集电区少数载流子空穴在集电结内电场作用下发生的漂移运动。这种漂移形成的电流称为集-基极反向截止电流，记为 I_{CBO}。它也是 I_B 的一部分，但通常情况下它所占的比例很小，对晶体管的放大作用几乎没有影响，因此暂时忽略。其作用在介绍特性曲线时会讨论。

（2）为了确保晶体管能正常放大，其必要条件是发射结正向偏置、集电结反向偏置。这一条件不仅对 NPN 型晶体管放大电路是必要的，对 PNP 型晶体管放大电路同样也是必要的。只不过在 PNP 型晶体管放大电路中，电源 U_{CC} 和 U_{BB} 的极性均应与图 1.51 所示的相反，才能保证 $U_{BC}>0$，$U_{BE}<0$。

3. 特性曲线

晶体管的特性曲线一般是指共发射极接法时的伏安特性曲线。它分为输入特性曲线和输出特性曲线两组。这些特性曲线可用晶体管特性图示仪测出。它反映晶体管的外部特性，是设计放大电路的依据。

1）输入特性曲线

输入特性曲线是指当 U_{CE} 为常量时，晶体管输入回路 i_B 与 u_{BE} 之间的关系曲线，即

$$i_B=f(u_{BE})|_{U_{CE}=\text{常数}}$$

图 1.52 所示是在 $U_{CE}\geqslant 1V$ 条件下测得的硅管输入特性曲线。由图可见，晶体管的输入特性曲线与二极管的正向特性曲线相似。

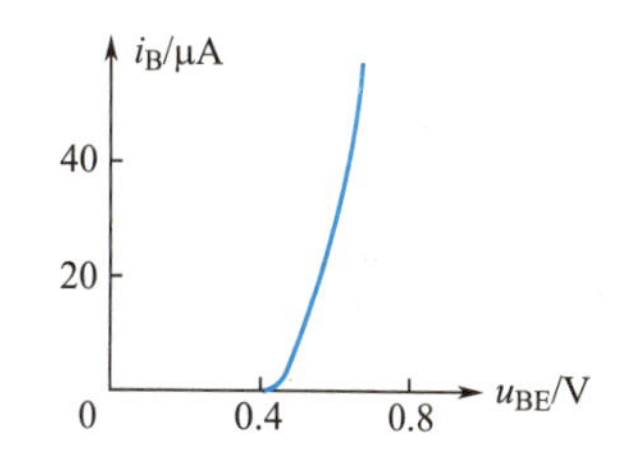

图 1.52　晶体管输入特性曲线

和二极管一样，晶体管输入特性也有死区。硅管死区电压约为 0.5V，锗管死区电压约为 0.1V。正常工作情况下硅管发射结电压约为 0.7V，锗管约为 0.2V。

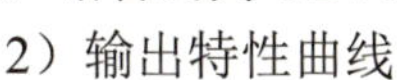

2）输出特性曲线

输出特性曲线是指当 I_B 不变时，晶体管输出回路中 i_C 与 i_{CE} 之间的关系曲线，即

$$i_C=f(u_{CE})|_{I_B=\text{常数}}$$

对应不同的基极电流 I_B，输出特性曲线是一组曲线簇，如图 1.53 所示。

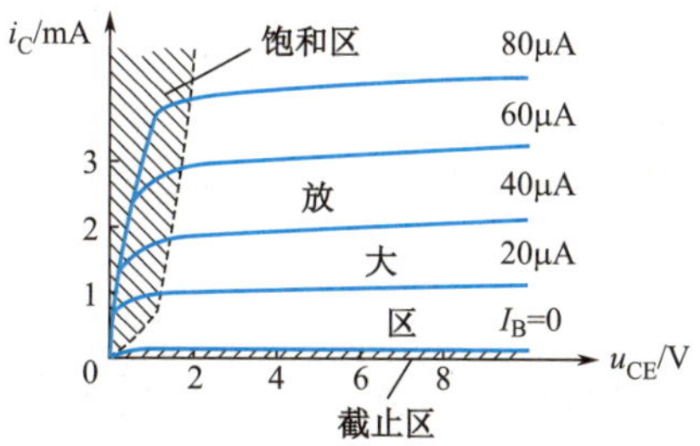

图 1.53　晶体管输出特性曲线

由图 1.53 可见，当 I_B 一定时，随着 u_{CE} 从零不断增大，i_C 先直线上升，然后趋于平直，其原因是当 u_{CE} 很小时，由于集电结所加反向电场很弱，不足以把从发射区扩散到集电结附近的自由电子全部拉过集电结，因此 i_C 很小；随着 u_{CE} 的增大，i_C 直线上升；当 $u_{CE}>1V$ 以后，集电结附近的电子基本全部被集电极所收集，因此 i_C 基本保持定值，且满足 $i_C=\bar{\beta}I_B$。

当 I_B 增大时，相应的 i_C 也增大，曲线上移，体现出 I_B 对

i_C 的控制作用。

在实际应用中，输出特性曲线可划分成三个区域。

（1）截止区。

图 1.53 中 $I_B = 0$ 的曲线以下的区域称为截止区。此时集电极电流 i_C 基本为零，称这种状态为截止状态。事实上当 $I_B = 0$ 时，i_C 仍有一微小的数值，称为穿透电流，用 I_{CEO} 表示。如果要使晶体管可靠截止，则发射结和集电结就必须反向偏置。

（2）饱和区。

图 1.53 中虚线左侧的区域称为饱和区。此时，集电结和发射结均为正向偏置，称此状态为饱和工作状态，相应的 U_{CE} 称为饱和压降，用 U_{CES} 表示。小功率硅管的 U_{CES} 通常约为 0.3V。

（3）放大区。

在截止区和饱和区之间的输出特性曲线的近似水平部分称为放大区。在放大区 I_C 和 I_B 成正比关系，因此放大区也称线性区。晶体管工作在放大区时发射结正向偏置，集电结反向偏置。

4．主要参数

1）电流放大系数

电流放大系数，严格地说可以分为直流电流放大系数 $\bar{\beta}$ 和交流电流放大系数 β。直流电流放大系数的意义如前所述。交流电流放大系数是指基极电流 i_B 变化时，集电极电流变化量 Δi_C 与基极电流变化量 Δi_B 的比值。即

$$\beta = \frac{\Delta i_C}{\Delta i_B} \tag{1.25}$$

例如，在图 1.53 中，当 $u_{CE} = 4\text{ V}$ 时，基极电流从 20μA 增加到 40μA，集电极电流从 1.1mA 增加到 2.1mA，则交流电流放大系数为

$$\beta = \frac{\Delta i_C}{\Delta i_B} = \frac{(2.1-1.1)\times 10^{-3}}{(40-20)\times 10^{-6}} = 50$$

2）集–基极反向截止电流 I_{CBO}

I_{CBO} 是指当发射极开路时，由于集电结处于反向偏置，集电区少数载流子（空穴）漂移通过集电结而形成的反向电流。I_{CBO} 受温度影响大，此值越小温度稳定性越好。

3）集–射极反向截止电流 I_{CEO}

I_{CEO} 是指当基极开路时，从集电极穿过集电区、基区和发射区到达发射极的电流，通常称为穿透电流。

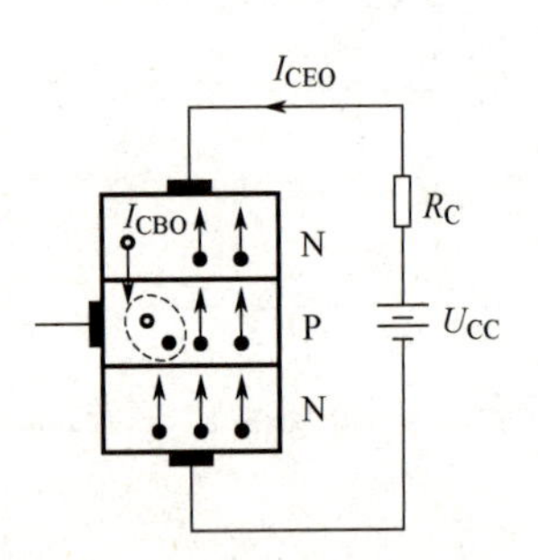

图 1.54　基极开路时晶体管内部载流子运动情况

基极开路时晶体管内部载流子运动情况如图 1.54 所示。由于 $I_B = 0$，从集电区漂移到基区的空穴（即 I_{CBO}）全部与从发射区扩散到基区的电子相复合。由晶体管的放大原理可知，从发射区扩散到达集电区的电子数应为在基区与空穴复合的电子数的 $\bar{\beta}$ 倍，故

$$I_{CEO} = I_{CBO} + \bar{\beta} I_{CBO} = (1+\bar{\beta}) I_{CBO} \tag{1.26}$$

由于 I_{CBO} 受温度影响大，当温度上升时 I_{CBO} 增加得快，故 I_{CEO} 增加得也快。因此，I_{CBO} 越大，$\bar{\beta}$ 越大，I_{CEO} 越大，稳定性越差。

4）特征频率 f_T

由于晶体管中发射结和集电结两个 PN 结都有电容效应，当信号频率增高到一定数值后，将使 β 下降，f_T 是指当 β 下降到 1 时的频率。

5）集电极最大允许电流 I_{CM}

在 I_C 的一个很大范围内，β 值基本不变，但当 I_C 超过一定数值后，β 将明显下降，此时的集

电极电流值即为 I_{CM}。在 U_{CE} 很小的情况下，I_C 超过 I_{CM} 晶体管并不一定会损坏。

6）集-射极反向击穿电压 $U_{(BR)CEO}$

$U_{(BR)CEO}$ 是指基极开路时，集电极与发射极之间的最大允许电压。它反映晶体管的耐压情况。当基极不是开路时，晶体管能承受的集-射极电压将略高于此值。

7）集电极最大允许功耗 P_{CM}

晶体管工作时由于集电结承受较高的反向电压并通过较大的电流，必然会因功率消耗而发热，使结温升高。P_{CM} 是指在允许结温下（硅管约为 150℃，锗管约为 70℃），集电极允许消耗的最大功率。

如果一个晶体管的 P_{CM} 已确定，则由 $P_{CM}=I_C U_{CE}$ 可知，临界损耗时 I_C 和 U_{CE} 在输出特性上的关系为一双曲线。

I_{CM}、$U_{(BR)CEO}$ 和 P_{CM} 称为晶体管的极限参数，它们共同确定了晶体管的安全工作区，如图 1.55 所示。

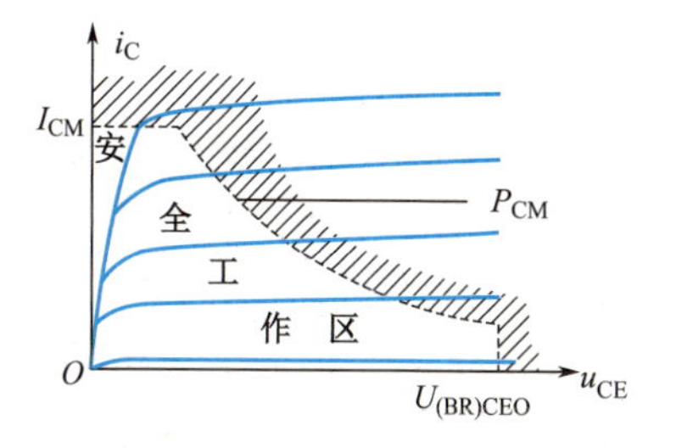

图 1.55　晶体管的安全工作区

5. 晶体管的等效电路小信号模型

晶体管工作时必须加直流电源，以提供其必要的工作状态（放大、饱和、截止），然后加入需要处理的交流信号。分析计算含有晶体管的电路时，将晶体管用其相应的等效电路代替后，按电路基础的方法分析就可以了。

1）晶体管直流等效电路

图 1.56（b）是图 1.56（a）中晶体管处于放大状态的直流等效电路，图 1.56（c）是晶体管处于截止状态的直流等效电路。

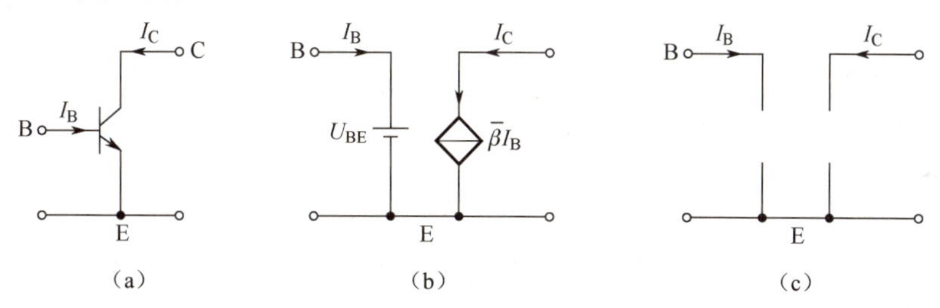

图 1.56　晶体管直流等效电路

2）晶体管小信号放大等效电路

图 1.57（b）是图 1.57（a）中晶体管在小信号作用下，工作在放大状态时的等效电路，晶体管的输入端用输入电阻 r_{BE} 代替，输出端等效为受基极电流 Δi_B 控制的受控电流源，它是分析晶体管放大器的基础。

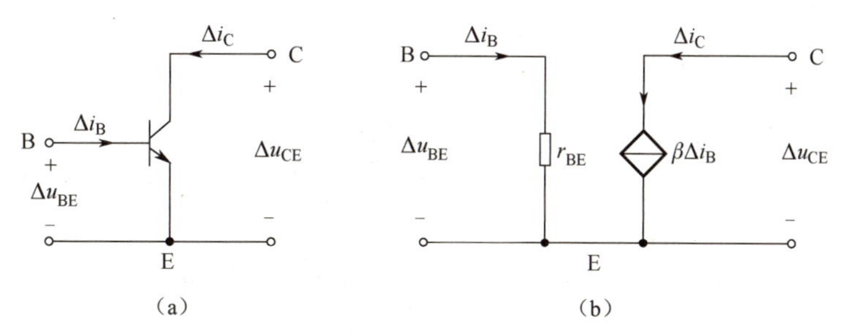

图 1.57　晶体管小信号放大等效电路

1.5.4　场效应管

场效应管的外形与普通晶体管相似，但两者的工作机理差异较大。晶体管是电流控制元件，通过控制基极电流达到控制集电极电流或发射极电流的目的。工作时，信号源必须提供一定的电流，其输入电阻很低，约$10^3\Omega$数量级；场效应管是电压控制元件，其输入电阻很高，工作时不需要信号源提供电流，这是场效应管最突出的特点。

场效应管可分为绝缘栅型和结型两大类。绝缘栅型场效应管的输入电阻在$10^9\Omega$以上，且易于高密度集成，在中、大规模集成电路中获得广泛应用；结型场效应管输入电阻在$10^7\Omega$左右，比绝缘栅型低两个数量级，且不易集成，一般只作为分立元件使用。本书着重介绍前者。

1. 绝缘栅型场效应管的结构和工作原理

绝缘栅型场效应管又名金属（Metal）-氧化物（Oxide）-半导体（Semi-conductor）场效应管，简称MOS场效应管，按它的制造工艺和性能可分为增强型与耗尽型两类，每类又可分为N沟道和P沟道两种。只要理解其中的一种，其他三种也就容易理解了。

图1.58（a）是N沟道增强型MOS场效应管的结构及符号。它以P型硅材料为衬底，在上面覆盖一层氧化物绝缘层，在绝缘层上开两个小窗，用扩散的方法制成两个高掺杂浓度的N区，并分别引出一个电极，即源极S（Source）和漏极D（Drain），再隔着氧化物绝缘层引出栅极G（Gate），在衬底下方引出接线端B（使用时B端通常和源极S相连）。

由图1.58（a）可以看出，MOS场效应管的两个N区被P型衬底隔开，成为两个背靠背的PN结。在栅源电压U_{GS}为零时，不管漏源电压U_{DS}为何值，总有一个PN结是反向偏置的，因此漏极和源极之间不可能有电流流通。

当栅源电压U_{GS}为正时，栅极和衬底类似电容器的两个金属板，栅极金属板聚集正电荷，它把P型衬底中的少数载流子自由电子吸引到衬底表层，形成一层以电子为多数载流子的N型薄层，如图1.59所示。这是一种能导电的薄层，它与P型衬底的类型相反，故称为反型层。反型层把源区和漏区连成一个整体，形成N型导电沟道。U_{GS}值越大，导电沟道越宽。形成导电沟道后若再在漏极D和源极S间加正电压，就会产生漏极电流，它的大小受U_{GS}控制。

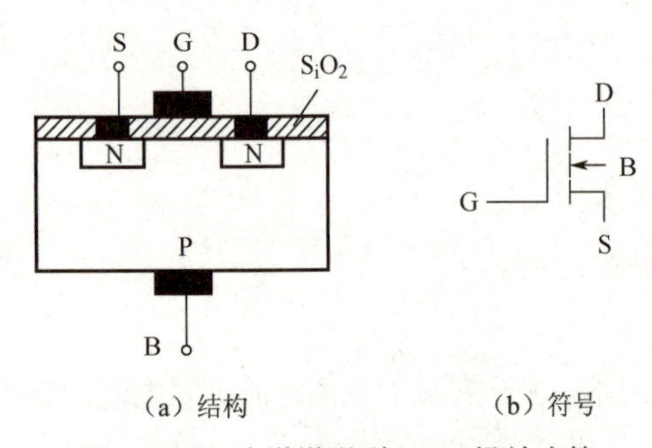

（a）结构　（b）符号

图1.58　N沟道增强型MOS场效应管

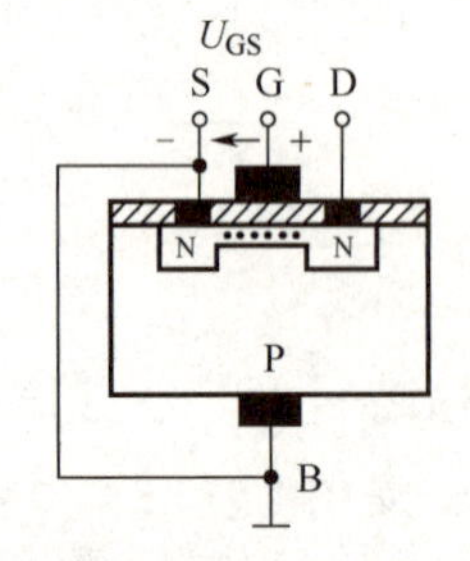

图1.59　N沟道增强型MOS场效应管工作原理

2. 绝缘栅型场效应管的特性曲线及符号

1）增强型MOS场效应管

场效应管的特性曲线也包括两部分，如图1.60所示，它是N沟道增强型MOS场效应管的特性曲线。图1.60（a）是栅源电压u_{GS}对漏极电流i_D控制特性的曲线，称为转移特性曲线。该曲线在横轴上的起始点U_{GS}(th)称为开启电压。只有当栅源电压大于开启电压时，导电沟道才形成，管子才导通。图1.60（b）是场效应管的输出特性曲线，它与晶体管的输出特性曲线相似。场效应管的输出特性曲线也称漏极特性曲线。

2）耗尽型MOS场效应管

如果用P型衬底制造MOS场效应管，则通过扩散或其他方法在漏区和源区之间先形成一个导电的N沟道，于是就成为N沟道耗尽型MOS场效应管。这种场效应管在加上漏源电压u_{DS}后，若

栅源电压 u_{GS} 为零，则将有一个相当大的漏极电流 I_{DSS} 流过。I_{DSS} 称为饱和漏极电流。若 u_{GS} 为负，则导电沟道变窄，i_D 减小。当 u_{GS} 负到一定程度时，导电沟道被夹断，i_D 减小到零。此时的栅源电压称为夹断电压，用 $U_{GS}(\text{off})$ 表示。N 沟道耗尽型 MOS 场效应管的特性曲线如图 1.61 所示。

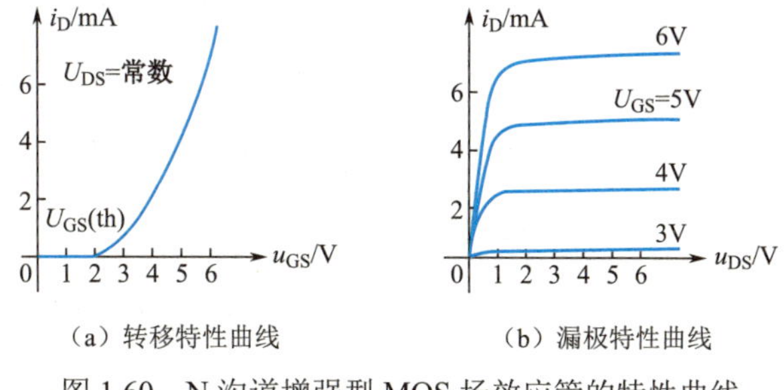

（a）转移特性曲线　（b）漏极特性曲线

图 1.60　N 沟道增强型 MOS 场效应管的特性曲线

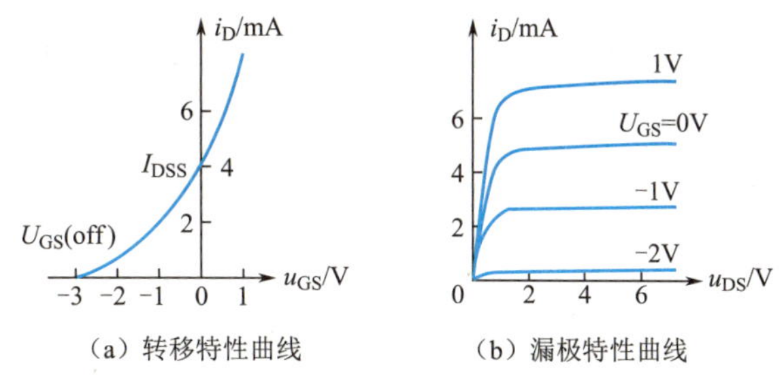

（a）转移特性曲线　（b）漏极特性曲线

图 1.61　N 沟道耗尽型 MOS 场效应管的特性曲线

N 沟道耗尽型 MOS 场效应管的符号如图 1.62（a）所示。

值得注意的是：

（1）上面介绍的增强型和耗尽型两种 N 沟道 MOS 场效应管，其主要区别在于是否有原始导电沟道。所以判别一个 MOS 场效应管是增强型还是耗尽型的，通过检查当 $u_{GS}=0$，且在漏区、源区之间加正向电压时有无漏源电流来判断，若有为耗尽型，反之则为增强型。

（2）若把上述两种场效应管的衬底换成 N 型硅，源区、漏区和沟道改成 P 型，就得到 P 沟道增强型 MOS 场效应管和 P 沟道耗尽型 MOS 场效应管。其符号如图 1.62（b）、（c）所示。

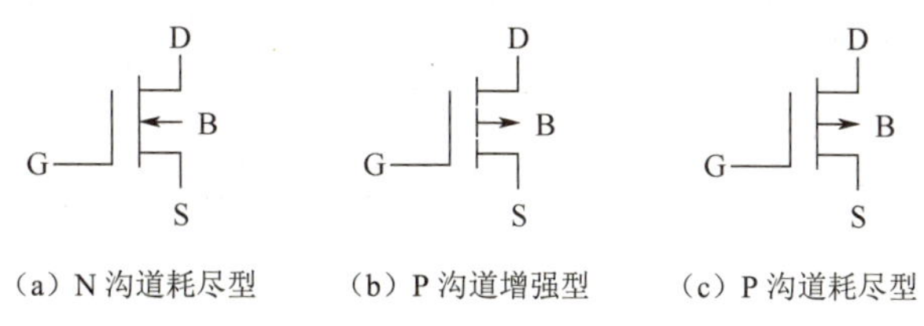

（a）N 沟道耗尽型　（b）P 沟道增强型　（c）P 沟道耗尽型

图 1.62　三种 MOS 场效应管的符号

（3）MOS 场效应管由于栅极与其他电极之间处于绝缘状态，所以它的输入电阻很高。但周围电磁场的变化可能在栅极与其他电极之间感应产生较高的电压，形成很强的电场强度，使绝缘击穿。为了防止损坏，在保存 MOS 场效应管时，应把各个电极短接，焊接时应把烙铁外壳接地。

3. 场效应管的主要参数

MOS 场效应管的主要参数除上面已介绍过的开启电压 $U_{GS}(\text{th})$、夹断电压 $U_{GS}(\text{off})$ 和饱和漏极电流 I_{DSS} 外，还有一个表示场效应管放大能力的重要参数：跨导。跨导定义为当漏源电压 u_{DS} 一定时，漏极电流增量 Δi_D 对栅源电压增量 Δu_{GS} 的比值，用 g_m 表示，即

$$g_m=\frac{\Delta i_D}{\Delta u_{GS}}\bigg|_{U_{DS}=\text{常数}} \tag{1.27}$$

当信号是正弦量时，式（1.27）中的增量可用瞬时值（或相量）表示，即

$$g_{\mathrm{m}}=\left.\frac{i_{\mathrm{D}}}{u_{\mathrm{GS}}}\right|_{\mathrm{mA/V}} \tag{1.28}$$

g_{m} 的大小就是转移特性曲线在静态工作点处的斜率，它是衡量场效应管放大能力的参数。

4. 场效应管的小信号模型

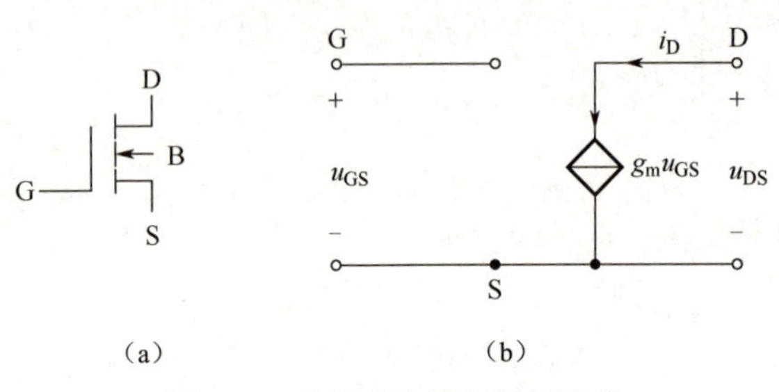

图 1.63 场效应管的小信号模型

和晶体管类似，当场效应管处于在放大状态（线性区）时，加入小信号工作，也可建立它的小信号模型，图 1.63（b）是图 1.63（a）中场效应管的小信号模型。

从输入回路看，场效应管输入电阻 r_{GS} 很高（可达 $10^9\,\Omega$ 以上），栅极电流 $I_{\mathrm{G}}=0$，所以可认为栅、漏间开路。从输出回路看，当工作在放大状态时，场效应管可看成受栅极电压控制的电流源 $g_{\mathrm{m}}u_{\mathrm{GS}}$，与漏源电压 u_{DS} 无关。

1.6 运算放大器

运算放大器是一种具有高电压放大倍数、高输入电阻和低输出电阻的放大器，因用它可以方便地组成加、减、指数、对数、微分、积分等运算电路而得名。实际上它除可实现各种运算功能外，还可实现电压放大、比较、波形产生等功能，在检测、控制、信号产生和处理等众多领域中，获得了广泛的应用。

目前，电路中使用的运算放大器都是一种集成电路芯片，因此本节把它作为一个常用的电路元件来介绍，主要介绍其符号、电压传输特性以及理想运算放大器的特点。

1.6.1 运算放大器的符号与电压传输特性

运算放大器的主要端子如图 1.64 所示。它是由多级晶体管放大电路组成的集成芯片。为了保证其处于放大状态，工作时需要有直流电源供电，图 1.64 中 U_+ 为正电源接入端，U_- 为负电源接入端。运算放大器工作时，输入电压信号加在同相输入端 b 和反相输入端 a 上，输出电压由 o 端输出。在只考虑输入输出信号时，常用图 1.65 所示的符号表示运算放大器。

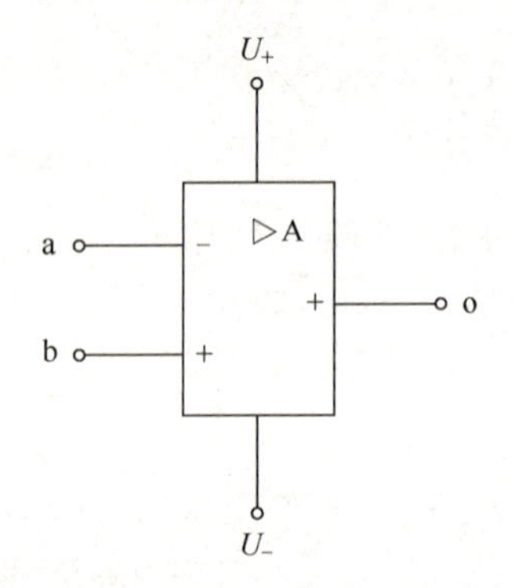

图 1.64 运算放大器的主要端子

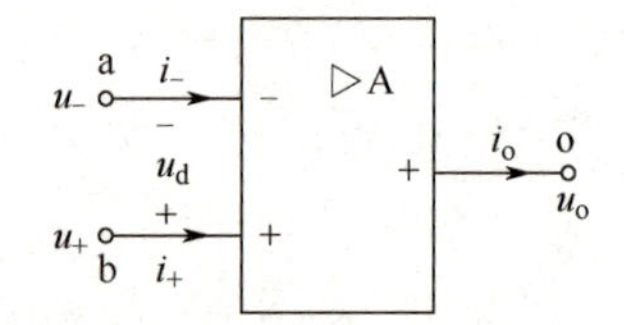

图 1.65 运算放大器的符号

运算放大器的一个主要特性参数是放大倍数，即输出电压与输入差模电压（同相输入端信号与反相输入端信号之差）的比值。输出电压与输入差模电压的关系通常用图 1.66 所示的电压传输特性

曲线表示。

由图 1.66 可以看出，运算放大器有线性工作区和饱和区（包括正向、反向）两个区域。

（1）线性工作区：当 $|(u_+ - u_-)| < U_{ds} = \dfrac{U_{omax}}{A}$ 时，输出电压与输入差模电压成正比，即

$$u_o = A(u_+ - u_-) \tag{1.29}$$

式中，A 称为运算放大器的差模开环电压放大倍数。

（2）饱和区，又称为非线性工作区：当 $|(u_+ - u_-)| > U_{ds} = \dfrac{U_{omax}}{A}$ 时，输出电压为正的最大值 $u_o = U_{omax}$ 或负的最大值 $u_o = -U_{omax}$。

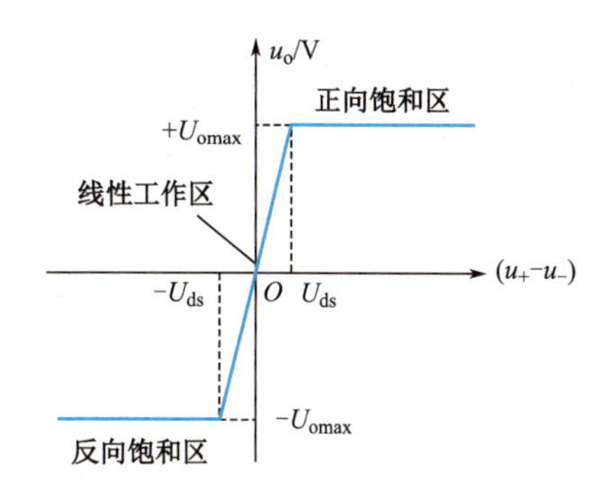

图 1.66　运算放大器的电压传输特性曲线

其中，U_{omax} 是输出电压的饱和值，又称为最大值；U_{ds} 是运算放大器工作进入饱和区时的输入差模电压值。

运算放大器工作在线性工作区时，由于差模开环电压放大倍数 A 很大，典型值是$10^5 \sim 10^8$，因此运算放大器的线性工作区非常窄。如果运算放大器的输出电压最大值为 14V，$A = 10^5$，那么只有当$|(u_+ - u_-)| < 28\mu V$ 时，电路才工作在线性区，也就是说，当$|(u_+ - u_-)| > 28\mu V$ 时，运算放大器进入非线性工作区即饱和区，输出电压不是+14V 就是−14V。要使运算放大器工作在线性工作区，就必须通过外电路引入负反馈，利用运算放大器工作在线性工作区，可以实现电压放大。利用它工作在非线性工作区，可以实现电压比较、产生波形等。

1.6.2　理想运算放大器

由于运算放大器的差模开环电压放大倍数 A 很大，而运算放大器的输出电压只有十几伏，所以两个输入端之间的电压 $u_+ - u_-$ 很小，而运算放大器的输入电阻又很大，故运算放大器两个输入端电流 i_+ 和 i_- 也很小。在理论分析时，可以将运算放大器理想化，理想化条件为：$A = \infty$，$R_i \to \infty$，$R_o \to 0$。此时的运算放大器称为理想运算放大器，其电路符号如图 1.67 所示。

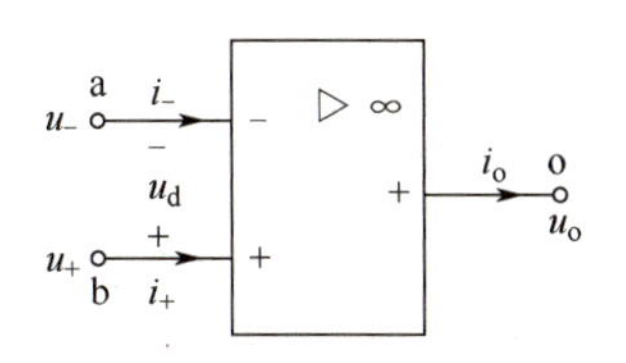

图 1.67　理想运算放大器的电路符号

由式（1.29）可知 u_o 为有限值，$A = \infty$，因此 $u_+ - u_- = 0$，即两个输入端 u_+ 和 u_- 电位相等，即

$$u_+ = u_- \tag{1.30}$$

这称为理想运算放大器的“虚短”，即两个输入端电位无穷接近，但又不是真正短路。

因为同相输入端与反相输入端之间的差模输入电阻 $R_i \to \infty$，所以流进运算放大器的电流均为零，即

$$i_+ = i_- = 0 \tag{1.31}$$

这称为理想运算放大器的“虚断”，即两个输入端电流无穷接近零，但又不是真正开路。

“虚短”和“虚断”是理想运算放大器工作在线性状态下必须遵循的两条重要法则，是分析运算放大器电路工作在线性区的依据。

【例 1.8】如图 1.68 所示电路是由运算放大器构成的反相比例运算电路，求输出电压 u_o 与输入电压 u_i 之比。

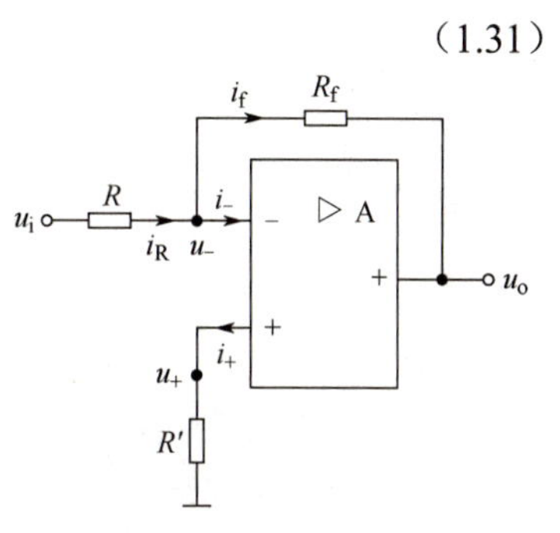

图 1.68　反相比例运算电路

解： 由于理想运算放大器的“虚断”，同相输入端电流为零，故 R' 中电流为零，同相输入端电位也为零；根据理想运算放大器的“虚短”，有

$$i_+ = i_- = 0$$

$$u_+ = u_- = 0$$

可得

$$i_R = i_f$$

$$\frac{u_i - u_-}{R} = \frac{u_- - u_o}{R_f}$$

整理得

$$u_o = -\frac{R_f}{R} u_i$$

u_o 与 u_i 成比例关系，比例系数为 $-\frac{R_f}{R}$，负号表示 u_o 与 u_i 反相。

集成运算放大器性能优良，工作在线性工作区时，将其理想化，以“虚短”“虚断”为依据，极大地简化了电路的分析和设计，而所引入的误差可忽略不计。由此给到的启示是：没有任何一种解决问题的方法是完全有益无弊的，在工作、学习中要善于抓住主要矛盾。

1.7 电路分析基本定律

前面讨论了电路基本元件的伏安特性，即元件对其电压和电流的约束关系，因此称之为元件约束。由若干元件连接形成的电路，也有其服从的约束关系，这就是基尔霍夫定律。基尔霍夫定律是电路中的基本定律，与元件约束一起，是分析电路的基本依据。基尔霍夫定律包括基尔霍夫电流定律（Kirchhoff's Current Law，KCL）和基尔霍夫电压定律（Kirchhoff's Voltage Law，KVL）。基尔霍夫电流定律主要应用于节点，基尔霍夫电压定律主要应用于回路。

1.7.1 常用术语

为便于讨论，先介绍几个常用术语。在图 1.69 所示电路模型中，每一个方框代表一个电路元件，这里对电路元件的性质不加限制，只考虑电路结构特点。

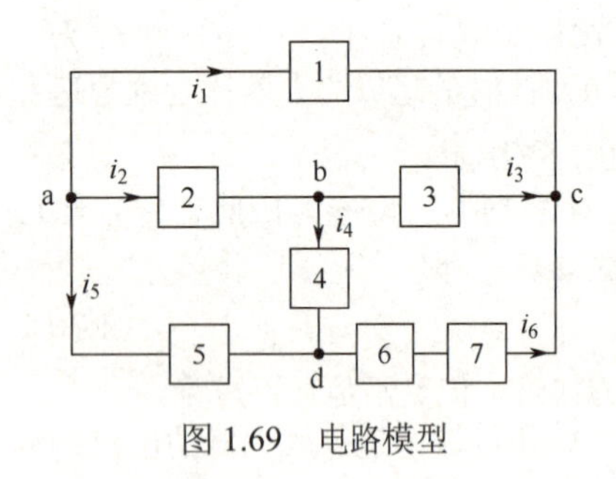

图 1.69 电路模型

1. 支路

顾名思义，支路表明是一个分支。电路中流过同一个电流的一段路径称为支路。电路中支路的数量用 b 表示。显然，图 1.69 中共有六条支路，即 b=6。有的支路只含一个元件，有的支路由多个元件串联而成。

2. 节点

节点又称为结点，是三条或三条以上支路的连接点。节点数用 n 表示，在图 1.69 所示电路中，共有四个节点：节点 a、b、c、d，即 n=4。

3. 回路

支路是表征从某个节点到另一个节点的电流通路。如果一些支路的集合构成的电路两端的节点是同一个节点，则称为回路，即由支路构成的闭合路径是回路。回路数用 l 来表示，在图 1.69 所示电路中，共有七个回路：abca、bdcb、acda、abcda、acbda、abda 和 abdca，即 l=7。

4. 网孔

电路中未被其他支路分割的最简回路称为网孔。在图 1.69 所示电路中有 abca、bdcb、abca 三个网孔，显然，网孔必定是回路，但回路不一定是网孔。

1.7.2　基尔霍夫电流定律

基尔霍夫电流定律（Kirchhoff 's Current Law，KCL）是用来确定连接在同一节点上的各支路电流间的关系。

视频——基尔霍夫电流定律

基于电荷守恒定律，电荷既不能被凭空创造也不能被消灭，对于集总参数电路的任一节点，流入多少电荷就流出多少电荷。由于电流的连续性，电路中任何一个节点，均不会堆积电荷。

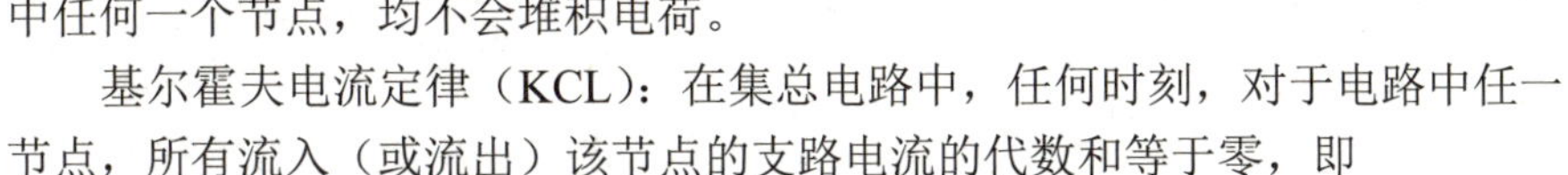

基尔霍夫电流定律（KCL）：在集总电路中，任何时刻，对于电路中任一节点，所有流入（或流出）该节点的支路电流的代数和等于零，即

$$\sum_{k=1}^{b} i_k = 0 \tag{1.32}$$

式中，b 代表与该节点相连的支路数。

应用 KCL 列写电路中某节点的电流方程时，可以规定流入该节点的电流取“＋”号，流出节点的电流取“－”号，也可以采用相反的选定方法，但在一个电路中，一旦确定后就不能变动。例如，在图 1.69 中，规定流入为正，流出为负，相应的 KCL 方程如下。

对节点 a

$$-i_1 - i_2 - i_5 = 0 \tag{1.33}$$

对节点 b

$$i_2 - i_4 - i_3 = 0 \tag{1.34}$$

对节点 c

$$i_1 + i_3 + i_6 = 0 \tag{1.35}$$

对节点 d

$$i_5 + i_4 - i_6 = 0 \tag{1.36}$$

式（1.33）～式（1.36）也可写成下列形式。

$$i_1 + i_2 + i_5 = 0 \tag{1.37}$$

$$i_2 = i_4 + i_3 \tag{1.38}$$

$$i_1 + i_3 + i_6 = 0 \tag{1.39}$$

$$i_5 + i_4 = i_6 \tag{1.40}$$

式（1.37）～式（1.40）表示：任一时刻，在电路中任一节点处，流入该节点的电流总和恒等于从该节点流出的电流总和。这是 KCL 的另一种表述方法。

KCL 不仅适用于节点，还可以推广应用于由闭合面包围的部分电路，如图 1.70 所示。

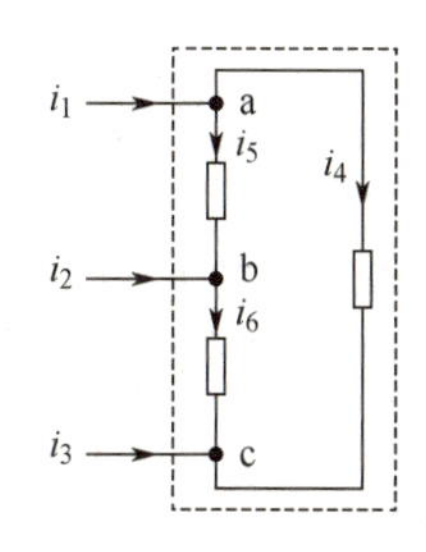

图 1.70　闭合面包围的部分电路

节点 a：$i_1 - i_4 - i_5 = 0$

节点 b：$i_2 + i_5 - i_6 = 0$

节点 c：$i_3 + i_4 + i_6 = 0$

上述三式相加得

$$i_1 + i_2 + i_3 = 0$$

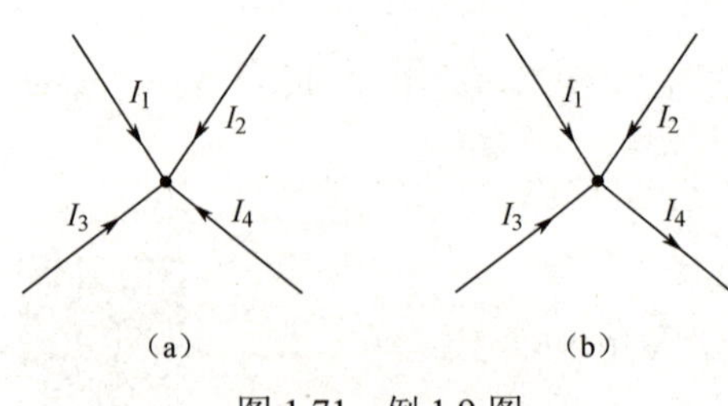

图 1.71　例 1.9 图

可见，对于任意闭合面所包围的电路，流入（或流出）该闭合面的支路电流的代数和恒等于零。

基尔霍夫电流定律是电路中各节点处支路电流间的一种相互约束关系。这种约束关系仅由元件相互间的连接方式所决定，与元件的性质无关。

【例 1.9】在图 1.71 所示的两个电路中，已知 $I_1 = 4\text{A}$，$I_2 = -3\text{A}$，$I_3 = 5\text{A}$，求 I_4。

解：（1）在图 1.71（a）中，由 KCL 得

$$I_1 + I_2 + I_3 + I_4 = 0$$

$$I_4 = -I_1 - I_2 - I_3 = -4\text{A} - (-3\text{A}) - 5\text{A} = -6\text{A}$$

（2）在图 1.71（b）中，由 KCL 得

$$I_1 + I_2 + I_3 - I_4 = 0$$

$$I_4 = I_1 + I_2 + I_3 = 4\text{A} + (-3\text{A}) + 5\text{A} = 6\text{A}$$

由本例可以获知，应用 KCL 列写电流方程时，方程中有两套正、负符号，各电流变量前面的正负号与求解后得到的各电流值本身的正、负符号所表示的意义是不同的，前者是对节点而言的，表示的是电流的流入、流出，而后者表示实际电流方向与参考方向的一致性，是两套不相同的符号，不可混淆。

拓展阅读：基尔霍夫

1.7.3　基尔霍夫电压定律

基尔霍夫电压定律（Kirchhoff's Voltage Law，KVL）表述回路中各电压间的约束关系。

根据能量守恒定律，在集总参数电路中，能量既不能被创造也不能被消灭。对于图 1.72 所示的电路模型，如果单位正电荷从 a 点出发，沿着回路 I 顺时针绕行一周又回到 a 点，相当于计算电压 u_{aa}，显然，单位正电荷沿闭合回路绕行一周，电荷本身既没有得到能量也没有失去能量，即

$$u_{aa} = u_1 - u_3 - u_2 = 0$$

基尔霍夫电压定律（KVL）：在集总参数电路中，任何时刻，沿任一回路所有支路或元件上电压的代数和为零，即

$$\sum_{k=1}^{L} u_k = 0 \tag{1.41}$$

式中，L 为该回路中的支路或元件数。

应用 KVL 列写回路电压方程时，需要先选定一个绕行方向，沿此绕行方向观察电路中各部分电压的正负取值，当支路或元件电压的参考方向与所选定的绕行方向一致时，该电压项取“＋”号，反之取“－”号。

以图 1.72 所示电路模型为例。图中已标明各元件电压的参考方向，并选定顺时针方向为各回路的绕行方向，相应的 KVL 方程为

图 1.72　电路模型

对回路 acba，有

$$u_1 - u_3 - u_2 = 0 \tag{1.42}$$

对回路 bcdb，有

$$u_3 + u_7 + u_6 - u_4 = 0 \tag{1.43}$$

对回路 acda，有

$$u_1 + u_7 + u_6 - u_5 = 0 \tag{1.44}$$

对回路 abda，有

$$u_2 + u_4 - u_5 = 0 \tag{1.45}$$

对于回路 acba，整理得到

$$u_1 = u_3 + u_2 \tag{1.46}$$

式（1.46）可解释为

电压降之和=电压升之和

与 KCL 类似，KVL 反映的是回路中各部分电压间的一种约束关系，这种约束关系仅由元件相互间的连接方式所决定，与元件的性质无关。这种只取决于元件相互连接方式的约束关系，称为拓扑约束。与此相对应，前面所提到的各种电路元件的电流与电压之间的关系为元件约束。电路中各电压、电流受到两类约束：拓扑约束和元件约束。

【例 1.10】在图 1.72 电路中，已知 $u_1 = 10\text{V}$，$u_2 = -4\text{V}$，$u_4 = 5\text{V}$，$u_6 = 7\text{V}$，试计算 u_3，u_5，u_7 的值。

解：由式（1.42）可得：$10\text{V} - (-4\text{V}) - u_3 = 0$　　故：$u_3 = 14\text{V}$

由式（1.43）可得：$14\text{V} + 7\text{V} + u_7 - 5\text{V} = 0$　　故：$u_7 = -16\text{V}$

由式（1.44）可得：$10\text{V} + (-16\text{V}) + 7\text{V} - u_5 = 0$　　故：$u_5 = 1\text{V}$

【例 1.11】在图 1.73 电路中，已知 $U_\text{S} = 5\text{V}$，$U_\text{R} = 3\text{V}$，$I_\text{S} = 2\text{A}$，计算：

（1）电流源的端电压；

（2）各元件的功率。

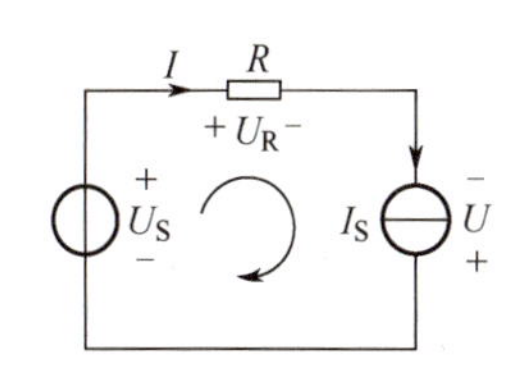

图 1.73　例 1.11 图

解：设电流源端电压为 U，参考方向如图所示。

（1）选顺时针方向为回路绕行方向，由 KVL 得

$$-U_\text{S} + U_\text{R} - U = 0$$

$$U = -U_\text{S} + U_\text{R} = -2\text{V}$$

（2）各元件的功率计算如下。

电阻元件：$P = U_\text{R} I = 6\text{W}$（消耗功率）

电压源：$P = -U_\text{S} I = -10\text{W}$（产生功率）

电流源：$P = -UI_\text{S} = 4\text{W}$（消耗功率）

【例 1.12】如图 1.74 所示，已知 $u_1 = u_4 = 2\text{V}$，$u_2 = u_3 = 3\text{V}$，$u_5 = 1\text{V}$，$u_6 = 5\text{V}$，试求电路中 a、b 两点之间的电压。

解：求解这类问题时，常采用双下标记法，如 u_ab、u_ad 等，其前后次序则表示计算电压降时所遵循的方向。双下标的前后次序是任意选定的，但一经选定，即应以此为准去求两点之间路径上全部电压降的代数和。将 u_ab 视作某元件两端的电压，如图 1.74 所示，对闭合回路列出 KVL 方程，有

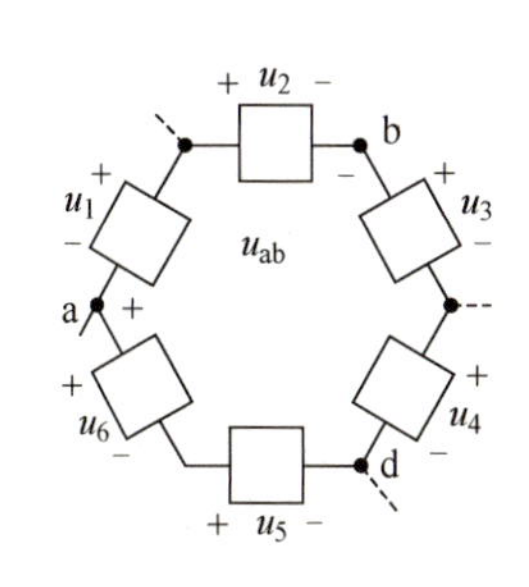

图 1.74　例 1.12 图

$$u_\text{ab} + u_3 + u_4 - u_5 - u_6 = 0$$

$$u_\text{ab} = -u_3 - u_4 + u_5 + u_6 = -(3\text{V}) - (2\text{V}) + 1\text{V} + 5\text{V} = 1\text{V}$$

上述计算结果表明，a、b 两点之间的电压是从 a 点出发，沿逆时针方向，到 b 点的电压降之和，凡参考极性所表示的电压降方向与选定的由 a 点到 b 点的计算电压降的方向一致的取正号，如 u_5和u_6，否则取负号，如 u_3和u_4。

u_ab 也可循元件 1、2 的路径进行计算，即

$$u_{ab} = -u_1 + u_2 = -(2\text{V}) + 3\text{V} = 1\text{V}$$

电路中任何两点间的电压与计算时所选择的路径无关。

【例 1.13】如图 1.75 所示，列出节点 A、B、C 的 KCL 方程和网孔 1、网孔 2、网孔 3 的 KVL 方程。

解：先列各节点 A、B、C 的 KCL 方程

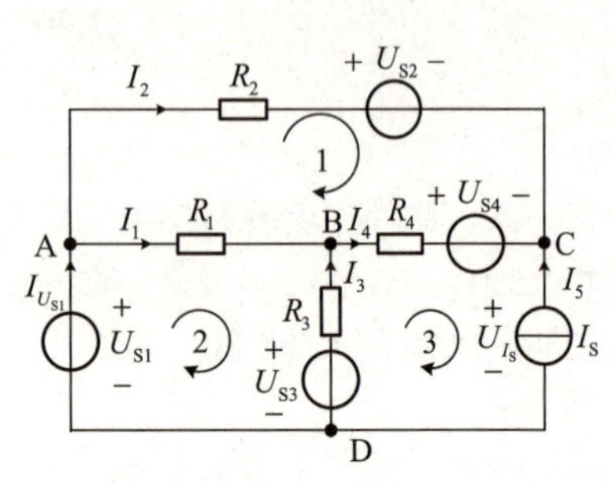

图 1.75　例 1.13 图

节点 A：$I_{U_{S1}} - I_1 - I_2 = 0$

节点 B：$I_1 + I_3 - I_4 = 0$

节点 C：$I_2 + I_4 + I_5 = 0$

再列网孔 1、2、3 的 KVL 方程

网孔 1：$I_2R_2 + U_{S2} - U_{S4} - I_4R_4 - I_1R_1 = 0$

网孔 2：$I_1R_1 - I_3R_3 + U_{S3} - U_{S1} = 0$

网孔 3：$I_4R_4 + U_{S4} + U_{I_S} - U_{S3} + I_3R_3 = 0$

当给定电路元件参数后，联立上述方程就可以求出电路变量 $I_1 \sim I_5$，更详细的介绍将在第 2 章进行。

基尔霍夫定律：KCL 与 KVL 反映了集总参数电路中电压和电流所受到的约束，与元件性质无关，这表明在电路中，先要满足整体约束。对我们每个个体而言，个体利益要服从集体利益。

1.8　应 用 案 例

1.8.1　二极管限幅、整流、稳压电路

二极管在电路中有着广泛的应用，主要包括限幅、整流、稳压、检波、构成门电路等，下面重点介绍二极管限幅电路、整流电路和稳压电路。

1. 限幅电路

一种简单的限幅电路如图 1.76 所示。当输入信号 U_I 小于二极管导通电压时，二极管截止，$U_O \approx U_I$；U_I 超过导通电压后，二极管导通，其两端电压就是 $U_O = U_D$。由于二极管正向导通后，两端电压变化很小，所以当 U_I 有很大的变化时，U_O 的数值却被限制在一定范围内。这种电路可用来减小某些信号的幅值以适应不同的要求或保护电路中的元器件。

2. 整流电路

由二极管构成的整流电路是直流电源的重要组成部分，它可以把双极性的交流电压转换为单极性的直流电压。单相半波整流电路是最简单的一种整流电路，如图 1.77 所示，当电路的输入频率为 50Hz、有效值为 220V 的电网电压（即市电）时，设变压器的二次电压有效值为 U_2，则其瞬时值 $u_2 = \sqrt{2}U_2 \sin \omega t\text{V}$。

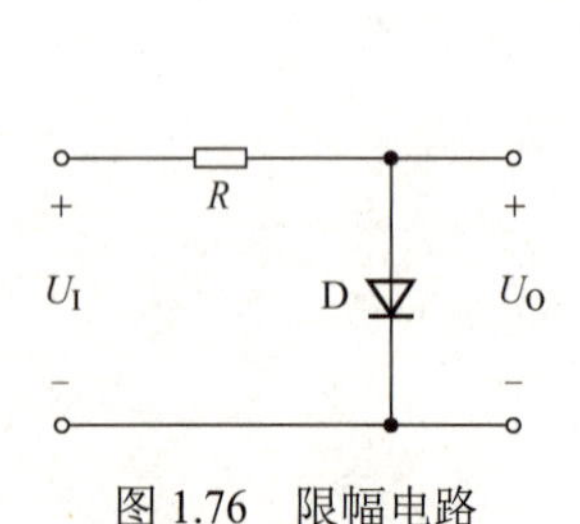

图 1.76　限幅电路

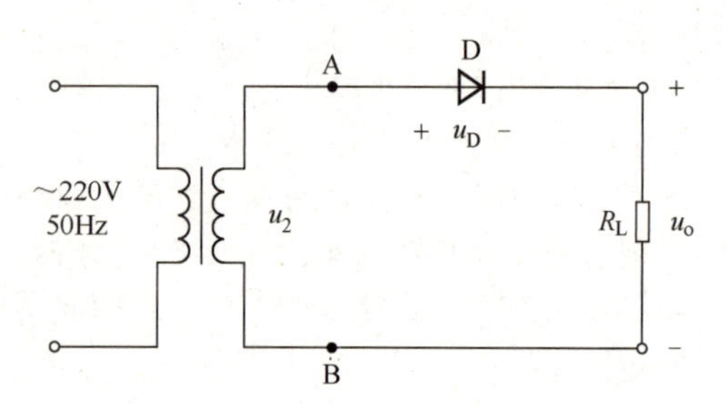

图 1.77　单相半波整流电路

在 u_2 的正半周，A 点为正，B 点为负，二极管外加正向电压，因而处于导通状态。电流从 A 点流出，经过二极管 D 和负载电阻流入 B 点，$u_o = u_2 = \sqrt{2}U_2 \sin\omega t(\omega t = 0 \sim \pi)\text{V}$。在 u_2 的负半周，B 点为正，A 点为负，二极管外加反向电压，因而处于截止状态，$u_o = 0\ (\omega t = \pi \sim 2\pi)\text{V}$。负载电阻的电压和电流都具有单一方向的脉动。图 1.78 所示为变压器二次电压 u_2、输出电压 u_o 和二极管端电压 u_D 的波形图。

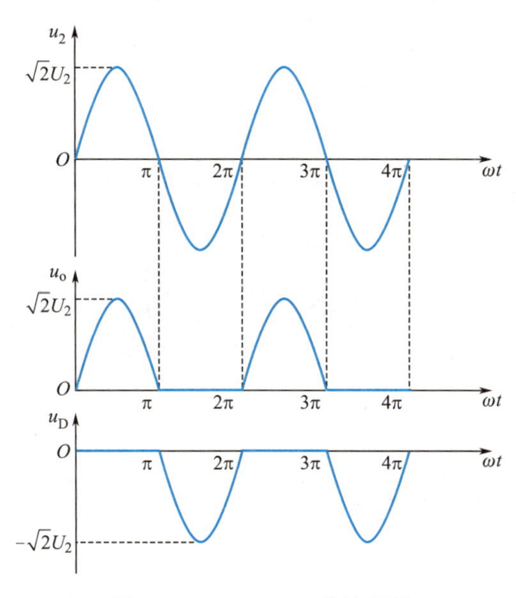

图 1.78　u_2、u_o、u_D 的波形图

3. 稳压电路

稳压二极管作为一种特殊的半导体二极管，因为它具有稳压的特点，在稳压设备和一些电子电路中经常用到，图 1.79（a）、（b）、（c）分别为其符号、伏安特性曲线和稳压二极管反向击穿时的等效电路。稳压管正常工作的条件有两个：一是必须工作在反向击穿状态，二是稳压管中的工作电流要在稳压管的稳定电流与最大电流之间。图 1.80 所示为常用的稳压电路。当 U_I 或 R_L 变化时，稳压管中的电流发生变化，但是由于动态电阻 r_Z 很小，在一定范围内其两端电压基本保持在稳压值 U_Z 附近，从而能够起到稳定输出电压的作用。

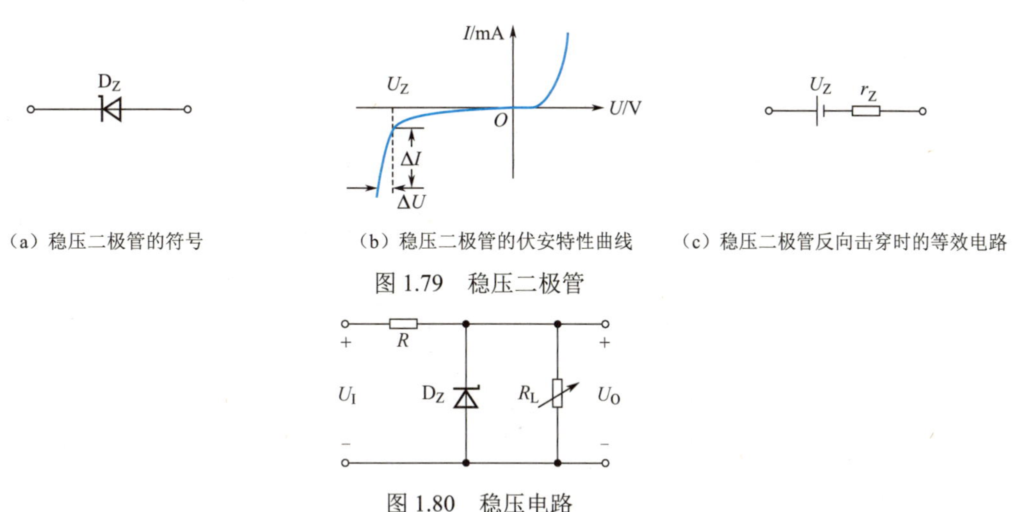

（a）稳压二极管的符号　（b）稳压二极管的伏安特性曲线　（c）稳压二极管反向击穿时的等效电路

图 1.79　稳压二极管

图 1.80　稳压电路

1.8.2 坦克火炮操纵台信号放大电路

信号放大电路是模拟电子技术的核心，是信号获取、处理中必不可少的环节。运算放大电路是以输入电压作为自变量，以输出电压作为因变量的电路；当输入电压发生变化时，输出电压将按一定的数学规律变化，即输出电压反映输入电压某种运算的结果。对运算放大电路的分析，可以借助前面所学的电路模型，利用电路分析方法进行。

图 1.81 所示是炮手操纵装置图，可将采样得到的比较微弱的电压信号放大，再与其他信号求和处理。

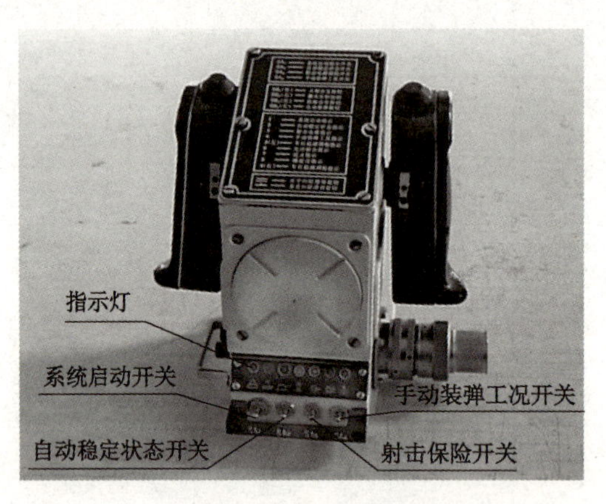

图 1.81 炮手操纵装置图

火炮的水平运动和垂直运动主要来自炮手操纵台发出的控制信号。该操纵台内装有垂直向电位器和水平向电位器，炮手转动操纵台的方向和角度，操纵台的两个电位器将发出极性不同、数值不同的电压信号，通过采样电阻转换后即得到一对比较信号 U_1 和 U_2，炮手信号放大电路如图 1.82 所示。

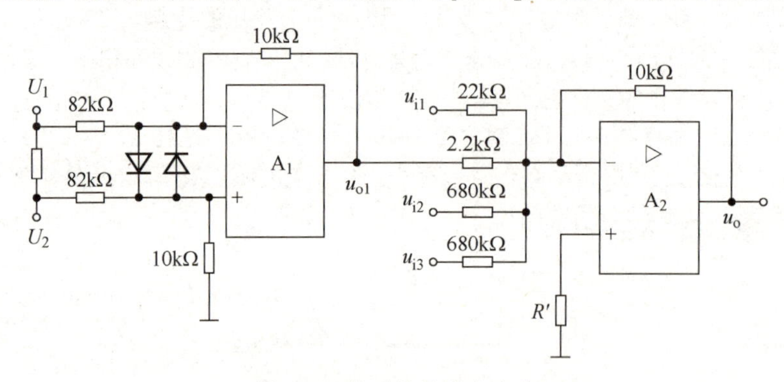

图 1.82 炮手信号放大电路

图 1.82 所示的运算放大电路由两级放大电路组成，第一级是差动放大电路，放大倍数为

$$A_{u1}=\frac{10}{82}，\ 即\ u_{o1}=A_{u1}(U_1-U_2)$$

第二级是反相求和电路，u_{i1} 是调炮信号，u_{i2} 是垂直反漂移信号，u_{i3} 是水平反漂移信号，根据“虚短”和“虚端”，有

$$u_o=-\frac{10}{22}u_{i1}-\frac{10}{2.2}u_{o1}-\frac{10}{680}u_{i2}-\frac{10}{680}u_{i3}$$

思考题与习题 1

题 1.1　电路如图 1.83 所示，R、U_S、I_S 均大于零，请说明电阻、电压源、电流源的功率消耗情况。

题 1.2　图 1.84 所示元件发出电功率 10W，求元件电压 U。

题 1.3　已知空间有 a、b 两点，电压 U_{ab}=10V，a 点电位 V_a=4V，求 b 点电位 V_b。

题 1.4　在图 1.85 所示电路中，求电压源电压 U。

题 1.5　在图 1.86 所示电路中，U_S、I_S 均为正值，分析电压源与电流源的功率消耗情况。

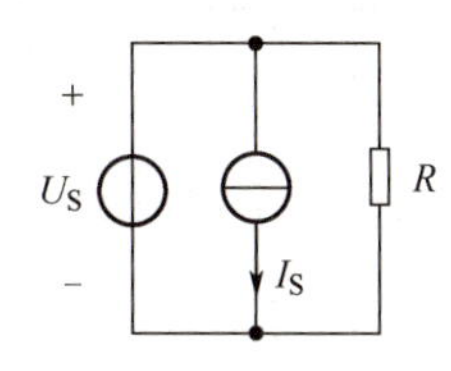

图 1.83　题 1.1 电路图

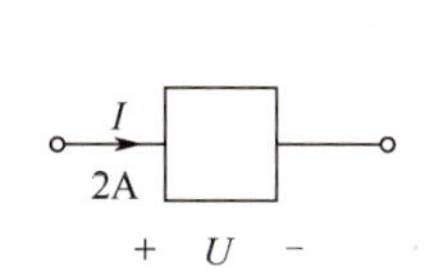

图 1.84　题 1.2 电路图

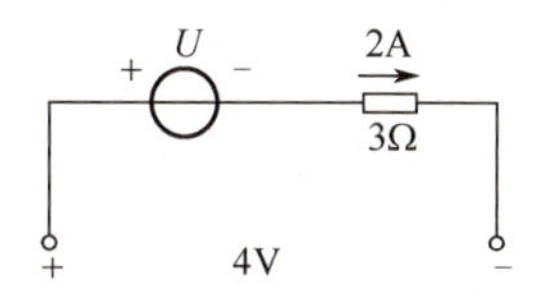

图 1.85　题 1.4 电路图

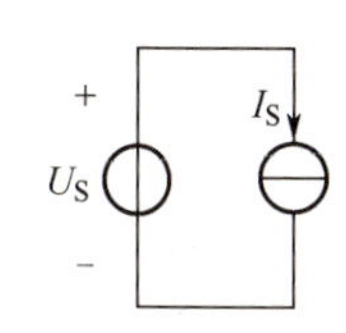

图 1.86　题 1.5 电路图

题 1.6　三极管的极限参数为 $P_{CM}=100\text{mW}$，$I_{CM}=20\text{mA}$，$U_{(BR)CEO}=15\text{V}$，问在下列 3 种情况下，哪种情况能正常工作？

（a）$U_{CE}=3\text{V}$，$I_C=10\text{mA}$　（b）$U_{CE}=2\text{V}$，$I_C=40\text{mA}$　（c）$U_{CE}=6\text{V}$，$I_C=20\text{mA}$

题 1.7 一盏额定值为 110V/200W 的白炽灯和一盏额定值为 110V/40W 白炽灯串接后接到 220V 的电源上，当开关闭合后，两盏灯能否正常工作？

题 1.8　电阻器最重要的参数有电阻值和额定功率，额定功率是指电阻器在直流或交流电路中长期连续工作所允许消耗的最大功率，100Ω/4W 的金属膜电阻器能安全传导的最大电流是多少？电阻器两端最大安全电压是多少？如果把此电阻器连接到 220V 电源上，会发生什么现象？

题 1.9　试计算图 1.87 所示各元件吸收或提供的功率，其电压、电流为：

图 1.87（a）：$u=-4\text{V}$，$i=3\text{A}$；　图 1.87（b）：$u=-1\text{V}$，$i=6\text{A}$；

图 1.87（c）：$u=3\text{V}$，$i=-2\text{A}$；　图 1.87（d）：$u=10\text{V}$，$i=3\sin t\text{mA}$。

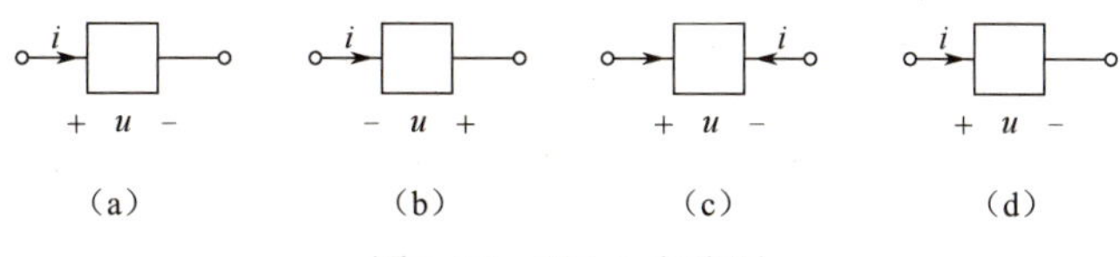

图 1.87　题 1.9 电路图

题 1.10　一个教室共有 10 盏灯，每盏灯为 40W，假设电费是 0.52 元每度，请问教室灯全开 10 小时的费用是多少？

题 1.11　有一额定值为 25W、100Ω 的绕线电阻，其额定电流为多少？在使用时电压不得超过多大的数值？

题 1.12　求图 1.88 所示电路中的 U_{ab}。

题 1.13　已知图 1.89 所示的电路中 b 点开路，计算 b 点电位。

题 1.14　试计算图 1.90 所示电路中 a 点的电位 U_a。

题 1.15　某元件电流 i 和电压 u 的波形如图 1.91 所示，u 和 i 为关联参考方向，试绘出该元件吸收功率 $p(t)$的波形，并计算该元件从 t 为 0～4s 期间所吸收的能量。

题 1.16　在图 1.92（a）所示的电路中，电容 $C=1\mu\text{F}$，电压 $u(t)$ 的波形如图 1.92（b）所示，试计算 $t\geqslant 0$ 时的电流 $i(t)$、瞬时功率 $p(t)$，并画出它们的波形。

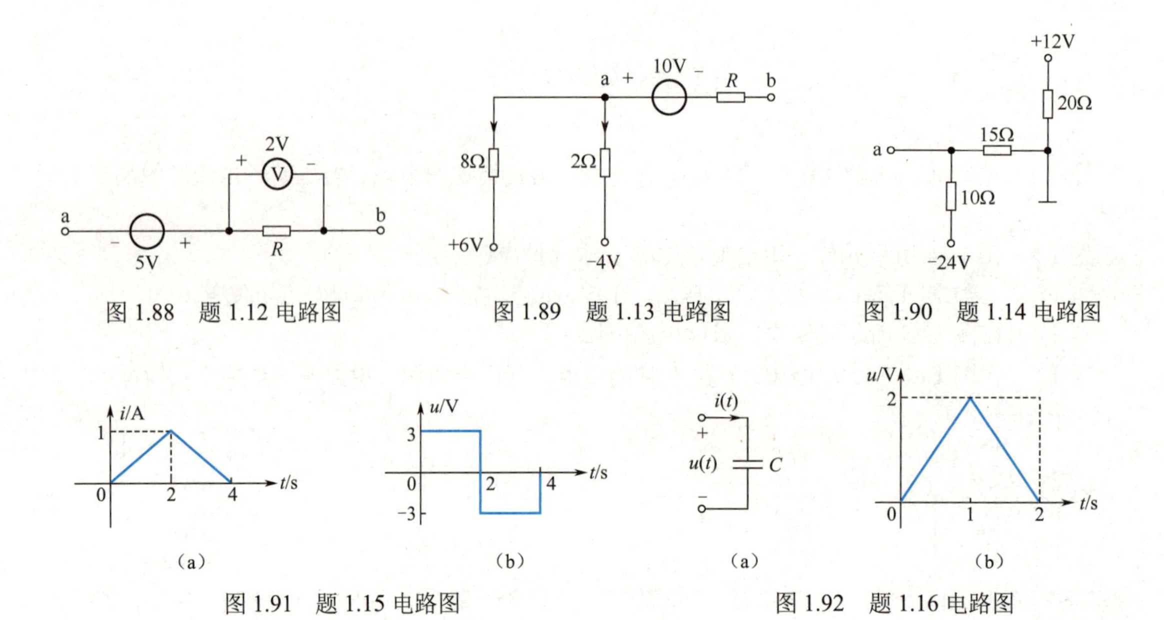

图 1.88 题 1.12 电路图　　图 1.89 题 1.13 电路图　　图 1.90 题 1.14 电路图

（a）　（b）　（a）　（b）

图 1.91 题 1.15 电路图　　图 1.92 题 1.16 电路图

题 1.17　在图 1.93（a）所示的电路中，电感 $L=15\text{mH}$，电流 $i(t)$ 的波形如图 1.93（b）所示，试计算 $t\geqslant 0$ 时的电压 $u(t)$、瞬时功率 $p(t)$，并画出它们的波形。

题 1.18　某元件的端口电流和电压关联参考方向，电流和电压波形分别如图 1.94（a）、（b）所示，试画出该元件的电路模型，确定其参数；并画出该元件瞬时功率 $p(t)$的波形。

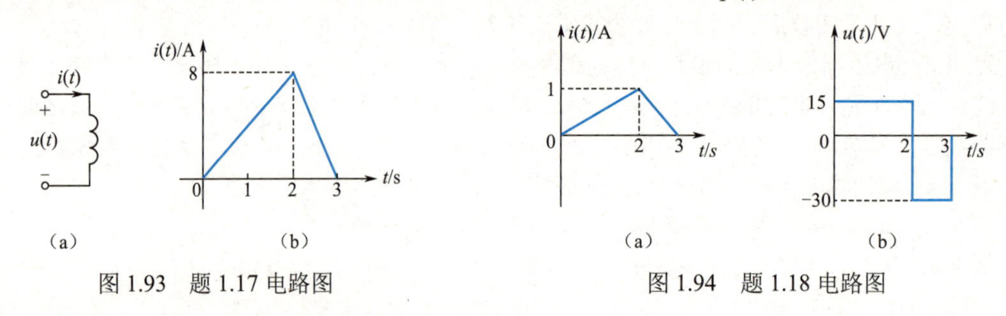

（a）　（b）　（a）　（b）

图 1.93 题 1.17 电路图　　图 1.94 题 1.18 电路图

题 1.19　在图 1.95 所示电路中，理想电流源 $I_S=3\text{A}$。试求：

（1）开关 S 打开与闭合时电流 I_1、I_2、I；

（2）理想电流源的端电压 U_S。

题 1.20　在图 1.96 所示电路中，已知 $I_1=3\text{mA}$，$I_2=1\text{mA}$。试确定电路元件 3 中的电流 I_3 及其两端的电压 U_3，并说明它是电源还是负载。校验整个电路的功率是否平衡。

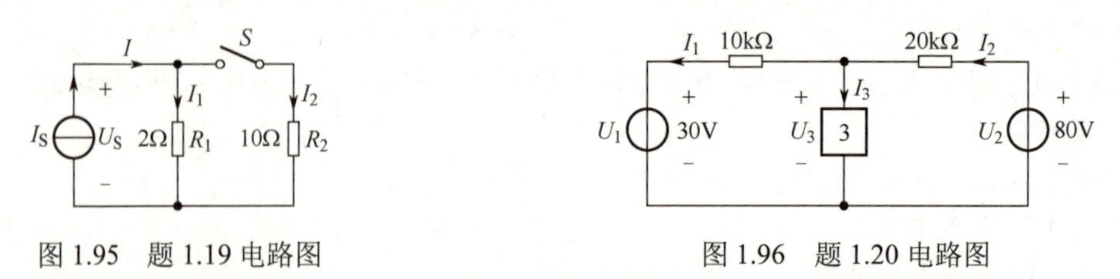

图 1.95 题 1.19 电路图　　图 1.96 题 1.20 电路图

题 1.21　在图 1.97 所示电路中，求电压 U、电流 I 和受控源发出的功率 P。

题 1.22　由理想二极管组成的电路如图 1.98 所示，试确定各电路的输出电压 U_O。

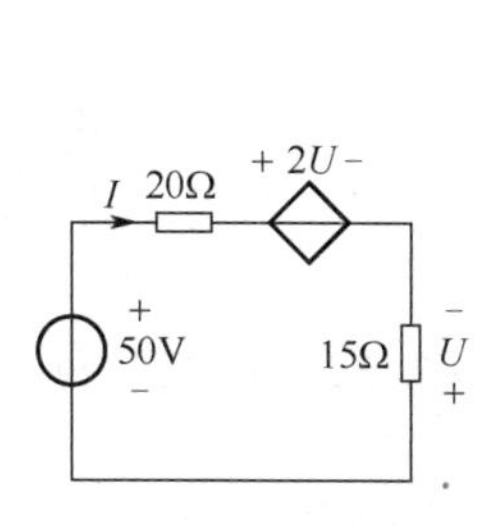

图 1.97　题 1.21 电路图

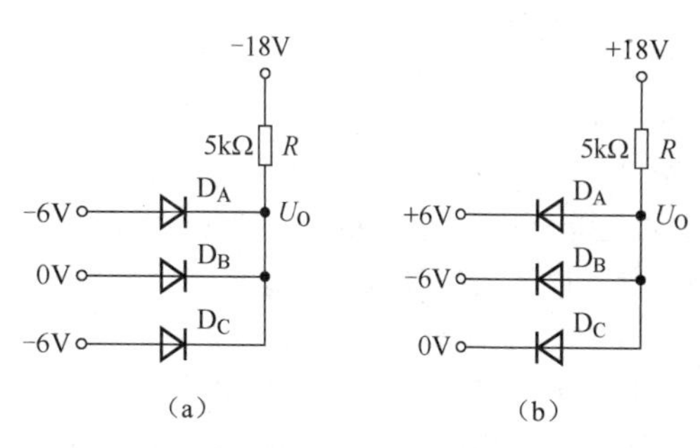

图 1.98　题 1.22 电路图

题 1.23　在图 1.99 所示电路中，设晶体管的电流放大系数 $\bar{\beta}=50$，$U_{BE}=0.7V$，$U_{CC}=12V$，$R_C=5k\Omega$，$R_B=100k\Omega$。当 U_I 分别为 $-2V$、$6V$ 和 $2V$ 时，试判断晶体管的工作状态。

题 1.24　试计算图 1.100 所示电路中 u_o。

题 1.25　在图 1.101 所示电路中，已知 $i_1=2A$，$i_3=-2A$，$u_1=8V$，$u_4=-4V$，试计算各元件吸收的功率。

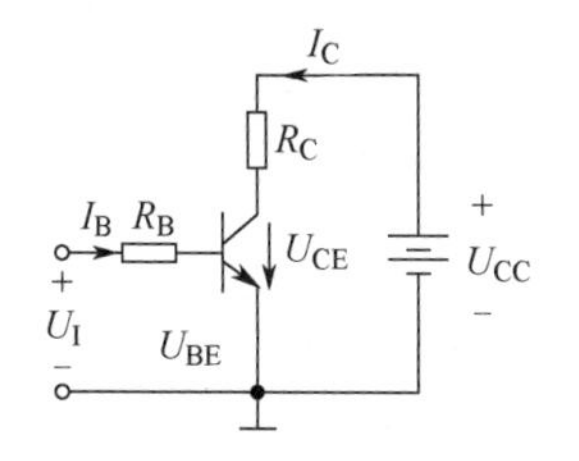

图 1.99　题 1.23 电路图

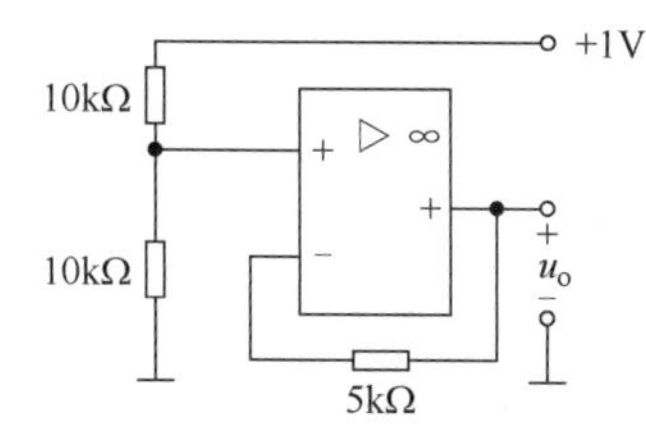

图 1.100　题 1.24 电路图

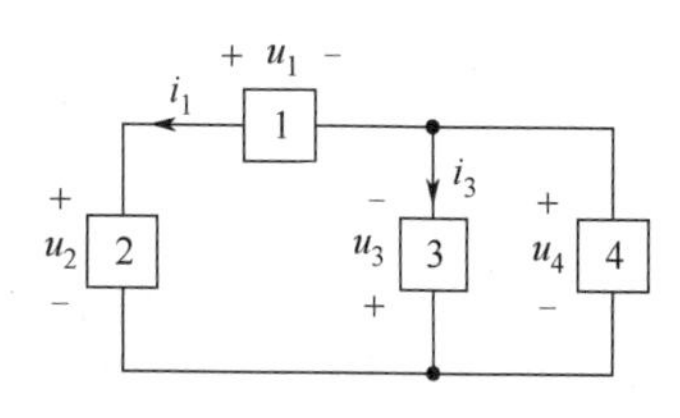

图 1.101　题 1.25 电路图

题 1.26　求图 1.102 所示电路中的 U_1、U_2 和 U_3。

题 1.27　在图 1.103 所示电路中，已知 $i_1=3mA$，$i_2=5mA$，$i_3=4mA$，求电流 i_4。

题 1.28　在图 1.104 所示电路中，如选取 ABCDA 为回路绕行方向，试列出其 KVL 方程。

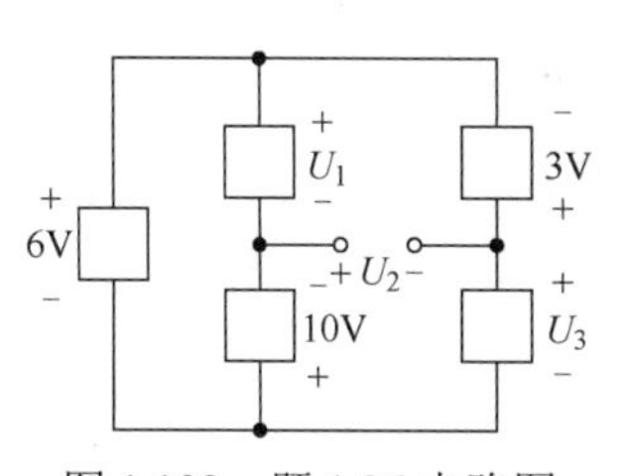

图 1.102　题 1.26 电路图

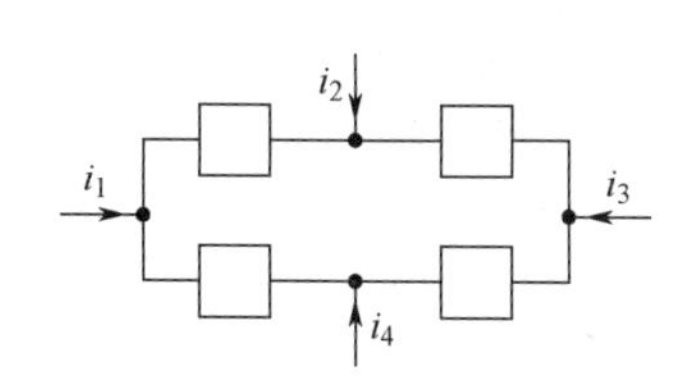

图 1.103　题 1.27 电路图

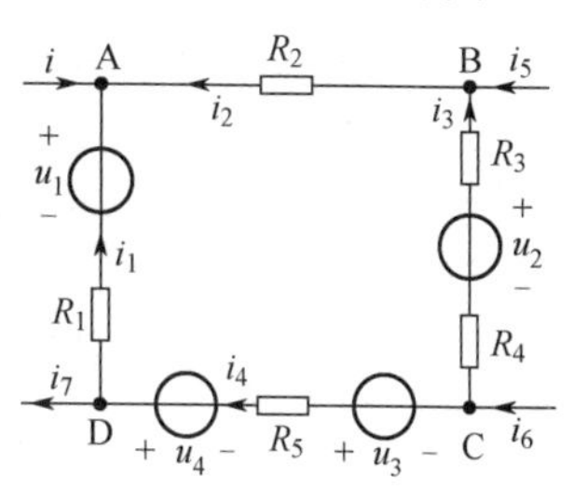

图 1.104　题 1.28 电路图

题 1.29　试求图 1.105 所示电路中各元件的功率。

题 1.30　试求图 1.106 所示电路中，$2I_1$ 受控电流源发出功率。

题 1.31　在图 1.107 所示电路中，电阻 R_2 是多少？四个电阻消耗的总功率是多少？

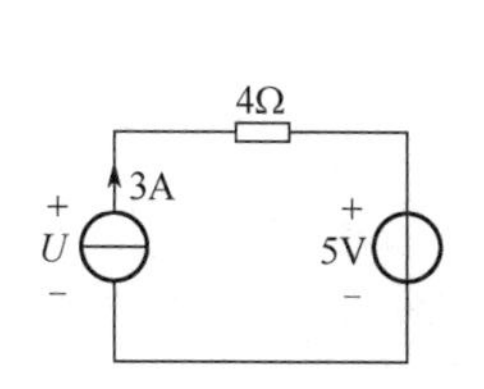

图 1.105　题 1.29 电路图

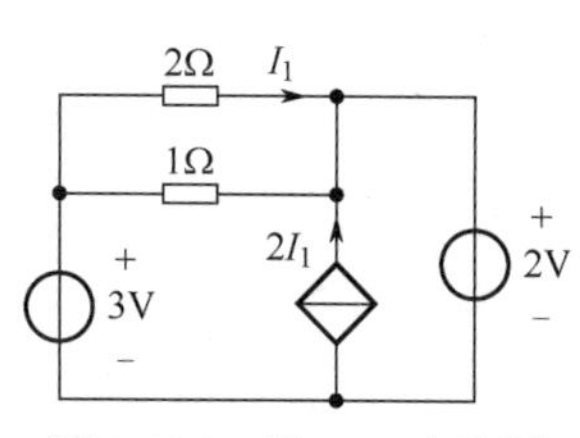

图 1.106　题 1.30 电路图

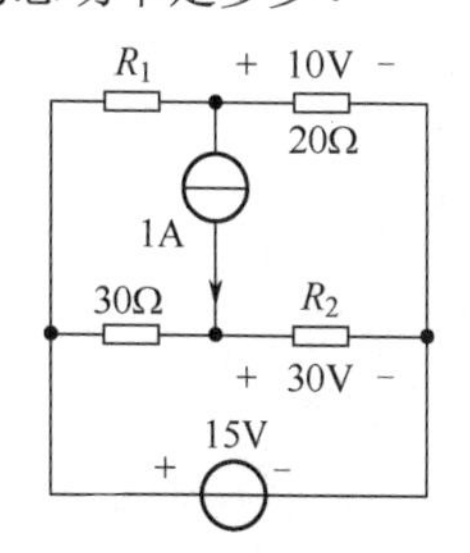

图 1.107　题 1.31 电路图

题 1.32　某型短波通信系统是空军专用通信装备，假设其在 5 分钟内消耗的能量是 40kJ，试求平均输入功率是多少？

题 1.33　热水器的加热丝可看成电阻，2kW 的热水器取用的电流是 8.33A，电阻是多少？

题 1.34　某飞机用保险丝作为电路的保护电器元件，飞机上某额定电压 250V 的元件电阻是 50Ω，该元件接入线路时，所选择的保险丝最小额定电流是多少？

题 1.35　实验室常常使用电烙铁焊接元件及导线，一只电烙铁的额定电压为 220V，功率为 60W，试计算电烙铁正常工作时电流和电阻分别是多少？

题 1.36　某通用超短波跳频电台采用 12V 电池供电，如果一节 70A·h 的电池以 3.5A 的速度放电，可以使用 20h，如果保持电压恒定，计算上述电池完全放电后所释放的能量和功率。

第 2 章　电路的基本分析方法

本章导读信息

第 1 章介绍的两类约束，理论上可以求解所有电路问题，但实际电路千变万化，甚至很复杂，导致求解难度增加。本章将建立系列针对直流电路简化求解方法，每一种方法的诞生都是知识重构过程，既蕴含科学思维又充满了前人的责任担当。通过本章的学习，读者不仅要掌握直流电路的基本分析方法，也要体会如何利用所学知识构建新知识的科学思维方法。

1. 内容提要

本章首先介绍列写电路方程的解析方法，通过介绍电路的独立方程及其列写的方法，逐步引入以支路电流为变量的支路电流法、以网孔电流为变量的网孔电流法、以节点电压为变量的节点电压法和电路的对偶原理。接下来介绍等效变换方法，在引入等效概念的基础上，介绍电压源与元件串并联、电流源与元件串并联、电阻元件的串并联等电路简单连接方式时的等效变换、两种实际电源模型的等效互换。之后介绍电路理论中的几个定理，包括：叠加定理、置换定理、戴维南定理与诺顿定理、最大功率传输定理，最后讨论了非线性电阻电路的分析方法和应用案例。

本章中用到的主要名词与概念有：电路独立方程、对偶原理、拓扑约束、元件约束、支路电流、网孔电流、网孔方程、节点电压、节点方程、单口网络、二端网络、电桥、Y 型电阻网络、Δ 型电阻网络、有伴电压源、无伴电压源、有伴电流源、无伴电流源、等效变换、线性电路、齐次性、可加性、叠加定理、置换定理、线性含源二端网络、开路电压、短路电流、戴维南定理、诺顿定理、特勒根定理、互易定理、最大功率传输定理、非线性电阻电路。

2. 重点难点

【本章重点】

（1）网孔电流法；

（2）节点电压法；

（3）两种实际电源模型的等效互换；

（4）叠加定理；

（5）戴维南定理；

（6）诺顿定理；

（7）最大功率传输定理。

【本章难点】

（1）等效变换法；

（2）含受控源电路的分析方法。

2.1 电路的独立方程求解法（2*b*法）

电路分析是在已知电路的激励情况下求得电路的响应。根据电路的复杂程度，电路可分为简单电路和复杂电路。一般情况下，能够用电阻串并联化简分析的电路，称为简单电路。

对于复杂电路或者待求变量较多时，依据第 1 章介绍的元件约束和拓扑约束，选择一组合适的电路变量（电压或电流），建立该组变量的独立的电路方程，通过求解电路方程以得到电路的响应（各支路电流和支路电压）。

电路方程列写的关键是保证其独立性。

所谓的独立方程指的是这样一组方程，该组方程中任意一个都不能由另外几个方程的线性组合而得到。在应用两类约束列写电路方程时，也需要寻找这样一组独立方程，以减少待求解方程的数目。

设给定的电路有 b 条支路、n 个节点，其中各独立电源、受控源和电阻的参数均为确定值，分析各支路的电压和电流，是典型的电路分析问题，基于这样的要求，将全部待求的支路电压和支路电流作为待求量，将会有 b 个支路电流变量和 b 个支路电压变量，列写的方程数量共计 $2b$ 个，这就是独立方程求解法，即 $2b$ 法。

2.1.1 独立的 KCL 方程

对于一个由 b 条支路组成的电路，如图 2.1 所示，其中支路数 b 为 6、节点数 n 为 4。

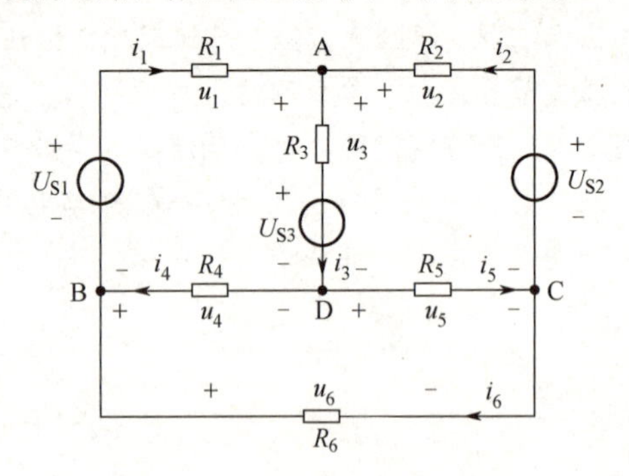

图 2.1 电路独立方程示例

设各支路电流分别为i_1、i_2、i_3、i_4、i_5、i_6，参考方向如图 2.1 所示，对 A、B、C、D 这 4 个节点，列写 KCL 方程，有

$$i_1+i_2-i_3=0 \tag{2.1}$$

$$-i_1+i_4+i_6=0 \tag{2.2}$$

$$-i_2+i_5-i_6=0 \tag{2.3}$$

$$i_3-i_4-i_5=0 \tag{2.4}$$

仔细观察式（2.1）～式（2.4）四个方程，不难发现，式（2.1）+式（2.2）+式（2.3）=-式（2.4），即节点 D 的方程可由其余 3 个方程推导出来，因此，4 个方程中只有 3 个是相互独立的，即独立的线性无关的方程数目是 3 个。

所谓独立的 KCL 方程，是指任一方程不能为其他方程来线性表示，即对节点依次列 KCL 方程时，新方程中至少需要包含一个新的支路电流。

上面的结论也可以推广应用到一般电路，得到如下结论。

对于一个 n 节点的电路，其独立的 KCL 方程的个数为 n-1 个。任选一个

节点作为参考节点，其余 n−1 个节点是一组独立节点，对这 n−1 个节点列写的 KCL 方程是相互独立的。在求解电路时，只需选取电路的任意 n−1 个节点列写出其 KCL 方程即可。

2.1.2　独立的 KVL 方程

设图 2.1 电路中各支路电压分别为 u_1、u_2、u_3、u_4、u_5、u_6，参考方向如图 2.1 所示。该电路共有 7 个回路，3 个网孔，列写 3 个网孔的 KVL 方程

$$u_1+u_4-u_3=0 \tag{2.5}$$

$$u_2-u_3-u_5=0 \tag{2.6}$$

$$u_4+u_5-u_6=0 \tag{2.7}$$

对于回路 $U_{S1}\to R_1\to R_2\to U_{S2}\to R_5\to R_4\to U_{S1}$，同样可列写其 KVL 方程

$$u_1-u_2+u_4+u_5=0$$

通过比较可发现，该方程可以表示成式（2.5）～式（2.7）代数和的形式。同样可以验证，其他几个回路的 KVL 方程也可以表示成式（2.6）、式（2.7）代数和的形式。因此，图 2.1 所示的所有回路的 KVL 方程中，独立方程的个数是 3，即电路的网孔数。这个结论同样可以推广到一般平面电路：对于一个具有 b 条支路、n 节点的电路，独立的 KVL 方程的数目为 $b-(n-1)$个（$b-n+1$），对应着 $b-n+1$ 个回路，这些回路称为一组独立回路。

对独立回路列写 KVL 方程能保证方程的独立性，值得注意的是，网孔是独立回路，但独立回路不一定是网孔。

2.1.3　2*b* 法

在图 2.1 所示电路中，各支路电压和支路电流之间的关系可以用该支路上元件的伏安关系联系起来

$$\begin{cases}u_1=-i_1R_1+U_{S1}\\u_2=-i_2R_2+U_{S2}\\u_3=i_3R_3+U_{S3}\\u_4=-i_4R_4\\u_5=i_5R_5\\u_6=-i_6R_6\end{cases} \tag{2.8}$$

式（2.8）所示的 6 个方程相互独立，任何一个都不能表示成其他方程代数和形式。因此，对一个具有 b 条支路的电路而言，根据元件的伏安关系得到的独立方程的数目为 b。

对于一个支路数为 b、节点数为 n 的电路，列写 KCL 方程，得到 n−1 个独立 KCL 方程；列写 KVL 方程，得到 $b-(n-1)$个独立 KVL 方程，再根据支路的伏安关系得到 b 个独立方程。因此，支路数为 b、节点数为 n 的电路，由元件约束和拓扑约束就可以列写数量为 $2b$ 的独立方程，联立这些方程进行求解，可以求得电路全部的支路电流和支路电压。这种以各支路电流和支路电压为变量、根据两类约束列写方程求解电路的方法称为 $2b$ 法。

应用 $2b$ 法求解电路时，首先需要为电路中各支路电流和支路电压指定参考方向，然后根据 KCL、KVL 和元件的伏安关系列写所需的 $2b$ 个独立方程，最后求解方程组得到各未知变量的值。

【例 2.1】如图 2.2（a）所示电路，试列写出利用 $2b$ 法求解电路各支路电压和支路电流时所需的方程组。

解： 电路中共有 3 条支路、2 个节点，设 3 条支路的支路电流、支路电压及其参考方向分别如图 2.2（b）所示。

由于 3 条支路为并联关系，支路电压相同，即

$$U_1 = U_2 = U_3$$

KCL 方程为

$$I_1 + I_2 - I_3 = 0$$

根据 VCR 可得

$$\begin{cases} U_1 = -2I_1 + 6 \\ U_2 = I_3 - 3 \\ U_3 = -2I_2 + 9 \end{cases}$$

这就是利用 2*b* 法求解电路时所需的全部方程。

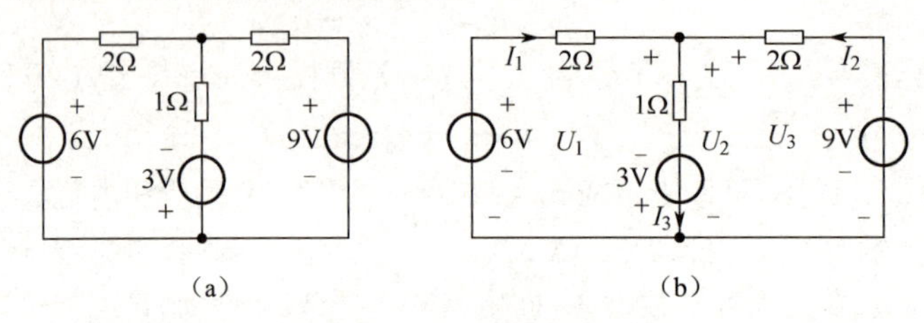

图 2.2　例 2.1 电路图

2.2　支路电流法

通过 2.1 节的分析可以看出，2*b* 法以全部支路电流和支路电压作为方程的待求变量，以两类约束为依据列写电路方程，但这样得到的方程数量较多，因此要选择其他一组合适的数量较少的待求变量。

由于支路电流和支路电压的关系是由支路结构和参数决定的，一般情况下，可以由支路电流直接求得支路电压；为简化电路，可以只选支路电流或者支路电压为待求变量，得到解答后再根据电路结构求得支路电压或者支路电流。前者称为支路电流法，后者称为支路电压法。本节讨论支路电流法，支路电压法可以参照支路电流法加以研究。

视频——支路电流法

2.2.1　支路电流

仍以图 2.1 所示电路为例，以各支路电流作为变量，则 n−1 个节点的独立 KCL 方程保持不变，即

$$\begin{cases} i_1 + i_2 - i_3 = 0 \\ -i_1 + i_4 + i_6 = 0 \\ -i_2 + i_5 - i_6 = 0 \end{cases} \tag{2.9}$$

KVL 方程是关于各支路电压的方程，现将支路电压用支路电流来表示，即将式（2.8）中各支路电压的表达式分别代入式（2.5）、式（2.6）和式（2.7），有

$$\begin{cases} i_1R_1 + i_3R_3 + i_4R_4 - U_{S1} + U_{S3} = 0 \\ i_2R_2 + i_3R_3 + i_5R_5 - U_{S2} + U_{S3} = 0 \\ i_4R_4 - i_5R_5 - i_6R_6 = 0 \end{cases} \tag{2.10}$$

由式（2.9）和式（2.10），得到了以 6 个支路电流为变量的 6 个方程，求解这 6 个方程，得到各支路电流值，再根据元件的 VCR 可以求得各支路电压。

通过上述实例可知，支路数为 b、节点数为 n 的电路，以支路电流为变量，根据 KCL、KVL 和元件的 VCR，一共可列写出$(n-1)+(b-n+1)=b$ 个独立方程，可以求得 b 个支路电流。

2.2.2 支路电流法分析步骤

1. 选取电路的各支路电流为变量，为其标号并指定参考方向，并在电路图中标示出来；

2. 列写出任意 n-1 个节点的 KCL 方程；

3. 将各支路电压用支路电流表示，选取 b-n+1 个独立回路（一般选择网孔），设定绕行方向，对其列写 KVL 方程；

4. 联立求解上述 b 个独立方程，求出各支路电流值；

5. 根据元件的 VCR 求出各支路电压的值。

【例 2.2】用支路电流法求出图 2.3 所示电路中各支路电流和支路电压的值。

解：支路电流、支路电压及其参考方向如图 2.3 所示，指定网孔方向为顺时针方向，KCL 方程为

$$I_1 + I_2 - I_3 = 0$$

左边网孔的 KVL 方程为

$$2I_1 + I_3 - 3 - 6 = 0$$

右边网孔的 KVL 方程为

$$-2I_2 - I_3 + 3 + 9 = 0$$

联立上面 3 个方程进行求解，得

$$I_1 = 1.875\text{A}，I_2 = 3.375\text{A}，I_3 = 5.25\text{A}$$

进一步求得：$U_1 = U_2 = U_3 = 2.25\text{V}$ 。

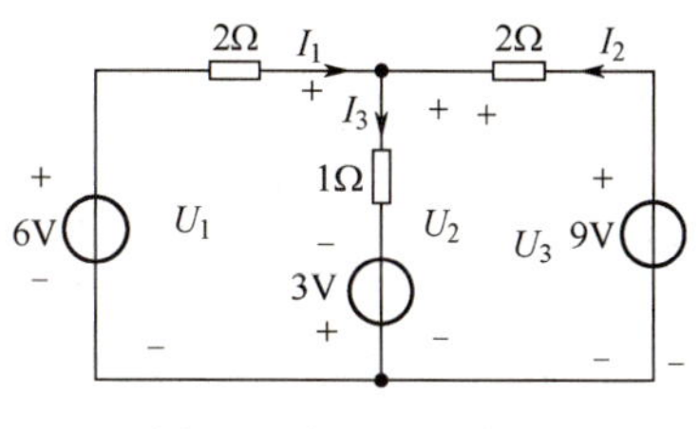

图 2.3 例 2.2 电路图

2.3 网孔电流法

从 2b 法到支路电流法，列写方程的数目减少了一半，支路电流法直接将支路电流作为待求变量，然后依据 KCL 和 KVL 列写方程，原理清晰，易于掌握。但是，当电路所含的支路数较多时，应用支路电流法列写的方程还是较多，计算过程较为烦琐。为此，有必要寻找新的求解方法，使得可以用一组更少的变量求出电路中所有的支路电流和支路电压。网孔电流和节点电压都是满足这一要求的一组变量，在本节和 2.4 节中将分别进行介绍。

2.3.1 网孔电流

如图 2.4 所示电路，有 3 个网孔和 4 个节点，使用支路电流法求解支路电压和支路电流，需要列写 3 个 KCL 方程和 3 个 KVL 方程。

考虑最外面的 3 个支路电流 i_1、i_2、i_3 为待求变量，里面的 3 个支路电流 i_4、i_5 和 i_6 不再假定为待求变量，而是用最外面的 3 个支路电流 i_1、i_2、i_3 来得到。

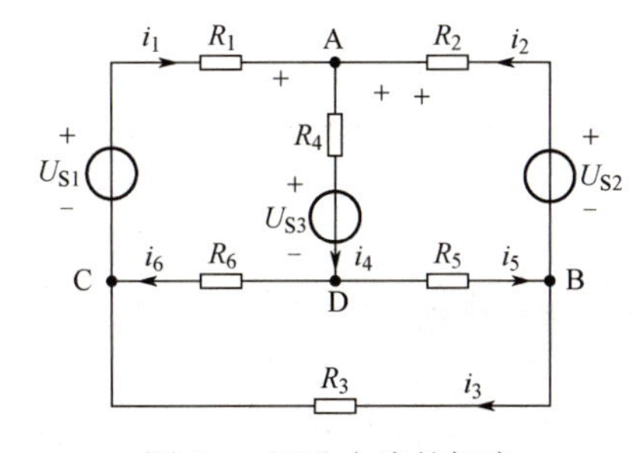

图 2.4 网孔电流的概念

对节点 A、B 和 C，列写 KCL 方程，即

$$i_4 = i_1 + i_2$$
$$i_5 = i_2 + i_3$$
$$i_6 = i_1 - i_3$$

这样，由于计算上述 3 个电流变量时应用了 KCL，待求变量减少了 $n-1=3$ 个，接下来只需要列写独立的 KVL 方程，即 $b-n+1$ 个电压方程组。

支路 4、5、6 的电流均看成是两部分之和：支路 4 电流的一部分 i_1，是从支路 1 流过来的，另一部分 i_2 是从支路 2 流过来的；同理，支路 5 电流是从支路 2 和支路 3 流过来的，支路 6 的电流来自两个相反方向。如此，我们假定 3 个网孔电流 i_{m1}、i_{m2} 和 i_{m3}，分别沿网孔 CADC、ABDA 和 BCDB 闭合流动，如图 2.5 所示。

由于支路 1、2、3 分别只有一个网孔电流流过，所以这些支路电流就是网孔电流，即

$$i_1 = i_{m1}$$
$$i_2 = -i_{m2}$$
$$i_3 = i_{m3}$$

而支路 4、5、6 各有两个网孔电流流过，因此这些支路电流是所流过的网孔电流的代数和，若支路电流方向与网孔电流方向一致就取正号，否则取负号，即

$$i_4 = i_{m1} - i_{m2}$$
$$i_5 = -i_{m2} + i_{m3}$$
$$i_6 = i_{m1} - i_{m3}$$

由于网孔电流是依据 KCL 而人为引入的假想的沿着网孔流动的电流，当使用网孔电流求解支路电流时，在任意节点或者封闭面上都自动满足基尔霍夫电流定律。

由于各支路电流都可以由网孔电流表示，因此，如果求出各网孔电流，就可以求得电路中各支路电流，根据元件的 VCR 进一步求出各支路电压。

2.3.2 网孔电流法原理

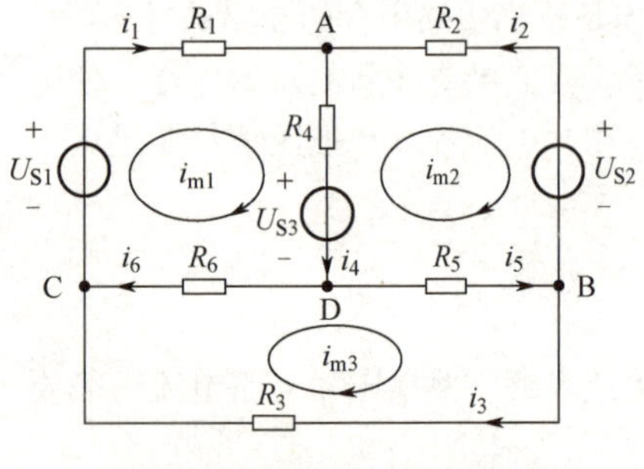

图 2.5 网孔电流法示例电路

用网孔电流表示支路电流，待求电流个数减少了 $n-1$ 个，即减少了 $n-1$ 个节点的 KCL 方程，接下来，选择 $b-n+1$ 个独立回路即网孔，以网孔电流作为待求变量列写 KVL 方程，以求得网孔电流，进而求得支路电流和支路电压，这种方法称为网孔电流法。对于图 2.5 所示电路，取网孔电流的方向为回路的绕行方向，列写网孔 KVL 方程为

$$\begin{cases} i_{m1}R_1 + (i_{m1} - i_{m2})R_4 + (i_{m1} - i_{m3})R_6 + U_{S3} - U_{S1} = 0 \\ i_{m2}R_2 + (i_{m2} - i_{m3})R_5 + (i_{m2} - i_{m1})R_4 + U_{S2} - U_{S3} = 0 \\ (i_{m3} - i_{m1})R_6 + (i_{m3} - i_{m2})R_5 + i_{m3}R_3 = 0 \end{cases} \tag{2.11}$$

整理式（2.11），得

$$\begin{cases} (R_1 + R_4 + R_6)i_{m1} - R_4 i_{m2} - R_6 i_{m3} = U_{S1} - U_{S3} \\ -R_4 i_{m1} + (R_2 + R_4 + R_5)i_{m2} - R_5 i_{m3} = -U_{S2} + U_{S3} \\ -R_6 i_{m1} - R_5 i_{m2} + (R_6 + R_5 + R_3)i_{m3} = 0 \end{cases} \tag{2.12}$$

这样就得到了一组以网孔电流为变量的 KVL 方程，称为网孔方程。这种以网孔电流为变量，通过列写网孔 KVL 方程求出各网孔电流，进而求出电路中各支路电压和支路电流的方法称为网孔电流法。

2.3.3 网孔方程的一般形式

将式（2.12）中的各方程，归纳为下面的形式：

$$\begin{cases} R_{11}i_{m1}+R_{12}i_{m2}+R_{13}i_{m3}=U_{S11} \\ R_{21}i_{m1}+R_{22}i_{m2}+R_{23}i_{m3}=U_{S22} \\ R_{31}i_{m1}+R_{32}i_{m2}+R_{33}i_{m3}=U_{S33} \end{cases} \tag{2.13}$$

式中，i_{m1}、i_{m2}、i_{m3} 是各网孔的网孔电流。

式（2.13）为网孔电流法的标准形式，通过总结其中的规则，可仅凭对电路的观察列写网孔方程，具体如下。

（1）R_{11}、R_{22}、R_{33} 在数值上等于各网孔所包含的所有电阻之和，称为网孔的自电阻。如图 2.5 所示电路中网孔 1 的自电阻 $R_{11}=R_1+R_4+R_6$。自电阻恒为正。

（2）R_{12}、R_{21}、R_{13}、R_{31}、R_{23}、R_{32} 称为各网孔的互电阻，是相邻两个网孔的共有电阻。互电阻可以为正也可以为负，如果相邻网孔电流在互电阻上的方向相同，互电阻为正，相反则为负。如图 2.5 所示，$R_{12}=R_{21}=-R_3$。

（3）U_{S11}、U_{S22}、U_{S33} 是沿网孔 1、2、3 源电压升的代数和，如式（2.13）中 $U_{S11}=U_{S1}-U_{S3}$。

式（2.13）是图 2.5 所示电路，包含 3 个网孔的电路的网孔方程普遍形式，对于一个网孔数为 l 个的电路，一般表达式为

$$\begin{cases} R_{11}i_{m1}+R_{12}i_{m2}+\cdots+R_{1l}i_{ml}=U_{S11} \\ R_{21}i_{m1}+R_{22}i_{m2}+\cdots+R_{2l}i_{ml}=U_{S22} \\ \qquad\vdots \\ R_{l1}i_{m1}+R_{l2}i_{m2}+\cdots+R_{ll}i_{ml}=U_{Sll} \end{cases} \tag{2.14}$$

网孔电流法求解电路问题的一般步骤为：

（1）指定网孔电流的参考方向，并在电路中标示出来；

（2）计算各网孔的自电阻及相邻网孔的互电阻，自电阻恒为正，互电阻的正负取决于相邻两个网孔电流在互电阻上的流向，相同为正，相反为负；

（3）列出各网孔的 KVL 方程，方程右边为沿网孔源电压上升的代数和；

（4）解方程组求出各网孔电流；

（5）根据需要进一步求出各支路电流和支路电压的值。

【例 2.3】用网孔电流法计算图 2.6 所示电路中的电流 I。

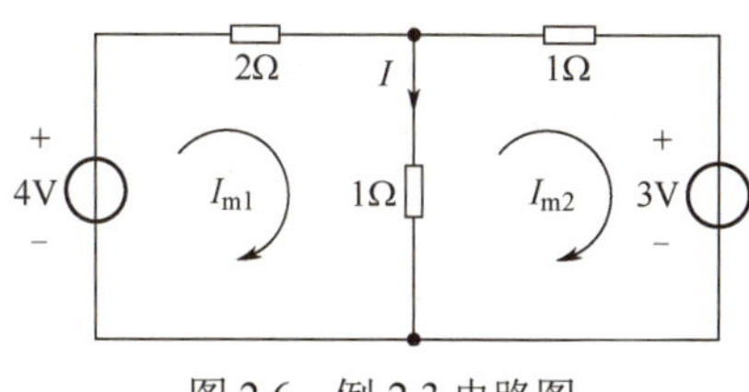

图 2.6　例 2.3 电路图

解：取网孔电流的方向如图 2.6 所示，则两网孔的自电阻分别为

$$R_{11}=2\Omega+1\Omega=3\Omega$$
$$R_{22}=1\Omega+1\Omega=2\Omega$$

互电阻为

$$R_{12}=R_{21}=-1\Omega$$

列写网孔方程

$$\begin{cases} 3I_{m1}-I_{m2}=4 \\ 2I_{m2}-I_{m1}=-3 \end{cases}$$

解方程组可得

$$I_{m1}=1\text{A},\quad I_{m2}=-1\text{A}$$

待求的支路电流为

$$I=I_{m1}-I_{m2}=2\text{A}$$

2.3.4　网孔电流法几种特殊情况的处理方法

当应用网孔电流法求解电路问题时，一般情况下应用前面提到的列写方

程的方法就可以了，但需要注意下面几种特殊电路情况。

【例 2.4】试求图 2.7（a）所示电路中的各支路电流。

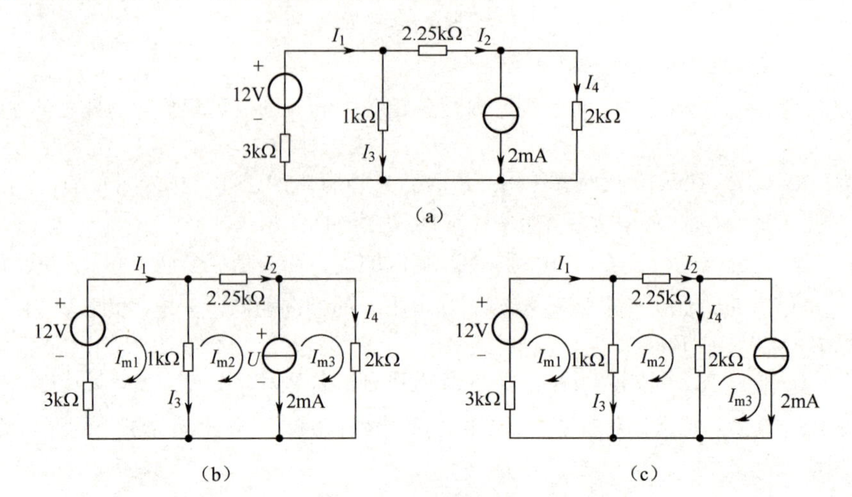

图 2.7 例 2.4 电路图

解：解法一：

图 2.7（a）所示电路共含有 3 个网孔，取网孔电流均为顺时针方向，如图 2.7（b）所示。由于网孔 2 和网孔 3 之间的公共支路为一个含有独立电流源的支路，而独立电流源两端的电压不能用其电流来表示，为了列写网孔的 KVL 方程，需要增加一个代表电流源两端电压的未知量，在列网孔方程时，电流源两端电压当恒压对待。

假设独立电流源两端的电压为 U，列写方程为

$$\begin{cases}(3000+1000)I_{m1}-1000\times I_{m2}=12\\(1000+2250)I_{m2}-1000\times I_{m1}=-U\\2000\times I_{m3}=U\end{cases}$$

上述 3 个方程共有 4 个未知量，利用独立电流源的特性，补充方程

$$I_{m2}-I_{m3}=2\text{mA}$$

联立上述 4 个方程，求得

$$I_{m1}=3.35\text{mA}\text{，}\quad I_{m2}=1.4\text{mA}\text{，}\quad I_{m3}=-0.6\text{mA}$$

各支路电流值为

$$\begin{aligned}I_1&=I_{m1}=3.35\text{mA}\\I_2&=I_{m2}=1.4\text{mA}\\I_3&=I_{m1}-I_{m2}=1.95\text{mA}\\I_4&=I_{m3}=-0.6\text{mA}\end{aligned}$$

当应用网孔电流法求解电路时，如果网孔中含有独立电流源支路，则由于独立电流源两端的电压不能用其电流来表示，因此在电路中需要增加一个表示独立电流源两端电压的未知量，同时要增加一个代表该独立电流源电流与网孔电流之间关系的补充方程。

解法二：观察电路，发现网孔 2 和网孔 3 之间的公共支路仅含有独立电流源，因此其支路电流就是独立电流源的电流，如果将这条支路和 I_4 支路交换一下位置，如图 2.7（c）所示，该电路与原电路在结构上完全一样，但这样一来，网孔 3 的网孔电流实际上就是独立电流源的电流，是已知值，所以只需列写前面两个网孔的 KVL 方程。图 2.7（c）所示的网孔称为“虚网孔”。

该电路的网孔电流方程分别为

$$\begin{cases}(3000+1000)I_{m1}-1000\times I_{m2}=12\\(1000+2250+2000)I_{m2}-1000\times I_{m1}-2000\times I_{m3}=0\\I_{m3}=2\text{mA}\end{cases}$$

解方程，得

$$I_{m1}=3.35\text{mA},\quad I_{m2}=1.4\text{mA}$$

各支路电流值为

$$I_1=I_{m1}=3.35\text{mA}$$
$$I_2=I_{m2}=1.4\text{mA}$$
$$I_3=I_{m1}-I_{m2}=1.95\text{mA}$$
$$I_4=I_{m2}-I_{m3}=-0.6\text{mA}$$

【例 2.5】试求图 2.8 所示电路中受控电流源所提供的功率。

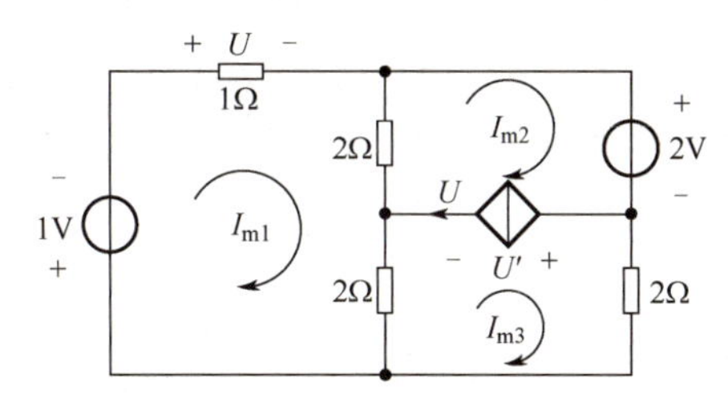

图 2.8　例 2.5 电路图

解：计算受控电流源的功率需要求得流过的电流和端电压。

取各网孔电流方向如图 2.8 所示，电路中受控电流源视作独立电流源，设受控电流源两端的电压为U'，为关联参考方向，列写方程：

$$\begin{cases}(1+2+2)I_{m1}-2I_{m2}-2I_{m3}=-1\\-2I_{m1}+2I_{m2}=-2-U'\\-2I_{m1}+(2+2)I_{m3}=U'\end{cases}$$

上述方程组共有 3 个方程，4 个未知量，还需要增加补充方程。

用网孔电流表示受控源控制量，即

$$U=1\times I_{m1}$$

上述方程组数量为 4，有 5 个未知量，注意受控源电流源支路电流同时流过网孔电流I_{m2}和I_{m3}，列写方程：

$$U=I_{m2}-I_{m3}$$

联立前述方程组，得

$$U'=-0.4\text{V},\quad I_{m1}=-1.4\text{A}$$

受控电流源的功率为

$$P=U'\times U=0.56\text{W}$$

该受控源吸收功率。

2.4　节点电压法

对于支路数为 b、节点数为 n 的电路，在网孔电流法中，以网孔电流为待求量，相当于应用了 KCL，不需要列写 n−1 个 KCL 方程。是否可以避免直接根据 KVL 列写方程，以减少联立方程的个数呢？根据 1.2.2 节和 1.7 节的讨论可知，节点电压的概念源于电场做功且与路径无关，如果假定每个节点电压是确定的，在这假定过程中，相当于运用了 KVL，无须列写 KVL 方程。

在电路中任意选定某一节点作为参考点，其他节点到参考点的电压称为该点的节点电压。如果一个电路节点数为 n，那么任选一个节点为参考点，待求节点电压的个数是 $n-1$。节点电压法以节点电压为变量列写节点方程，求解得到节点电压，然后求得电路的响应。

2.4.1 节点电压法原理

如图 2.9 所示电路，节点数为 3，若选取节点 3 作为参考点，则电路中有 2 个节点电压：u_{N1}和u_{N2}。由于电路的任意一条支路都是连接在两个节点之间的，因此支路电压总可以表示为两个节点电压之差，由求得的各节点电压，进而可以求得各支路电流。

如图 2.9 所示电路，有

$$u_{G_2}=u_{N1}-u_{N2}-u_s\text{，}\quad u_{i_{s2}}=-u_{N2}\text{，}\quad u_{i_{s1}}=u_{N1}$$

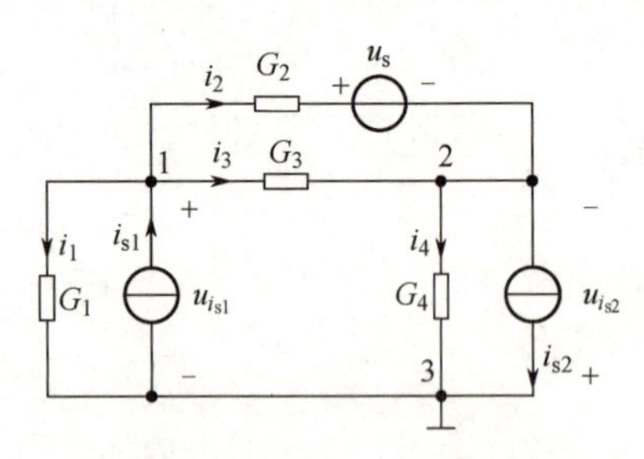

图 2.9　节点电压法示例电路图

节点电压自动满足基尔霍夫电压定律。如图 2.9 所示电路，对于回路 节点$1\to G_3\to$节点$2\to u_s\to G_2\to$节点1，KVL 方程为

$$u_{N1}-u_{N2}+u_{N2}-u_{N1}\equiv 0$$

选取节点 3 为参考点， 列写节点 1、2 的 KCL 方程分别为

$$\begin{cases}i_1+i_2+i_3-i_{s1}=0\\-i_2-i_3+i_4+i_{s2}=0\end{cases}\tag{2.15}$$

根据欧姆定律，各支路电流用节点电压表示：

$$i_1=G_1u_{N1}\text{，}\quad i_2=G_2(u_{N1}-u_{N2}-u_s)\text{，}\quad i_3=G_3(u_{N1}-u_{N2})\text{，}\quad i_4=G_4u_{N2}$$

将用节点电压表示的电流代入式（2.15），得

$$\begin{cases}G_1u_{N1}+G_2(u_{N1}-u_{N2}-u_s)+G_3(u_{N1}-u_{N2})-i_{s1}=0\\-G_2(u_{N1}-u_{N2}-u_s)-G_3(u_{N1}-u_{N2})+G_4u_{N2}+i_{s2}=0\end{cases}\tag{2.16}$$

这是图 2.9 的节点电压方程的基本形式，包含 2 个节点电压u_{N1}和u_{N2}。为求解上述变量，合并同类项，得

$$\begin{cases}(G_1+G_2+G_3)u_{N1}-(G_2+G_3)u_{N2}=i_{s1}+G_2u_s\\-(G_2+G_3)u_{N1}+(G_2+G_3+G_4)u_{N2}=-G_2u_s-i_{s2}\end{cases}\tag{2.17}$$

注意，式（2.17）是节点的 KCL 方程，但并不是每一项对应一个确定的电路的支路电流，如 G_2u_s 不代表图 2.9 中任何支路电流。

再将式（2.17）方程组写成一般形式：

$$\begin{cases}G_{11}u_{N1}+G_{12}u_{N2}=i_{s11}\\G_{21}u_{N1}+G_{22}u_{N2}=i_{s22}\end{cases}\tag{2.18}$$

比较式（2.17）和式（2.18），总结出列写节点电压法方程的一般规则。

（1）$G_{11}=G_1+G_2+G_3$、$G_{22}=G_2+G_3+G_4$ 分别是节点 1、2 直接相连的所有支路电导之和，称为节点 1、2 的自电导。自电导恒为正。

（2）$G_{12}=-(G_2+G_3)$ 是节点 1、2 之间的公共支路上的电导之和再添加一个负号，称为两个节点的互电导，G_{21} 是节点 2、1 之间的互电导，一般来说，由二端电阻和独立电源组成的电路，互电导系数具有对称性，即 $G_{12}=G_{21}$，且互电导恒为负值。

i_{s11}、i_{s22} 分别是节点 1、2 相连的源电流代数和（当电流流入时为“+”，否则为“−”）。若与节点相连的支路是电压源与电阻串联支路，则将其等效变换为电流源与电阻的并联后再一并考虑，如

式（2.17）右端的 G_2u_s。电路中每增加一个节点，就增加一个方程。

式（2.18）是含有 2 个节点电压电路的方程的普遍形式，遇到具体电路时可以按照上述规则，通过观察直接写出方程。对于一个节点数为 n 的电路，一般表达式为

$$\begin{cases} G_{11}U_{N1}+G_{12}U_{N2}+\cdots+G_{1(n-1)}U_{N(n-1)}=i_{s11} \\ G_{21}U_{N1}+G_{22}U_{N2}+\cdots+G_{2(n-1)}U_{N(n-1)}=i_{s22} \\ \vdots \\ G_{(n-1)1}U_{N1}+G_{(n-2)2}U_{N2}+\cdots+G_{(n-1)(n-1)}U_{N(n-1)}=i_{s(n-1)(n-1)} \end{cases} \tag{2.19}$$

综上所述，节点电压法求解电路问题的一般步骤为：

（1）在电路中选定一个参考点，其余节点电压为待求变量；

（2）计算各节点的自电导及与相邻节点的互电导，自电导恒为正，互电导恒为负；

（3）方程右边为流入该节点的源电流以及有伴电压源所产生的电流的代数和；

（4）解方程组求出各节点电压；

（5）根据需要进一步求出各支路电流和支路电压。

【例 2.6】试求图 2.10 所示电路中的节点电压。

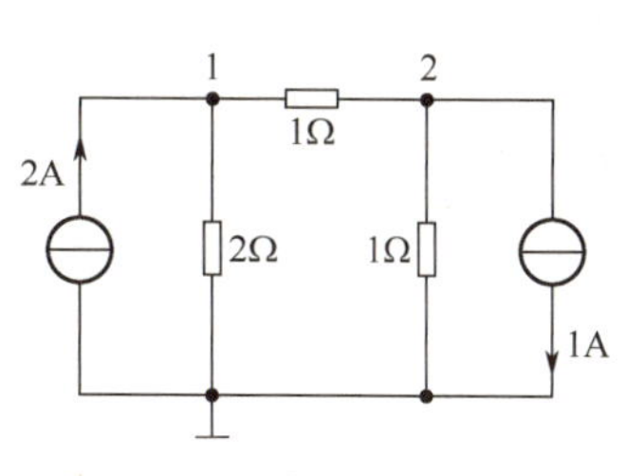

图 2.10　例 2.6 电路图

解：该电路共有 3 个节点，列写方程为

$$\begin{cases} (\frac{1}{2}+1)U_{N1}-U_{N2}=2 \\ (1+1)U_{N2}-U_{N1}=-1 \end{cases}$$

解方程组可得 $U_{N1}=1.5V$，$U_{N2}=0.25V$。

2.4.2　节点电压法几种特殊情况的处理方法

由于节点电压法列写的是电路的 KCL 方程，当电路含有独立电压源（未与电阻串联，又称为无伴电压源）支路时，由于没有电阻与之串联，无法等效为电流源与电阻的并联组合，但流经电压源的电流不能够被忽略，具体可采取以下方法。

（1）把独立电压源支路的电流设为未知量，在列写方程式时，独立电压源视作独立电流源，并将其电压与两端节点电压的关系作为补充方程。

（2）尽可能选取独立电压源支路的一端作为参考点，这时另一端电位就是已知值，不必再对这个节点列写方程。

【例 2.7】试计算图 2.11 所示电路中的电流 I。

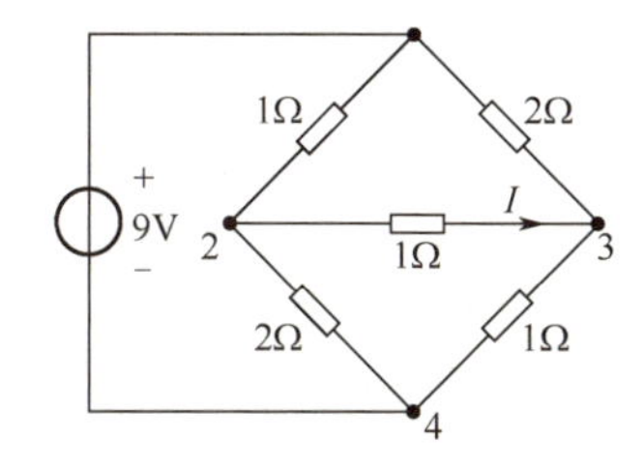

图 2.11　例 2.7 电路图

解：

解法一：电路中节点数为 4，其中一条支路为独立电压源支路，选择任意一个节点为参考节点，然后列写其他节点方程。为各节点编号，如图 2.12（a）所示，首先选节点 3 为参考节点，由于节点 1、4 之间有一条独立电压源支路，不能够忽略流经电压源的电流，设为 I'，方向如图 2.12（a）

所示，节点方程为

$$\begin{cases}(1+\frac{1}{2})U_{N1}-\frac{U_{N2}}{1}=I' \\ (1+1+\frac{1}{2})U_{N2}-\frac{U_{N1}}{1}-\frac{U_{N4}}{2}=0 \\ (1+\frac{1}{2})U_{N4}-\frac{U_{N2}}{2}=-I'\end{cases}$$

$U_{N1}-U_{N4}=9$（补充方程）

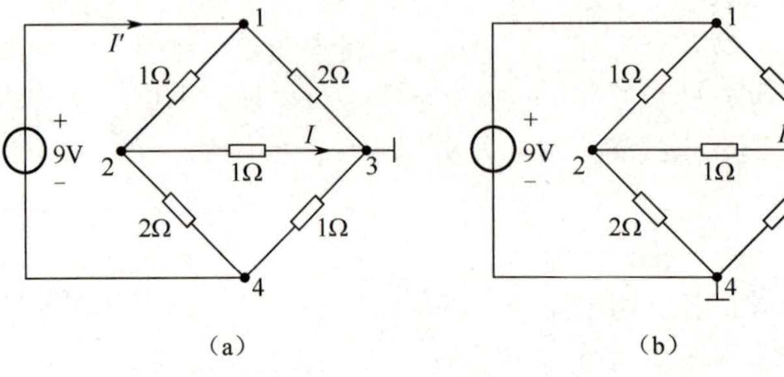

图 2.12　例 2.7 求解电路图

解得　$$U_{N1}=\frac{36}{7}\text{V}，\ U_{N2}=\frac{9}{7}\text{V}，\ U_{N4}=-\frac{27}{7}\text{V}$$

则　$$I=\frac{U_{N2}}{1}=\frac{9}{7}\text{A}$$

解法二：选节点 4 为参考点，如图 2.12（b）所示，节点 1 的节点电压就等于电压源的电压，只需要列写节点 2、3 的节点方程：

$$\begin{cases}(1+1+\frac{1}{2})U_{N2}-\frac{U_{N1}}{1}-\frac{U_{N3}}{1}=0 \\ (1+1+\frac{1}{2})U_{N3}-\frac{U_{N1}}{2}-\frac{U_{N2}}{1}=0\end{cases}$$

$U_{N1}=9$（补充方程）

解得　$$U_{N2}=\frac{36}{7}\text{V}，\ U_{N3}=\frac{27}{7}\text{V}$$

则　$$I=\frac{U_{N2}-U_{N3}}{1}=\frac{9}{7}\text{A}$$

【例 2.8】 试计算图 2.13 所示电路中的电流 I_1。

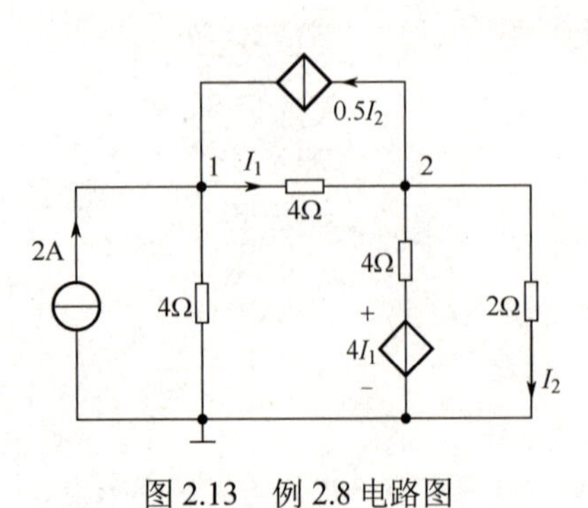

图 2.13　例 2.8 电路图

解： 电路中既有独立电源又有受控源。对于含受控源的电路，在列写节点方程时可以先将受控源看成独立电源，然后再增加联系受控源的控制量和节点电压的补充方程。选取参考点如图 2.13 所示，列写节点方程：

$$\begin{cases}(\frac{1}{4}+\frac{1}{4})U_{N1}-\frac{1}{4}U_{N2}=2+0.5I_2 \\ -\frac{1}{4}U_{N1}+(\frac{1}{4}+\frac{1}{4}+\frac{1}{2})U_{N2}=\frac{4I_1}{4}-0.5I_2\end{cases}$$

补充方程：　$$I_1=\frac{U_{N1}-U_{N2}}{4}$$

$$I_2 = \frac{U_{N2}}{2}$$

联立上述方程组，得

$$U_{N1} = 6V，\ U_{N2} = 2V$$

则

$$I_1 = \frac{U_{N1} - U_{N2}}{4} = 1A$$

2.5 对偶原理

2.4 节讨论的节点电压法是以节点电压作为变量，列写节点 KCL 方程的，归纳总结得到节点方程的一般形式：

$$\begin{cases} G_{11}U_{N1} + G_{12}U_{N2} + \cdots + G_{1(n-1)}U_{N(n-1)} = i_{s11} \\ G_{21}U_{N1} + G_{22}U_{N2} + \cdots + G_{2(n-1)}U_{N(n-1)} = i_{s22} \\ \qquad \vdots \\ G_{(n-1)1}U_{N1} + G_{(n-2)2}U_{N2} + \cdots + G_{(n-1)(n-1)}U_{N(n-1)} = i_{s(n-1)(n-1)} \end{cases} \tag{2.20}$$

2.3 节讨论的网孔电流法是以网孔电流作为变量，列写网孔 KVL 方程的，得到网孔方程的一般形式：

$$\begin{cases} R_{11}i_{m1} + R_{12}i_{m2} + \cdots + R_{1l}i_{ml} = U_{S11} \\ R_{21}i_{m1} + R_{22}i_{m2} + \cdots + R_{2l}i_{ml} = U_{S22} \\ \qquad \vdots \\ R_{l1}i_{m1} + R_{l2}i_{m2} + \cdots + R_{ll}i_{ml} = U_{Sll} \end{cases} \tag{2.21}$$

仔细观察式（2.20）和式（2.21），如果将式（2.20）中的节点电压用网孔电流替换，电压源替换电流源，电阻替换电导，就得到式（2.21）。反之，通过对应变量之间的变换，也可由式（2.21）得到式（2.20）。电路的这种性质称为对偶性。

又如，电感元件和电容元件，在关联参考方向下，线性电感元件伏安关系为

$$u = L\frac{di}{dt} \tag{2.22}$$

若用 u 置换 i，i 置换 u，C 置换 L，则有

$$i = C\frac{du}{dt} \tag{2.23}$$

式（2.23）即为线性电容元件的伏安关系，可见电感元件和电容元件具有对偶性。前述互换的变量称为对偶量。电路中的对偶关系如表 2.1 所示。

表 2.1　电路中的对偶关系

原电路	电压 u	电阻 R	电感 L	串联	开路	电压源
对偶电路	电流 i	电导 G	电容 C	并联	短路	电流源

对偶原理：如果将两个电路中某些具有对偶性的元素进行互换，则两个不同电路的方程具有相同的解，这种可互换的性质即为对偶原理。

当对电路进行分析，求解其响应和性质时，若能找到该电路的对偶电路，计算对偶电路的响应，再根据对偶原理，就可以得到原电路的响应和性质。这是对偶现象在电路中的一种体现形式。电路的对偶性广泛存在于电路变量、电路元件、电路定律、电路结构和分析方法等之中。

应用对偶原理不仅可以简化电路求解过程，而且会有新的发现或者预见新的性质。同时，利用对偶原理记忆电路的基本概念、定律、方法也是一种好的方法。根据对偶原理，对于本章将要学习的电路基本分析方法和定理，读者可以尝试自己分析、归纳、验证它们之间的对偶关系，例如，戴维南定理与诺顿定理。

2.6 电路的等效变换

等效变换是电路分析的一种重要方法，通过等效变换可以将复杂电路进行简化，达到方便求解的目的。

视频——等效变换的概念

2.6.1 二端网络的概念

把由多个元件构成的电路看成一个整体，若这部分电路仅有两个端钮与外部电路相连，并且从一个端钮流入的电流等于从另一个端钮流出的电流，这样的电路称为二端网络，也叫单口网络。第 1 章中介绍的电阻、电容、电感等理想电路元件可以看成二端网络的特例，此时网络内部只含有一个元件。

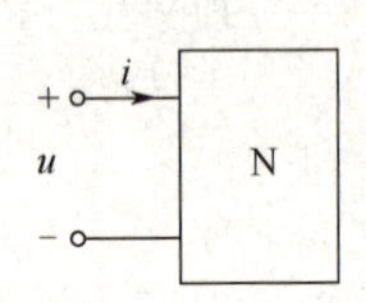

图 2.14 单口网络及其伏安关系

和元件的伏安关系相似，一个二端网络的端口电压和电流之间的关系称为该二端网络的伏安关系。例如，图 2.14 所示的二端网络即单口网络 N，其伏安关系可用数学表达式描述为

$$u = f(i) \text{ 或 } i = f(u) \tag{2.24}$$

二端网络的伏安关系由二端网络内部的结构和参数所决定，与外电路无关。当二端网络内部不含独立电源、只含线性电阻元件和受控源时，称之为无源二端网络，其端口电压和电流之间的关系可以表示为

$$R_{eq} = \frac{u}{i} \tag{2.25}$$

式（2.25）中 R_{eq} 是与 u 、i 无关的常数，称为无源二端网络的输入电阻，也叫无源二端网络的等效电阻。

2.6.2 电路等效的概念

如果两个二端网络内部结构不同，但端钮的伏安关系完全相同，那么就称这两个二端网络等效，这两个二端网络可以互称为等效电路。相互等效的电路对外电路是完全相同的，即“对外等效”。

由等效的概念可以得出，等效是指两个电路的端口特性相同，对于内部结构并没有要求，因此两个等效的电路，它们的内部结构可以是完全不同的。如图 2.15 所示的两个二端网络 N 和 N′，它们的内部结构可能不同，但只要能够证明它们的伏安关系完全一样，就可以说这两个二端网络等效。

利用等效的概念可以很方便地对复杂电路进行化简。在电路中，如果将电路的某一部分用其等效电路来替换，那么未被替换的电路部分的各电压和电流均保持不变，也就是说，替换后的电路和原电路（二端网络之外的）对外电路而言是等效的。例如，图 2.16（a）所示的电路，根据 KVL 可以求得 2Ω 电阻上的电流为

$$i = \frac{2\text{V}}{1\Omega + 2\Omega} = \frac{2}{3}\text{A}$$

在图 2.16（b）中，根据分流关系可得 2Ω 电阻上的电流为

$$i' = \frac{1\Omega}{1\Omega + 2\Omega} \times 2\text{A} = \frac{2}{3}\text{A}$$

因此对 2Ω 电阻而言，外接二端网络 N 和二端网络 N′ 是等效的。若将两个电路中 2Ω 的电阻都换成 5Ω 的电阻，同样可以计算出：

$$i = i' = \frac{1}{3}\text{A}$$

可以验证，对于任意阻值的电阻，二端网络 N 和二端网络 N′ 都是等效的。因此，N 和 N′ 虽然结构不同，但它们对外电路而言作用却是相同的，也就是说它们是等效的。

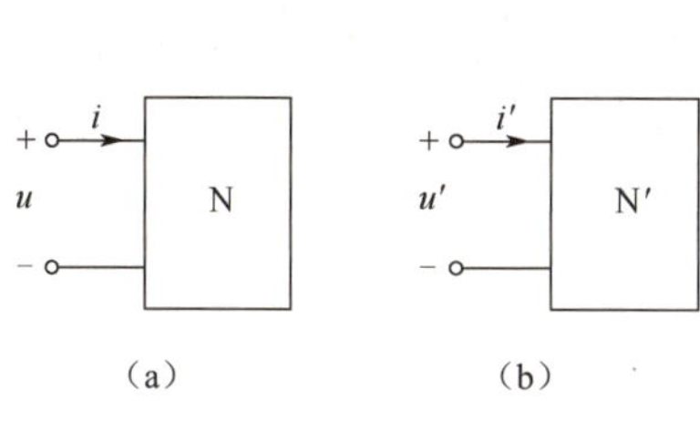

图 2.15　二端网络的等效

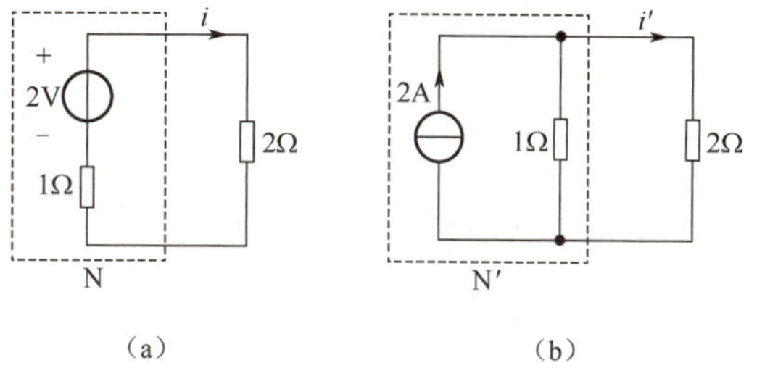

图 2.16　二端网络的等效举例

注意：

（1）等效是对外电路而言的，不管两个二端网络的内部电路结构如何，只要它们伏安关系相同，对外电路而言，这两个二端网络就等效；

（2）等效是对所有外电路而言的等效，如果两个二端网络只有在外接某一负载时具有相同的端口电压和电流，就并不能说它们是等效的。

2.6.3　电阻的等效变换

室内灯光或彩灯等照明系统通常由 n 个并联或串联的灯泡组成，各灯泡可建模为电阻。现先讨论电阻的串并联等效变换。

1. 串联电阻的等效变换

n 个电阻的串联组合，如图 2.17（a）所示，根据 KVL，该部分电路的总电压为

$$u = u_1 + u_2 + \cdots + u_n = (R_1 + R_2 + \cdots + R_n)i \tag{2.26}$$

该部分的等效电阻为

$$R_{\text{eq}} = \frac{u}{i} = R_1 + R_2 + \cdots + R_n = \sum_{k=1}^{n} R_k \tag{2.27}$$

因此，电阻的串联组合可以等效为一个电阻，其等效电阻的阻值等于每一个串联电阻的阻值之和，即必定大于每个串联电阻。每个电阻上的电压为

$$u_k = R_k i = \frac{R_k}{(R_1 + R_2 + \cdots + R_n)} u \tag{2.28}$$

也就是说，串联电阻电路中每个电阻上的电压与其电阻大小成正比。式（2.28）称为分压公式，在实际中常利用串联电阻的分压特性来实现分压器。

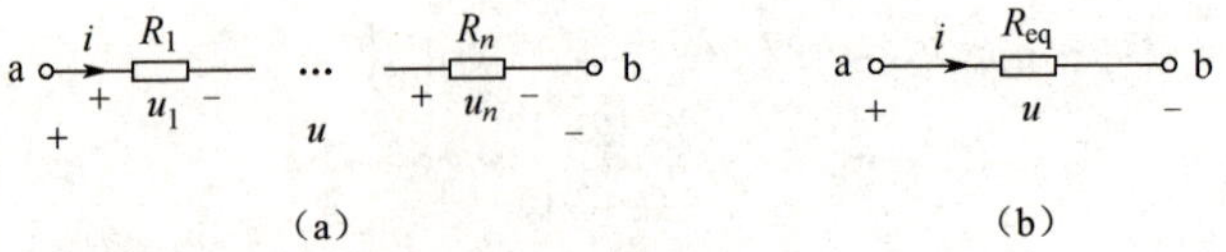

图 2.17 电阻的串联

2. 并联电阻的等效变换

n 个电阻的并联组合，如图 2.18（a）所示，根据 KCL，该部分电路的总电流为

$$i = i_1 + i_2 + \cdots + i_n = \left(\frac{1}{R_1} + \frac{1}{R_2} + \cdots + \frac{1}{R_n}\right)u \tag{2.29}$$

等效电阻为

$$R_{eq} = \frac{u}{i} = \frac{1}{\frac{1}{R_1} + \frac{1}{R_2} + \cdots + \frac{1}{R_n}} = \frac{1}{\sum_{k=1}^{n} \frac{1}{R_k}} \tag{2.30}$$

也可用电导表示为

$$G_{eq} = \sum_{k=1}^{n} G_k \tag{2.31}$$

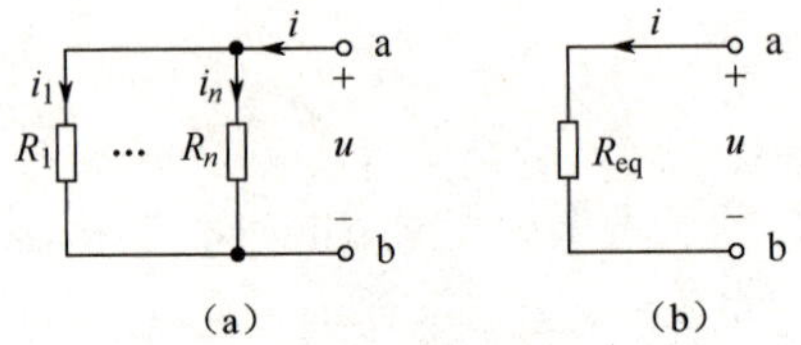

图 2.18 电阻的并联

因此，多个电阻并联的等效电阻必定小于任意一个并联的电阻。每个电阻上的电流为

$$i_k = G_k u = \frac{G_k}{(G_1 + G_2 + \cdots + G_n)} i \tag{2.32}$$

也就是说，并联电阻电路中每个电阻上的电流与其电导大小成正比。式（2.32）称为分流公式，并联电阻的这一特性可以用来实现分流器。

3. 电阻的 Y－△连接及其等效变换

Y 形和△形电阻网络是电阻电路中常见的三端电阻网络，各电阻之间既非串联也非并联情况，它们有三个端钮和外电路相连，如图 2.19 所示。其中 Y 形（或星形）连接中三个电阻各有一端连在一起（称为公共端），另外三个端子则与外电路相连，如图 2.19（a）所示；△形（或三角形）连接中三个电阻依次连接在一起，再从三个连接点上向外引出三个端子与外电路相连，如图 2.19（b）所示。当这两种连接方式的电阻之间满足一定的关系时，它们也可以进行等效互换。

要使这两种电阻网络可以等效，它们对应端口上的电压和电流的关系应该完全相同。对于 Y 形电阻网络有

$$\begin{cases} u_{12} = R_1 i_1 - R_2 i_2 \\ u_{23} = R_2 i_2 - R_3 i_3 \\ u_{31} = R_3 i_3 - R_1 i_1 \end{cases} \tag{2.33}$$

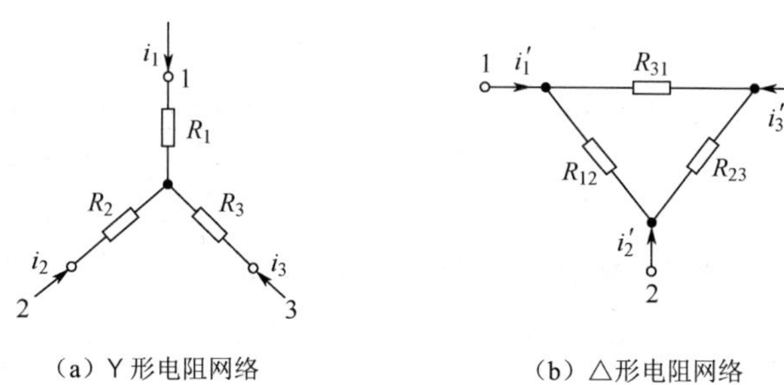

（a）Y 形电阻网络　　（b）△形电阻网络

图 2.19　电阻的 Y 形和△形连接

对于△形电阻网络有

$$\begin{cases} i_1' = \dfrac{u_{12}}{R_{12}} - \dfrac{u_{31}}{R_{31}} \\ i_2' = \dfrac{u_{23}}{R_{23}} - \dfrac{u_{12}}{R_{12}} \\ u_{12} + u_{23} + u_{31} = 0 \end{cases} \tag{2.34}$$

从式（2.34）可以解得

$$\begin{cases} u_{12} = \dfrac{R_{12}R_{31}}{R_{12}+R_{23}+R_{31}} i_1' - \dfrac{R_{12}R_{23}}{R_{12}+R_{23}+R_{31}} i_2' \\ u_{23} = \dfrac{R_{12}R_{23}}{R_{12}+R_{23}+R_{31}} i_2' - \dfrac{R_{13}R_{23}}{R_{12}+R_{23}+R_{31}} i_3' \\ u_{31} = \dfrac{R_{13}R_{23}}{R_{12}+R_{23}+R_{31}} i_3' - \dfrac{R_{12}R_{31}}{R_{12}+R_{23}+R_{31}} i_1' \end{cases} \tag{2.35}$$

要使两个电阻网络等效，不论 u_{12}、u_{23}、u_{31} 为何值，对应端钮上的电流都应该相等，即式（2.33）和式（2.35）中 i_1 和 i_1'、i_2 和 i_2'、i_3 和 i_3' 各项前面的系数应该相等，有

$$\begin{cases} R_1 = \dfrac{R_{12}R_{31}}{R_{12}+R_{23}+R_{31}} \\ R_2 = \dfrac{R_{12}R_{23}}{R_{12}+R_{23}+R_{31}} \\ R_3 = \dfrac{R_{13}R_{23}}{R_{12}+R_{23}+R_{31}} \end{cases} \tag{2.36}$$

这是在已知△形电阻网络中各电阻时，求与之等效的 Y 形电阻网络中各电阻时的计算公式。

式（2.36）可归纳为

$$\text{Y 形电阻} R_i = \frac{\text{△形中接于端钮 } i \text{ 的两电阻的乘积}}{\text{△形三个电阻之和}} \tag{2.37}$$

式中，$i = 1,2,3$。

如果已知 Y 形电阻网络中各电阻，要计算与之等效的△形电阻网络中各电阻时，联立式（2.36），得

$$\begin{cases} R_{12} = \dfrac{R_1R_2 + R_2R_3 + R_1R_3}{R_3} \\ R_{23} = \dfrac{R_1R_2 + R_2R_3 + R_1R_3}{R_1} \\ R_{31} = \dfrac{R_1R_2 + R_2R_3 + R_1R_3}{R_2} \end{cases} \tag{2.38}$$

式（2.38）可归纳为

$$\triangle\text{形电阻}R_{mn}=\frac{\text{Y形中三个电阻两两乘积之和}}{\text{Y形中接在与}R_{mn}\text{相对端钮的电阻}} \tag{2.39}$$

式中，$m=1,2,3$；$n=1,2,3$。

【例 2.9】在图 2.20（a）所示电阻网络中，已知各电阻的大小都为 R，试求 a、b 两端的等效电阻。

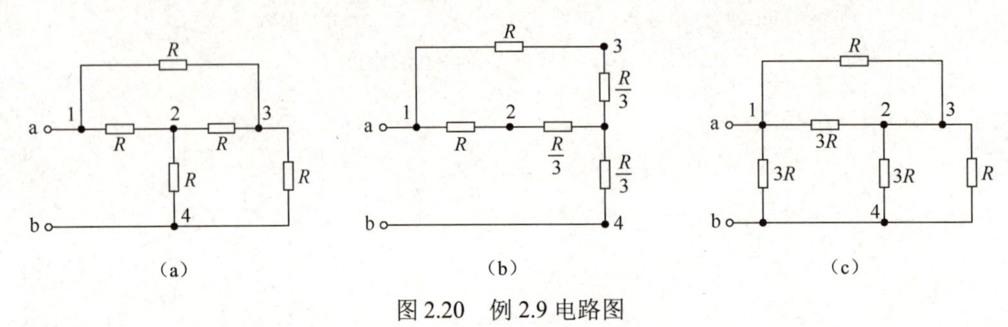

图 2.20 例 2.9 电路图

解：图 2.20（a）所示电阻网络各电阻之间的连接形式既非串联也非并联，单纯利用电阻的串联或并联关系无法将其进行化简。但仔细观察电路就会发现，该电路中的几个电阻组成了 Y 形网络或△形网络，因此可以利用 Y 形网络和△形网络的等效互换关系将其进行化简。

节点 2、3、4 间的三个电阻构成了一个△形网络，根据△形网络和 Y 形网络的等效互换关系可知，与其等效的 Y 形网络中各电阻的值为

$$R_2=R_3=R_4=\frac{R\times R}{R+R+R}=\frac{R}{3}$$

因此，图 2.20（a）所示电阻网络可等效变换为图 2.20（b）所示的形式，电路的结构得到了简化。a、b 两端的等效电阻为

$$R_{\text{ab}}=\left(R+\frac{R}{3}\right)//\left(R+\frac{R}{3}\right)+\frac{R}{3}=R$$

也可以将图 2.20（a）所示电阻网络中节点 1、2、4 间的 Y 形网络等效变换为△形网络，如图 2.20（c）所示，此时电路的等效电阻为

$$R_{\text{ab}}=(R//3R+R//3R)//3R=R$$

本例题还有其他的变换方法，读者可自行进行变换求解。

在本例中，构成各△形网络和 Y 形网络的电阻的大小都相等，这样的网络称为对称的△形网络和对称的 Y 形网络。通过本例的求解可以看出，对于对称的△形网络和对称的 Y 形网络，其等效互换的条件为

$$R_{\text{Y}}=\frac{1}{3}R_{\triangle}\ \text{和}\ R_{\triangle}=3R_{\text{Y}} \tag{2.40}$$

4. 电桥及其平衡条件

电桥是一种有着广泛和实际应用的电路，它可以用来精确地测量电阻，也可以构成温度、压力等各种物理量的测量系统。电桥的典型结构如图 2.21（a）所示，四个电阻所在支路构成了电桥的四个桥臂，中间支路上的检流计用来测量输出电流的大小。也可以将它画成如图 2.21（b）所示的形式，这样各电阻之间的串并联关系就更清楚了。

当电桥的输出电压 U_{O} 为零时，称电桥达到了平衡，此时检流计的读数为零，从图 2.21 中可以得到，输出电压 U_{O} 为

$$U_{O}=(\frac{R_3}{R_1+R_3}-\frac{R_4}{R_2+R_4})U_{S}$$

因为U_{O}为零，有

$$\frac{R_3}{R_1+R_3}-\frac{R_4}{R_2+R_4}=0$$

即

$$R_1R_4=R_2R_3 \tag{2.41}$$

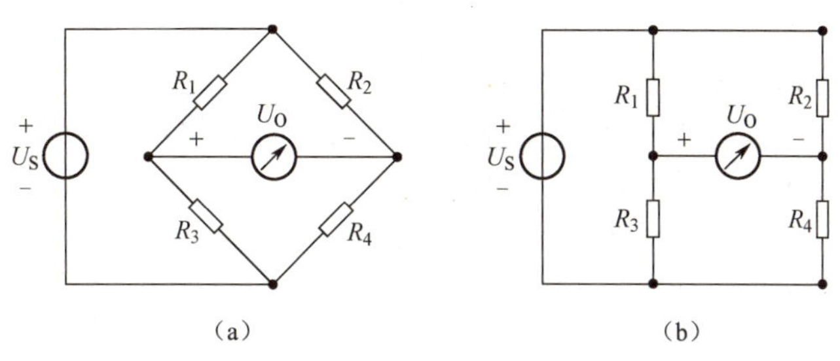

图 2.21 电桥的结构

这就是电桥的平衡条件。根据这一平衡条件，在桥臂的四个电阻中，只要已知其中的三个电阻，另一个电阻就可以通过平衡条件求出，这就是利用电桥测量电阻的原理。例如，在图 2.21 中，假设电阻 R_1 的值为待测量，为了方便调节电桥平衡，可使 R_2、R_4 大小一定，R_3 为可变电阻，调节可变电阻 R_3 直到检流计的读数为零，则根据电桥的平衡条件可知待测电阻：

$$R_1=R_3\times\frac{R_2}{R_4} \tag{2.42}$$

当电桥处于非平衡状态时，中间支路的输出电压将不为零，并且输出电压的大小与各桥臂电阻的大小有关，利用这一特点可以实现很多非电量的测量。如图 2.22 所示，任选电桥的一个桥臂作为测量臂，将测量物理量的传感器连接到该臂上。首先调节各桥臂的电阻使电桥达到平衡，然后用传感器测量被测物理量，电桥的输出电压将发生变化，此输出偏离平衡位置的大小就反映了被测物理量的变化量。

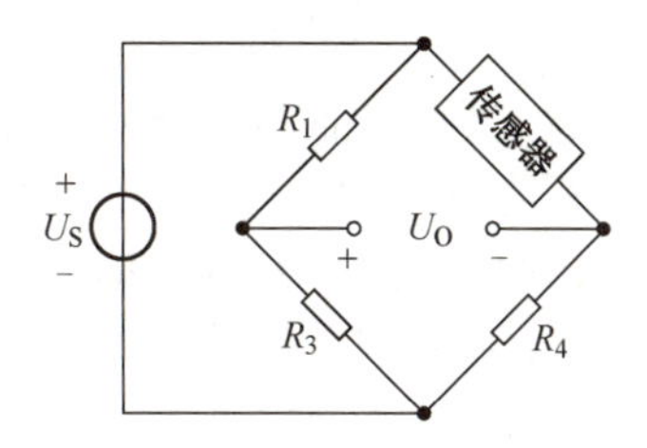

图 2.22 利用非平衡电桥测量物理量

当电桥的输出端上也有电阻时，可以将它看成一个复杂的电阻网络，利用电阻的△-Y 变换等方法进行求解，这里不再赘述。

5. 电阻混联电路的等效变换

在电路中，当各电阻之间既有串联又有并联时，称为电阻的混联。对于电阻混联电路，如果能根据电路的结构对其进行适当的等效变换，将会对电路的分析带来很大的帮助。

在分析电阻混联电路时，首先要根据电阻串联、并联的基本特征来判断出各电阻之间是串联还是并联，然后按照电阻串联和并联的等效规律逐步进行等效变换，将电路进行化简。

对电阻混联电路进行化简时，应该注意：

（1）在不改变电路拓扑结构（连接方式）的前提下，可以通过适当改变电路的画法，将电路进行变形，使看似复杂的混联电路中各电阻之间的连接关系明朗化；

（2）短路线可以任意压缩和拉长；

（3）等电位点可以压缩为一点；

（4）电流为零的支路可以断开。

【例 2.10】求图 2.23 所示电路中 A、B 端口的等效电阻。已知 $R_1 = 20\Omega$，$R_2 = 12\Omega$，$R_3 = 5\Omega$，$R_4 = 8\Omega$，$R_5 = 10\Omega$，$R_6 = 14\Omega$。

解：从 A 点出发，依次经过各节点和支路，沿电路走一圈到达 B 点，可知在电路中节点 3、4 为等电位点，因此 R_1、R_3 并联，R_2、R_4 并联，图 2.23 所示电路可以改画为图 2.24 所示的形式，对改画以后的电路图可以根据电阻的串并联等效变换计算

$$R_{AB} = (R_5 + R_1 // R_3) // R_6 + R_2 // R_4 \approx 11.8\Omega$$

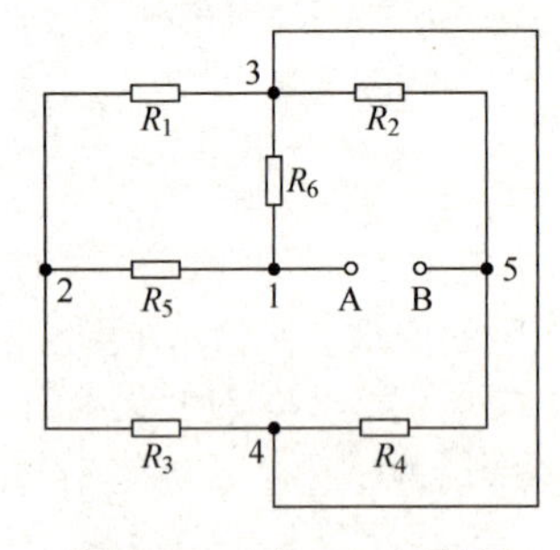

图 2.23 例 2.10 电路图

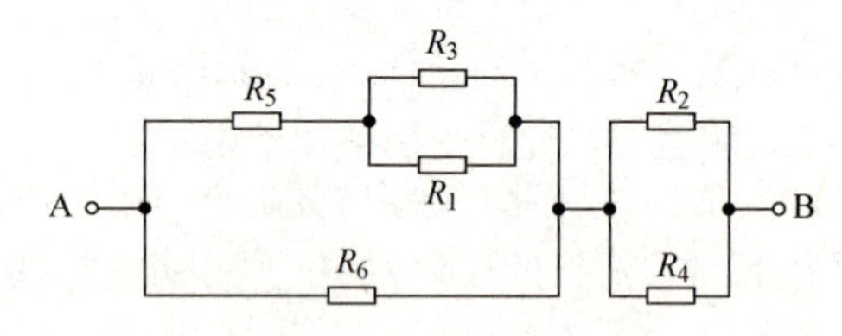

图 2.24 例 2.10 等效电路图

2.6.4 独立电源的等效变换

1. 电压源的串并联等效变换

1）电压源的串联

两个电压源的串联如图 2.25 所示，根据 KVL，此串联支路两端的电压为

$$u = u_{s1} + u_{s2} \tag{2.43}$$

根据理想电压源的特性可知，串联支路的电流取决于外电路，与串联支路中的电压源无关。因此，该支路可以等效为一个电压源，其大小等于两个串联电压源电压的代数和。可见，将电压源串联可以向外电路提供电压，在实际工作中得到了广泛的应用，读者可以自行查阅相关资料。

同理，当有 n 个电压源 $u_{s1}, u_{s2}, \cdots, u_{sn}$ 串联时，也可以等效为一个电压源，且该电压源的电压等于该串联支路上所有电压源电压的代数和，即

$$u_{eq} = \sum_{k=1}^{n} u_{sk} \tag{2.44}$$

2）电压源的并联

两个电压源的并联如图 2.26 所示。从该电路中可知：$u_{ab} = u_{s1}$ 且 $u_{ab} = u_{s2}$。

这要求：$u_{s1} = u_{s2}$。两个电压源大小必须相等且极性相同时才能采用并联的方式，并等效为一个电压源：

$$u_{eq} = u_{s1} = u_{s2} \tag{2.45}$$

电压源并联后电路的端电压不变，与并联前的电压相等，但并联后向外电路提供的电流发生了变化，电力系统中的并网供电就是这个原理。

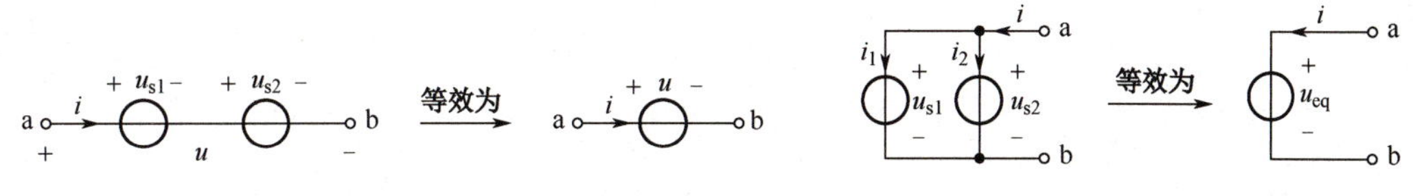

图 2.25　两个电压源的串联　　　图 2.26　两个电压源的并联

2. 电流源的串并联等效变换

1）电流源的串联

两个电流源的串联如图 2.27 所示，根据理想电流源的特性可知，流经串联支路上的电流为

$$i = i_{s1} = i_{s2} \tag{2.46}$$

因此，只有两个大小相等、方向相同的理想电流源才能够串联。该串联支路可以用一个理想电流源来等效代替：

$$i_{eq} = i_{s1} = i_{s2} \tag{2.47}$$

等效后的支路与原来的支路相比，流经理想电流源的电流保持不变，但每一个理想电流源两端的电压将发生变化。

2）电流源的并联

两个电流源的并联如图 2.28 所示。根据 KCL，并联支路的总电流为

$$i = i_{s1} + i_{s2} \tag{2.48}$$

该并联支路的端电压取决于外电路，与并联支路中的各独立电流源无关。因此该并联电路可以等效为一个理想电流源，其大小等于两个并联理想电流源电流的代数和。

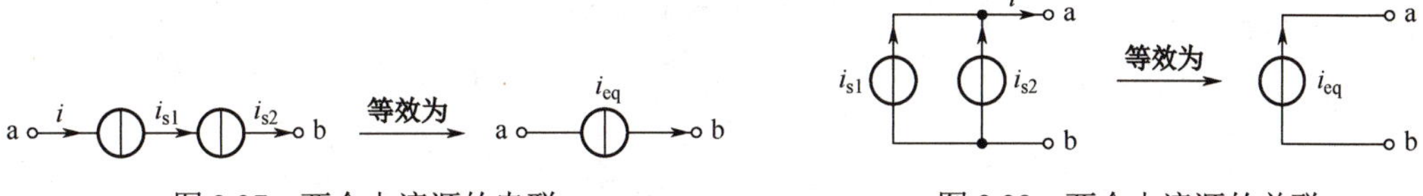

图 2.27　两个电流源的串联　　　图 2.28　两个电流源的并联

上述结论也可以推广到 n 个理想电流源并联的电路：n 个理想电流源 $i_{s1}, i_{s2}, \cdots, i_{sn}$ 的并联电路也可以等效为一个理想电流源，且该理想电流源的电流等于并联电路上所有电流源电流的代数和，即

$$i_{eq} = \sum_{k=1}^{n} i_{sk} \tag{2.49}$$

3. 理想电压源与非理想电压源支路并联等效变换

在电路中，当理想电压源与非理想电压源支路并联时（见图 2.29），根据并联电路的性质，端口电压等于理想电压源的电压，即

$$u = u_s \tag{2.50}$$

端口上的电流大小取决于外电路，与并联支路上的元件无关。所以该并联电路对外电路而言可以等效为一个理想电压源二端网络，且

$$u_{eq} = u_s \tag{2.51}$$

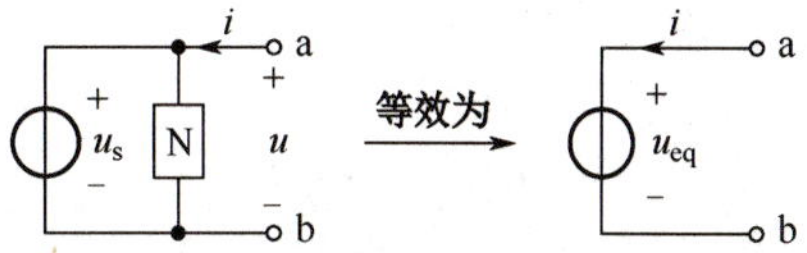

图 2.29　理想电压源与非理想电压源支路并联

因此，理想电压源与非理想电压源支路并联的电路可以等效为一个电压源，并联的非理想电压源支路对外电路没有影响，在求解外电路的电压或电流时可以将该支路忽略不计，但该支路的存在会改变电路内部流经理想电压源支路的电流。

4. 理想电流源与非理想电流源支路串联等效变换

当理想电流源与非理想电流源支路串联时（见图 2.30），由于理想电流源的性质决定了该支路上的电流是一个定值：

$$i = i_s \tag{2.52}$$

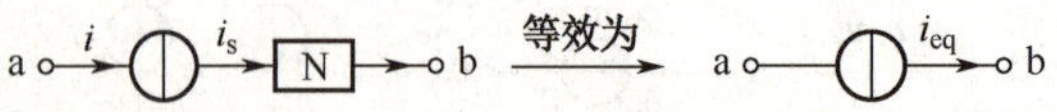

图 2.30　理想电流源与非理想电流源支路的串联

而支路电压的大小则取决于外电路，与非理想电流源支路无关。所以该串联支路对外电路而言可以等效为一个理想电流源支路：

$$i_{eq} = i_s \tag{2.53}$$

因此，理想电流源与非理想电流源支路串联的电路可以等效为一个理想电流源，串联的非理想电流源支路对外电路没有影响，在求解外电路的电压或电流时可以将该支路忽略不计，但该支路的存在会改变原理想电流源两端的电压。

5. 实际电源的两种电路模型及其等效互换

第 1 章介绍的理想电源是假设电源内部没有能量损耗的。但实际电源在工作时不可避免地会存在能量的损耗。例如，一节新的干电池在开始使用时其端电压可以保持在 1.5V，此时它可以被看成是理想的电压源即独立电压源；但经过一段时间后，电池内部的损耗加大，其端电压会逐渐减小，此时就不能再将其看成是理想电压源了，而必须考虑电源内部的损耗，用图 2.31（a）所示的实际电压源模型来表示。同理，对实际电流源来说，当考虑电源内部的损耗时，通常要用图 2.31（b）所示的实际电流源模型来表示。

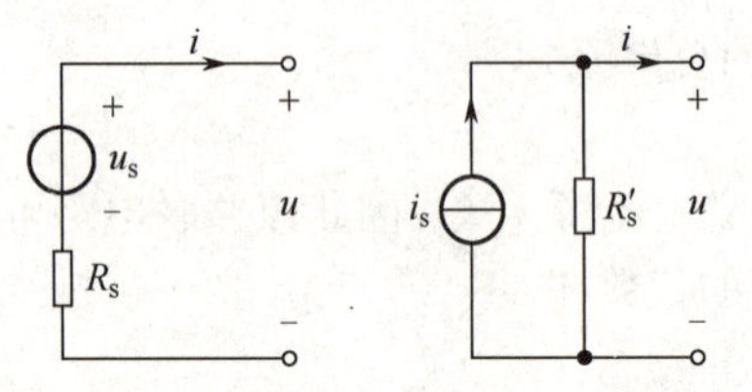

（a）实际电压源模型　（b）实际电流源模型

图 2.31　实际电源模型

实际电压源模型与实际电流源模型是线性含源二端网络的最简单的形式，它们在一定条件下也可以进行等效互换。从图 2.31 中可以看出，这两种模型端口的伏安关系分别为

$$\begin{cases} u = u_s - iR_s \\ i = i_s - \dfrac{u}{R'_s} \end{cases} \tag{2.54}$$

将式（2.54）中的第二个方程进行变换，有

$$u = i_s R'_s - iR'_s \tag{2.55}$$

比较式（2.55）和式（2.54）中的第一个方程，要使这两个模型等效，必须满足

$$\begin{cases} R_s = R'_s \\ u_s = i_s R_s \end{cases} \tag{2.56}$$

这就是实际电压源模型与实际电流源模型进行等效互换的条件。在进行等效变换时必须注意，这两种等效模型中电流源的电流与电压源的电压之间为非关联参考方向，即电流源的电流是从电压源的负极流向正极的。

【例 2.11】试计算图 2.32 所示电路中的电流 I 。

解：该电路中含有两条电压源串联电阻支路，可以利用实际电源的两种模型之间的等效变换法将电路进行化简。首先利用电源的等效变换将电路中的两条电压源串联电阻支路等效变换为电流源并联电阻电路，如图 2.33（a）所示。

图 2.33（a）中，两个电流源的并联可以等效为一个电流源，3Ω 电阻和 6Ω 电阻的并联可以等效为一个电阻，图 2.33（a）可以进一步简化为图 2.33（b）所示的电路。由图 2.33（b）所示电路，可计算得到电流 I 为

$$I = \frac{2\Omega}{2\Omega + 2\Omega} \times 2\text{A} = 1\text{A}$$

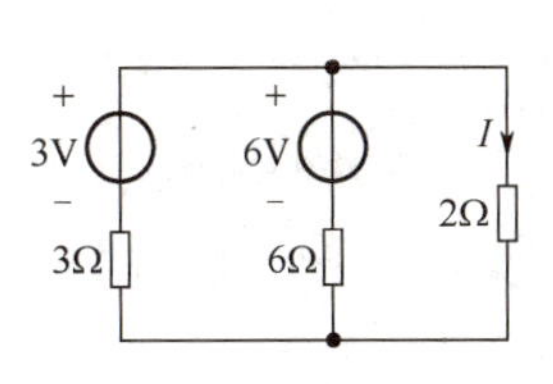

图 2.32　例 2.11 电路图

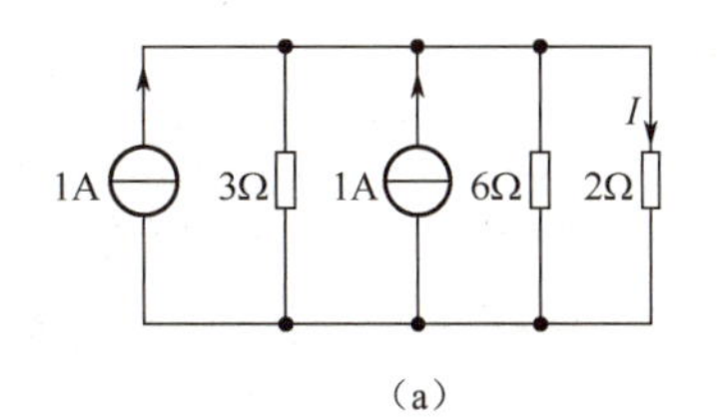

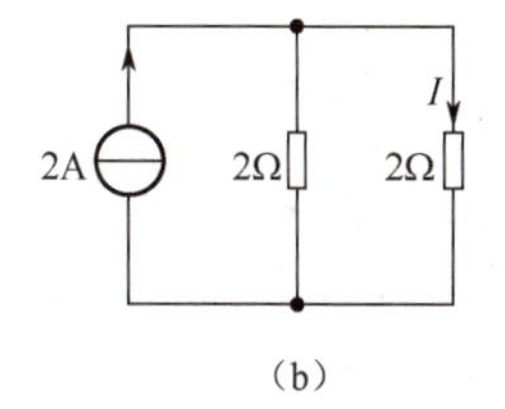

图 2.33　例 2.11 等效电路图

由于图 2.32 电路和图 2.33（b）电路等效，根据图 2.33（b）所示电路计算得到的电流 I 即为图 2.32 所示电路的 I。对于含有受控电压源串联电阻支路或是受控电流源并联电阻支路，也可以利用电源的等效变换方法进行求解，在进行等效变换时可以先把受控源当作独立电源看待，但应该注意的是，变换过程中始终保留受控源的控制支路。

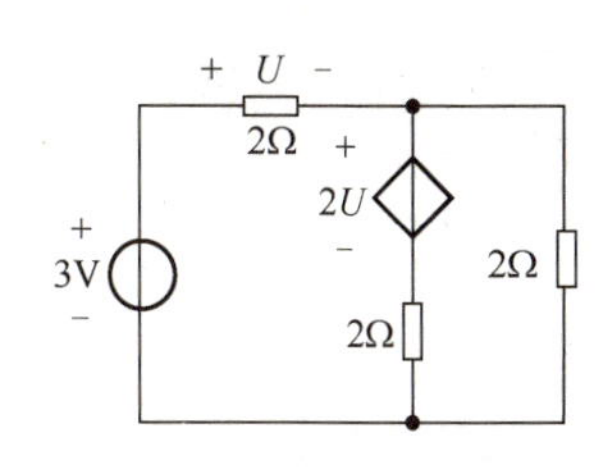

图 2.34　例 2.12 电路图

【例 2.12】试计算图 2.34 所示电路中的电压 U 。

解：将受控电压源串联电阻支路等效变换为受控电流源并联电阻电路，如图 2.35（a）所示。

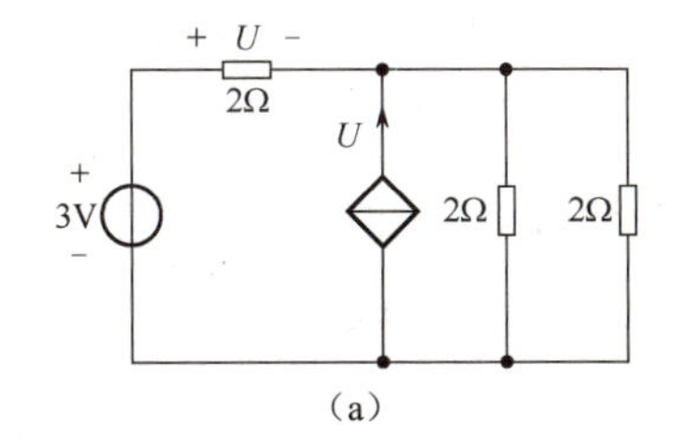

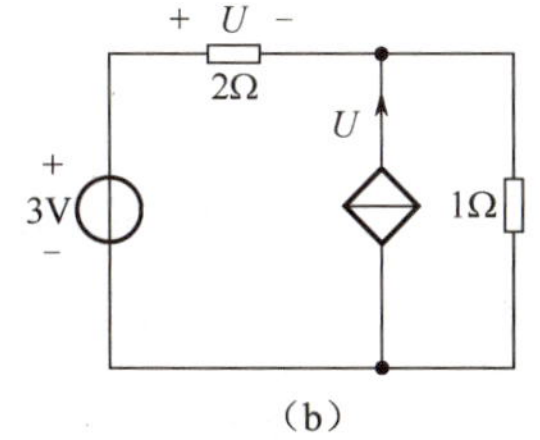

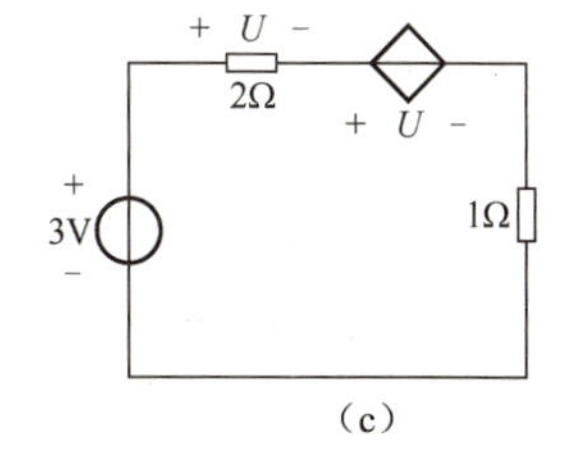

图 2.35　例 2.12 等效变换电路图

再将图 2.35（a）所示电路中两个 2Ω 电阻的并联等效为一个 1Ω 电阻，如图 2.35（b）所示。受控电流源并联 1Ω 电阻电路进一步等效为一个受控电压源串联 1Ω 电阻支路，如图 2.35（c）所示。

视频——两种实际电源的等效变换

根据 KVL，有

$$U+U+\frac{U}{2}=3$$

解得

$$U=1.2\text{V}$$

2.7　齐次定理与叠加定理

前面几节讨论了电路分析的基本方法：支路电流法、网孔电流法和节点电压法，这些方法需要列写一系列方程。为了能更直接、简便地分析电路，减少不必要的麻烦，接下来介绍一些分析电路的常用定理。

齐次定理与叠加定理是适用于线性电路的重要定理。

由线性元件和独立电源组成的电路称为线性电路。描述线性直流电路的方程是线性代数方程，线性代数方程有两个非常重要的性质：齐次性和可加性，体现在电路理论中就表述为齐次定理和叠加定理。

2.7.1　齐次定理

齐次定理用来描述线性电路，当只有一个激励作用时响应与激励之间的关系。如图 2.36 所示电路，流经电阻 R_2 的电流为

$$i_2 = \frac{u_s}{R + R_1 // R_2} \times \frac{R_1}{R_1 + R_2} = \frac{R_1}{RR_1 + RR_2 + R_1R_2} u_s = ku_s \tag{2.57}$$

从式（2.57）中可以看出，i_2的大小与激励u_s成比例，比例系数k由电路的结构决定。上述结论具有一般性，概括为**齐次定理**：只有一个激励作用的线性电路，如果将激励增大k倍，则对应的响应也增大k倍，即响应与激励成正比。

线性电路的齐次性又称为比例性。注意，这里的激励指的是独立电压源或独立电流源，不包括受控源。

另外，齐次定理虽然是由线性电阻电路推导得出的，但完全适用于其他线性电路，如线性交流电路。

【例 2.13】在图 2.37 所示电路中，$I_S = 2\text{A}$，$R_1 = R_2 = R_3 = R_4 = R_5 = R_6 = 10\Omega$，试求电流$I$。

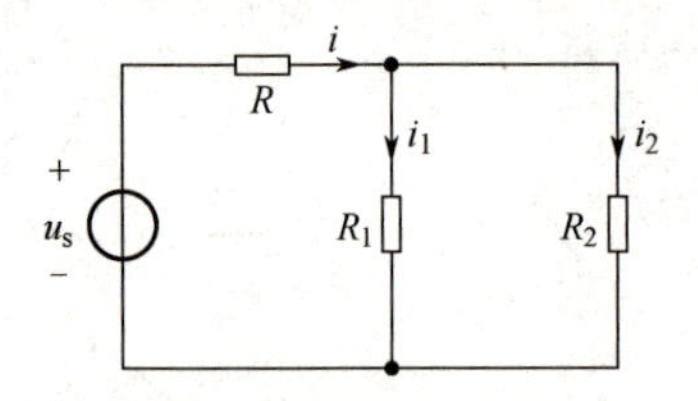

图 2.36 齐次定理示例电路图

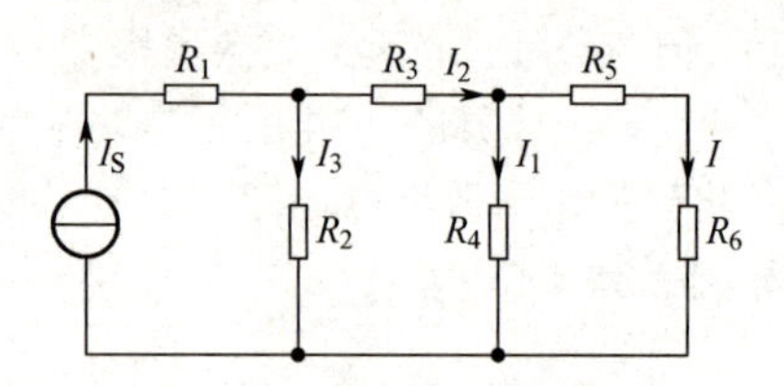

图 2.37 例 2.13 电路图

解：使用齐次定理进行求解的方法，又称为单位电流法，具体步骤如下。

设电流 I=1A，求得此时电流源值，如设为I'_S，计算$k = \frac{I_S}{I'_S}$，则$I = k \times 1\text{A}$。

假设 I=1A，则

$$I_1 = \frac{(R_5 + R_6)}{R_4} \times I = 2\text{A}$$

$$I_2 = I_1 + I = 3\text{A}$$

$$I_3 = \frac{R_3 I_2 + R_4 I_1}{R_2} = 5\text{A}$$

$$I'_S = I_2 + I_3 = 8\text{A}$$

根据齐次定理，I将随I_S成比例变化，即

$$k = \frac{I_S}{I'_S} = \frac{2\text{A}}{8\text{A}} = 0.25$$

所以当 I_S=2A 时

$$I = 0.25\text{A}$$

2.7.2 叠加定理

2.7.1 节建立了响应与单一激励之间的正比关系，如果电路中有多个激励同时作用，那么响应和激励之间的关系是怎样的呢？先来看如图 2.38（a）所示电路，网孔数为 2，节点数为 2，独立节点数为 1，支路电流变量为 i_1 和 i_2，现以求解 i_2 为例，列写 KCL 方程：

$$i_1 + i_s = i_2 \tag{2.58}$$

对左边网孔列写 KVL 方程：

$$R_1 i_1 + R_2 i_2 = u_s \tag{2.59}$$

联立式（2.58）和式（2.59），解方程，可得

$$i_2 = \frac{1}{R_1 + R_2}u_s + \frac{R_1}{R_1 + R_2}i_s \tag{2.60}$$

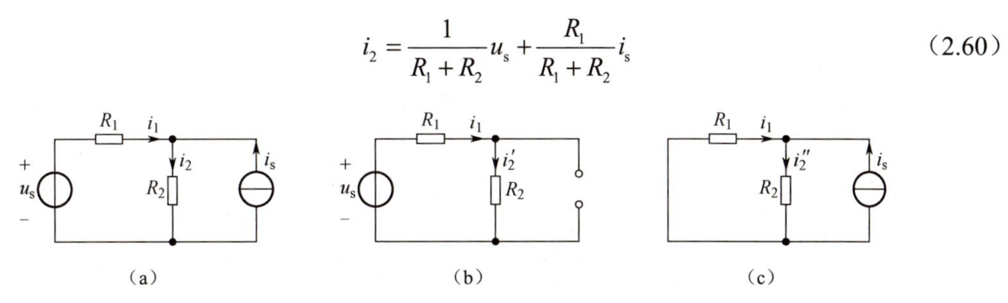

图 2.38　叠加定理示例电路图

从式（2.60）中可以看出，流过电阻 R_2 的电流 i_2 由两部分组成。第一部分仅与 R_1、R_2、u_s 有关，可看作只有 u_s 单独作用时流过电阻 R_2 的电流，即 i_s=0，用开路代替，如图 2.38（b）所示，此时流过电阻 R_2 的电流为

$$i_2' = \frac{1}{R_1 + R_2}u_s \tag{2.61}$$

式（2.61）与式（2.60）第一项相符。

第二部分只与 R_1、R_2、i_s 有关，可看作只有 i_s 单独作用时流过电阻 R_2 的电流，即 u_s=0，用短路代替，如图 2.38（c）所示，此时流过电阻 R_2 的电流为

$$i_2'' = \frac{R_1}{R_1 + R_2}i_s \tag{2.62}$$

式（2.62）与式（2.60）第二项相符。因此

$$i_2 = i_2' + i_2''$$

也就是说，当电路中有两个激励同时作用时，各支路电压或电流（电路响应）可以看成是两部分激励分别作用在该支路所产生的电压或电流的代数和。这个结论可推广到对所有由多个激励同时作用时的线性电路中各支路电流和支路电压的求解。

线性电路中，当多个独立电源同时作用时，各支路电压或电流可以看成是每一个独立电源单独作用于电路，在该支路上产生的电压或电流的代数和。这就是叠加定理。

为求解支路电压或者电流，当某一独立电源单独作用时，其他独立电源应该置零，即不起作用的独立电压源用短路代替，独立电流源用开路代替。

叠加性是线性电路的根本属性。从前面的分析也可以知道，当考虑某一独立电源单独作用时，电路的响应和激励成比例，也就是线性电路的齐次性。

应用叠加定理时应该注意：

（1）叠加定理只适用于线性电路；

（2）当考虑某一独立电源单独作用时，其他的独立电源应该置零，而受控源应始终保持在电路中；

（3）由于受控源不是激励，单独作用时不能产生电流和电压，不用计算受控源单独作用的电路；

（4）叠加定理只适用于求电路中的各电压或电流，不适用于计算功率，因为功率和电压或电流之间是平方关系而不是线性关系。

【例 2.14】试求图 2.39（a）所示电路中的电流 I。

解：（1）电流源单独作用。将电压源用短路线代替，如图 2.39（b）所示，利用电阻并联分流，得

$$I' = \frac{2\Omega}{1\Omega + 2\Omega} \times 3\text{A} = 2\text{A}$$

（2）电压源单独作用。将电流源用开路代替，如图 2.39（c）所示，由欧姆定律，得

$$I''=-\frac{3\text{V}}{1\Omega+2\Omega}=-1\text{A}$$

（3）根据叠加定理，将单独作用的分量进行叠加，得

$$I=I'+I''=2\text{A}-1\text{A}=1\text{A}$$

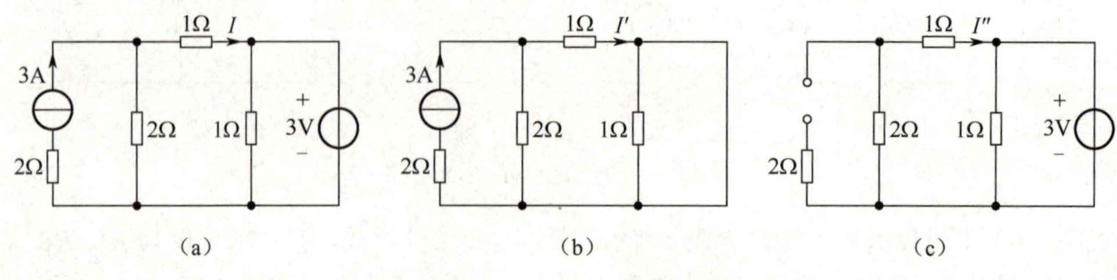

图 2.39 例 2.14 电路图

【例 2.15】应用叠加定理求图 2.40（a）所示电路中受控源两端的电压 U 。

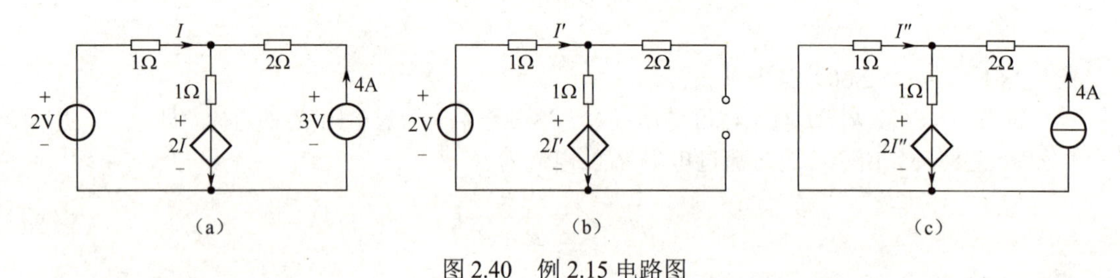

图 2.40 例 2.15 电路图

解：该电路中的受控源是受电流控制的受控电压源，先求出控制电流 I 进而求得受控源两端的电压。

（1）计算电压源单独作用时的电流 I'。将电流源用开路代替，受控源保留在电路中，如图 2.40（b）所示，列写 KVL 方程：

$$I'\times1+I'\times1+2I'=2$$

得

$$I'=0.5\text{A}$$

（2）计算电流源单独作用时的电流 I''。将电压源用短路代替，受控源保留在电路中，如图 2.40（c）所示，列写左边网孔 KVL 方程：

$$I''\times1+(4+I'')\times1+2I''=0$$

所以

$$I''=-1\text{A}$$

（3）叠加，得

$$I=I'+I''=-0.5\text{A}$$

受控源两端电压 U:

$$U=2\Omega\times(-0.5\text{A})=-1\text{V}$$

【例 2.16】某线性无源二端网络的输入和输出关系如图 2.41 所示。当外接电压源 $U_S=1\text{V}$ 、电流源 $I_S=1\text{A}$ 时，输出电压 $U_O=0\text{V}$ ；当外接电压源 $U_S=10\text{V}$ 、电流源 $I_S=0\text{A}$ 时，输出电压 $U_O=1\text{V}$ ；那么当 $U_S=0\text{V}$ 、 $I_S=10\text{A}$ 时，输出电压 U_O 为多少？

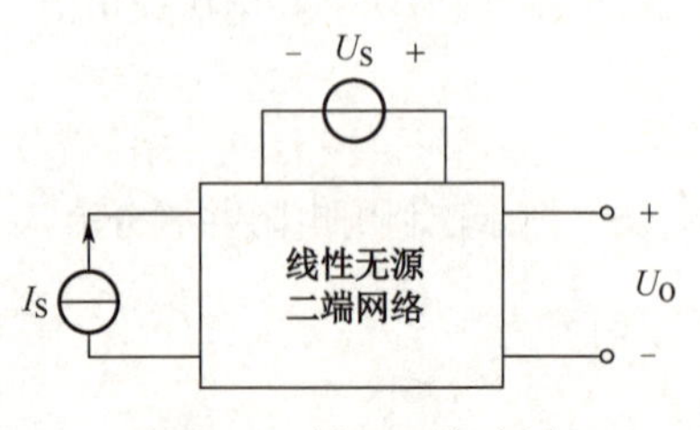

图 2.41 例 2.16 电路图

解：由题意，输出电压 U_O 是电路中两个独立电源共同作用的结果，当一个独立电源单独作用时，在输出端产生的电压与输入之间满足比例性，因此输出电压 U_O 与激励源 U_S 、 I_S 之间

的关系可以表示为

$$U_O = k_1 U_S + k_2 I_S$$

其中 k_1、k_2 由线性无源二端网络的结构决定，为待确定的系数。根据已知条件，有

$$\begin{cases} k_1 \times 1 + k_2 \times 1 = 0 \\ k_1 \times 10 + k_2 \times 0 = 1 \end{cases}$$

解方程，得

$$k_1 = 0.1,\quad k_2 = -0.1$$

因此输出与输入之间的关系可以表示为

$$U_O = 0.1U_S - 0.1I_S$$

当 $U_S = 0\text{V}$、$I_S = 10\text{A}$ 时，输出电压 U_O 为

$$U_O = (0.1 \times 0 - 0.1 \times 10)\text{V} = -1\text{V}$$

2.8　置换定理

置换定理的内容是：给定任意一个由两个单口网络 N_1 和 N_2 组成的电路，若已知端口电压和电流分别为 u_0 和 i_0，则 N_2 可以用一个电压为 u_0 的电压源或用一个电流为 i_0 的电流源置换，置换前后 N_1 内各支路电压和电流保持不变。同样，也可以将 N_1 进行置换，N_2 内各支路电压、电流置换前后保持不变。置换定理又叫替代定理。

如图 2.42（a）所示电路，假设端口电压 u_0 和电流 i_0 已知，对 N_1 内部各支路而言，将 N_2 用一个大小为 u_0 的电压源来代替[见图 2.42（b）]或用一个大小为 i_0 的电流源来代替[见图 2.42（c）]时，各支路电压和支路电流的值保持不变。当 N_2 内部只含有一条支路时，u_0 和 i_0 分别为该支路的电压和电流。

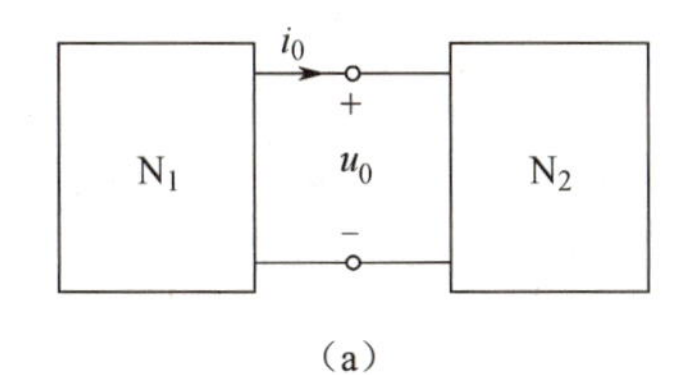

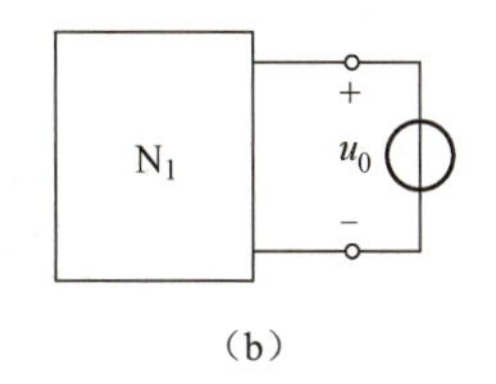

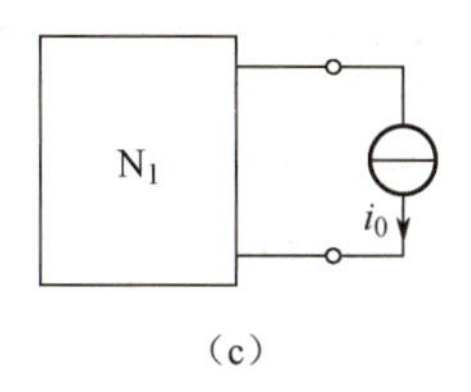

图 2.42　置换定理示例电路图

【例 2.17】在图 2.43（a）所示的电路中，若要使 $I = 1\text{A}$，则电阻 R 的值应为多少？

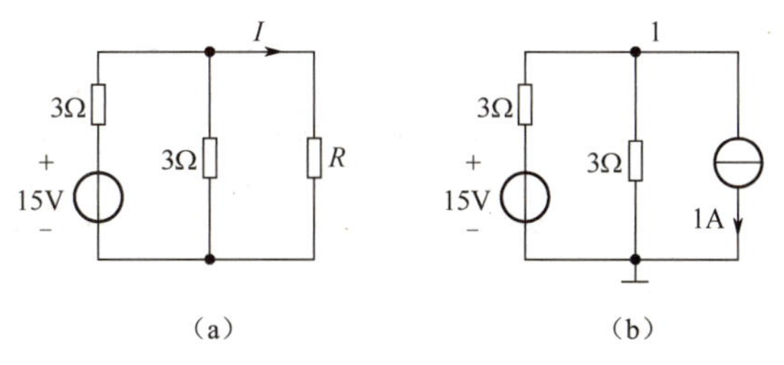

图 2.43　例 2.17 电路图

解：要求得电阻 R 的值，只需求出电阻两端的电压即可。为此，将 R 用一个大小为 1A 的电流源来置换，如图 2.43（b）所示，选取参考点如图 2.43（b）所示，则节点 1 的节点方程：

$$\left(\frac{1}{3} + \frac{1}{3}\right)U_{N1} = -1 + \frac{15}{3}$$

解方程，得

$$U_{N1}=6V$$

电阻 R 的值：

$$R=\frac{U_{N1}}{I}=6\Omega$$

注意：

（1）置换定理既适用于线性电路也适用于非线性电路；

（2）被置换的二端网络既可以是无源的也可以是有源的；

（3）被置换的二端网络中不应该含有受控源的控制量。

2.9 戴维南定理与诺顿定理

2.6.1 节介绍了二端网络的相关概念，图 2.44（a）所示的二端网络，其内部不含有独立电源，称为无源二端网络，无源二端网络等效为一电阻，符号如图 2.44（b）所示。有源二端网络等效电路是什么呢？本节介绍的戴维南定理和诺顿定理将回答这个问题。

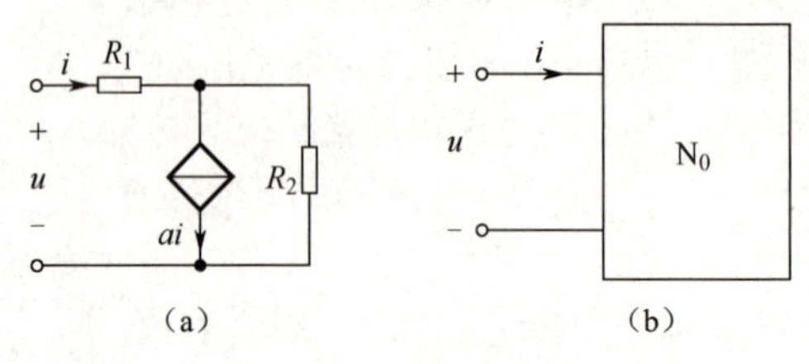

图 2.44 无源二端网络

2.9.1 戴维南定理

线性有源二端（单口或一端口）网络，对外电路而言，等效为一个理想电压源和电阻的串联支路；理想电压源在数值上等于二端网络在端口处的开路电压 u_{oc}，电阻等于将二端网络内所有独立电源置零时从端口看进去的等效电阻 R_o。这就是戴维南定理，这种等效电路又称为戴维南等效电路，如图 2.45 所示。戴维南定理（Thevenin's theorem）由法国科学家 Léon Charles Thévenin 于 1883 年提出，又称等效电压源定理。

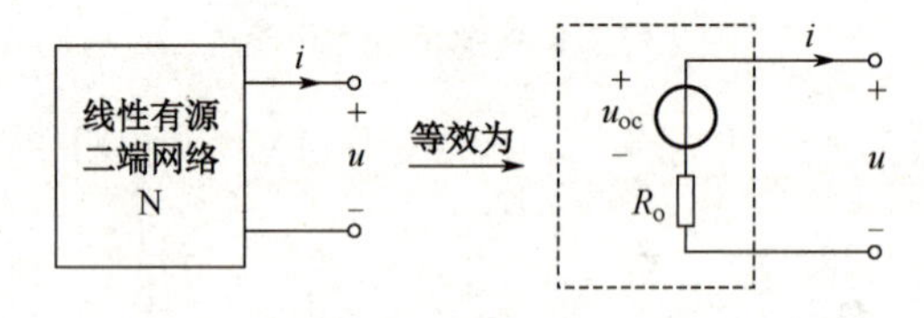

图 2.45 戴维南定理

证明：由于二端网络的伏安关系与负载无关，因此不妨在端口上施加一个大小为 i 的电流源，如图 2.46（a）所示。

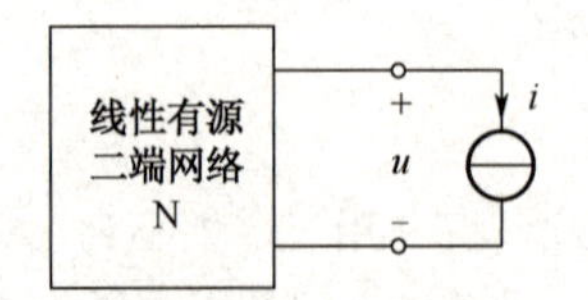

（a）外加电流源求单口网络的端口电压

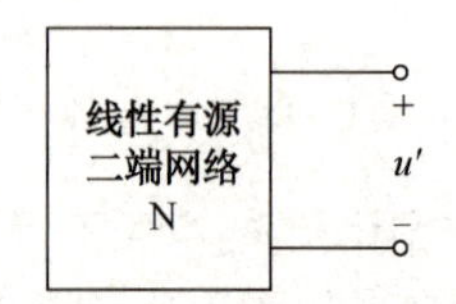

（b）外加激励为零时的等效电路

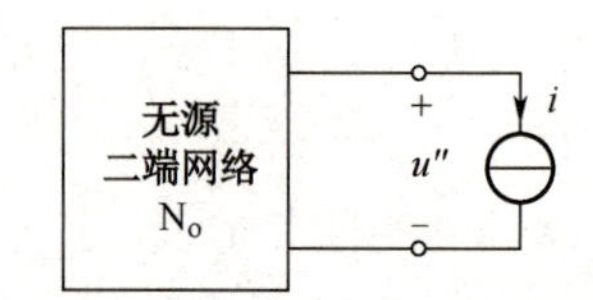

（c）内部电源为零时的等效电路

图 2.46 戴维南定理的证明

根据叠加定理，二端网络的端口电压可以看成由两部分组成：一部分是由二端网络内部的独立电源单独作用时产生的；另一部分是由外加激励单独作用时产生的。当二端网络内部的独立电源单独作用时，外加激励置零，等效电路如图 2.46（b）所示。此时的端口电压就是二端网络的开路电压 u_{oc}，即

$$u' = u_{oc}$$

当外加电流源单独作用时，二端网络内部的独立电源置零，等效电路如图 2.46（c）所示，此时无源二端网络可以等效为一个电阻，记为 R_o，R_o 两端电压为

$$u'' = -iR_o$$

因此线性有源二端网络 N 的端口电压为

$$u = u' + u'' = u_{oc} - iR_o \tag{2.63}$$

式（2.63）与图 2.47 所示的理想电压源 u_{oc} 串联电阻 R_o 的二端网络（即 1.4 节中的实际电压源模型）的伏安关系相同，也就是说它们是等效的。证毕。

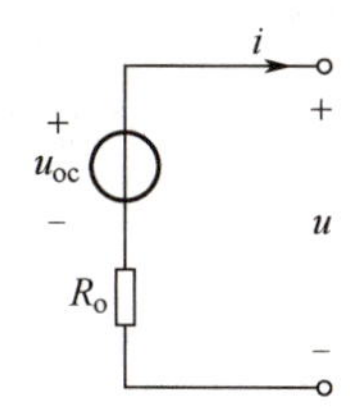

图 2.47　理想电压源与电阻串联

视频——戴维南定理

如何求得一个有源二端电路的戴维南等效电路呢？

根据戴维南定理，需要求解两个量：一个是端口的开路电压 u_{oc}；另一个是从这个端口看进去的等效电阻 R_o。

开路电压 u_{oc} 的求解可以用前述所有线性电路的求解方法，如节点电压法、网孔电流法、叠加定理以及简单电阻电路的分析方法直接求得。

求等效电阻 R_o，则要分二端网络内部是否含有受控电源的两种情况，分别采用不同的方法加以处理。对于不含受控电源的二端网络，可以用电阻串并联、Y-△变换等方法求其端口等效电阻；而对于含受控电源的二端网络，一般来说需要在端口外加电源即外加激励法，或者用求端口的开路电压和短路电流的方法，即开路-短路法来求得等效电阻。

【例 2.18】试求图 2.48（a）所示电路中的电流 I。

解：将原电路中电流 I 所在支路之外的电路部分看成一个二端网络，求其戴维南等效电路。

（1）求开路电压 U_{ab}。

如图 2.48（b）所示电路，得

$$U_{ab} = U_{ad} - U_{bd} = \frac{2\Omega}{1\Omega + 2\Omega} \times 9V - \frac{1\Omega}{1\Omega + 2\Omega} \times 9V = 3V$$

（2）求等效电阻 R_o。

将二端网络内的电压源短路，如图 2.48（c）所示，各电阻之间为简单的串并联关系，得

$$R_o = 1\Omega // 2\Omega + 1\Omega // 2\Omega = \frac{4}{3}\Omega$$

（3）画原电路的戴维南等效电路。

如图 2.48（d）虚线框内所示，电流 I 为

$$I = \frac{3V}{(\frac{4}{3} + 1)\Omega} = \frac{9}{7}A$$

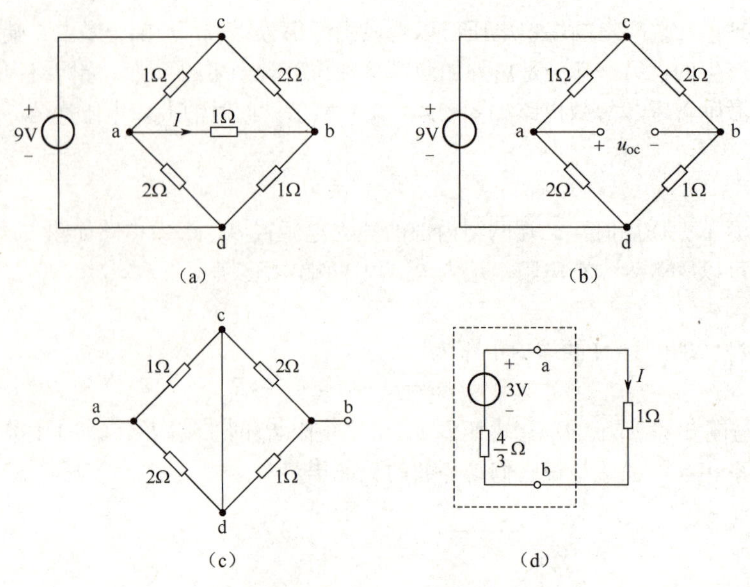

图 2.48 例 2.18 电路图

归纳得到应用戴维南定理分析电路的步骤如下。

（1）根据求解问题选择被化简的二端网络：将待求电流或电压的支路与电路其他部分划出，余下部分得到一个有源二端网络。

（2）求出这个有源二端网络的开路电压 u_{oc}（开路电压等于外电路断开时的开路电压），计算方法具体视电路形式选择前述介绍过的任意方法。

（3）将有源二端网络内部的独立电源置零得到一个无源二端网络，求该无源二端网络的等效电阻 R_o。

（4）画出戴维南等效电路，并与待求支路相连，求解待求电压或者电流。

注意，绘制戴维南等效电路时，电压源的参考方向需与开路电压方向一致。

应用戴维南定理可以将复杂的线性二端网络化简为简单的实际电压源模型，这在电路分析中有着重要而广泛的应用。

【例 2.19】试求如图 2.49 所示电路的戴维南等效电路。

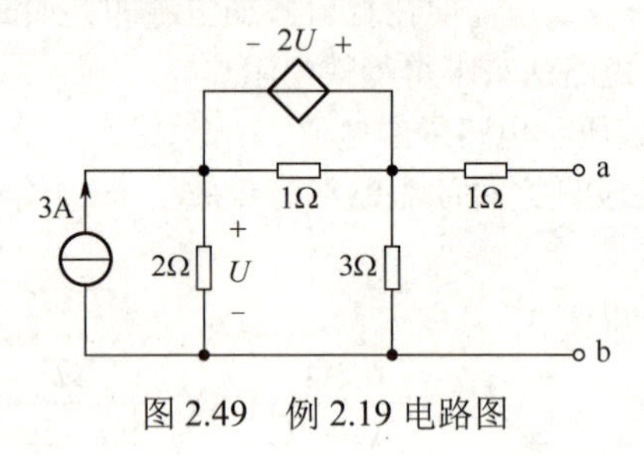

图 2.49 例 2.19 电路图

解：本例中含有受控电源。

（1）求出 ab 两端的开路电压。

此时端口上的电流为 0。为此取参考节点如图 2.50（a）所示，节点方程为

$$\begin{cases} U_{N1} = -2U \\ -\dfrac{1}{2}U_{N1} + \left(\dfrac{1}{2} + \dfrac{1}{3}\right)U_{N2} = -3 \\ U = U_{N1} - U_{N2} \end{cases}$$

解方程得

$$U_{N1} = -4\text{V}, \quad U_{N2} = -6\text{V}, \quad U = 2\text{V}$$

开路电压　$U_{oc} = U_{ab} = 3U = 6V$

（2）求等效电阻。

对于含受控电源的二端网络，在求等效电路时可以采用外加激励法或开路-短路法，不同的方法对于网络内部的独立源的处理也不相同。

外加激励法：将二端网络内部的独立电源置零（电流源开路），受控源保留。在端口上加上一个大小为U'的电压源，设流经端口的电流为I'，如图 2.50（b）所示，等效电阻为端口电压与端口电流的比值，即

$$R_o = \frac{U'}{I'}$$

设各网孔电流方向为顺时针方向，则网孔方程为

$$\begin{cases} 1I_{m1} - 1I_{m2} = 2U \\ -1I_{m1} + (1+2+3)I_{m2} - 3I_{m3} = 0 \\ -3I_{m2} + (1+3)I_{m3} = -U' \\ U = -2I_{m2} \end{cases}$$

补充方程　$I' = -I_{m3}$

解方程组，得　$I' = -I_{m3} = \frac{1}{3}U'$

等效电阻　$R_o = \frac{U'}{I'} = 3\Omega$

开路-短路法：分别求出二端网络的开路电压U_{oc}和短路电流I_{sc}，则等效电阻为

$$R_o = \frac{U_{oc}}{I_{sc}} \tag{2.64}$$

已计算得到开路电压$U_{oc} = U_{ab} = 6V$，现需要计算原电路的短路电流I_{sc}。

端口短路时，二端网络内部的独立电源保留，如图 2.50（c）所示，节点方程为

$$\begin{cases} U_{N1} = -2U \\ -\frac{1}{2}U_{N1} + \left(\frac{1}{2} + \frac{1}{3} + 1\right)U_{N2} = -3 \\ U = U_{N1} - U_{N2} \end{cases}$$

解方程得　$U_{N1} = -\frac{4}{3}V$，$U_{N2} = -2V$，$U = \frac{2}{3}V$

短路电流为　$I_{sc} = \frac{-U_{N2}}{1} = 2A$

等效电阻为　$R_o = \frac{U_{oc}}{I_{sc}} = 3\Omega$

戴维南等效电路如图 2.50（d）所示。

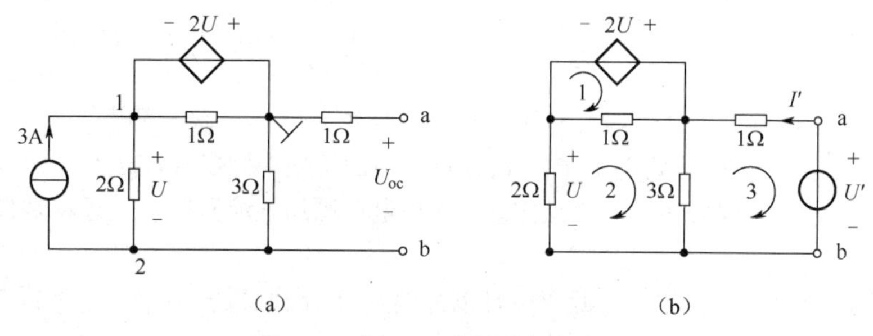

图 2.50　例 2.19 求解过程电路图

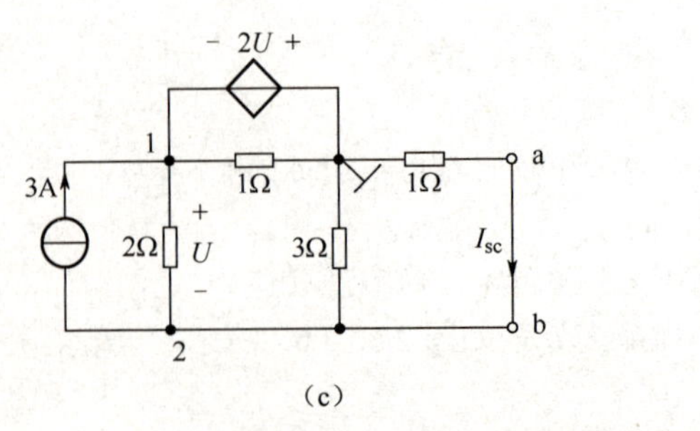

（c）　　（d）

图 2.50　例 2.19 求解过程电路图（续）

对于含受控电源的电路，在求其戴维南等效电阻时所得的电阻值也可能为负值。

【例 2.20】试求图 2.51 所示二端网络的戴维南等效电阻。

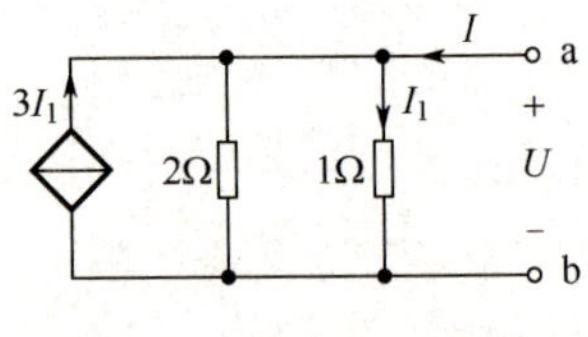

图 2.51　例 2.20 电路图

解：采用外加激励法进行求解，设外加电源为 U，端口电流为 I，参考方向如图 2.51 所示，戴维南等效电阻为

$$R_o = \frac{U}{I}$$

列写 KCL 方程

$$I = \frac{U}{1} + \frac{U}{2} - 3I_1$$

将 $I_1 = \frac{U}{1}$ 代入 KCL 方程，化简得

$$I = -\frac{3U}{2}$$

因此等效电阻

$$R_o = \frac{U}{I} = -\frac{2}{3}\Omega$$

可见，对于含受控电源的电路，求得的戴维南等效电阻可能为负值。在实际电路中常利用受控电源来模拟负阻，向电路提供能量。

2.9.2　诺顿定理

在戴维南定理发表 43 年后，1926 年美国贝尔实验室 E.L. Norton 提出了诺顿定理，定理的内容如下。

任意线性有源二端网络，对外电路而言，等效为一个理想电流源并联电阻的电路；其中理想电流源的电流 I_{sc} 在数值上等于该二端网络的短路电流，并联电阻等于二端网络内所有独立电源置零时从端口看进去的等效电阻 R_o，如图 2.52 所示。

戴维南定理和诺顿定理具有对偶性，但两者的提出却相隔了 40 多年的时间，这一方面说明了人类进行科学探索的艰辛，另一方面也说明了科学的方法论对于科学实践具有重要的指导意义。

从形式上来看，诺顿定理是将线性有源二端网络等效为一个实际电流源的模型。应用该定理的关键是要确定短路电流 i_{sc} 和等效电阻 R_o。诺顿定理中的等效电阻定义和戴维南定理相同，因此求戴维南等效电阻的方法也同样适用于诺顿定理。理想电流源的电流则可以通过将端口短路后计算得出，如图 2.53 所示。

由于实际电压源模型和实际电流源模型可以等效互换，因此戴维南定理和诺顿定理也可以等效互换，等效的条件为

$$i_{sc} = \frac{u_{oc}}{R_o} \tag{2.65}$$

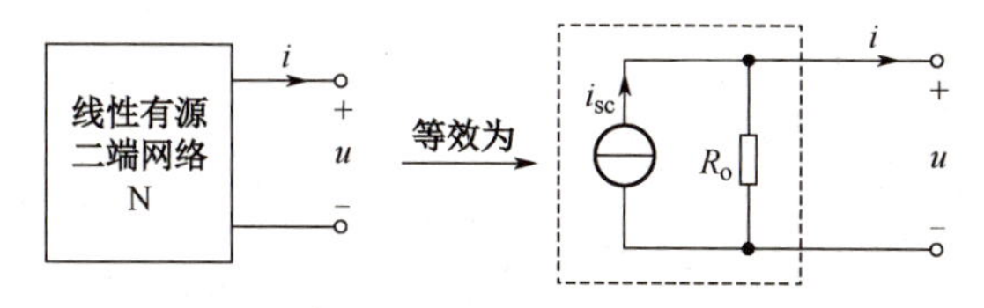

图 2.52　诺顿定理

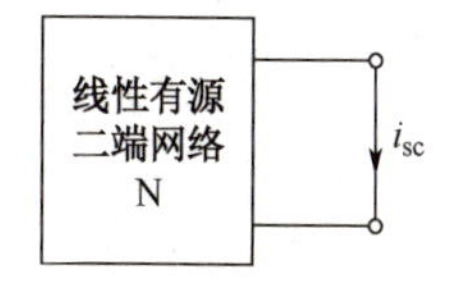

图 2.53　短路电流

【例 2.21】试求图 2.54 所示电路的诺顿等效电路。

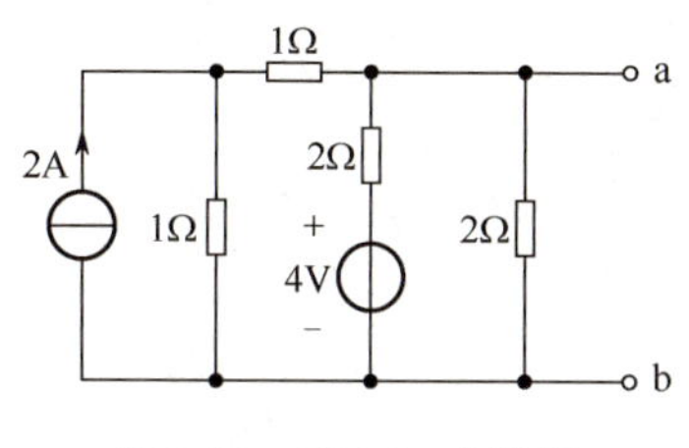

图 2.54　例 2.21 电路图

解：（1）求短路电流。

将端口 a、b 短路，如图 2.55（a）所示。根据叠加定理，端口电流为

$$I_{sc} = \frac{1\Omega}{1\Omega + 1\Omega} \times 2\text{A} + \frac{4\text{V}}{2\Omega} = 3\text{A}$$

（2）求等效电阻 R_o。

将二端网络内部的独立电源置零，如图 2.55（b）所示。得

$$R_o = 2\Omega // 2\Omega // (1+1)\Omega = \frac{2}{3}\Omega$$

原电路的诺顿等效电路如图 2.55（c）所示。

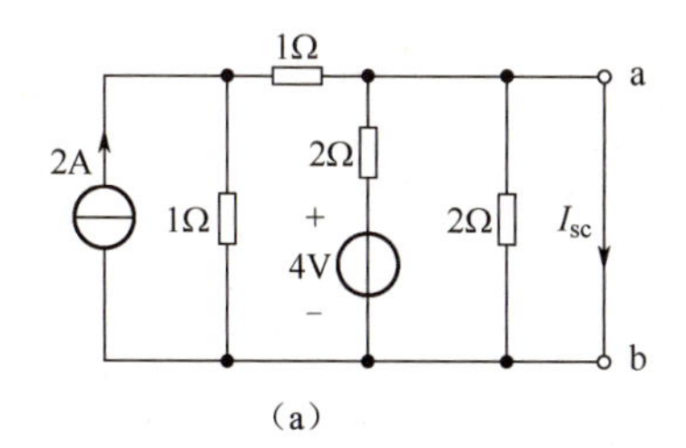

（a）

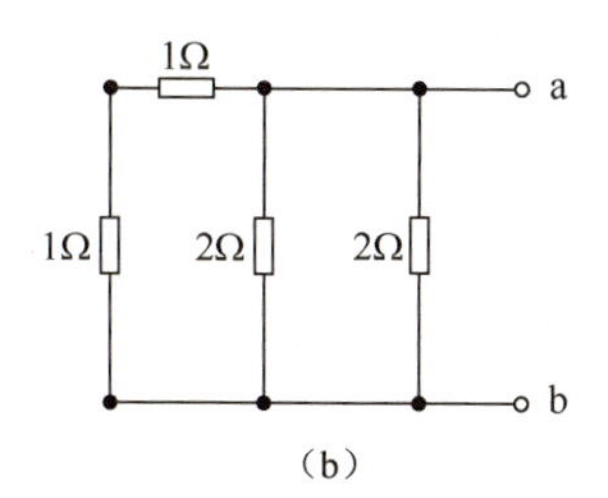

（b）

（c）

图 2.55　例 2.21 求解过程电路图

【例 2.22】试求图 2.56 所示电路的诺顿等效电路。

解：（1）求短路电流。

将端口短路，如图 2.57（a）所示，采用节点电压法，节点 1 的节点方程为

$$(1+1)U_{N1} = \frac{5}{1} + 2I - \frac{1}{1}$$

补充方程

$$I = \frac{-1 - U_{N1}}{1}$$

解得

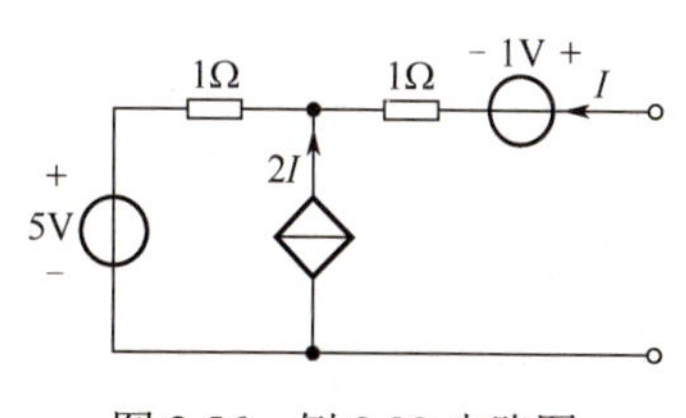

图 2.56　例 2.22 电路图

$$U_{N1}=\frac{1}{2}\text{V}$$

短路电流

$$I_{sc}=-I=\frac{U_{N1}+1\text{V}}{1\Omega}=\frac{3}{2}\text{A}$$

（2）求等效电阻 R_o。

由于电路中含有受控源，不能用简单电阻串并联求解，可以采用外加激励法或者开路-短路法进行求解，现已求得短路电流，求开路电压的电路如图 2.57（b）所示，端口开路 $I=0$，受控电流源相当于开路，因此开路电压

$$U_{oc}=1\text{V}+5\text{V}=6\text{V}$$

等效电阻

$$R_o=\frac{U_{oc}}{I_{sc}}=4\Omega$$

原电路的诺顿等效电路如图 2.57（c）所示。

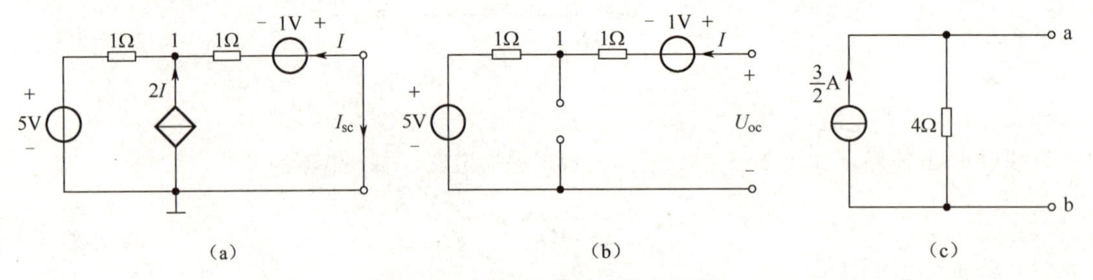

图 2.57　例 2.22 求解过程电路图

对于线性有源二端网络，求得开路电压 U_{oc}、短路电流 I_{sc} 及等效电阻 R_o 中的任意两个，第三个量也就可以随之求出，进而可以得到其戴维南等效电路或诺顿等效电路。在实际求解中可以视求解问题的需要选择两种等效电路中的一种。

2.10　最大功率传输定理

在实际应用中，经常需要考虑负载的功率大小问题。如在信号测量、传输中，有时要求负载从信号源获得最大功率。本节将要讨论的最大功率传输定理就是用来解决在电路结构已知的情况下，负载满足什么条件才能获得最大功率的问题。由于线性有源二端网络可以应用戴维南定理进行等效化简，这个问题可以用图 2.58 所示的电路来描述。

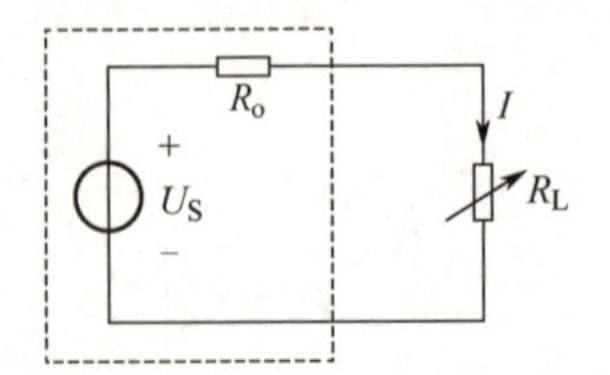

图 2.58　电源与负载的连接

视频——最大功率传输定理

如图 2.58 所示电路，电压源 U_S 是二端网络的开路电压，R_o 是等效电阻，R_L 是负载电阻。能获得的最大功率的问题可以叙述为：在图 2.58 所示电路中，电源及内阻已知，负载大小可变，试问负载 R_L 为何值时，可以从给定电源那里获得最大功率？

为了回答此问题，从计算负载功率的表达式入手。

图 2.58 所示电路的电流为

$$I = \frac{U_S}{R_o + R_L}$$

负载功率为

$$P = I^2 R_L = \frac{U_S^2 R_L}{(R_o + R_L)^2} \tag{2.66}$$

为求出负载获得最大功率的条件，对式（2.66）的 R_L 求导并令其为零，即

$$\frac{dP}{dR_L} = \frac{U_S^2[(R_o + R_L)^2 - 2(R_o + R_L)R_L]}{(R_o + R_L)^4} = \frac{U_S^2(R_o - R_L)}{(R_o + R_L)^3} = 0$$

解得

$$R_L = R_o \tag{2.67}$$

可见，当负载与电压源内阻相等时，负载上可以获得最大功率。这一结论就是最大功率传输定理：

对于给定的电源，当负载电阻与该电源的内阻（戴维南或诺顿等效电阻）相等时，负载可以从电源获得最大功率。负载获得的最大功率为

$$P_{Lmax} = \frac{U_S^2}{4R_o} \tag{2.68}$$

当 $R_L = R_o$ 时称为最大功率匹配。若将有源二端网络用诺顿等效电路来替代，则该最大功率可表示为

$$P_{Lmax} = \frac{I_{sc}^2 R_o}{4} \tag{2.69}$$

当应用最大功率传输定理求解问题时，需要求出原电路中除负载以外电路的戴维南等效电路。但该定理的结论只适用于负载，若要求电路中其他元件的功率，还需要回到有源二端网络内部求出该元件上的电压及电流。

【例 2.23】如图 2.59 所示电路，试问电阻 R_L 在什么条件下能够获得最大功率？并求此最大功率。

解：首先求出原电路中除 R_L 外其他部分的戴维南等效电路。将负载断开，端口开路，如图 2.60（a）所示，应用叠加定理

$$U_{oc} = \frac{2}{2+2} \times 2 \times 2V + \frac{2}{2+2} \times 4V = 4V$$

将二端网络内部的独立电源置零，如图 2.60（b）所示，戴维南等效电阻

$$R_o = 2\Omega // 2\Omega = 1\Omega$$

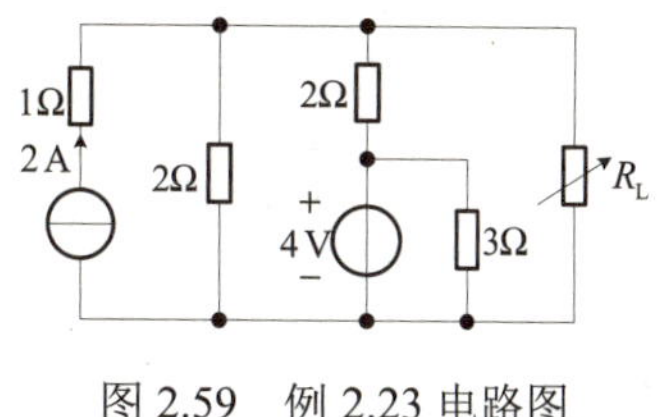

图 2.59　例 2.23 电路图

画出原电路的戴维南等效电路，如图 2.60（c）所示，根据最大功率传输定理，当 $R_L = R_o = 1\Omega$ 时负载获得最大功率，此最大功率为

$$P_{Lmax} = \frac{U_{oc}^2}{4R_o} = \frac{4^2}{4 \times 1} W = 4W$$

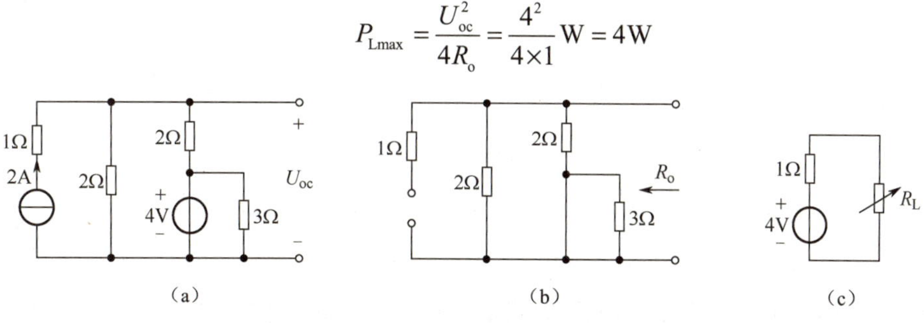

图 2.60　例 2.23 求解过程电路图

值得注意的是，最大功率传输定理针对的是可变负载从确定电路中获得最大功率的问题，如果负载大小固定，而电源内阻可变，那么要使负载获得最大功率，要求电源内阻越小越好。另外，当负载获得最大功率时，该最大功率的值一般并不等于电源功率的一半。例如，例 2.23 中，当 $R_L = 1\Omega$ 时，由图 2.59 可以解得此时流经电压源的电流：$I_S = \frac{7}{3}\text{A}$，方向自下而上；电流源两端的电压：$U_S = 4\text{V}$，方向为自上而下，因此电源提供的总功率为

$$P = P_{U_S} + P_{I_S} = 4 \times \frac{7}{3}\text{W} + 2 \times 4\text{W} = \frac{52}{3}\text{W}$$

因此，负载消耗功率占电源提供功率的比例为

$$\eta = \frac{P_L}{P} \times 100\% = 23.1\%$$

2.11 特勒根定理和互易定理

2.11.1 特勒根定理

在电路理论中，只画出电路的各节点和支路，不画出电路中的元件，并将支路电流的方向标注出来，这样的图称为电路的拓扑图。如图 2.61（a）所示电路，其拓扑图可以表示为图 2.61（b）所示的形式。

电路的拓扑结构表明了电路的连接方式。两个具有相同拓扑结构的电路，对应的各条支路上的元件可以是不同的，相应的支路电压和支路电流也可以是不同的。如果将两个具有相同拓扑结构的电路各节点和各条支路采用相同的标号加以标示，那么这两个电路的各支路电压和支路电流之间存在着什么样的关系呢？描述它们之间关系的就是特勒根定理：

对两个具有相同拓扑结构的电路 N 和 N′，设各支路电压和电流为关联参考方向，电路 N 的所有支路中每一支路电压 u_k（或支路电流 i_k）与电路 N′ 的对应的支路电流 i'_k（u'_k）的乘积之和为零，即

$$\sum_{k=1}^{b} u_k i'_k = 0 \tag{2.70}$$

$$\sum_{k=1}^{b} u'_k i_k = 0 \tag{2.71}$$

式中，b 为两个电路的支路数。下面用一个例子来验证特勒根定理。

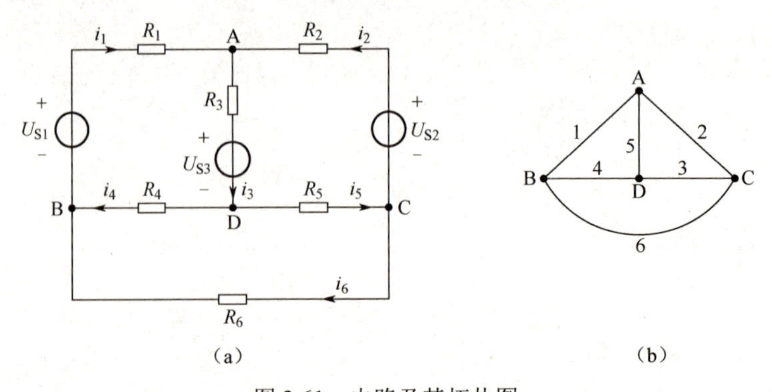

图 2.61 电路及其拓扑图

如图 2.62（a）、（b）所示的两个电路，它们具有相同的拓扑结构，各支路电压和支路电流的值

已求出，两个电路中各支路的参考方向取图 2.62（a）中的支路电流方向，则有

$$U_1 I_1' = 2\times 1\text{W} = 2\text{W}$$
$$U_2 I_2' = (-10+3)\times 3\text{W} = -21\text{W}$$
$$U_3 I_3' = (1+4)\times 2\text{W} = 10\text{W}$$
$$U_4 I_4' = 3\times 2\text{W} = 6\text{W}$$
$$U_5 I_5' = 1\times(-1)\text{W} = -1\text{W}$$
$$U_6 I_6' = (-4)\times(-1)\text{W} = 4\text{W}$$

故 $\sum_{k=1}^{6} u_k i_k' = 2\text{W} + (-21)\text{W} + 10\text{W} + 6\text{W} + (-1)\text{W} + 4\text{W} = 0\text{W}$，与特勒根定理的结论是相符合的。

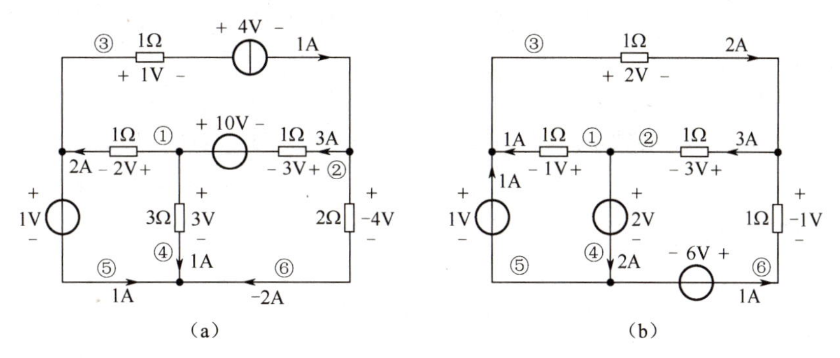

图 2.62　验证特勒根定理电路图

当两个电路完全相同时，根据特勒根定理可得

$$\sum_{k=1}^{b} u_k i_k = 0 \tag{2.72}$$

即一个电路的所有支路上各条支路的功率之和为零，也就是说电路的总功率是平衡的，电源发出的功率与负载吸收的功率相等。这一结论常可以用来验证电路的计算结果。

【例 2.24】在图 2.63 所示的电路中，N 中只含有电阻元件。当 $R_1 = R_2 = 1\Omega$，$U_S = 2\text{V}$ 时，$I_1 = I_2 = 2\text{A}$；当 $R_1 = 2\Omega$，$R_2 = 5\Omega$，$U_S = 4\text{V}$ 时，$I_1 = 1\text{A}$，则此时 I_2 为多少？

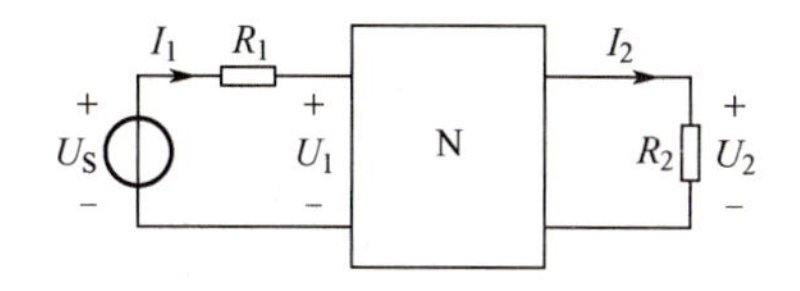

图 2.63　例 2.24 电路图

解：将两组不同的数据分别看成是两个拓扑结构相同的电路的参数，那么该问题可用特勒根定理求解。设 N 的内部共有 b 条支路，与 N 左端口相连的支路电压为 U_1，与 N 右端口相连的支路电压为 U_2，方向如图 2.63 所示，取各支路电流的方向为参考方向，则根据特勒根定理可知

$$-U_1 I_1' + U_2 I_2' + \sum_{k=1}^{b} U_k I_k' = 0$$
$$-U_1' I_1 + U_2' I_2 + \sum_{k=1}^{b} U_k' I_k = 0$$

因为 N 的内部各支路只有电阻元件，因此各支路电压和支路电流满足

$$\sum_{k=1}^{b} U_k I_k' = \sum_{k=1}^{b} U_k' I_k = \sum_{k=1}^{b} R_k I_k I_k'$$

得

$$-U_1 I_1' + U_2 I_2' = -U_1' I_1 + U_2' I_2$$

而

$$U_1 = -U_S - I_1 R_1 = -4\text{V}，\quad U_2 = I_2 R_2 = 2\text{V}$$
$$U_1' = -U_S' - I_1' R_1' = -6\text{V}，\quad U_2' = I_2' R_2' = 5 I_2'$$

故

$$-(-4)\times1+2\times I_2'=-(-6)\times2+5I_2'\times2$$

解得 $I_2'=-1\text{A}$。

特勒根定理对集总电路是普遍适用的。

2.11.2 互易定理

互易性是一类特殊的线性网络具有的性质。具有互易性的网络在输入端（激励）与输出端（响应）互换位置后，同一激励所产生的响应不会改变。具有互易性的网络叫作互易网络。对于线性无源二端网络，即一个内部不含任何独立电源和受控源的线性纯电阻电路 N，其中一个端口加激励源，一个端口作为响应端口，互易定理的内容概况为：当激励与其在另一支路的响应互换位置时，同一激励所产生的响应不会改变。

互易定理表现形式有三种。

形式一：如图 2.64（a）所示的线性纯电阻电路 N，当在端口 1-1′上施加一个电压源u_s时，端口 2-2′上产生的电流为i_2；反之，当在端口 2-2′上施加一个电压源u_s'时，在端口 1-1′上产生的电流为i_1'，如图 2.64（b）所示，则有

$$\frac{i_2}{u_s}=\frac{i_1'}{u_s'} \tag{2.73}$$

当$u_s=u_s'$时，$i_2=i_1'$。

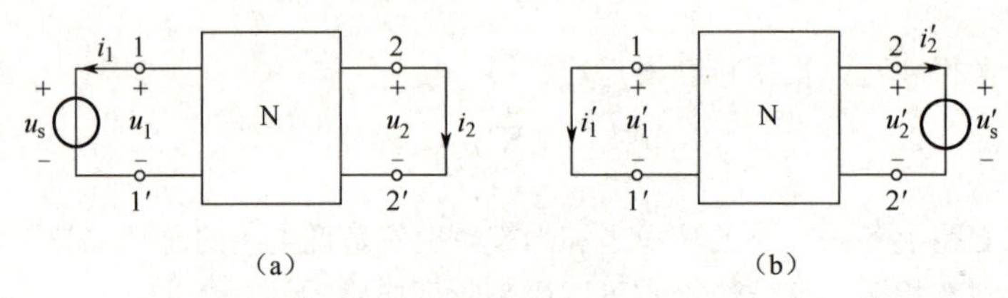

图 2.64 互易定理一

证明：将图 2.64（a）、（b）看成两个具有相同拓扑结构的电路，由于 N 的内部只含有电阻元件，根据例 2.24 的结论，有

$$u_1i_1'+u_2i_2'=u_1'i_1+u_2'i_2 \tag{2.74}$$

而

$$u_1=u_s，\ u_2=0，\ u_1'=0，\ u_2'=u_s'$$

代入式（2.74）可得

$$u_si_1'=u_s'i_2$$

即

$$\frac{i_2}{u_s}=\frac{i_1'}{u_s'}$$

互易定理表明：对于一个仅含线性电阻的电路，在单一激励下产生的响应，当激励和响应互换位置时，二者的比值保持不变。

当激励$u_s=u'_s$时，$i_2=i_1'$。

形式二：如图 2.65（a）所示的线性纯电阻电路 N，当在端口 1-1′上施加一个电流源i_s时，端口 2-2′上的电压为u_2；反之，当在端口 2-2′上施加一个电流源i_s'时，端口 1-1′上的电压为u_1'，如图 2.65（b）所示，则有

$$\frac{u_2}{i_s}=\frac{u_1'}{i_s'} \tag{2.75}$$

当$i_s = i'_s$时，$u_2 = u'_1$。

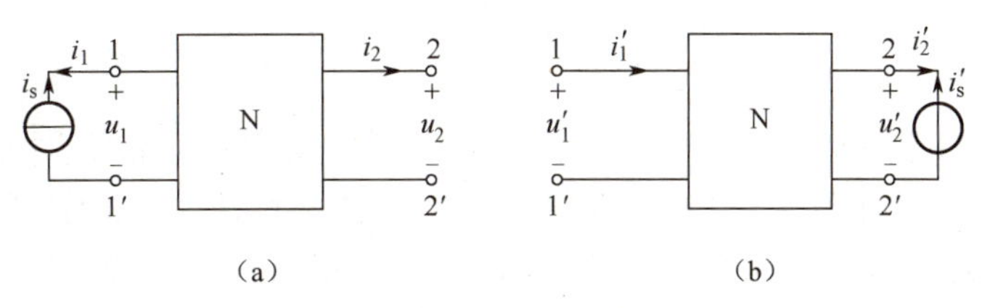

图 2.65　互易定理二

形式三：在一个内部不含任何独立电源和受控源的线性纯电阻电路 N 中，当在端口 1-1′上施加一个电流源i_s时，在端口 2-2′上产生的电流为i_2，如图 2.66（a）所示；反之，当在端口 2-2′上施加一个电压源u'_s时，在端口 1-1′上产生的电压为u'_1，如图 2.66（b）所示，则有

$$\frac{i_2}{i_s} = \frac{u'_1}{u'_s} \tag{2.76}$$

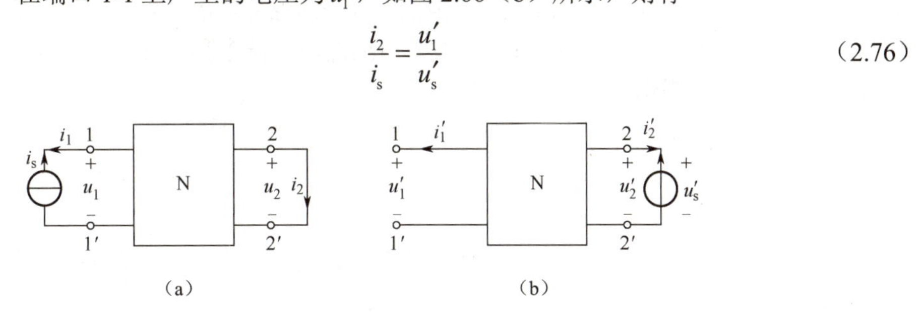

图 2.66　互易定理三

互易定理的第二种和第三种形式也可以用特勒根定理证明，这里不再赘述。

从描述上来看，上面三种形式的互易定理，存在不同之处，但对每一种形式来说，当激励和响应互换位置前后，如果把激励置零，则电路保持不变。

在应用互易定理时，除应该注意采用的定理形式以及变量的数值外，还要注意各个量的方向。

【例 2.25】在图 2.67 所示电路中，N 仅由线性电阻构成，图 2.67（a）中$U_2 = 2\text{V}$，试求图 2.67（b）中的U'_1。

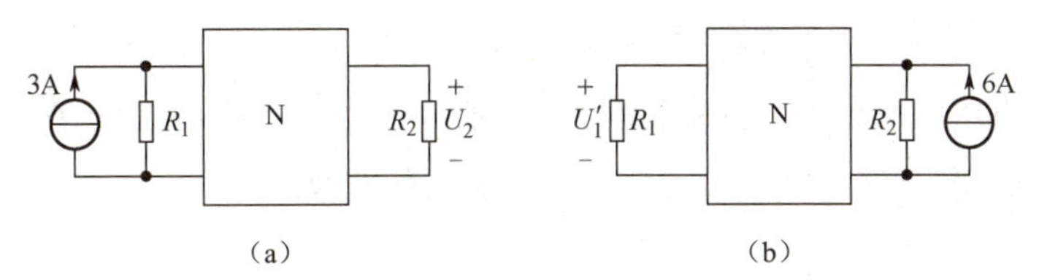

图 2.67　例 2.25 电路图

解：将R_1、R_2和 N 看成一个电阻网络 N′，如图 2.68 所示，根据互易定理的第二种形式可得

$$\frac{2\text{V}}{3\text{A}} = \frac{U'_1}{6\text{A}}$$

因此

$$U'_1 = 4\text{V}$$

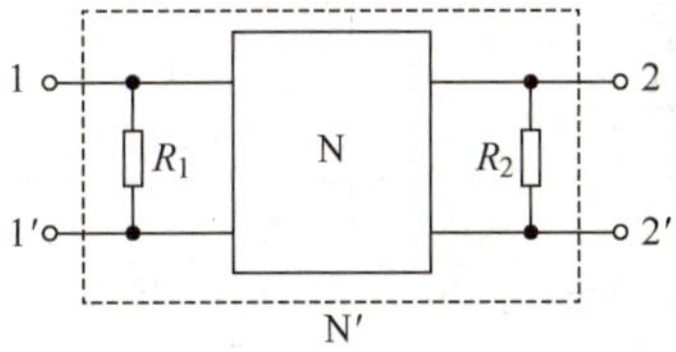

图 2.68　例 2.25 求解过程电路图

2.12 非线性电阻电路的分析方法

本章前述内容讨论的是线性电阻电路。严格地说，大多数实际电路都是非线性电路。

元件参数随着电路工作条件变化的元件称为非线性元件，包含非线性元件的电路称为非线性电路。由于实际电路的工作电压和工作电流都限制在一定的范围内，在正常工作条件下，大多数实际电路可以近似为线性电路。特别是对于非线性特征比较微弱的电路元件，将它当成线性元件处理不会带来大的差异。但是，对于非线性特征比较显著的电路，或者近似为线性电路的条件不满足时，就不能忽视其非线性特征，否则将使理论分析结果与实际测量结果相差过大，甚至发生质的变化。因此，对这类电路的分析就必须采用非线性电路的分析方法。

线性电路的理论和计算方法都已非常成熟，它是本课程的核心内容，也是分析非线性电路的基础。本节以非线性电阻电路为例，介绍非线性电路的基本概念和几种常用的分析方法，为进一步学习和研究非线性电路提供基础。

2.12.1 非线性电阻及电路特点

1. 非线性电阻

电阻元件的特性是用 u - i 平面上的伏安关系描述的，线性电阻的伏安关系是 u - i 平面上通过原点的直线，表示为

$$u = Ri \tag{2.77}$$

式中，R 为常数。伏安关系不符合上述直线关系的电阻元件称为非线性电阻，其伏安特性曲线和符号分别如图 2.69 和图 2.70 所示。

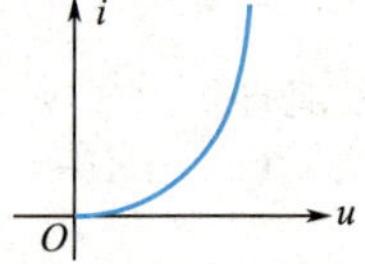

图 2.69 非线性电阻的伏安特性曲线

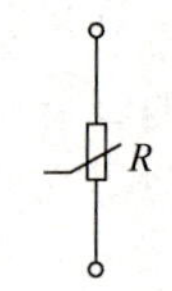

图 2.70 非线性电阻的符号

非线性电阻上电压、电流之间的关系是非线性的函数关系，即 $u = f(i)$ 或 $i = g(u)$ 为非线性函数。根据不同的函数关系，可将非线性电阻分为下列四种类型。

（1）压控型非线性电阻。

若通过电阻的电流 i 是其端电压 u 的单值函数，则称之为电压控制型非线性电阻，简称为压控型非线性电阻。它的伏安关系可以表示为

$$i = g(u) \tag{2.78}$$

如图 2.71（a）所示的隧道二极管的伏安特性曲线如图 2.71（b）所示。在该特性曲线上，对于各电压值，有且仅有一个电流值与其对应；但是，对于同一个电流值，可能有多个电压值与其对应。

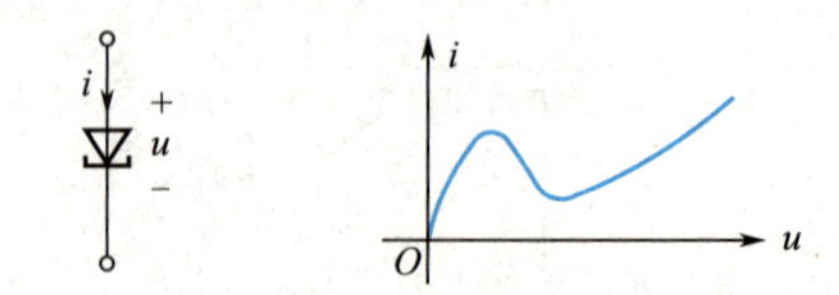

（a）隧道二极管　（b）隧道二极管的伏安特性曲线

图 2.71 隧道二极管及其特性

（2）流控型非线性电阻。

若电阻两端的电压 u 是通过其电流 i 的单值函数，则称之为电流控制型非线性电阻，简称为流控型非线性电阻。它的伏安关系可以表示为

$$u = f(i) \tag{2.79}$$

如图 2.72（a）所示的充气二极管（氖灯）就具有这种伏安关系特性。其典型的伏安特性曲线如图 2.72（b）所示，对于各电流值，有且仅有一个电压值与其对应；但是，对于同一电压值，可能有多个电流值与其对应。

（3）单调型非线性电阻。

若电阻的伏安关系是单调增长或单调下降的，则称之为单调型非线性电阻，它既可看成压控型非线性电阻又可看成流控型非线性电阻。因此，其伏安关系既可以用式（2.80）表示，又可以用式（2.81）表示。如图 2.73（a）所示晶体二极管的典型的伏安特性曲线如图 2.73（b）所示。

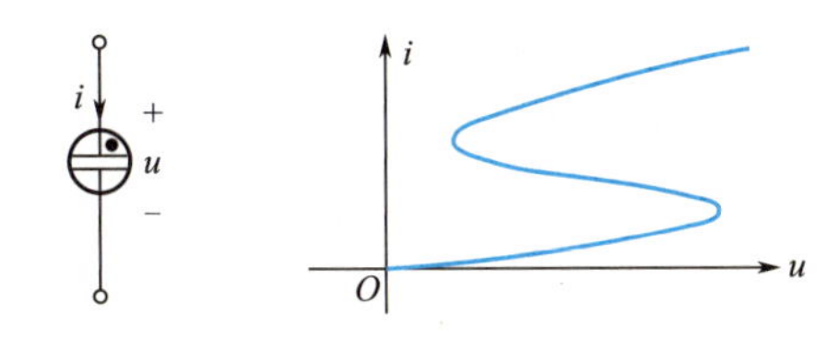

（a）充气二极管　（b）充气二极管的伏安特性曲线

图 2.72　充气二极管及其特性

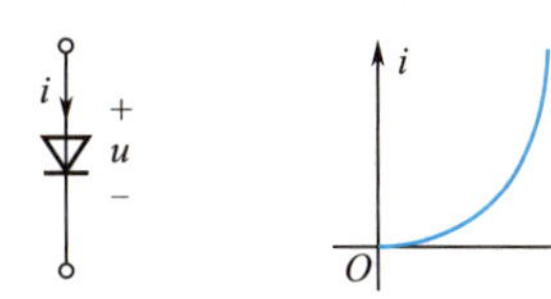

（a）晶体二极管　（b）晶体二极管的伏安特性曲线

图 2.73　晶体二极管及其特性

普通晶体二极管就具有这种特性，其伏安关系表达式为

$$i = I_{\mathrm{S}}(\mathrm{e}^{\frac{u}{U_{\mathrm{T}}}} - 1) \tag{2.80}$$

或

$$u = U_{\mathrm{T}} \ln(\frac{i}{I_{\mathrm{S}}} - 1) \tag{2.81}$$

式中，I_{S} 为二极管的反向饱和电流；U_{T} 是与温度有关的常数，在常温下 $U_{\mathrm{T}} \approx 26\mathrm{mV}$ 。

（4）开关型非线性电阻。

理想二极管属于开关型非线性电阻，如图 2.74（a）所示，其伏安关系为

$$\begin{cases} i = 0, & u < 0\text{时} \\ u = 0, & i > 0\text{时} \end{cases} \tag{2.82}$$

它表现出的特性不是开路就是短路。当 $u<0$ 时，$i=0$，即当二极管加反向电压时，工作在截止状态，这时理想二极管相当于开路；当 $i>0$ 时，$u=0$，即当理想二极管导通时，它相当于短路。其伏安特性曲线如图 2.74（b）所示。可见，理想二极管的伏安特性既非压控型也非流控型。

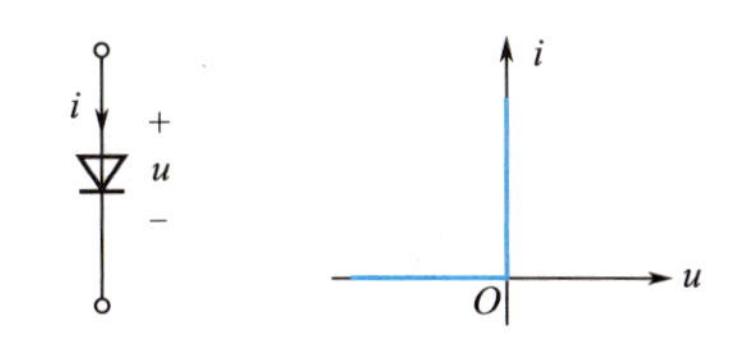

（a）理想二极管　（b）理想二极管的伏安特性曲线

图 2.74　理想二极管及其特性

若电阻的伏安特性曲线对称于 u-i 平面坐标原点，则称该电阻为双向性电阻，否则称为单向性电阻。线性电阻均为双向性电阻，而大部分非线性电阻（变阻二极管等除外）属于单向性电阻。单向性电阻接入电路时，应注意其方向性。

视频——非线性电阻的分类

2. 非线性电阻电路的特点

含有非线性电阻的电路，称为非线性电阻电路。

【例 2.26】某非线性电阻电路如图 2.75 所示，其中非线性电阻的伏安特性为 $i = u + 2u^2$ 。

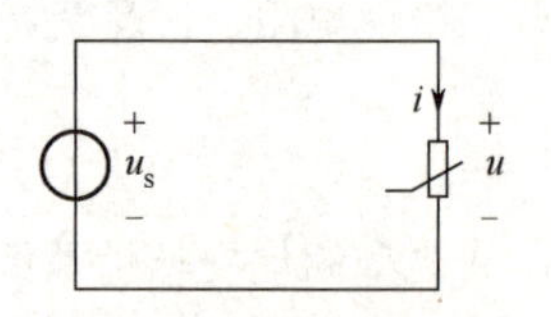

图 2.75 例 2.26 电路图

（1）若激励 $u_s = u_{s1} = 1\text{V}$，求电阻上的电流 i_1。

（2）若激励 $u_s = u_{s2} = k\text{V}$，求电阻上的电流 i_2，$i_2 = ki_1$ 吗？

（3）若激励 $u_s = u_{s1} + u_{s2} = (1+k)\text{V}$，求电阻上的电流 i_3，$i_3 = i_1 + i_2$ 吗？

（4）若激励 $u_s = \cos\omega t\text{V}$，求电阻上的电流 i。

解：（1）当 $u_s = u_{s1} = 1\text{V}$ 时，$i_1 = 1\text{A} + 2\times 1^2\,\text{A} = 3\text{A}$

（2）当 $u_s = u_{s2} = k\text{V}$ 时，$i_2 = (k + 2k^2)\text{A}$

显然，$i_2 \neq ki_1$，表示对非线性电路，齐次性不成立。

（3）当 $u_s = u_{s1} + u_{s2} = (1+k)\text{V}$ 时，$i_3 = (1+k) + 2\times(1+k)^2 = (3+5k+2k^2)\text{A}$

显然，$i_3 \neq i_1 + i_2$，表示对非线性电路，叠加性也不成立。

（4）当 $u_s = \cos\omega t\text{V}$ 时，$i = \cos\omega t + 2\times(\cos\omega t)^2 = (1+\cos\omega t + \cos 2\omega t)\text{A}$

由此可见，当非线性电路的激励是角频率为 ω 的正弦信号时，电路的响应除角频率为 ω 的分量外，还可能包含直流、二倍频（角频率为 2ω）等其他分量，可见非线性电路具有变频的特性，在通信工程中可以用到这一特性。

由例 2.26 可以总结得到，非线性电路的特点如下。

（1）由于非线性电路不满足线性性质，因此，在第 2 章中凡是根据线性性质推导得到的定理（如叠加定理、戴维南定理、诺顿定理等）、方法（网孔电流法、节点电压法等）和结论都不适用于非线性电路。

（2）电路方程直接由基尔霍夫定律和元件的伏安特性列写。

（3）非线性电路的响应中可能包含激励信号内所没有的新频率分量。

2.12.2 非线性电阻电路的解析法

如果非线性电阻电路中非线性元件的伏安关系能够用函数表示，则可以采用解析法对非线性电阻电路进行分析。

【例 2.27】某非线性电阻电路如图 2.76 所示，其中电阻 $R = 1\Omega$，电流源 $I_S = 4\text{A}$，非线性电阻的伏安特性为 $u = 2i + i^2$，求非线性电阻两端的电压 u。

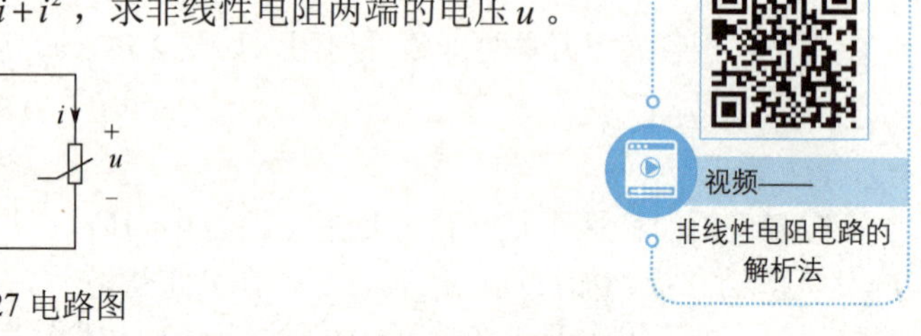

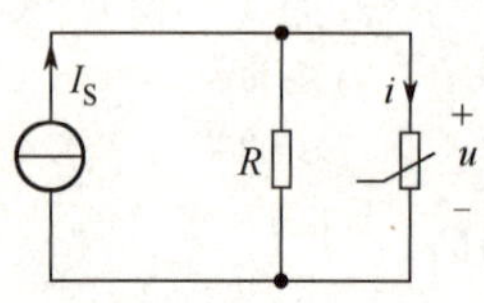

图 2.76 例 2.27 电路图

解：由于电阻 R 和非线性电阻在电路中并联，根据基尔霍夫电流定律，有

$$\frac{u}{R} + i = I_S$$

代入数值

$$\frac{u}{1\text{A}} + i = 4\text{A} \tag{2.83}$$

再根据非线性电阻的伏安特性，有

$$u = 2i + i^2 \tag{2.84}$$

联立式（2.83）和式（2.84）求解，得 $i = 1\text{A}$ 或 $i = -4\text{A}$，从而有 $u = 3\text{V}$ 或 $u = 8\,\text{V}$。

当 $u = 8\text{V}$ 时，计算得到非线性电阻上消耗的功率为负值，不符合实际情况，因此非线性电阻两端的电压 $u = 3\text{V}$。

解析法就是列方程求解的方法，其基本思想和线性电阻电路类似，只不过由于非线性电阻的电压电流关系是用非线性方程来表示的。

2.12.3　非线性电阻电路的图解法

线性电路的计算方法，对非线性电路来说，一般不适用。但基尔霍夫定律依旧是分析非线性电路的基本依据，因为基尔霍夫定律只与电路的结构有关，与元件的性质无关。

所谓图解法就是综合利用非线性电阻元件的伏安特性曲线和基尔霍夫定律，通过作图对非线性电阻电路进行求解的方法。

非线性电阻电路如图 2.77 所示，线性电阻 R_1 与非线性电阻 R 相串联，非线性电阻的伏安特性曲线如图 2.78 所示。

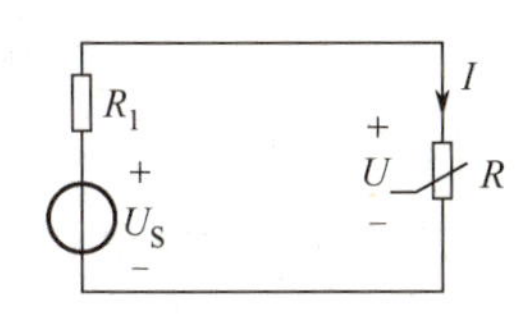

图 2.77　非线性电阻电路

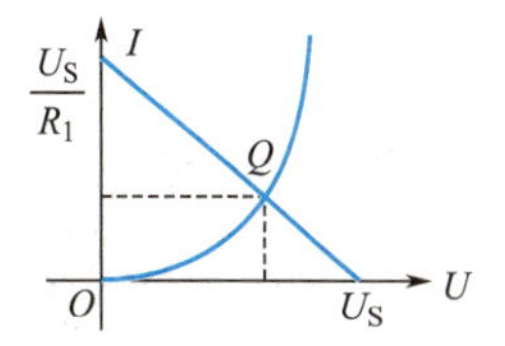

图 2.78　非线性电阻的伏安特性曲线

列写 KVL 方程

$$U = U_S - IR_1$$

或

$$I = -\frac{U}{R_1} + \frac{U_S}{R_1} \tag{2.85}$$

这是一个直线方程，在纵轴上的截距为 U_S/R_1。该直线方程实际上就是移去非线性电阻 R 后剩下的线性有源二端网络两端的伏安特性。

由式（2.85）所确定的直线称为负载线，电路的工作情况由负载线与非线性电阻的伏安特性曲线的交点 Q 所确定。交点 Q 称为工作点，它表示非线性电阻两端的直流电压和流过其中的直流电流，在模拟电子技术中把它称为静态工作点。

如果电路中只有一个非线性电阻，则可以将非线性电阻之外电路进行戴维南等效，采用图解法进行求解。

【例 2.28】在图 2.79 所示电路中，已知 $R_1 = 3\text{k}\Omega$，$R_2 = 1\text{k}\Omega$，$R_3 = 0.25\text{k}\Omega$，$U_{S1} = 5\text{V}$，$U_{S2} = 1\text{V}$，D 为半导体二极管，其伏安特性曲线如图 2.80 所示。用图解法求出二极管中的电流 I_D 和两端电压 U_D，并计算出其他两个支路中的电流 I_1 和 I_2。

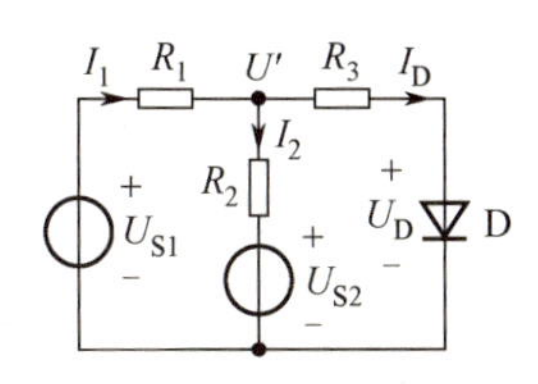

图 2.79　例 2.28 电路图

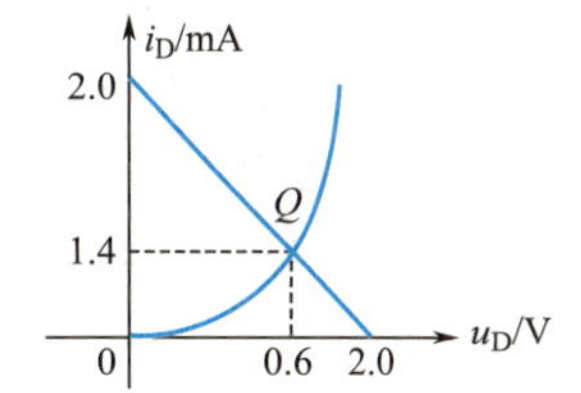

图 2.80　二极管的伏安特性曲线

解： 将二极管 D 断开，其余部分是一个线性有源二端网络，可用戴维南定理进行等效，如图 2.81 所示。等效电路的电源 U_{oc} 和内阻 R_o 可通过图 2.82 所示的电路计算。

由图 2.82（a），可计算出 U_{oc}

$$I' = \frac{U_{S1} - U_{S2}}{R_1 + R_2} = \frac{5-1}{3+1}\text{mA} = 1\text{mA}$$

$$U_{oc} = U_{S2} + R_2 I' = 1\text{V} + 1 \times 1\text{V} = 2\text{V}$$

由图 2.82（b），可计算出 R_o

$$R_o = R_3 + \frac{R_1 R_2}{R_1 + R_2} = 0.25\,\text{k}\Omega + \frac{3\times 1}{3+1}\,\text{k}\Omega = 1\,\text{k}\Omega$$

由图 2.81，可知

$$u_D = U_{oc} - R_o i_D$$

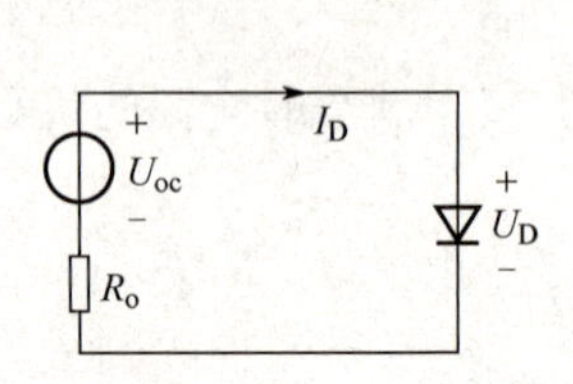

图 2.81　图 2.79 的等效电路

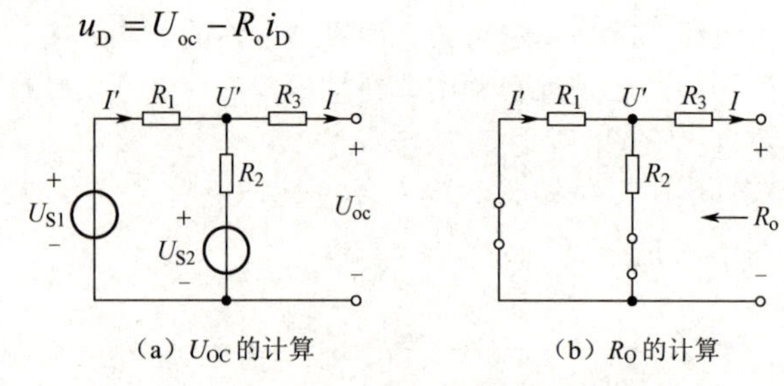

图 2.82　U_{oc} 和内阻 R_o 的计算

这是一条直线，如图 2.80 所示，对应直线在横轴上的截距（I=0A 时）为 $U = U_{oc} = 2\text{V}$，在纵轴上的截距（$U_D = 0\text{V}$ 时）为

$$I = \frac{U_{oc}}{R_o} = 2\,\text{mA}$$

它与二极管的伏安特性曲线交于 $u_R = Ri_L$ 点，由图 2.80 可知，二极管电流和两端电压分别为

$$I_D = 1.4\,\text{mA}，\ U_D = 0.6\,\text{V}$$

要计算其他两个支路电流，可先求出节点电压 U'，即

$$U' = U_D + R_3 I = 0.6\text{V} + 0.25\times 1.4\text{V} = 0.95\,\text{V}$$

然后分别计算 I_1 和 I_2

$$I_1 = \frac{U_{S1} - U'}{R_1} = \frac{5-0.95}{3}\,\text{mA} = 1.35\,\text{mA}$$

$$I_2 = \frac{U' - U_{S2}}{R_2} = \frac{0.95-1}{1}\,\text{mA} = -0.05\,\text{mA}$$

2.12.4　非线性电阻电路的分段线性法

分段线性法又称折线近似法，顾名思义，在允许存在一定误差的前提下，将非线性电阻的伏安特性曲线分成若干段，在每一段用相应的线性电路模型来表示，即用若干直线段构成的折线近似表示，从而将非线性电路变成线性电路求解的一种方法。例如，图 2.83 所示隧道二极管的伏安特性曲线（粗实线表示），可分为三段，分别用①、②、③三条直线段（细实线）来近似表示。由于这些直线段都可以用线性代数方程来表示，因此隧道二极管的伏安特性在每一段都可用一线性电路来等效。在 $0 < u < u_1$ 这个区间，对应的直线段是①，假设其斜率为 G_1，则其方程为

$$u = \frac{1}{G_1} i = R_1 i, \qquad 0 < u < u_1 \tag{2.86}$$

即在 $0 < u < u_1$ 这个区间，该非线性电阻可等效为线性电阻 R_1，如图 2.84（a）所示。与之类似，在 $u_1 < u < u_2$ 这个区间，对应直线段②，假设其斜率为 G_2（显然 $G_2 < 0$），它在电压轴的截距为 U_{S2}，则其方程为

$$u = U_{S2} + R_2 i, \qquad u_1 < u < u_2 \tag{2.87}$$

式中，$R_2 = 1/G_2$，其等效电路如图 2.84（b）所示。

在 $u > u_2$ 这个区间，对应直线段③，假设其斜率为 G_3，它在电压轴的截距为 U_{S3}，则其方程为

$$i_L(t)=i_R(t)+i_C(t)=\frac{u_C}{R}+C\frac{du_C}{dt} \tag{2.88}$$

式中，$R_3=1/G_3$，其等效电路如图 2.84（c）所示。

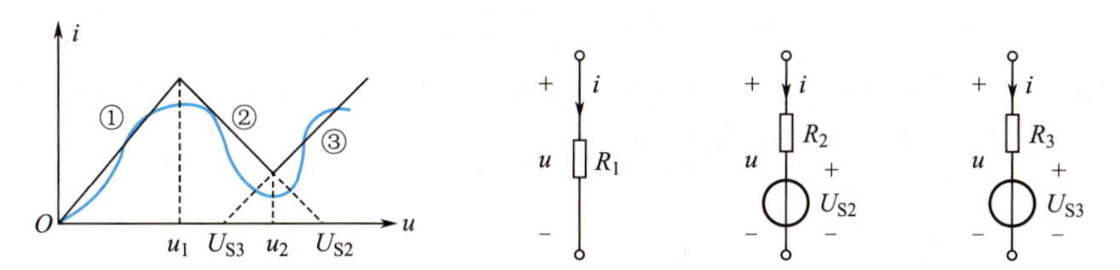

图 2.83　隧道二极管的伏安特性曲线　　图 2.84　非线性电阻的分段线性化

事实上，只要折线段的段数足够多，总可以满足求解精度的要求。

【例 2.29】在图 2.85（a）所示电路中，已知非线性电阻的伏安特性曲线经分段线性化处理后如图 2.85（b）所示，求电流 i 和电压 u。

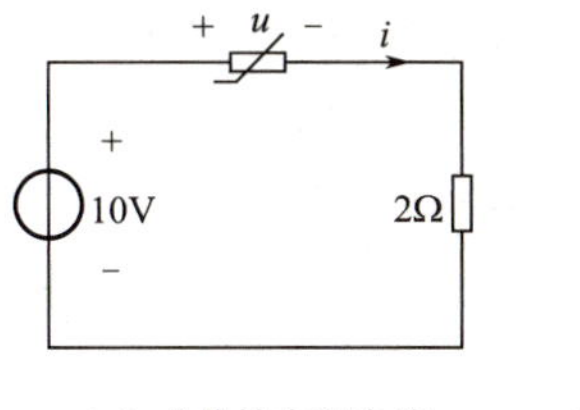

（a）非线性电阻电路　（b）分段线性化处理后的伏安特性曲线

图 2.85　例 2.29 电路图

解：根据图 2.85（b），写出非线性电阻的伏安关系为

$$u=\begin{cases}2i, & 0<i<1\\ 1+i, & i>1\end{cases}$$

分别画出 $0<i<1$ 和 $i>1$ 时的等效电路，如图 2.86（a）、（b）所示。

根据图 2.86（a），可以计算出 $i=2.5\text{A}$，$u=5\text{V}$，该结果与该等效电路的前提条件 $0<i<1$ 矛盾，因此不是正确解。

根据图 2.86（b），可以计算出 $i=3\text{A}$，$u=4\text{V}$，该结果与该等效电路的前提条件 $i>1$ 符合，因此是正确解。

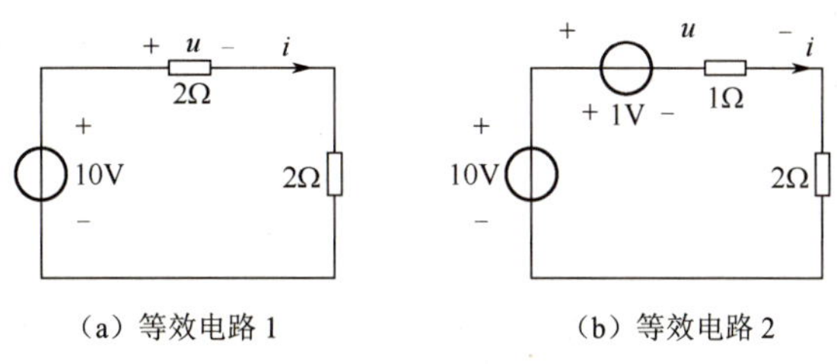

图 2.86　例 2.29 等效电路

非线性电阻电路的分段线性法求解步骤总结如下。

（1）分段：根据求解精度要求，将非线性电阻的特性进行分段，即将其 u-i 特性曲线用一组折线段近似。

（2）建模：对每一段折线建立相应的线性电路模型，并给出该模型成立的条件。

（3）求解：用该段折线对应的线性电路模型替换该非线性电阻，得到一个线性电路并进行求解。

（4）检验：对求解得到的结果进行检验，看它是否满足该段折线上非线性电阻对应的线性模型成立的条件。如果满足，则求得的解就是非线性电路的解；如果不满足，则换下一段折线，重复上述 4 个步骤，直至遍历所有折线段。

由于非线性电阻电路本身可能多解或无解，用分段线性模型代替原来的非线性模型后，可能会使得上述“检验”过程中出现该非线性电阻满足多个区段条件或不满足任何区段条件的情形，为简单起见，本书始终假设非线性电阻电路本身存在唯一解。

2.12.5 非线性电阻电路的小信号分析法

小信号分析法是分析非线性电阻电路在特殊激励下的一种分析方法，与前述的图解法、解析法和分段法不完全并列。这种激励是“大信号”和“小信号”的和，如图 2.87 所示，图中的U_S代表直流大信号，$u_S(t)$代表随时间变化的交流小信号。先不考虑交流小信号$u_S(t)$，用解析法或图解法求得非线性电阻电路在直流大信号U_S激励下的解，称为“静态工作点”，再单独考虑在交流小信号$u_S(t)$作用下非线性电阻电路的响应（此时直流大信号U_S置零），由于一般情况下，交流小信号$u_S(t)$的幅值都远小于直流大信号U_S，因此可以在工作点附近对非线性电阻做简化处理，即将原电路中的非线性电阻用在静态工作点附近的交流小信号线性模型代替，得到的电路即为原电路的交流小信号等效模型。由交流小信号等效模型求出交流小信号激励对应的响应，最后将直流大信号和交流小信号激励分别产生的响应求和，得到非线性电阻电路的完整响应。

小信号分析法是电子电路中分析非线性电阻电路的重要方法。在电子技术、无线电工程等领域经常遇到。

1. 非线性电阻电路静态工作点的概念

在图 2.87 所示的非线性电阻电路中，直流大信号的作用是为电路提供合适的工作条件。当交流小信号$u_S(t)=0$时，电路的工作状态称为静态工作点，它可以通过图解法求得。从图 2.88 中可以看出，非线性电阻电路的静态工作点（Q点）就是电路的负载线（图中的直线）和非线性电阻的伏安特性曲线的交点。当非线性电阻电路处于静态工作点时，假设流过非线性电阻的电流为I_0，两端的电压降为U_0，则非线性电阻的静态电阻定义为

$$R = U_0 / I_0 \tag{2.89}$$

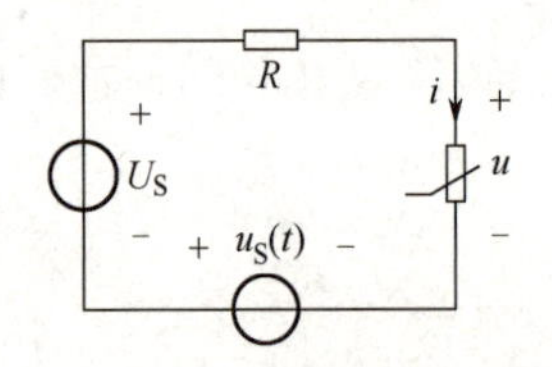

图 2.87 含有直流大信号和交流小信号的非线性电阻电路

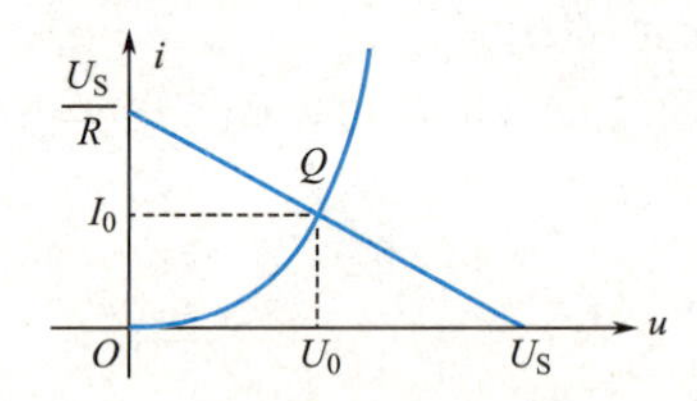

图 2.88 非线性电阻电路的静态工作点与静态电阻

2. 非线性电阻电路的小信号等效电路

电路中的小信号可以认为是叠加在大信号即直流之上的。当交流小信号$u_S(t)\neq 0$时，电路的工作点将偏离静态工作点，但总会位于非线性电阻的伏安特性曲线上，如图 2.89 所示的工作点Q'。由于交流信号的幅值较小，电路的实际工作点在静态工作点Q附近，围绕静态工作点上下波动。如果采用图解法，则此时的工作点可以通过非线性电阻的伏安特性曲线与平行于负载线的直线（图 2.89 中的直线）的交点来求得。过静态工作点作伏安特性曲线的切线（图 2.89 中的虚线），假设在某时刻交流电源引起流过非线性电阻的电流变化量为Δi，两端的电压变化量为Δu，则此时非线性电阻的动态电阻定义为

$$r_d = \Delta u / \Delta i \tag{2.90}$$

对交流小信号 $u_S(t)$ 而言，在静态工作点附近，非线性电阻的动态电阻可以等效为线性电阻 r_d，其动态电导 g_d 与过静态工作点所作伏安特性曲线的切线的斜率相等。因此，在确定电路的静态工作点之后，图 2.87 所示的非线性电阻电路可以用图 2.90 所示的小信号等效电路来表示。

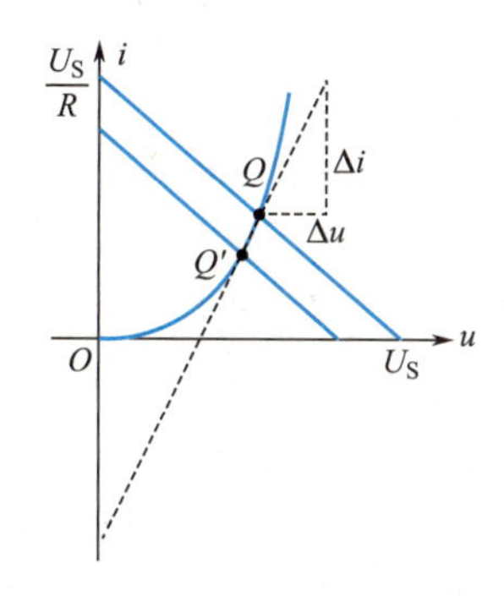

图 2.89　非线性电路的动态电阻

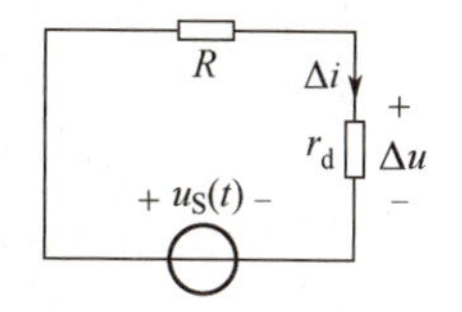

图 2.90　小信号等效电路

【例 2.30】在图 2.91（a）所示电路中，已知，直流信号 $I_S = 3\text{A}$，小信号 $i_S(t) = 10\cos(2t)\,\text{mA}$，电阻 $R = 1\Omega$，假设非线性电阻的伏安特性为

$$i = \begin{cases} 0, & u < 0 \\ 2u^2, & u > 0 \end{cases}$$

求电压 $u(t)$。

解：（1）求电路的静态工作点，令 $i_S(t) = 0$，由图 2.91（a）所示电路，写出负载线方程为

$$i = I_S - u / R = 3 - u \tag{2.91}$$

将式(2.91)与给出的非线性电阻的伏安特性联立求解，可求得静态工作点为 $U_0 = 1\text{V}$，$I_0 = 2\text{A}$。

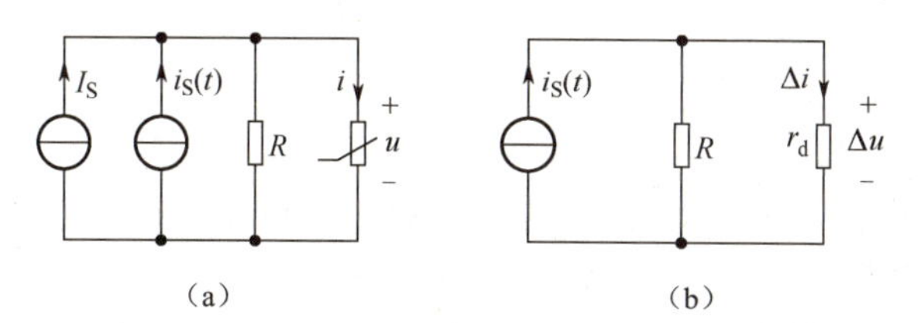

图 2.91　例 2.30 电路图

（2）工作点处的电导为

$$g_d = \frac{\mathrm{d}i}{\mathrm{d}u}\bigg|_{U_0} = 4\text{S}$$

动态电阻

$$r_d = 1 / g_d = 0.25\Omega$$

（3）该电路的小信号等效电路如图 2.91（b）所示，交流信号所引起的电压变化量

$$\Delta u = i_S(t) \cdot (R // r_d) = 0.01\cos(2t) \times \frac{1 \times 0.25}{1 + 0.25}\text{V} = 0.002\cos(2t)\,\text{V}$$

（4）得

$$u(t) = U_0 + \Delta u = [1 + 0.002\cos(2t)]\,\text{V}$$

由以上分析可以知道，应用小信号分析法求解非线性电阻电路的响应时，基本步骤如下。

（1）设小信号为零，确定非线性电阻电路的静态工作点。

（2）计算非线性电阻在静态工作点处的动态电阻或动态电导。

（3）画出小信号等效电路，即可利用线性电路的方法求得小信号激励引起的响应。

（4）合成得到完整的电路响应，$u(t)=U_0+\Delta u$。

2.13 应用案例

2.13.1 飞机结构载荷测量应变电桥电路

为了验证飞机结构载荷分析方法，评估和确定严重受载情况，需要通过真实飞行试验测量飞机结构载荷。飞机结构载荷测量方法主要有应变法和压力法。其中应变法是国际通用的可靠的飞机结构载荷测量方法，主要用于飞机主承力部件结构载荷飞行测量。在飞机结构载荷飞行试验测量中，飞机结构温度会随飞行高度和速度等参数的变化而变化，当在远离应变电桥的初始平衡温度的条件下测量飞机结构载荷时，需要采取相应的补偿措施和修正方法，以减少热输出，从而确保载荷测量的精度。在飞机结构载荷飞行试验测量中，通常采用惠斯通桥式电路，如图 2.92 所示，其中 U_S 为激励电压源，R_x 为载荷引起的应变所对应的等效电阻，它反映了飞机结构载荷热输出，R_1、R_3 阻值已知，调节可变电阻 R_2 直至无电流流过检流计为止。在这种情况下，$U=0V$，电桥处于平衡状态。由于没有电流流过检流计，所以电阻 R_2 两端电压 U_{R_2} 与 R_x 两端电压 U_{R_x} 相等，且 R_1 与 R_2 串联，R_3 与 R_x 串联。利用分压原理，有

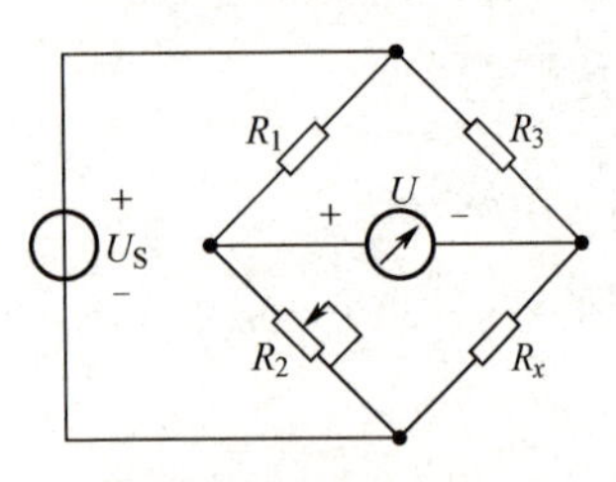

图 2.92 惠斯通桥式电路

$$U_{R_2}=\frac{U_S}{R_2+R_1}\times R_2=U_{R_x}=\frac{U_S}{R_x+R_3}\times R_x \Rightarrow R_x\times R_1=R_3\times R_2$$

因此，有

$$R_x=\frac{R_3}{R_1}\times R_2$$

2.13.2 万用表分压分流电路

万用表是一种常用的电工测量仪表，通常它可以用来测量电阻和直流/交流电压与电流。这里仅对它的直流电压、电流测量电路进行分析。

用万用表测量直流电流的原理图如图 2.93 所示。万用表表头中允许通过的最大电流为一定值，为了实现多量程的测量，需要给万用表的表头并联分流电阻，如 R_{A1}～R_{A5}。例如，当所选量程为 5mA 时，万用表的挡位选择开关打到相应的位置，此时分流电阻为 $R_{A1}+R_{A2}+R_{A3}$，其余则与表头内阻串联。量程越大，分流电阻越小。

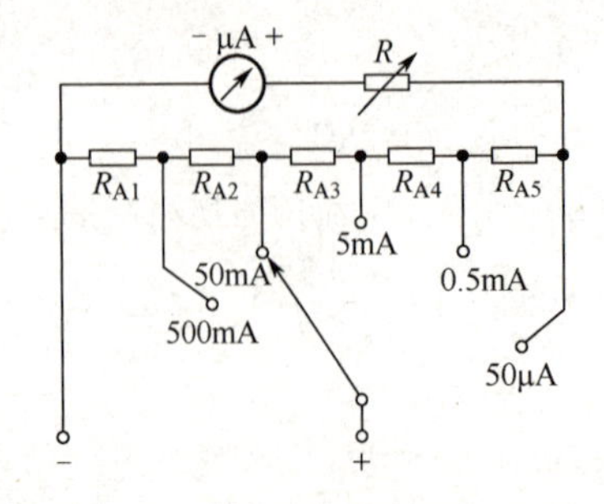

图 2.93 用万用表测量直流电流的原理图

根据表头内阻的大小、表头上允许通过的最大电流以及所要测量的量程范围就可以计算出各分流电阻的大小。例如，假设表头允许通过的最大电流为 I_g，则根据分流原理可得

$$
\begin{cases}
\dfrac{I_g}{0.5}=\dfrac{R_{A1}}{R+R_0}\\[2mm]
\dfrac{I_g}{0.05}=\dfrac{R_{A1}+R_{A2}}{R+R_0}\\[2mm]
\dfrac{I_g}{0.005}=\dfrac{R_{A1}+R_{A2}+R_{A3}}{R+R_0}\\[2mm]
\dfrac{I_g}{0.5\times10^{-3}}=\dfrac{R_{A1}+R_{A2}+R_{A3}+R_{A4}}{R+R_0}\\[2mm]
\dfrac{I_g}{0.05\times10^{-3}}=\dfrac{R_{A1}+R_{A2}+R_{A3}+R_{A4}+R_{A5}}{R+R_0}
\end{cases}
$$

其中，$R_0=R_{A1}+R_{A2}+R_{A3}+R_{A4}+R_{A5}$。求解上述方程即可得到 R_{A1}～R_{A5} 的值。

用万用表测量直流电压的原理图如图 2.94 所示。在测量直流电压时，万用表以某一挡直流电流测量电路作为表头，如图 2.94 中虚线所示。在测量电压时，万用表需要与被测电路并联在一起，为了减少因万用表的接入对测量结果的产生影响，万用表的内阻应远大与被测电路电阻，因此需要给表头串联一个高阻值的电阻，称为倍压电阻，如 R_{V1}～R_{V3}。量程越大，倍压电阻也越大。在已知表头内阻、表头上允许通过的最大电流以及所要测量的量程范围的条件下，就可以根据分压原理计算出各倍压电阻的大小，进而设计出符合要求的万用表。例如，对于图 2.94 所示电路，假设表头内阻为 R'，允许通过的最大电流为 I_g，则可以得到

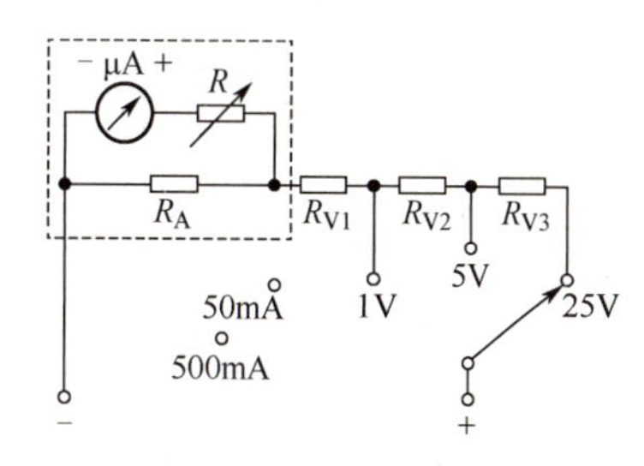

图 2.94　用万用表测量直流电压的原理图

$$
\begin{cases}
I_g=\dfrac{1}{R'+R_{V1}}\\[2mm]
I_g=\dfrac{5}{R'+R_{V1}+R_{V2}}\\[2mm]
I_g=\dfrac{25}{R'+R_{V1}+R_{V2}+R_{V3}}
\end{cases}
$$

由此就可以求出 R_{V1}～R_{V3} 的值。

2.13.3　直流晶体管电路

很多人都拥有多个电子产品，这些电子产品中集成电路的基本元件就是第 1 章讨论的有源元件——晶体管。工程技术人员必须掌握晶体管的相关知识才能进行相关电路的设计。

在第 1 章的介绍中，已知双极型晶体管有三种工作状态：放大、截止和饱和。当工作在放大状态时，NPN 型硅管的 B、E 之间的电压 U_{BE} 典型值为 0.7V，且电流满足

$$I_C=\beta I_B$$

β 的取值通常很大，典型取值为 50～1000，这表明，当双极型晶体管工作在放大状态时，可以建模为一个受电流控制的电流源，由于 β 的值很大，所以用一个很小的基极电流就可以控制输出电路中很大的电流，即用作放大器，它既可以放大电流又可以放大电压，可以为扬声器或者控制电机等提供足够大的功率。

例如，如图 2.95 所示电路，设晶体管工作在放大状态，且 β=25，可计算得到晶体管电路中的电流 I_C和I_B 以及电压 u_o。

对于图 2.95 所示电路，将晶体管用第 1 章所介绍的直流等效模型代替，得到图 2.96 所示直流晶体管等效电路，对于输入回路，列写 KVL 方程，有

$$R_B I_B + U_{BE} = 1$$

由于放大电路，$U_{BE} = 0.7\text{V}$，有

$$I_B = \frac{1-U_{BE}}{R_B} = \frac{1-0.7}{10\times10^3}\text{A} = 23\mu\text{A}$$

而 $I_C = \beta I_B = 25\times23\mu\text{A} = 0.575\text{mA}$

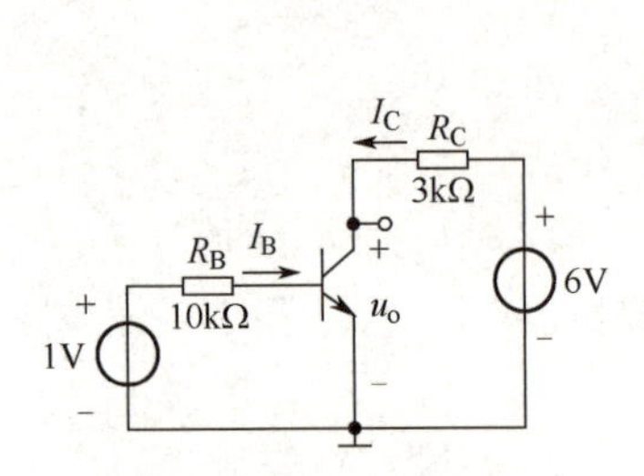

图 2.95　直流晶体管电路

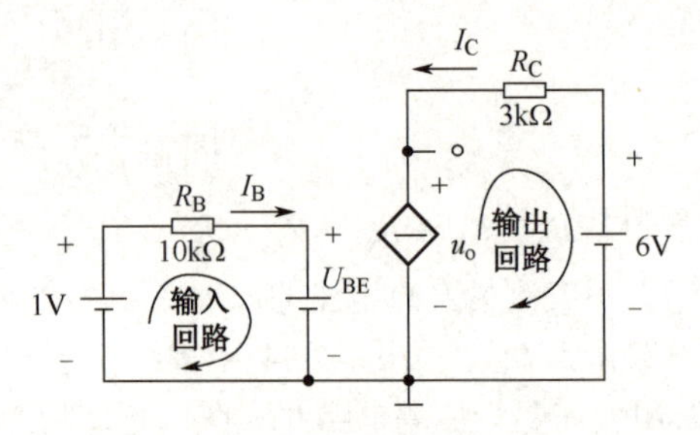

图 2.96　直流晶体管等效电路

对于输出回路列写 KVL 方程，得到

$$-R_C I_C - u_o + 6\text{V} = 0$$

$$u_o = -3\times10^3\times0.575\times10^{-3}\text{V} + 6\text{V} = 4.275\text{V}$$

思考题与习题 2

题 2.1　在图 2.97 所示电路中，已知 U_S=2V，I_S=2A，求 a、b 两点间的电压 U_{ab}。

题 2.2　在图 2.98 所示电路中，各电阻值和 U_S 值均已知。应用支路电流法求解流过电压源的电流 I_S，请说明所需的独立电流方程数和电压方程数分别为多少。

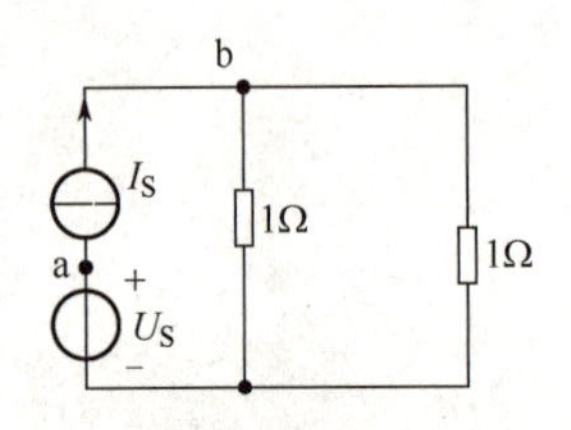

图 2.97　题 2.1 电路图

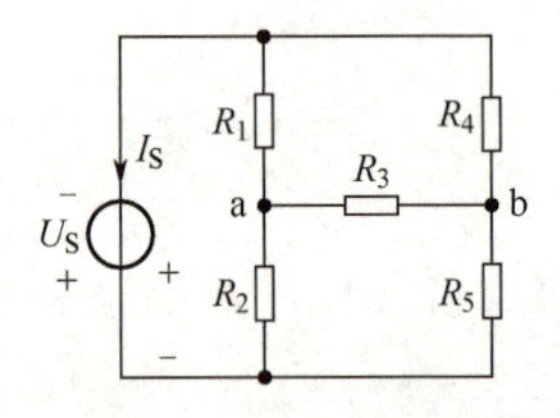

图 2.98　题 2.2 电路图

题 2.3　某电路支路数为 10，用节点法可得到 4 个方程，求该电路中网孔的数。

题 2.4　应用网孔电流法求解电路时，请说明网孔的自电阻与互电阻数值的正负情况。

题 2.5　应用节点电压法求解电路时，请说明节点的自电导与互电导数值的正负情况。

题 2.6　在支路电流法、网孔电流法、节点电压法和 2*b* 法中，自动满足基尔霍夫电压定律的电路求解法有哪几个。

题 2.7　在支路电流法、网孔电流法、节点电压法和 2*b* 法中，自动满足基尔霍夫电流定律的电路求解法有哪几个。

题 2.8　已知图 2.99 所示电路中的 U_S= 4 V，I_S = 2 A。求解其等效电路。

题 2.9　在图 2.100 所示电路中，当 I_S = 0 时，I = 1A，则当 I_S = 2A 时，求电流 I。

题 2.10　在图 2.101 所示电路中，已知 I=1A，U=2V，求电压源 U_S。

题 2.11　在图 2.102 所示电路中，I_S=18A 时，I=5A，若 I_S 为 27A，求电流 I。

题 2.12　电烙铁是电子制作中的必备工具，主要用途是焊接元件和导线，实验室里的一只电烙铁额定电压为 220V，功率为 40W，正常工作时的电流是多少？

题 2.13　在图 2.103 所示电路中，各电流源均为 I_S，求负载 R_L 的电流 I_L。

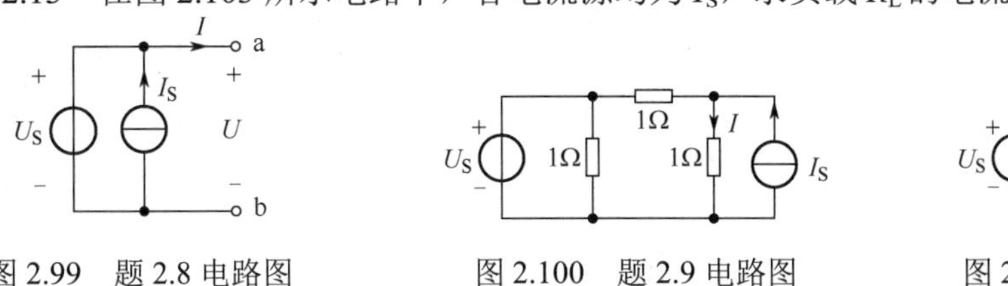

图 2.99　题 2.8 电路图　　图 2.100　题 2.9 电路图

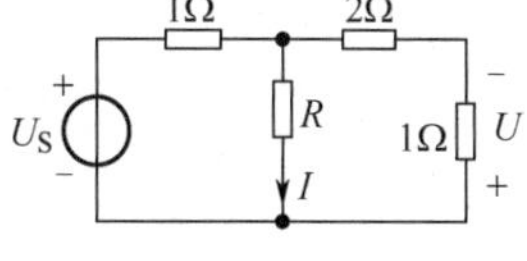

图 2.101　题 2.10 电路图

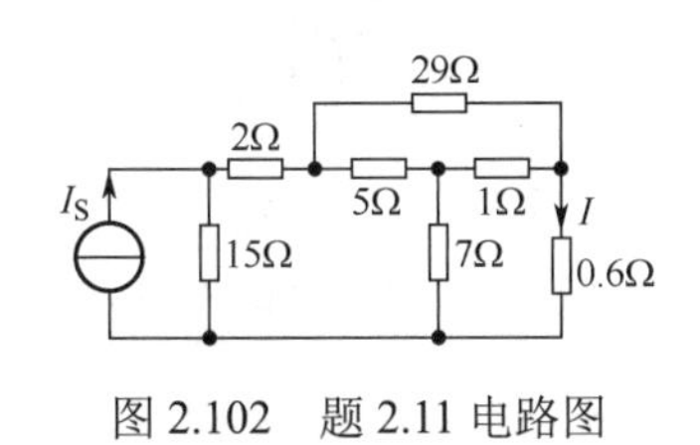

图 2.102　题 2.11 电路图

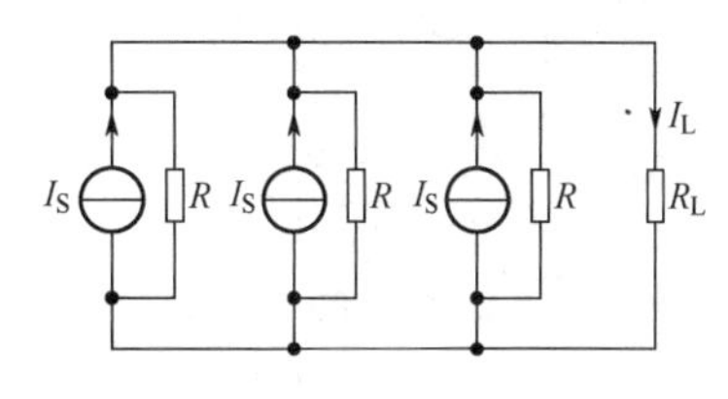

图 2.103　题 2.13 电路图

题 2.14　有两只电阻，其额定值分别为 100Ω/10W 和 200Ω/40W，试问：如果将两者串联起来，其两端最高允许电压为多少？如果将两者并联起来，则允许流入的最大电流为多少？

题 2.15　一太阳能电池板，测得它的开路电压为 800mV，短路电流为 40mA，如果将该电池板与一阻值为 20Ω 的电阻接成一闭合电路，求它的短路电压。

题 2.16　电路如图 2.104（a）所示，电压源 U_S=16V，电阻 $R_1=R_2=R_3=R_4$，U_{ab}=12V。若将理想电压源置零，得到如图 2.104（b）所示电路，试求此时的电压 U_{ab}。

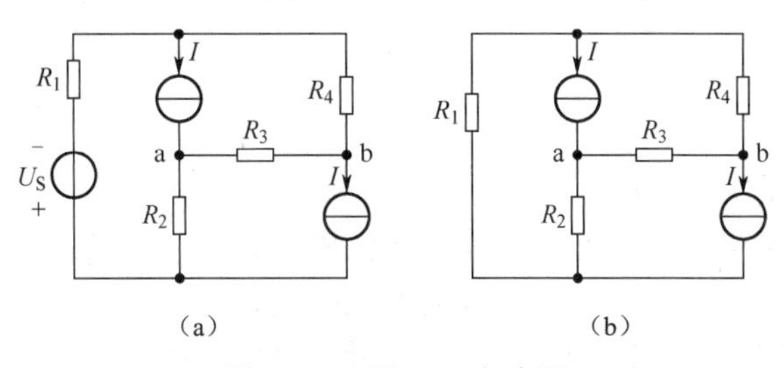

（a）　（b）

图 2.104　题 2.16 电路图

题 2.17　试确定图 2.105 所示电路的节点数和支路数，列写独立的 KCL 方程和 KVL 方程。

题 2.18　试计算图 2.106 所示电路中的电流 I。

题 2.19　试计算图 2.107 所示电路中 6Ω 电阻上消耗的功率。

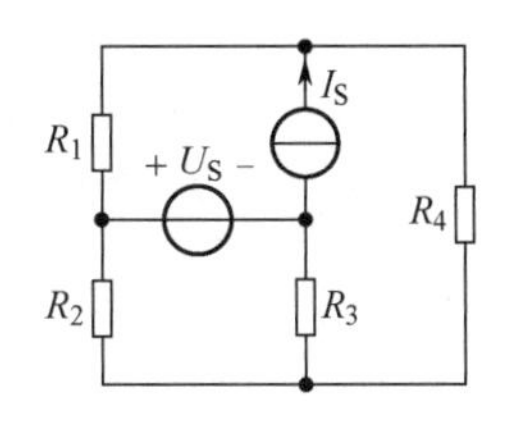

图 2.105　题 2.17 电路图

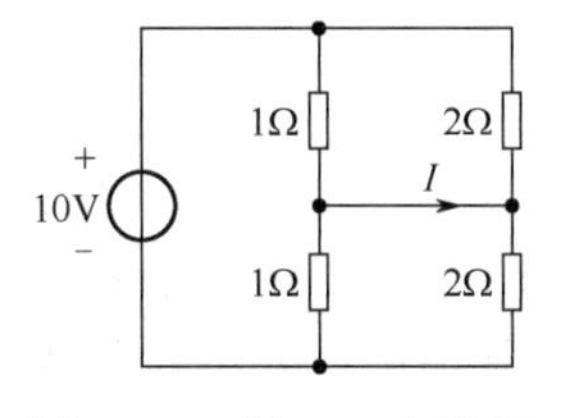

图 2.106　题 2.18 电路图

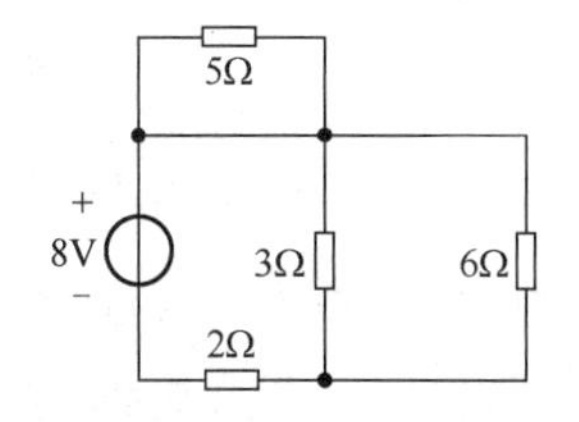

图 2.107　题 2.19 电路图

题 2.20　试计算图 2.108 所示电路中 a、b 两端的等效电阻。

题 2.21　试计算图 2.109 中的电压 U。

题 2.22　利用电源等效变换法计算图 2.110 所示电路中的电流 I。

题 2.23　利用电源等效变换法计算图 2.111 所示电路中的电流 I。

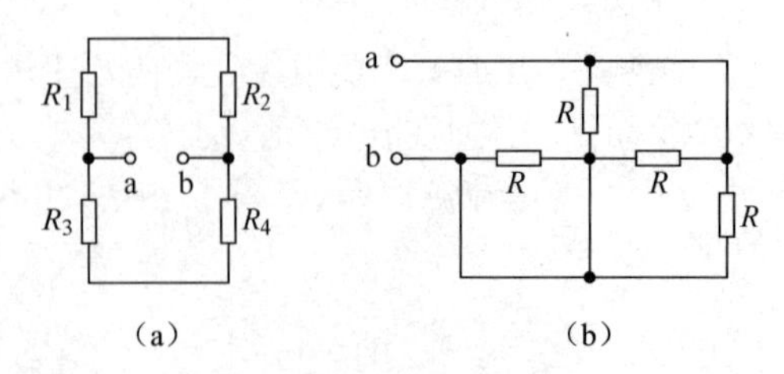

图 2.108　题 2.20 电路图

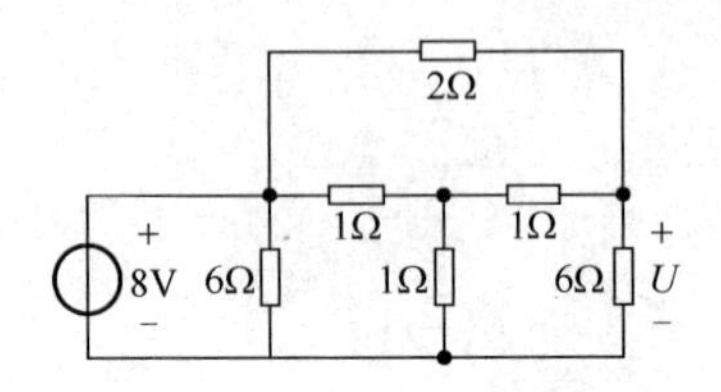

图 2.109　题 2.21 电路图

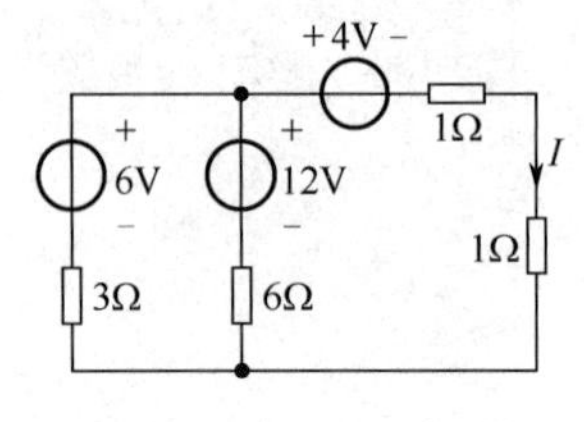

图 2.110　题 2.22 电路图

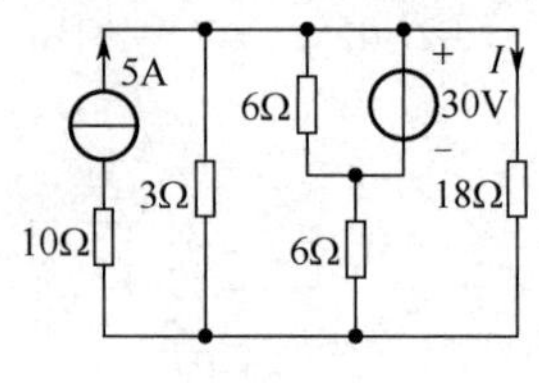

图 2.111　题 2.23 电路图

题 2.24　计算图 2.112 所示电路的等效电阻 R_{ab}。

题 2.25　用支路电流法求图 2.113 所示电路中 2Ω 电阻的功率。

题 2.26　用网孔电流法求图 2.114 所示电路中的电流 I。

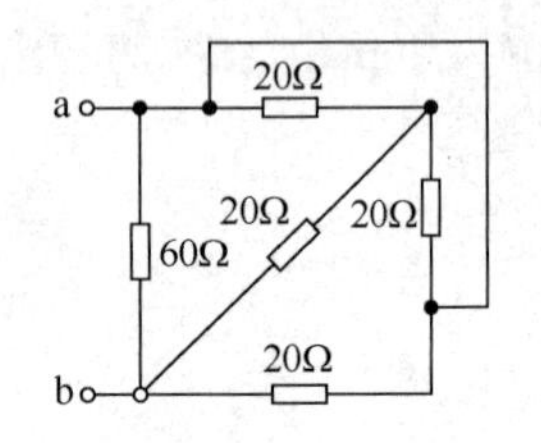

图 2.112　题 2.24 电路图

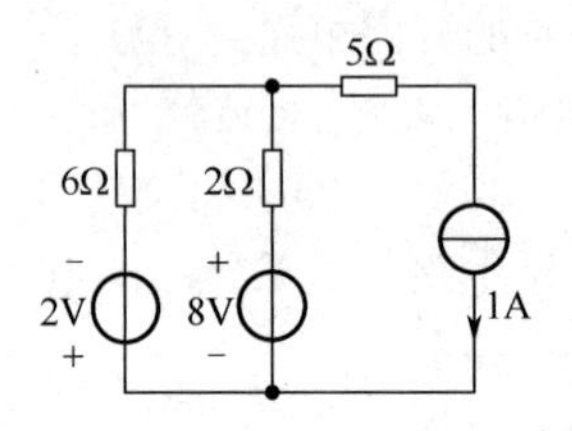

图 2.113　题 2.25 电路图

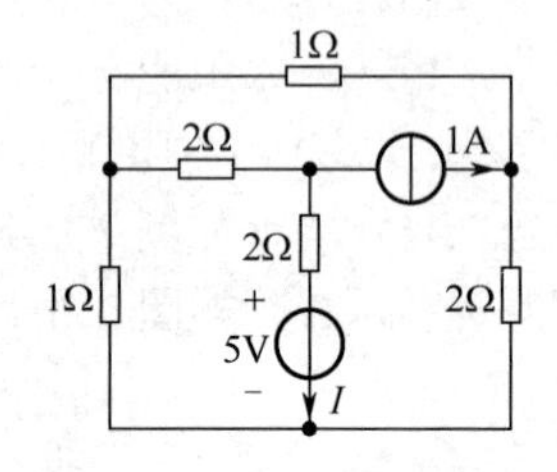

图 2.114　题 2.26 电路图

题 2.27　用节点电压法重做题 2.26。

题 2.28　用网孔电流法求图 2.115 所示电路中的电压 U。

题 2.29　用网孔电流法求图 2.116 所示电路中的电流 I。

题 2.30　用网孔电流法求图 2.117 所示电路中受控源吸收的功率。

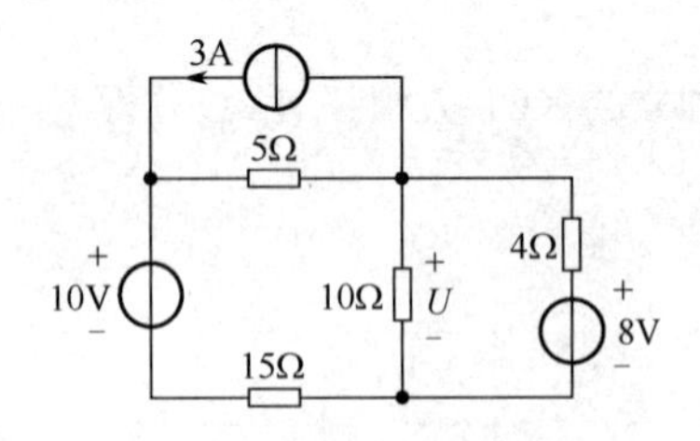

图 2.115　题 2.28 电路图

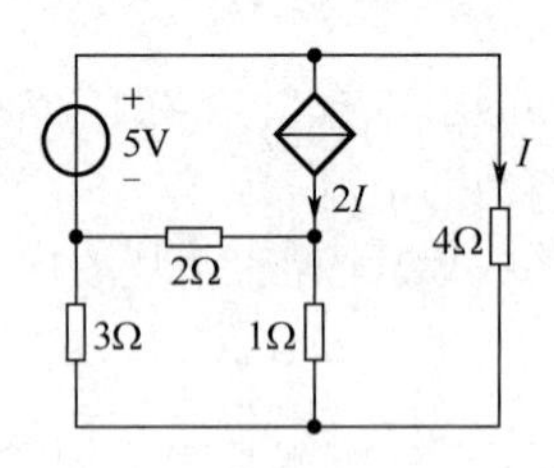

图 2.116　题 2.29 电路图

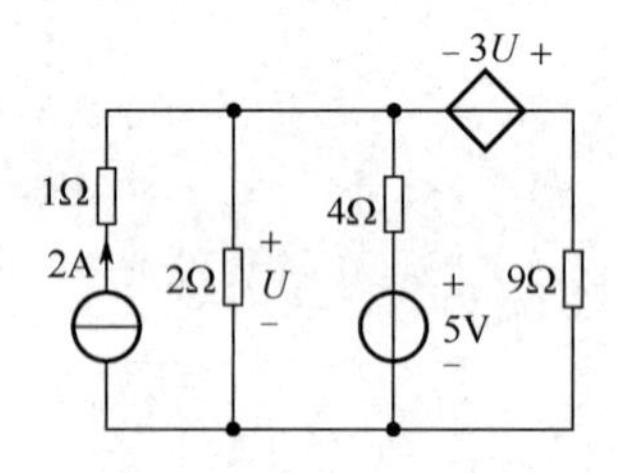

图 2.117　题 2.30 电路图

题 2.31　计算图 2.118 所示电路中理想电流源吸收的功率。

题 2.32　用节点电压法求图 2.119 所示电路中 9V 电压源产生的功率。

题 2.33　用节点电压法求图 2.120 所示电路中的电流 I。

题 2.34　用节点电压法求图 2.121 所示电路中的电压 U。

题 2.35　用节点电压法求图 2.122 所示电路中各节点的节点电压。

题 2.36　用叠加定理求图 2.123 所示电路中的电流 I。

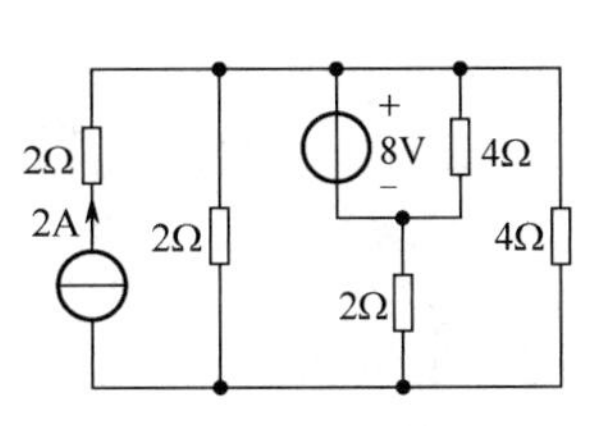

图 2.118　题 2.31 电路图

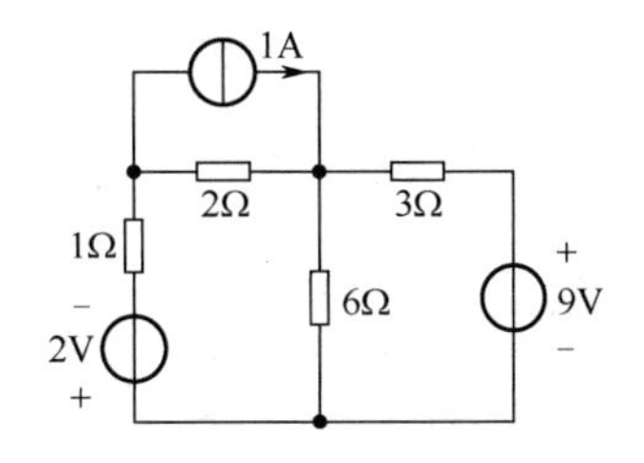

图 2.119　题 2.32 电路图

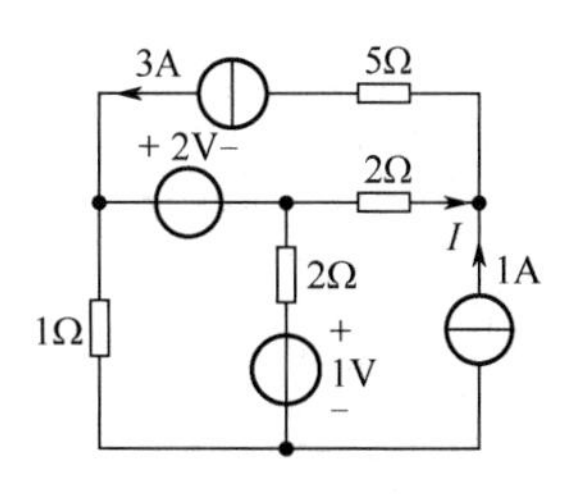

图 2.120　题 2.33 电路图

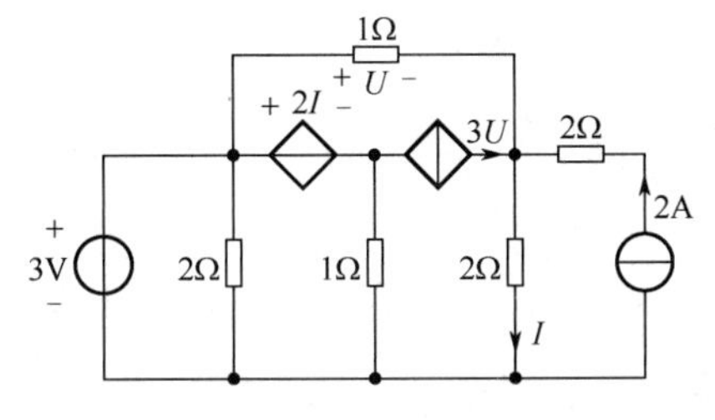

图 2.121　题 2.34 电路图

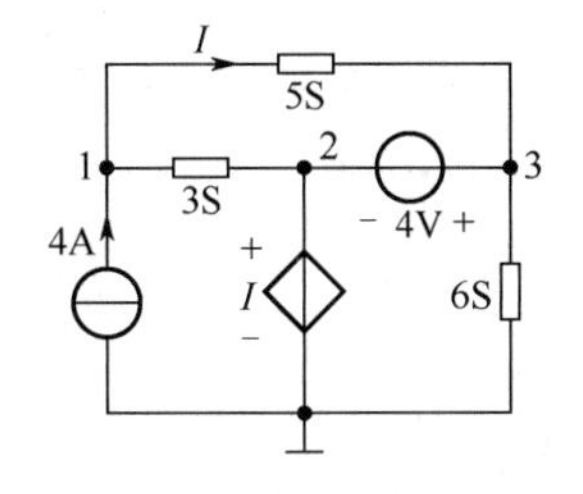

图 2.122　题 2.35 电路图

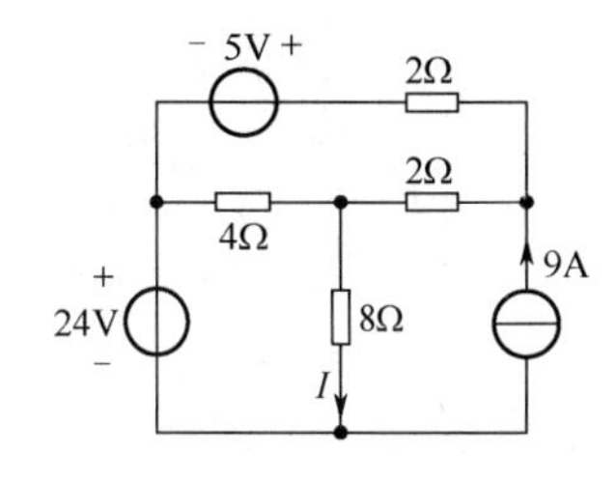

图 2.123　题 2.36 电路图

题 2.37　用叠加定理求图 2.124 所示电路中的电流 I。

题 2.38　图 2.125 所示为 R-2R 数模转换求和网络，试用叠加定理证明

$$I = \frac{1}{R}\left(\frac{U_{S1}}{2^4} + \frac{U_{S2}}{2^3} + \frac{U_{S3}}{2^2}\right)$$

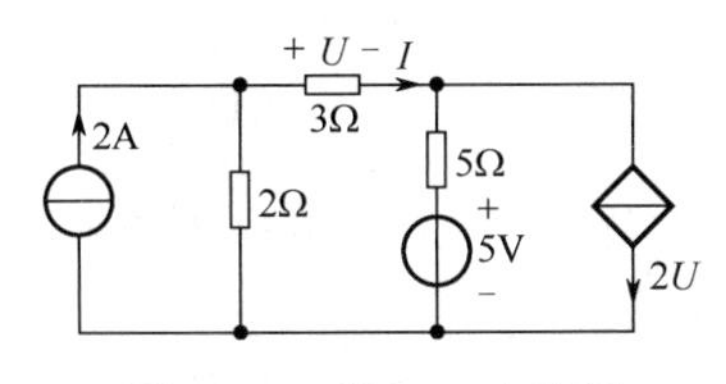

图 2.124　题 2.37 电路图

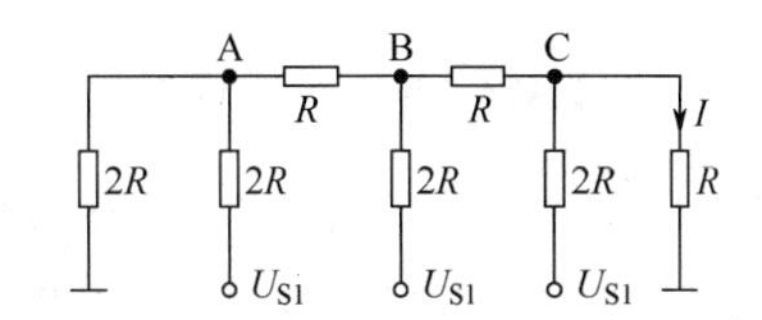

图 2.125　题 2.38 电路图

题 2.39　在图 2.126 所示电路中，当外接电流源 $I_{S1} = 2\text{A}$ 、$I_{S2} = 1\text{A}$ 时，输出电流 $I = 5\text{A}$；当 $I_{S1} = 1\text{A}$ 、$I_{S2} = 5\text{A}$ 时，输出电流 $I = 7\text{A}$；那么当 $I_{S1} = -1\text{A}$ 、$I_{S2} = 4\text{A}$ 时，输出电流 I 为多少？

题 2.40　在图 2.127 所示电路中，已知 I_1=2A，I_2=1A，求 U_S。

题 2.41　用戴维南定理求图 2.128 所示电路中的电流 I。

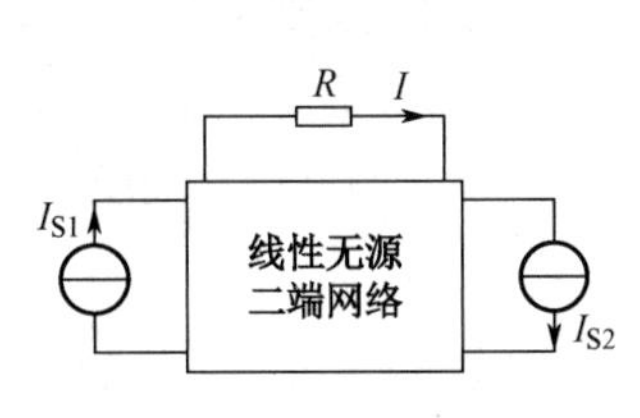

图 2.126　题 2.39 电路图

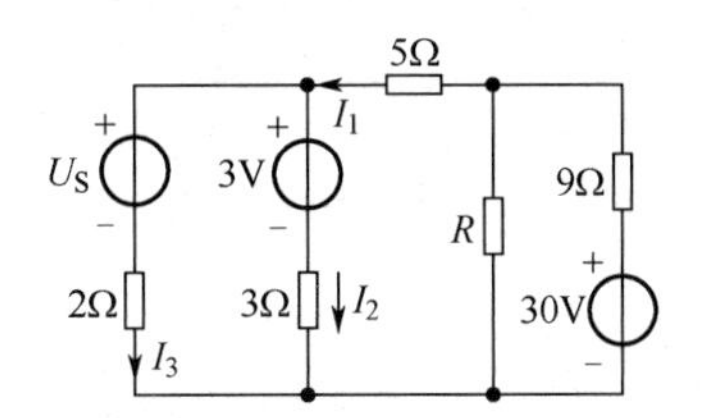

图 2.127　题 2.40 电路图

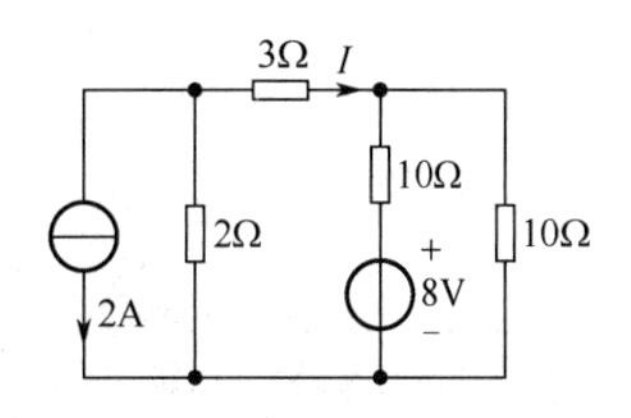

图 2.128　题 2.41 电路图

题 2.42　求图 2.129 所示电路的戴维南等效电阻。

题 2.43　用戴维南定理求图 2.130 所示电路中的电流 I。

题 2.44　用戴维南定理求图 2.131 所示电路中 5Ω 电阻上的功率。

题 2.45　求图 2.132 所示电路的诺顿等效电路。

题 2.46　求图 2.133 所示电路的诺顿等效电路。

题 2.47　试分别用戴维南定理和诺顿定理求图 2.134 所示电路中的电压 U。

题 2.48　求图 2.135 所示电路中 a、b 端的诺顿等效电路。

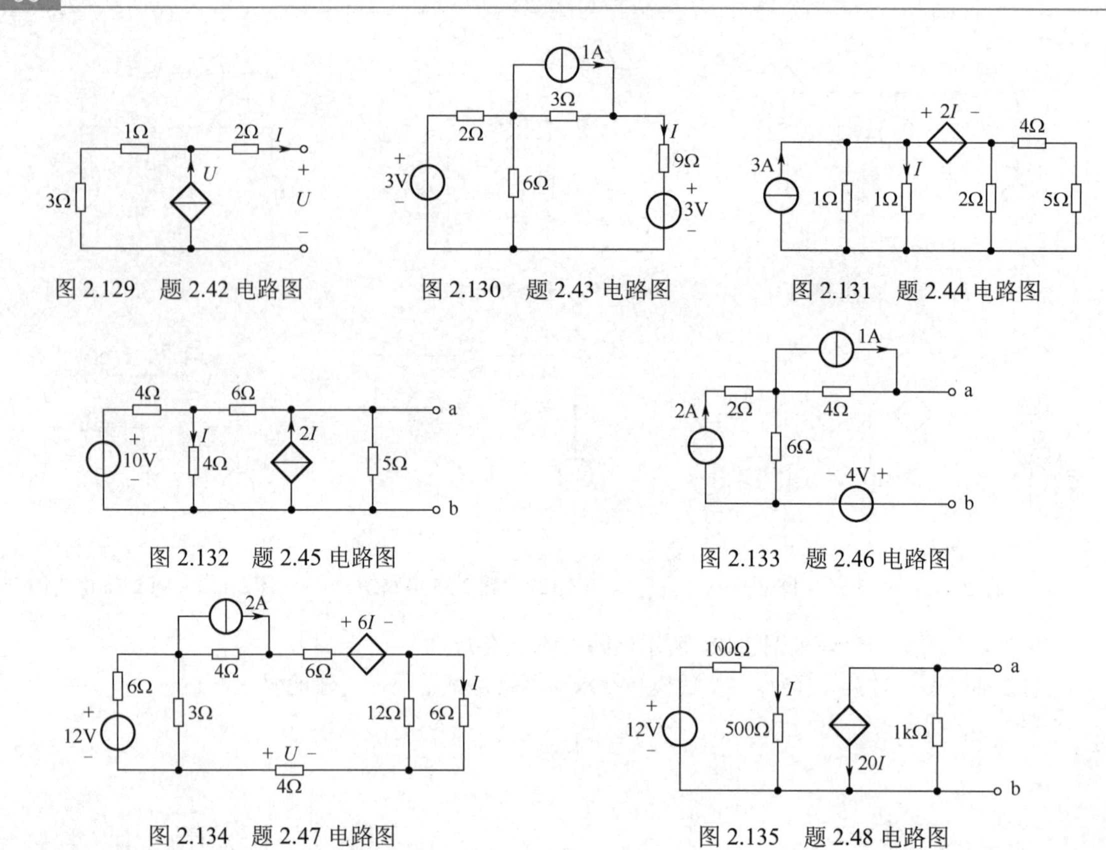

图 2.129　题 2.42 电路图　　图 2.130　题 2.43 电路图　　图 2.131　题 2.44 电路图

图 2.132　题 2.45 电路图　　图 2.133　题 2.46 电路图

图 2.134　题 2.47 电路图　　图 2.135　题 2.48 电路图

题 2.49　某一有源二端网络 A：测得开路电压为 30V，当输出端接一个 10Ω 电阻时，通过的电流为 1.5A。现将这二端网络连成图 2.136 所示电路，求电流 I。

题 2.50　在图 2.137 所示电路中，R 为何值时可获得最大功率？并求此最大功率的量值。

题 2.51　在图 2.138 所示电路中，a、b 端应接多大负载才能够从电路中吸收最大功率？该功率的大小是多少？

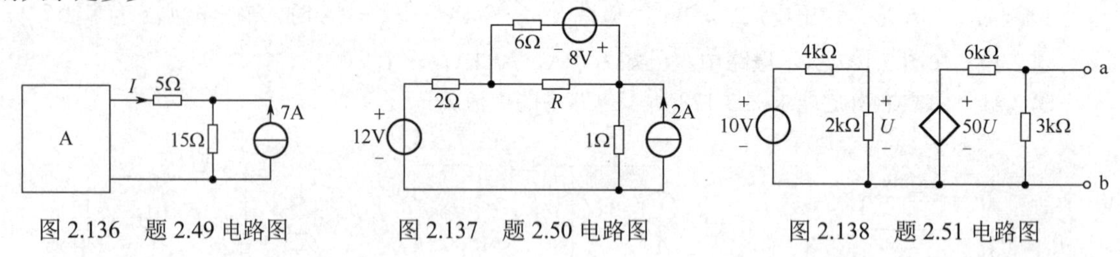

图 2.136　题 2.49 电路图　　图 2.137　题 2.50 电路图　　图 2.138　题 2.51 电路图

题 2.52　求图 2.139 所示电路中的电流 I。

题 2.53　在图 2.140 所示电路中，N 中只含有电阻元件。当 $R_1 = 2\Omega$，$R_2 = 1\Omega$，$U_S = 2V$ 时，$I_1 = I_2 = 2A$；当 $R_1 = 3\Omega$，$R_2 = 2\Omega$，$U_S = 4V$ 时，$I_1 = 1A$，则此时 I_2 为多少？

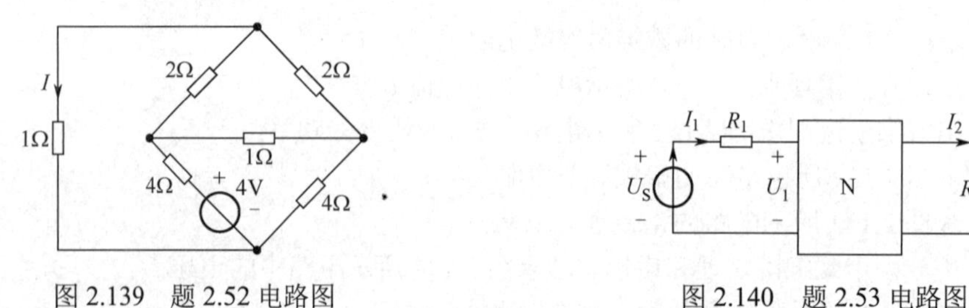

图 2.139　题 2.52 电路图　　图 2.140　题 2.53 电路图

题 2.54　在图 2.141 所示电路中，N 仅由线性电阻构成，图 2.141（a）中 $U_2 = 2\text{V}$，试求图 2.141（b）中的 U_1。

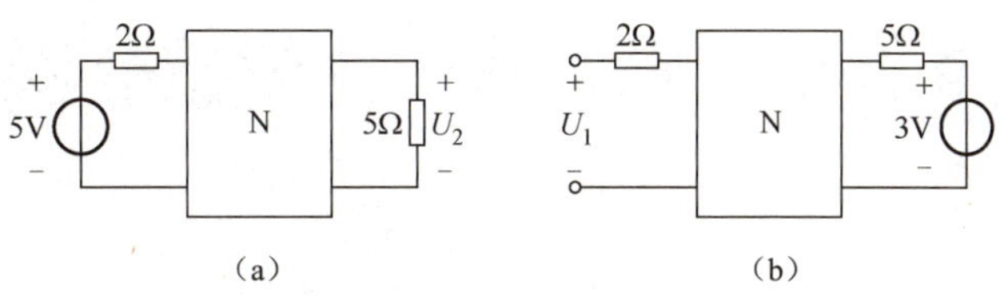

图 2.141　题 2.54 电路图

题 2.55　某非线性电阻的伏安关系为 $u = i^3$，如果通过非线性电阻的电流为 $i = \cos(\omega t)\text{A}$，则该电阻的电压中将含有哪些频率分量？

题 2.56　画出图 2.142 所示各电路端口的伏安特性（图中的二极管均为理想二极管）。

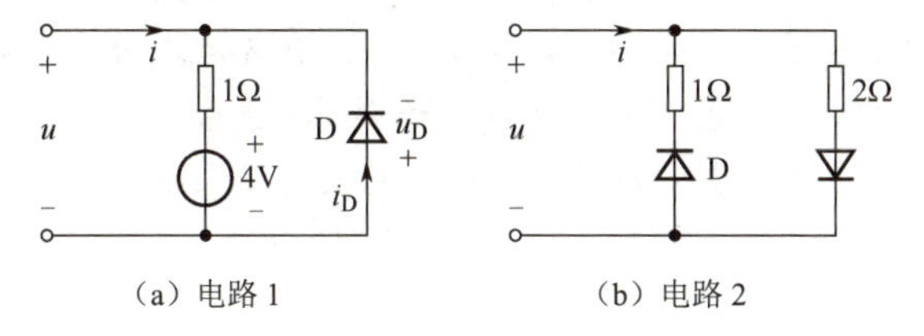

图 2.142　题 2.56 电路图

题 2.57　在图 2.143 所示电路中，已知非线性电阻的伏安关系为 $u = i^2$，求电压 u 和电流 i_1。

题 2.58　在图 2.144 所示电路中，已知非线性电阻的伏安关系为

$$i = \begin{cases} 0, & u < 0 \\ u^2, & u \geqslant 0 \end{cases}$$

求该电路的工作点及在工作点处的非线性电阻的静态电阻 R 和动态电阻 r。

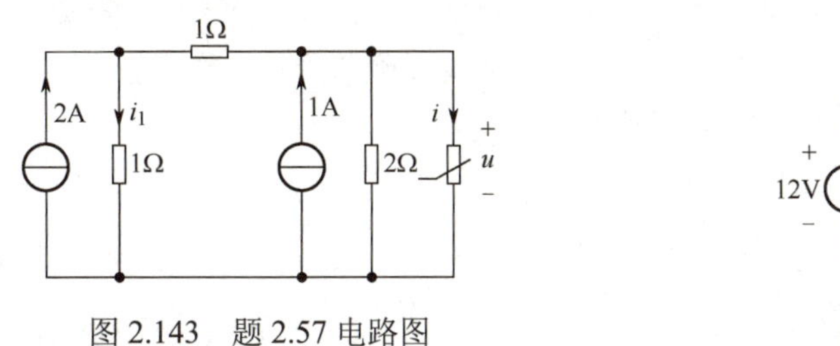

图 2.143　题 2.57 电路图

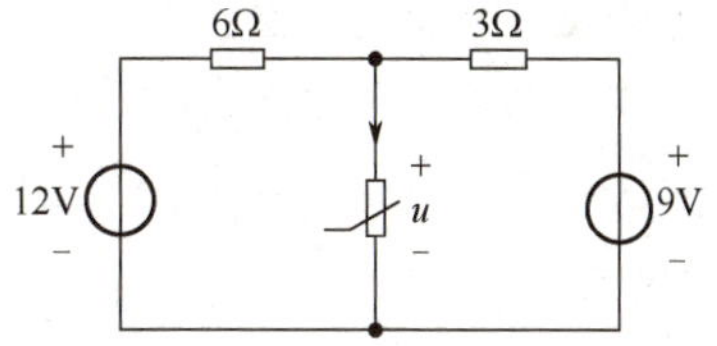

图 2.144　题 2.58 电路图

题 2.59　在图 2.145（a）所示电路中，D 为半导体二极管，伏安特性曲线如图 2.145（b）所示，用图解法求半导体二极管上的 U_D 和 I_D 以及 I_1、I_2。

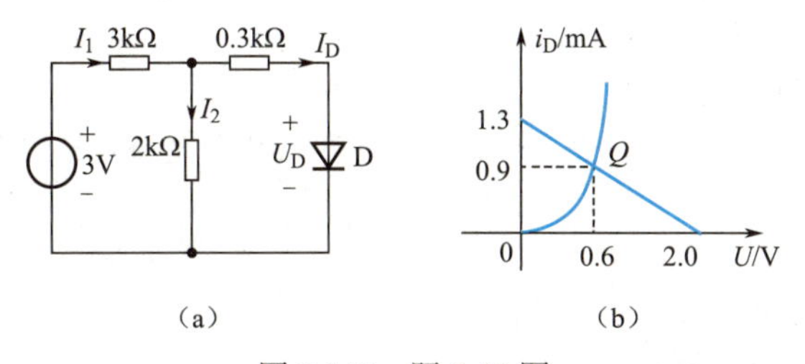

图 2.145　题 2.59 图

第3章 动态电路的暂态分析

本章导读信息

第2章讨论的对象是直流电阻电路，它有一个显著特点即电路在任一时刻 t 的响应只与同一时刻的激励有关，所列方程是代数方程。但实际应用中，还会有另一类电路即本章将学习的动态电路，它含有电容或电感等动态元件，其显著特点是电路在任一时刻 t 的响应不仅与同一时刻的激励有关，还与之前电容或电感上的储能有关。这一类电路分析中所列方程是微分方程，有趣的是，前人通过对微分方程求解过程的分析，总结出了电路分析中特有的动态电路求解方法，它摆脱了微分方程，这实际上也是知识重构过程。通过本章的学习，读者不仅要掌握动态电路的分析方法，也要体会前人解决问题、简化问题的科学思维。

1. 内容提要

本章首先介绍动态电路及其方程、换路定则与初始值的计算，接着讨论一阶 RC 电路、RL 电路的零输入响应、零状态和全响应的求解方法，三种典型响应中电流和电压的表达式都取决于初始值、稳态值和时间常数三个要素，进一步推导出一阶电路的三要素法；然后介绍了阶跃信号激励下的零状态响应即阶跃响应、微分电路和积分电路的特点；接着介绍了含有两个动态元件的二阶电路零输入响应和全响应；最后介绍了动态电路的应用案例。

本章中用到的主要名词与概念有：动态电路、暂态、换路定则、初始值、独立初始值、一阶电路、零输入响应、零状态响应、全响应、时间常数、三要素法、阶跃函数、阶跃响应、微分电路、积分电路、二阶电路、欠阻尼、临界阻尼、过阻尼。

2. 重点难点

【本章重点】

（1）动态电路微分方程的列写和求解；

（2）换路后电路初始值的计算；

（3）一阶电路零输入响应、零状态响应和全响应的求解；

（4）一阶动态电路的“三要素”分析方法；

（5）电路阶跃响应的求解；

（6）微分电路和积分电路；

（7）RLC 串联电路微分方程的建立，过阻尼、临界阻尼和欠阻尼情况下二阶电路零输入响应的求解。

【本章难点】

（1）非齐次方程的求解方法；

（2）换路后电路初始值的计算方法；

（3）含受控源电路时间常数的求解方法；

（4）二阶电路零输入响应的求解方法。

3.1　动态电路及其方程

3.1.1　动态电路概述

许多实际电路中不仅含有电源和电阻元件，而且含有电容、电感等元件。电容元件和电感元件的电压、电流关系为积分或微分关系，称其为动态元件。含有动态元件的电路称为动态电路，任何一个集总参数电路不是电阻电路便是动态电路。描述动态电路的方程是以电流或电压为变量的微分方程。对于只含有一个动态元件的动态电路，可以用一阶微分方程来描述，所以称为一阶电路。一般而言，如果电路中含有 n 个独立的动态元件，则需要用 n 阶微分方程来描述，这样的电路称为 n 阶电路。

在第 2 章中，由电源、电阻组成的电路，在接通或断开电源的瞬间，电路中的电压和电流发生突变，瞬间从一个旧的稳态跃迁到新的稳态。但是，对于含有电容或电感的动态电路，由于电容两端的电压和流过电感的电流具有连续性，因此当含有电容或电感的动态电路接通直流电源、正弦交流电源时，电路中的电压和电流不会马上到达稳定状态（稳态），而是存在一个充电的过程；同样，当动态电路断开电源时，电路中的电压和电流也不会马上变为零，而是存在一个放电的过程。这种充电和放电的过程可以统称为过渡过程。由于过渡过程经历的时间往往很短暂，所以人们常把电路在过渡过程中的工作状态称为暂态。

电源接通或者断开是引起暂态的外因，而电容中的电场能量和电感中的磁场能量不能突变则是引起暂态的内因。在内因和外因的共同作用下，形成了动态电路的暂态过程。

通常暂态持续时间一般很短，只有几秒，甚至若干微秒或纳秒，但是其影响却不可忽视。一方面，可以利用暂态来解决某些技术问题，如电子技术中改善或变换信号的波形；另一方面，又要对暂态中可能出现的过电压和过电流进行防护，避免电气设备损坏。因此，电路的暂态分析具有重要的应用价值。

3.1.2　动态电路方程

两类约束是电路分析的依据，动态电路的分析遵循相同的规律。列写动态电路方程的基本依据仍然是基尔霍夫定律和元件的伏安关系。由于动态元件的伏安关系是对时间 t 的微分或积分关系，因此所列写的动态电路方程是微分方程。

视频——动态电路

下面通过几个例子说明动态电路微分方程的列写方法。

【例 3.1】图 3.1 是一个简单的 RC 串联电路，开关 S 在 t=0 时闭合，要求列写开关闭合后以 $u_C(t)$ 为变量的电路方程。

解：$t>0$，开关闭合，根据 KVL 列写回路的电压方程，有

$$u_R(t)+u_C(t)=U_S \tag{3.1}$$

由于 $u_R=Ri$，且 $i=C\dfrac{du_C}{dt}$，代入式（3.1），有

$$RC\frac{du_C}{dt}+u_C=U_S \tag{3.2}$$

这是一阶线性常系数微分方程。

【例 3.2】如图 3.2 所示的 RL 串联电路，开关 S 在 t=0 时闭合，列写以 $i_L(t)$ 为变量的电路方程。

解：开关 S 闭合后，根据 KVL，有

$$u_R(t)+u_L(t)=U_S \tag{3.3}$$

由于 $u_R = Ri_L$，且 $u_L = L\dfrac{di_L}{dt}$，代入式（3.3），整理得

$$Ri_L + L\frac{di_L}{dt} = U_S \tag{3.4}$$

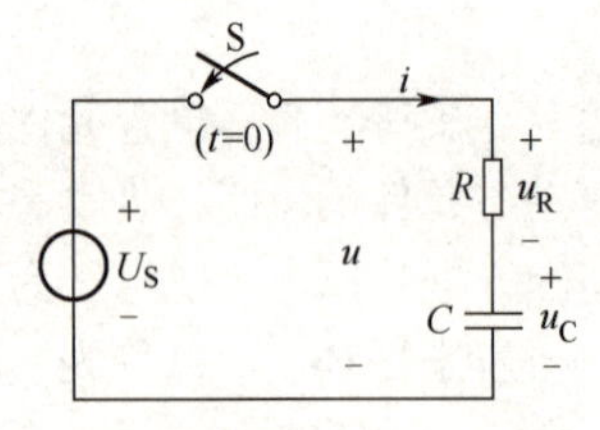

图 3.1 RC 串联电路

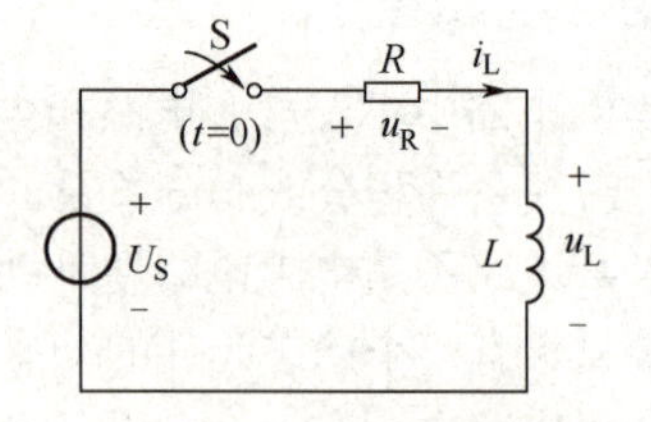

图 3.2 RL 串联电路

【例 3.3】 如图 3.3 所示含有两个独立动态元件的电路，列写以 $u_C(t)$ 为变量的电路方程。

解：根据 KVL，有

$$u_L(t) + u_C(t) = U_S \tag{3.5}$$

因为 $u_L = L\dfrac{di_L}{dt}$，而 $i_L(t) = i_R(t) + i_C(t) = \dfrac{u_C}{R} + C\dfrac{du_C}{dt}$，从而有

$$u_L = \frac{L}{R}\frac{du_C}{dt} + LC\frac{d^2u_C}{dt^2}$$

将 u_L 的表达式代入上述 KVL 方程，经整理可得

$$LC\frac{d^2u_C}{dt^2} + \frac{L}{R}\frac{du_C}{dt} + u_C = U_S \tag{3.6}$$

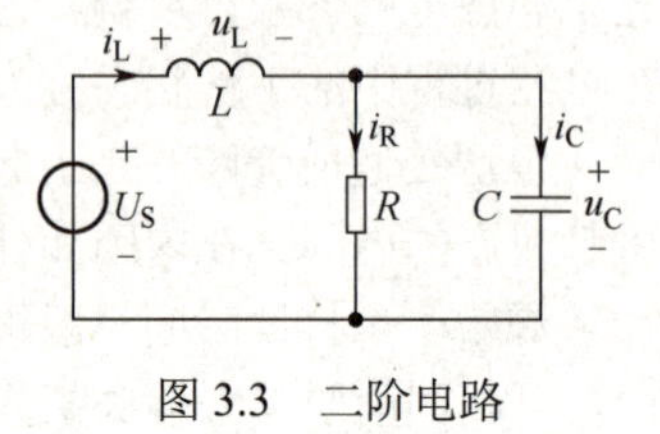

图 3.3 二阶电路

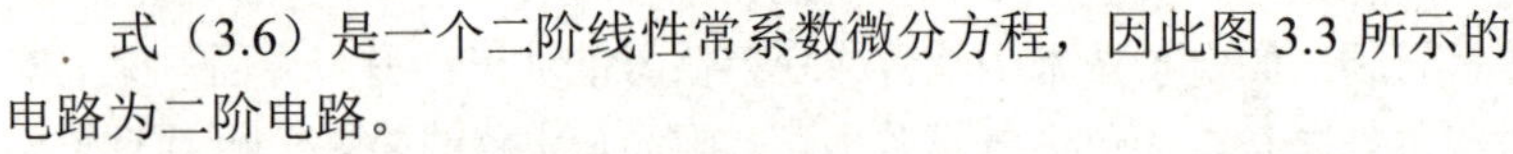

式（3.6）是一个二阶线性常系数微分方程，因此图 3.3 所示的电路为二阶电路。

由以上例题可归纳出列写动态电路微分方程的一般步骤为：

（1）根据电路列写 KCL 或 KVL 方程，并写出各元件的 VCR；

（2）消去方程的中间变量，得到所需变量的微分方程。

3.2 换路定则与初始值的计算

动态元件是储能元件，其伏安关系是对时间 t 的微分或者积分关系。当电路接通、断开电源，或者元件参数的改变等均可能改变电路原来的工作状态。电路参数或者结构等发生变化导致电路状态改变统称为“换路”。

假设电路换路发生在 t=0 时刻。换路前的瞬间记为 0_-，换路后的瞬间记为 0_+。换路经历的时间为 0_-~0_+。0_-是指 t 从负值趋近于零，0_+是指 t 从正值趋近于零。t=0_+时刻电路中各电压、电流的值称为初始条件，也称为初始值。其中，电容电压 $u_C(0_+)$ 和电感电流 $i_C(0_+)$ 称为独立初始值，其余的称为非独立初始值。

3.2.1 换路定则

自然界的任何物质在一定的稳定状态下，都具有一定的或一定变化形式的能量，当条件改变时，能量随之改变，但是能量的积累或衰减需要一定的时间。例如，电动机的转速不能跃变，这是因为它的动能不能跃变；火车由静止不能立即达到高速，这是由惯性原理决定的。

电路同样如此。电感储存磁场能量，即 $\frac{1}{2}Li_{\mathrm{L}}^{2}$，当换路时，磁场能量不能跃变，这体现在流过电感的电流 i_{L} 不能跃变。同样，电容储存电能，即 $\frac{1}{2}Cu_{\mathrm{C}}^{2}$，换路时，电场能量不能跃变，即电容两端电压 u_{C} 不能跃变。可见，电路的暂态过程是由于电容与电感存储的能量不能跃变，从而使得电感电流 i_{L} 或电容电压 u_{C} 不能跃变而产生的。

这个问题也可以从另一个角度来分析。如图 3.1 所示电路，开关 S 在 t=0 时闭合，闭合后直流电源 U_{S} 对电容器充电，若电容器两端电压 u_{C} 跃变，则在此瞬间充电电流 $i=C\frac{\mathrm{d}u_{\mathrm{C}}}{\mathrm{d}t}$ 将趋于无穷大。但是任一瞬间，电路都要受到基尔霍夫定律和元件特性的制约，充电电流要受到电阻 R 的限制，即

$$i=\frac{U_{\mathrm{S}}-u_{\mathrm{C}}}{R} \tag{3.7}$$

在电阻 R 不等于零的状态下，充电电流不可能趋于无穷大。因此，电容电压不可能跃变。对于 RL 串联电路，电感中的电流 i_{L} 一般也不能跃变。若电容电流 i_{C} 和电感电压 u_{L} 在 t=0 时为有限值，则在 t=0 换路前后瞬间，电路中电容电压 u_{C} 和电感电流 i_{L} 保持不变，称之为“换路定则”。用公式表示，即

$$\begin{cases} i_{\mathrm{L}}(0_{+})=i_{\mathrm{L}}(0_{-}) \\ u_{\mathrm{C}}(0_{+})=u_{\mathrm{C}}(0_{-}) \end{cases} \tag{3.8}$$

视频——
换路定则

3.2.2　基于换路定则的电路初始值计算

1. 基于换路定则的电路初始值计算方法

换路定则仅适用于换路瞬间，根据换路定则可以确定 $t=0_{+}$ 时刻电路中各电压和电流的值，即暂态过程的初始值，具体步骤如下：

（1）根据 $t=0_{-}$ 的电路求得 $i_{\mathrm{L}}(0_{-})$ 或 $u_{\mathrm{C}}(0_{-})$；

（2）由换路定则，求得 $i_{\mathrm{L}}(0_{+})$ 和 $u_{\mathrm{C}}(0_{+})$，即独立初始值；

（3）画 $t=0_{+}$ 的等效电路，电容用数值为 $u_{\mathrm{C}}(0_{+})$ 的电压源替代，电感用数值为 $i_{\mathrm{L}}(0_{+})$ 的电流源替代；

（4）根据 $t=0_{+}$ 的等效电路求其他电压和电流的初始值，即非独立初始值。

在直流激励下，如果储能元件在换路前储有能量且电路已处于稳态，则在 $t=0_{-}$ 的电路中，电容视为开路，电感视为短路；如果储能元件在换路前无储能，则在 $t=0_{+}$ 电路中，电容短路，电感开路。

2. 举例

【例 3.4】在图 3.4(a)所示电路中，已知 $U_{\mathrm{S}}=100\,\mathrm{V}$，$R_1=20\Omega$，$R_2=50\Omega$，$C=10\mu\mathrm{F}$。当 $t=0$ 时开关 S 闭合，假设开关 S 闭合前电路已处于稳态。求开关闭合后各支路电流和各元件电压的初始值。

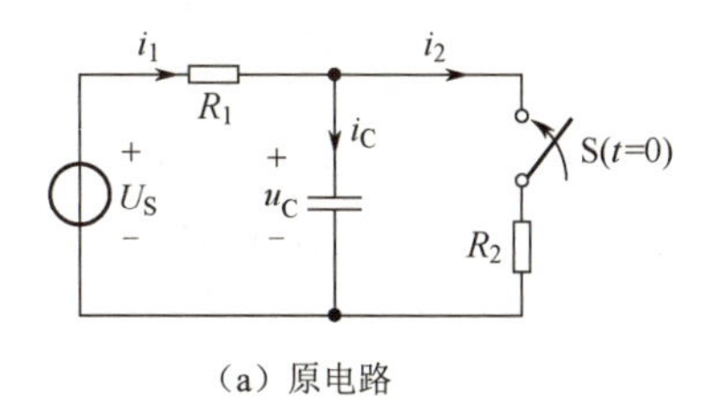

（a）原电路

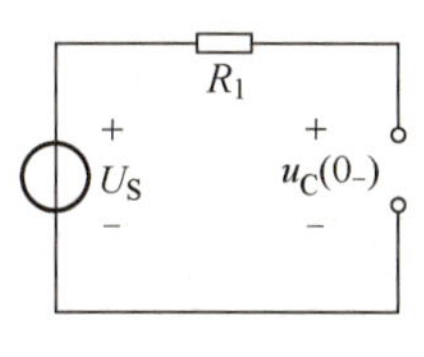

（b）t=0₋时的等效电路

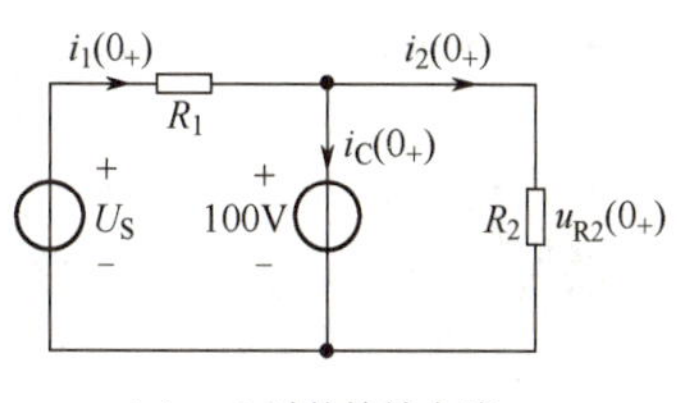

（c）t=0₊时的等效电路

图 3.4　例 3.4 图

解：（1）求$u_C(0_-)$

根据已知条件，电路是直流电路，S 闭合前电容中电流为零，该支路相当于开路。画出$t=0_-$时的等效电路，如图 3.4（b）所示，在该电路中，因电流为零，故R_1上没有电压降，根据 KVL，有

$$u_C(0_-)=U_S=100\text{V}$$

（2）求独立初始值$u_C(0_+)$

根据换路定则，独立初始值为

$$u_C(0_+)=u_C(0_-)=100\text{V}$$

（3）画$t=0_+$时的等效电路

用大小和方向与$u_C(0_+)$相同的电压源代替电容，画$t=0_+$时刻的等效电路，如图 3.4（c）所示。

（4）求非独立初始值

根据图 3.4（c）所示$t=0_+$等效电路，运用直流电路分析方法，求出各支路电流和各元件电压的初始值，即非独立初始值

$$u_{R2}(0_+)=u_C(0_+)=100\text{V}$$

$$i_1(0_+)=\frac{U_S-u_C(0_+)}{R_1}=\frac{100-100}{20}\text{A}=0\text{A}$$

$$i_2(0_+)=\frac{u_{R2}(0_+)}{R_2}=\frac{100}{50}\text{A}=2\text{A}$$

$$i_C(0_+)=i_1(0_+)-i_2(0_+)=0\text{A}-2\text{A}=-2\text{A}$$

$$u_{R1}(0_+)=R_1i_1(0_+)=0\text{V}$$

【例 3.5】在图 3.5（a）所示电路中，已知$U_S=10\text{V}$，$R_1=R_2=10\Omega$，$L=1\text{H}$，开关 S 在$t=0$时刻闭合。假设开关 S 闭合前电路已工作很长时间，求$i_1(0_+)$和$u_L(0_+)$。

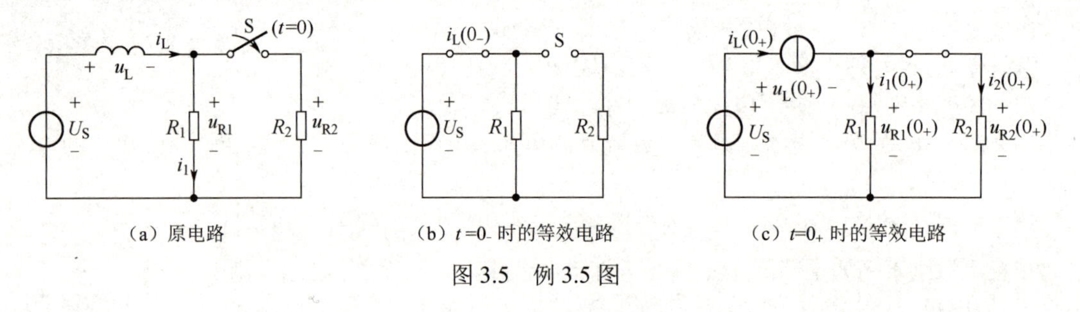

（a）原电路　　（b）$t=0_-$ 时的等效电路　　（c）$t=0_+$ 时的等效电路

图 3.5　例 3.5 图

解：（1）求$i_L(0_-)$

根据已知条件，原电路是直流电路，在$t=0_-$时刻电感视为短路，画$t=0_-$时的等效电路，如图 3.5（b）所示。有

$$i_L(0_-)=\frac{U_S}{R_1}=\frac{10}{10}\text{A}=1\text{A}$$

（2）求独立初始值$i_L(0_+)$

根据换路定则，独立初始值

$$i_L(0_+)=i_L(0_-)=1\text{A}$$

（3）画$t=0_+$时的等效电路

开关 S 闭合，电感用一个大小和方向与$i_L(0_+)$相同的电流源代替，画出$t=0_+$时的等效电路，如图 3.5（c）所示。

（4）求非独立初始值$i_1(0_+)$和$u_L(0_+)$

根据图 3.5（c）所示的$t=0_+$时的等效电路，运用电阻电路的分析方法，可求得非独立初始值

$$i_1(0_+)=\frac{1}{2}i_L(0_+)=0.5A$$

$$u_L(0_+)=U_S-u_{R1}(0_+)=U_S-R_1i_1(0_+)=10V-5V=5V$$

【例 3.6】在图 3.6（a）所示电路中，$t=0$ 时开关 S 闭合，设换路前电路已处于稳态。求 $i_C(0_+)$、$u_{R2}(0_+)$。

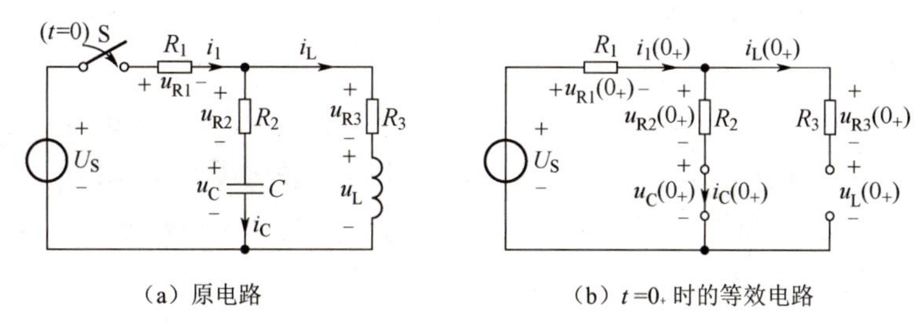

（a）原电路　　（b）$t=0_+$ 时的等效电路

图 3.6　例 3.6 图

分析：电路有两个动态元件，需要先求得电路中两个动态元件的独立初始值，即 $u_C(0_+)$ 和 $i_L(0_+)$，根据换路定则，先求 $u_C(0_-)$ 和 $i_L(0_-)$。

解：（1）求 $i_L(0_-)$ 和 $u_C(0_-)$

根据已知条件，电路是直流电路，且换路前电路已处于稳态，电容和电感均无储能，因此

$$u_C(0_-)=0$$

$$i_L(0_-)=0$$

（2）求独立初始值 $u_C(0_+)$ 和 $i_L(0_+)$

根据换路定则，有

$$u_C(0_+)=u_C(0_-)=0$$

$$i_L(0_+)=i_L(0_-)=0$$

（3）画 $t=0_+$ 时的等效电路

由于 $u_C(0_+)=0$，$i_L(0_+)=0$，开关 S 闭合，将电容视为短路，电感视为开路，得 $t=0_+$ 时的等效电路，如图 3.6（b）所示。

（4）求非独立初始值 $u_L(0_+)$、$u_{R2}(0_+)$

根据图 3.6（b）所示的 $t=0_+$ 时的等效电路，求得非独立初始值

$$i_1(0_+)=i_C(0_+)=\frac{U_S}{R_1+R_2}$$

$$u_{R2}(0_+)=R_2i_C(0_+)=\frac{R_2}{R_1+R_2}U_S$$

从以上三个例子可以看出：画 $t=0_-$ 时的等效电路，目的是为了求出电容电压 $u_C(0_-)$ 和电感电流 $i_L(0_-)$。根据换路定则，再求得独立初始值 $u_C(0_+)$ 和 $i_L(0_+)$。而电路中其他电压、电流都没有必要去求，因为在换路后，这些数值可能会发生变化，必须在 $t=0_+$ 等效电路中确定。

通常情况下，关键要抓住电容电压 u_C 和电感电流 i_L 不能跃变的规律。电容电压和电感电流虽然不能跃变，但电容电流和电感电压却可能跃变。对于电路中的其他非独立初始值，在换路过程中，可能跃变，也可能不跃变，要根据 $t=0_+$ 等效电路的具体情况来确定。需要注意的是，这里讨论的都是一些实际电路的模型，假如模型取得过于理想，则电容电压和电感电流也可能发生跃变，如理想电压源直接接在理想电容上，则电容电压发生跃变，立即等于电源电压。这种特殊情况不在这里讨论。

3.3 一阶电路的零输入响应

如果电路无输入激励，仅由电路储能元件原始储能而引起的响应称为零输入响应。本节将讨论一阶电路的零输入响应。

3.3.1 RC 电路的零输入响应

1. 微分方程的列写

在图 3.7（a）所示电路中，当 $t<0$ 时开关 S 处于位置 a，电压源 U_S 给电容充电，电容电压充电到电压 U_0 值，电容充电完毕，电路中电流为零。当 $t=0$ 的瞬间，开关 S 由 a 闭合至 b，使已充电的电容脱离电源。这样通过换路可以得到如图 3.7（b）所示的电路，它由电阻和电容串联构成。

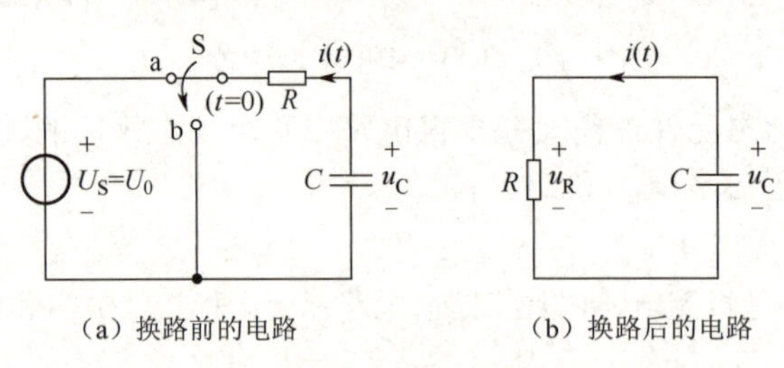

（a）换路前的电路　　（b）换路后的电路

图 3.7　RC 电路

由于电容电压不能跃变，当 $t=0_+$ 时，$u_C(0_+)=u_C(0_-)=U_0$，又 $u_R(0_+)=u_C(0_+)=U_0$，电阻电压由零跃变到 U_0，因此，在 $t=0_+$ 时刻，电路电流 $i(0_+)=U_0/R$，即电路电流将由 $i(0_-)=0$ 跃变到 $i(0_+)$。换路后（$t\geqslant 0_+$），电容通过电阻放电，随着放电的进行，电容电压将由初始值 U_0 开始逐渐减小为零；电阻电压与电路中电流也逐渐下降为零。在这个过程中，储存在电容中的电场能量通过电阻转换成热能消耗殆尽。

换路以后电路的响应过程分析如下。

在换路后，由图 3.7（b），应用 KVL 可得

$$u_C(t)-u_R(t)=0 \tag{3.9}$$

根据元件的特性方程

$$u_R=Ri(t)$$

$$i(t)=-C\frac{\mathrm{d}u_C(t)}{\mathrm{d}t}$$

电容电流方程出现负号是因为 u_C 与 i 为非关联参考方向。于是可得

$$RC\frac{\mathrm{d}u_C(t)}{\mathrm{d}t}+u_C(t)=0 \tag{3.10}$$

式（3.10）就是描述 RC 电路零输入响应的微分方程。由于电阻 R 和电容 C 都是常数，因此它是一阶线性常系数齐次微分方程。用一阶微分方程来描述的电路常称为一阶电路。

由于电容电压不能跃变，式（3.10）的初始条件为

$$u_C(0_+)=u_C(0_-)=U_0 \tag{3.11}$$

2. RC 电路零输入响应求解

由数学知识可知，一阶线性齐次微分方程的解答形式为

$$u_C(t)=K\mathrm{e}^{St} \tag{3.12}$$

式中，S 是特征方程的根。将式（3.12）代入式（3.10），有

$$RCSK\mathrm{e}^{St}+K\mathrm{e}^{St}=0$$

整理后，得

$$(RCS+1)K\mathrm{e}^{St}=0$$

公因式 $K\mathrm{e}^{St}$ 不能为零，所以 $RCS+1=0$，即特征方程为

$$RCS+1=0$$

其特征根为

$$S=-\frac{1}{RC}$$

得到微分方程式（3.10）的解为

$$u_{\mathrm{C}}(t)=K\mathrm{e}^{-\frac{1}{RC}t} \tag{3.13}$$

根据初始条件即式（3.11）确定常数 K。当 $t=0_+$ 时，由式（3.11）和式（3.13）得

$$u_{\mathrm{C}}(0_+)=K=U_0$$

因此

$$u_{\mathrm{C}}(t)=U_0\mathrm{e}^{-\frac{1}{RC}t}\ (t\geqslant 0_+) \tag{3.14}$$

电流

$$i(t)=-C\frac{\mathrm{d}u_{\mathrm{C}}}{\mathrm{d}t}=\frac{U_0}{R}\mathrm{e}^{-\frac{1}{RC}t}\ (t\geqslant 0_+) \tag{3.15}$$

电阻电压

$$u_{\mathrm{R}}(t)=Ri(t)=U_0\mathrm{e}^{-\frac{1}{RC}t}\ (t\geqslant 0_+) \tag{3.16}$$

式（3.14）、式（3.15）、式（3.16）就是电容电压 $u_{\mathrm{C}}(t)$、电流 $i(t)$ 和电阻电压 $u_{\mathrm{R}}(t)$ 的零输入响应，其响应曲线分别如图 3.8（a）、（b）、（c）所示。

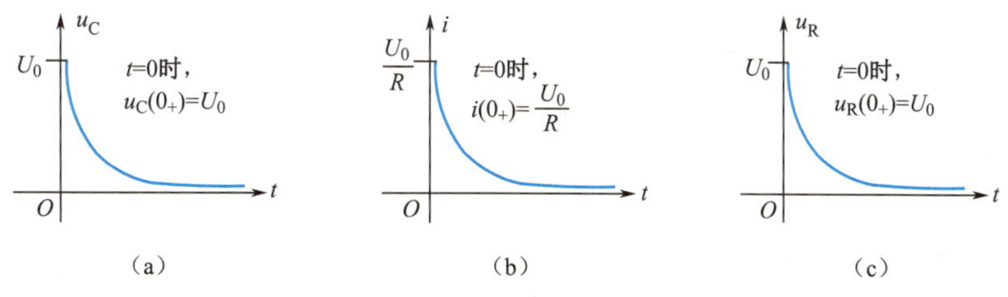

图 3.8　RC 电路的零输入响应曲线

从式（3.14）、式（3.15）、式（3.16）和图 3.8 所示的曲线中可以看出，零输入响应 $u_{\mathrm{C}}(t)$、$i(t)$ 和 $u_{\mathrm{R}}(t)$ 都从初始值随时间按同一指数曲线规律逐渐衰减趋近于零。也就是说，它们在放电过程中随时间的变化规律相同。因为放电是在电容所具有的初始电压 $u_{\mathrm{C}}(0_+)=U_0$ 作用下进行的，电路中没有激励，当电路储能耗尽（$u_{\mathrm{C}}=0$）时，各电压、电流也变为零。放电的变化规律只与电路的结构和参数有关，即由电阻、电容决定。概括地说，RC 电路的零输入响应是由电容初始状态和电路结构及参数大小决定的，它是初始状态的一个线性函数。

【例 3.7】 在图 3.9(a)所示电路中，已知 $U_{\mathrm{S}}=24\mathrm{V}$，$R=2\Omega$，$R_1=2\Omega$，$R_2=4\Omega$，$R_3=2\Omega$，$C=2\mathrm{F}$，$t=0$ 时开关 S 由 a 转到 b，在此之前电路已达到稳态。求换路后电容电压 $u_{\mathrm{C}}(t)$ 和电流 $i(t)$ 随时间变化的规律。

解： 先求 $u_{\mathrm{C}}(0_-)$

当 $t<0$ 时，开关 S 与 a 连接，画出 $t=0_-$ 时的等效电路，如图 3. 9（b）所示。

由图 3.9（b）得

$$u_{\mathrm{C}}(0_-)=\frac{R_3U_{\mathrm{S}}}{R+R_2+R_3}=\frac{2\times 24}{2+4+2}\mathrm{V}=6\mathrm{V}$$

当 $t=0$ 时，开关 S 与 b 连接，画出 $t\geqslant 0_+$ 时的等效电路，如图 3.9（c）所示。

根据图 3.9（c），列写 KCL 方程

$$i_C(t)+i_3(t)-i(t)=0$$

又

$$i_C=C\frac{\mathrm{d}u_C}{\mathrm{d}t}$$

$$i_3=\frac{u_C}{R_3}$$

$$i=-\frac{u_C}{R_1+R_2}$$

整理得

$$C\frac{\mathrm{d}u_C}{\mathrm{d}t}+\frac{u_C}{R_3}+\frac{u_C}{R_2+R_1}=0$$

代入数值得
$$2\frac{\mathrm{d}u_C}{\mathrm{d}t}+\frac{2}{3}u_C=0$$

特征方程为
$$2S+\frac{2}{3}=0$$

故有
$$S=-\frac{1}{3}$$

$$u_C(t)=K\mathrm{e}^{St}=K\mathrm{e}^{-\frac{1}{3}t}$$

初始条件为
$$u_C(0_+)=u_C(0_-)=6\,\mathrm{V}$$

根据初始条件得
$$u_C(0_+)=K=6\,\mathrm{V}$$

所以

$$u_C(t)=6\mathrm{e}^{-\frac{1}{3}t}\,\mathrm{V}\quad(t\geqslant 0_+)$$

$$i(t)=-\frac{u_C}{R_2+R_1}=-\frac{u_C(t)}{6\Omega}=-\mathrm{e}^{-\frac{1}{3}t}\,\mathrm{A}\qquad(t\geqslant 0_+)$$

$u_C(t)$ 和 $i(t)$ 的曲线分别如图 3.9（d）、（e）所示。

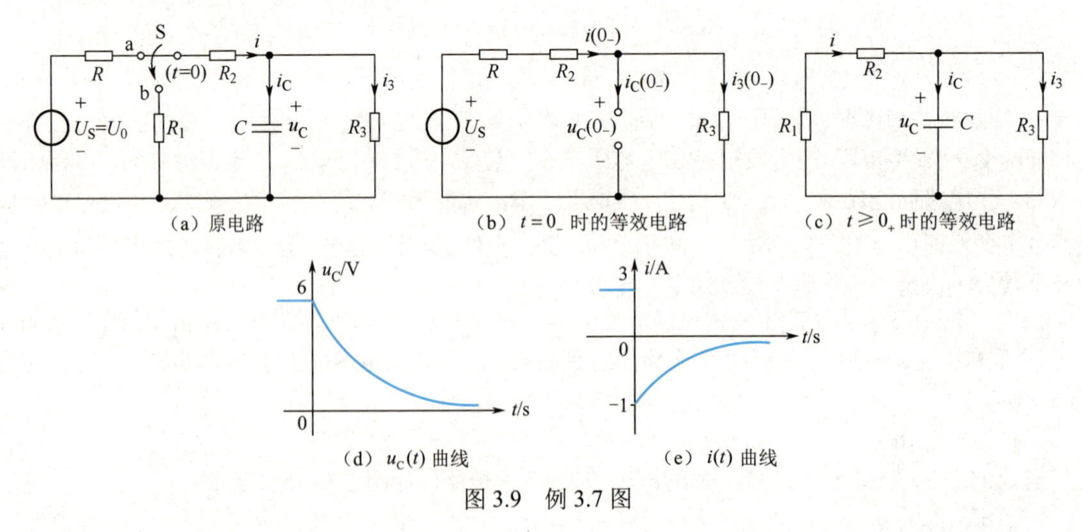

（a）原电路　（b）$t=0_-$ 时的等效电路　（c）$t\geqslant 0_+$ 时的等效电路

（d）$u_C(t)$ 曲线　（e）$i(t)$ 曲线

图 3.9　例 3.7 图

3. 时间常数

通过对 RC 电路零输入响应分析可知，它是按指数 e^{St} 规律衰减的，衰减的快慢取决于特征方程

的根 $S=-\frac{1}{RC}$。将 R 和 C 的乘积记为 τ，称之为时间常数，即

$$\tau=RC \tag{3.17}$$

若 R 以欧姆（Ω）为单位、C 以法拉（F）为单位，则 R 和 C 的乘积的单位是秒（s），即

$$\text{欧姆（}\Omega\text{）}\times\text{法拉(F)}=\frac{\text{伏(V)}}{\text{安(A)}}\times\frac{\text{库仑(C)}}{\text{伏(V)}}=\frac{\text{库仑(C)}}{\text{安(A)}}=\text{时间(s)}$$

因此，时间常数具有时间的量纲。式（3.14）、式（3.15）、式（3.16）可以写成如下形式

$$u_C(t)=U_0\mathrm{e}^{-\frac{t}{\tau}}\quad(t\geqslant 0_+) \tag{3.18}$$

$$i(t)=\frac{U_0}{R}\mathrm{e}^{-\frac{t}{\tau}}\quad(t\geqslant 0_+) \tag{3.19}$$

$$u_R(t)=U_0\mathrm{e}^{-\frac{t}{\tau}}\quad(t\geqslant 0_+) \tag{3.20}$$

由式（3.18）、式（3.19）、式（3.20）可知，零输入响应变化的快慢取决于时间常数 τ 的大小。时间常数 τ 越大，响应变化越慢；反之，τ 越小，响应变化越快。

以电容电压 $u_C(t)$ 为例，进一步说明时间常数 τ 的物理意义。表 3.1 列出了 t 取 τ 的部分整数倍时对应的 $u_C(t)$ 值。由表 3.1 可知，时间常数 τ 的物理意义是电容电压衰减为初始值的 36.8%所需要的时间，如图 3.10 所示。

表 3.1　t 取 τ 的部分整数倍时对应的 $u_C(t)$ 值

t	0	τ	2τ	3τ	4τ	5τ	∞
$u_C(t)$	U_0	$0.368U_0$	$0.135U_0$	$0.0498U_0$	$0.0183U_0$	$0.0067U_0$	0

从理论上来讲，只有经过 $t=\infty$ 时间，电路才能达到稳定状态，但由表 3.1 可以看出，当 $t=5\tau$ 时，电容电压 u_C 已衰减到初始值的 0.67%，放电基本结束。所以，工程上一般认为经过 $3\tau\sim5\tau$ 的时间后，电路的暂态过程结束。

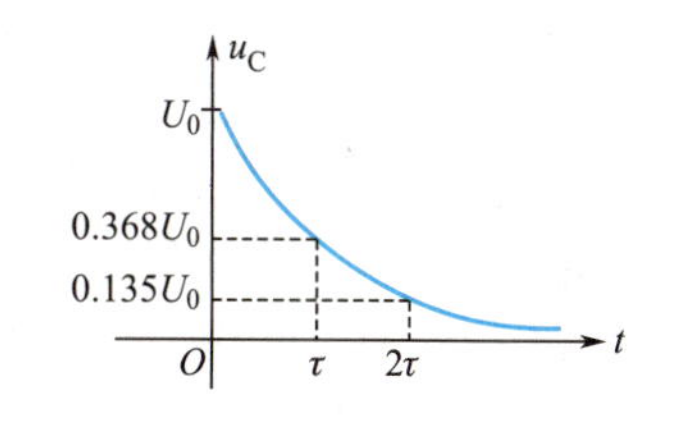

图 3.10　时间常数 τ 的物理意义

时间常数 τ 取决于电阻 R 和电容 C 的乘积。τ 越大，暂态过程越长，放电越慢，这是因为 RC 电路的放电过程就是电容释放能量的过程，在电容电压初始值 $u_C(0)=U_0$ 和电阻 R 不变的条件下，电容 C 值越大，其初始储能越多，释放能量需要的时间越长，放电过程进行得就越慢。可见，时间常数的大小决定了 RC 电路零输入响应变化的快慢。

对于含有多个电阻元件的一阶电路，根据戴维南定理将原有电路等效为一个电阻与电容的串联电路，电阻为戴维南等效电路中的等效电阻。

【例 3.8】求图 3.11（a）所示电路中的时间常数 τ。

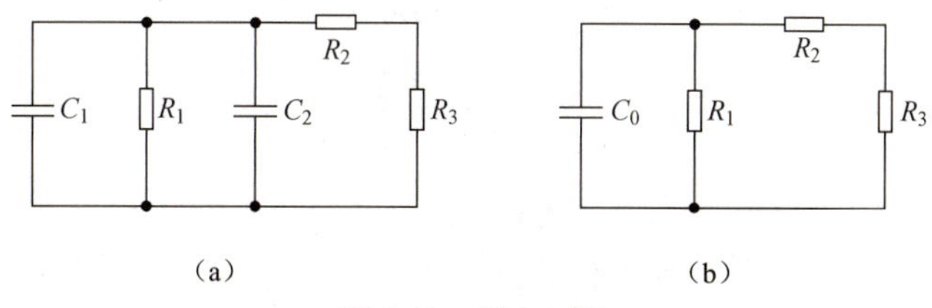

图 3.11　例 3.8 图

解：该电路有两个电容，设等效电容为 C_0。

由电路可知，C_1 和 C_2 并联，有

$$C_0 = C_1 + C_2$$

等效电路如图 3.11（b）所示。

设 R_0 为从 C_0 看进去的等效电阻，则

$$R_0 = R_1 // (R_2 + R_3) = \frac{R_1(R_2 + R_3)}{R_1 + R_2 + R_3}$$

所以

$$\tau = R_0 C_0 = \frac{R_1(R_2 + R_3)}{R_1 + R_2 + R_3}(C_1 + C_2)$$

3.3.2 RL 电路的零输入响应

在图 3.12（a）所示电路中，当 $t<0$ 时开关 S 闭合于位置 a，电路处于稳态，电感中流过的电流为 I_S，即 $i_L(0_-) = I_S$。当 $t=0$ 时，开关 S 由 a 闭合至 b，换路后的电路如图 3.12（b）所示。由于电感中的电流不能跃变，故 $i_L(0_+) = i_L(0_-) = I_S$，由图 3.12（b）可知，电路电流将从初始值 I_S 逐渐下降，最后为零。在这一过程中，储存在电感中的磁场能量 $W_L = \frac{1}{2} L I_S^2$ 将逐渐衰减到零。

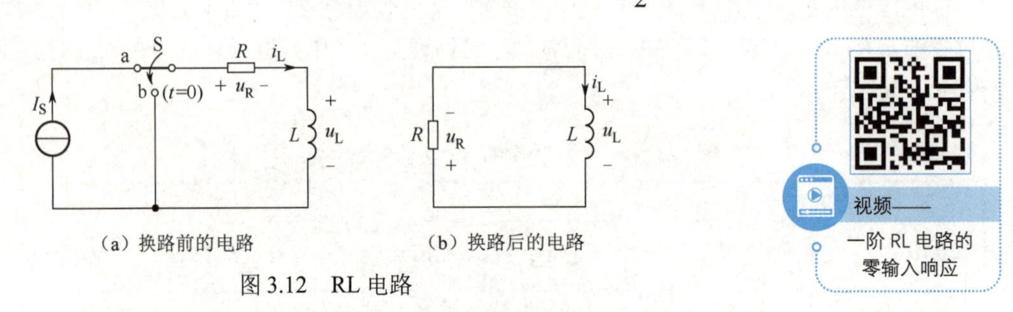

图 3.12　RL 电路

根据图 3.12（b）所示电路电压和电流的参考方向，列写 KVL 方程，可得

$$u_L(t) + u_R(t) = 0 \tag{3.21}$$

又

$$u_L(t) = L\frac{di_L(t)}{dt}$$

$$u_R(t) = R i_L(t)$$

得到以电流 $i_L(t)$ 为变量的微分方程

$$L\frac{di_L(t)}{dt} + R i_L(t) = 0 \tag{3.22}$$

初始条件为

$$i_L(0_+) = i_L(0_-) = I_S$$

式（3.22）是一阶线性常系数齐次微分方程。它与 RC 电路的零输入响应方程具有相同的形式。因此，其解也具有相同的形式，即

$$i_L(t) = K e^{St} = K e^{-\frac{R}{L}t} \tag{3.23}$$

又

$$i_L(0_+) = K = I_S$$

求解出

$$i_L(t) = I_S e^{-\frac{R}{L}t} \tag{3.24}$$

进一步得到

$$u_L(t) = L\frac{di_L}{dt} = -R I_S e^{-\frac{R}{L}t} \quad (t \geqslant 0_+) \tag{3.25}$$

$$u_R(t) = R i_L(t) = R I_S e^{-\frac{R}{L}t} \quad (t \geqslant 0_+) \tag{3.26}$$

式（3.25）中的负号表示电感电压 $u_L(t)$ 的实际方向与图 3.12（b）所规定的参考方向相反。$i_L(t)$、$u_L(t)$ 和 $u_R(t)$ 的响应曲线如图 3.13 所示。

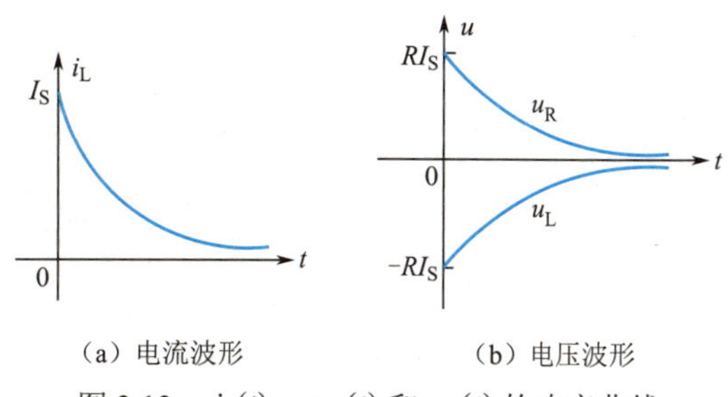

图 3.13　$i_L(t)$、$u_L(t)$ 和 $u_R(t)$ 的响应曲线

由式（3.24）、式（3.25）和式（3.26）可知，电路中各电压、电流的零输入响应按照相同的指数规律进行衰减，即和 $\dfrac{L}{R}$ 相关，R 的单位为欧姆（Ω）、L 的单位为亨利（H），$\dfrac{L}{R}$ 的单位为秒（s），具有时间量纲，即

$$\frac{亨利(\mathrm{H})}{欧姆(\Omega)}=\frac{1}{欧姆(\Omega)}\times\frac{韦伯(\mathrm{Wb})}{安(\mathrm{A})}=\frac{伏特(\mathrm{V})\cdot 秒(\mathrm{s})}{欧姆(\Omega)\cdot 安(\mathrm{A})}=时间(\mathrm{s})$$

与之类似，记 $\tau=\dfrac{L}{R}$，称为时间常数，单位为秒（s）。式（3.24）、式（3.25）和式（3.26）表示为

$$i_L(t)=I_S\mathrm{e}^{-\frac{t}{\tau}}\qquad(t\geqslant 0_+)\tag{3.27}$$

$$u_L(t)=-RI_S\mathrm{e}^{-\frac{t}{\tau}}\qquad(t\geqslant 0_+)\tag{3.28}$$

$$u_R(t)=RI_S\mathrm{e}^{-\frac{t}{\tau}}\qquad(t\geqslant 0_+)\tag{3.29}$$

在 RL 电路中，时间常数 τ 与电阻 R 成反比，与电感 L 成正比。时间常数 τ 越小，电流 $i_L(t)$ 的衰减越快。L 越小，阻碍电流变化的作用也就越小；R 越大，在同样的电流下，电阻消耗的功率也越大。所以，电路的时间常数 τ 反映了零输入响应变化的快慢。通过改变电路中 R 或 L 的大小，可以改变时间常数 τ 的数值，从而改变零输入响应过程的快慢。

3.4　一阶电路的零状态响应

3.4.1　RC 电路的零状态响应

如果电路在换路前所有的储能元件均为零状态，即未储存能量，那么在此条件下，由外加电源激励所产生的电路响应，称为零状态响应。

分析 RC 电路的零状态响应，实际上就是分析它的充电过程。图 3.14 所示为一个 RC 串联电路。$t=0$ 时开关 S 闭合，电压值为 U 的直流电压源对电容元件开始充电，其对于电路的作用相当于一个阶跃输入电压 u，如图 3.15（a）所示。它与恒定电压[见图 3.15（b）]不同，其表达式为

$$u=\begin{cases}0, & t<0\\ U, & t\geqslant 0\end{cases}\tag{3.30}$$

式中，U 为其幅值。

列写电路回路 KVL 方程

$$U=Ri(t)+u_C(t)=RC\frac{\mathrm{d}u_C(t)}{\mathrm{d}t}+u_C(t)\tag{3.31}$$

式（3.31）中

$$i(t)=C\frac{\mathrm{d}u_C(t)}{\mathrm{d}t}$$

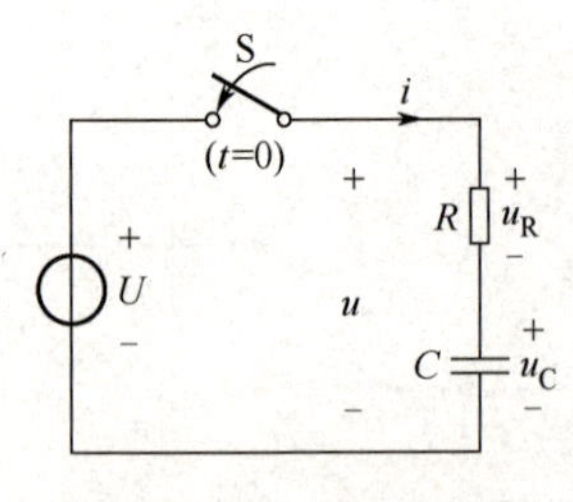

图 3.14　RC 串联电路

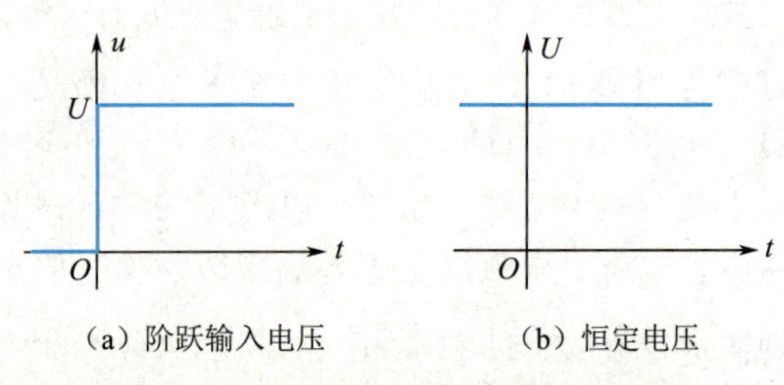

(a) 阶跃输入电压　(b) 恒定电压

图 3.15　阶跃电压与恒定电压的对比

式（3.31）为一阶线性常系数非齐次微分方程，其解有两部分：一部分是特解 $u_{cp}(t)$，另一部分是通解（齐次解）$u_{ch}(t)$。

特解与激励 U 具有相同的形式。设 $u_{cp}(t)=A_0$（常数），代入式（3.31），有

$$U=RC\frac{dA_0}{dt}+A_0$$

得

$$A_0=U$$

即特解

$$u_{cp}=U$$

通解是齐次方程

$$RC\frac{du_C(t)}{dt}+u_C(t)=0$$

的解，根据 3.3 节的分析，可知通解是以 e 为底的幂指数函数，设为

$$u_{ch}(t)=Ke^{-\frac{t}{\tau}}$$

式中

$$\tau=RC$$

因此，式（3.31）的解为

$$u_C(t)=u_{cp}(t)+u_{ch}(t)=U+Ke^{-\frac{t}{\tau}}$$

根据初始条件 $u_C(0_+)=u_C(0_-)=0$，有

$$u_C(0)=U+K=0$$

得

$$K=-U$$

所以

$$u_C(t)=U-Ue^{-\frac{1}{RC}t}=U(1-e^{-\frac{t}{\tau}})\qquad (t\geqslant 0_+) \tag{3.32}$$

u_C 随时间变化的曲线如图 3.16 所示，图中 $u_{cp}(t)$ 不随时间而变，$u_{ch}(t)$ 按指数规律衰减而趋于零。

当 $t=\tau$ 时，$u_C(t)=U(1-0.368)=0.632U$。

从电路的角度来看，电容元件的电压 u_C 可视为由两个分量相加而成：一是 $u_{cp}(t)$，即到达稳定状态时的电压，称为稳态分量，它的变化规律和大小都与电源电压 U 有关；二是 $u_{ch}(t)$，仅存在于暂态过程中，称为暂态分量，它的变化规律与电源电压无关，按照指数规律衰减，但是它的大小与电源电压有关。当电路中储能元件的能量增长到某一稳定值或衰减到某一稳定值时，电路中的暂态过程结束，暂态分量趋于零。

根据元件的伏安特性求出电路电流，即

$$i(t)=C\frac{du_C}{dt}=\frac{U}{R}e^{-\frac{t}{\tau}} \tag{3.33}$$

电阻上的电压

$$u_R(t)=Ri=Ue^{-\frac{t}{\tau}} \tag{3.34}$$

u_C、i 及 u_R 随时间变化的曲线如图 3.17 所示。

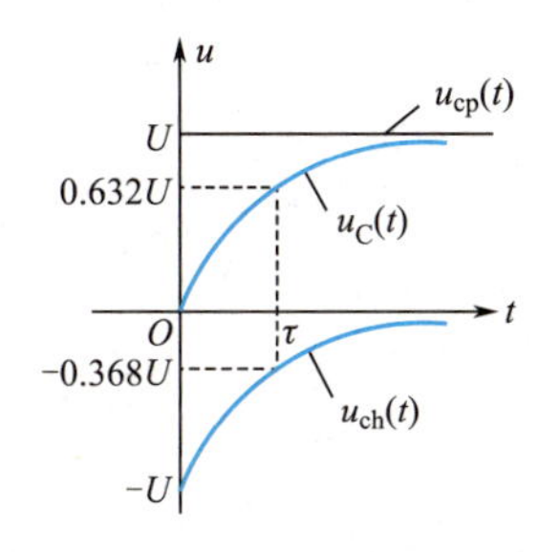

图 3.16　u_C 随时间变化的曲线

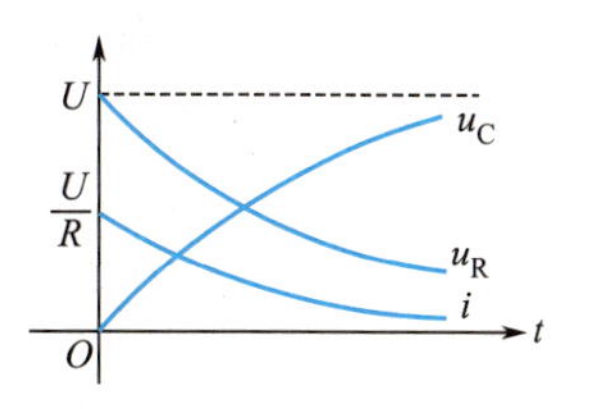

图 3.17　u_C、i 及 u_R 随时间变化的曲线

综上所述，在一阶电路中，当元件参数和结构一定时，时间常数 τ 即已确定，其零状态响应只依赖于输入激励。所以一阶电路的零状态响应是输入的一个线性函数，也就是说，零状态响应对于输入的依赖关系具有比例性。当输入幅值增大 K 倍时，零状态响应也增大 K 倍，若有多个独立电源作用于线性电路，则可以运用叠加定理来求出其零状态响应。

【例 3.9】如图 3.18（a）所示电路，开关S 在 $t=0$ 时闭合，在闭合前电容无储能。试求 $t\geqslant 0$ 时电容电压 $u_C(t)$ 以及各电流。参考方向见图 3.18。

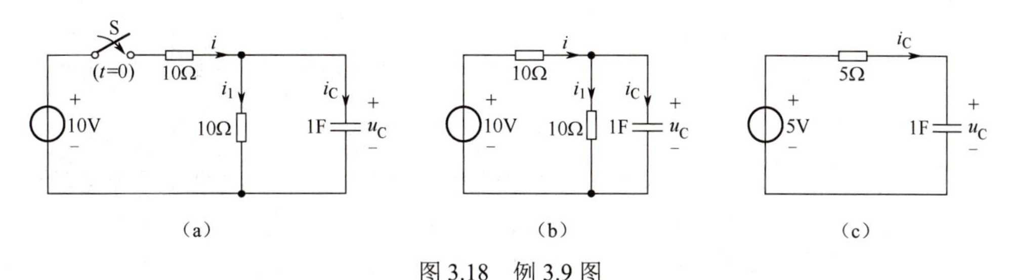

图 3.18　例 3.9 图

解：$t\geqslant 0$ 电路如图 3.18（b）所示，根据戴维南定理将图 3.18（b）化简为图 3.18（c）所示电路。列写 KVL 方程，得

$$5i_C+u_C=5$$

又

$$i_C=C\frac{du_C}{dt}=\frac{du_C}{dt}$$

有

$$5\frac{du_C}{dt}+u_C=5 \tag{3.35}$$

式（3.35）的解由齐次解和特解组成。

$$u_C(t)=u_{ch}(t)+u_{cp}(t)$$

其中

$$u_{ch}(t)=Ke^{St}$$

S 是特征方程 $5S+1=0$ 的根，故 $S=-1/5$。

齐次解

$$u_{ch}(t)=Ke^{-\frac{1}{5}t}$$

设特解 $u_{cp}=A_0$（常数），代入微分方程式（3.35）

得

$$A_0=5$$

所以

$$u_C(t)=u_{ch}(t)+u_{cp}(t)=Ke^{-\frac{1}{5}t}+5$$

根据初始条件为

$$u_C(0_+) = u_C(0_-) = 0$$

即
$$u_C(0_+) = K + 5 = 0$$

故
$$K = -5$$

所以电路中各电压电流分别为

$$u_C(t) = (-5e^{-\frac{1}{5}t} + 5)\text{V} = 5(1 - e^{-\frac{1}{5}t})\text{V} \qquad (t \geqslant 0_+)$$

$$i_C(t) = C\frac{du_C}{dt} = e^{-\frac{1}{5}t}\text{ A} \qquad (t \geqslant 0_+)$$

$$i_1(t) = \frac{u_C(t)}{10} = \frac{1}{2}(1 - e^{-\frac{1}{5}t})\text{ A} \qquad (t \geqslant 0_+)$$

$$i(t) = i_1(t) + i_C(t) = \frac{1}{2}(1 - e^{-\frac{1}{5}t})\text{A} + e^{-\frac{1}{5}t}\text{A} = \frac{1}{2}(1 + e^{-\frac{1}{5}t})\text{ A} \qquad (t \geqslant 0_+)$$

3.4.2　RL 电路的零状态响应

首先分析图 3.19 所示的 RL 串联电路在开关闭合前后的各电压、电流的变化规律。开关 S 在 $t = 0$ 时闭合，S 闭合前电路处于稳态，即 $i_L(0_-) = 0$，S 闭合，直流电压源 U_S 接入电路。由于电感中电流不能跃变，有 $i_L(0_+) = i_L(0_-) = 0$，电阻电压 $u_R(0_+) = 0$，而电感相当于开路，电源电压 U_S 全部加在电感两端，即 $u_L(0_+) = U_S$，此时电流的变化率不为零，根据电感伏安关系可得

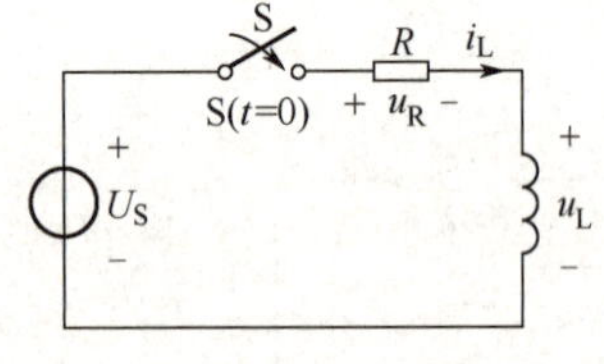

图 3.19　*RL* 串联电路

$$\frac{di_L}{dt}\bigg|_{t=0_+} = \frac{U_S}{L}$$

这说明电流要逐渐增加。随着电流 $i_L(t)$ 按指数规律逐渐增大，电感电压 u_L 也按指数规律逐渐衰减为零，即 $u_L(\infty) = 0$。此刻，电感视作短路，电源电压 U_S 全部加在电阻两端；同时电感电流也达到新的稳定值 $i_L(\infty) = U_S / R$。这个过程就是电感建立恒定磁场的过程，也就是电感逐渐聚集磁场能量的过程。

其次建立图 3.19 所示电路换路后以电感电流 i_L 为变量的微分方程

$$L\frac{di_L}{dt} + Ri_L = U_S \qquad (t \geqslant 0_+) \tag{3.36}$$

初始条件为
$$i_L(0_+) = i_L(0_-) = 0$$

式（3.36）是一阶线性常系数非齐次微分方程，它与 RC 电路的零状态响应方程具有相似的形式，其区别仅仅在于变量和系数不同。因此式（3.36）的完全解为

$$i_L(t) = i_{Lh} + i_{Lp} \qquad (t \geqslant 0_+) \tag{3.37}$$

其中，i_{Lh} 为对应的齐次方程

$$L\frac{di_L}{dt} + Ri_L = 0$$

的解，故有

$$i_{Lh} = Ke^{-\frac{t}{\tau}} \qquad (t \geqslant 0_+)$$

式中，K 为常数，时间常数 $\tau = L / R$。

由于特解 i_{Lp} 的形式与激励函数相同，激励函数为常量时，特解也为常量，代入式（3.36），可得

$$i_{Lp} = \frac{U_S}{R}$$

有

$$i_L(t)=K\mathrm{e}^{-\frac{t}{\tau}}+\frac{U_S}{R}\qquad(t\geqslant 0_+)\tag{3.38}$$

又

$$i_L(0_+)=i_L(0_-)=0$$

所以

$$K=-\frac{U_S}{R}$$

式（3.36）的解为

$$i_L(t)=\frac{U_S}{R}(1-\mathrm{e}^{-\frac{R}{L}t})\qquad(t\geqslant 0_+)\tag{3.39}$$

进一步解得

$$u_L(t)=L\frac{\mathrm{d}i_L}{\mathrm{d}t}=U_S\mathrm{e}^{-\frac{R}{L}t}=U_S\mathrm{e}^{-\frac{t}{\tau}}\qquad(t\geqslant 0_+)\tag{3.40}$$

$$u_R(t)=Ri_L=U_S(1-\mathrm{e}^{-\frac{R}{L}t})=U_S(1-\mathrm{e}^{-\frac{t}{\tau}})\qquad(t\geqslant 0_+)\tag{3.41}$$

i_L、u_R 和 u_L 随时间变化的曲线如图 3.20 所示。

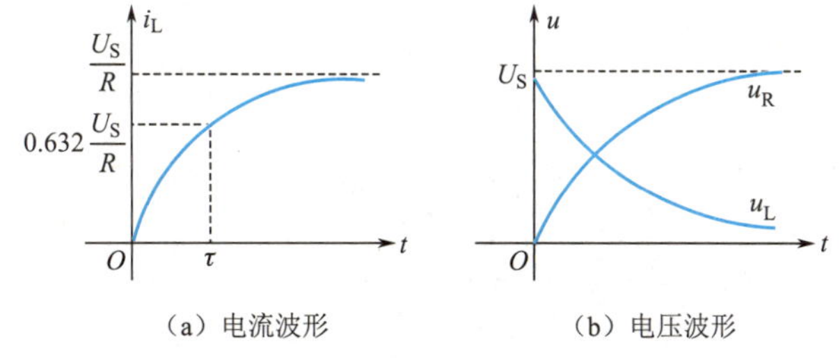

（a）电流波形　　（b）电压波形

图 3.20　i_L、u_R 和 u_L 随时间变化的曲线

3.5　一阶电路的全响应

全响应是指电源激励和储能元件的初始状态均不为零时电路的响应。

3.5.1　RC 电路的全响应

在图 3.21 所示的电路中，开关 S 在 t=0 时刻从 a 切换到 b，切换之前，电路已经处于稳定状态，则 $u_C(0_-)=U_0$，$t\geqslant 0$ 时电路的微分方程和式（3.31）相同，即

$$RC\frac{\mathrm{d}u_C(t)}{\mathrm{d}t}+u_C(t)=U_S\tag{3.42}$$

求解式（3.42）可得

$$u_C(t)=u_{ch}(t)+u_{cp}(t)=K\mathrm{e}^{-\frac{t}{RC}}+U_S$$

图 3.21　RC 串联电路

根据换路定则，有 $u_C(0_+)=u_C(0_-)=U_0$，从而可得 $K=U_0-U_S$，所以

$$u_C(t)=U_S+(U_0-U_S)\mathrm{e}^{-\frac{t}{RC}}\tag{3.43}$$

式（3.43）的右边包含两项。第一项 U_S 是微分方程式（3.42）的特解，变化规律与外加激励相同，称为强制分量；当 $t\to\infty$时，这一分量不随时间变化，所以也称为稳态分量。第二项 $(U_0-U_S)\mathrm{e}^{-\frac{t}{RC}}$ 是对应齐次方程的通解，按照指数规律变化，它由电路自身特性确定，称为自由分量；当 $t\to\infty$时，这一分量将衰减到零，所以也称为暂态分量。根据电路的响应

形式来分，全响应可以表示为

全响应=强制分量+自由分量

根据电路的响应特性来分，全响应可以表示为

全响应=稳态分量+暂态分量

将（3.43）进行整理，改写为

$$u_C(t)=U_0e^{-\frac{t}{RC}}+U_S(1-e^{-\frac{t}{RC}}) \tag{3.44}$$

显然，式（3.44）右边第一项是零输入响应；第二项是零状态响应，于是有

全响应=零输入响应+零状态响应

这是叠加定理在电路暂态分析中的体现。在求解全响应时，可把电容看作一个电压源，其电压值等于电容电压初始值$u_C(0_+)$。电容和电源激励分别作用，得到零输入响应和零状态响应，再进行叠加，即得到全响应。

【例 3.10】在图 3.22（a）所示电路中，$t<0$时开关S闭合在位置 1 上，在$t=0$时把它切换到位置 2，试求换路后电容电压$u_C(t)$。已知$R_1=1\text{k}\Omega$，$R_2=2\text{k}\Omega$，$C=3\mu\text{F}$，$U_1=3\text{V}$，$U_2=5\text{V}$。

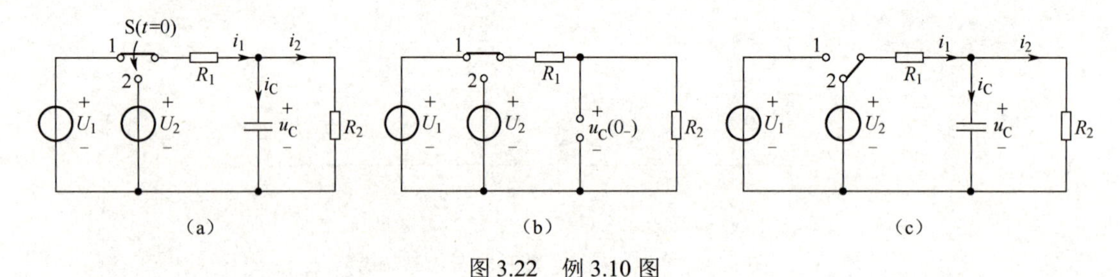

图 3.22 例 3.10 图

解：$t=0_-$时的等效电路如图 3.22（b）所示，有

$$u_C(0_-)=\frac{U_1R_2}{R_1+R_2}=\frac{3\times2}{1+2}\text{V}=2\text{V}$$

$t\geqslant0_+$时的电路如图 3.22（c）所示，根据 KCL，有

$$i_1-i_2-i_C=0$$

即

$$\frac{U_2-u_C}{R_1}-\frac{u_C}{R_2}-C\frac{\text{d}u_C}{\text{d}t}=0$$

整理后，得

$$R_1C\frac{\text{d}u_C}{\text{d}t}+(1+\frac{R_1}{R_2})u_C=U_2$$

代入数值，即有

$$(3\times10^{-3})\frac{\text{d}u_C}{\text{d}t}+\frac{3}{2}u_C=5\text{V}$$

解之，可得

$$u_C(t)=u_{cp}+u_{ch}=\left(\frac{10}{3}+Ke^{-500t}\right)\text{V}$$

当$t=0_+$时，$u_C(0_+)=u_C(0_-)=2\text{V}$，则$K=-\frac{4}{3}$，所以

$$u_C(t)=\left(\frac{10}{3}-\frac{4}{3}e^{-500t}\right)\text{V}\qquad(t\geqslant0_+)$$

3.5.2 RL 电路的全响应

RL 电路的全响应是指电源激励和电感的初始状态$i_L(0_-)$均不为零时电路的暂态响应。

在图 3.23 所示的 RL 串联电路中，开关 S 在 t=0 时闭合，设电路在开关闭合前已经处于稳态，那么换路后的微分方程与式（3.36）完全相同，即

$$L\frac{\mathrm{d}i_{\mathrm{L}}}{\mathrm{d}t}+Ri_{\mathrm{L}}=U_{\mathrm{S}} \quad (t\geqslant 0_{+}) \tag{3.45}$$

但初始条件为　$i_{\mathrm{L}}(0_{+})=i_{\mathrm{L}}(0_{-})=\dfrac{U_{\mathrm{S}}}{R_0+R}=I_0\neq 0$

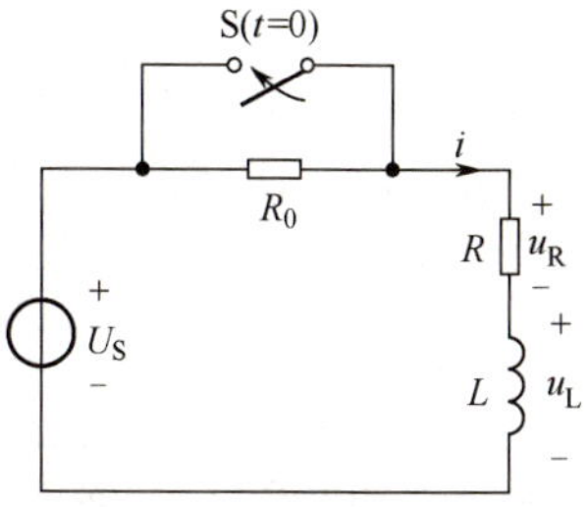

图 3.23　RL 串联电路

与 RC 串联电路的全响应类似，RL 串联电路的全响应也是零输入响应和零状态响应的叠加，或者是暂态响应与稳态响应的叠加。

式（3.45）的解为

$$i(t)=i_{\mathrm{Lp}}+i_{\mathrm{Lh}}=\frac{U_{\mathrm{S}}}{R}+K\mathrm{e}^{-\frac{R}{L}t} \tag{3.46}$$

当 $t=0_{+}$ 时，$i(0_{+})=i(0_{-})=I_0$，则 $K=I_0-\dfrac{U_{\mathrm{S}}}{R}$

所以

$$i(t)=\frac{U_{\mathrm{S}}}{R}+\left(I_0-\frac{U_{\mathrm{S}}}{R}\right)\mathrm{e}^{-\frac{R}{L}t} \tag{3.47}$$

式（3.47）中，等式右边第一项为稳态分量，第二项为暂态分量。两者相加即为全响应。

将式（3.47）改写为

$$i=I_0\mathrm{e}^{-\frac{R}{L}t}+\frac{U_{\mathrm{S}}}{R}(1-\mathrm{e}^{-\frac{R}{L}t}) \tag{3.48}$$

式（3.48）中，等式右边第一项为零输入响应，第二项为零状态响应。两者相加即为全响应。

3.6　一阶电路响应的三要素法

3.6.1　一阶电路响应的规律

由 3.5 节的分析，全响应可分解为零输入响应和零状态响应的叠加。当输入为零时，全响应便是零输入响应；当初始状态为零时，全响应便是零状态响应。因此，零输入响应和零状态响应是全响应的特例。

通过对 RC 电路和 RL 电路的全响应分析可以看出，在直流电源输入和非零初始状态下，一阶电路中所有电压、电流都是按指数规律变化的，它们从初始值开始，按指数规律增长或衰减到稳定值，并且同一电路中各支路电压和电流的时间常数相同。因此，只要知道初始值、稳态值和时间常数这三个特征参数，就可以不必求解一阶线性常系数微分方程，而是直接得到电路的全响应。

3.6.2　三要素法

在一阶电路中，各支路电流和电压均可用 $f(t)$ 表示，它的初始值用 $f(0_{+})$ 表示，稳态值用 $f(\infty)$ 表示。

一阶电路各电流和电压的全响应由稳态响应与暂态响应组成，可写成

$$f(t)=f(\infty)+K\mathrm{e}^{-\frac{t}{\tau}} \quad (t\geqslant 0_{+})$$

当 $t=0_{+}$ 时

$$f(0_{+})=f(\infty)+K$$

故

$$K=f(0_{+})-f(\infty)$$

所以一阶电路全响应的一般形式为

$$f(t)=f(\infty)+\left[f(0_+)-f(\infty)\right]\mathrm{e}^{-\frac{t}{\tau}}\ (t\geqslant 0_+) \tag{3.49}$$

因此在分析一阶电路时，只要求出初始值$f(0_+)$、稳态值$f(\infty)$和时间常数τ这三个要素，就可以直接应用式（3.49），得出一阶电路的全响应解析表达式，通常将这种仅仅用来分析一阶动态电路的简便方法称为一阶电路的三要素法。

具体方法为：

（1）根据 $t=0_-$ 等效电路求得电容电压$u_C(0_-)$和电感电流$i_L(0_-)$，由换路定则和两类约束得到 $t=0_+$ 等效电路，由此求得初始值$f(0_+)$；

（2）换路后的电路进入新稳态，电容开路，电感短路，得到 $t=\infty$ 等效电路，由此求得稳态值$f(\infty)$；

（3）电路时间常数，RC 电路为$\tau=RC$，RL 电路为$\tau=L/R$，其中R为从电容或电感两端看进去的戴维南或诺顿等效电路中的等效电阻。

【例 3.11】如图 3.24（a）所示电路，开关 S 在t=0 时闭合，设电路在开关闭合前已经处于稳态，求$u_C(t)$随时间的变化规律。

解：用三要素法求$u_C(t)$。

（1）求初始值$u_C(0_+)$

t<0 电路处于稳态，电容开路，得$t=0_-$时的等效电路，如图 3.24（b）所示，得

$$u_C(0_-)=2\times2\text{V}=4\text{V}$$

根据换路定则，求得独立初始值

$$u_C(0_+)=u_C(0_-)=4\text{V}$$

（2）求稳态值$u_C(\infty)$

开关 S 闭合后，电路再度处于稳态，电容相当于开路。$t=\infty$时的等效电路如图 3.24（c）所示。

有
$$u_C(\infty)=2\times\frac{2\times2}{2+2}\text{V}=2\text{V}$$

（3）求时间常数τ

$\tau=RC$，C为 1F，R是由换路后的电路计算得到的，它是将电容视作外电路的戴维南等效电阻，开关闭合后从电容两端看进去的戴维南等效电阻为2Ω与2Ω的并联，如图 3.24（d）所示。

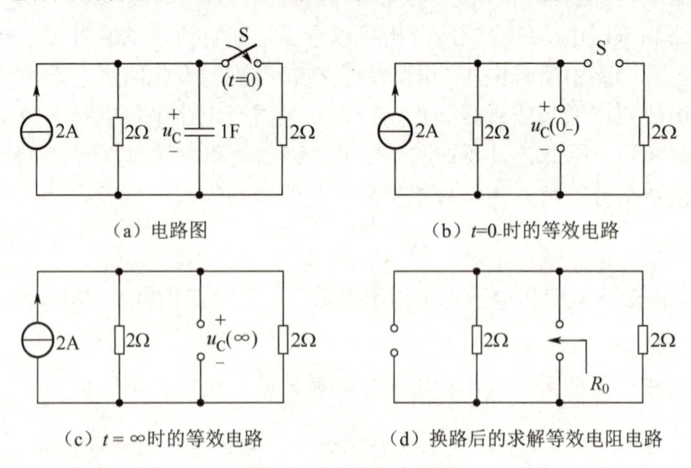

图 3.24　例 3.11 图

即
$$R_0=\frac{2\times2}{2+2}\Omega=1\Omega$$

得

$$\tau = R_0 C = 1\times 1\text{s} = 1\text{s}$$

所以

$$\begin{aligned} u_C(t) &= u_C(\infty) + \left[u_C(0_+) - u_C(\infty)\right]e^{-\frac{t}{\tau}} \\ &= [2 + (4-2)e^{-t}]\text{V} \\ &= 2(1+e^{-t})\text{V} \qquad (t \geqslant 0_+) \end{aligned}$$

【例 3.12】如图 3.25（a）所示电路，当 $t=0$ 时，开关 S 由 a 闭合至 b，换路前电路已处于稳态，求换路后的 i 和 i_L。

解：用三要素法求解

（1）求独立初始值 $i_L(0_+)$ 和非独立初始值 $i(0_+)$

换路前电路已处于稳态，电感相当于短路，$t=0_-$ 时的等效电路如图 3.25（b）所示，由图 3.25（b）可得

$$i(0_-) = \frac{-12}{3+\dfrac{6\times 6}{6+6}}\text{A} = -2\text{A}$$

根据分流原理

$$i_L(0_-) = -2\times\frac{6}{6+6}\text{A} = -1\text{A}$$

根据换路定则，求得独立初始值　$i_L(0_+) = -1\text{A}$

根据如图 3.25（c）所示 $t=0_+$ 时的等效电路求解非独立初始值 $i(0_+)$。

由图 3.25（c）所示电路，对左边网孔列写 KVL 方程得

$$-12 + 3i(0_+) + 6\left[i(0_+) - i_L(0_+)\right] = 0$$

即

$$9i(0_+) = 6i_L(0_+) + 12$$

代入 $i_L(0_+)$ 的值，可得

$$i(0_+) = \frac{2}{3}\text{A}$$

（2）求稳态值 $i(\infty)$ 和 $i_L(\infty)$

当 $t=\infty$ 时，电路达到新的稳态，等效电路如图 3.25（d）所示。根据该等效电路，可得

$$i(\infty) = \frac{12}{3+\dfrac{6\times 6}{6+6}}\text{A} = 2\text{A}$$

$$i_L(\infty) = 2\text{A}\times\frac{6}{6+6}\text{A} = 1\text{A}$$

（3）求 τ

当开关 S 闭合至 b 后，从电感两端看进去的戴维南等效电路的电阻为

$$R_0 = 6\Omega + \frac{6\times 3}{6+3}\Omega = 8\Omega$$

故

$$\tau = \frac{L}{R_0} = \frac{1}{4}\text{s}$$

综合上述计算结果，由三要素公式可得 $i(t)$ 和 $i_L(t)$ 分别为

$$i(t)=i(\infty)+\left[i(0_+)-i(\infty)\right]\mathrm{e}^{-\frac{t}{\tau}}$$

$$=\left[2+(\frac{2}{3}-2)\mathrm{e}^{-4t}\right]\mathrm{A}=\left(2-\frac{4}{3}\mathrm{e}^{-4t}\right)\mathrm{A}\quad(t\geqslant 0_+)$$

$$i_{\mathrm{L}}(t)=i_{\mathrm{L}}(\infty)+\left[i_{\mathrm{L}}(0_+)-i_{\mathrm{L}}(\infty)\right]\mathrm{e}^{-\frac{t}{\tau}}$$

$$=\left[1+(-1-1)\mathrm{e}^{-4t}\right]\mathrm{A}=\left(1-2\mathrm{e}^{-4t}\right)\mathrm{A}\quad(t\geqslant 0_+)$$

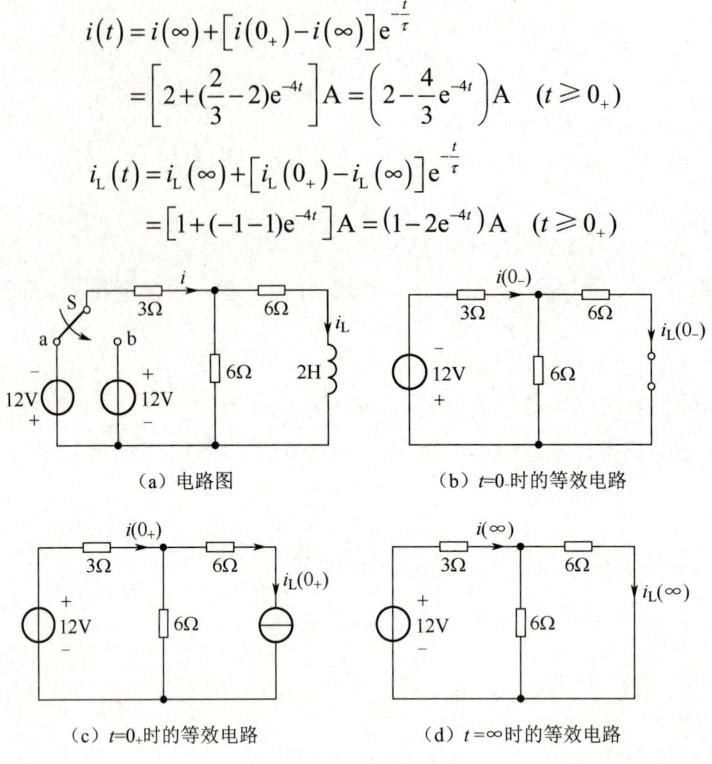

(a) 电路图　(b) t=0-时的等效电路

(c) t=0+时的等效电路　(d) t=∞时的等效电路

图 3.25　例 3.12 图

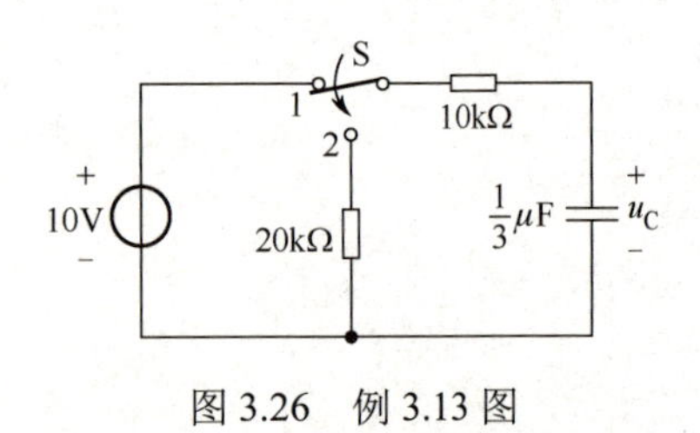

图 3.26　例 3.13 图

【例 3.13】如图 3.26 所示电路，在 t<0 时开关 S 闭合在位置 1，电路处于稳态。

（1）$t=0$ 时开关从 1 切换到 2，试求 $t=0.01$s 时 u_{C} 的值；

（2）在 $t=0.01$s 时再将开关切换到位置 1，求 $t=0.02$s 时 u_{C} 的值。

解：（1）当 t=0 时，开关从 1 切换到 2，它是零输入响应。

$$u_{\mathrm{C}}(0_+)=u_{\mathrm{C}}(0_-)=10\mathrm{V}$$

$$\tau_1=(10+20)\times10^3\times\frac{1}{3}\times10^{-6}\mathrm{s}=0.01\mathrm{s}$$

$$u_{\mathrm{C}}(t)=10\mathrm{e}^{-100t}\mathrm{V}\qquad(0\leqslant t\leqslant\tau_1)$$

$t=0.01$s 时，u_{C} 值即 $u_{\mathrm{C}}(0.01\mathrm{s})=\frac{10}{\mathrm{e}}\mathrm{V}\approx3.68\mathrm{V}$

（3）当 t=0.01s，开关从 2 切换到 1，它是全响应。采用三要素法求解，初始值是 $u_{\mathrm{C}}(0.01\mathrm{s})$，再求稳态值和时间常数。

很容易求得
$$u_{\mathrm{C}}(\infty)=10\mathrm{V}$$

又
$$\tau_2=10\times10^3\times\frac{1}{3}\times10^{-6}\mathrm{s}\approx0.0033\mathrm{s}$$

所以
$$u_{\mathrm{C}}(t)=10\mathrm{V}+(3.68-10)\mathrm{e}^{-\frac{(t-0.01)}{\tau_2}}\mathrm{V}=10-6.32\mathrm{e}^{-300(t-0.01)}\mathrm{V}\qquad(0.01\mathrm{s}\leqslant t\leqslant0.02\mathrm{s})$$

$$u_{\mathrm{C}}(0.02\mathrm{s})=10\mathrm{V}-6.32\mathrm{e}^{-300(0.02-0.01)}\mathrm{V}\approx9.683\mathrm{V}$$

【例 3.14】在图 3.27（a）所示电路中，开关 S 在 $t=0$ 时闭合，求换路后的 $i(t)$，已知开关闭合前电路已经达到稳态。

解：开关 S 闭合后电路变为两个一阶电路，如图 3.27（b）所示。先利用三要素法分别求出两

个一阶电路的电流 $i_1(t)$ 和 $i_2(t)$，然后利用 KCL 求得 $i(t)=i_1(t)+i_2(t)$。

（1）求初始值

t<0 时开关 S 断开，电路为直流稳态，电容开路，电感短路，得到如图 3.27（c）所示 $t=0_-$ 时的等效电路，由此求得

$$i_L(0_-)=\frac{3}{3+3}\times\frac{45}{2+\frac{3\times3}{3+3}}\text{mA}=\frac{45}{7}\text{mA}$$

$$u_C(0_-)=\frac{45}{7}\times3\text{V}=\frac{135}{7}\text{V}$$

根据换路定则，独立初始值

$$i_L(0_+)=i_L(0_-)=\frac{45}{7}\text{mA}$$

$$u_C(0_+)=u_C(0_-)=\frac{135}{7}\text{V}$$

t=0 时开关 S 闭合，将电容用电压源替代，电感用电流源替代，得到 $t=0_+$ 时的等效电路如图 3.27（d）所示，计算非独立初始值

$$i_1(0_+)=i_L(0_+)=i_L(0_-)=\frac{45}{7}\text{mA}$$

$$i_2(0_+)=\frac{u_C(0_+)}{40}=\frac{135}{7\times40}\text{mA}=\frac{27}{56}\text{mA}\approx0.482\text{mA}$$

（2）求稳态值

换路后，电感短路，电容开路，得到 $t=\infty$ 时的等效电路如图 3.27（e）所示。

$$i_1(\infty)=\frac{45}{2}\text{mA}=22.5\text{mA}\quad i_2(\infty)=0$$

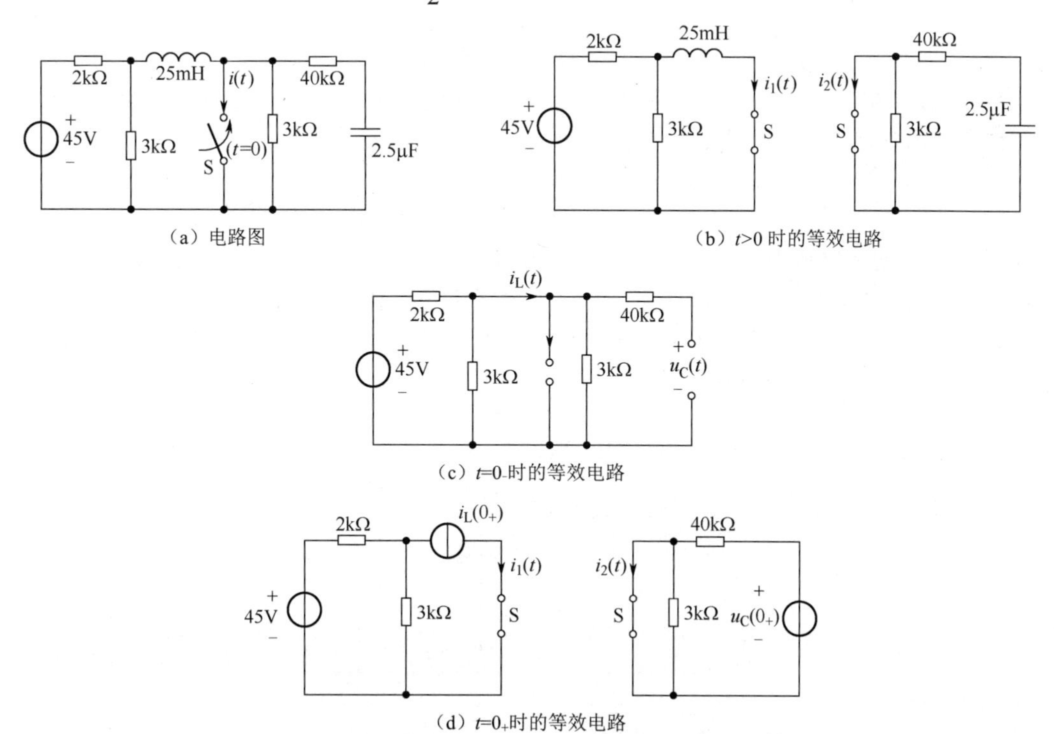

（a）电路图　（b）t>0 时的等效电路

（c）t=0₋时的等效电路

（d）t=0₊时的等效电路

图 3.27　例 3.14 图

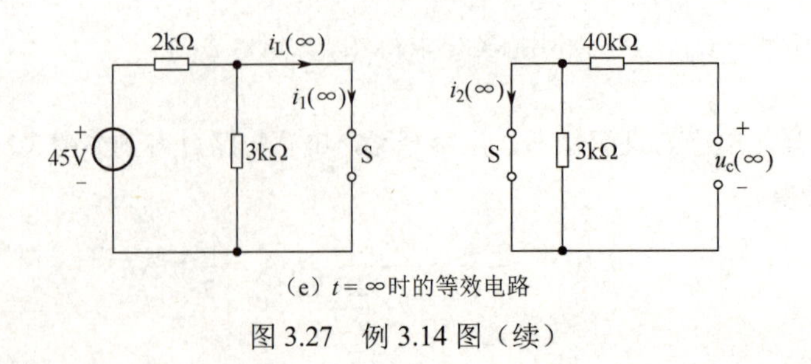

（e）$t=\infty$时的等效电路

图 3.27 例 3.14 图（续）

（3）求时间常数

由图 3.27（c），求得时间常数分别为

$$\tau_1=\frac{L}{R}=\frac{25\times10^{-3}}{\frac{2\times3}{2+3}\times10^3}\text{s}\approx20.83\times10^{-6}\text{s}$$

$$\tau_2=RC=2.5\times10^{-6}\times40\times10^3\text{s}=0.1\text{s}$$

（4）根据三要素法，求得$i(t)$

$$i_1(t)=i_1(\infty)+\left[i_1(0_+)-i_1(\infty)\right]\text{e}^{-\frac{t}{\tau_1}}=\left(22.5-16.07\text{e}^{-48\times10^3t}\right)\text{mA}\qquad(t\geqslant0_+)$$

$$i_2(t)=i_2(\infty)+\left[i_2(0_+)-i_2(\infty)\right]\text{e}^{-\frac{t}{\tau_2}}=0.482\text{e}^{-10t}\,\text{mA}\qquad(t\geqslant0_+)$$

$$i(t)=i_1(t)+i_2(t)=\left(22.5-16.07\text{e}^{-48\times10^3t}+0.482\text{e}^{-10t}\right)\text{mA}\qquad(t\geqslant0_+)$$

3.7 阶跃响应与微分积分电路

3.7.1 阶跃激励

1. 定义

在动态电路分析问题中常常会引入阶跃激励来描述电路的激励（输入）。阶跃激励用阶跃函数描述。单位阶跃函数记为$\varepsilon(t)$，其定义为

$$\varepsilon(t)=\begin{cases}0, & t<0\\1, & t>0\end{cases}\tag{3.50}$$

它在$[0_-，0_+]$时间区域内发生单位阶跃，波形如图 3.28（a）所示。单位阶跃函数$\varepsilon(t)$在t为负值时为零，t为正值时为 1。如果把t换成$t-t_0$，所得的单位阶跃函数为$\varepsilon(t-t_0)$，在$t-t_0$为负值时，也即在$t<t_0$时函数值为零；在$t-t_0$为正值时，也即在$t>t_0$时，函数值为 1。因此，这一阶跃函数是在$t=t_0$时而不是在$t=0$时发生阶跃的，即

$$\varepsilon(t-t_0)=\begin{cases}0, & t<t_0\\1, & t>t_0\end{cases}\tag{3.51}$$

称之为延时单位阶跃函数，波形如图3.28（b）所示。

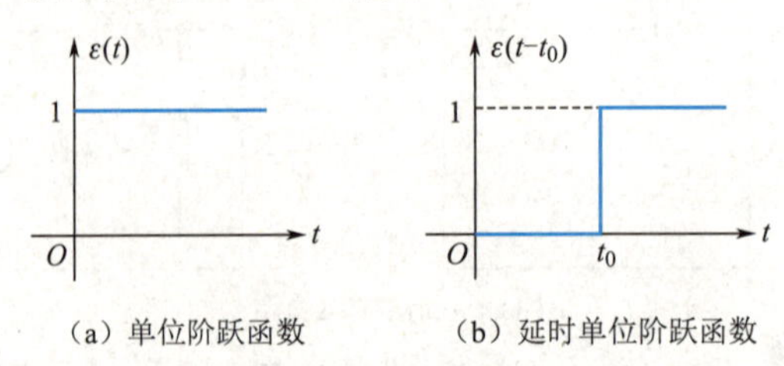

（a）单位阶跃函数　（b）延时单位阶跃函数

图 3.28 单位阶跃函数与延时单位阶跃函数的波形

引入阶跃函数后，可用来描述一阶动态电路接通或者断开直流电压源或电流源的开关动作，如图 3.29（a）所示电路，开关 S 在 $t=0$ 时由 2 切换到 1，可等效为图 3.29（b）所示电路，称之为阶跃激励。

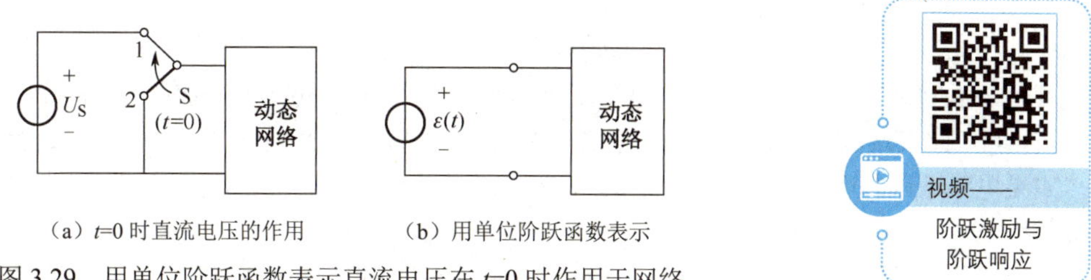

（a）t=0 时直流电压的作用　　（b）用单位阶跃函数表示

图 3.29　用单位阶跃函数表示直流电压在 t=0 时作用于网络

视频——
阶跃激励与
阶跃响应

2. 非阶跃激励分解为阶跃激励的叠加

阶跃函数和延时阶跃函数的组合可以用来表示任意矩形脉冲波形或者任意阶梯波。如图 3.30（a）所示脉冲矩形波形可分解为两个阶跃函数之和，一个是在 $t=0$ 时作用的正单位阶跃信号，如图 3.30（b）所示，另一个是在 $t=t_0$ 时作用的负单位延时阶跃信号，如图 3.30（c）所示。将这类信号分解为阶跃激励后，按一阶电路处理，即可运用三要素法进行分析。

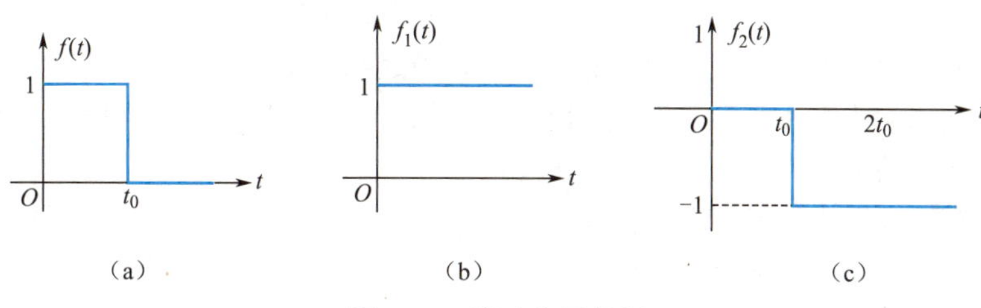

（a）　（b）　（c）

图 3.30　脉冲信号分解

【例 3.15】试用阶跃函数表示图 3.31（a）、（b）、（c）所示波形。

解：图 3.31（a）所示波形为

$$f_1(t)=A\varepsilon(t)-A\varepsilon(t-t_0)+A\varepsilon(t-2t_0)-A\varepsilon(t-3t_0)+\cdots$$

图 3.31（b）所示波形为

$$f_2(t)=\varepsilon(t)-2\varepsilon(t-t_0)+\varepsilon(t-2t_0)$$

图 3.31（c）所示波形为

$$f_3(t)=A_1\varepsilon(t-t_0)+(A_2-A_1)\varepsilon(t-t_1)-A_2\varepsilon(t-t_2)$$

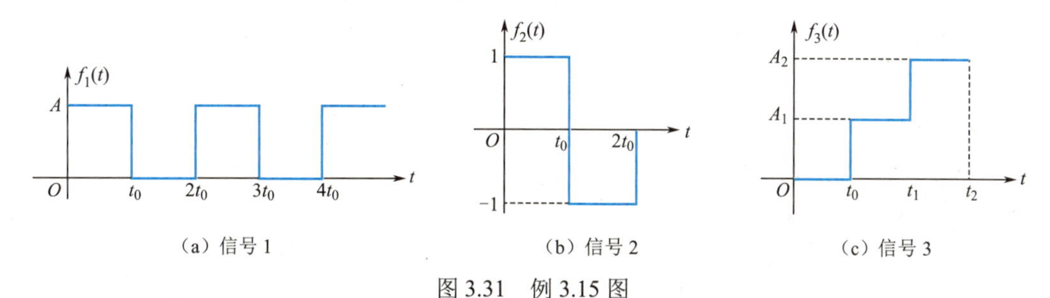

（a）信号 1　（b）信号 2　（c）信号 3

图 3.31　例 3.15 图

3.7.2　阶跃响应

单位阶跃函数作为激励作用于电路，是零状态响应，称为单位阶跃响应（阶跃响应的特例），用 $g(t)$ 表示。如图 3.32 所示电路，换路前电路处于稳态，是零状态，开关在 $t=0$ 时闭合。利用单位阶跃函数，电路的激励

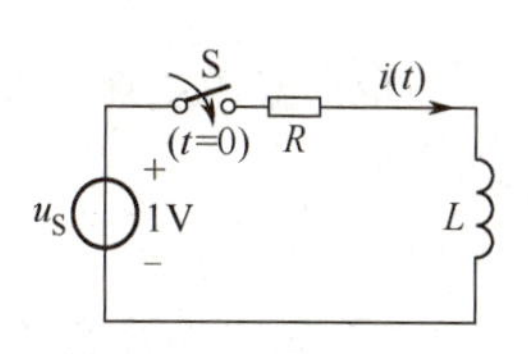

图 3.32　单位阶跃响应

输入表达式可写为

$$u_{\mathrm{S}} = \varepsilon(t)\mathrm{V} \tag{3.52}$$

电感电流的零状态响应可写为

$$i_{\mathrm{L}}(t) = (1 - \mathrm{e}^{-\frac{t}{\tau}})\varepsilon(t)\mathrm{A} \tag{3.53}$$

可见，求电路的单位阶跃响应，就是求一阶电路的零状态响应，只是输入为$\varepsilon(t)$。此响应仅适用于$t \geqslant 0_+$，此表达式乘以$\varepsilon(t)$，是为了省去响应表达式注明的“$t \geqslant 0_+$”，同时为计算带来方便。

如果电路输入是幅值为A的阶跃激励，则根据零状态比例性可知，$Ag(t)$即为该电路的零状态响应。

如果单位阶跃激励不是在$t = 0$时刻施加，而是在某一时刻$t = t_0$时施加，即在延时单位阶跃函数$\varepsilon(t - t_0)$的作用下，由于非时变电路的电路参数不随时间变化，只需要在上述表达式中把 t 改为$(t - t_0)$即可得到延时单位阶跃信号作用下的响应为$g(t - t_0)$。这一性质称为非时变性。

例如，图 3.32 所示电路在$t = t_0$时刻换路，激励可写为

$$u_{\mathrm{S}} = \varepsilon(t - t_0)\mathrm{V}$$

此时电感电流的零状态响应，即延时单位阶跃响应可写为

$$i_{\mathrm{L}}(t) = (1 - \mathrm{e}^{-\frac{t - t_0}{\tau}})\varepsilon(t - t_0)\mathrm{A}$$

如果一个信号可以分解为阶跃函数和延迟阶跃函数之和，那么根据叠加定理，各阶跃激励单独作用于电路的零状态响应之和即为该信号作用下电路的零状态响应。如果电路的初始状态不为零，那么只需再加上电路的零输入响应，即可求得电路的全响应。

【例 3.16】求图 3.33（b）所示零状态 RL 电路在图 3.33（a）中所示脉冲电压作用下的电流$i(t)$。已知$L = 1\mathrm{H}$，$R = 1\Omega$。

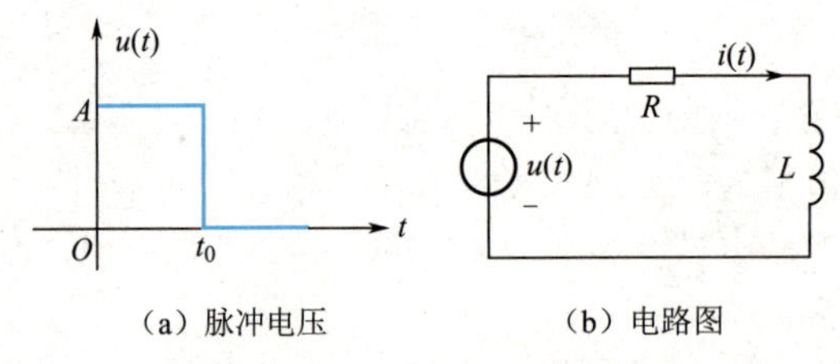

（a）脉冲电压　　（b）电路图

图 3.33　例 3.16 图

解：脉冲电压$u(t)$可分解为两个阶跃函数之和，即

$$u(t) = A\varepsilon(t) - A\varepsilon(t - t_0)$$

$A\varepsilon(t)$作用下的零状态响应为

$$g'(t) = \frac{A}{R}\left(1 - \mathrm{e}^{-\frac{t}{\tau}}\right)\varepsilon(t) = A\left(1 - \mathrm{e}^{-t}\right)\varepsilon(t)$$

解答式中的因子$\varepsilon(t)$表明该式仅适用于$t \geqslant 0_+$，式中$\tau = L/R = 1\mathrm{s}$。

$-A\varepsilon(t - t_0)$作用下的零状态响应为

$$g''(t) = -\frac{A}{R}\left(1 - \mathrm{e}^{-\frac{t - t_0}{\tau}}\right)\varepsilon(t - t_0) = -A\left(1 - \mathrm{e}^{-(t - t_0)}\right)\varepsilon(t - t_0)$$

根据叠加定理，可得

$$\begin{aligned} i(t) &= g'(t) + g''(t) \\ &= A\left(1 - \mathrm{e}^{-t}\right)\varepsilon(t) - A\left(1 - \mathrm{e}^{-(t - t_0)}\right)\varepsilon(t - t_0) \end{aligned}$$

$g'(t)$、$g''(t)$和$i(t)$的波形如图 3.34 所示。

【例 3.17】　RC 电路如图 3.35 所示，已知 $u(t)=5\varepsilon(t-2)\,\text{V}$，$u_{\text{C}}(0)=10\,\text{V}$，求电流 $i(t)$。

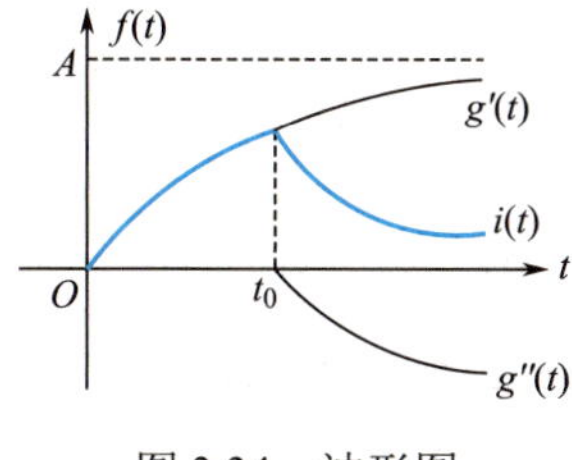

图 3.34　波形图

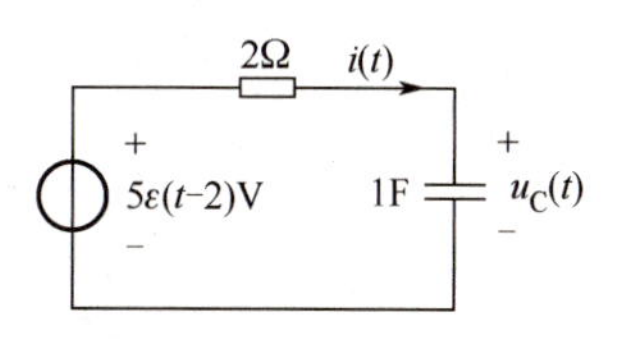

图 3.35　例 3.17 图

解：先求零输入响应。电容初始电压相当于以“输入信号”在 $t=0$ 时作用于电路，故得

$$i'(t)=-\frac{u_{\text{C}}(0)}{R}\text{e}^{-\frac{t}{\tau}}\varepsilon(t)=-5\text{e}^{-0.5t}\varepsilon(t)$$

其中 $\tau=RC=2\times1=2\,\text{s}$。

再求零状态响应，阶跃函数在 $t=2\,\text{s}$ 时作用于电路，电容电压的零状态响应为

$$u''_{\text{C}}(t)=5(1-\text{e}^{-\frac{t-2}{\tau}})\varepsilon(t-2)$$

得

$$i''(t)=C\frac{\text{d}u''_{\text{C}}(t)}{\text{d}t}=2.5\text{e}^{-0.5(t-2)}\varepsilon(t-2)$$

利用叠加定理，可得

$$\begin{aligned}i(t)&=i'(t)+i''(t)\\&=-5\text{e}^{-0.5t}\varepsilon(t)+2.5\text{e}^{-0.5(t-2)}\varepsilon(t-2)\end{aligned}$$

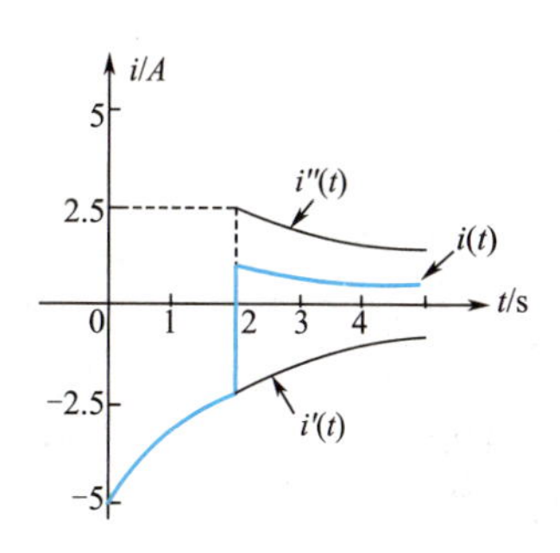

图 3.36　波形图

波形图如图 3.36 所示，在 $t=2\,\text{s}$ 时电流是不连续的。

3.7.3　RC 微分电路和积分电路

在电子电路中，常运用 RC 电路的充电和放电特性与其他电子元器件组成自激振荡电路、信号变换电路等。下面将要讨论的 RC 电路，其输入电压与输出电压之间满足特定的（微分或积分）近似关系。

1. RC 微分电路

图 3.37（a）所示的电路（设电路处于零状态），输入是矩形脉冲电压 u_1，如图 3.37（b）所示，在电阻两端输出的电压为 u_2。

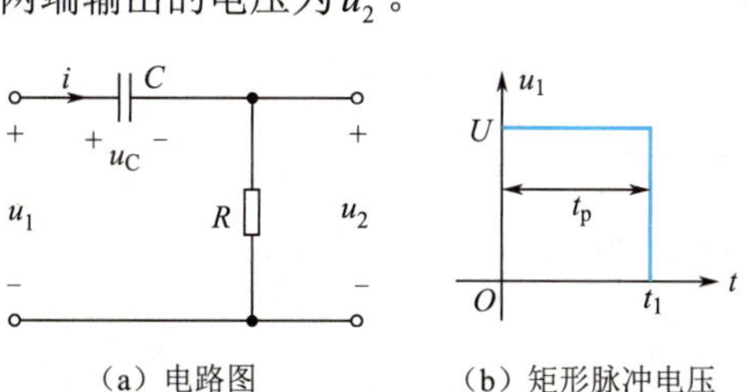

（a）电路图　（b）矩形脉冲电压

图 3.37　RC 微分电路

电压 u_2 的波形同电路的时间常数 τ 和脉冲宽度 t_{P} 的大小有关。当 t_{P} 一定时，改变 τ 和 t_{P} 的比值，电容充放电的快慢就不同，输出电压 u_2 的波形也就不同，如图 3.38 所示。

在图 3.38 中，设输入矩形脉冲 u_1 的幅值 $U=6\,\text{V}$，电容没有初始储能。当 $\tau=10t_{\text{P}}$ 时，$u_2(t_{\text{P}})=U\text{e}^{-\frac{t}{\tau}}=6\text{e}^{-0.1}\text{V}\approx6\times0.905\text{V}=5.43\,\text{V}$。

当 t=0 时，u_1 从零突然上升到 $6\,\text{V}$，即 $u_1=U=6\,\text{V}$，开始对电容充电，由于电容两端电压不能

跃变，在这瞬间它相当于短路（$u_C = 0$），所以$u_2 = U = 6\text{V}$。

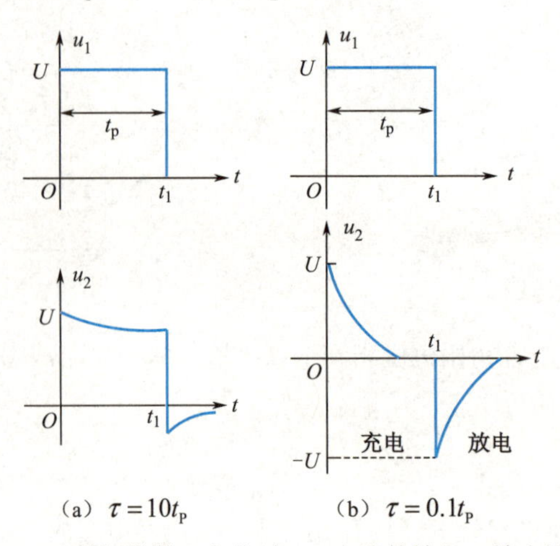

（a）$\tau = 10t_P$ （b）$\tau = 0.1t_P$

图 3.38 时间常数τ变化时 RC 电路的输入、输出波形

由于$\tau >> t_P$，相对于t_P，电容充电很慢，在经过一个脉冲宽度（$\tau = t_P$）时，电容电压上升到$6\text{V} - 5.43\text{V} = 0.57\text{V}$，电阻两端电压为$5.43\text{V}$；当$\tau = t_1$时，$u_1$突然下降到零（这时输入端不是开路，而是短路），由于u_C不能跃变，所以在这瞬间，$u_2 = -u_C = -0.57\text{V}$。输出电压$u_2$的波形如图 3.38（a）所示。

当$\tau << t_P$时，相对于t_P而言，电容充电很快，u_C很快增长到U值；与此同时，u_2很快由U值衰减到零。这样，在电阻两端就输出一个正尖脉冲。在$t = t_1$时，u_1突然下降到零，由于u_C不能跃变，所以在这瞬间，$u_2 = -u_C = -6\text{V}$。而后电容经电阻放电，u_2很快衰减到零。这样，就输出一个负尖脉冲，如图 3.38（b）所示。

比较$\tau << t_P$时u_1和u_2的波形，可见在u_1的上升沿（从零跃变到6V），$u_2 = U = 6\text{V}$，此时正值最大；在u_1的平直部分，$u_2 \approx 0$；在u_1的下降沿（从6V跃变到零），$u_2 = -U = -6\text{V}$，此时负值最大。所以，输出电压u_2与输入电压u_1近似为微分关系。这种输出尖脉冲反映了输入矩形脉冲微分的结果。这种电路称为微分电路。如果输入的是周期性矩形脉冲，则输出的是周期性正负尖脉冲。

上述的微分关系也可以根据数学推导得出。

由于$\tau << t_P$，充放电过程很快，除了电容刚开始充放电的一段极短的时间外，$u_1 = u_C + u_2$，而$u_C >> u_2$，故$u_1 \approx u_C$，因此

$$u_2 = Ri = RC\frac{\mathrm{d}u_C}{\mathrm{d}t} \approx RC\frac{\mathrm{d}u_1}{\mathrm{d}t}$$

上式表明，输出电压u_2近似与输入电压u_1对时间的微分成正比。

构成 RC 微分电路应具备两个条件：

（1）电路的时间常数$\tau = RC << t_P$；

（2）输出信号从电阻两端输出。

在工程应用中，一般取$\tau = (\frac{1}{5} \sim \frac{1}{3})t_P$。

在脉冲数字电路中，常应用微分电路把矩形脉冲变换为尖脉冲作为触发信号。

2. RC 积分电路

RC 积分电路如图 3.39 所示，虽然它也是 RC 串联电路，但是当条件不同时，所得结果也不同。如上所述，RC 微分电路必须具备$\tau << t_P$和从电阻端输出这两个条件。如果条件变为$\tau >> t_P$和从电容两端输出，则这时的电路就转化为积分电路了。

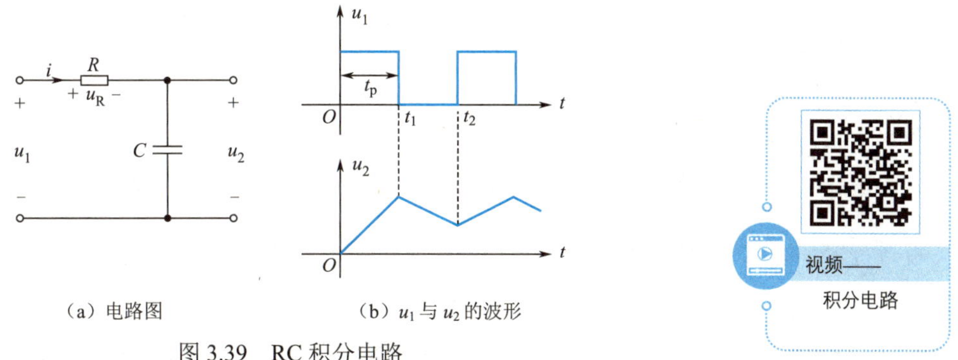

（a）电路图　　（b）u_1 与 u_2 的波形

图 3.39　RC 积分电路

图 3.39（b）所示是积分电路的输入电压 u_1 和输出电压 u_2 的波形。由于 $\tau >> t_{\mathrm{P}}$，电容充电很慢，两端电压在整个脉冲持续的时间内缓慢增长，当还未增长到趋近稳定值时，脉冲已告终止（$t = t_1$）。紧接着，电容经电阻又缓慢放电，电容上的电压也随之衰减；经过若干个周期后，充电时电压的初始值和放电时电压的初始值在一定数值下稳定下来，在电容上输出一个锯齿波电压。时间常数 τ 越大，充放电越缓慢，所得锯齿波电压的线性也就越好。

从图 3.39（b）的波形上看，u_2 是对 u_1 积分的结果。从数学上看，当输入的是单个矩形脉冲时，由于 $\tau >> t_{\mathrm{P}}$，充放电很缓慢，也就是 u_{C} 增长和衰减很缓慢，充电时 $u_2 = u_{\mathrm{C}}$，且 $u_{\mathrm{R}} >> u_{\mathrm{C}}$，因此 $u_1 = u_{\mathrm{R}} + u_{\mathrm{C}} \approx u_{\mathrm{R}} = Ri$ 或 $i \approx \dfrac{u_1}{R}$，所以输出电压为

$$u_2 = u_{\mathrm{C}} = \frac{1}{C}\int i\mathrm{d}t \approx \frac{1}{RC}\int u_1 \mathrm{d}t$$

可见，输出电压 u_2 与输入电压 u_1 近似为积分的关系。因此这种电路称为积分电路。在脉冲电路中，可应用积分电路把矩形脉冲变换为锯齿波电压作为扫描信号使用。

3.8　二阶电路的暂态响应

3.8.1　二阶暂态电路

由前面的内容可知，一阶电路的特点是：电路的性质可用一阶微分方程描述；一般电路中只有一种储能元件（电容或电感），所储能量或单调减少，或单调增加；电路中的响应电压和电流都是按指数规律变化的，变化的快慢由时间常数决定，而时间常数仅由电路的结构及参数决定。

用二阶微分方程来描述的电路称为二阶电路，二阶电路有它自身的特点。在二阶电路中，必须有两个独立的动态元件，可能含有一个电容和一个电感，或者含有两个独立的电容以及含有两个独立的电感。当电路中有电容和电感时，电路中既有电场能量，又有磁场能量。两种能量的转换过程就形成了电路中所发生的物理过程。电路的响应电压、电流，有时表现为振荡性的，有时表现为非振荡性的，是否产生振荡由电路的固有频率决定。

3.8.2　二阶零输入响应的求解

图 3.40 是 RLC 串联电路，假设电容原已充电，其电压为 U_0，即 $u_{\mathrm{C}}(0_-) = U_0$；电感中的初始电流为 I_0，即 $i(0_-) = I_0$。在指定的电压和电流参考方向下，当开关 S 在 $t = 0$ 闭合以后，根据 KVL，可得

$$-u_{\mathrm{R}} + u_{\mathrm{L}} + u_{\mathrm{C}} = 0 \tag{3.54}$$

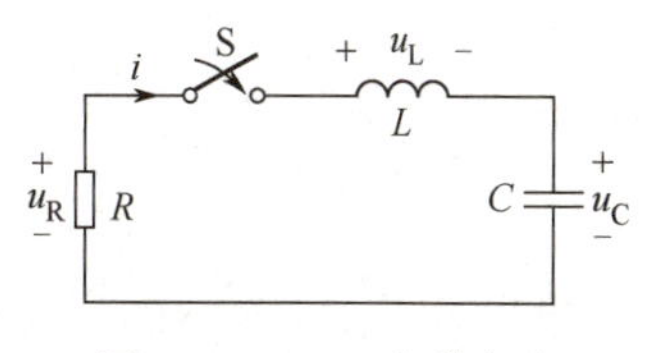

图 3.40　RLC 串联电路

由元件约束方程

$$i(t)=C\frac{\mathrm{d}u_{\mathrm{C}}}{\mathrm{d}t} \tag{3.55}$$

$$u_{\mathrm{R}}=-Ri=-RC\frac{\mathrm{d}u_{\mathrm{C}}}{\mathrm{d}t} \tag{3.56}$$

$$u_{\mathrm{L}}=L\frac{\mathrm{d}i_{\mathrm{L}}}{\mathrm{d}t}=LC\frac{\mathrm{d}^2u_{\mathrm{C}}}{\mathrm{d}t^2} \tag{3.57}$$

将式（3.55）、式（3.56）、式（3.57）代入式（3.54），整理后得

$$LC\frac{\mathrm{d}^2u_{\mathrm{C}}}{\mathrm{d}t^2}+RC\frac{\mathrm{d}u_{\mathrm{C}}}{\mathrm{d}t}+u_{\mathrm{C}}=0 \tag{3.58}$$

这是一个线性常系数二阶齐次微分方程，求解变量为$u_{\mathrm{C}}(t)$。为了求解答，必须有两个初始条件，即$u_{\mathrm{C}}(0_+)$和$\frac{\mathrm{d}u_{\mathrm{C}}}{\mathrm{d}t}|_{0_+}$。由式（3.55）可得

$$\frac{\mathrm{d}u_{\mathrm{C}}}{\mathrm{d}t}|_{t=0_+}=\frac{i(0_+)}{C} \tag{3.59}$$

因此，只需知道电容电压初始值$u_{\mathrm{C}}(0_+)$和电感电流的初始值$i(0_+)$就可以确定$t\geqslant 0_+$时的响应$u_{\mathrm{C}}(t)$。

式（3.58）是线性常系数二阶齐次微分方程，仍然设

$$u_{\mathrm{C}}(t)=K\mathrm{e}^{st} \tag{3.60}$$

式（3.60）中S是对应于微分方程的特征方程的根。其特征方程为

$$LCS^2+RCS+1=0 \tag{3.61}$$

特征方程根为

$$S_{1,2}=-\frac{R}{2L}\pm\sqrt{\left(\frac{R}{2L}\right)^2-\frac{1}{LC}} \tag{3.62}$$

为了求解问题方便，定义参数α、ω_0和ω_{d}。

令

$$\alpha=\frac{R}{2L} \tag{3.63}$$

$$\omega_0=\frac{1}{\sqrt{LC}} \tag{3.64}$$

及

$$\omega_{\mathrm{d}}=\sqrt{\frac{1}{LC}-\left(\frac{R}{2L}\right)^2}=\sqrt{\omega_0^2-\alpha^2} \tag{3.65}$$

α为衰减系数，ω_0为谐振角频率，且

$$\omega_0=2\pi f_0$$

ω_{d}称为衰减角频率。所以式（3.62）可写成

$$S_{1,2}=-\alpha\pm\sqrt{\alpha^2-\omega_0^2} \tag{3.66}$$

在式（3.62）中，特征根S_1、S_2仅与电路参数和结构有关。

当$S_1\neq S_2$时，解的表达式，即电容电压为

$$u_{\mathrm{C}}(t)=K_1\mathrm{e}^{s_1t}+K_2\mathrm{e}^{s_2t} \tag{3.67}$$

若$S_1=S_2=S$，则电容电压为

$$u_{\mathrm{C}}(t)=(K_1+K_2t)\mathrm{e}^{st} \tag{3.68}$$

积分常数K_1和K_2取决于初始条件，初始条件为

$$u_{\mathrm{C}}(0_+)=U_0 \tag{3.69}$$

$$\frac{\mathrm{d}u_{\mathrm{C}}}{\mathrm{d}t}|_{t=0_+}=\frac{i(0_+)}{C}=\frac{I_0}{C} \tag{3.70}$$

当$S_1 \neq S_2$时，根据初始条件，得

$$u_C(0_+) = K_1 + K_2 \tag{3.71}$$

$$\frac{du_C}{dt}\Big|_{t=0_+} = S_1K_1 + S_2K_2 = i(0_+)/C \tag{3.72}$$

联立式（3.60）、式（3.61），求解得

$$K_1 = \frac{1}{S_1 + S_2}\left[S_2u_C(0_+) - \frac{i(0_+)}{C}\right] \tag{3.73}$$

$$K_2 = \frac{1}{S_1 + S_2}\left[S_1u_C(0_+) + \frac{i(0_+)}{C}\right] \tag{3.74}$$

将式（3.69）和式（3.70）代入式（3.73）和式（3.74），则有

$$K_1 = \frac{S_2U_0 - \dfrac{I_0}{C}}{S_2 - S_1} \tag{3.75}$$

$$K_2 = \frac{-S_1U_0 + \dfrac{I_0}{C}}{S_2 - S_1} \tag{3.76}$$

由于电路中电阻 R、电容 C 和电感 L 的参数不同，特征方程根S_1、S_2可能出现三种情况：不相等的负实数、相等的负实数和共轭复数。相应地，二阶电路的零输入响应分为四种情况：过阻尼（非振荡性）、临界阻尼（非振荡性）、欠租尼（振荡性）以及无损耗（无阻尼振荡）。下面分别进行讨论。

1．二阶电路零输入响应的非振荡解

为了简化计算过程，又不失一般性，设$I_0 = 0$，$U_0 \neq 0$。

（1）$\dfrac{R}{2L} > \dfrac{1}{\sqrt{LC}}$（$\alpha > \omega_0$），过阻尼。

当$\dfrac{R}{2L} > \dfrac{1}{\sqrt{LC}}$（$\alpha > \omega_0$）时，$S_1$、$S_2$是两个不相等的负实数。

$$\begin{cases} S_1 = -\dfrac{R}{2L} + \sqrt{\left(\dfrac{R}{2L}\right)^2 - \dfrac{1}{LC}} \\ S_2 = -\dfrac{R}{2L} - \sqrt{\left(\dfrac{R}{2L}\right)^2 - \dfrac{1}{LC}} \end{cases} \tag{3.77}$$

则

$$S_1S_2 = \frac{1}{LC} \tag{3.78}$$

根据式（3.73）、式（3.74），有

$$K_1 = \frac{S_2U_0 - \dfrac{I_0}{C}}{S_2 - S_1} = \frac{S_2U_0}{S_2 - S_1}$$

$$K_2 = \frac{-S_1U_0 + \dfrac{I_0}{C}}{S_2 - S_1} = \frac{-S_1U_0}{S_2 - S_1}$$

电容电压响应为

$$u_C(t)=K_1e^{s_1t}+K_2e^{s_2t}=\frac{S_2}{S_2-S_1}U_0e^{s_1t}-\frac{S_1}{S_2-S_1}U_0e^{s_2t}$$
$$=\frac{U_0}{S_2-S_1}(S_2e^{s_1t}-S_1e^{s_2t}) \tag{3.79}$$

电流响应为

$$i(t)=C\frac{du_C}{dt}=\frac{CU_0}{S_2-S_1}(S_1S_2e^{s_1t}-S_1S_2e^{s_2t})=\frac{CU_0}{S_2-S_1}S_1S_2(e^{s_1t}-e^{s_2t}) \tag{3.80}$$

将式（3.78）代入式（3.80），得到电流响应为

$$i(t)=\frac{U_0}{L(S_2-S_1)}(e^{s_1t}-e^{s_2t}) \tag{3.81}$$

由于S_1和S_2都是负实数，并且$|S_1|<|S_2|$，所以在$t\geqslant 0$时$e^{s_1t}>e^{s_2t}$。电压$u_C(t)$的第二项指数函数比第一项指数函数衰减得快，两者差值始终为正，且不改变方向。随着时间的增加，u_C始终是单调下降的，也就是说，u_C从U_0开始一直单调地衰减到零，电容一直处于非振荡放电状态，称之为过阻尼状态。

在电容非振荡放电过程中，电流i始终是负（$(S_2-S_1)<0$），但是在$t=0$及$t=\infty$时，电流的值均为零。因此，电流的绝对值要经历由零逐渐增加再减到零的变化过程，并在某一时刻t_m达到最大值。此时$\frac{di}{dt}=0$，即

$$\frac{di}{dt}\bigg|_{t=t_m}=\frac{U_0}{L(S_2-S_1)}\left(S_1e^{-s_1t_m}-S_2e^{s_2t_m}\right)=0$$

$$S_1e^{s_1t_m}-S_2e^{s_2t_m}=0$$

故得

$$t_m=\frac{1}{S_1-S_2}\ln\frac{S_2}{S_1}$$

u_C及i的变化曲线如图3.41所示。

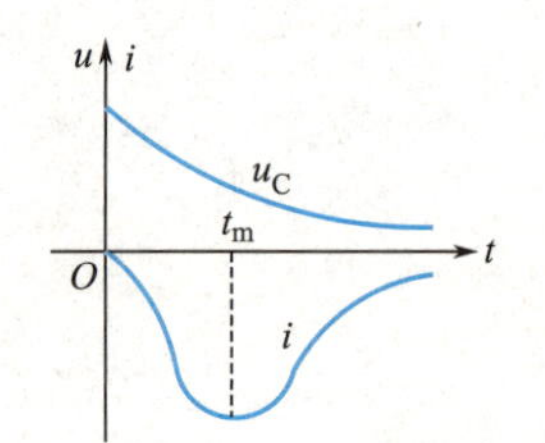

图3.41　u_C及i的变化曲线

从物理意义上讲，当电路接通以后，电容通过电感、电阻放电。其中的电场能量一部分转变为磁场能量储存于电感之中，另一部分则在电阻中消耗。当$t=t_m$时，电流达到最大值，此后随着电流的下降，磁场也逐渐释放能量，与继续放出的电场能量一起被电阻消耗，变成热能。因此，电场能量和电容上的电压都是单调连续减小的，并形成非振荡的放电过程。当电路中电阻较大，符合$R>2\sqrt{\frac{L}{C}}$这一条件时，相应就是这种过阻尼状态，又称为非振荡放电。

【例3.18】在图3.40所示的RLC串联电路中，已知$u_C(0_-)=-10\text{V}$，$i(0_+)=0$，$R=4\Omega$，$L=1\text{H}$，$C=\frac{1}{3}\text{F}$，当$t=0$时开关闭合，试求$t\geqslant 0$时电路的响应$u_C(t)$和$i(t)$。

解：根据前面的分析可知，开关闭合后，以$u_C(t)$为求解变量的线性常系数二阶齐次微分方程为

$$LC\frac{d^2u_C}{dt^2}+RC\frac{du_C}{dt}+u_C=0$$

特征方程为

$$LCS^2+RCS+1=0$$

特征方程的根为

$$S_{1,2}=-\frac{R}{2L}\pm\sqrt{\left(\frac{R}{2L}\right)^2-\frac{1}{LC}}$$

代入已知数据可得 $S_1=-1$， $S_2=-3$。

由式（3.79）可得

$$u_C=K_1\mathrm{e}^{s_1t}+K_2\mathrm{e}^{s_2t}=K_1\mathrm{e}^{-t}+K_2\mathrm{e}^{-3t}$$

根据初始条件可确定 K_1 和 K_2。已知 $u_C(0_-)=-10\,\mathrm{V}$，$i(0_+)=0$

而
$$\frac{\mathrm{d}u_C}{\mathrm{d}t}\bigg|_{t=0_+}=\frac{i(0_+)}{C}=0$$

由此可得

$$u_C(0_+)=K_1+K_2=-10$$

$$u'_C(0_+)=S_1K_1+S_2K_2=0$$

故得
$$K_1=-15,\quad K_2=5$$

所以
$$u_C=(-15\mathrm{e}^{-t}+5\mathrm{e}^{-3t})\,\mathrm{V}\quad(t\geqslant 0_+)$$

电路中电流为

$$i=C\frac{\mathrm{d}u_C}{\mathrm{d}t}=(5\mathrm{e}^{-t}-5\mathrm{e}^{-3t})\,\mathrm{A}\quad(t\geqslant 0_+)$$

零输入响应 $u_C(t)$ 和 $i(t)$ 的波形曲线如图 3.42 所示。

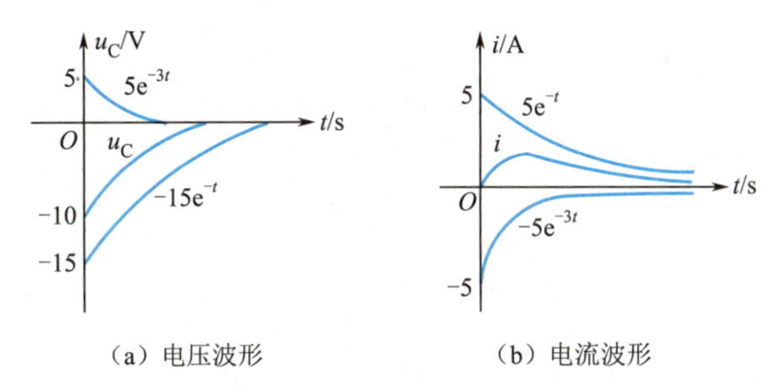

（a）电压波形　　（b）电流波形

图 3.42　例 3.18 的波形曲线

（2）$\frac{R}{2L}=\frac{1}{\sqrt{LC}}$（$\alpha=\omega_0$），临界阻尼。

当 $\frac{R}{2L}=\frac{1}{\sqrt{LC}}$（$\alpha=\omega_0$）时，$S_1$、$S_2$ 是两个相等的负实数，电路处于临界阻尼状态，即为非振荡放电过程。在这种情况下，$S_1=S_2=-\alpha=-\frac{R}{2L}$。微分方程的通解为

$$u_C(t)=(K_1+K_2t)\mathrm{e}^{-\alpha t}\tag{3.82}$$

根据初始状态 $u_C(0_+)=U_0$，$i(0_+)=0$，可得

$$u_C(0_+)=K_1=U_0\tag{3.83}$$

$$\frac{\mathrm{d}u_C}{\mathrm{d}t}\bigg|_{t=0_+}=-\alpha K_1+K_2=0\tag{3.84}$$

故得
$$K_2=\alpha U_0\tag{3.85}$$

$$u_C(t)=(U_0+U_0\alpha t)\mathrm{e}^{-\alpha t}=U_0(1+\alpha t)\mathrm{e}^{-\alpha t}\ (t\geqslant 0_+)\tag{3.86}$$

由此可得

$$i(t)=C\frac{\mathrm{d}u_C}{\mathrm{d}t}=\alpha U_0C\mathrm{e}^{-\alpha t}=(1-\alpha t)\ (t\geqslant 0_+)\tag{3.87}$$

从式（3.86）和式（3.87）中可以看出，电路的响应仍然是非振荡放电过程，电路响应的曲线

类似于过阻尼情况。

2．二阶电路的振荡解

（1）$\frac{R}{2L}<\frac{1}{\sqrt{LC}}(\alpha<\omega_0)$ 且 $R\neq 0$，欠阻尼振荡。

当 $\frac{R}{2L}<\frac{1}{\sqrt{LC}}(\alpha<\omega_0)$，且 $R\neq 0$ 时，S_1、S_2 是一对共轭复数根，可表示为

$$S_{1,2}=-\frac{R}{2L}\pm\sqrt{\left(\frac{R}{2L}\right)^2-\frac{1}{LC}}=-\frac{R}{2L}\pm\mathrm{j}\sqrt{\frac{1}{LC}-\left(\frac{R}{2L}\right)^2}=-\alpha\pm\mathrm{j}\omega_\mathrm{d}$$

电容电压 $u_\mathrm{C}(t)$ 为

$$u_\mathrm{C}(t)=K_1\mathrm{e}^{s_1t}+K_2\mathrm{e}^{s_2t}=K_1\mathrm{e}^{(-\alpha+\mathrm{j}\omega_\mathrm{d})t}+K_2\mathrm{e}^{(-\alpha-\mathrm{j}\omega_\mathrm{d})t}=\mathrm{e}^{-\alpha t}(K_1\mathrm{e}^{\mathrm{j}\omega_\mathrm{d}t}+K_2\mathrm{e}^{-\mathrm{j}\omega_\mathrm{d}t}) \tag{3.88}$$

根据欧拉公式 $\mathrm{e}^{\mathrm{j}\theta}=\cos\theta+\mathrm{j}\sin\theta$，式（3.88）可写成

$$u_\mathrm{C}(t)=\mathrm{e}^{-\alpha t}[(K_1+K_2)\cos\omega_\mathrm{d}t+\mathrm{j}(K_1-K_2)\sin\omega_\mathrm{d}t]=\mathrm{e}^{-\alpha t}[A\cos\omega_\mathrm{d}t+B\sin\omega_\mathrm{d}t] \tag{3.89}$$

其中

$$A=K_1+K_2 \tag{3.90}$$

$$B=\mathrm{j}(K_1-K_2) \tag{3.91}$$

K_1 和 K_2 可根据式（3.75）和式（3.76）确定。

$$K_1=S_2U_0/(S_2-S_1)=\frac{(-\alpha-\mathrm{j}\omega_\mathrm{d})U_0}{(-\alpha-\mathrm{j}\omega_\mathrm{d})-(-\alpha+\mathrm{j}\omega_\mathrm{d})}=(U_0/2)-\mathrm{j}\frac{\alpha U_0}{2\omega_\mathrm{d}} \tag{3.92}$$

$$K_2=-S_1U_0/(S_2-S_1)=\frac{(-\alpha+\mathrm{j}\omega_\mathrm{d})U_0}{(-\alpha-\mathrm{j}\omega_\mathrm{d})-(-\alpha+\mathrm{j}\omega_\mathrm{d})}=(U_0/2)+\mathrm{j}\frac{\alpha U_0}{2\omega_\mathrm{d}} \tag{3.93}$$

可见，K_1 和 K_2 为共轭复数，由此可得

$$A=K_1+K_2=U_0 \tag{3.94}$$

$$B=\mathrm{j}(K_1-K_2)=\frac{\alpha U_0}{\omega_\mathrm{d}} \tag{3.95}$$

为了便于反映电压 $u_\mathrm{C}(t)$ 的特点，也可以把式（3.89）改写成

$$u_\mathrm{C}(t)=\mathrm{e}^{-\alpha t}\sqrt{A^2+B^2}\left(\frac{A}{\sqrt{A^2+B^2}}\cos\omega_\mathrm{d}t+\frac{B}{\sqrt{A^2+B^2}}\sin\omega_\mathrm{d}t\right)=K\mathrm{e}^{-\alpha t}[\sin(\omega_\mathrm{d}t+\varphi)] \tag{3.96}$$

其中

$$K=\sqrt{A^2+B^2}=\frac{\omega_0}{\omega_\mathrm{d}}U_0 \tag{3.97}$$

$$\varphi=\arctan\frac{B}{A} \tag{3.98}$$

式（3.96）说明在 $R<2\sqrt{\frac{L}{C}}$ 的情况下，电容电压 $u_\mathrm{C}(t)$ 是周期性的衰减振荡。$u_\mathrm{C}(t)$ 是振幅按照 $K\mathrm{e}^{-\alpha t}$ 逐渐衰减的正弦函数，ω_d 为衰减角频率。$K\mathrm{e}^{-\alpha t}$ 为包络线函数，衰减快慢取决于 α，所以称 α 为衰减系数。显然，$\alpha=\frac{R}{2L}$ 的数值越大，振荡衰减得越快，而幅值 K 和相位角 φ 是由初始条件来确定的常数。

将式（3.97）代入式（3.96）中，就可以直接用初始条件来表示电容电压，其结果为

$$u_\mathrm{C}(t)=K\mathrm{e}^{-\alpha t}[\sin(\omega_\mathrm{d}t+\varphi)]=\frac{\omega_0}{\omega_\mathrm{d}}U_0\mathrm{e}^{-\alpha t}[\sin(\omega_\mathrm{d}t+\varphi)] \tag{3.99}$$

式（3.99）中衰减系数 α、谐振角频率 ω_0 以及衰减角频率 ω_d 三者的相互关系，可用一个直角

三角形表示，如图 3.43 所示，图中 $\varphi=\arctan\dfrac{\omega_{\rm d}}{\alpha}$。应当注意上述关系只适用于 $i(0_+)=0$ 的情况。

根据
$$i=C\frac{{\rm d}u_{\rm C}}{{\rm d}t}$$

故得
$$i=C\frac{{\rm d}u_{\rm C}}{{\rm d}t}=-\frac{C\omega_0^2}{\omega_{\rm d}}U_0{\rm e}^{-\alpha t}\sin\omega_{\rm d}t \tag{3.100}$$

$u_{\rm C}(t)$ 和 $i(t)$ 的波形如图 3.44 所示，其中得虚线为 $K{\rm e}^{-\alpha t}$ 包路线函数。

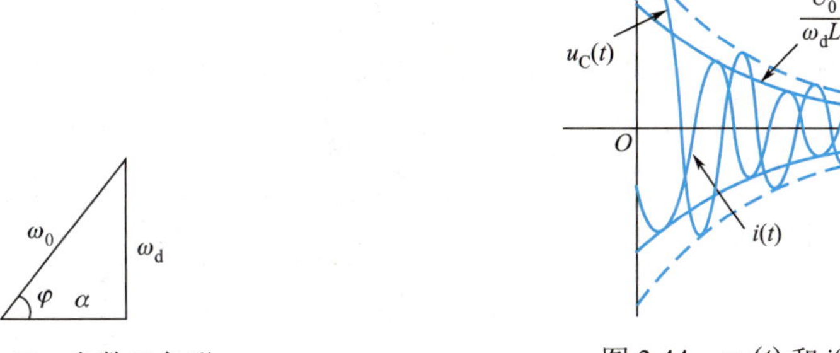

图 3.43　参数三角形

图 3.44　$u_{\rm C}(t)$ 和 $i(t)$ 的波形

从振荡放电的物理过程来看，当 $R<2\sqrt{\dfrac{L}{C}}$ 时，电路接通后电容开始放电，由于电阻较小，电容放出的电场能量只有一部分转换成电阻热能，绝大部分储存在电感中变为磁场能量，因此电流绝对值增加得很快，使 $u_{\rm C}$ 很快下降。到某一时刻电流绝对值开始减小，电场能量和磁场能量通过电阻消耗而减弱。由于 $u_{\rm C}$ 下降较快，经过很短时间就已下降到零，电场能量已完全释放。但放电过程中消耗小，此时电流尚未降到零，在磁场中仍储存有大部分磁场能量。电感中的电流沿原来方向继续流动，对电容进行反方向充电。在这个过程中，除了小部分磁场能量消耗在电阻中外，大部分磁场能量又转变为电场能量储存在电容中。此后，当磁场能量释放完，电容又开始反方向放电，其过程与前面所述内容类似，只不过因能量已在电阻中消失一部分，总能量较前半周期小，所以开始放电的电压也小些。电容如此反复放电与充电，就形成振荡放电的物理过程。因为电路中有电阻存在，所以能量逐渐被消耗殆尽。

【例 3.19】在图 3.40 所示的 RLC 串联电路中，已知 $u_{\rm C}(0_-)=20{\rm V}$，$i(0_-)=2{\rm A}$，$R=4\Omega$，$L=2{\rm H}$，$C=0.1{\rm F}$。当 $t=0$ 时开关闭合，试求 $t\geqslant 0_+$ 时电路的响应 $u_{\rm C}$ 和 i。

解：根据元件的约束方程和由 KVL 建立线性常系数二阶齐次微分方程为
$$LC\frac{{\rm d}^2u_{\rm C}}{{\rm d}t^2}+RC\frac{{\rm d}u_{\rm C}}{{\rm d}t}+u_{\rm C}=0$$

其特征方程为
$$S_{1,2}=-\frac{R}{2L}\pm\sqrt{\left(\frac{R}{2L}\right)^2-\frac{1}{LC}}$$

将已知数据代入，可得
$$S_{1,2}=-1\pm{\rm j}2$$

故响应为欠阻尼情况，由式（3.88）可得
$$u_{\rm C}=K{\rm e}^{-\alpha t}[\sin(\omega_{\rm d}t+\varphi)]={\rm e}^{-\alpha t}(K_1{\rm e}^{{\rm j}\omega_{\rm d}t}+K_2{\rm e}^{-{\rm j}\omega_{\rm d}t})$$

根据式（3.92）可求出 K_1，即

$$K_1=\frac{1}{S_2-S_1}[S_2u_C(0_+)-\frac{i_C(0_+)}{C}]=10-\mathrm{j}10$$

因K_1和K_2为共轭复数，故$K_2=10+\mathrm{j}10$。

将K_1和K_2代入式（3.90）和式（3.91）中，可求得A和B，即

$$A=K_1+K_2=(10-\mathrm{j}10)+(10+\mathrm{j}10)=20$$

$$B=\mathrm{j}(K_1-K_2)=20$$

将A和B代入式（3.97）及（3.98），可求得K和φ：

$$K=\sqrt{A^2+B^2}=20\sqrt{2}$$

$$\varphi=\arctan\frac{B}{A}=\frac{\pi}{4}$$

根据式（3.63）及式（3.65），可求得α和ω_d：

$$\alpha=\frac{R}{2L}=\frac{4}{2\times 2}=1$$

$$\omega_\mathrm{d}=\sqrt{\frac{1}{LC}-\left(\frac{R}{2L}\right)^2}=2$$

所以
$$u_C=K\mathrm{e}^{-\alpha t}[\sin(\omega_\mathrm{d}t+\varphi)]=20\sqrt{2}\mathrm{e}^{-t}[\sin(2t+\frac{\pi}{4})]\mathrm{V}\quad(t\geqslant 0_+)$$

$$i=C\frac{\mathrm{d}u_C}{\mathrm{d}t}=-2\sqrt{10}\mathrm{e}^{-t}\sin(2t-18.43^\circ)\mathrm{A}\quad(t\geqslant 0_+)$$

电容电压u_C和电流i的波形曲线分别如图3.45（a）、（b）所示。

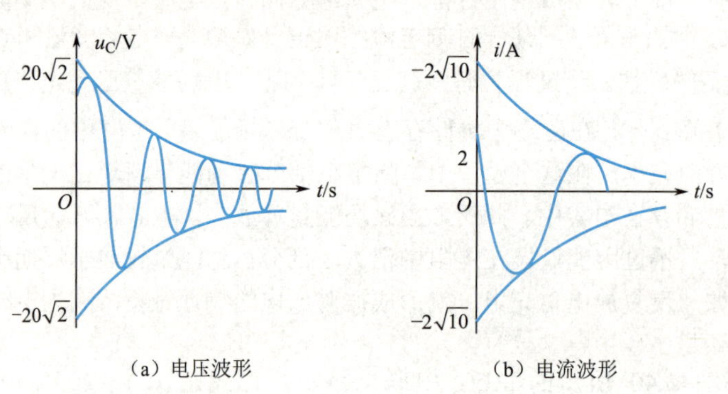

（a）电压波形　　（b）电流波形

图3.45　例3.19的波形曲线

（2）$R=0$ $(\alpha=0)$，无阻尼振荡。

当$R=0$时，固有频率S_1和S_2是一对共轭虚数根，即

$$S_{1,2}=\pm\mathrm{j}\omega_0$$

在这种理想等幅振荡情况下，此时电路为处于无损耗振荡放电过程，称之为无阻尼状态， 电容电压$u_C(t)$为

$$u_C(t)=K\sin(\omega_0 t+\varphi)\quad(t\geqslant 0_+)\tag{3.101}$$

电流为

$$\begin{aligned}i(t)&=C\frac{\mathrm{d}u_C}{\mathrm{d}t}=CU_0\omega_0\cos(\omega_\mathrm{d}t+\varphi)\\&=\frac{U_0}{\omega_0 L}\sin(\omega_\mathrm{d}t+\varphi+\frac{\pi}{2})\quad(t\geqslant 0_+)\end{aligned}\tag{3.102}$$

式（3.101）和式（3.102）表明响应$u_C(t)$和$i(t)$均为等幅振荡。实际上，在电路中总有电阻存在，所以振荡过程总是要衰减的。要维护振荡，必须从外界向电路不断地输入能量，以补充电阻中

的能量损耗，从而使振荡成为不衰减的等幅振荡。

综上所述，二阶电路的零输入响应性质取决于二阶电路微分方程的特征根，也就是电路的固有频率。固有频率可以是实数、复数和虚数，从而决定响应为非振荡过程、衰减振荡过程或等幅振荡过程。电路的固有频率仅仅由电路的结构及参数来决定，它也反映了电路固有的性质。

3.8.3　二阶电路的零状态响应和全响应

根据 3.4 节零状态响应的定义，如果二阶电路的储能元件初始储能为零，仅仅由外加激励导致的响应，就是二阶电路的零状态响应。

如图 3.46 所示，它是 RLC 串联电路，假设 $u_C(0_+)=u_C(0_-)=0$，$i(0_+)=i(0_-)=0$。在指定的电压和电流参考方向下，当开关 S 在 $t=0$ 时闭合以后，根据 KVL，可得

$$u_R+u_L+u_C=U_S$$

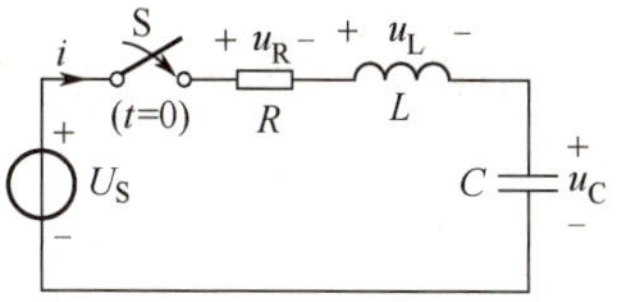

图 3.46　RLC 串联电路

以电容电压 $u_C(t)$ 为待求变量，根据元件伏安关系，整理得到

$$LC\frac{d^2u_C}{dt^2}+RC\frac{du_C}{dt}+u_C=U_S$$

这是二阶线性非齐次微分方程，它的解为对应的齐次微分方程的通解（记为 $u_{Ch}(t)$）以及二阶微分方程的特解（记为 $u_{Cp}(t)$）之和。即

$$u_C(t)=u_{Ch}(t)+u_{Cp}(t)$$

通解 $u_{Ch}(t)$ 与零输入响应形式相同，特解 $u_{Cp}(t)$ 就是稳态值，再根据初始条件确定积分常数，从而得到零状态响应的解。

二阶电路的全响应是指二阶电路的原始储能不为零，同时又施加有外加激励时的响应，根据 3.5 节有关全响应的讨论，全响应是零输入响应与零状态响应之和，可以通过求解二阶线性非齐次微分方程求得。

【例 3.20】 如图 3.47（a）所示电路，已知 $u_C(0_-)=0$，$i_L(0_-)=0$，开关 S 在 $t=0$ 时闭合，试求 $t\geqslant 0_+$ 后 $i_L(t)$、$u_C(t)$。

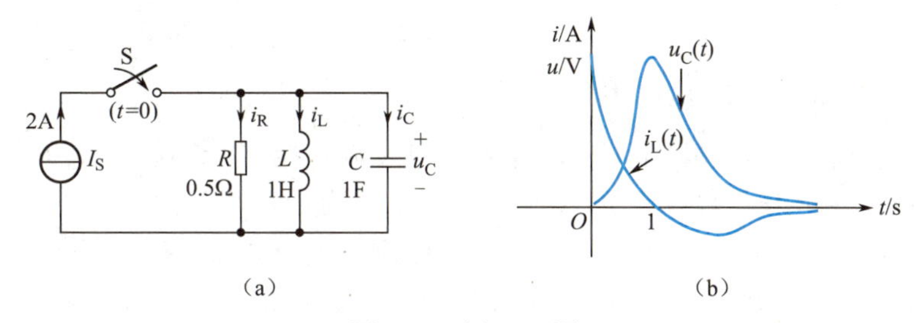

图 3.47　例 3.20 图

解：电容电压初始值以及电感电流初始值为零，$t=0$ 时开关 S 闭合，1A 的直流电流源作用于电路，因此是零状态响应。根据 KCL 以及元件的伏安关系，有

$$i_R+i_L+i_C=I_S$$

$$u_C(t)=L\frac{di_L(t)}{dt}$$

$$i_R(t)=\frac{u_C(t)}{R}=\frac{L}{R}\frac{di_L(t)}{dt}$$

$$i_C(t)=C\frac{du_C(t)}{dt}=LC\frac{di_L^2(t)}{dt^2}$$

整理得到以电感电流 $i_L(t)$ 为变量的二阶线性非齐次方程

$$LC\frac{\mathrm{d}i_{\mathrm{L}}^{2}(t)}{\mathrm{d}t^{2}}+\frac{L}{R}\frac{\mathrm{d}i_{\mathrm{L}}(t)}{\mathrm{d}t}+i_{\mathrm{L}}(t)=I_{\mathrm{S}}$$

代入数据，得
$$\frac{\mathrm{d}i_{\mathrm{L}}^{2}(t)}{\mathrm{d}t^{2}}+2\frac{\mathrm{d}i_{\mathrm{L}}(t)}{\mathrm{d}t}+i_{\mathrm{L}}(t)=2$$

其特征方程为
$$S^2+2S+1=0$$

特征根为
$$S_1=S_2=S=-1$$

方程的解为通解（记为$i_{\mathrm{Lh}}(t)$）和特解（记为$i_{\mathrm{Lp}}(t)$）之和，即
$$i_{\mathrm{L}}(t)=i_{\mathrm{Lh}}(t)+i_{\mathrm{Lp}}(t)$$

$i_{\mathrm{Lp}}(t)$是稳态值，$i_{\mathrm{Lp}}(t)=2\mathrm{A}$，通解$i_{\mathrm{Lh}}(t)$的形式为
$$i_{\mathrm{Lh}}(t)=(K_1+K_2t)\mathrm{e}^{St}=(K_1+K_2t)\mathrm{e}^{-t}$$

所以
$$i_{\mathrm{L}}(t)=i_{\mathrm{Lh}}(t)+i_{\mathrm{Lp}}(t)=(K_1+K_2t)\mathrm{e}^{-t}+2$$

根据初始值
$$\begin{cases}i_{\mathrm{L}}(0_+)=i_{\mathrm{L}}(0_-)=0\\ \dfrac{\mathrm{d}i_{\mathrm{L}}}{\mathrm{d}t}\Big|_{t=0_+}=\dfrac{u_{\mathrm{C}}(0_+)}{L}=\dfrac{u_{\mathrm{C}}(0_-)}{L}=0\end{cases}$$

得
$$\begin{cases}K_1+2=0\\ -K_1+K_2=0\end{cases}$$

求得
$$\begin{cases}K_1=-2\\ K_2=-2\end{cases}$$

$$i_{\mathrm{L}}(t)=[(-2-2t)\mathrm{e}^{-t}+2]\mathrm{A}\quad t\geqslant 0_+$$

$$u_{\mathrm{C}}(t)=L\frac{\mathrm{d}i_{\mathrm{L}}(t)}{\mathrm{d}t}=2t\mathrm{e}^{-t}\ \mathrm{V}\quad t\geqslant 0_+$$

电路的过渡过程是临界阻尼，具有非振荡性质。$i_{\mathrm{L}}(t)$和$u_{\mathrm{C}}(t)$波形如图 3.47（b）所示。

3.9 应用案例

3.9.1 航空发动机点火电路分析

现代航空发动机的点火激励器主要有四种类型，即高压电感点火激励器、低压电感点火激励器、高压电容点火激励器和低压电容点火激励器。电感点火激励器提供的能量较低，不超过 50mJ，属于低能输出；电容点火激励器存储能量 1~20J，火花能量在 0.2J 以上，属于高能输出。因此，有时也把电感点火激励器称为低能点火激励器，把电容点火激励器称为高能点火激励器。典型的交流式点火激励器的内部结构如图 3.48 所示。

航空发动机交流式高能点火器的电路如图 3.49 所示，它主要由三部分构成：交流升压模块、整流倍压储能模块、放电模块。

在其输入端上加载的交流电经扼流圈 L_3 通过升压变压器 T_1 升压，在其二次绕组上感应的高压经整流倍压后对储能电容 C_2 充电，当电压达到放电管 SG 的阈值电压时便会击穿放电管在电嘴 SP 处产生放电。

其具体过程是：当 T_1 二次绕组感应电压为上端正、下端负时，电压波峰到来之前 D_1 导通，D_2 截止，对 C_1 支路、C_2 和 C_3 串联组成的支路充电；当电压越过波峰后的某个时刻，C_3 上的电压大于 T_1 二次绕组输出电压时，D_2 导通，D_1 截止，此时 C_3 通过 C_2 经 T_1 二次线圈放电，C_1 则继续对 C_2 充电。

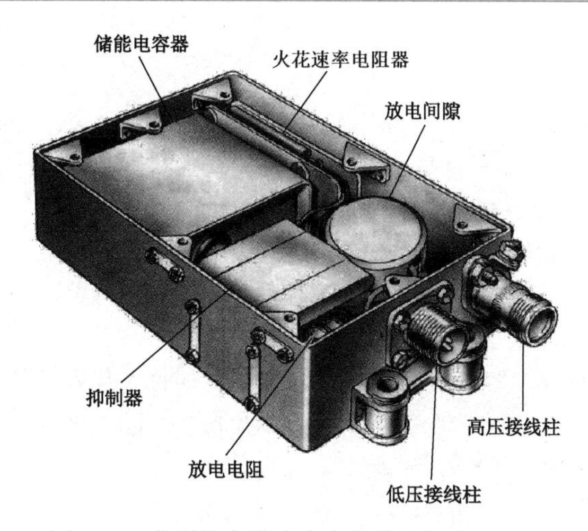

图 3.48　典型的交流式点火激励器的内部结构

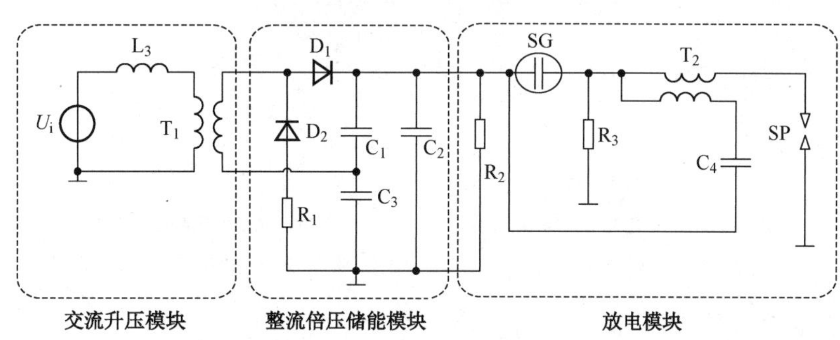

图 3.49　航空发动机交流式高能点火器的电路

当 T_1 二次绕组的感应电压为下端正、上端负时，电压波峰到来之前 D_2 导通，对 C_3 支路、C_1 和 C_2 串联组成的支路充电；当电压越过波峰后的某个时刻，C_1 上的电压大于 T_1 二次绕组电压时，D_1 导通，D_2 截止，此时 C_1 通过 D_1 经 T_1 二次线圈放电，C_3 则继续对 C_2 充电。

T_1 二次感应电压正负半周交替进行，无论感应电压方向如何变化，C_2 的电压始终处于充电状态，其电压呈间断上升趋势。经过一定的周期之后，C_1、C_3 上电压之和接近于两倍的 T_1 二次绕组的感应电压，在这个过程中，如果 C_2 上的电压上升到放电管 SG 的阈值电压（约为 3000V），则会击穿放电管进入放电环节，在电嘴 SP 处产生强烈火花放电，点燃混合气体。在图 3.49 中，各元件作用如下。

L_3 为滤波电感，其有两个作用，一是起到电流调节作用，二是控制输入功率和火花速率，以及滤波，防止点火激励器的高频信号导入飞机电源系统，干扰飞机无线电设备；T_1 为升压变压器；D_1、D_2 为高温二极管，用于对交流信号进行整流和倍增电压；R_1 为限流电阻，用于限制电容 C_3 的充电电流；C_1、C_3 为倍压电容；C_2 为储能电容；R_2 为 C_2 的放电电阻，阻值很大，其作用是当点火激励器断电时，将储能电容 C_2 中的剩余电荷逐渐放掉，而其在点火激励器正常工作中的作用很小，可以忽略不计；SG 为放电管，是一种密封的气体管，它的工作稳定，不受外界气压变化的影响，保证准确的击穿电压，其作用是将点火电嘴电路与储能电容 C_2 隔开，使得点火电嘴工作条件变化时，能使 C_2 充电到规定的击穿电压，不受点火电嘴工作条件的影响；R_3 为保护电阻，千欧姆数量级，它的作用是使放电管 SG 直接感受到 C_2 上的电压，还能在高频变压器 T_2 和电容 C_3 脱落时，为 C_2 提供一个放电通道，防止 C_2 一直被充到 2 倍于 T_1 二极绕组上感应的电压峰值的电压值，危及安全或击穿 C_2；C_4 为高频振荡电容；T_2 为高频变压器。

3.9.2 闪光灯电路分析

闪光灯电路如图 3.50（a）所示。电路中的灯只有在电压 u_L 达到 U_{max} 时开始导通。在灯导通期间，将其模拟成一个电阻 R_L 。灯一直导通到其电压 u_L 降到 U_{min} 时为止。灯不导通时，相当于开路。

在分析电路特性的表达式之前，先对电路的工作过程建立一个感性认识。首先，当灯表现为开路时，直流电压源将通过电阻给电容充电，使灯电压 u_L 升高；一旦灯电压达到 U_{max} ，灯开始导通并且电容开始放电，使灯电压下降；一旦灯电压下降到 U_{min} ，灯将开路，电容又将开始充电。电容的充放电波形如图 3.50（b）所示。

在图 3.50（b）中，选择电容开始充电的瞬间 $t=0$ 。时间 t_0 代表灯开始工作的瞬间， t_c 为完成一个周期的结束时间。开始分析时，假设电路已经工作很长时间，当灯停止导通的瞬间，灯被模拟为开路，灯电压为 U_{min} ；根据三要素法，在电容充电的作用下，灯电压将按照以下规律变化：

$$u_L(t)=U_S+(U_{min}-U_S)e^{-t/RC}$$

式中，U_S 是该等效电路的稳态响应；RC 是该等效电路的时间常数。

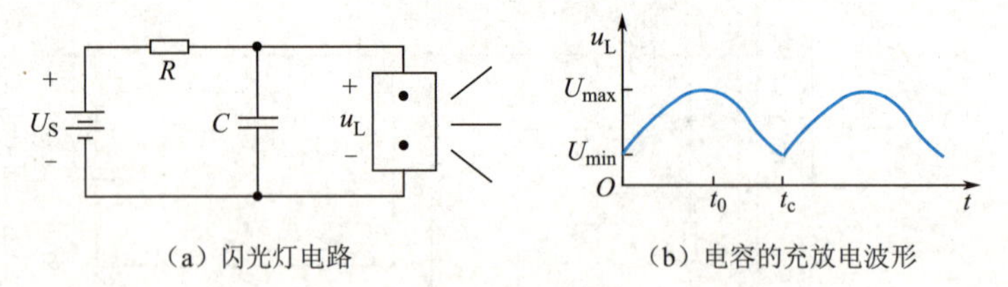

（a）闪光灯电路　　（b）电容的充放电波形

图 3.50　闪光灯电路及电容的充放电波形

灯开始导通需要的时间可以根据 $u_L(t_0)=U_{max}$ 求出，即

$$t_0=RC\ln\frac{U_S-U_{min}}{U_S-U_{max}}$$

当灯导通后，可以被模拟成电阻 R_L ，电容开始放电，根据三要素法，灯电压将按照以下规律变化

$$u_L(t)=\frac{R_L}{R+R_L}U_S+\left(U_{max}-\frac{R_L}{R+R_L}U_S\right)e^{-(t-t_0)/(R//R_L)C}$$

式中，$\frac{R_L}{R+R_L}U_S$ 是该等效电路的稳态响应；$(R//R_L)C$ 是该等效电路的时间常数。

灯的导通时间可以根据 $u_L(t_c)=U_{min}$ 求出，即

$$t_c-t_0=\frac{RR_LC}{R+R_L}\ln\frac{U_{max}-\frac{R_L}{R+R_L}U_S}{U_{min}-\frac{R_L}{R+R_L}U_S}$$

思考题与习题 3

题 3.1　电路如图 3.51 所示，开关 S 在 t=0 时断开，画出 $t=0_+$时原电路的等效电路，并求电容电压和电容电流初始值。

题 3.2　电路如图 3.52 所示，开关动作前电路已达到稳定状态，求图 3.52（a）电流电压初始值 $i(0_+)$、$i_L(0_+)$、$u_L(0_+)$ 以及图 3.52（b）电流电压初始值 $i(0_+)$、$i_C(0_+)$、$u_C(0_+)$ 。

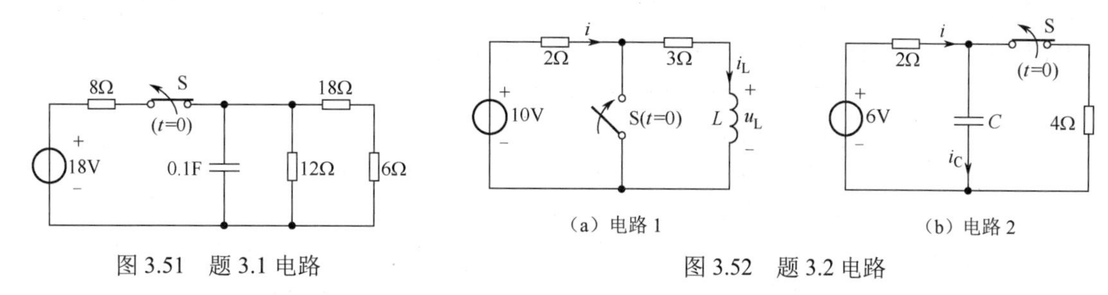

图 3.51　题 3.1 电路

(a) 电路 1　(b) 电路 2

图 3.52　题 3.2 电路

题 3.3　在图 3.53 所示电路中，t=0 时开关打开，求换路瞬间（$t=0_+$）图中所标示电流 i_C、i_1 和电压 U 的初始值。

题 3.4　如图 3.54 所示电路，在 t<0 时开关 S 闭合在"1"，电路已处于稳态。当 t=0 时开关 S 闭合到"2"，求初始值 $i_C(0_+)$、$u_L(0_+)$、$i_1(0_+)$ 和 $i_2(0_+)$。

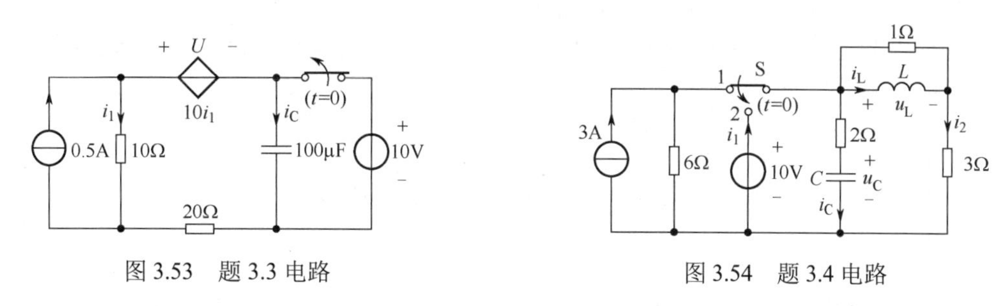

图 3.53　题 3.3 电路

图 3.54　题 3.4 电路

题 3.5　求图 3.55 所示各电路的时间常数。

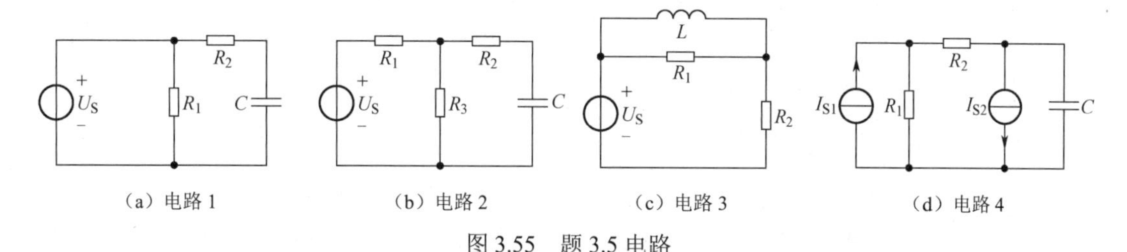

(a) 电路 1　(b) 电路 2　(c) 电路 3　(d) 电路 4

图 3.55　题 3.5 电路

题 3.6　如图 3.56 所示电路，开关 S 在 t=0 时闭合，此前电路已达到稳态。试求电路的时间常数 τ 以及电容两端电压 $u_C(t)$ $(t \geqslant 0)$。已知 $U_S = 10\text{V}$，$R_1 = 4\text{k}\Omega$，$R_2 = 2\text{k}\Omega$，$R_3 = 4\text{k}\Omega$，$C = 25\mu\text{F}$。

题 3.7　如图 3.57 所示的电路，电容初始状态为零，已知 U_S=20V，若要求：

（1）S 闭合 0.5s 后 u_C 值达到输入电压 U_S 幅值的 50%；

（2）电路在整个工作过程中从电源取得的电流最大值不超过 1mA。

求满足上述条件的电路参数 R、C 的值。

题 3.8　如图 3.58 所示电路，t=0 时开关打开，求电容电压 $u_C(t)$ $(t \geqslant 0)$，并画出其变化曲线。已知开关打开前电路已达到稳态。

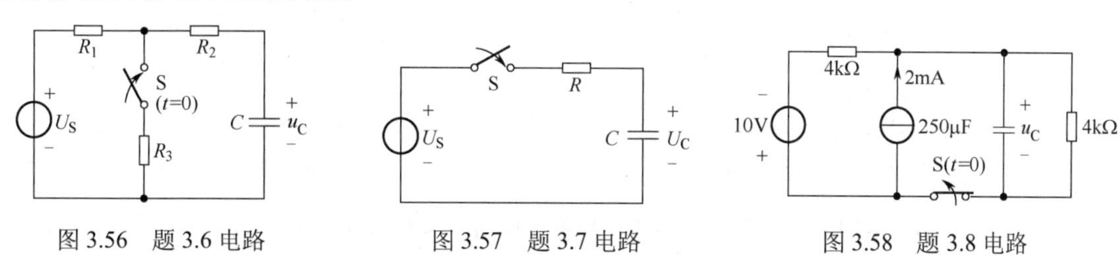

图 3.56　题 3.6 电路　　图 3.57　题 3.7 电路　　图 3.58　题 3.8 电路

题 3.9　在图 3.59 所示电路中，已知 $R_1=10\Omega$，$R_2=20\Omega$，$R_3=20\Omega$，$U_S=20V$，$L=1H$。设开关 S 原闭合，电路已稳定，求开关 S 断开后 i_L、u_L 的变化规律。

题 3.10　在图 3.60 所示电路中，已知 $u_C(0_-)=2V$，$t=0$ 时开关闭合，求 U_S 为 1V 和 5V 时 u_C 的零输入响应、零状态响应和全响应。

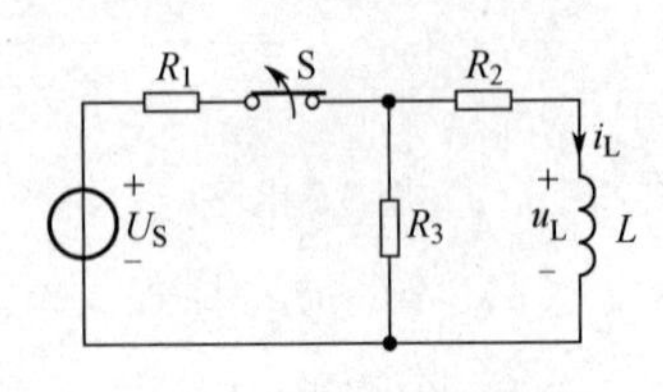

图 3.59　题 3.9 电路

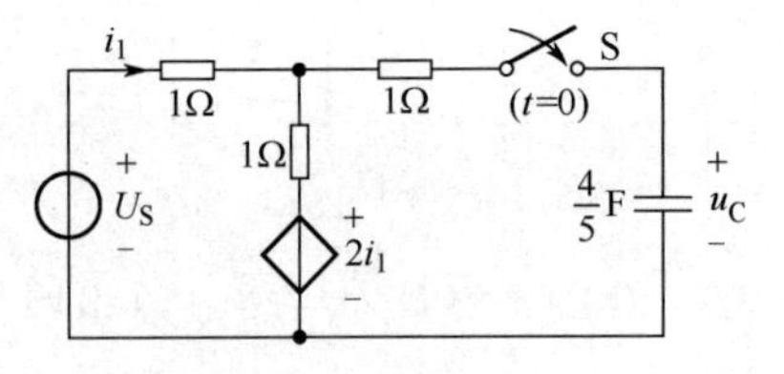

图 3.60　题 3.10 电路

题 3.11　在图 3.61 所示电路中，已知 $R_1=10\Omega$，$R_2=20\Omega$，$R_3=20\Omega$，$U_S=90V$，$L=1H$，开关在 t=0 打开，试用三要素法求换路后的 $u_L(t)$。

题 3.12　在图 3.62 所示电路中，试求 $u_L(t)$ $(t\geqslant 0)$。已知开关闭合前电路已经达到稳态。

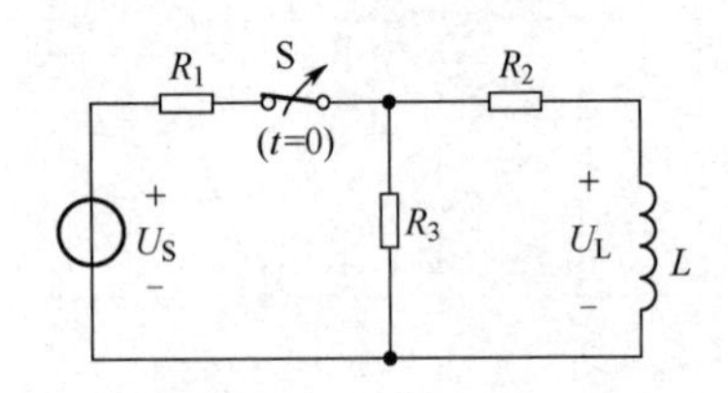

图 3.61　题 3.11 电路

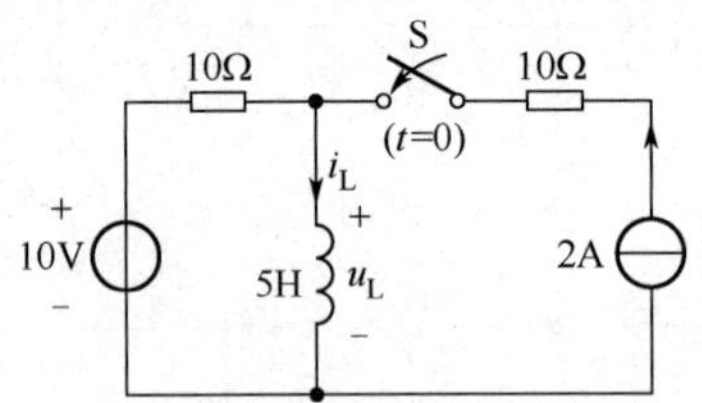

图 3.62　题 3.12 电路

题 3.13　在图 3.63 所示电路中，求 $i(t)$ $(t\geqslant 0)$。已知开关闭合前电路已经达到稳态。

题 3.14　在图 3.64 所示电路中，已知 $R_1=3k\Omega$，$R_2=6k\Omega$，$C_1=40\mu F$，$C_2=C_3=20\mu F$。电源 $U_S=12V$，在 $t=0$ 时施加至电路上，试求 $u_C(t)$ $(t\geqslant 0)$。设 $u_C(0)=0$。

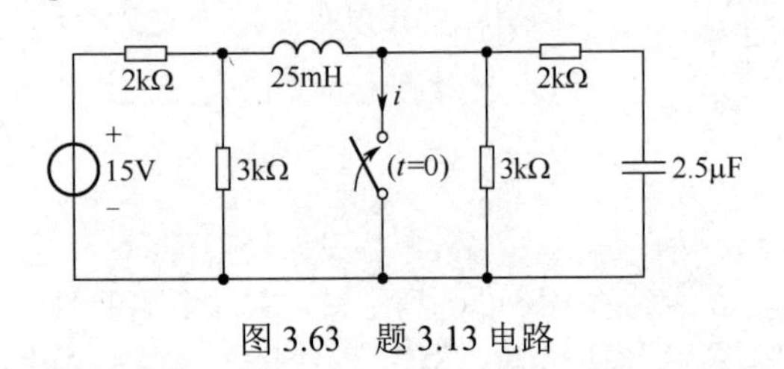

图 3.63　题 3.13 电路

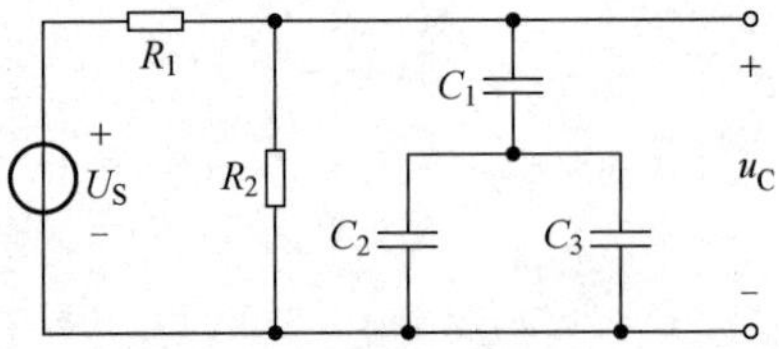

图 3.64　题 3.14 电路

题 3.15　在图 3.65 所示电路中，电感的初始储能为零，(1) S_1 闭合后 0.4s 再断开 S_2，t=1.4s 时电路中电流 i 为多大？(2) S_1 闭合后电流 i 上升到 1A 再断开 S_2，电路中是否有过渡过程？

题 3.16　在图 3.66 所示电路中，求电容电压 $u_C(t)$ 和电流 $i_C(t)$ $(t\geqslant 0)$，并画出其变化的曲线。已知开关闭合前电路已经达到稳态。

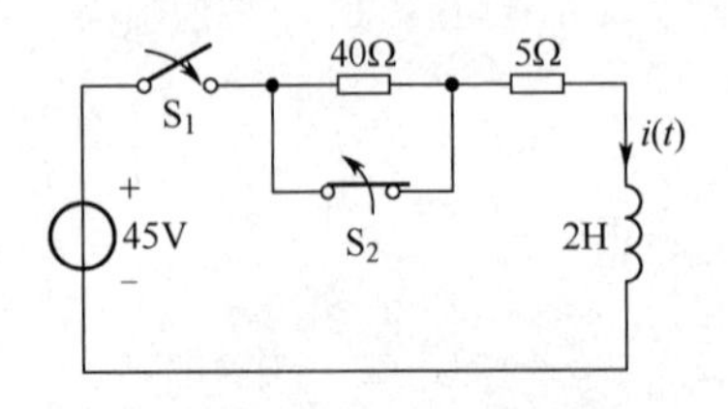

图 3.65　题 3.15 电路

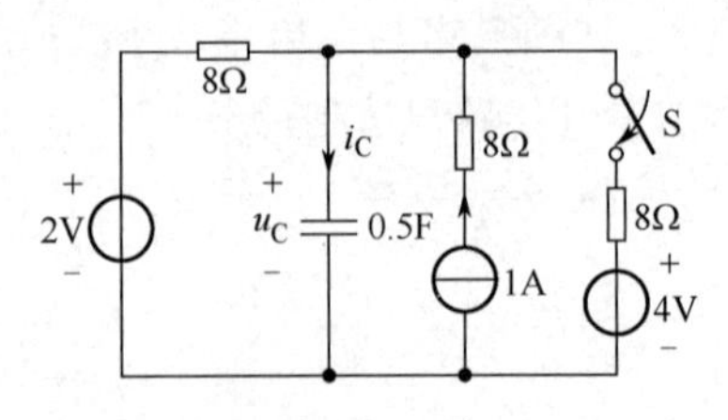

图 3.66　题 3.16 电路

题 3.17　在图 3.67 所示电路中，$t=0$ 时开关 S 闭合，求开关闭合后通过开关的电流 $i(t)$。已知 $U_S=100V$，$C=125\mu F$，$R_1=60\Omega$，$R_2=R_3=40\Omega$，$L=1H$，电路原先已稳定。

题 3.18 试用阶跃函数和延迟阶跃函数表示图 3.68 所绘各波形。

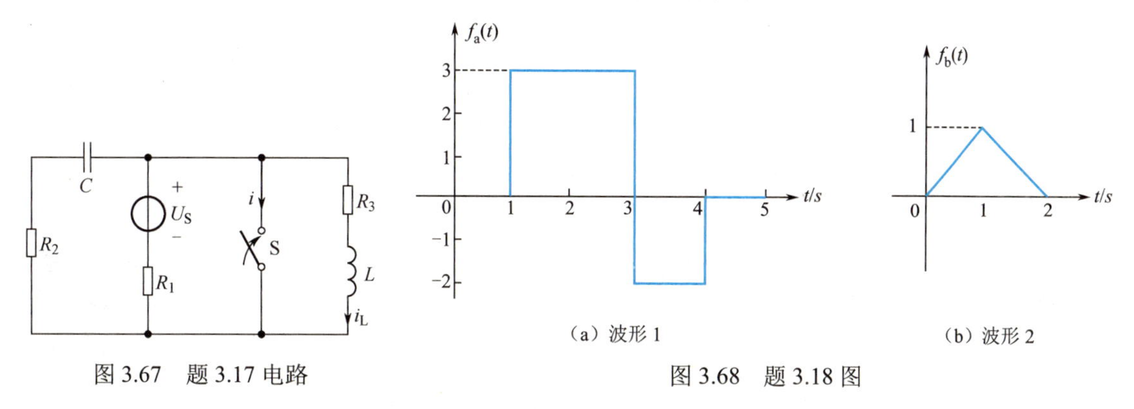

图 3.67 题 3.17 电路

（a）波形 1 （b）波形 2

图 3.68 题 3.18 图

题 3.19 激励波形如图 3.69（a）所示，求图 3.69（b）所示电路中的电流 $i_L(t)$，已知 $i_L(0_+)=0$。

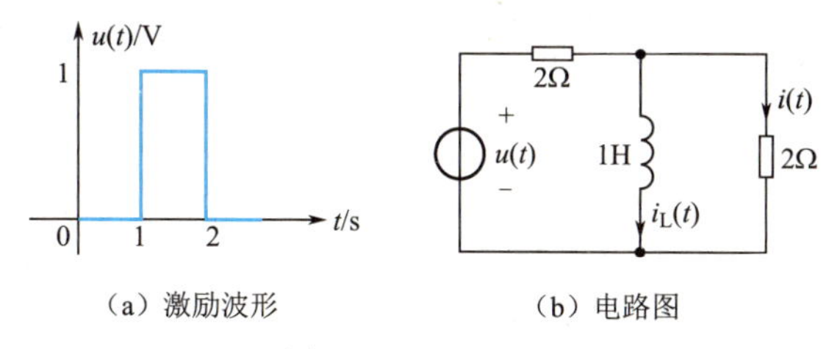

（a）激励波形 （b）电路图

图 3.69 题 3.19 图

题 3.20 在图 3.70（a）所示电路中，已知电容初始电压为零，求 $u_C(t)$，并画出其波形。激励波形如图 3.70（b）所示。

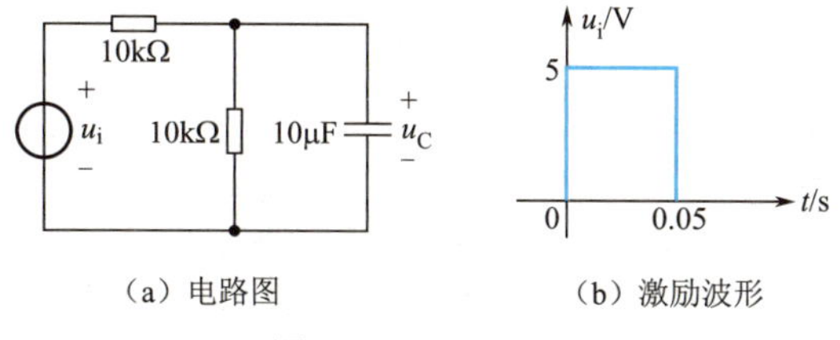

（a）电路图 （b）激励波形

图 3.70 题 3.20 图

题 3.21 图 3.71 所示是一个产生锯齿波的简化电路。K 为一特殊开关，当 K 两端的电压上升到 300V 时，开关导通；当 K 两端的电压下降到 30V 时，它便断开。分析电容两端电压 u_C 的变化规律，画出其波形，并求出其周期。

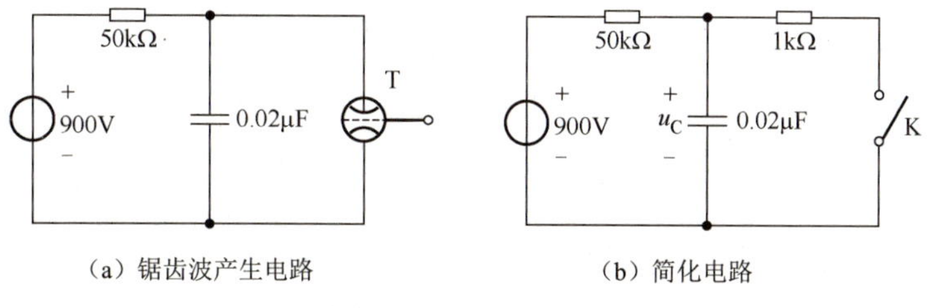

（a）锯齿波产生电路 （b）简化电路

图 3.71 题 3.21 电路

题 3.22 电路及其激励波形分别如图 3.72（a）、（b）所示。试根据给出的电路参数求响应 $u_o(t)$，并画出其波形图。（1）当 $C=510\text{pF}$，$R=10\text{k}\Omega$ 时；（2）当 $C=1\mu\text{F}$，$R=10\text{k}\Omega$ 时。

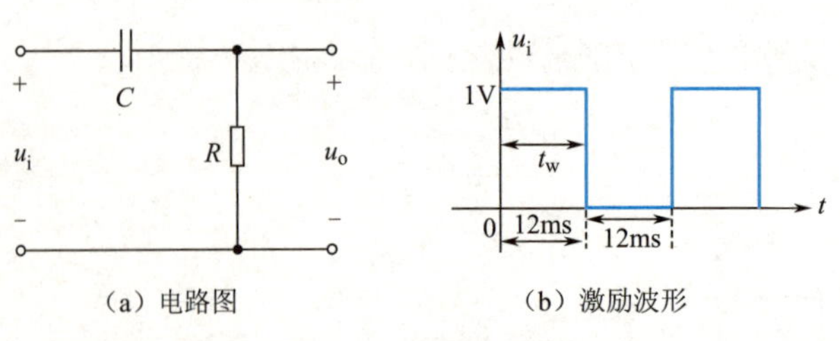

（a）电路图　　（b）激励波形

图 3.72　题 3.22 图

题 3.23　在图 3.73 所示电路中，求 $u_C(t)$ 和 $i_L(t)$ $(t \geqslant 0)$。已知开关打开前电路已经达到稳态。

题 3.24　在图 3.74 所示电路中，已知 $u_C(0)=0$，$i_L(0)=20\text{A}$，C=0.5F，$L=1\text{H}$，R=2Ω 试求电容电压 $u_C(t)$ $(t \geqslant 0)$。

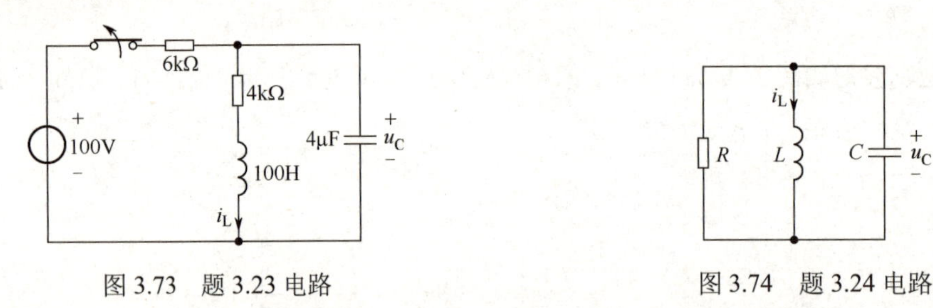

图 3.73　题 3.23 电路　　图 3.74　题 3.24 电路

题 3.25　在图 3.75（a）所示电路中，N_1 为零状态，由一个阶跃电流源作用于电路。若电压 u_1 的曲线如图 3.75（b）所示，试确定 N_1 可能的结构。

题 3.26　在图 3.76 所示电路中，电容的初始储能为零，试求 $u_C(t)$、$i_1(t)$。

题 3.27　在图 3.77 所示电路中，$t=0$ 时开关由 a 切换到 b，求电流 i 和电压 u_C，并画出其波形。

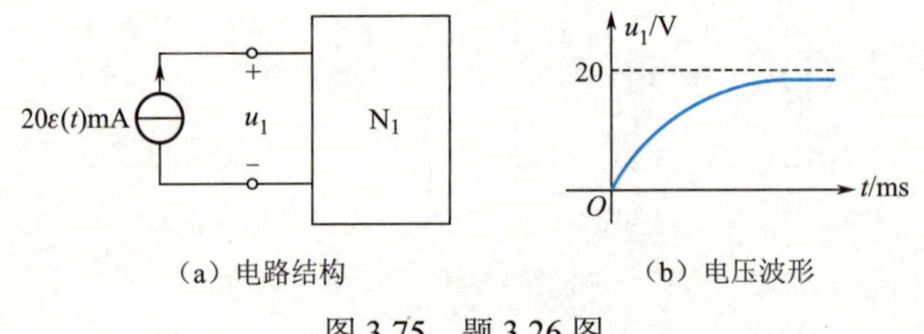

（a）电路结构　　（b）电压波形

图 3.75　题 3.26 图

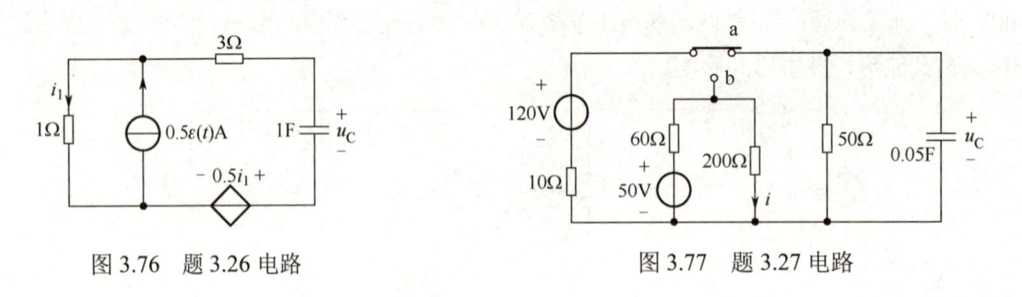

图 3.76　题 3.26 电路　　图 3.77　题 3.27 电路

第 4 章　正弦交流电路的稳态分析

本章导读信息

前面各章讨论的电路其激励或电源都是直流电。实际应用中还有一类电路，它的激励是正弦交流电，电路中的电压、电流都是按正弦规律变化的，也是我们日常用电中的典型电路形式，通常称之为正弦交流电路。本章主要介绍正弦稳态电路分析方法，即不考虑第 3 章提到的动态过程。正弦交流电路同样遵循两类约束，与第 2、3 章时域分析方法不同，它借助于复数这一数学工具，将正弦交流电路的分析转换到频率域内来进行，即利用相量（复数）来描述正弦量，将两类约束转换成相量形式，相应将电路时域模型转换成电路相量模型（频域模型），基于相量模型采用第 2 章的分析方法获取待求电流或电压的相量形式，最后转换为时域结果。本章相量模型建立是关键，相量模型和第 2 章知识结合重构成了正弦交流电路的分析方法，因此，可以说本章内容就是第 2 章知识的应用。

1. 内容提要

在本章中，首先介绍正弦量的基本概念，并在引入相量表示正弦量的基础上，介绍阻抗和导纳以及两类约束的相量形式，以此建立电路的相量模型实现正弦交流电路的频域分析。接下来介绍正弦交流电路的特性，包括功率和能量特性以及频率特性，并以三相电路作为一种典型正弦交流电路，介绍其电路结构、特点与分析方法。最后介绍非正弦周期信号作用下电路的稳态分析。

本章中用到的主要名词与概念有：正弦量，幅值，周期（频率），相位，初相位，相位差，有效值，相量，幅值相量，有效值相量，相量图；容抗，感抗，阻抗，导纳，相量模型，相量形式的欧姆定律，基尔霍夫定律的相量形式，正弦稳态电路相量分析法；瞬时功率，有功功率，无功功率，视在功率，复功率，功率因数；功率三角形；传递函数，频率特性，滤波电路，无源滤波电路，低通滤波器，高通滤波器，带通滤波器，带阻滤波器，特征频率，截止频率，上限截止频率，下限截止频率，中心频率；谐振，串联谐振，并联谐振，谐振频率，品质因数，谐振电路的选择性，通频带；对称三相电源，三相电源首（始）端与尾（末）端，A 相、B 相和 C 相，三相电源的相序，星形（Y）和三角形（△）连接，相线（火线）、中线（零线），相电压、线电压，三相负载，对称三相负载；三相电路，对称三相电路，相电流、线电流，三相四线制；一表法，二表法，三表法；非正弦周期性信号，傅里叶级数，基波分量，谐波分量；非正弦周期性信号的有效值、平均值、平均功率；非正弦周期信号电路的谐波分析法等。

2. 重点难点

【本章重点】

（1）相量的概念，两类约束的相量形式，正弦稳态电路的相量模型；

（2）电阻、电感、电容三种基本电路元件的阻抗与导纳；

（3）正弦稳态电路的相量分析法；

（4）正弦稳态电路中各功率的物理意义及相互关系；

（5）RLC 电路的谐振；

（6）三相电路电流、电压和功率的分析与计算。

【本章难点】

（1）正弦稳态电路的相量分析法；

（2）非对称三相电路的分析与计算；

（3）非正弦周期信号电路的分析。

4.1 正弦交流电概述

正弦波是交流电流和交流电压的基本类型。在工业生产和日常生活中，电力公司提供的都是正弦波形式的电压和电流，即使在某些场合需要直流电，通常也是将正弦交流电通过整流设备变换得到的。正弦波主要来源有两种：在强电方面，由交流发电机以正弦交流的形式生产出来；在弱电方面，主要由电子振荡电路产生。

视频——正弦交流电概述

4.1.1 正弦交流电及其表示方式

正弦交流电是对正弦交流电压和电流的统称，它有两个重要特性。

其一，正弦交流电是一种随时间周期性交变的信号。它变化一个周期所经历的时间称为周期，通常用 T 表示，以秒(s)为单位。周期的倒数（即一秒内变化的周期数）称为频率，通常用 f 表示，以赫兹（Hz）为单位。作为周期信号的正弦交流电，其大小和方向均可随时间而变化。因此分析计算电路时，对正弦交流电压、电流均应规定参考方向。在任一时刻 t，若电压、电流的实际方向与参考方向一致，则为正值；否则为负值。

其二，正弦交流电是按正弦规律周期性变化的，所以常称为正弦量。

正弦交流电的主要表示方式有三种：波形图、函数表达式和相量。图 4.1 所示为正弦交流电压的波形图。其函数表达式为

$$u(t)=U_{\mathrm{m}}\sin(\omega t+\theta_{\mathrm{u}}) \tag{4.1}$$

由三角函数可知，sin 函数与 cos 函数都是按正弦规律变化的函数，它们之间仅相差 90° 相位角，从波形图上看，唯一的区别在于它们的起始位置不同。本书中采用 sin 函数形式表示正弦量。

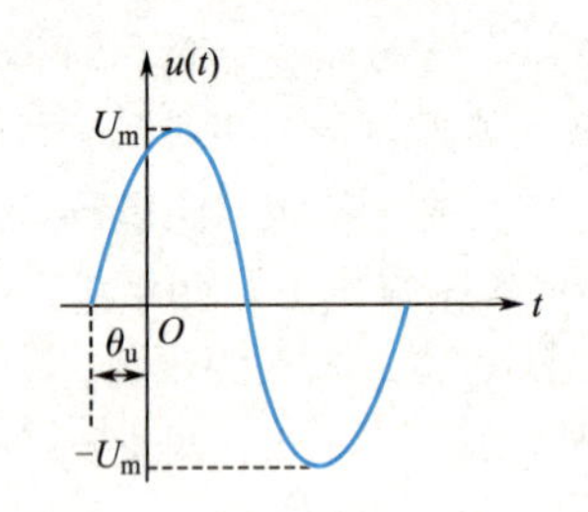

图 4.1 正弦交流电压的波形图

视频——正弦交流电表示方法

4.1.2 正弦量的三要素

从式（4.1）中可以看出，如果知道正弦电压的变化幅度、变化一周所需要的时间以及计时起点的初始相位，就可以确定任意时刻的正弦电压值。通常把表征正弦量的变化幅度、变化快慢、初始相位的三个参数——幅值、周期（频率，角频率）和初相位称为正弦量的三要素。

1. 幅值

正弦量在任一瞬间的值称为瞬时值，用小写字母表示。例如，电压的瞬时值用 $u(t)$ 表示，电流的瞬时值用 $i(t)$ 表示，或者简记为 u 和 i。瞬时值中的最大值称为振幅，又称为幅值或峰值，用带下

标 m 的大写字母来表示，如U_m、I_m分别表示电压、电流的幅值。

2．周期（频率、角频率）

正弦量变化的快慢可以用周期、频率或角频率来表示。对于给定的正弦波，周期总是固定值。如图 4.2 所示，正弦信号的周期可以直接根据波形图来测量。正弦波的周期等于相邻两个峰值点之间的时间间隔。

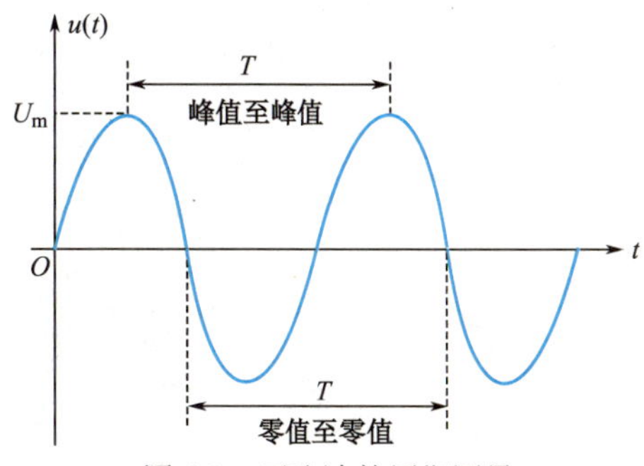

图 4.2　正弦波的周期测量

正弦函数表达式中的角度$(\omega t+\theta)$称为正弦信号的相位角，简称相位，它反映正弦量变化的进程。ω称为正弦量的角频率，单位为弧度/秒（rad/s），表示一秒钟内正弦信号变化的弧度数。正弦量每经历一个周期T的时间，相位增加2π弧度，所以角频率ω、周期T、频率f之间的关系为

$$\omega = 2\pi f = \frac{2\pi}{T} \tag{4.2}$$

式（4.2）表明，只要知道T、f、ω三者中的任意一个，其余两个均可求出。

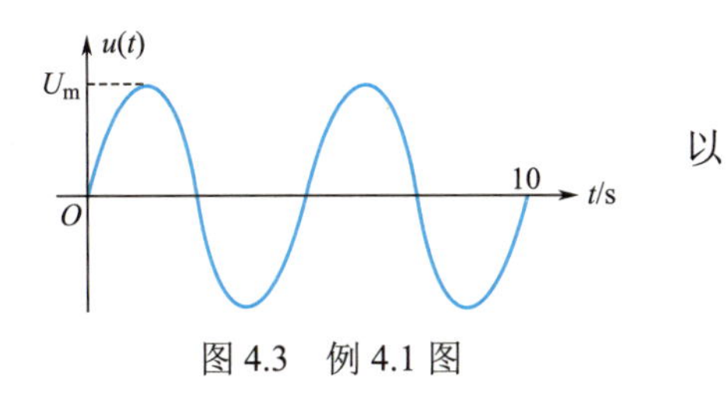

图 4.3　例 4.1 图

【例 4.1】试求图 4.3 所示正弦波的周期、频率、角频率。

解：如图 4.3 所示，10 秒（10s）内完成了 2 个周期，所以

$$T = 5\text{s}$$

$$f = \frac{1}{T} = 0.2\text{Hz}$$

$$\omega = 2\pi f \approx 2\times 3.14\times 0.2\text{rad/s} = 1.256\text{rad/s}$$

3．初相位

正弦量随时间而变化，要确定一个正弦量必须考虑计时的起点。所取计时起点不同，正弦量的初始值就不同，到达幅值或某一特定值所需的时间也不同。

$t=0$时正弦量的相位角称为初相位或初相角，简称初相。式（4.1）所示正弦量的初相位为θ_u。

初相位与所选择的计时起点有关，为了便于分析，一般规定初相位θ_u在$[-\pi,\pi]$的范围内，即规定$|\theta_u|\leqslant\pi$。如果正弦量的起始点在时间起点（坐标原点）的左边，如图 4.1 所示，则θ_u为正值。如果正弦量的起始点在时间起点的右边，则θ_u为负值。通常约定，所谓正弦量的起点，是指最靠近坐标原点的那一个起始点。

4.1.3　正弦量的相位差

任意两个同频率正弦量的相位之差称为相位差，用φ表示，实际问题中经常要比较两个同频率正弦量的相位之差。假如有两个正弦电压分别为

$$\begin{cases} u_1(t) = U_{1m}\sin(\omega t+\theta_1) \\ u_2(t) = U_{2m}\sin(\omega t+\theta_2) \end{cases} \tag{4.3}$$

它们的初相位分别为θ_1和θ_2，如图 4.4（a）所示，那么$u_1(t)$和$u_2(t)$的相位差为

$$\varphi = (\omega t+\theta_1)-(\omega t+\theta_2) = \theta_1-\theta_2 \tag{4.4}$$

可见，两个同频率正弦信号的相位差等于它们的初相位之差。若$\varphi>0$，则表示$u_1(t)$的起点在时间上早于$u_2(t)$，因此称$u_1(t)$超前$u_2(t)$，或$u_2(t)$滞后$u_1(t)$。相位差是一个不随时间变化的常数。从图 4.4（a）中也可以看出，如果改变时间起点，也就是把坐标原点移动，则$u_1(t)$和$u_2(t)$的初相位θ_1和θ_2都会变化，但两者的相位差即φ是不会改变的，所以相位差比初相位更有实际意义。一

般情况下，取$|\varphi|\leqslant\pi$。

若相位差$\varphi=0$，即两个正弦电压的初相位相等，则称$u_1(t)$与$u_2(t)$同相，如图4.4（b）所示，$u_1(t)$和$u_2(t)$同时达到最大值，也同时达到零值。

若$\varphi=\pm\pi$，则称$u_1(t)$与$u_2(t)$反相，如图4.4（c）所示。

若$\varphi=\pm\dfrac{\pi}{2}$，则称$u_1(t)$与$u_2(t)$正交，如图4.4（d）所示。

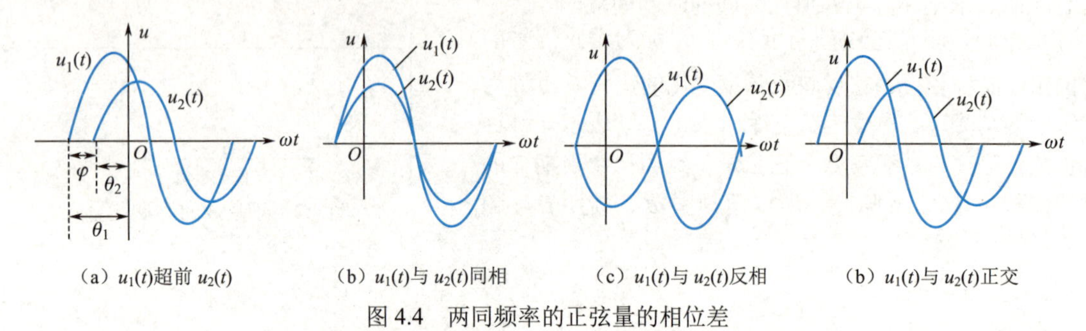

（a）$u_1(t)$超前$u_2(t)$　（b）$u_1(t)$与$u_2(t)$同相　（c）$u_1(t)$与$u_2(t)$反相　（b）$u_1(t)$与$u_2(t)$正交

图4.4　两同频率的正弦量的相位差

【例4.2】试求图4.5（a）、（b）所示电路中两个正弦波的相位差。

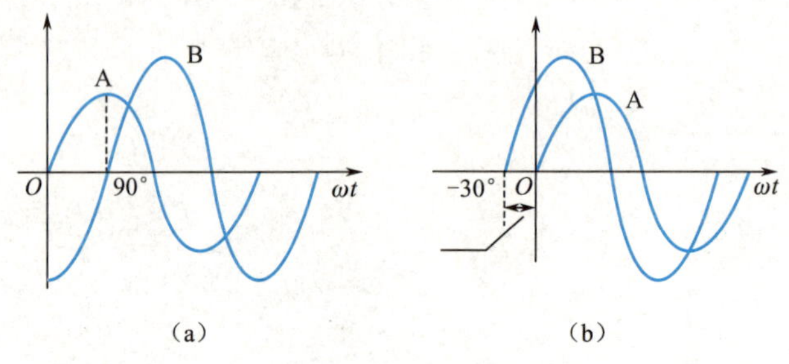

（a）　（b）

图4.5　例4.2图

解：在图4.5（a）中，正弦波A在0°时与横轴零相交，而正弦波B在90°时与横轴零相交，因此这两个正弦波之间的相位差为90°，且正弦波A超前正弦波B。

在图4.5（b）中，正弦波B在−30°时与横轴零相交，而正弦波A在0°时与横轴零相交，因此这两个正弦波之间的相位差为30°，且正弦波A滞后正弦波B。

【例4.3】已知两个正弦波的三角函数表达式为：$u_1(t)=-3\sqrt{2}\sin(314t+60^\circ)$ V，$u_2(t)=5\sqrt{2}\cos(314t+45^\circ)$ V，试求它们之间的相位差。

解：先将上述两个表达式写成统一形式：

$$u_1(t)=-3\sqrt{2}\sin(314t+60^\circ)\text{ V}=3\sqrt{2}\sin(314t-120^\circ)\text{V}$$

$$u_2(t)=5\sqrt{2}\cos(314t+45^\circ)\text{V}=5\sqrt{2}\sin(314t+135^\circ)\text{ V}$$

它们之间的相位差就是初相位之差值：

$$\varphi=-120^\circ-135^\circ+360^\circ=105^\circ$$

4.1.4　正弦量的有效值

实际应用中经常需要比较两个正弦量的大小。正弦量的瞬时值随时间而变化，不能用瞬时值来比较两个正弦量的大小。考虑到正弦电压和正弦电流作用于电阻时，电阻皆消耗电能，因此以此为依据定义有效值来表征正弦量的大小。

设有两个相同阻值的电阻R，分别通以正弦电流i和直流电流I，如果在正弦量的一个周期T内两个电阻消耗的能量相等，则称直流电流I为正弦电流i的有效值。即若

$$\int_0^T i^2 R\mathrm{d}t = I^2 RT \tag{4.5}$$

则正弦电流 i 的有效值为

$$I = \sqrt{\frac{1}{T}\int_0^T i^2 \mathrm{d}t} \tag{4.6}$$

由式（4.6）可知，正弦电流的有效值是瞬时值的平方在一个周期内的平均值再取平方根，因此有效值又称为均方根值。

与之类似，正弦电压的有效值为

$$U = \sqrt{\frac{1}{T}\int_0^T u^2 \mathrm{d}t} \tag{4.7}$$

式（4.6）和式（4.7）不仅适用于正弦信号，也适用于任何波形的周期电流和周期电压。

将正弦电流 i 的表达式 $i = I_\mathrm{m}\sin\omega t$ 代入式（4.6），得正弦电流 i 的有效值为

$$I = \sqrt{\frac{1}{T}\int_0^T i^2 \mathrm{d}t} = \sqrt{\frac{1}{T}\int_0^T I_\mathrm{m}^2 \sin^2 \omega t \mathrm{d}t} = \frac{I_\mathrm{m}}{\sqrt{2}}$$

同理，若 $u = U_\mathrm{m}\sin\omega t$，则有

$$U = \frac{U_\mathrm{m}}{\sqrt{2}}$$

可见，正弦量幅值是有效值的 $\sqrt{2}$ 倍。电路分析和实际应用中常用有效值讨论问题。生活中通常所说的 220V、380V 等电压以及由交流电压、电流表读出的电压值、电流值皆为有效值。

【例 4.4】已知 $i = 31\sin(\omega t + 30^\circ)\mathrm{A}$，$f = 50\mathrm{Hz}$，试求有效值 I 和 $t = 1\mathrm{s}$ 时的瞬时值。

解：$I = \dfrac{I_\mathrm{m}}{\sqrt{2}} = \dfrac{31}{\sqrt{2}}\mathrm{A} \approx 22\mathrm{A}$

当 $t = 1\mathrm{s}$ 时，有

$$i = 31\sin(\omega t + 30^\circ)\mathrm{A} = 31\sin(2\pi f t + 30^\circ)\mathrm{A} = 31\sin(100\pi + 30^\circ)\mathrm{A} \approx 15.5\mathrm{A}$$

4.2　相　　量

正弦交流电的函数表达形式实质上就是数学中的正弦函数。正弦函数在数学分析计算中要应用许多三角函数公式，非常不方便。正弦量除了用三角函数表达式和波形表示，还可以用相量来表示。相量在表示正弦量的幅值和相位方面具有简便、直观的特点。相量提供了一种用图形方式表示正弦波的方法，同时也能表示和其他正弦波的相位关系。相量表示法的基础是复数，复数提供了一种数学表示相量的方法，使相量之间的加、减、乘、除运算十分简便。

4.2.1　复数的基本知识

设 A 为一复数，表达式为

$$A = a + \mathrm{j}b \tag{4.8}$$

其中，$a = \mathrm{Re}[A]$ 为 A 的实部，$b = \mathrm{Im}[A]$ 为 A 的虚部，$\mathrm{j} = \sqrt{-1}$ 为虚数单位。该复数可用复平面上的有向线段来表示，如图 4.6 所示。

图 4.6 中横轴表示复数的实部，称作实轴，以+1 为单位；纵轴表示虚部，以+j 为单位。该有向线段的长度$|A|$称为 A 的模。该有向线段与实轴正方向的夹角 θ 称为复数 A 的辐角。复数 A 的实部 a 和虚部 b 与$|A|$及辐角θ的关系为

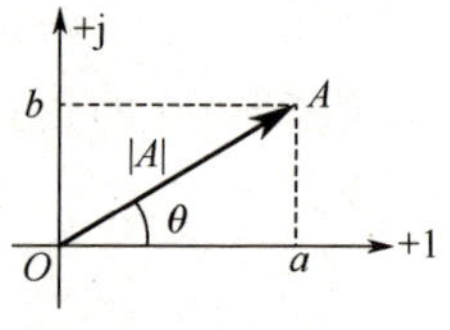

图 4.6　复数的图示

$$\begin{cases} a = |A|\cos\theta \\ b = |A|\sin\theta \end{cases} \tag{4.9}$$

$$\begin{cases} |A| = \sqrt{a^2 + b^2} \\ \theta = \arctan\dfrac{b}{a} \end{cases} \tag{4.10}$$

因此，复数可由两个特征量来表征：模和辐角。根据式（4.9）和式（4.10）及欧拉公式，复数 A 除表示成式（4.8）的代数式外，还可以有三角函数式、指数式和极坐标式三种形式，而且这几种表达式可以互相转换。

$A = |A|\cos\theta + \mathrm{j}|A|\sin\theta$　　（三角函数式）

$A = |A|\mathrm{e}^{\mathrm{j}\theta}$　　（指数式）

$A = |A|\angle\theta$　　（极坐标式）

4.2.2　正弦量的相量表示

由前述分析可知，正弦量具有三个特征量：幅值、频率和初相位。在分析正弦交流电路时，正弦稳态响应为与激励同频率的正弦量，因此由幅值和初相位可以确定已知频率的正弦稳态响应。

设有一正弦交流电压$u(t) = U_{\mathrm{m}}\sin(\omega t + \theta_{\mathrm{u}})$，根据欧拉公式可知

$$u(t) = U_{\mathrm{m}}\sin(\omega t + \theta_{\mathrm{u}}) = \mathrm{Im}[U_{\mathrm{m}}\mathrm{e}^{\mathrm{j}(\omega t + \theta_{\mathrm{u}})}] = \mathrm{Im}[U_{\mathrm{m}} \bullet \mathrm{e}^{\mathrm{j}\theta_{\mathrm{u}}} \bullet \mathrm{e}^{\mathrm{j}\omega t}] \tag{4.11}$$

式中，$U_{\mathrm{m}}\mathrm{e}^{\mathrm{j}\theta_{\mathrm{u}}}$ 为一个复数，这个复数的模表示正弦量的幅值，辐角表示正弦量的初相位。不难想到，一旦求得这个复数，那么正弦电压 $u(t)$的幅值和初相位就确定了，在频率已知的条件下，正弦稳态响应也就随之确定了。因此，这个复数可以用来表示正弦电压 $u(t)$，称之为 $u(t)$的相量，用$\dot{U}_{\mathrm{m}}$ 来表示

$$\dot{U}_{\mathrm{m}} = U_{\mathrm{m}}\mathrm{e}^{\mathrm{j}\theta_{\mathrm{u}}} = U_{\mathrm{m}}\cos\theta_{\mathrm{u}} + \mathrm{j}U_{\mathrm{m}}\sin\theta_{\mathrm{u}} = U_{\mathrm{m}}\angle\theta_{\mathrm{u}} \tag{4.12}$$

正弦量的瞬时值与相量之间的关系可以用图 4.7 来说明。图 4.7（a）中有一个有向线段 $\dot{U}_{\mathrm{m}} = U_{\mathrm{m}}\angle\theta_{\mathrm{u}}$ 代表 $u(t)$的相量，图 4.7（b）所示为 $u(t)$的波形图。在复平面上，有向线段的长度代表正弦量的幅值U_{m}，它与横轴正方向之间的夹角等于正弦量的初相位θ_{u}。该有向线段在虚轴上的投影等于$U_{\mathrm{m}}\sin\theta_{\mathrm{u}}$，即 t=0 时刻该正弦量的瞬时值。现将复数$\dot{U}_{\mathrm{m}}$ 乘上因子 $\mathrm{e}^{\mathrm{j}\omega t}$，则其模不变，辐角随时间均匀增加，因此该有向线段在复平面上以角速度 ω 逆时针旋转。在任意时刻，这个旋转相量在虚轴上的投影等于$U_{\mathrm{m}}\sin(\omega t + \theta_{\mathrm{u}})$，也就正弦电压 $u(t)$ 在该时刻的瞬时值。可见，旋转相量具有正弦量的三个特征，可以用来表示正弦量。

注意，相量不是正弦量，只是用来表示正弦量的一个复数，相量与正弦量之间的关系可以用双箭头来表示

$$\dot{U}_{\mathrm{m}} \Leftrightarrow u(t) \tag{4.13}$$

由于$\dot{U}_{\mathrm{m}}$ 的模是正弦电压 $u(t)$ 的幅值，因此称之为 $u(t)$ 的幅值相量或振幅相量。正弦电压还可以用有效值相量来表示

$$\dot{U} = U(\cos\theta_u + j\sin\theta_u) = Ue^{j\theta_u} = U\angle\theta_u \tag{4.14}$$

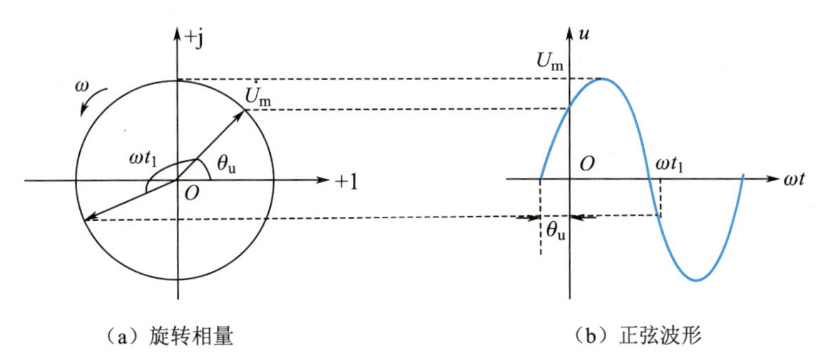

（a）旋转相量　　（b）正弦波形

图 4.7　正弦量的瞬时值与相量之间的关系

同样，若正弦电流　$i(t) = I_m\sin(\omega t + \theta_i) = \sqrt{2}I\sin(\omega t + \theta_i)$

则可用相量表示为

$$\begin{cases} \dot{I}_m = I_m\angle\theta_i \\ \dot{I} = I\angle\theta_i \end{cases} \tag{4.15}$$

有效值相量与幅值相量的关系为

$$\begin{cases} \dot{U}_m = \sqrt{2}\dot{U} \\ \dot{I}_m = \sqrt{2}\dot{I} \end{cases} \tag{4.16}$$

相量的数学表达式实质就是复数，复数可以用有向线段在复平面上表示，相量在复平面上的图示称为相量图。多个同频率的正弦量，由于它们在任何时刻的相对位置保持不变，可将它们的相量画在同一个相量图中，如图 4.8 所示，从相量图上可以获知各相量的大小和相位关系。

【例 4.5】写出表达式 $u_A = 22\sqrt{2}\sin100t\text{V}$，$u_B = 22\sqrt{2}\sin(100t - 120^\circ)\text{V}$，$u_C = 22\sqrt{2}\sin(100t + 120^\circ)\text{V}$ 的有效值相量，并画出相量图。

解：

$$\dot{U}_A = 22\angle0^\circ = 22\text{V}$$

$$\dot{U}_B = 22\angle-120^\circ\text{V} = 22(-\frac{1}{2} - j\frac{\sqrt{3}}{2})\text{V}$$

$$\dot{U}_C = 22\angle120^\circ\text{V} = 22(-\frac{1}{2} + j\frac{\sqrt{3}}{2})\text{V}$$

相量图如图 4.9 所示。

图 4.8　相量图　　　图 4.9　例 4.5 相量图

注意，只有正弦量才能用相量来表示，只有同频率的正弦量才能画在同一个相量图上，不同频率的正弦量不能画在一个相量图上。

4.3　两类约束的相量形式

基尔霍夫定律和元件的伏安关系是分析电路的基础。正弦量用相量表示后，除简化正弦量之间的运算过程外，还可以将前两章以直流线性电路为例介绍的电路理论及分析方法直接应用于正弦稳态电路，只不过电路的激励与响应都是正弦量的相量形式，依据电路的元件约束和基尔霍夫定律列写出的方程也都是相量方程。本节先讨论各种元件伏安关系的相量形式，然后讨论基尔霍夫定律的相量形式。

视频——
元件约束的相量形式
——电阻和电容元件

4.3.1　电阻、电感、电容元件伏安关系的相量形式

在关联参考方向下，线性时不变电阻、电容和电感元件的伏安关系分别是

$$u = Ri\text{，}\quad i = C\frac{\mathrm{d}u}{\mathrm{d}t}\text{，}\quad u = L\frac{\mathrm{d}i}{\mathrm{d}t} \tag{4.17}$$

由于正弦量对时间的导数或乘以某常量仍为同频率的正弦量，因此在正弦稳态电路中，这些基本元件的电压和电流都是同频率的正弦量。为了使用相量分析正弦稳态电路，现分析三种基本元件伏安关系的相量形式。

假设在关联参考方向下，元件上的电流和电压的表达式分别为

$$u(t) = U_{\mathrm{m}}\sin(\omega t + \theta_{\mathrm{u}})\text{，}\quad i(t) = I_{\mathrm{m}}\sin(\omega t + \theta_{\mathrm{i}}) \tag{4.18}$$

相应的幅值相量表达式分别为

$$\dot{U}_{\mathrm{m}} = U_{\mathrm{m}}\angle\theta_{\mathrm{u}}\text{，}\quad \dot{I}_{\mathrm{m}} = I_{\mathrm{m}}\angle\theta_{\mathrm{i}} \tag{4.19}$$

利用元件伏安关系可得到电压相量和电流相量之间的关系。

1. 电阻元件约束的相量形式

图 4.10（a）是线性电阻与正弦交流电源连接的电路。在关联参考方向下，由 $u = Ri$ 得

$$u = Ri = RI_{\mathrm{m}}\sin(\omega t + \theta_{\mathrm{i}}) = U_{\mathrm{m}}\sin(\omega t + \theta_{\mathrm{u}}) \tag{4.20}$$

式中

$$U_{\mathrm{m}} = RI_{\mathrm{m}} \tag{4.21}$$

由式（4.21）可以看出，在交流电路中，电阻元件的电压与电流为同频率、同相位 $(\theta_{\mathrm{u}} = \theta_{\mathrm{i}})$ 的正弦量。电阻元件的电压与电流波形图如图 4.10（b）所示。

如果用相量表示电阻元件电压与电流的关系，则为

$$\dot{U}_{\mathrm{m}} = R\dot{I}_{\mathrm{m}} \tag{4.22}$$

式（4.22）和欧姆定律形式相似，即为电阻元件的相量欧姆定律。相量图如图 4.10（c）所示。考虑到

$$\dot{U}_{\mathrm{m}} = U_{\mathrm{m}}\angle\theta_{\mathrm{u}}\text{，}\quad \dot{I}_{\mathrm{m}} = I_{\mathrm{m}}\angle\theta_{\mathrm{i}} \tag{4.23}$$

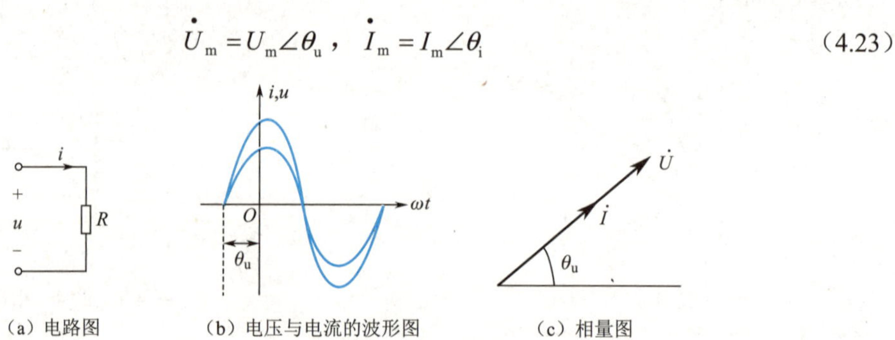

（a）电路图　　（b）电压与电流的波形图　　（c）相量图

图 4.10　交流电路中电阻元件的特性

进一步得到

$$\dot{U}_{\mathrm{m}}=U_{\mathrm{m}}\angle\theta_{\mathrm{u}}=RI_{\mathrm{m}}\angle\theta_{\mathrm{i}}=R\dot{I}_{\mathrm{m}} \text{ 或 } \dot{U}=U\angle\theta_{\mathrm{u}}=RI\angle\theta_{\mathrm{i}}=R\dot{I} \tag{4.24}$$

可见，电阻元件的电压和电流的有效值相量和幅值相量之间的关系均符合欧姆定律。

【例 4.6】已知某电阻 $R=100\Omega$，接于初相角为 30° 的 220V 工频正弦交流电压源上，试分别以三角函数形式和相量形式求通过电阻的电流。

解：（1）以三角函数形式求解。由已知条件

$$u=220\sqrt{2}\sin(314t+30^{\circ})\mathrm{V}$$

$$i=\frac{u}{R}=\frac{220\sqrt{2}}{100}\sin(314t+30^{\circ})\mathrm{A}=2.2\sqrt{2}\sin(314t+30^{\circ})\mathrm{A}$$

（2）以相量形式求解。已知电压有效值相量 $\dot{U}=220\angle30^{\circ}\mathrm{V}$，则电流有效值相量为

$$\dot{I}=\frac{\dot{U}}{R}=\frac{220\angle30^{\circ}}{100}\mathrm{A}=2.2\angle30^{\circ}\mathrm{A}$$

通过电阻的电流的三角函数式为 $i=2.2\sqrt{2}\sin(314t+30^{\circ})\mathrm{A}$。

2. 电容元件约束的相量形式

如图 4.11（a）所示，在关联参考方向下，电容元件的伏安特性为

$$i=C\frac{\mathrm{d}u}{\mathrm{d}t} \tag{4.25}$$

如果在电容元件两端施加一正弦电压 $u(t)=U_{\mathrm{m}}\sin(\omega t+\theta_{\mathrm{u}})$，则有

$$\begin{aligned}i&=C\frac{\mathrm{d}u}{\mathrm{d}t}=C\frac{\mathrm{d}}{\mathrm{d}t}\left[U_{\mathrm{m}}\sin\left(\omega t+\theta_{\mathrm{u}}\right)\right]=\omega CU_{\mathrm{m}}\cos(\omega t+\theta_{\mathrm{u}})\\&=\omega CU_{\mathrm{m}}\sin(\omega t+\theta_{\mathrm{u}}+\frac{\pi}{2})=I_{\mathrm{m}}\sin(\omega t+\theta_{\mathrm{i}})\end{aligned} \tag{4.26}$$

式（4.26）中

$$\begin{cases}\theta_{\mathrm{i}}=\theta_{\mathrm{u}}+\dfrac{\pi}{2}\\I_{\mathrm{m}}=\omega CU_{\mathrm{m}}\end{cases} \tag{4.27}$$

由式（4.26）和式（4.27）可知：在正弦交流电路中，电容元件的电流与电压为同频率的正弦量，但在相位上，电流超前电压 90°，电容元件的电压与电流波形图如图 4.11（b）所示。

电压与电流的幅值具有欧姆定律形式，U_{m} 与 I_{m} 之比为 $\frac{1}{\omega C}$，当电压 U_{m} 一定时，$\frac{1}{\omega C}$ 越大，则电流 I_{m} 越小，因此它对电流起阻碍作用，称为容抗，用 X_{C} 表示，单位为欧姆。即

$$X_{\mathrm{C}}=\frac{U_{\mathrm{m}}}{I_{\mathrm{m}}}=\frac{U}{I}=\frac{1}{\omega C}=\frac{1}{2\pi fC} \tag{4.28}$$

容抗 X_{C} 与角频率 ω 成反比，频率越高，X_{C} 越小，因此电容元件有通高频信号和阻低频信号的频率特性，当电压有效值 U 和电容 C 一定时，容抗 X_{C} 和电流 I 与频率 f 的关系如图 4.11（c）所示；在直流电路中，$\omega=0$，X_{C} 为无穷大，因此电容元件有隔直流的作用，在直流电路中相当于开路元件。

用相量表示电容元件两端的电压与电流的关系，即

$$\begin{cases}\dot{U}_{\mathrm{m}}=U_{\mathrm{m}}\angle\theta_{\mathrm{u}}=U_{\mathrm{m}}\mathrm{e}^{\mathrm{j}\theta_{\mathrm{u}}}\\\dot{I}_{\mathrm{m}}=I_{\mathrm{m}}\angle\theta_{\mathrm{i}}=I_{\mathrm{m}}\mathrm{e}^{\mathrm{j}\theta_{\mathrm{i}}}=I_{\mathrm{m}}\mathrm{e}^{\mathrm{j}(\theta_{\mathrm{u}}+\frac{\pi}{2})}\\\dfrac{\dot{U}_{\mathrm{m}}}{\dot{I}_{\mathrm{m}}}=\dfrac{U_{\mathrm{m}}}{I_{\mathrm{m}}}\mathrm{e}^{-\mathrm{j}\frac{\pi}{2}}=-\mathrm{j}\dfrac{1}{\omega C}\end{cases} \tag{4.29}$$

或

$$\dot{I}_{\mathrm{m}}=I_{\mathrm{m}}\angle\theta_{\mathrm{i}}=\frac{U_{\mathrm{m}}}{X_{\mathrm{C}}}\angle\theta_{\mathrm{i}}=\frac{U_{\mathrm{m}}}{X_{\mathrm{C}}}\mathrm{e}^{\mathrm{j}(\theta_{\mathrm{u}}+\frac{\pi}{2})}=\mathrm{j}\frac{\dot{U}_{\mathrm{m}}}{X_{\mathrm{C}}}=\mathrm{j}\omega C\dot{U}_{\mathrm{m}} \tag{4.30}$$

式（4.30）又可写为

$$\dot{U}_{\mathrm{m}}=-\mathrm{j}X_{\mathrm{C}}\dot{I}_{\mathrm{m}}=-\mathrm{j}\frac{1}{\omega C}\dot{I}_{\mathrm{m}}=\frac{1}{\mathrm{j}\omega C}\dot{I}_{\mathrm{m}} \tag{4.31}$$

或

$$\dot{U}=-\mathrm{j}X_{\mathrm{C}}\dot{I}=-\mathrm{j}\frac{1}{\omega C}\dot{I}=\frac{1}{\mathrm{j}\omega C}\dot{I} \tag{4.32}$$

式（4.31）和式（4.32）与欧姆定律的形式相似，即为电容元件的相量欧姆定律，电容元件的电压和电流的相量图如图 4.11（d）所示。

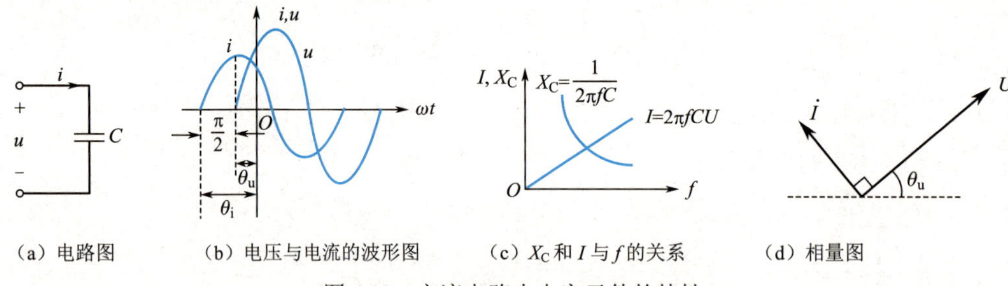

图 4.11　交流电路中电容元件的特性

【例 4.7】在图 4.11（a）中，已知 $C=1\mu\mathrm{F}$，$u=141.4\sin(314t-30^{\circ})\mathrm{V}$，求通过电容元件的电流表达式 $i(t)$ 及有效值 I。

解：因为

$$U_{\mathrm{m}}=141.4\mathrm{V}$$

$$U=\frac{U_{\mathrm{m}}}{\sqrt{2}}=\frac{141.4}{\sqrt{2}}\mathrm{V}\approx 100\mathrm{V}$$

电压有效值相量为　$\dot{U}=100\angle-30^{\circ}\,\mathrm{V}$

由式（4.30）得

$$\dot{I}=\mathrm{j}\omega C\dot{U}=\mathrm{j}\times 314\times 1\times 10^{-6}\times 100\angle-30^{\circ}\,\mathrm{mA}=31.4\angle 60^{\circ}\,\mathrm{mA}$$

电流瞬时值　$i(t)=31.4\sqrt{2}\sin(314t+60^{\circ})\mathrm{mA}$

电流有效值　$I=31.4\mathrm{mA}$

3. 电感元件约束的相量形式

电感元件的伏安特性为

$$u=L\frac{\mathrm{d}i}{\mathrm{d}t}$$

在图 4.12（a）所示电路中，设通过电感元件的电流为 $i(t)=I_{\mathrm{m}}\sin(\omega t+\theta_{\mathrm{i}})$，电感的端电压

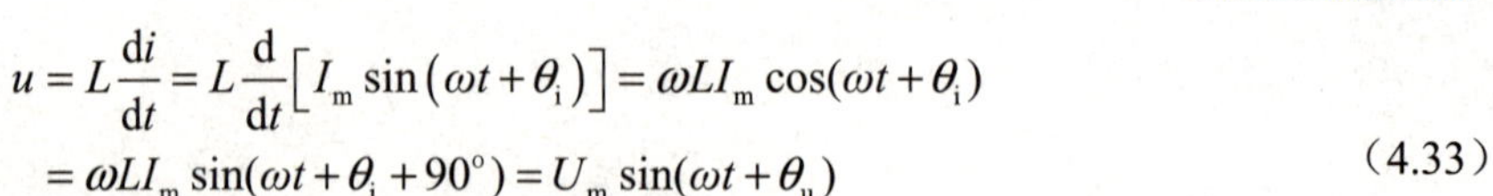

$$\begin{aligned}u&=L\frac{\mathrm{d}i}{\mathrm{d}t}=L\frac{\mathrm{d}}{\mathrm{d}t}\left[I_{\mathrm{m}}\sin\left(\omega t+\theta_{\mathrm{i}}\right)\right]=\omega LI_{\mathrm{m}}\cos(\omega t+\theta_{\mathrm{i}})\\&=\omega LI_{\mathrm{m}}\sin(\omega t+\theta_{\mathrm{i}}+90^{\circ})=U_{\mathrm{m}}\sin(\omega t+\theta_{\mathrm{u}})\end{aligned} \tag{4.33}$$

电感元件两端的正弦电压、电流的幅值与相位关系为

$$\begin{cases}U_{\mathrm{m}}=\omega LI_{\mathrm{m}}\\\theta_{\mathrm{u}}=\theta_{\mathrm{i}}+\dfrac{\pi}{2}\end{cases} \tag{4.34}$$

可见，电感元件的电压 u 与电流 i 为同频率的正弦量。但两者的相位不同，电压超前电流 90°，电感元件的电压与电流的波形图如图 4.12（b）所示。

电压与电流的幅值关系同样具有欧姆定律的形式。

在电感元件电路中，电压的幅值与电流的幅值之比为 ωL，称为感抗，用 X_L 表示，它也具有电阻的量纲，即

$$X_L = \omega L = 2\pi f L \tag{4.35}$$

感抗对交流电流起阻碍作用，它与电感 L、电源频率 f 成正比，因此电感元件有阻高频信号和通低频信号的频率特性。当电压有效值 U 和电感 L 一定时，感抗 X_L 和电流 I 与频率 f 的关系如图 4.12（c）所示。仅有几匝线圈的电感对工频交流电来说，感抗并不大，但对雷电频率来说，其感抗很大。所以在变电站的高压输电线与变压器之间接入几匝线圈，可以防止雷击变压器，起到保护作用。在直流电路中，由于 $f=0$，$X_L=0$，电感元件相当于短路。

用相量来表示电感元件电压与电流的关系为

$$\dot{U}_m = U_m\angle\theta_u\,,\quad \dot{I}_m = I_m\angle\theta_i$$

$$\frac{\dot{U}_m}{\dot{I}_m} = \frac{U_m}{I_m}e^{j(\theta_u-\theta_i)} = X_L e^{j\frac{\pi}{2}} = jX_L = j\omega L$$

或

$$\frac{\dot{U}}{\dot{I}} = X_L e^{j\frac{\pi}{2}} = jX_L = j\omega L \tag{4.36}$$

因此，电感元件伏安关系的相量形式也可写成

$$\dot{U}_m = jX_L\dot{I}_m = j\omega L\dot{I}_m \text{ 或 } \dot{U} = jX_L\dot{I} = j\omega L\dot{I} \tag{4.37}$$

式（4.37）和欧姆定律的形式相似，即为电感元件的相量欧姆定律，电感元件的电压和电流相量图如图 4.12（d）所示。

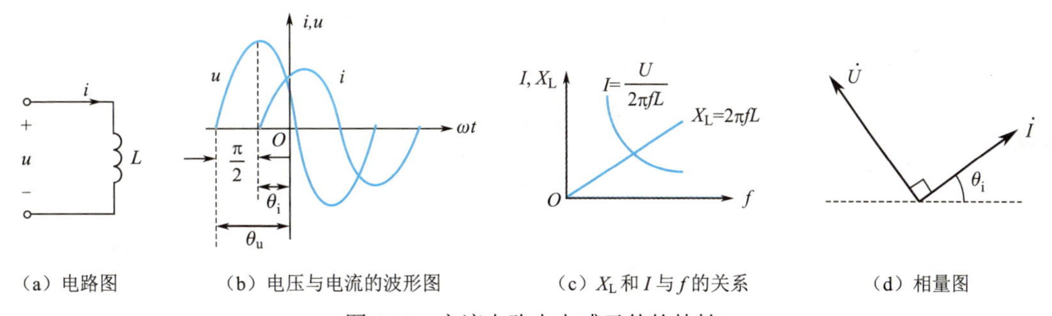

（a）电路图　（b）电压与电流的波形图　（c）X_L 和 I 与 f 的关系　（d）相量图

图 4.12　交流电路中电感元件的特性

现将电阻、电容、电感三种元件相量形式的伏安关系总结如下。

电阻元件：$\dot{U}_R = R\dot{I}_R$

电容元件：$\dot{I}_C = j\omega C\dot{U}_C, \dot{U}_C = \dfrac{1}{j\omega C}\dot{I}_C$

电感元件：$\dot{U}_L = j\omega L\dot{I}_L, \dot{I}_L = \dfrac{1}{j\omega L}\dot{U}_L$

由此可以看出，三种基本元件相量形式的伏安关系与欧姆定律类似，又称之为相量形式的欧姆定律。

【例 4.8】在图 4.12（a）中，已知 $L=0.1\text{H}$，电感元件端电压的有效值是 314V，频率 $f=100\text{Hz}$，初相位为 30°，求通过此元件的电流的瞬时值表达式。

解：已知 $U = 314\text{V}，\theta_u = 30^\circ$

所以 $\dot{U} = 314\angle 30^\circ \text{V}$

电流相量 $\dot{I} = \dfrac{\dot{U}}{j\omega L} = \dfrac{314\angle 30^\circ}{2\pi \times 100 \times 0.1\angle 90^\circ} = 5\angle -60^\circ \text{A}$

又 $\omega = 2\pi f = 200\pi\ \text{rad/s}$，所以电流瞬时值的表达式为

$$i = 5\sqrt{2}\sin(200\pi t - 60^\circ)\text{A}$$

4.3.2 基尔霍夫定律的相量形式

基尔霍夫定律是分析电路的基本定律。根据正弦量及其相量的关系，可得到基尔霍夫定律的相量形式。

1. KCL 的相量形式

基尔霍夫电流定律表明，对于有 n 条支路相连的某节点，在任意时刻流入或流出该节点的电流的代数和为零。数学表达式为

$$\sum_{k=1}^{n} i_k = 0 \tag{4.38}$$

式中，i_k 为第 k 条支路的电流。

在单一频率的正弦稳态电路中，若 $i_k = I_{km}\sin(\omega t + \theta_{ik})$，式（4.38）可以写为

$$\sum_{k=1}^{n} i_k = \sum_{k=1}^{n} \text{Im}\left[\dot{I}_{km}\text{e}^{j\omega t}\right] = 0 \tag{4.39}$$

由于 $\text{e}^{j\omega t}$ 与 k 无关，所以式（4.39）又可以写成为

$$\text{Im}\left[\left(\sum_{k=1}^{n} \dot{I}_{km}\right)\text{e}^{j\omega t}\right] = 0 \tag{4.40}$$

进一步得到

$$\sum_{k=1}^{n} \dot{I}_{km} = 0 \text{ 或 } \sum_{k=1}^{n} \dot{I}_k = 0 \tag{4.41}$$

这就是基尔霍夫电流定律的相量形式。其中 $\dot{I}_{km}$ 和 $\dot{I}_k$ 为流入或流出该节点的第 k 条支路的正弦电流 i_k 的幅值相量和有效值相量。

2. KVL 的相量形式

对于组成电路中任何一个回路的 n 条支路的支路电压 $u_k(t)$，基尔霍夫电压定律的相量形式为

$$\sum_{k=1}^{n} \dot{U}_{km} = 0, \quad \sum_{k=1}^{n} \dot{U}_k = 0 \tag{4.42}$$

式中，$\dot{U}_{km}$ 和 $\dot{U}_k$ 分别是回路中第 k 条支路的正弦电压 u_k 的幅值相量和有效值相量。

在分析直流电阻电路时，以 R、L、C 等参数表征元件的特性，这样的电路模型称为时域模型，它反映的是电压与电流之间关于时间的函数关系。在正弦稳态电路中，当用相量来表示正弦量时，各支路电压和支路电流则满足两类约束的相量形式，相应的电路模型也可以用相量形式来表示，称为正弦稳态电路的相量模型。显然相量模型就是保持原电路结构不变，把电路中的电压、电流皆用相量表示，电阻仍用 R 表示，而电容和电感分别用 $\dfrac{1}{j\omega C}$ 及 $j\omega L$ 来表示。事实上没有任何一个元件的参数是虚数，复数只是用来计算的工具。因此，相量模型是一种假想的实际不存在的模型，它只是对正弦稳态电路进行分析计算的工具。

【例 4.9】某一电路如图 4.13（a）所示，已知 $u(t) = 90\sqrt{2}\sin(300t + 90^\circ)\text{V}$，$R = 30\Omega$，$L$=100mH，

求 $i(t)$ 。

解：写出电压的有效值相量形式

$$\dot{U}=90\angle 90^\circ \text{V}$$

作相量模型如图 4.13（b）所示。

对电阻元件　$\dot{I}_R=\frac{\dot{U}}{R}=\frac{90\angle 90^\circ}{30}\text{A}=3\angle 90^\circ \text{A}=\text{j}3\text{A}$

对电感元件　$\dot{I}_L=\frac{\dot{U}}{\text{j}\omega L}=\frac{90\angle 90^\circ}{300\times 100\times 10^{-3}\angle 90^\circ}\text{A}=3\angle 0^\circ \text{A}=3\text{A}$

根据基尔霍夫电流定律的相量形式　$\dot{I}=\dot{I}_R+\dot{I}_L=(\text{j}3+3)\text{A}=3\sqrt{2}\angle 45^\circ \text{A}$

所以　$i(t)=3\sqrt{2}\times\sqrt{2}\sin(300t+45^\circ)\text{A}=6\sin(300t+45^\circ)\text{A}$

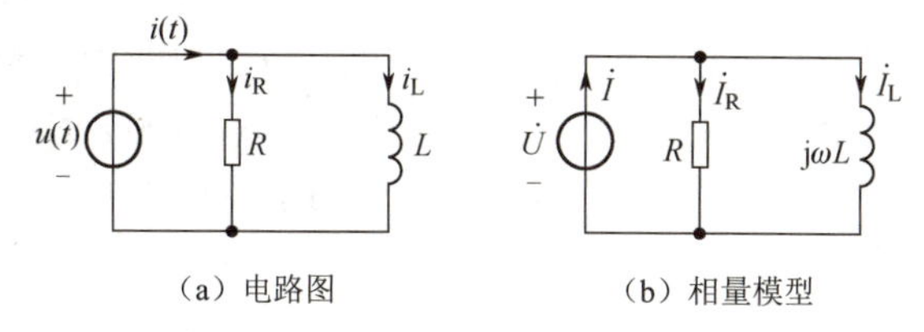

（a）电路图　　（b）相量模型

图 4.13　例 4.9 图

【例 4.10】 在图 4.14 所示正弦稳态电路中，已知 $I_1=I_2=10\text{A}$ ，电阻上电压 u_R 的初相位为 0，求相量 $\dot{I}$ 和 $\dot{U}_S$ 。

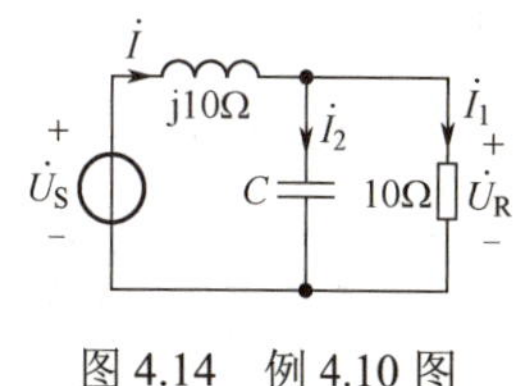

图 4.14　例 4.10 图

解：电路中电阻与电容并联，且元件上的电压初相位皆为 0。相量 $\dot{I}_1$ 和相量 $\dot{U}_R$ 同相位，电容上流过的电流 $\dot{I}_2$ 超前电压 $\dot{U}_R$ 90° ，即 $\dot{I}_2$ 超前 $\dot{I}_1$ 90° 。

所以

$$\dot{I}_1=10\angle 0^\circ \text{A}$$

$$\dot{I}_2=10\angle 90^\circ \text{A}=\text{j}10\text{A}$$

根据基尔霍夫电流定律的相量形式，得

$$\dot{I}=\dot{I}_1+\dot{I}_2=(10+\text{j}10)\text{A}$$

根据基尔霍夫电压定律的相量形式，得

$$\dot{U}_S=\text{j}10\dot{I}+10\dot{I}_1=(\text{j}100-100+100)\text{V}=\text{j}100\text{V}=100\angle 90^\circ \text{V}$$

【例 4.11】如图 4.15（a）所示电路，已知 $R=100\Omega$ ， $C=100\mu\text{F}$， $u_S=100\sqrt{2}\sin 100t\text{V}$ ，求 i 、 u_R 和 u_C ，并画出相量图。

解：

已知正弦电压 $u_S=100\sqrt{2}\sin 100t\text{V}$ ，相应的有效值相量

$$\dot{U}_S=100\angle 0^\circ \text{V}$$

利用元件相量关系式进行求解：

对电容元件

$$\dot{U}_C=-\text{j}X_C\dot{I}=-\text{j}\frac{1}{\omega C}\dot{I}=-\text{j}\frac{\dot{I}}{100\times 100\times 10^{-6}}\text{V}=-\text{j}100\dot{I}\text{V}$$

对电阻元件

$$\dot{U}_{R}=R\dot{I}=100\dot{I}\,\mathrm{V}$$

利用基尔霍夫电压定律的相量形式计算

$$\dot{U}_{S}=\dot{U}_{C}+\dot{U}_{R}=-jX_{C}\dot{I}+R\dot{I}=\dot{I}(R-jX_{C})$$

$$\dot{I}=\frac{\dot{U}_{S}}{R-jX_{C}}=\frac{100\angle 0^{\circ}}{100-j100}\,\mathrm{A}=\frac{100\angle 0^{\circ}}{100\sqrt{2}\angle -45^{\circ}}\,\mathrm{A}=0.5\sqrt{2}\angle 45^{\circ}\,\mathrm{A}$$

$$\dot{U}_{R}=R\dot{I}=100\times 0.5\sqrt{2}\angle 45^{\circ}\,\mathrm{V}=50\sqrt{2}\angle 45^{\circ}\,\mathrm{V}$$

$$\dot{U}_{C}=-jX_{C}\dot{I}=-j100\times 0.5\sqrt{2}\angle 45^{\circ}\,\mathrm{V}=50\sqrt{2}\angle -45^{\circ}\,\mathrm{V}$$

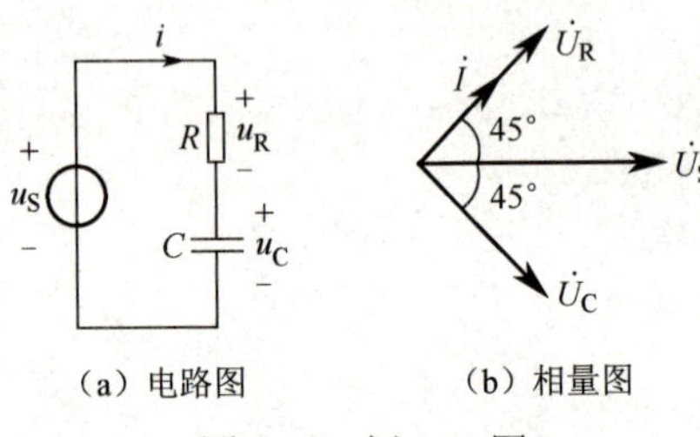

（a）电路图　　（b）相量图

图 4.15　例 4.11 图

转换成时域形式

$$i=\sin(100t+45^{\circ})\mathrm{A}$$

$$u_{R}=100\sin(100t+45^{\circ})\mathrm{V}$$

$$u_{C}=100\sin(100t-45^{\circ})\mathrm{V}$$

相量图如图 4.15（b）所示。

4.4　阻抗与导纳

4.4.1　阻抗

1．阻抗的概念

通过上述三种基本元件伏安关系相量形式的介绍已经知道，在引入相量后，电阻、电感、电容三种元件约束关系的相量形式分别是

$$\dot{U}_{R}=R\dot{I}_{R}\,,\quad \dot{U}_{L}=j\omega L\dot{I}_{L}\,,\quad \dot{U}_{C}=\frac{1}{j\omega C}\dot{I}_{C}$$

元件的伏安关系具有与欧姆定律相同的形式，即元件的电压相量与电流相量成比例，这个比例系数就称为阻抗

$$Z=\frac{\dot{U}}{\dot{I}} \tag{4.43}$$

任一线性无源二端网络的端口电压相量与电流相量的比值称为阻抗，用 Z 来表示，如图 4.16 所示。

注意，端口的电压、电流应为关联参考方向。

式（4.43）也可写成

$$Z=\frac{U\angle\theta_{u}}{I\angle\theta_{i}}=\frac{U}{I}\angle(\theta_{u}-\theta_{i})$$

$$=|Z|\angle\varphi_{Z}=|Z|\cos\varphi_{Z}+j|Z|\sin\varphi_{Z}=R+jX \tag{4.44}$$

$\dot{I}$　+　$\dot{U}$　−　无源二端网络　　$\dot{I}$　+　$\dot{U}$　−　Z

（a）无源二端网络　　（b）阻抗

图 4.16　无源二端网络及其阻抗

式中，θ_{i} 和 θ_{u} 分别为正弦电流、电压的初相位。式（4.44）表明一个无源二端网络的阻抗可等效为电阻 R 与电抗 X 串联，如图 4.17 所示。

其中

$$|Z|=\frac{U}{I} \tag{4.45}$$

$|Z|$ 称为阻抗模，是电压有效值与电流有效值之比值（或电压幅值与电流幅值之比值），量纲也

为欧姆。

$$\varphi_Z = \theta_u - \theta_i \tag{4.46}$$

φ_Z 称为阻抗角，即阻抗的辐角，它决定端口上电压和电流之间的相位差，反映了含有电阻、电感、电容元件的无源二端网络阻抗的性质：

当 φ_Z 为正时，电压超前电流，称电路呈现电感性；

当 φ_Z 为负时，电压落后电流，称电路呈现电容性；

当 φ_Z 为零时，电压与电流同相，称电路呈现纯阻性。

阻抗的实部是电阻 R，虚部是电抗 X。阻抗模、阻抗角、电阻及电抗之间的关系可以用直角三角形表示，如图 4.18 所示。

注意，阻抗 Z 是复数，它不对应正弦量，不是相量，Z 的上面不能画点。

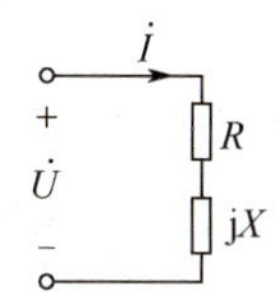

图 4.17　无源二端网络阻抗的串联等效电路

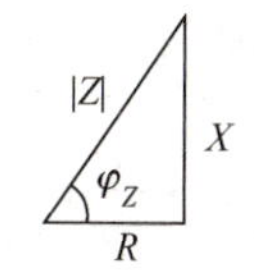

图 4.18　阻抗三角形

单个元件电阻、电感或电容的阻抗分别为

$$Z_R = R\,,\quad Z_L = \mathrm{j}\omega L = \mathrm{j}X_L\,,\quad Z_C = \frac{1}{\mathrm{j}\omega C} = -\mathrm{j}X_C \tag{4.47}$$

三种元件的相量模型如图 4.19 所示。

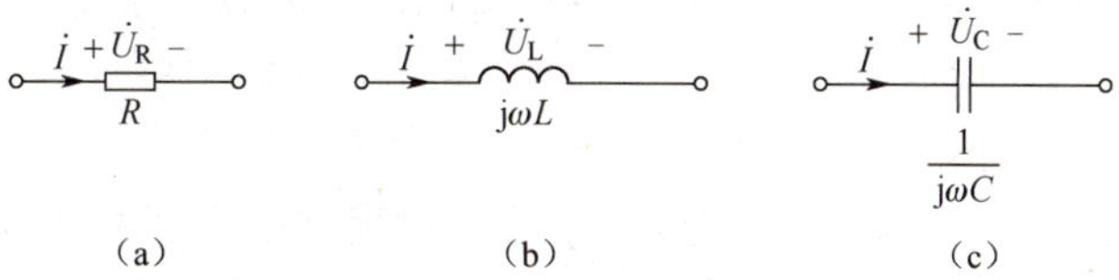

（a）　（b）　（c）

图 4.19　电阻、电感、电容元件的相量模型

图 4.20（a）所示是正弦稳态下的 RLC 串联电路，设端口电压 $u(t) = U_m \sin(\omega t + \theta_u)$，电流 $i(t) = I_m \sin(\omega t + \theta_i)$，图 4.20（b）所示是相应的相量模型。根据 KVL 的相量形式，得

$$\begin{aligned}\dot{U} &= \dot{U}_R + \dot{U}_C + \dot{U}_L = \dot{I}R + \mathrm{j}\omega L\dot{I} - \mathrm{j}\frac{1}{\omega C}\dot{I} = \dot{I}\left[R + \mathrm{j}(\omega L - \frac{1}{\omega C})\right] \\ &= \dot{I}\left[R + \mathrm{j}(X_L - X_C)\right]\end{aligned} \tag{4.48}$$

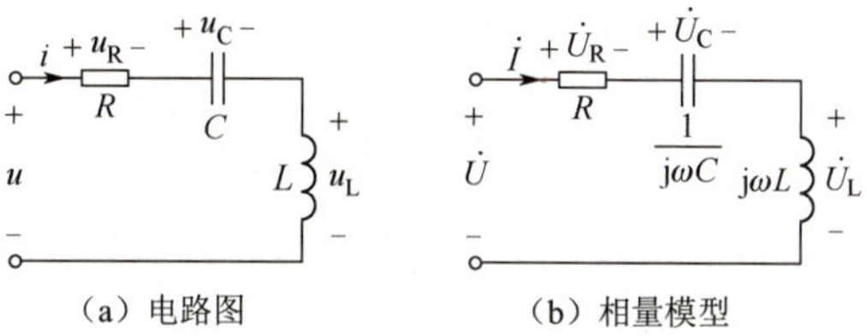

（a）电路图　（b）相量模型

图 4.20　RLC 串联电路及其相量模型

因此该电路的阻抗为

$$Z = R + \mathrm{j}(X_L - X_C) = R + \mathrm{j}X \tag{4.49}$$

【例 4.12】如图 4.21（a）所示电路，已知 $L_1 = 8\mathrm{H}$，$L_2 = 4\mathrm{H}$，$C = 2\mathrm{F}$。试分析 ω 从 0 增至 ∞ 时等效阻抗 Z_{ab} 的变化情况。

解：画 4.21（a）所示电路的相量模型，如图 4.21（b）所示。

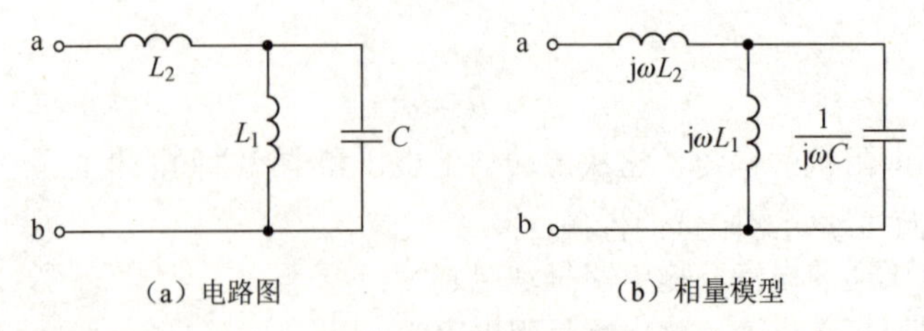

（a）电路图　　（b）相量模型

图 4.21　例 4.12 图

$$Z_{ab} = j\omega L_2 + \frac{j\omega L_1(-j\frac{1}{\omega C})}{j\omega L_1 - j\frac{1}{\omega C}} = j\left[\frac{\omega^3 L_1 L_2 C - \omega(L_1 + L_2)}{\omega^2 L_1 C - 1}\right] = j\frac{64\omega^3 - 12\omega}{16\omega^2 - 1}$$

当$16\omega^2 - 1 = 0$时，即$\omega_1 = 0.25\,\text{rad/s}$，有

$$Z_{ab} = \infty$$

当$64\omega^3 - 12\omega = 0$时，即$\omega_2 = 0.43\,\text{rad/s}$或$\omega_3 = 0$时，有

$$Z_{ab} = 0$$

上述结果表明：

（1）Z_{ab}只含有虚部，相当于一个电抗，虚部大于零时为感抗，虚部小于零时为容抗；

（2）$\omega = 0.25\,\text{rad/s}$时，$Z_{ab} = \infty$，相当于开路，$\omega = 0$或$\omega = 0.43\,\text{rad/s}$时，$Z_{ab} = 0$，相当于短路；

（3）当$0 < \omega < 0.25\,\text{rad/s}$或$\omega > 0.43\,\text{rad/s}$时，$Z_{ab}$的阻抗角为$90^\circ$，相当于一个电感元件，当$0.25 < \omega < 0.43\,\text{rad/s}$时，$Z_{ab}$的阻抗角为负$90^\circ$，相当于一个电容元件。

通过以上的讨论，可以了解两个问题：

第一，任一无源正弦稳态二端网络的等效阻抗，全面地描述了此网络的特性；

第二，任一无源正弦稳态二端网络，无论其内部结构如何复杂，在信号频率一定的条件下，总可以用一个电阻、电感串联或电阻、电容串联的等效电路来代替。

【例 4.13】 如图 4.22（a）所示电路，已知$u = 5\sqrt{2}\sin t\,\text{V}$，$R$=1Ω，$L$=2H，$C$=1F。求$i$，$u_R$，$u_L$，$u_C$。

解：先写出已知正弦量的相量：$\dot{U} = 5\angle 0^\circ\ \text{V}$

做出电路相应的相量模型如图 4.22（b）所示。各基本元件的阻抗为

$$Z_R = 1\Omega$$

$$Z_L = j\omega L = j\times 1\times 2\Omega = j2\Omega$$

$$Z_C = \frac{1}{j\omega C} = \frac{1}{j\times 1\times 1}\Omega = -j1\Omega$$

电路总的阻抗为　　$$Z = R + j\omega L - j\frac{1}{\omega C} = 1 + j1\Omega = \sqrt{2}\angle 45^\circ\,\Omega$$

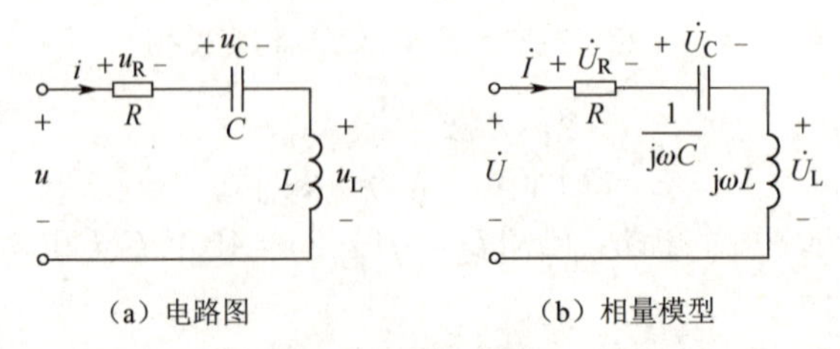

（a）电路图　　（b）相量模型

图 4.22　例 4.13 图

由相量模型得

$$\dot{I}=\frac{\dot{U}}{Z}=\frac{5\angle 0^\circ}{\sqrt{2}\angle 45^\circ}\text{A}\approx 3.536\angle -45^\circ\text{A}$$

$$\dot{U}_{\text{R}}=R\dot{I}=1\times 3.536\angle -45^\circ\text{V}=3.536\angle -45^\circ\text{V}$$

$$\dot{U}_{\text{L}}=\text{j}\omega L\dot{I}=2\angle 90^\circ\times 3.536\angle -45^\circ\text{V}=7.072\angle 45^\circ\text{V}$$

$$\dot{U}_{\text{C}}=\frac{1}{\text{j}\omega\text{C}}\dot{I}=1\angle -90^\circ\times 3.536\angle -45^\circ\text{V}=3.536\angle -135^\circ\text{V}$$

由各相量写出对应的正弦量

$$i=3.536\sqrt{2}\sin(t-45^\circ)\text{A}\text{，}\quad u_{\text{R}}=3.536\sqrt{2}\sin(t-45^\circ)\text{V}$$

$$u_{\text{L}}=7.072\sqrt{2}\sin(t+45^\circ)\text{V}\text{，}\quad u_{\text{C}}=3.536\sqrt{2}\sin(t-135^\circ)\text{V}$$

注意，采用相量模型进行正弦稳态电路的分析计算，一定要用阻抗，而不是电感的感抗 ωL 和电容的容抗 $1/\omega C$ 。因此，不要出现 $Z=R+\omega L+1/\omega C$ 这样的错误。

2. 阻抗的串联

图 4.23（a）所示是两个阻抗的串联电路，根据 KVL、KCL 的相量形式，可得

$$\dot{U}=\dot{U}_1+\dot{U}_2=Z_1\dot{I}+Z_2\dot{I}=(Z_1+Z_2)\dot{I} \tag{4.50}$$

因此，两个串联的阻抗可以用一个等效阻抗来等效，如图 4.23（b）所示。由图 4.23（b）所示的等效电路，可得

$$Z_{\text{eq}}=\frac{\dot{U}}{\dot{I}} \tag{4.51}$$

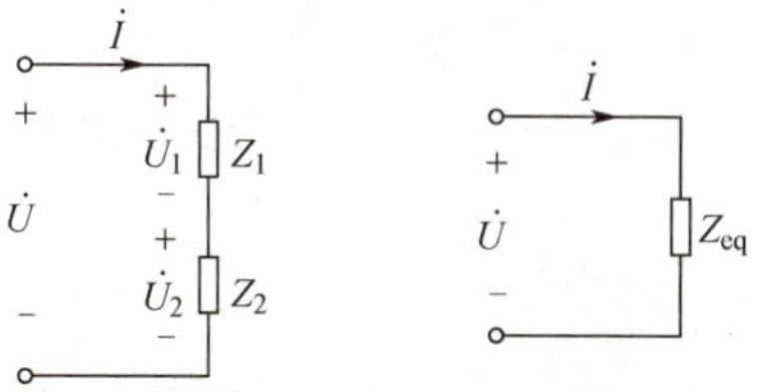

（a）阻抗的串联　　（b）等效电路

图 4.23　阻抗的串联电路

比较式（4.50）和式（4.51），可得

$$Z_{\text{eq}}=Z_1+Z_2 \tag{4.52}$$

两个阻抗串联时的分压公式为

$$\dot{U}_1=\frac{Z_1}{Z_1+Z_2}\dot{U}\text{，}\quad \dot{U}_2=\frac{Z_2}{Z_1+Z_2}\dot{U}$$

对于 n 个阻抗串联而成的电路，其等效阻抗

$$Z_{\text{eq}}=Z_1+Z_2+\cdots+Z_n=\sum R_k+\text{j}\sum X_k\ (k=1,2,\cdots,n) \tag{4.53}$$

由式（4.53）可知

$$|Z_{\text{eq}}|=\sqrt{(\sum R_k)^2+(\sum X_k)^2}\text{，}\quad \varphi_{Z\text{eq}}=\arctan\frac{\sum X_k}{\sum R_k} \tag{4.54}$$

式（4.54）表明，多个串联阻抗的总阻抗（等效阻抗）等于各个单独阻抗之和，这与电阻的串联相同。

各个阻抗的电压分配为

$$\dot{U}_k = \frac{Z_k}{Z_{eq}}\dot{U} \ (k=1,2,\cdots,n) \tag{4.55}$$

式中，$\dot{U}$ 为总电压；$\dot{U}_k$ 为第 k 个阻抗 Z_k 的电压。

3. 阻抗的并联

图 4.24（a）所示是两个阻抗的并联，根据 KCL 的相量形式可得

$$\dot{I} = \dot{I}_1 + \dot{I}_2 = \frac{\dot{U}}{Z_1} + \frac{\dot{U}}{Z_2} = \dot{U}\left(\frac{1}{Z_1} + \frac{1}{Z_2}\right) \tag{4.56}$$

两个并联的阻抗也可用一个等效阻抗来代替，如图 4.24（b）所示。由图 4.24（b）所示的等效电路，有

$$\dot{I} = \frac{\dot{U}}{Z_{eq}} \tag{4.57}$$

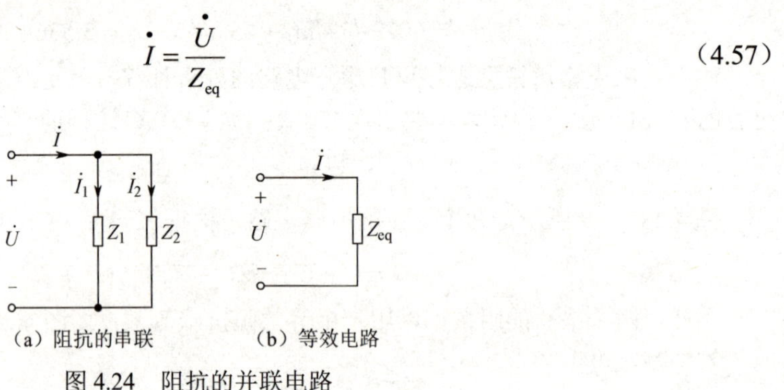

（a）阻抗的串联　　（b）等效电路

图 4.24　阻抗的并联电路

比较式（4.56）和式（4.57），可得

$$\frac{1}{Z_{eq}} = \frac{1}{Z_1} + \frac{1}{Z_2} \text{ 或 } Z_{eq} = \frac{Z_1 Z_2}{Z_1 + Z_2} \tag{4.58}$$

【例 4.14】在图 4.25（a）所示正弦稳态电路中，已知角频率 $\omega = 10000\,\text{rad/s}$，试求该电路的阻抗模，判断电路的性质并画出电路的等效电路。

解：先计算电容的容抗和电感的感抗。

$$X_C = \frac{1}{\omega C} = \frac{1}{10000 \times 10 \times 10^{-6}}\Omega = 10\Omega$$

$$X_L = \omega L = 10000 \times 200 \times 10^{-6}\Omega = 2\Omega$$

电路的相量模型如图 4.25（b）所示。电路的阻抗为

$$Z = (6 - \text{j}10 + \text{j}2)\Omega = (6 - \text{j}8)\Omega = 10\angle -53.1^\circ\Omega$$

可知该阻抗模为 10，阻抗角为负值，电路呈容性。其等效电路为 6Ω 的电阻和 $-\text{j}8\Omega$ 的电抗相串联，如图 4.25（c）所示。

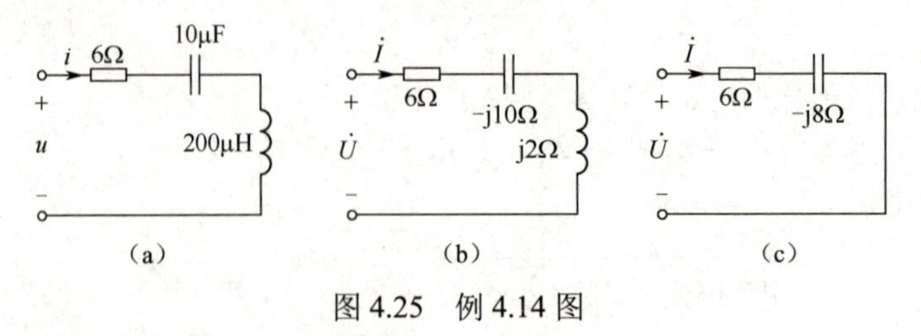

（a）　（b）　（c）

图 4.25　例 4.14 图

4.4.2　导纳

1. 导纳的概念

线性正弦稳态无源二端网络的端口上的电流相量与电压相量之比称为导纳，用 Y 来表示，即

$$Y=\frac{\dot{I}}{\dot{U}}=\frac{I}{U}\angle(\theta_{\mathrm{i}}-\theta_{\mathrm{u}})=|Y|\angle\varphi_Y \tag{4.59}$$

式中，θ_{i} 和 θ_{u} 分别为正弦电流、电压的初相位；$|Y|$ 是导纳的模；φ_Y 是导纳角，它是端口上电流与电压的相位差。

定义 Y 的代数形式为

$$Y=G+\mathrm{j}B \tag{4.60}$$

导纳 Y 的单位是西门子（S），其中 G 是电导，B 为电纳。构得导纳的等效电路如图 4.26 所示，由式（4.60），有

$$\dot{I}=\dot{U}Y=G\dot{U}+\mathrm{j}B\dot{U}=\dot{I}_G+\dot{I}_B \tag{4.61}$$

导纳模、导纳角以及电导、电纳的关系为

$$\begin{cases}G=|Y|\cos\varphi_Z\\B=|Y|\sin\varphi_Z\end{cases},\quad\begin{cases}|Y|=\sqrt{G^2+B^2}\\\varphi_Y=\arctan\dfrac{B}{G}\end{cases}$$

由上述关系式可得导纳三角形，如图 4.27 所示。

单个元件电阻、电感或电容的导纳为

$$Y_{\mathrm{R}}=\frac{\dot{I}_{\mathrm{R}}}{\dot{U}_{\mathrm{R}}}=G=\frac{1}{R} \tag{4.62}$$

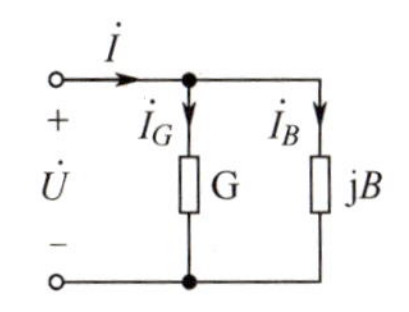

图 4.26　导纳的等效电路

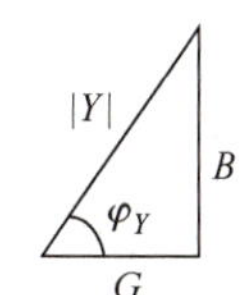

图 4.27　导纳三角形

$$Y_{\mathrm{C}}=\frac{\dot{I}_{\mathrm{C}}}{\dot{U}_{\mathrm{C}}}=\mathrm{j}\omega C=\mathrm{j}B_{\mathrm{C}} \tag{4.63}$$

$$Y_{\mathrm{L}}=\frac{\dot{I}_{\mathrm{L}}}{\dot{U}_{\mathrm{L}}}=\frac{1}{\mathrm{j}\omega L}=-\mathrm{j}B_{\mathrm{L}} \tag{4.64}$$

式中，B_{L} 为电感元件的电纳，简称感纳；B_{C} 为电容元件的电纳，简称容纳。

【例 4.15】如图 4.28（a）所示电路，已知 $R=1\Omega$，$L=1\mathrm{H}$，$C=2\mathrm{F}$，$i=2\sqrt{2}\sin t\mathrm{A}$。求 $u(t)$。

解：

$$\dot{I}=2\angle0^\circ\mathrm{A}$$

$$Y_{\mathrm{R}}=\frac{1}{R}=G=1\mathrm{S}$$

$$Y_{\mathrm{L}}=\frac{1}{\mathrm{j}\omega L}=-\mathrm{j}B_{\mathrm{L}}=-\mathrm{j}1\mathrm{S}$$

$$Y_{\mathrm{C}}=\mathrm{j}\omega C=\mathrm{j}2\mathrm{S}$$

电路的相量模型如图 4.28（b）所示，则电路的导纳为

$$Y=Y_{\mathrm{R}}+Y_{\mathrm{C}}+Y_{\mathrm{L}}=(1+\mathrm{j}1)\mathrm{S}$$

由此得

$$\dot{U}=\frac{\dot{I}}{Y}=\frac{2\angle0^\circ}{1+\mathrm{j}1}\mathrm{V}=\frac{2\angle0^\circ}{\sqrt{2}\angle45^\circ}\mathrm{V}=\sqrt{2}\angle-45^\circ\mathrm{V}$$

因此

$$u(t)=\sqrt{2}\times\sqrt{2}\sin(t-45^\circ)\text{V}=2\sin(t-45^\circ)\text{V}$$

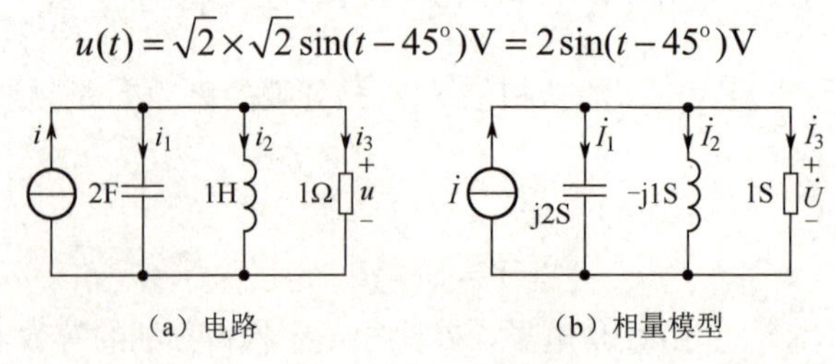

（a）电路　（b）相量模型

图 4.28　例 4.15 图

2. 导纳的并联

设有两个导纳 Y_1、Y_2 并联组成的电路如图 4.29 所示，由 KCL 的相量形式可得

$$\dot{I}_1+\dot{I}_2=\dot{I}$$

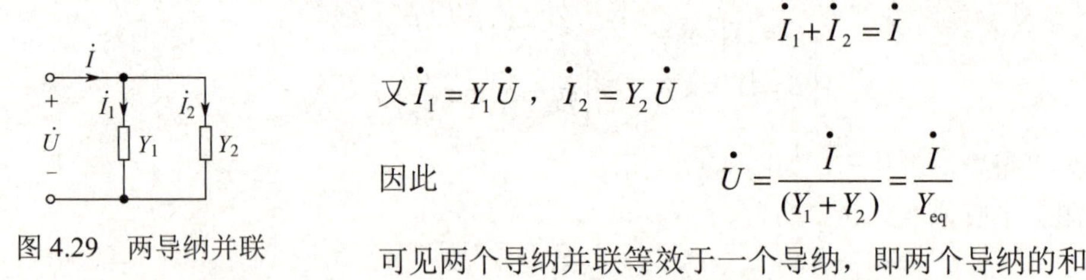

图 4.29　两导纳并联

又 $\dot{I}_1=Y_1\dot{U}$，$\dot{I}_2=Y_2\dot{U}$

因此

$$\dot{U}=\frac{\dot{I}}{(Y_1+Y_2)}=\frac{\dot{I}}{Y_{eq}}$$

可见两个导纳并联等效于一个导纳，即两个导纳的和

$$Y_{eq}=Y_1+Y_2$$

两个导纳并联时的分流公式为

$$\dot{I}_1=Y_1\dot{U}=\frac{Y_1}{Y_1+Y_2}\dot{I}，\quad \dot{I}_2=Y_2\dot{U}=\frac{Y_2}{Y_1+Y_2}\dot{I}$$

对于 n 个导纳并联而成的电路，其等效导纳

$$Y_{eq}=Y_1+Y_2+\cdots+Y_n \tag{4.65}$$

各个导纳的电流分配为

$$\dot{I}_k=\frac{Y_k}{Y_{eq}}\dot{I}\ (k=1,2,\cdots,n) \tag{4.66}$$

式中，$\dot{I}$ 为总电流；$\dot{I}_k$ 为第 k 个导纳 Y_k 的电流。

4.4.3　阻抗与导纳的相互转换

根据导纳和阻抗的定义，同一个正弦稳态无源二端网络的阻抗和导纳之间互为倒数，即

$$Y=\frac{1}{Z}$$

视频
阻抗与导纳的关系

设某正弦稳态无源二端网络如图 4.30（a）所示；其阻抗 $Z=R+\text{j}X$，如图 4.30（b）所示；对应的导纳为 $Y=G+\text{j}B$，如图 4.30（c）所示。

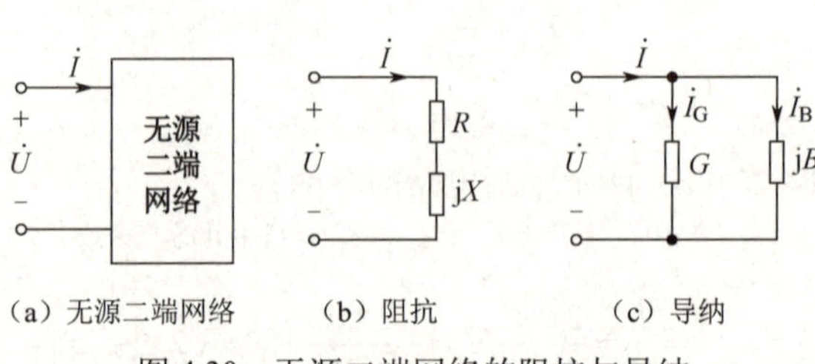

（a）无源二端网络　（b）阻抗　（c）导纳

图 4.30　无源二端网络的阻抗与导纳

由
$$Y=\frac{1}{Z}=\frac{1}{R+\mathrm{j}X}=\frac{R-\mathrm{j}X}{R^2+X^2}=G+\mathrm{j}B$$

有
$$G=\frac{R}{R^2+X^2},\quad B=\frac{-X}{R^2+X^2}$$

同理由
$$Z=\frac{1}{Y}=\frac{1}{G+\mathrm{j}B}=\frac{G-\mathrm{j}B}{G^2+B^2}=R+\mathrm{j}X$$

有
$$R=\frac{G}{G^2+B^2},\quad X=\frac{-B}{G^2+B^2}$$

并且阻抗的模与导纳的模互为倒数，阻抗角与导纳角大小相等符号相反，即

$$|Z|=\frac{1}{|Y|},\quad \varphi_Z=-\varphi_Y$$

若已知阻抗就可得到导纳，反之亦然。

【例 4.16】已知图 4.31 电路中，$R=100\Omega$，$C=10\mu\mathrm{F}$，$L=0.1\mathrm{H}$。分别计算：（1）角频率 $\omega=1000\ \mathrm{rad/s}$ 时电路的等效阻抗和导纳；（2）$\omega=2000\ \mathrm{rad/s}$ 时电路的等效阻抗和导纳。

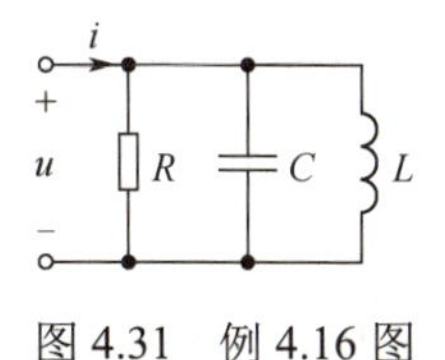

图 4.31　例 4.16 图

解：电路的等效导纳和阻抗分别为

$$Y=\frac{1}{R}+\frac{1}{\mathrm{j}\omega L}+\mathrm{j}\omega C,\quad Z=\frac{1}{Y}$$

（1）$\omega=1000\ \mathrm{rad/s}$ 时

$$Y_1=\left(\frac{1}{100}+\frac{1}{\mathrm{j}1000\times0.1}+\mathrm{j}1000\times10^{-5}\right)\mathrm{S}=0.01\,\mathrm{S},\quad Z_1=\frac{1}{Y_1}=100\,\Omega$$

此时电路呈阻性。

（2）$\omega=2000\ \mathrm{rad/s}$ 时

$$Y_2=\left(\frac{1}{100}+\frac{1}{\mathrm{j}2000\times0.1}+\mathrm{j}2000\times10^{-5}\right)\mathrm{S}=(0.01+\mathrm{j}0.015)\mathrm{S}$$

$$Z_2=\frac{1}{Y_2}=\frac{1}{0.01+\mathrm{j}0.015}\Omega\approx30.8-\mathrm{j}46.2\,\Omega$$

此时电路呈容性。

4.5　正弦稳态电路的相量分析法

前面几节介绍了基本元件伏安关系的相量形式和基尔霍夫定律的相量形式，引入了阻抗和导纳及相量模型的概念。

对于单一频率的正弦稳态电路，电路中的所有元件用它们的阻抗（或导纳）表示，动态元件的微积分伏安特性就变成了相量形式欧姆定律的伏安特性，这样可将无源元件的特性用欧姆定律的相量形式统一起来；所有电压和电流都用相量来表示，这些相量受到基尔霍夫定律的约束；由于相量所受到的两类约束都是线性约束，第 2 章讨论的关于直流电阻电路分析的方法、定理，如支路电流法、节点电压法、戴维南定理等皆可用于正弦稳态电路的分析、计算中。我们把这种基于相量模型对正弦稳态电路进行分析的方法称为相量法。

正弦稳态电路相量法的一般步骤如下。

第一步：先将原电路的时域模型变换为相量模型。

第二步：利用基尔霍夫定律和元件伏安关系的相量形式及各种分析方法、定理和等效变换建立复数的代数方程，并求解出待求量的相量表达式。

第三步：将相量变换为正弦量。

下面先介绍 RLC 串联电路的相量分析法，再介绍复杂电路的相量分析法，以便理解相量分析法的具体内容。

4.5.1 RLC 串联电路的相量分析法

RLC 串联电路如图 4.32（a）所示，在角频率为 ω 的正弦信号的激励下，它的相量模型如图 4.32（b）所示。

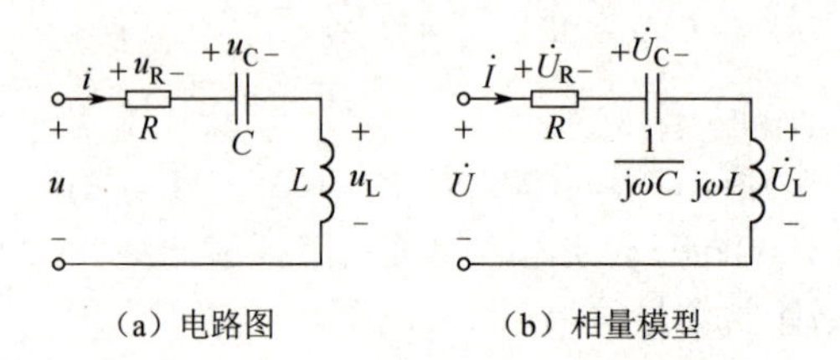

（a）电路图　（b）相量模型

图 4.32　RLC 串联电路及相量模型

由相量模型及 KVL 的相量形式可得

$$\dot{U}=\dot{U}_{R}+\dot{U}_{C}+\dot{U}_{L}$$

将三种元件约束的相量形式代入，有

$$\dot{U}=\dot{I}R+\mathrm{j}\omega L\dot{I}-\mathrm{j}\frac{1}{\omega C}\dot{I}=\dot{I}\left[R+\mathrm{j}(\omega L-\frac{1}{\omega C})\right]=\dot{I}\left[R+\mathrm{j}(X_{L}-X_{C})\right]$$

由阻抗的定义，RLC 串联电路的等效阻抗为

$$Z=\frac{\dot{U}}{\dot{I}}=R+\mathrm{j}X=R+\mathrm{j}(X_{L}-X_{C})=R+\mathrm{j}(\omega L-\frac{1}{\omega C})=|Z|\angle\varphi_{Z} \tag{4.67}$$

RLC 串联电路的阻抗是端电压相量与电流相量之比，表明了两个相量之间幅值和相位的关系。阻抗实部为电阻 R，虚部是电抗 X，等于感抗与容抗之差。即

$$X=X_{L}-X_{C}=\omega L-\frac{1}{\omega C}$$

阻抗模
$$|Z|=\sqrt{R^{2}+(X_{L}-X_{C})^{2}} \tag{4.68}$$

阻抗角
$$\varphi_{Z}=\arctan(\frac{X_{L}-X_{C}}{R})=\arctan(\frac{U_{L}-U_{C}}{U_{R}}) \tag{4.69}$$

RLC 串联电路的阻抗模 $|Z|$、实部 R、虚部 X 三个量之间的关系可以用一个直角三角形来表示，如图 4.33 所示。

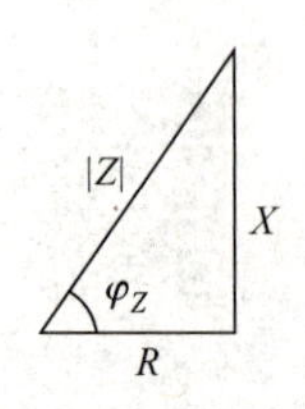

图 4.33　阻抗三角形

RLC 串联电路的性质取决于 X_{L} 和 X_{C} 的大小，若 $X_{L}>X_{C}$，电路呈感性；若 $X_{L}<X_{C}$，电路呈容性；若 $X_{L}=X_{C}$，电路呈阻性。

在分析计算正弦交流电路时，为了直观表示电路中电压和电流的相位关系，常常画出电路的相量图。图 4.34（a）所示为 RLC 串联电路的相量图，以电流作为参考相量，即设电流的初相位 $\theta_{i}=0$，电阻电压 $\dot{U}_{R}$ 与电流 $\dot{I}$ 同相位，电感电压 $\dot{U}_{L}$ 超前电流 $\dot{I}$ 90°，而电容电压 $\dot{U}_{C}$ 滞后电流 $\dot{I}$ 90°。由电压相量 $\dot{U}$、$\dot{U}_{R}$ 及（$\dot{U}_{C}+\dot{U}_{L}$）所组成的直角三角形，称为电压三角形（这里设

$U_L > U_C$），如图 4.34（b）所示。由电压三角形可求得电源电压的有效值

$$U = \sqrt{U_R^2 + (U_L - U_C)^2} = I\sqrt{R^2 + (X_L - X_C)^2} \tag{4.70}$$

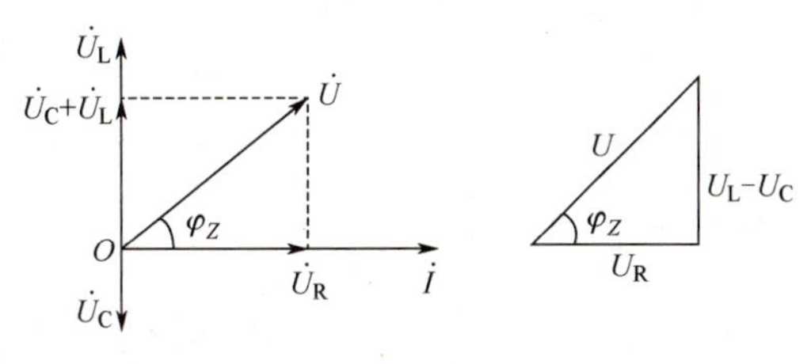

（a）RLC 串联电路的相量图　　（b）电压三角形

图 4.34　RLC 串联电路的相量图及电压三角形

在一般情况下，RLC 串联正弦交流电路各部分电压和电路的电流存在相位差，此时电路的总电压有效值不等于各部分电压有效值之和，即图 4.34（a）所示的 RLC 串联电路有 $U \neq U_R + U_L + U_C = IR + I(X_L + X_C)$。

对交流电路而言，只有瞬时值之间服从基尔霍夫定律。当同频率的正弦电压和电流进行加减运算时，瞬时值所对应的相量表达式也服从基尔霍夫定律，如 4.3 节所述。

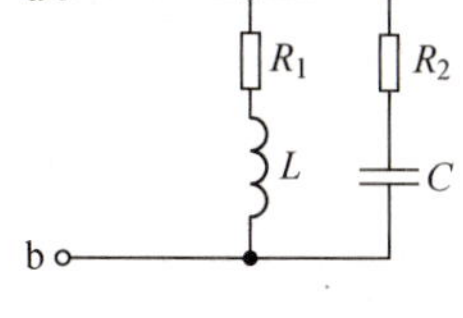

图 4.35　例 4.17 图

【例 4.17】在图 4.35 所示的二端网络中，已知 $R_1 = 7\Omega$，$L = 2\text{H}$，$R_2 = 1\Omega$，$C = \dfrac{1}{80}\text{F}$。分别计算当 $\omega = 4\text{rad/s}$ 和 $\omega = 10\text{rad/s}$ 时二端网络的等效阻抗，并做出串联等效电路。

解：（1）当 $\omega = 4\text{rad/s}$ 时，R_1L 支路阻抗 Z_1 和 R_2C 支路阻抗 Z_2 分别为

$$Z_1 = R_1 + \text{j}\omega L = (7 + \text{j}4\times 2)\Omega = (7 + \text{j}8)\Omega$$

$$Z_2 = R_2 + \frac{1}{\text{j}\omega C} = \left(1 - \text{j}\frac{80}{4}\right)\Omega = (1 - \text{j}20)\Omega$$

a、b 两端等效阻抗 Z 为

$$Z = \frac{Z_1 Z_2}{Z_1 + Z_2} = \frac{(7+\text{j}8)(1-\text{j}20)}{(7+\text{j}8)+(1-\text{j}20)}\Omega \approx (14.04 + \text{j}4.56)\Omega$$

从 Z 的表达式中可看出，该二端网络呈感性，它相当于电阻、电感串联，且

$$R = 14.04\Omega，\quad L = \frac{4.56}{\omega} = 1.14\text{H}$$

等效电路如图 4.36（a）所示。

（2）当 ω=10rad/s 时，R_1L 支路阻抗 Z_1 和 R_2C 支路阻抗 Z_2 分别为

$$Z_1 = (7 + \text{j}10\times 2)\Omega = (7 + \text{j}20)\Omega$$

$$Z_2 = \left(1 - \text{j}\frac{80}{10}\right)\Omega = (1 - \text{j}8)\Omega$$

a、b 两端等效阻抗为

$$Z = \frac{Z_1 Z_2}{Z_1 + Z_2} \approx (4.35 - \text{j}11.02)\Omega$$

此时二端网络呈容性，相当于电阻、电容串联，且

$$R = 4.35\Omega，\quad C = \frac{1}{\omega\times 11.02} = \frac{1}{10\times 11.02}\text{F} \approx 9.1\times 10^{-3}\text{F}$$

等效电路如图 4.36（b）所示。

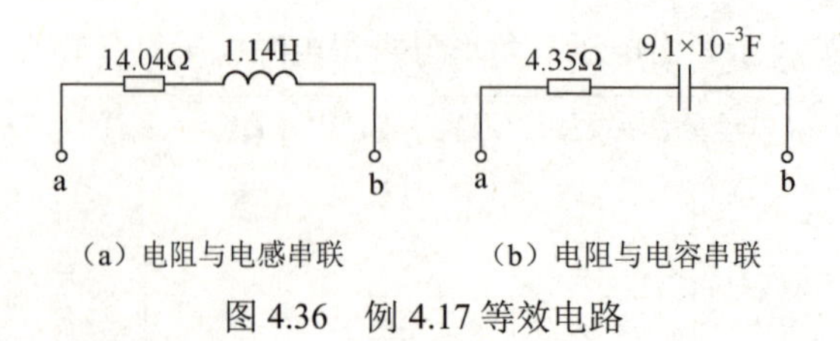

（a）电阻与电感串联　　（b）电阻与电容串联

图 4.36　例 4.17 等效电路

4.5.2　RLC 并联电路的相量分析法

RLC 并联电路如图 4.37（a）所示。在正弦稳态下的相量模型如图 4.37（b）所示。

由 RLC 并联电路的相量模型及 KCL 的相量形式可得

$$\dot{I}_S=\dot{I}_R+\dot{I}_C+\dot{I}_L=\frac{\dot{U}}{R}+\mathrm{j}\omega C\dot{U}+\frac{1}{\mathrm{j}\omega L}\dot{U}=\dot{U}\left[\frac{1}{R}+\mathrm{j}(\omega C-\frac{1}{\omega L})\right]$$

（a）电路图　　（b）相量模型

图 4.37　RLC 并联电路及相量模型

根据导纳的定义，RLC 并联电路的导纳为

$$Y=\frac{\dot{I}_S}{\dot{U}}=\frac{1}{R}+\mathrm{j}(\omega C-\frac{1}{\omega L})$$

令电容容纳 $B_C=\omega C$，电感的感纳 $B_L=1/\omega L$，总电纳为 $B=B_C-B_L$，则

$$Y=\frac{\dot{I}_S}{\dot{U}}=G+\mathrm{j}(B_C-B_L)=G+\mathrm{j}B=\sqrt{G^2+B^2}\angle\arctan\frac{B}{G}=|Y|\angle\varphi_Y$$

其中

$$|Y|=\sqrt{G^2+B^2},\varphi_Y=\angle\arctan\frac{B}{G}$$

设电压 u 的初相位为 0，此电路中的电压、电流相量图、电流三角形如图 4.38 所示。若 $\omega C>1/\omega L$，则 $\varphi_Y>0$，电流 $\dot{I}_S$ 超前电压 $\dot{U}$，如图 4.38（a）所示；相反，若 $\omega C<1/\omega L$，则 $\varphi_Y<0$，电流 $\dot{I}_S$ 滞后电压 $\dot{U}$，如图 4.38（b）所示。电感电流 $\dot{I}_L$ 滞后电压 $\dot{U}$ 90°，而电容电流 $\dot{I}_C$ 超前电压 $\dot{U}$ 90°，电容电流 $\dot{I}_C$ 和电感电流 $\dot{I}_L$ 相位相差 180°，所以 $\dot{I}_C+\dot{I}_L$ 的有效值为 $|I_C-I_L|$，由电流相量 $\dot{I}_S$、$\dot{I}_R$ 及（$\dot{I}_C+\dot{I}_L$）所组成的直角三角形称为电流三角形，如图 4.38（c）所示（这里设 $I_C>I_L$），电源电流的有效值为

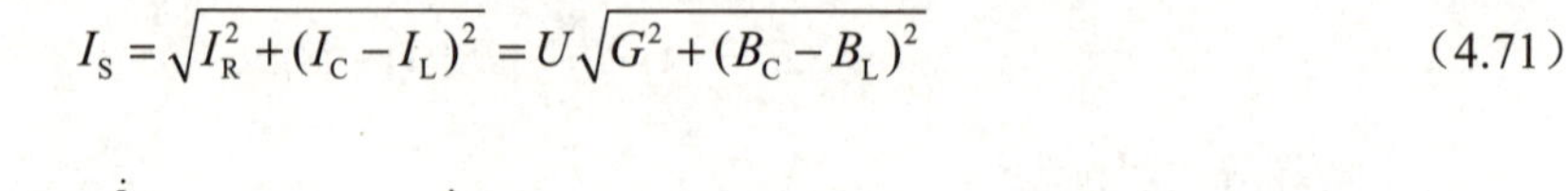

$$I_S=\sqrt{I_R^2+(I_C-I_L)^2}=U\sqrt{G^2+(B_C-B_L)^2}\tag{4.71}$$

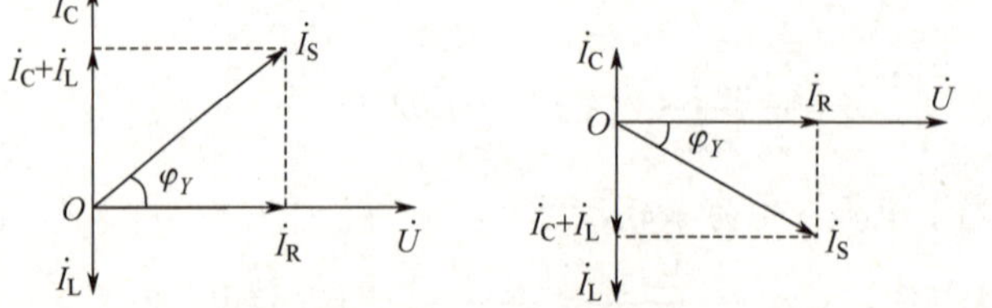

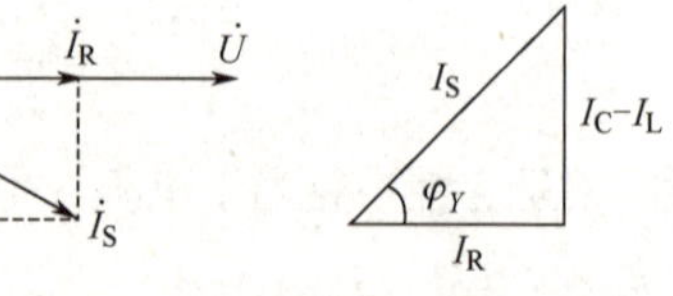

（a）电流源电流超前电压时的相量图　（b）电流源电流滞后电压时的相量图　（c）电流三角形

图 4.38　RLC 并联电路中电压、电流相量图、电流三角形

4.5.3　复杂正弦交流电路的相量分析法

前面讨论了运用相量分析法对 RLC 元件组成的串联、并联电路进行分析与计算。现在在此基础上，通过例题进一步研究复杂正弦交流电路的分析计算。

【例 4.18】在图 4.39（a）所示电路中，若电流表 A_2 和 A_3 的读数分别为：6mA、8mA。

（1）试求 A_1 的读数，设电流表内阻为零。

（2）选 $\dot{U}_S$ 为参考相量，画 $\dot{I}_1$、$\dot{I}_2$ 和 $\dot{I}_3$ 的相量图。

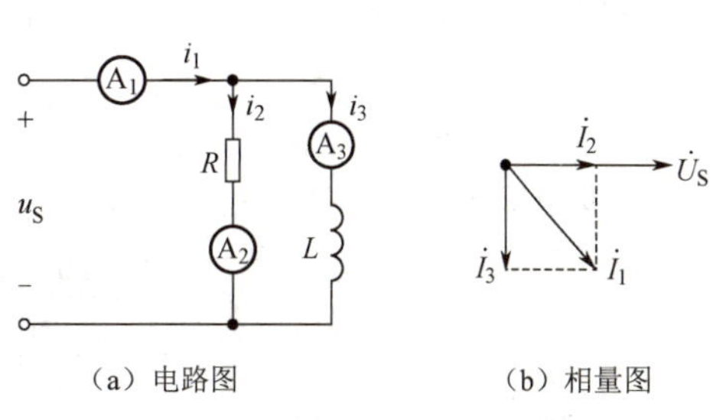

图 4.39　例 4.18 图

解：（1）以 $\dot{U}_S$ 为参考相量，即 $\dot{U}_S=U_S\angle 0^\circ\text{V}$，则有

$$\dot{I}_2=6\angle 0^\circ\text{mA}，\quad \dot{I}_3=8\angle -90^\circ\text{mA}$$

由 KCL 有
$$\dot{I}_1=\dot{I}_2+\dot{I}_3=(6-\text{j}8)\text{mA}=10\angle -53.1^\circ\text{mA}$$

因此，A_1 的读数为 10mA。

（2）以 $\dot{U}_S$ 为参考相量，相量图如 4.39（b）图所示，根据电流三角形也可以求出同样的结果。

【例 4.19】用叠加定理求图 4.40（a）电路中的电流 $\dot{I}_R$、$\dot{I}_C$。已知 $R=X_C=1\Omega$，$\dot{I}_S=5\angle 0^\circ\text{A}$，$\dot{U}_S=5\angle 90^\circ\text{V}$。

解：（1）电流源 $\dot{I}_S$ 单独作用时的电路如图 4.40（b）所示。

$$\dot{I}'_R=\frac{-\text{j}X_C\cdot\dot{I}_S}{R-\text{j}X_C}=\frac{-\text{j}5}{1-\text{j}}\text{A}，\quad \dot{I}'_C=\dot{I}_R-\dot{I}'_S=\left(\frac{-\text{j}5}{1-\text{j}}-5\right)\text{A}=\frac{-5}{1-\text{j}}\text{A}$$

（2）电压源 $\dot{U}_S$ 单独作用时的电路如图 4.40（c）所示，因此

$$\dot{I}''_C=\dot{I}''_R=\frac{\dot{U}_S}{R-\text{j}X_C}=\frac{\text{j}5}{1-\text{j}}\text{A}$$

（3）根据叠加定理

$$\dot{I}_R=\dot{I}'_R+\dot{I}''_R=\left(\frac{-\text{j}5}{1-\text{j}}+\frac{\text{j}5}{1-\text{j}}\right)\text{A}=0\text{A}$$

$$\dot{I}_C=\dot{I}'_C+\dot{I}''_C=\left(-\frac{5}{1-\text{j}}+\frac{\text{j}5}{1-\text{j}}\right)\text{A}=5\angle 180^\circ\text{A}$$

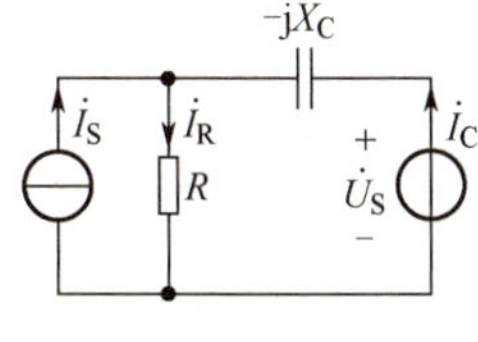

（a）双输入时的电路

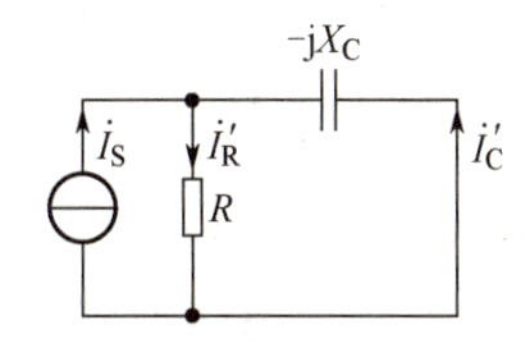

（b）电流源单独作用时的电路

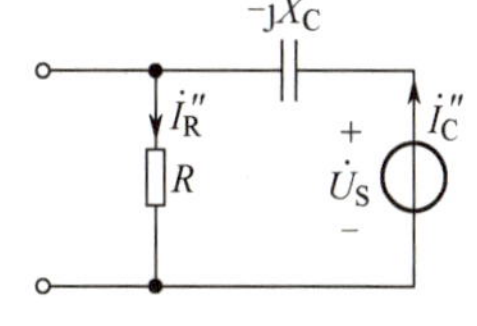

（c）电压源单独作用时的电路

图 4.40　例 4.19 图

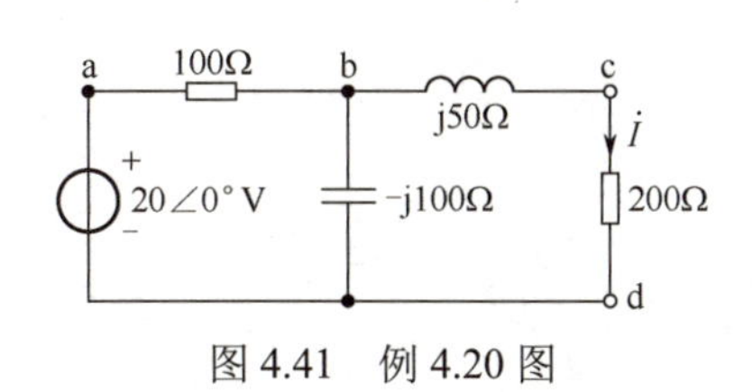

图 4.41　例 4.20 图

【例 4.20】已知电路相量模型如图 4.41 所示。

（1）用戴维南定理求 $\dot{I}$；

（2）求 u_{ab}、u_{bc}、u_{cd}，并画出相量图。

解：（1）运用戴维南定理求解

将c、d两点断开，如图4.42（a）所示，则开路电压为

$$\dot{U}_{oc}=20\angle 0^{\circ}\times\frac{-\mathrm{j}100}{100-\mathrm{j}100}\mathrm{V}=\left(10\sqrt{2}\angle -45^{\circ}\right)\mathrm{V}$$

将图4.42（a）中的电压源短接，可求得等效阻抗为

$$Z_0=\left[\mathrm{j}50+\frac{100\times(-\mathrm{j}100)}{100-\mathrm{j}100}\right]\Omega=50\Omega$$

戴维南等效电路如图4.42（b）所示。由此电路可求得

$$\dot{I}=\frac{10\sqrt{2}\angle -45^{\circ}}{50+200}\mathrm{A}=0.04\sqrt{2}\angle -45^{\circ}\,\mathrm{A}$$

（2）由图4.41可求得

$$\dot{U}_{cd}=\dot{I}\times 200\Omega=\left(8\sqrt{2}\angle -45^{\circ}\right)\mathrm{V}\ ,\quad \dot{U}_{bc}=\dot{I}\times \mathrm{j}50\Omega=2\sqrt{2}\angle 45^{\circ}\,\mathrm{V}$$

$$\dot{U}_{ab}=\dot{U}-(\dot{U}_{bc}+\dot{U}_{cd})=\left[20\angle 0^{\circ}-(8\sqrt{2}\angle -45^{\circ}+2\sqrt{2}\angle 45^{\circ})\right]\mathrm{V}=(10+\mathrm{j}6)\,\mathrm{V}\approx 11.66\angle 31^{\circ}\,\mathrm{V}$$

根据电压相量的表达式，即可画出其相量图，如图4.42（c）所示。

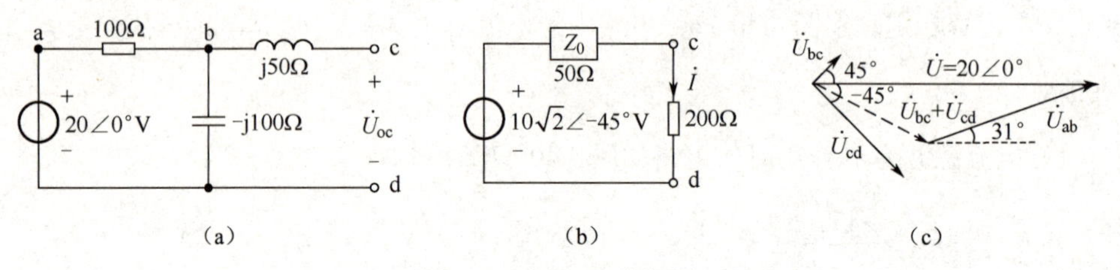

图4.42 例4.20分析图

由相量可以写出u_{ab}、u_{bc}、u_{cd}的表达式，即

$$u_{ab}=11.66\sqrt{2}\sin(\omega t+31^{\circ})\mathrm{V}$$
$$u_{bc}=4\sin(\omega t+45^{\circ})\mathrm{V}$$
$$u_{cd}=16\sin(\omega t-45^{\circ})\mathrm{V}$$

【例4.21】 试分别用节点电压法和网孔电流法计算图4.43所示电路中的$\dot{U}_1$。

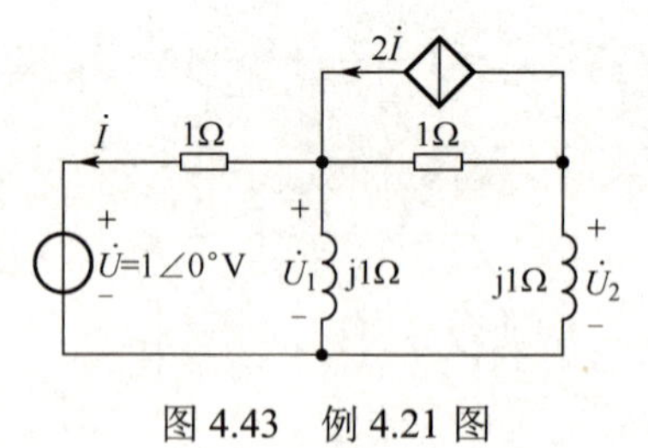

图4.43 例4.21图

解：（1）节点电压法求解。如图4.44（a）所示，选节点b作为参考点，则节点a、c电压相量分别为$\dot{U}_1$、$\dot{U}_2$，列节点电压相量方程为

节点a $$\left(\frac{1}{1}+\frac{1}{1}+\frac{1}{\mathrm{j}1}\right)\dot{U}_1-\frac{1}{1}\dot{U}_2=\frac{\dot{U}}{1}+2\dot{I}$$

节点c $$-\frac{1}{1}\dot{U}_1+\left(\frac{1}{1}+\frac{1}{\mathrm{j}1}\right)\dot{U}_2=-2\dot{I}$$

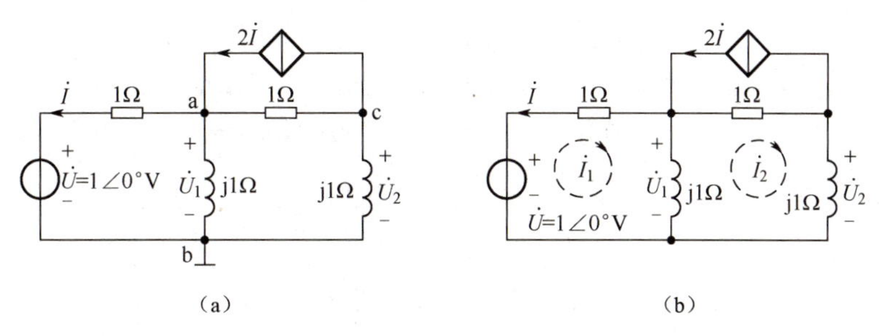

图 4.44　例 4.21 分析图

补充受控电流源方程为$\dot{I}=(\dot{U}_1-\dot{U})/1$，从而求出

$$\dot{U}_1=(-1+\mathrm{j})\mathrm{V}\text{，}\quad \dot{U}_2=(2+\mathrm{j})\mathrm{V}$$

（2）网孔电流法。如图 4.44（b）所示，以网孔电流$\dot{I}_1$和$\dot{I}_2$作为未知量列写方程，有

$$\begin{cases}(1+\mathrm{j}1)\dot{I}_1-\mathrm{j}1\dot{I}_2=\dot{U}\\-\mathrm{j}1\dot{I}_1+(1+\mathrm{j}1+\mathrm{j}1)\dot{I}_2+2\dot{I}=0\end{cases}$$

补充受控电流源方程为$\dot{I}=-\dot{I}_1$，解上述三个方程，求得

$$\dot{I}_1=(2-\mathrm{j})\mathrm{A}\text{，}\quad \dot{I}_2=(1-2\mathrm{j})\mathrm{A}$$

从而求出

$$\dot{U}_1=(\dot{I}_1-\dot{I}_2)\mathrm{j}1=(-1+\mathrm{j})\mathrm{V}$$

4.6　正弦稳态电路的功率

有关直流电路的功率和能量已在前述章节中介绍过。现在在前述概念的基础上，讨论正弦稳态电路中的功率。由于正弦稳态电路含有电感、电容等储能元件，其功率和能量是随时间而变化的，分析计算正弦稳态电路的功率比分析计算直流功率复杂得多。为了全面描述正弦稳态电路中的各种功率，下面分别介绍瞬时功率、有功功率、无功功率、视在功率、复功率和功率因数的概念及计算方法。

视频——
正弦稳态电路的功率（瞬时功率、有功功率、无功功率视在功率、复功率）

4.6.1　瞬时功率

瞬时功率 p 定义为能量对时间的导数。如图 4.45 所示，在二端网络端口电压和电流取关联参考方向条件下，它由同一时刻的电压与电流的乘积来确定。即

$$p(t)=\frac{\mathrm{d}w}{\mathrm{d}t}=u(t)i(t)\tag{4.72}$$

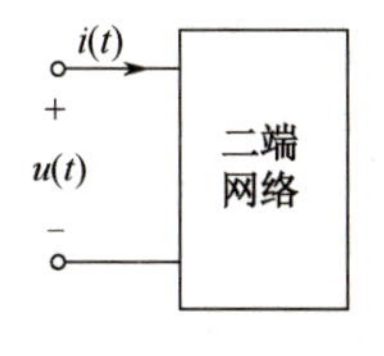

图 4.45　二端网络

当$u(t)$和$i(t)$参考方向一致时，$p(t)$是流入元件或网络的能量的变化率，$p(t)$称为该元件或网络吸收的功率。因此，当$p>0$时，表示能量流入元件或二端网络；若$p<0$，就表示能量流出元件或二端网络。如果是电阻元件，流入的能量将变换成热能被消耗。因此，对电阻元件而言，$p(t)$总为正。如果是动态元件，则流入的能量可以被存储起来，在其他时刻再行流出。此类元件瞬时功率有时为正，有时为负。

在图 4.45 所示的二端网络中，假定端口电流的初相角为 0°，则端口电压与端口电流可以表示为

$$u(t)=\sqrt{2}U\sin(\omega t+\varphi)\text{，}\quad i(t)=\sqrt{2}I\sin\omega t$$

其中 φ 为端口电压与端口电流的相位差，则二端网络的瞬时功率

$$p(t)=u(t)i(t)=2UI\sin\omega t\sin(\omega t+\varphi)$$

根据三角函数

$$\sin\alpha\sin\beta=\frac{1}{2}\cos(\alpha-\beta)-\frac{1}{2}\cos(\alpha+\beta)$$

将上式展开，可得

$$p(t)=UI\cos\varphi-UI\cos(2\omega t+\varphi)$$

由三角函数

$$\cos(\alpha+\beta)=\cos\alpha\cos\beta-\sin\alpha\sin\beta$$

$p(t)$ 又可写为

$$p(t)=UI\cos\varphi-UI\cos\varphi\cos2\omega t+UI\sin\varphi\sin2\omega t \tag{4.73}$$

式（4.73）中，第一项为常量，不随时间而变化，是真正被电路吸收或放出的功率；第二项、第三项分别以 2ω 的角频率随时间做余弦、正弦规律变化，其平均值为零，这个功率没有被电路消耗，而是在电源与二端网络之间进行交换。

1．纯电阻电路的瞬时功率

若二端网络为纯电阻电路，则其端电压与电流相位相同，即式（4.73）中的 $\varphi=0$，由式（4.73），电阻的瞬时功率为

$$p_{\mathrm{R}}=u_{\mathrm{R}}i=U_{\mathrm{R}}I-U_{\mathrm{R}}I\cos2\omega t \tag{4.74}$$

由式（4.74）可知，纯电阻电路的瞬时功率 p 由两部分组成：其一是常数项；其二是以 2ω 角频率随时间变化的交变量。纯电阻电路的功率波形如图 4.46 所示。由于纯电阻电路的电压和电流同相位，它们同时为正或同时为负，所以 p 的瞬时值总为正，始终消耗能量，故称电阻为耗能元件。

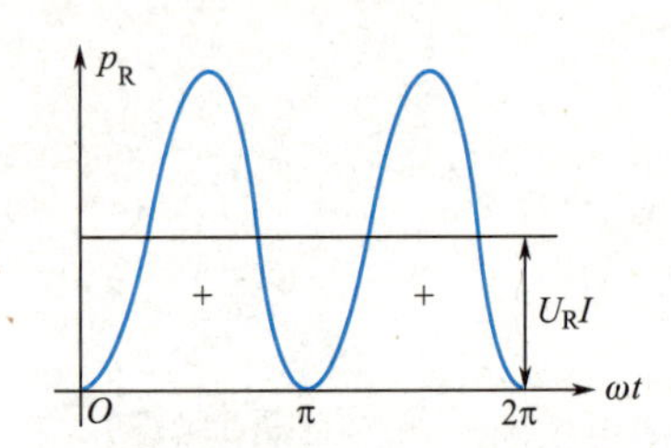

图 4.46　纯电阻电路的功率波形

2．纯电感电路的瞬时功率

若二端网络为纯电感电路，则端电压在相位上超前电流 90°，即 $\varphi=90°$，那么，瞬时功率的表达式为

$$p_{\mathrm{L}}=u_{\mathrm{L}}i=U_{\mathrm{L}}I\sin2\omega t \tag{4.75}$$

图 4.47 所示为纯电感电路的功率波形。可以看出，纯电感电路的瞬时功率是幅值为 UI、角频率为电源角频率两倍的交变量。在 p_{L} 的负半周期，电流 i 的绝对值减少，电感的磁场能量减少，电感释放能量，把在 p_{L} 正半周期所储存的能量还给电源。可见电感是储能元件，它只和电源进行能量交换，并不消耗能量。

3．纯电容电路的瞬时功率

若二端网络为纯电容电路，则电压和电流相位差为 90°，且电压滞后电流 90°，即 $\varphi=-90°$，瞬时功率表达式为

$$p_{\mathrm{C}}=u_{\mathrm{C}}i=-U_{\mathrm{C}}I\sin2\omega t \tag{4.76}$$

纯电容电路的功率波形如图 4.48 所示。电容也是一种储能元件，它和电源进行能量交换。在这一点上电容和电感类似。

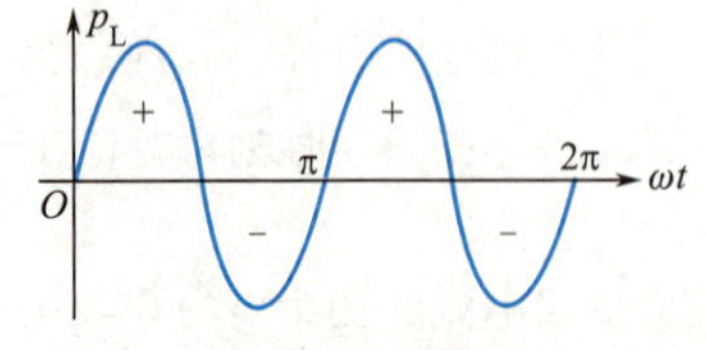

图 4.47　纯电感电路的功率波形

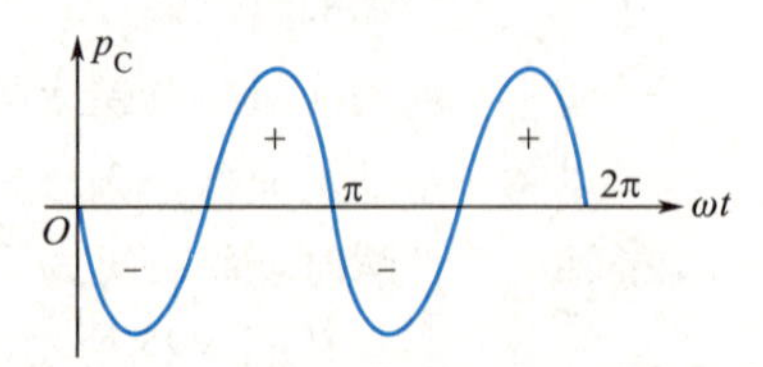

图 4.48　纯电容电路的功率波形

4．RLC 串联电路的瞬时功率

在图 4.49（a）所示的 RLC 串联电路中，u、u_R、u_L、u_C 分别表示电源电压、电阻电压、电感电压和电容电压，它们的有效值 U、U_R、U_L、U_C 可用电压三角形表示，如图 4.49（b）所示。

根据基尔霍夫电压定律，可得

$$u = u_R + u_L + u_C$$

上式两边乘以电流 i，则 RLC 串联电路的瞬时功率为

$$p = ui = u_R i + u_L i + u_C i$$

即

$$p = p_R + p_L + p_C \tag{4.77}$$

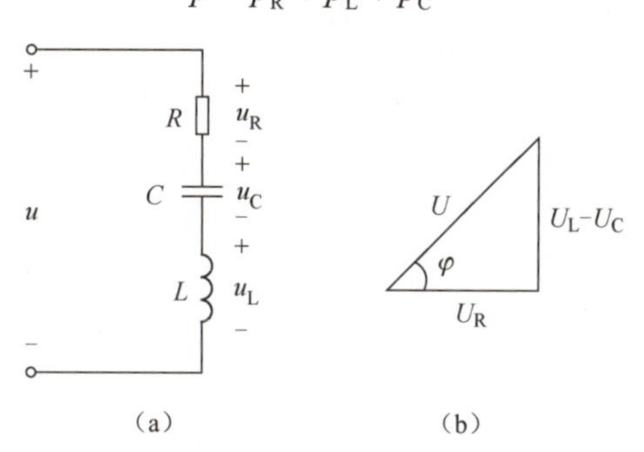

图 4.49　RLC 串联电路及电压三角形

将式（4.74）、式（4.75）和式（4.76）代入式（4.77），可得

$$\begin{aligned} p &= U_R I(1-\cos 2\omega t) + U_L I \sin 2\omega t - U_C I \sin 2\omega t \\ &= U_R I(1-\cos 2\omega t) + (U_L - U_C) I \sin 2\omega t \end{aligned} \tag{4.78}$$

式（4.78）中第一项为电阻所消耗的瞬时功率，第二项是电感和电容与电源交换的总瞬时功率（$p_L + p_C$）。比较图 4.47 与图 4.48，可知 p_L 和 p_C 的相位相反，这使得（$p_L + p_C$）的幅值反而比 p_C 或 p_L 的幅值要小，这是因为当电容吸收能量时，电感正释放能量，它们互相补偿，从而减少了与电源进行能量交换的规模。

由电压三角形有

$$U_R = U\cos\varphi，\quad U_L - U_C = U\sin\varphi$$

以此代入瞬时功率表达式（4.78），则有

$$\begin{aligned} p &= UI\cos\varphi(1-\cos 2\omega t) + UI\sin\varphi\sin 2\omega t \\ &= UI\cos\varphi - UI\cos(2\omega t + \varphi) \end{aligned} \tag{4.79}$$

式中，φ 是阻抗角，即 RLC 串联电路端口电压与电流的相位差。对感性电路来说，$\varphi > 0$，$\sin\varphi$ 为正；对容性电路来说，$\varphi < 0$，$\sin\varphi$ 为负；若 $U_L = U_C$，则 φ=0，$\sin\varphi$=0，RLC 串联电路的瞬时功率就等于电阻所消耗的功率，此时，电容的电场能量和电感的磁场能量完全互补，电路不再与电源进行能量交换。

4.6.2　有功功率

4.6.1 节讨论的瞬时功率随时间变化，其实际意义不大，且不便于测量。我们通常引入平均功率的概念，平均功率又称为有功功率。有功功率是指瞬时功率在一个周期内的平均值，用大写字母 P 表示，即

$$P = \frac{1}{T}\int_0^T p\mathrm{d}t = \frac{1}{T}\int_0^T u(t)i(t)\mathrm{d}t \tag{4.80}$$

有功功率的单位为瓦特（W）。

对于电阻，有功功率为

$$P = U_R I = I^2 R = \frac{U_R^2}{R} \tag{4.81}$$

式（4.81）与直流电路计算电阻消耗功率完全相同。

对于电容和电感，由于它们不消耗能量，其平均功率为零。

对于 RLC 串联电路，有功功率为

$$P = \frac{1}{T}\int_0^T [U_R I(1-\cos 2\omega t) + (U_L - U_C) I \sin 2\omega t] dt = U_R I \tag{4.82}$$

因此，RLC 串联电路的平均功率就等于电阻的平均功率。

对于无源二端网络，由有功功率的定义，有

$$P = \frac{1}{T}\int_0^T [UI\cos\varphi - UI\cos(2\omega t + \varphi)] dt = UI\cos\varphi$$

由此可以看出，无源二端网络的平均功率不仅与二端网络电压的有效值和电流的有效值的乘积有关，并且与它们之间的相位差有关。

由于无源二端网络的等效阻抗可表示为 $Z = R + jX$，其有功功率可根据等效阻抗的实部与电流有效值来计算，即

$$P = I^2 \text{Re}[Z] \tag{4.83}$$

同理，还可以根据等效导纳 Y 的实部与电压有效值来计算，即

$$P = U^2 \text{Re}[Y] \tag{4.84}$$

注意，$\text{Re}[Z] \neq 1/\text{Re}[Y]$。

无源二端网络的有功功率也可以根据功率守恒法则来计算，即

$$P = \sum P_k \qquad (k = 1, 2, \cdots, n)$$

式中，P_k 为第 k 个元件的有功功率。而无源二端网络中电感与电容的平均功率均为零，因此其平均功率等于该二端网络内部所有电阻平均功率之和。

【例 4.22】试求图 4.50 所示电路中电阻消耗的有功功率。

解：先计算电阻上的电流 $\dot{I}_R$

$$\dot{I}_R = \frac{\dot{U}}{-j1 + (j1//1)} \cdot \frac{j1}{j1+1} \text{A} = 10\angle 90^\circ \text{A}$$

所以，电阻消耗的有功功率为

$$P = I_R^2 R = 100\text{W}$$

也可以先计算电路的阻抗，再计算有功功率，即

$$Z = [-j + (j1//1)]\Omega = (0.5 - 0.5j)\Omega = 0.5\sqrt{2}\angle -45^\circ \Omega$$

$$\dot{I} = \frac{\dot{U}}{Z} = 10\sqrt{2}\angle 45^\circ \text{A}$$

$$P = UI\cos\varphi = 10 \times 10\sqrt{2} \times \cos(-45^\circ)\text{W} = 100\text{W}$$

【例 4.23】 已知在图 4.51 所示电路中，$\dot{U} = 25\angle 0^\circ \text{V}$，$\dot{I}_1 = \sqrt{2}\angle 45^\circ \text{A}$，$\dot{I}_2 = 5\angle -53.1^\circ \text{A}$，$\dot{I} = 5\angle -36.9^\circ \text{A}$，$R_1 = 12.5\Omega$，$R_2 = 3\Omega$。求此二端网络的有功功率 P。

解：利用二端网络平均功率的定义式来计算，即

$$P = UI\cos(\theta_u - \theta_i) = UI\cos\varphi = 25 \times 5 \times \cos(0 - (-36.9^\circ))\text{W} = 100\text{W}$$

也可以用二端网络内部电阻的功耗来计算，即

$$P = I_1^2 R_1 + I_2^2 R_2 = \sqrt{2}^2 \times 12.5\text{W} + 5^2 \times 3\text{W} = 100\text{W}$$

或者根据二端网络等效阻抗的实部来计算，即

$$Z=\frac{(12.5-\mathrm{j}12.5)(3+\mathrm{j}4)}{12.5-\mathrm{j}12.5+3+\mathrm{j}4}\Omega=\frac{87.5+\mathrm{j}12.5}{15.5-\mathrm{j}8.5}\Omega=(4+3\mathrm{j})\Omega\approx 5\angle 36.9^\circ\Omega$$

$$P=I^2\,\mathrm{Re}[Z]=5^2\times 4\mathrm{W}=100\mathrm{W}$$

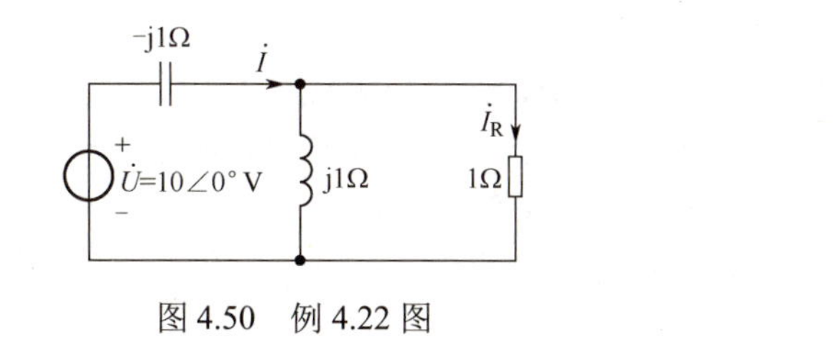

图 4.50　例 4.22 图

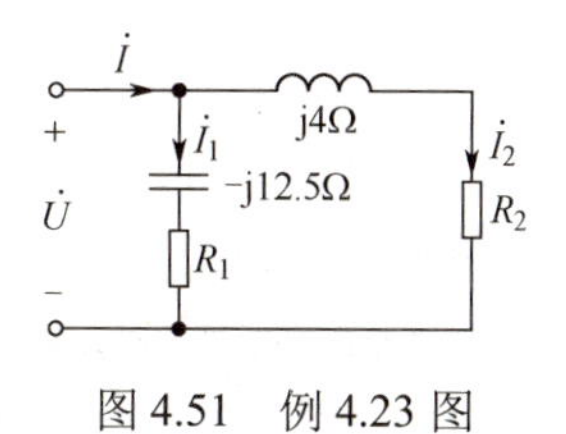

图 4.51　例 4.23 图

4.6.3　无功功率

在含有电感、电容的正弦稳态电路中，储能元件（电容或电感）是不消耗能量的，它们只与电源进行能量交换。为了衡量这种能量互换的规模，引入无功功率的概念，以大写字母 Q 表示。对于电感，规定无功功率等于瞬时功率 p_{L} 的幅值，即

$$Q_{\mathrm{L}}=U_{\mathrm{L}}I=I^2X_{\mathrm{L}} \tag{4.85}$$

无功功率并不是实际做功的功率，它的单位与有功功率有所区别。无功功率的单位是乏（var）或千乏（kvar）。

对于电容，由式（4.76）瞬时功率的表达式，它的无功功率为

$$Q_{\mathrm{C}}=-U_{\mathrm{C}}I=-I^2X_{\mathrm{C}} \tag{4.86}$$

即电容无功功率取负值，与电感的无功功率有区别，以表明两者所涉及的储能性质不同。

在 RLC 串联电路中，只有电阻消耗能量，电感和电容只进行能量交换，所以 RLC 串联电路的无功功率是 Q_{L} 和 Q_{C} 之和。由于 RLC 串联电路中电压 u_{L} 与 u_{C} 的相位差总是 180°，因此电感的瞬时功率与电容的瞬时功率在任意时刻总是相反的，RLC 串联电路的无功功率为

$$Q=Q_{\mathrm{L}}+Q_{\mathrm{C}}=U_{\mathrm{L}}I-U_{\mathrm{C}}I=(U_{\mathrm{L}}-U_{\mathrm{C}})I$$

由图 4.49（b）所示的电压三角形可知 $(U_{\mathrm{L}}-U_{\mathrm{C}})=U\sin\varphi$

RLC 串联电路的无功功率为

$$Q=UI\sin\varphi \tag{4.87}$$

应当指出，电感和电容与电源之间进行能量交换，对电源来说也是一种负担；但对储能元件本身来说，没有消耗能量，因此将往返于电源与储能元件之间的功率称为无功功率。

无源二端网络计算无功功率的公式为

$$Q=UI\sin\varphi \tag{4.88}$$

式中，U、I 分别为端口电压、电流的有效值；φ 为无源二端网络的阻抗角，即端口电压、电流的相位差。

无功功率除用式（4.88）计算外，还可以表示为

$$Q=I^2\,\mathrm{Im}[Z]\quad 或\quad Q=-U^2\,\mathrm{Im}[Y] \tag{4.89}$$

若无源二端网络包含多个电感或电容，则它的无功功率为

$$Q=\sum Q_k\ \ (k=1,2,\cdots,n) \tag{4.90}$$

式中，Q_k 为第 k 个元件的无功功率，电感无功功率取正，电容无功功率取负。

4.6.4　视在功率

二端网络端口电压有效值 U 和电流有效值 I 的乘积，称为二端网络的视在功率，用大写字母 S

表示，即

$$S=UI \tag{4.91}$$

视在功率用来表示二端网络可能达到的最大功率。它的单位是伏安（V•A）或千伏安(kV•A)。

二端网络有功功率、无功功率和视在功率在数值上的关系为

$$\begin{cases}P=UI\cos\varphi\\Q=UI\sin\varphi\end{cases},\qquad\begin{cases}S=UI=\sqrt{P^2+Q^2}\\\varphi=\arctan(Q/P)\end{cases}$$

显然，S 和 P、Q 之间的关系可用直角三角形表示，如图 4.52（a）所示，该三角形称为功率三角形。功率三角形中的角度 φ 就是二端网络等效阻抗的阻抗角，将二端网络的阻抗三角形、功率三角形绘制于同一坐标系中，如图 4.52（b）所示。

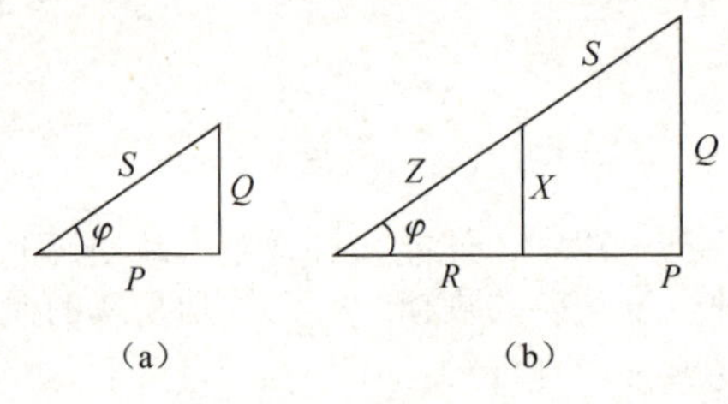

图 4.52　功率三角形

注意，无源二端网络的视在功率不等于每个元件的视在功率之和，即

$$S\neq\sum S_k\qquad(k=1,2,\cdots,n)$$

式中，S_k 为第 k 个元件的视在功率。

【例 4.24】在图 4.53 所示电路中，$i=10\sqrt{2}\sin t\text{A}$，试求二端网络的 S 和 P、Q。

解：写出电流的有效值相量 $\dot{I}=10\angle0^\circ\text{ A}$

二端网络的阻抗为

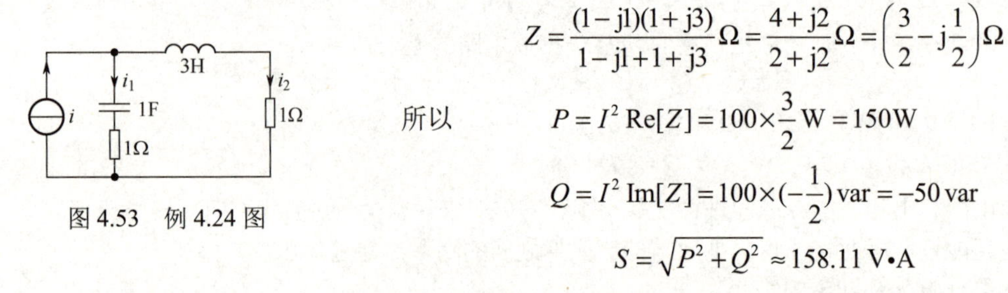

图 4.53　例 4.24 图

$$Z=\frac{(1-\text{j}1)(1+\text{j}3)}{1-\text{j}1+1+\text{j}3}\Omega=\frac{4+\text{j}2}{2+\text{j}2}\Omega=\left(\frac{3}{2}-\text{j}\frac{1}{2}\right)\Omega$$

所以

$$P=I^2\,\text{Re}[Z]=100\times\frac{3}{2}\text{W}=150\text{W}$$

$$Q=I^2\,\text{Im}[Z]=100\times(-\frac{1}{2})\text{ var}=-50\text{ var}$$

$$S=\sqrt{P^2+Q^2}\approx158.11\text{ V•A}$$

4.6.5　复功率

正弦稳态电路的瞬时功率是两个同频率正弦量的乘积，一般情况下，瞬时功率是一个非正弦量，所以不能用相量法进行分析讨论。为此引入复功率的概念，以简化功率的计算。

如图 4.54 所示的二端网络的电压相量为 $\dot{U}=U\angle\theta_{\text{u}}$，电流相量为 $\dot{I}=I\angle\theta_{\text{i}}$，定义复功率为

$$\tilde{S}=\dot{U}\dot{I}^* \tag{4.92}$$

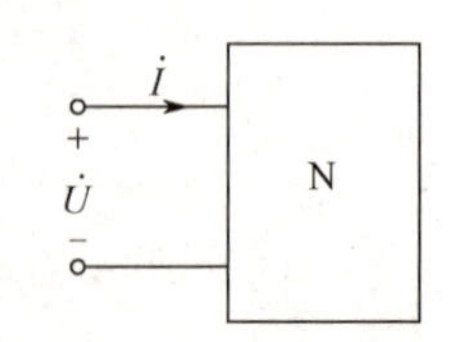

图 4.54　二端网络

式中，$\dot{I}^*$ 是 $\dot{I}$ 的共轭复数。进一步计算

$$\tilde{S}=\dot{U}\dot{I}^*=UI\angle(\theta_{\text{u}}-\theta_{\text{i}})=UI\angle\varphi=UI\cos\varphi+\text{j}UI\sin\varphi=P+\text{j}Q \tag{4.93}$$

复功率的单位与视在功率的单位一样都是伏安（V•A）。复功率是一辅助

计算功率的复数，其实部就是负载消耗的有功功率，虚部就是无功功率。

若已知正弦稳态电路的阻抗为 $Z = R + \mathrm{j}X$，则有

$$\tilde{S} = \dot{U}\dot{I}^* = Z\dot{I}\times\dot{I}^* = ZI^2 = RI^2 + \mathrm{j}XI^2$$

由此得

$$P = RI^2,\quad Q = XI^2,\quad \varphi = \arctan(X/R)$$

正弦稳态电路的总复功率等于各个基本元件复功率之和，即

$$\tilde{S} = \sum\tilde{S}_k = P + jQ$$

其中

$$P = \sum P_k,\quad Q = \sum Q_k$$

电路中有功功率为各电阻消耗的有功功率之和，无功功率为各电抗元件无功功率之和。

【例 4.25】在图 4.55 所示电路中，$Z_1 = \mathrm{j}5\Omega$，$Z_2 = (5+\mathrm{j}5)\Omega$。求各元件的复功率。

解：用节点电压法列写方程和辅助方程

$$\left(\frac{1}{Z_1}+\frac{1}{Z_2}\right)\dot{U} = \dot{I}_\mathrm{S} + \frac{5\dot{I}_2}{Z_1},\quad \dot{I}_2 = \frac{\dot{U}}{Z_2}$$

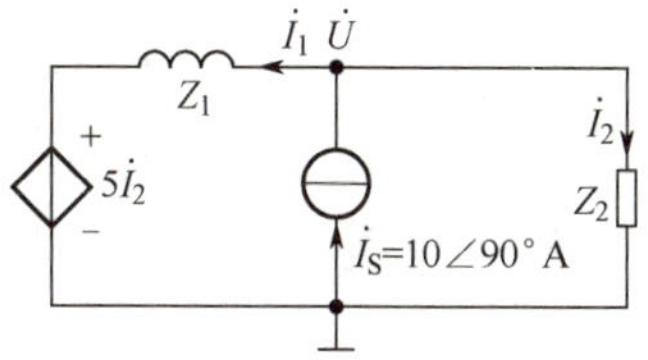

图 4.55　例 4.25 图

解得

$$\dot{U} = (-25+\mathrm{j}25)\mathrm{V},\quad \dot{I}_1 = \mathrm{j}5\mathrm{A},\quad \dot{I}_2 = \mathrm{j}5\mathrm{A}$$

电流源发出的复功率为

$$\tilde{S} = \dot{U}\dot{I}_\mathrm{S}^* = (-25+\mathrm{j}25)\times(-\mathrm{j}10)\mathrm{V{\cdot}A} = (250+\mathrm{j}250)\mathrm{V{\cdot}A}$$

负载 Z_1 吸收的复功率为

$$\tilde{S}_1 = \dot{U}_1\dot{I}_1^* = Z_1I_1^2 = \mathrm{j}5\times25\mathrm{V{\cdot}A} = \mathrm{j}125\ \mathrm{V{\cdot}A}$$

负载 Z_2 吸收的复功率为

$$\tilde{S}_2 = \dot{U}\dot{I}_2^* = Z_2I_2^2 = (5+\mathrm{j}5)\times25\mathrm{V{\cdot}A} = (125+\mathrm{j}125)\mathrm{V{\cdot}A}$$

受控源吸收的复功率为

$$\tilde{S}_3 = 5\dot{I}_2\dot{I}_1^* = 125\ \mathrm{V{\cdot}A}$$

电路元件吸收的复功率为三个元件吸收的复功率之和

$$\tilde{S}_1 + \tilde{S}_2 + \tilde{S}_3 = (250+\mathrm{j}250)\mathrm{V{\cdot}A}$$

与电流源发出的复功率相等。

4.6.6　功率因数

1．功率因数的概念

从前面的讨论可知，在计算二端网络的有功功率和无功功率时要考虑电压与电流之间的相位差，即

$$P = UI\cos\varphi,\quad Q = UI\sin\varphi$$

在工程上定义二端网络的功率因数为

$$\lambda = \cos\varphi \tag{4.94}$$

式中，φ 是二端网络电压与电流的相位差，又称为功率因数角。对于无源二端网络，$\varphi = \varphi_Z$，即无源二端网络等效阻抗的阻抗角。只有在电阻负载（如白炽灯、电炉等）情况下，电压和电流才同相位，其功率因数 $\cos\varphi = 1$，对其他负载来说，功率因数均介于 0 与 1 之间。功率因数反映了有功功率在视在功率中所占的比例。

2. 功率因数过低存在的问题

当二端网络的电压与电流之间有相位差时，功率因数小于 1，这说明电路中发生了能量互换，出现了无功功率。功率因数过低将带来两个问题。

一是功率因数低将会增加输电线路和电源设备的能量损耗，降低供电质量。在生产实际和日常生活中所接触的大多数设备如电动机、照明用的日光灯等，它们都属于感性负载，一般情况下其功率因数都较低。而负载取用的电能都是以一定电压由电站通过输电线供电的。根据 $P = UI\cos\varphi$，当 P、U 一定时，负载功率因数越低，电源提供给负载的电流就越大，即在相同的有功功率情况下，功率因数低的负载电流大。而输电线和电源设备的绕组是有一定电阻的，电流越大损耗就越大，电阻上的压降也将增加，从而造成负载电压下降，影响供电质量。

二是较低的功率因数还将使电源设备的视在功率（即容量）不能得到充分利用。因为电源供出的功率及功率因数是由用户的用电设备性质和运行情况决定的。当有功功率一定时，用电设备的功率因数越低，根据 $S = P/\cos\varphi$，需要发电设备提供的容量也就越大。

能源制约着经济建设的规模。节约电能，提高供电质量，对于发展国民经济有着重要的作用，而提高功率因数则是达到上述目标的重要措施之一。

3. 提高功率因数的方法

视频——功率因数及提高

提高功率因数的基本原则如下。

一是不改变原负载的电压、电流。也就是说，必须保证原负载的工作状态不变，即加至负载上的电压和负载的有功功率不变。

二是一般不要求功率因数提高到 1，这是因为功率因数接近于 1 时再提高功率因数到 1，所需并联的电容容量要大大增加。

三是补偿后总的负载一般仍呈感性。若在功率因数相同的情况下补偿成容性，则要求使用的电容容量更大，经济上十分不合算，所以一般要求补偿后的电路工作在欠补偿状态。

提高企业用电的功率因数，需要采用多方面措施，技术性很强。本节只从电路分析的基本知识角度提出无功功率补偿的原则。

提高功率因数常用的方法是在感性负载两端并联电容，电路如图 4.56（a）所示。相量图如图 4.56（b）所示，φ_1 是原感性负载的阻抗角，并联电容后阻抗角为 φ_2，从图 4.56（b）中可以看出，并联电容并不改变原负载的工作情况，但来自电源的总电流明显减少，这是因为电容分流的结果。

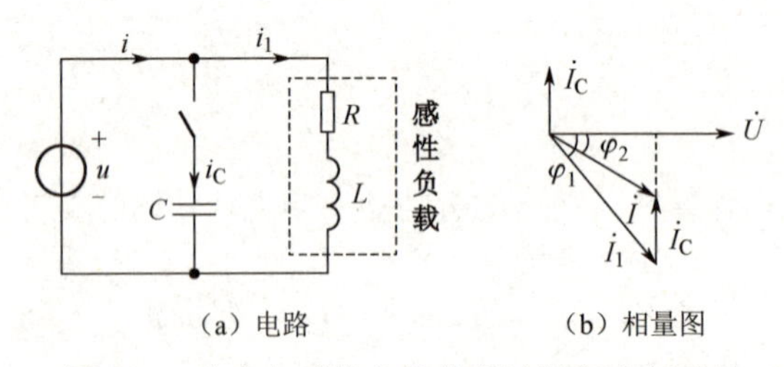

（a）电路　　（b）相量图

图 4.56　电容与感性负载并联以提高功率因素

感性负载并联电容后，感性负载的电流 $I_1 = U/\sqrt{R^2 + X_L^2}$ 和功率因数 $\cos\varphi_1 = R/\sqrt{R^2 + X_L^2}$ 保持不变，这是因为所加电压和负载参数没有变化。但电压 u 和回路电流 i 之间的相位差 φ_2 比并联电容前的 φ_1 变小了，即提高了功率因数。这里的提高功率因数是指提高电源给整个电路供电的功率因数。从另一方面来说，由于电容的无功功率对感性负载的无功功率的补偿作用，将减少电源与负载之间的能量互换，使能量互换主要发生在感性负载和电容之间。这使电源提供的无功功率和视在功率大大减少，而有功功率则不变，从而提高了电源的利用率。

若电路的功率因数由 λ_1 提高到 λ_2，则应并联多大的电容呢？下面通过例题来分析说明。

【例 4.26】某感性负载的等效阻抗 $Z=(3+\mathrm{j}4)\Omega$，由 50 Hz、220 V 的正弦交流电源供电，如图 4.56（a）所示。已知电源的额定容量 S_N =9.7 kV•A。

（1）求电路的电流 I_1、有功功率 P、无功功率 Q 和功率因数 λ。

（2）用并联电容的方法将电路的功率因数提高到 0.9，试求并联电容的电容值。

（3）欲使功率因数由 0.9 再提高至 1.0，则电容值需要再增加多少？

（4）电路的功率因数提高到 0.9 后，电源还可以给多少盏 220V、100W 的白炽灯供电？

解：（1）感性负载的阻抗模和功率因数为

$$|Z|=\sqrt{3^2+4^2}\Omega=5\Omega，\quad \lambda_1=\cos\varphi_1=\frac{R}{|Z|}=\frac{3}{5}=0.6$$

电流
$$I_1=\frac{U}{|Z|}=\frac{220}{5}\mathrm{A}=44\mathrm{A}$$

视在功率
$$S_1=UI=220\times 44\mathrm{V{\bullet}A}=9.68\ \mathrm{kV{\bullet}A}$$

有功功率
$$P_1=S_1\cos\varphi_1=9.68\times 0.6\mathrm{kW}\approx 5.8\ \mathrm{kW}$$

无功功率
$$Q_1=S_1\sin\varphi_1=9.68\times 0.8\mathrm{kvar}\approx 7.7\ \mathrm{kvar}$$

电源的额定电流
$$I_\mathrm{N}=\frac{S_\mathrm{N}}{U_\mathrm{N}}=\frac{9700}{220}\mathrm{A}\approx 44\mathrm{A}$$

可见电源向负载供出的电流达到其额定值，已处于满载状态。

（2）并联电容后，欲使功率因数 λ_2 达到 0.9，则功率因数角应达到 $\varphi_2=25.8^\circ$。其相量图如图 4.56（b）所示。根据相量图可知电容电流为

$$I_\mathrm{C}=I_1\sin\varphi_1-I\sin\varphi_2$$

由于并联电容前后电路的有功功率不变，则有

$$I_1=\frac{P_1}{U\cos\varphi_1}，\quad I=\frac{P_1}{U\cos\varphi_2}$$

故
$$I_\mathrm{C}=(\frac{P_1}{U\cos\varphi_1})\sin\varphi_1-(\frac{P_1}{U\cos\varphi_2})\sin\varphi_2=\frac{P_1}{U}(\tan\varphi_1-\tan\varphi_2)$$

又因为电容支路电流

$$I_\mathrm{C}=\frac{U}{X_\mathrm{C}}=U\omega C$$

所以

$$C=\frac{P_1}{U^2\omega}(\tan\varphi_1-\tan\varphi_2) \tag{4.95}$$

因此，功率因数由 0.6 提高到 0.9 需并联的电容值为

$$C=\frac{5800}{220^2\times 2\pi\times 50}(\tan 53.1^\circ-\tan 25.8^\circ)\mathrm{F}\approx 324\mu\mathrm{F}$$

$$（\cos\varphi_1=0.6\Rightarrow\varphi_1\approx 53.1^\circ）$$

提高功率因数后电源提供电流

$$I=\frac{P_1}{U\cos\varphi_2}=\frac{5800}{220\times 0.9}\mathrm{A}\approx 29.3\mathrm{A}$$

从以上计算可以看出，功率因数从 0.6 提高到 0.9，线路电流从 44A 降到 29.3 A。

（3）要将功率因数从 0.9 再提高到 1.0，需再增加的电容值为

$$C=\frac{5800}{220^2\times 2\pi\times 50}(\tan 25.8^\circ-\tan 0^\circ)\mathrm{F}\approx 184\mu\mathrm{F}$$

由以上计算得知，功率因数由 0.6 提高到 0.9，提高了 0.3，需要 324 μF 的电容；而其由 0.9 提高到 1.0，提高了 0.1，需要 184 μF 电容，显然投资与经济效益不成比例。故一般不要求用户把功率因数提高到 1.0，只要达到规定值即可。

（4）电路的功率因数提高到 0.9 后，设电源可给 n 盏 220 V、100 W 的白炽灯供电。若白炽灯可近似看作线性电阻负载，则接白炽灯后电源提供的无功功率保持不变，即

$$Q = UI\sin\varphi_2 = 220\times 29.3\times \sin 25.8^\circ \text{ var} \approx 2.8\text{kvar}$$

电源满载时提供的有功功率为

$$P = \sqrt{S_N^2 - Q^2} = \sqrt{9.7^2 - 2.8^2}\text{kW} \approx 9.29\text{kW}$$

供给白炽灯的功率

$$P_R = P - P_1 = 9.29\text{kW} - 5.8\text{kW} = 3.49\text{kW}$$

因此
$$n = \frac{P_R}{100} = \frac{3490}{100} \approx 34 \text{ 盏}$$

接白炽灯后电路的功率因数为

$$\lambda = \frac{P}{S} = \frac{9.29}{9.7} \approx 0.96$$

式（4.95）可作为一个公式直接应用。另外，需要注意的是，用并联电容的方法提高功率因数后的电路仍然应是感性电路，即欠补偿电路。如果由 $\cos\varphi_2 = 0.9$ 得出 $\varphi_2 \approx \pm 25.8^\circ$，那么代入式（4.95），将得到两个电容值，$C_1 = 324\mu\text{F}$ 和 $C_2 = 629\mu\text{F}$。显然，并联 $629\mu\text{F}$ 电容后，电路则由感性变成容性，属于过补偿电路。

【例 4.27】如图 4.57（a）所示电路，已知 $R = 2\Omega$，L=1H，C=0.25F，$u=10\sqrt{2}\sin 2t\text{V}$。求电路的有功功率 P、无功功率 Q、视在功率 S 和功率因数。

解：由已知条件，可得

$$\dot{U} = 10\angle 0^\circ \text{V}$$

$$X_L = \omega L = 2\times 1\Omega = 2\Omega，\quad X_C = \frac{1}{\omega C} = \frac{1}{2\times 0.25}\Omega = 2\Omega$$

相应的相量模型如图 4.57（b）所示，其二端网络的阻抗为

$$Z = \frac{(R + jX_L)(-jX_C)}{R + jX_L - jX_C} = \frac{(2+j2)(-j2)}{2+j2-j2}\Omega = (2-j2)\Omega = 2\sqrt{2}\angle -45^\circ\Omega$$

端口电流为
$$\dot{I} = \frac{\dot{U}}{Z} = \frac{10\angle 0^\circ}{2\sqrt{2}\angle -45^\circ}\text{A} = 2.5\sqrt{2}\angle 45^\circ \text{A}$$

所以
$$P = UI\cos\varphi_Z = 10\times 2.5\sqrt{2}\times 0.707\text{W} \approx 25\text{W}$$

$$S = UI = 25\sqrt{2}\ \text{V}\cdot\text{A}$$

$$Q = UI\sin\varphi_Z = 10\times 2.5\sqrt{2}\times(-0.707)\text{ var} \approx -25\text{var}$$

$$\lambda = \cos\varphi_Z = \cos(-45^\circ) \approx 0.707$$

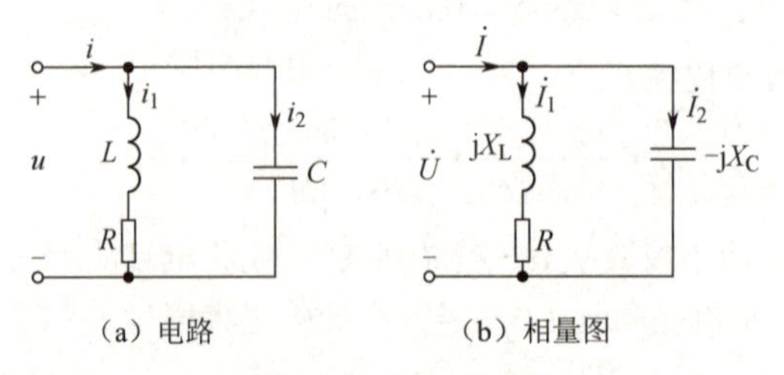

图 4.57　例 4.27 图

4.6.7　正弦稳态最大功率传输定理

我们在第 2 章讲解了直流电阻电路中的负载在什么时候获得最大功率的问题。这一问题也可以扩展到正弦交流电路中。考虑如图 4.58（a）所示电路，负载 Z_L 在什么时候能够从线性电路中获得最大功率呢？

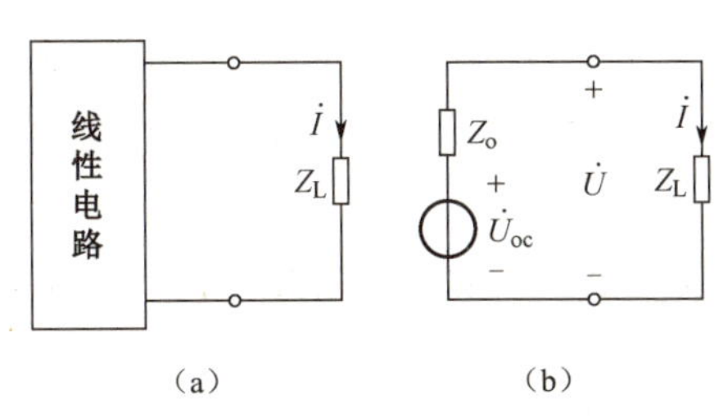

图 4.58　正弦稳态最大功率传输条件

将除负载之外的电路用其戴维南等效电路来代替，如图 4.58（b）所示，其中 $\dot{U}_{oc}$ 为原电路中除负载之外的线性有源二端网络的开路电压，Z_o 为戴维南等效阻抗，Z_L 是负载。假设

$$Z_o = R_o + jX_o\text{，}\quad Z_L = R_L + jX_L$$

则电路中的电流为

$$\dot{I} = \frac{\dot{U}_{oc}}{Z_o + Z_L}$$

因此

$$I = \frac{U_{oc}}{\sqrt{(R_o + R_L)^2 + (X_o + X_L)^2}}$$

负载上获得的平均功率为

$$P = I^2 R_L = \frac{U_{oc}^2 R_L}{(R_o + R_L)^2 + (X_o + X_L)^2}$$

合理选择 R_L、X_L 使有功功率 P 最大。

下面分析共轭匹配。

先来看 P 和 X_L 的关系，X_L 仅出现在上式的分母中，对于任何 R_L，当 $X_L = -X_o$ 时分母为极小值，由此可以先确定 X_L 的取值。此时，有功功率 P 变成为 P'，即

$$P' = \frac{U_{oc}^2 R_L}{(R_o + R_L)^2}$$

令 P' 对 R_L 的导数为零，即得 P' 为最大值的条件

$$\frac{dP'}{dR_L} = U_{oc}^2 \left[\frac{1}{(R_o + R_L)^2} - \frac{2R_L}{(R_o + R_L)^3} \right] = 0$$

解得

$$R_L = R_o$$

综上所述，当

$$R_L = R_o\text{，}\quad X_L = -X_o$$

即

$$Z_L = R_o - jX_o = Z_o^* \tag{4.96}$$

负载能获得最大功率，此时称负载阻抗和电源内阻抗共轭匹配。

在共轭匹配电路中，负载得到的最大功率

$$P_{\text{Lmax}}=\frac{U_{\text{oc}}^2R_{\text{L}}}{(2R_{\text{o}})^2}=\frac{U_{\text{oc}}^2}{4R_{\text{o}}} \tag{4.97}$$

电源输出的功率

$$P_{\text{S}}=IU_{\text{oc}}=\frac{U_{\text{oc}}^2}{2R_{\text{o}}}$$

此时电路的传输效率

$$\eta=\frac{P_{\text{Lmax}}}{P_{\text{S}}}=50\%$$

如果负载的阻抗角不变，负载的阻抗模可以改变，那么负载在什么条件下可获得最大功率呢？设负载阻抗为

$$Z_{\text{L}}=|Z_{\text{L}}|\angle\varphi_Z=|Z_{\text{L}}|\cos\varphi_Z+\text{j}|Z_{\text{L}}|\sin\varphi_Z$$

则有

$$I=\frac{U_{\text{oc}}}{\sqrt{(R_{\text{o}}+|Z_{\text{L}}|\cos\varphi_Z)^2+(X_{\text{o}}+|Z_{\text{L}}|\sin\varphi_Z)^2}}$$

负载获得的功率为

$$P_{\text{L}}=I^2|Z_{\text{L}}|\cos\varphi_Z=\frac{U_{\text{oc}}^2|Z_{\text{L}}|\cos\varphi_Z}{(R_{\text{o}}+|Z_{\text{L}}|\cos\varphi_Z)^2+(X_{\text{o}}+|Z_{\text{L}}|\sin\varphi_Z)^2}$$

要使 P_{L} 达到最大值，同样令

$$\frac{\text{d}P_{\text{L}}}{\text{d}|Z_{\text{L}}|}=0$$

求得

$$|Z_{\text{L}}|=\sqrt{R_{\text{o}}^2+X_{\text{o}}^2} \tag{4.98}$$

因此，在保持负载阻抗角不变、只可改变负载阻抗模的情况下，负载获得最大功率的条件是负载阻抗模与电源内阻抗模相等，这种负载匹配称为模匹配。假如负载是纯电阻，则在模匹配的情况下，负载获得最大功率的条件同样是 $|Z_{\text{L}}|=R_{\text{L}}=\sqrt{R_{\text{o}}^2+X_{\text{o}}^2}$，而不是 $R_{\text{L}}=R_{\text{o}}$。

在模匹配条件下负载所获得的最大功率比共轭匹配条件下获得的功率要小。

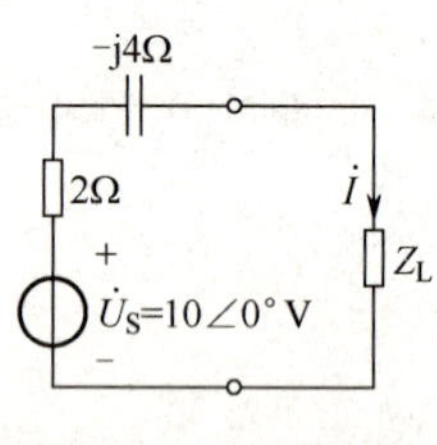

图 4.59 例 4.28 图

【例 4.28】如图 4.59 所示电路，试分别计算下列不同情况下负载的功率：（1）负载 $Z_{\text{L}}=1\Omega$；（2）负载为电阻且为模匹配；（3）负载为共轭匹配。

解： 电源内阻抗为

$$Z_{\text{i}}=(2-\text{j}4)\Omega$$

（1）当 $Z_{\text{L}}=1\Omega$ 时，有

$$\dot{I}=\frac{\dot{U}_{\text{S}}}{Z_{\text{i}}+Z_{\text{L}}}=\frac{10\angle0^\circ}{2-\text{j}4+1}\text{A}=2\angle36.9^\circ\text{A}$$

$$P_{\text{L}}=I^2R_{\text{L}}=4\text{W}$$

（2）负载为电阻且模匹配，则 $Z_{\text{L}}=R_{\text{L}}=\sqrt{R_{\text{i}}^2+X_{\text{i}}^2}=2\sqrt{5}\Omega$，有

$$\dot{I}=\frac{\dot{U}_{\text{S}}}{Z_{\text{i}}+Z_{\text{L}}}=\frac{10\angle0^\circ}{2-\text{j}4+2\sqrt{5}}\text{A}\approx1.32\angle-31.7^\circ\text{A}$$

$$P_{\text{L}}=I^2R_{\text{L}}=1.32^2\times2\sqrt{5}\text{W}\approx7.79\text{W}$$

（3）负载为共轭匹配，则

$$Z_{\text{L}}=Z_{\text{i}}^*=R_{\text{i}}-\text{j}X_{\text{i}}=(2+\text{j}4)\Omega$$

$$\dot{I}=\frac{\dot{U}_S}{Z_i+Z_L}=\frac{10\angle 0^\circ}{2-j4+2+j4}A=2.5\angle 0^\circ A$$

$$P_L=\frac{U_S^2}{4R_i}=\frac{100}{4\times 2}W=12.5W$$

可见共轭匹配时，负载所获得的功率最大。

4.7　正弦稳态电路的频率特性及应用

前面讨论的正弦稳态电路，是在某个固定频率的正弦电源激励下，获得电路电流、电压等变量的情况。当激励信号（电源电压或电流）的幅值不变、频率改变时，由于电路中电容的容抗 $X_C=\frac{1}{\omega C}$，电感的感抗 $X_L=\omega L$ 都会随频率的改变而变化，从而使电路中响应（各支路电流和电压）的幅值和相位随之改变。响应与频率的关系称为电路的频率特性或频率响应，简称频响，本节将在频率域内对电路进行分析，主要分析正弦稳态响应随频率变化的情况，称之为频域分析。

视频——频率特性

4.7.1　传递函数

传递函数 $H(j\omega)$ 是求得电路频率响应的重要数学工具。以前用阻抗或导纳将电压和电流联系起来的关系表达式中，实际上隐含了传递函数的概念。一般而言，一个线性二端网络由图 4.60 所示的方框图表示。

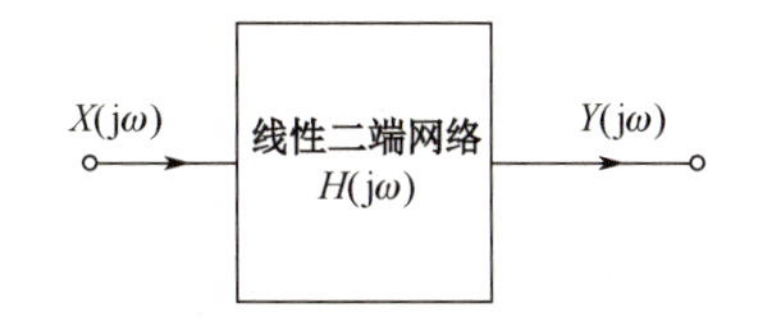

图 4.60　表征线性二端网络的方框图

电路的传递函数 $H(j\omega)$ 指的是随频率变化而变化的输出相量 $Y(j\omega)$（电路中元件的电压或电流）与输入相量 $X(j\omega)$（源电压或电流）的比值。

$$H(j\omega)=\frac{Y(j\omega)}{X(j\omega)} \tag{4.99}$$

$H(j\omega)$ 是一个复数，它的模为 $|H(j\omega)|$，表示输出相量与输入相量幅值的比值随频率变化而变化情况；相角为 $\varphi(\omega)$，体现了输出相量与输入相量之间相位差随频率变化而变化的情形。所以 $H(j\omega)$ 可以表示成

$$H(j\omega)=|H(j\omega)|\angle\varphi(\omega)$$

$|H(j\omega)|$ 表示传递函数的幅值随 ω 变化的特性，称为幅频特性；$\varphi(\omega)$ 表示输出信号、输入信号相位差随 ω 变化的特性，称为相频特性。幅频特性和相频特性统称为频率特性或者频率响应。

4.7.2　滤波电路

对不同频率的输入信号具有选择性的电路称为滤波电路，它让需要的特定频率范围的信号能够顺利通过，而衰减或抑制另外的其他频率范围的信号。如果滤波电路的组成元件只有无源元件：电阻、电感和电容，就称为无源滤波电路。无源滤波电路利用电容元件的容抗或电感元件的感抗随频率变化而变化的特性实现滤波的目的。

滤波电路按幅频特性通常可分为低通、高通、带通、带阻和全通等多种类型，图 4.61 所示是低通滤波器、高通滤波器、带通滤波器和带阻滤波器的幅频特性曲线。下面主要讨论由电阻和电容组成的 RC 滤波电路。除了 RC 滤波电路外，其他电路也可以实现各种滤波功能。

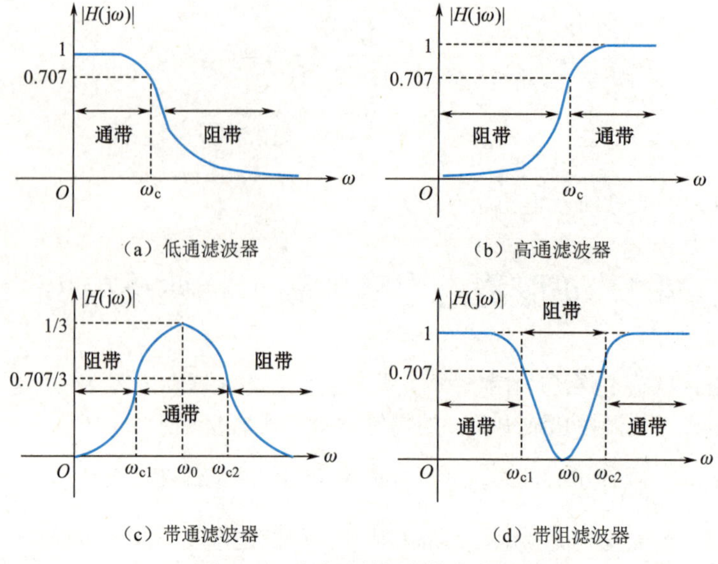

图 4.61 滤波器的幅频特性曲线

1. RC 低通滤波电路

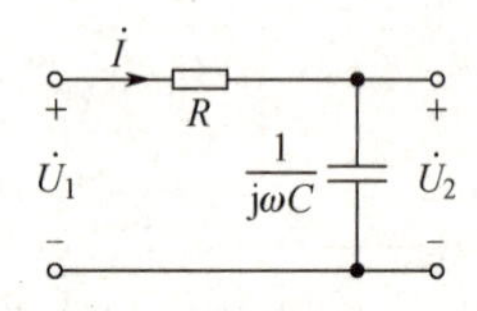

图 4.62 RC 低通滤波电路

RC 低通滤波电路允许低频信号通过，而衰减或抑制高频信号。图 4.62 所示是 RC 低通滤波电路，$\dot{U}_1$ 代表输入信号，$\dot{U}_2$ 代表输出信号，两者都是频率的函数。电路输出信号与输入信号的比值就是电路的传递函数，用 $H(\mathrm{j}\omega)$ 表示。由图 4.62 可得

$$H(\mathrm{j}\omega)=\frac{\dot{U}_2}{\dot{U}_1}=\frac{\dfrac{1}{\mathrm{j}\omega C}}{R+\dfrac{1}{\mathrm{j}\omega C}}=\frac{1}{1+\mathrm{j}\omega RC}=\frac{1}{\sqrt{1+(\omega RC)^2}}\angle-\arctan(\omega RC) \tag{4.100}$$

$$=\left|H(\mathrm{j}\omega)\right|\angle\varphi(\omega)$$

式中，$|H(\mathrm{j}\omega)|=\dfrac{1}{\sqrt{1+(\omega RC)^2}}$ 是传递函数 $H(\mathrm{j}\omega)$ 的模，是角频率 ω 的函数；$\varphi(\omega)=-\arctan(\omega RC)$ 是 $H(\mathrm{j}\omega)$ 的辐角，又称相移角，它也是角频率 ω 的函数。

设 $\omega_0=\dfrac{1}{RC}$（ω_0 称为特征角频率，相应的 $f_0=\dfrac{1}{2\pi RC}$ 称为特征频率），则

$$H(\mathrm{j}\omega)=\frac{\dot{U}_2}{\dot{U}_1}=\frac{1}{1+\mathrm{j}\dfrac{\omega}{\omega_0}}=\frac{1}{\sqrt{1+(\dfrac{\omega}{\omega_0})^2}}\angle-\arctan\frac{\omega}{\omega_0}$$

由式（4.100）可知，当

$\omega=0$ 时，$\left|H(\mathrm{j}\omega)\right|=1$，$\varphi(\omega)=0$

$\omega=\infty$ 时，$\left|H(\mathrm{j}\omega)\right|=0$，$\varphi(\omega)=-\dfrac{\pi}{2}$

$\omega=\omega_0=\dfrac{1}{RC}$ 时，$\left|H(\mathrm{j}\omega)\right|=\dfrac{1}{\sqrt{2}}$，$\varphi(\omega)=-\dfrac{\pi}{4}$

再计算其他不同 ω 值时的 $|H(\mathrm{j}\omega)|$ 值和 $\varphi(\omega)$ 值，就可以得到如图 4.63（a）所示的幅频特性曲

线和图 4.63（b）所示的相频特性曲线。

从幅频特性曲线中可以看出，对同样幅值大小的正弦输入电压来说，频率越高，输出电压的幅值越小，当输入电压为直流时，输出电压最大且等于输入电压。所以，低频的正弦信号比高频正弦信号更容易通过，这种电路称为 RC 低通滤波电路。对滤波电路来说，当传递函数的模下降到其最大值的 0.707 倍时所对应的频率称为滤波电路的截止频率。根据低通滤波电路的幅频特性可以求出其截止频率 $\omega_c=\omega_0=\dfrac{1}{RC}$，因此图 4.62 所示的 RC 低通滤波电路的截止频率就等于其特征频率。在频率范围 $0<\omega\leqslant\omega_0$ 内，信号受到的衰减较小，称为电路的通频带，简称通带。如果电路的输出端接的是电阻性负载，则当 $|H(\mathrm{j}\omega)|$ 下降到 0.707 时，因为输出功率正比于输出电压的平方，这时输出功率正好是输入功率的一半，所以截止频率 ω_c 又称为半功率点频率。幅频特性也可以用对数形式表示，其单位为分贝（dB）。当 $|H(\mathrm{j}\omega)|=0.707$ 时，对数形式的幅频特性为 $20\lg|H(\mathrm{j}\omega)|=20\lg 0.707\approx -3\mathrm{dB}$，所以 ω_c 也称为-3dB 频率。

从相频特性曲线中可以看出，随着输入信号的 ω 由零趋于无穷大，相移角 $\varphi(\omega)$ 单调地由 $0°$ 趋于 $-90°$，这说明输出电压总是滞后于输入电压的。RC 低通滤波电路充当了滞后网络的角色，在实际应用中常作为移相器。

2. RC 高通滤波电路

与 RC 低通滤波电路相比较，图 4.64 所示电路的输出信号 $\dot{U}_2$ 不是从电容两端输出的，而是取自于电阻两端的。该电路的传递函数为

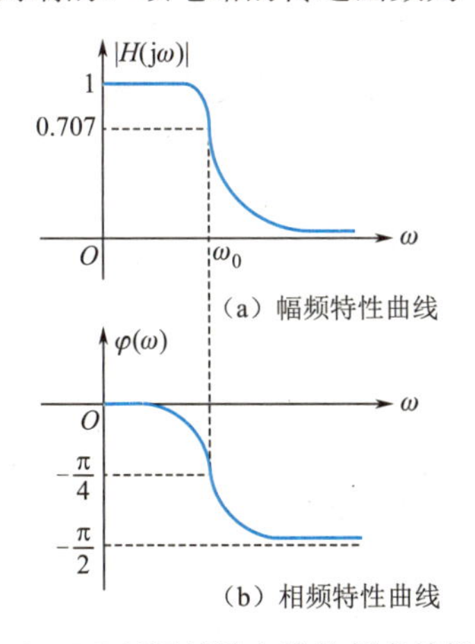

图 4.63　RC 低通滤波电路的频率特性曲线

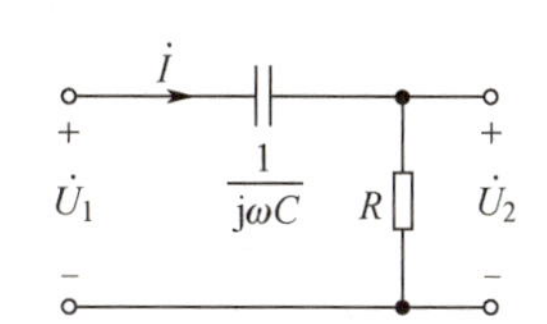

图 4.64　RC 高通滤波电路

$$H(\mathrm{j}\omega)=\frac{\dot{U}_2}{\dot{U}_1}=\frac{R}{R+\dfrac{1}{\mathrm{j}\omega C}}=\frac{\mathrm{j}\omega RC}{1+\mathrm{j}\omega RC}=\frac{1}{1-\mathrm{j}\dfrac{1}{\omega RC}}=\frac{1}{\sqrt{1+(\dfrac{1}{\omega RC})^2}}\angle\arctan\frac{1}{\omega RC}\tag{4.101}$$

$$=|H(\mathrm{j}\omega)|\angle\varphi(\omega)$$

式中

$$|H(\mathrm{j}\omega)|=\frac{1}{\sqrt{1+(\dfrac{1}{\omega RC})^2}}，\quad \varphi(\omega)=\arctan\frac{1}{\omega RC}$$

设

$$\omega_0=\frac{1}{RC}$$

则

$$H(\mathrm{j}\omega)=\frac{1}{1-\mathrm{j}\dfrac{\omega_0}{\omega}}=\frac{1}{\sqrt{1+(\dfrac{\omega_0}{\omega})^2}}\angle\arctan\frac{\omega_0}{\omega}$$

由式（4.101）可知，当 $\omega_c=\omega_0=\dfrac{1}{RC}$ 时，$|H(\mathrm{j}\omega)|=0.707$，是整个频率范围内 $|H(\mathrm{j}\omega)|$ 最大值的 0.707 倍，因此 ω_0 是截止频率。此时相移角 $\varphi(\omega)$ 为 $\dfrac{\pi}{4}$。该电路的幅频特性曲线和相频特性曲线如图 4.65 所示。

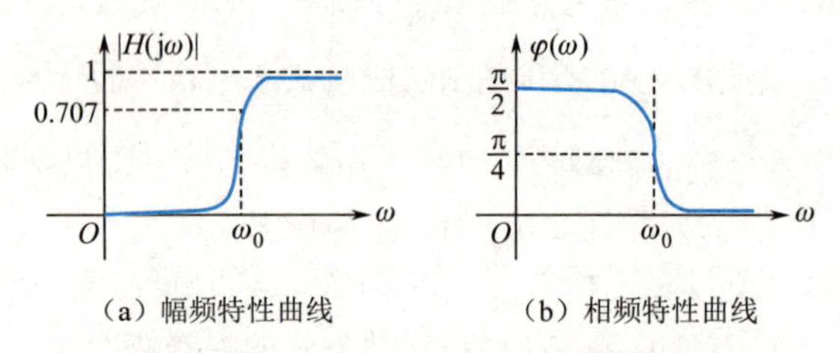

（a）幅频特性曲线　　（b）相频特性曲线

图 4.65　RC 高通滤波电路的频率特性曲线

RC 高通滤波电路的作用是抑制低频信号，而使高频信号能够顺利通过。

输入信号的角频率 ω 由零趋于无穷大，RC 高通滤波电路的相移角 $\varphi(\omega)$ 由 90° 单调趋于 0°，这说明 RC 高通滤波器具有超前网络的特点，从输入到输出的相移为

$$\varphi(\omega)=\arctan\frac{1}{\omega RC}$$

【例 4.29】试设计一移相器，实现从输入到输出的相移为 45°，即输出信号在相位上超前输入信号 45°。

解：要实现输出信号在相位上超前输入信号，需选择 RC 高通滤波电路。当电路阻抗的实部和虚部相等，即电阻的阻值与电容的容抗相等时，相移量恰好为 45°。我们选择 $R=X_C=20\Omega$，所得电路如图 4.66 所示。输出信号为

$$\dot{U}_2=\frac{20}{20-\mathrm{j}20}\dot{U}_1=\frac{\sqrt{2}}{2}\angle 45^\circ\,\dot{U}_1$$

这样，输出信号相对输入信号而言相移 45°，但幅值只有输入信号的 $\dfrac{\sqrt{2}}{2}$。

3. RC 带通滤波电路

RC 带通滤波电路的作用是让特定频率范围内的信号能够通过。RC 带通滤波电路如图 4.67 所示。

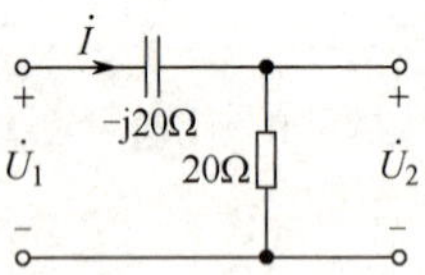

图 4.66　例 4.29 图

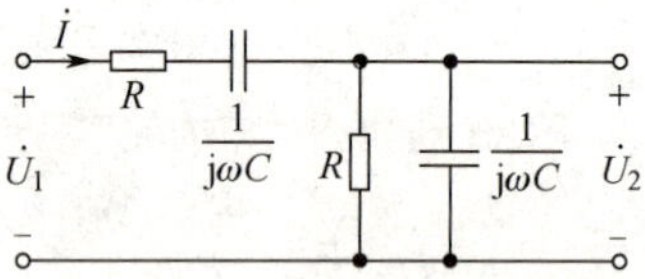

图 4.67　RC 带通滤波电路

由图 4.67 可知，传递函数为

$$H(\mathrm{j}\omega)=\frac{\dot{U}_2}{\dot{U}_1}=\frac{R//\dfrac{1}{\mathrm{j}\omega C}}{R+\dfrac{1}{\mathrm{j}\omega C}+R//\dfrac{1}{\mathrm{j}\omega C}}=\frac{1}{3+\mathrm{j}(\omega RC-\dfrac{1}{\omega RC})}$$

$$=\frac{1}{\sqrt{3^2+(\omega RC-\dfrac{1}{\omega RC})^2}}\angle-\arctan\frac{\omega RC-\dfrac{1}{\omega RC}}{3}=|H(\mathrm{j}\omega)|\angle\varphi(\omega) \quad (4.102)$$

式中

$$|H(\mathrm{j}\omega)| = \frac{1}{\sqrt{3^2 + (\omega RC - \frac{1}{\omega RC})^2}}，\quad \varphi(\omega) = -\arctan\frac{\omega RC - \frac{1}{\omega RC}}{3}$$

设

$$\omega_0 = \frac{1}{RC}$$

则

$$H(\mathrm{j}\omega) = \frac{1}{3 + \mathrm{j}(\frac{\omega}{\omega_0} - \frac{\omega_0}{\omega})} = \frac{1}{\sqrt{3^2 + (\frac{\omega}{\omega_0} - \frac{\omega_0}{\omega})^2}} \angle -\arctan\frac{\frac{\omega}{\omega_0} - \frac{\omega_0}{\omega}}{3}$$

$\omega = 0$ 时，$|H(\mathrm{j}\omega)| = 0$，$\varphi(\omega) = \frac{\pi}{2}$

$\omega = \infty$ 时，$|H(\mathrm{j}\omega)| = 0$，$\varphi(\omega) = -\frac{\pi}{2}$

$\omega = \omega_0$ 时，$|H(\mathrm{j}\omega)| = \frac{1}{3}$，$\varphi(\omega) = 0$

由此可画出其频率特性曲线，如图 4.68 所示。当 $\omega = \omega_0 = \frac{1}{RC}$ 时，输入电压 $\dot{U}_1$ 与输出电压 $\dot{U}_2$ 同相，且 $\frac{U_2}{U_1} = \frac{1}{3}$，此时的 $|H(\mathrm{j}\omega)|$ 为整个频率范围内的最大值，将 ω_0 称为中心频率。同时也规定，将 $|H(\mathrm{j}\omega)|$ 等于最大值（即 $\frac{1}{3}$）的 70.7%处频率的上下限之间的宽度称为通频带，即 $\Delta\omega = \omega_2 - \omega_1$。带通滤波电路就是通过频带 $\omega_1 < \omega < \omega_2$ 的滤波电路。

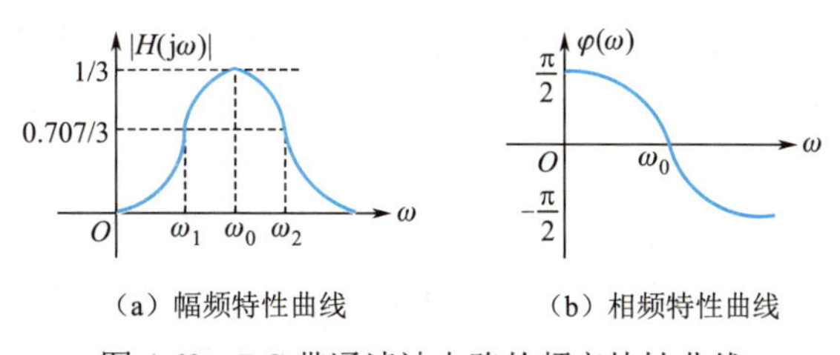

（a）幅频特性曲线　（b）相频特性曲线

图 4.68　RC 带通滤波电路的频率特性曲线

【例 4.30】　一个截止频率 $f_1 = 1.5\text{kHz}$ 的高通滤波器和一个截止频率 $f_2 = 2.2\text{kHz}$ 的低通滤波器用来构成一个带通滤波器。假设不考虑负载效应，滤波器通频带的带宽是多少？

解：设带通滤波器的带宽为 f_{BW}，有

$$f_{\text{BW}} = f_2 - f_1 = 700\text{Hz}$$

4．RLC 带阻滤波电路

RLC 带阻滤波电路是阻止两个给定频率（ω_1 和 ω_2）之间的频带通过。利用图 4.69 所示的 RLC 串联电路，将其电感、电容两端的电压作为输出信号，便可以构成 RLC 带阻滤波电路。

传递函数为

$$H(\mathrm{j}\omega) = \frac{\dot{U}_2}{\dot{U}_1} = \frac{\mathrm{j}(\omega L - \frac{1}{\omega C})}{R + \mathrm{j}(\omega L - \frac{1}{\omega C})} \tag{4.103}$$

因此
$$|H(\mathrm{j}\omega)|=\frac{(\omega L-\frac{1}{\omega C})}{\sqrt{R^2+(\omega L-\frac{1}{\omega C})^2}}$$

$\omega=0$ 时，$|H(\mathrm{j}\omega)|=1$；$\omega=\infty$ 时，$|H(\mathrm{j}\omega)|=1$；$\omega=\omega_0=\sqrt{\frac{1}{LC}}$ 时，$|H(\mathrm{j}\omega)|=0$。

ω_0 是带阻滤波电路的中心频率。图 4.70 所示为 RLC 带阻滤波电路的幅频特性曲线。$\Delta\omega=\omega_2-\omega_1$ 为抑制带宽。

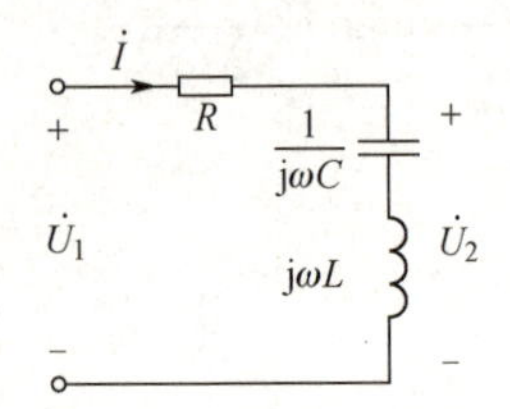

图 4.69 RLC 带阻滤波电路

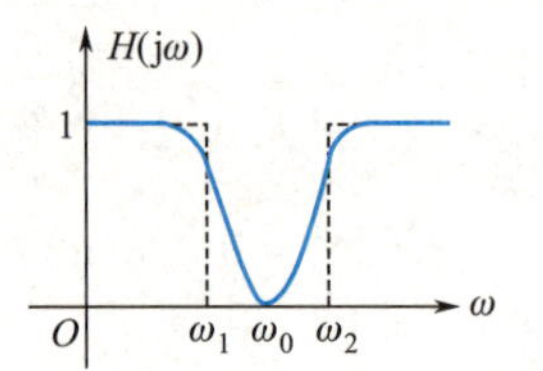

图 4.70 RLC 带阻滤波电路的幅频特性曲线

4.7.3 谐振电路

谐振是 RLC 电路的一种工作状态，此时电路中电压与电流同相位，即电路呈现纯阻性。在含有电感和电容元件的正弦稳态电路中，一般来说，电压和电流的相位是不同的。如果改变电路参数 L、C 或输入信号的频率，就有可能使电路的总电压和总电流相位相同，此时整个电路呈现纯阻性，功率因数为 1，电路的这种现象称为谐振。

RLC 电路的谐振分为串联谐振和并联谐振两种。串联或并联谐振电路的传递函数有很高的频率选择性，在设计滤波电路上是很有用的，其中包括收音机的选台和电视机的频道选择等。

1. RLC 串联谐振电路

图 4.71 RLC 串联电路

RLC 串联电路如图 4.71 所示，电路的阻抗为
$$Z=R+\mathrm{j}\omega L+\frac{1}{\mathrm{j}\omega C}=R+\mathrm{j}(X_\mathrm{L}-X_\mathrm{C})$$

RLC 串联电路的阻抗随频率变化的特性曲线如图 4.72（a）所示，当电源激励频率较低时，X_C 较大，X_L 较小，电路呈容性；随着频率的升高，X_C 减小，X_L 增大，当 $X_\mathrm{L}=X_\mathrm{C}$ 时，两者的电抗效应相互抵消，电路是纯电阻电路；频率进一步增大，当 $X_\mathrm{L}>X_\mathrm{C}$ 时，电路呈感性。

当电路中
$$X_\mathrm{L}=X_\mathrm{C} \quad 或 \quad \omega L=\frac{1}{\omega C}$$
时，则
$$\arctan\frac{X_\mathrm{L}-X_\mathrm{C}}{R}=0$$
即电源电压与电路中的电流同相位，这时，电路发生了谐振。由于谐振发生在 RLC 串联电路中，所以称之为串联谐振。

对于给定的 RLC 串联电路，只有在正弦激励为某一特定频率时才会发生谐振，这一特定频率称之为谐振频率，是谐振电路的固有频率，由电路参数决定。当它以 Hz 为单位时，记为 f_0；当它

以 rad/s 为单位时，记为 ω_0 。

由 $X_L = X_C$，可得串联谐振的谐振角频率为

$$\omega_0 = \frac{1}{\sqrt{LC}} \tag{4.104}$$

又因为 $\omega_0 = 2\pi f$，所以谐振频率为

$$f_0 = \frac{1}{2\pi\sqrt{LC}} \tag{4.105}$$

电路发生串联谐振时，具有如下特点。

① $X_L = X_C$，电路的阻抗 $Z = R$，呈纯阻性，阻抗模值最小。

$$|Z| = \sqrt{R^2 + (X_L - X_C)^2} = R$$

在输入电压不变的情况下，电路中电流的有效值达到最大，其值为

$$I = I_0 = \frac{U}{R}$$

电路中电流随频率变化的特性曲线如图 4.72（b）所示。电流有效值取最大值时的横坐标即为谐振频率 f_0。

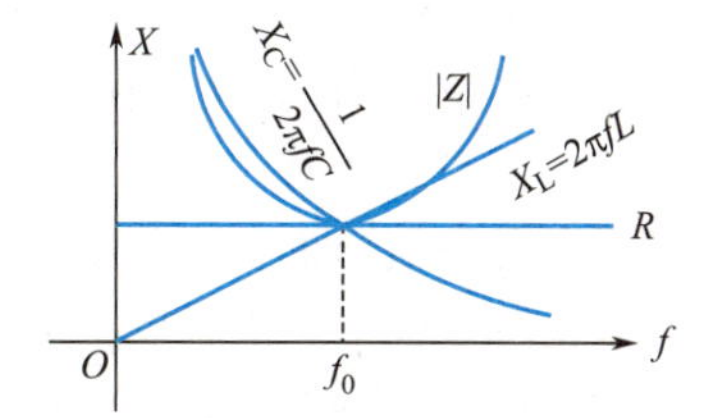

（a）阻抗随频率变化的特性曲线

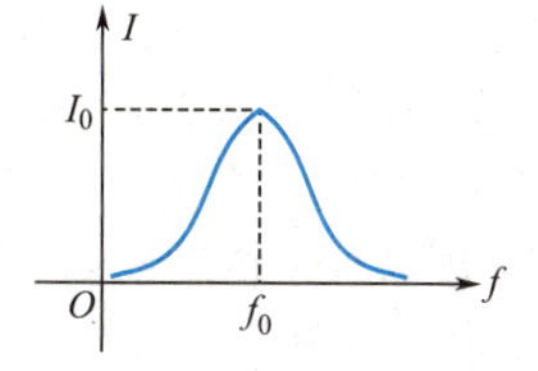

（b）电流随频率变化的特性曲线

图 4.72　串联谐振电路的阻抗与电流随频率变化的特性曲线

② 电路呈纯阻性，电源供给电路的能量全部由电阻消耗，能量的交换只发生在电感和电容之间。

③ 输入电压 $\dot{U}$ 与电路电流 $\dot{I}$ 同相位，所以电路的功率因数为 1。

④ 由于 $X_L = X_C$，所以电感两端与电容两端的电压有效值大小相等，相位相反，互相抵消，也就是说 $\dot{U}_L = -\dot{U}_C$，如图 4.73 所示。

串联谐振时，U_L 与 U_C 分别为

$$U_L = IX_L = \frac{UX_L}{R} = \frac{\omega_0 L}{R}U$$

$$U_C = IX_C = \frac{UX_C}{R} = \frac{1}{\omega_0 RC}U$$

当 $\omega_0 L = 1/\omega_0 C >> R$ 时，电感与电容两端的电压有效值将会大大超过输入电压的有效值，所以串联谐振又称为电压谐振。电压过高，可能会导致线圈、电容的绝缘层被击穿，造成事故，因此在电力系统中，应避免发生串联谐振。但在电子技术中，则常常利用串联谐振来获得较高的电压。为了衡量电路在这方面的能力，引进品质因数 Q 这一物理量，它等于谐振时感抗（容抗）与电阻之比，也等于谐振时的 U_L 或 U_C 与输入电压 U 之比，即

图 4.73　RLC 串联谐振电路相量图

$$Q = \frac{\omega_0 L}{R} = \frac{1}{\omega_0 RC} = \frac{U_L}{U} = \frac{U_C}{U} \tag{4.106}$$

Q 值越大，串联谐振时在电感或电容两端获得的电压越高。

品质因数 Q 是一个无量纲的量，它描述电路发生谐振时的电磁振荡强烈程度，谐振时电容或电感上的电压是电源电压的 Q 倍。

由于谐振时电路的电抗比电路中的电阻大得多，Q 值一般在几十到几百之间。设 L、C 为定值（谐振频率固定），图 4.74 所示为图 4.71 所示电路在 Q 值不同时的电流幅频特性。显然，Q 值较大时，电流幅频特性曲线更为尖锐，这就能很好地选择某一频率而抑制其他频率成分，Q 值越大，选择性越好。也可以引入通频带宽度的概念，如图 4.75 所示，通频带宽度指的是在电流 I 等于最大值 I_0 的 0.707 倍处频率的上下限截止频率之间的宽度。

$$\Delta f = f_2 - f_1$$

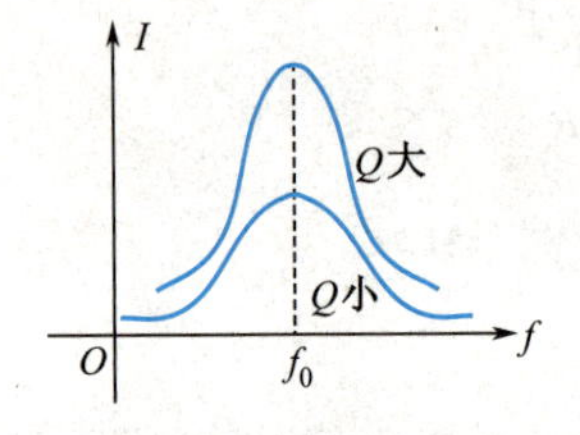

图 4.74 谐振曲线

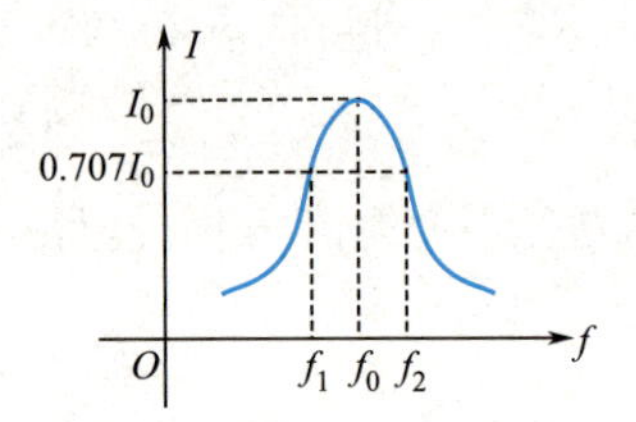

图 4.75 RLC 串联电路的通频带宽度

通频带宽度越小，表明谐振曲线越尖锐，电路的频率选择性越强。收音机的接收电路就是利用串联谐振来选择电台信号的。但选择性并非越高越好，这是因为选择性越好，通频带就越窄。而信号皆有一定的带宽，通频带太窄就有可能滤掉部分频段的有用信息，从而导致信号失真。

收音机利用谐振电路接收电台信号的工作原理是：每个电台都有不同的发射频率，各种频率信号经过收音机天线时，就会在天线线圈 L_1 中[见图 4.76（a）]感应出各种频率的电动势，由于天线线圈与 LC 电路的互感作用，又在 LC 回路中感应出不同频率的电动势 $e_1, e_2, \cdots$，如图 4.76（b）所示。调节可变电容，使电路对某一电台的频率信号产生谐振，那么 LC 回路中该频率的信号最大，在可变电容两端产生的电压也就最高。该频率的信号经过处理后会变成声音传播出来，人们就接收到了这种频率的广播节目。而对于其他频率的信号，由于电路对它们没有产生谐振，电路呈现的阻抗较大，电流很小，在可变电容两端产生的电压很低，人们就听不到这些频率的广播节目了，这样接收电路就起到了选择某电台信号而抑制其他电台信号的作用。

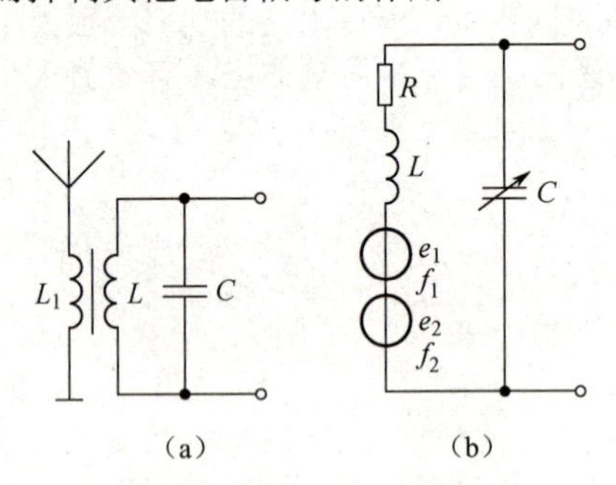

图 4.76 收音机的接收电路

【例 4.31】在 RLC 串联电路中，$L = 0.2\text{H}$，$R = 500\Omega$，$C = 320\text{pF}$，电源电压为 25V。求：（1）当电路发生谐振时，电源频率应为多少？电容中的电流和端电压各为多少？（2）当频率增加 10%时，电容中的电流和端电压是多少？

解：（1）谐振时

$$f_0 = \frac{1}{2\pi\sqrt{LC}} = \frac{1}{2\pi\sqrt{0.2\times320\times10^{-12}}}\text{Hz} \approx 20\text{kHz}$$

$$X_C = \frac{1}{2\pi f_0 C} = \frac{1}{2\pi \times 20 \times 10^3 \times 320 \times 10^{-12}}\Omega \approx 25000\Omega$$

$$I_0 = \frac{U}{R} = \frac{25}{500}\text{A} = 0.05\text{A}$$

$$U_C = I_0 X_C = 0.05 \times 25000\text{V} = 1250\text{V}$$

（2）当频率增加 10%时

$$f = f_0 + f_0 \times 10\% = 22\text{kHz}$$

$$X_L = 2\pi f L = 2\pi \times 22 \times 10^3 \times 0.2\Omega \approx 27632\Omega$$

$$X_C = \frac{1}{2\pi f C} = \frac{1}{2\pi \times 22 \times 10^3 \times 320 \times 10^{-12}}\Omega \approx 22618\Omega$$

$$|Z| = \sqrt{R^2 + (X_L - X_C)^2} = \sqrt{500^2 + (27632 - 22618)^2}\Omega \approx 5038\Omega$$

$$I = \frac{U}{|Z|} = \frac{25}{5038}\text{A} \approx 0.005\text{A}$$

$$U_C = I X_C = 0.005 \times 22618\text{V} \approx 113.1\text{V}$$

显然，当工作频率偏离谐振频率 10%时，电容两端的电压及电路的电流比谐振时大大减少。

【例 4.32】一台收音机的接收电路如图 4.76 所示，其中 $L = 0.5\text{mH}$， $R = 10\Omega$，若要收听到电台频率为 89.3kHz 的广播节目，应将可变电容调到多少？

解：由谐振频率为 $f_0 = \dfrac{1}{2\pi\sqrt{LC}}$ 可得

$$C = \frac{1}{(2\pi f_0)^2 L} = \frac{1}{(2\pi \times 89.3 \times 10^3)^2 \times 0.5 \times 10^{-3}}\text{F} = 6359\text{pF}$$

2. RLC 并联谐振电路

视频——并联谐振电路

图 4.77 所示为 RLC 并联谐振电路的相量模型，它与 RLC 串联电路具有对偶性。利用对偶性，可得电路的导纳为

$$Y = \frac{1}{R} + \text{j}\omega C + \frac{1}{\text{j}\omega L} = \frac{1}{R} + \text{j}(\omega C - \frac{1}{\omega L})$$

当 Y 的虚部为零时，电路产生谐振，由此可得谐振频率为

$$\omega C = \frac{1}{\omega L} \quad 或 \quad \omega_0 = \frac{1}{\sqrt{LC}} \tag{4.107}$$

式（4.107）与串联谐振电路的式（4.105）相同。当这种电路发生谐振时，称为并联谐振。并联谐振电路的电压与频率的关系如图 4.78 所示。

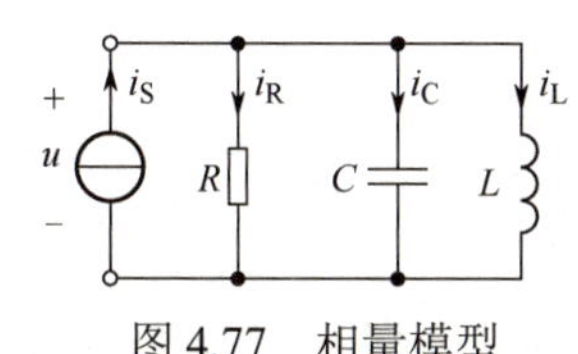

图 4.77　相量模型

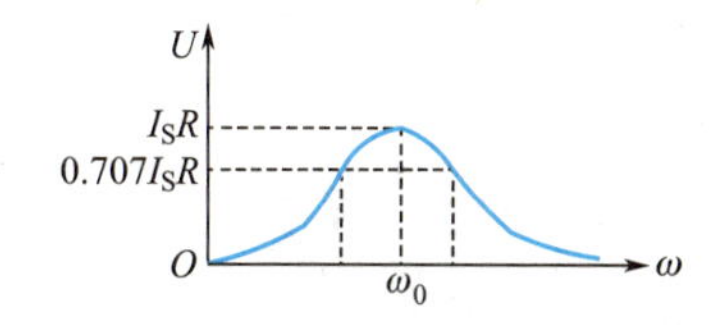

图 4.78　并联谐振电路的电压与频率的关系

并联谐振具有以下特点。

① 谐振时，LC 并联支路相当于开路，所有电流全部流经电阻。

$$I_R = I_S，\quad I_C = I_S R \omega_0 C，\quad I_L = \frac{I_S R}{\omega_0 L}$$

同样定义品质因数 Q，它是并联谐振时电感（容）的电流与电阻的电流的比值，即

$$Q=\frac{I_{\mathrm{L}}}{I_{\mathrm{R}}}=\frac{I_{\mathrm{C}}}{I_{\mathrm{R}}}=\omega_0 RC=\frac{R}{\omega_0 L} \tag{4.108}$$

一般情况下，$Q>>1$，电感和电容上的电流比源电流大许多倍，因此，并联谐振又称作电流谐振。通信系统的中频放大器就是利用了这一特点。

② 电路呈现电阻性，即电路阻抗等于一个纯电阻，并且为最大。

【例 4.33】在图 4.77 所示 RLC 并联电路中，$R=10\mathrm{k}\Omega$，$L=0.1\mathrm{mH}$，$C=16\mu\mathrm{F}$，试计算：（1）谐振频率 f_0；（2）品质因数 Q。

解：（1）由 $\omega_0=\frac{1}{\sqrt{LC}}$，得

$$f_0=\frac{1}{2\pi\sqrt{LC}}=\frac{1}{2\pi\sqrt{0.1\times10^{-3}\times16\times10^{-6}}}\mathrm{Hz}\approx3980\mathrm{Hz}$$

（2）$Q=\frac{R}{\omega_0 L}=\frac{10\times10^3}{2\pi\times3980\times0.1\times10^{-3}}\approx4000$

4.8 三相电路

在日常生活和室内办公中，各种小功率家用电器和办公设备如电灯、电视机、电冰箱、电风扇、计算机、打印机等，基本上使用单相电源。但由于三相交流电在输电方面更加经济，在电能消耗较大的工业生产中，三相电源和三相负载更为普遍。单相电源其实就是三相电源中的某一相。三相电路就是由三相电源、三相负载以及三相输电线所构成的正弦交流电路。

4.8.1 三相电源及其特点

1. 三相电源的结构与特点

三相电源是由三相交流发电机产生的。三相交流发电机有三个相同的线圈，称为三相绕组，每组线圈的匝数、形状、尺寸、绕向都是相同的，图 4.79 是三相交流发电机的结构示意图。三相交流发电机所发出的电一般不被用户直接使用，而是经过三相变压器多次变压后供用户使用的。无论是三相交流发电机还是三相变压器，都可以等效为三个线圈绕组（AX、BY、CZ），如图 4.80 所示，其中 A、B、C 称为绕组的首（始）端，X、Y、Z 称为绕组的尾（末）端。

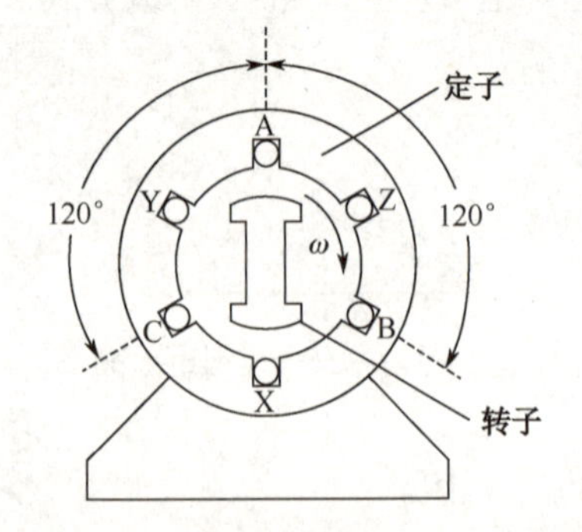

图 4.79　三相交流发电机的结构示意图

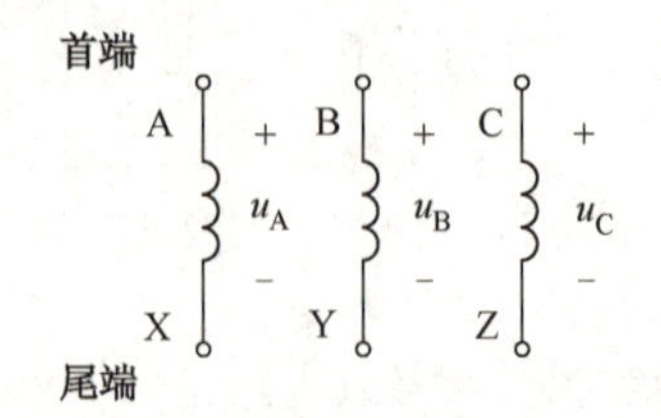

图 4.80　三相电源绕组示意图

三相绕组始端与末端所产生的三个电压分别是三个单相交流电压源，通常用图 4.81 表示。

这三个单相交流电压源具有频率相同、有效值（幅值）相等、相位依次相差120°的特点。这样的三个电压称为对称三相电压，每个电压源都称为一相，记为A相、B相和C相，简写为 u_{A}、u_{B}、

u_C。因为每相电源的幅值相同，所以通常将每相电源电压的有效值记为 U_P，称为相电压有效值。对称三相电压的瞬时值可表示如下。

$$\begin{cases} u_A = \sqrt{2}U_P\sin\omega t \\ u_B = \sqrt{2}U_P\sin(\omega t-120^\circ) \\ u_C = \sqrt{2}U_P\sin(\omega t+120^\circ) \end{cases} \tag{4.109}$$

对称三相电压随时间变化的波形如图 4.82 所示。

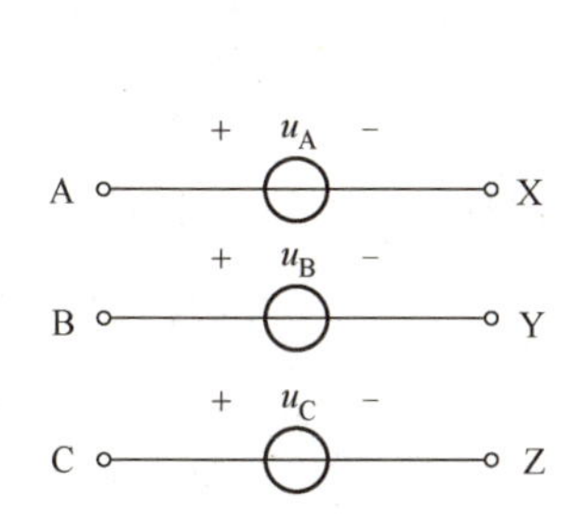

图 4.81　三相绕组的等效电源模型

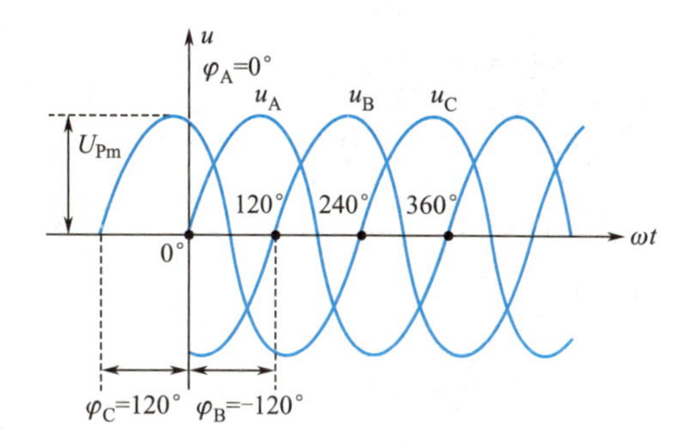

图 4.82　对称三相电压随时间变化的波形

用有效值相量表示，则为

$$\begin{cases} \dot{U}_A = U_P\angle 0^\circ \\ \dot{U}_B = U_P\angle -120^\circ \\ \dot{U}_C = U_P\angle 120^\circ \end{cases} \tag{4.110}$$

三相电源的相量图如图 4.83 所示。

由图 4.82 和图 4.83 可知，对称三相电源的三相电压的瞬时值之和或相量之和恒为零，即

$$u_A + u_B + u_C = 0,\quad \dot{U}_A + \dot{U}_B + \dot{U}_C = 0 \tag{4.111}$$

可见，如果将三相电源按始、末端先后顺序串接成一闭合回路，则其回路净电压为零，当它们没有与外电路连接时，回路中各相电源均无电流，这个特点对电源接成三角形供电非常重要。

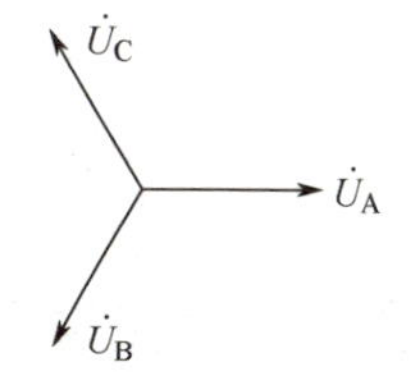

图 4.83　三相电源的相量图

三相电源的三个相电压到达最大值的先后顺序称为相序。由式（4.109）或图 4.82 可以看出，u_A 超前 u_B 120°、u_B 超前 u_C 120°、u_C 超前 u_A 120°。因此三相电源系统的相序是 A→B→C。一般情况下三相电源的相序是确定不变的，在使用三相电源时，应先确认每一根电源线属于哪一相。实际工程接线常用黄色导线表示 A 相、绿色导线表示 B 相、红色导线表示 C 相。在实际应用中，有些三相负载对电源是有相序要求的，不能随意改变，如果改变了三相负载上电源的相序，则三相负载的工作状态有可能改变或者不能正常工作，严重时会发生重大事故。例如，相序的改变可以使三相电动机的旋转方向改变、使三相可控硅调压器不能正常调压等。对三相负载而言，通常称相序 A→B→C 为正（顺）序，如图 4.84 所示三相电动机的三接线端 a、b、c 接成了正（顺）序，若此时电动机为正转，而图 4.85 所示三相电动机接成了反（逆）序，即三相电动机的三接线端 a、b、c 接的相序为 B →A→ C，电动机就会变为反转。可见，将三相负载上任意两根电源线互换位置，即实现三相负载相序的改变。

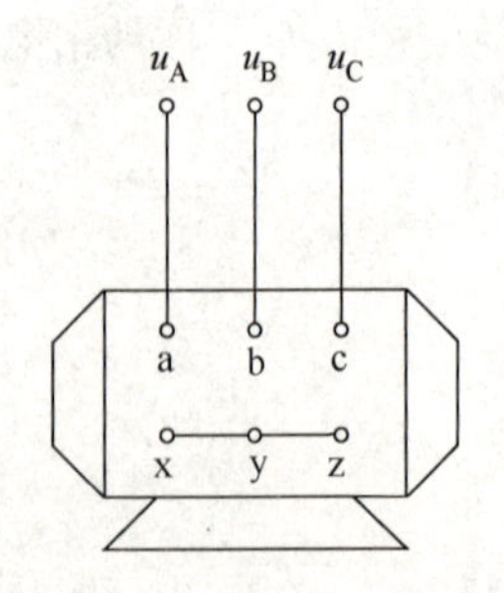

图 4.84 三相负载正序连接

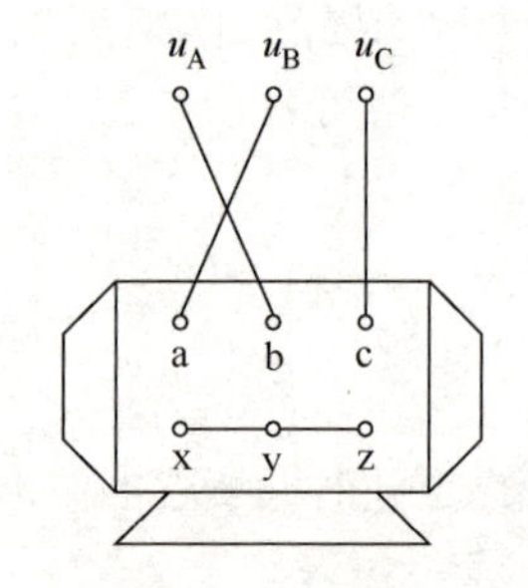

图 4.85 三相负载反序连接

2. 三相电源的连接方式

三相电源有两种连接方式，即星形（Y）连接和三角形（△）连接，分别如图 4.86 和图 4.87 所示。

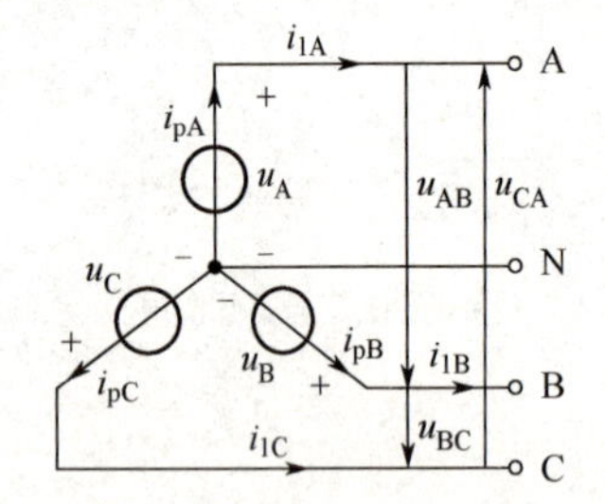

图 4.86 三相电源的星形连接

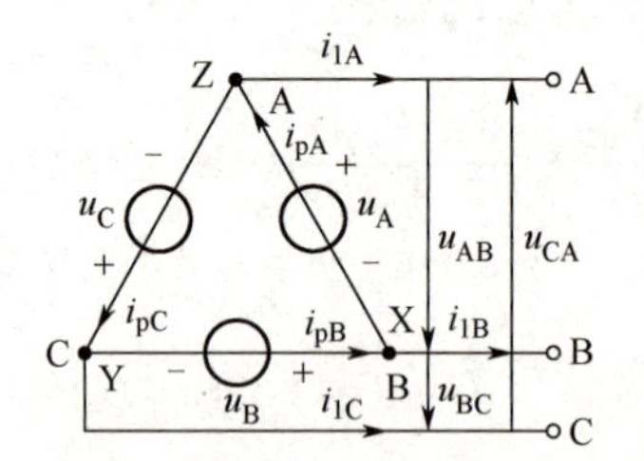

图 4.87 三相电源的三角形连接

（1）星形（Y）连接时线电压与相电压的关系

在星形接法中，三个电源的末端连接在一起，称为中点，由中点引出的线称为中线，又称为零线。从电源三个端点（A、B、C）引出的三根输电线称为相线（即通常所说的火线）。

始端与末端之间的电压称为相电压，就是每一相电源的电压。流过每相电源的电流称相电流。

三相电源按星形连接时（见图 4.86），相电压相量分别为$\dot{U}_A$、$\dot{U}_B$、$\dot{U}_C$，线电压相量分别为$\dot{U}_{AB}$、$\dot{U}_{BC}$、$\dot{U}_{CA}$，根据相量形式 KVL，有

$$\dot{U}_{AB}=\dot{U}_A-\dot{U}_B$$

$$\dot{U}_{BC}=\dot{U}_B-\dot{U}_C$$

$$\dot{U}_{CA}=\dot{U}_C-\dot{U}_A$$

据此，可画出相量图，如图 4.88 所示。

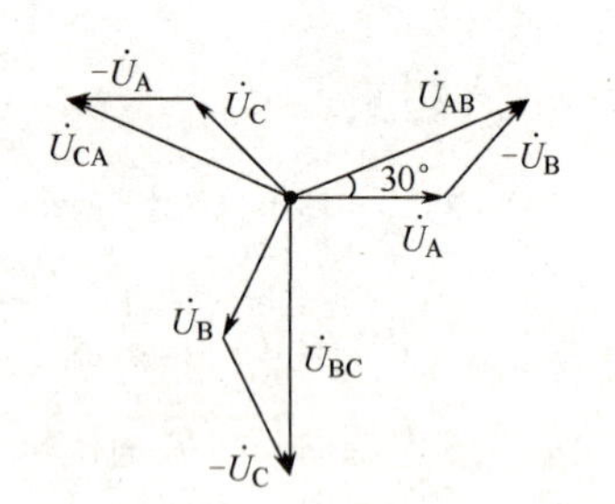

图 4.88 星形连接的电压相量图

当相电压对称时，线电压$\dot{U}_{AB}$、$\dot{U}_{BC}$、$\dot{U}_{CA}$也是对称的，其大小由相量图可以求得

$$\dot{U}_{AB}=\sqrt{3}\dot{U}_A\angle 30^\circ,\quad \dot{U}_{BC}=\sqrt{3}\dot{U}_B\angle 30^\circ,\quad \dot{U}_{CA}=\sqrt{3}\dot{U}_C\angle 30^\circ \tag{4.112}$$

设线电压有效值为U_l，则有

$$\dot{U}_l=\sqrt{3}\dot{U}_p\angle 30^\circ \tag{4.113}$$

可见，在星形接法中，线电压的有效值等于相电压有效值的$\sqrt{3}$倍，相位上线电压超前相应的相电压30°。

（2）三角形（△）连接时线电压与相电压的关系

三相电源按图 4.87 连接，把三相电源的始、末端依次连接，三相电源构成一个闭合回路，分别从始、末端连接处引出三根端线就得到三角形连接，三根端线就是电源的相线，与负载相接。

由图 4.87 可知，三相电源接成三角形时，线电压等于相电压

$$\dot{U}_{\mathrm{l}}=\dot{U}_{\mathrm{p}} \tag{4.114}$$

在三相电源接成三角形的闭合回路中，回路的净电压为零，即

$$\dot{U}_{\mathrm{A}}+\dot{U}_{\mathrm{B}}+\dot{U}_{\mathrm{C}}=0$$

值得指出的是，当三相电源按三角形连接时，千万不要把始、末端接反了，否则将会烧毁电源，应在确认无误后才能供电。

4.8.2　三相负载及其特点

接在每一相电源上的负载叫作单相负载，如照明电灯、家用电器、办公设备等，三个单相负载分别接到三相电源上，则这三个单相负载就构成了三相电源的三相负载，统一用如图 4.89 所示的符号表示。

图 4.89　三相负载的符号

如果 $Z_A=Z_B=Z_C=Z$，则这样的三相负载称为对称三相负载，如三相电动机的三个绕组、三相工业电炉的三个发热体等都是对称三相负载，其特点是阻抗模和阻抗角都相等。因此，当对称三相负载接入对称三相电源时，每相负载上的电流大小相等、相位互差120°。如果 $Z_A\neq Z_B\neq Z_C$，则这样的三相负载称为非对称三相负载，如前面讲到的照明电灯、家用电器、办公设备等构成的三相负载就是非对称三相负载。

三相负载也有两种连接方式，即星形（Y）连接和三角形（△）连接，分别如图 4.90 和图 4.91 所示。

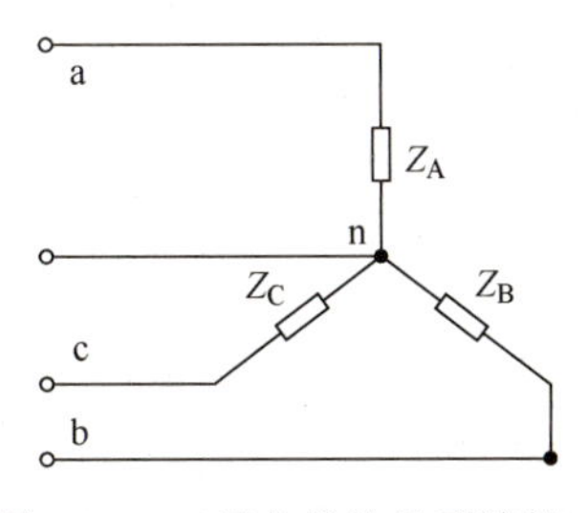

图 4.90　三相负载的星形连接

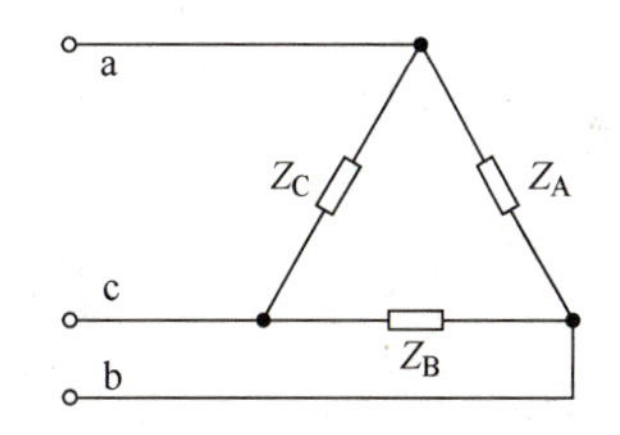

图 4.91　三相负载的三角形连接

4.8.3　三相电路的分析

通过上面的分析可知，在三相电路中，三相电源和三相负载都有星形和三角形两种接法，因此三相电路就有 Y-Y、Y-△、△-Y 和△-△四种不同的结构。由于三相电源以及三相负载的三角形接法都可以等效变换为星形接法，因此接下来重点分析 Y-Y 结构的三相电路。在分析三相电路时，除了需要分析线电压和相电压，还需要分析线电流和相电流。任意两根相线（火线）间的电压称为线电压，流过相线（火线）的电流称为线电流。

1. Y-Y 电路分析

Y-Y 电路原理图如图 4.92 所示。假设电源电压和负载阻抗都是已知的，分析求出电路中的三个线电流和中线上的电流。

由图 4.92 可以看出，每相负载的相电压等于对应的电源相电压，负载的线电压等于对应的电源线电压。因此可以分别一相一相地进行计算，因为 $\dot{U}_{\mathrm{a}}=\dot{U}_{\mathrm{A}}$，$\dot{U}_{\mathrm{b}}=\dot{U}_{\mathrm{B}}$，

$\dot{U}_c = \dot{U}_C$，故有

$$\dot{I}_A = \frac{\dot{U}_a}{Z_A} = \frac{\dot{U}_A}{Z_A}，\ \dot{I}_B = \frac{\dot{U}_b}{Z_B} = \frac{\dot{U}_B}{Z_B}，\ \dot{I}_C = \frac{\dot{U}_c}{Z_C} = \frac{\dot{U}_C}{Z_C} \tag{4.115}$$

各相负载的相电压与相电流之间的相位差为

$$\varphi_A = \arctan\frac{X_A}{R_A}，\ \varphi_B = \arctan\frac{X_B}{R_B}，\ \varphi_C = \arctan\frac{X_C}{R_C} \tag{4.116}$$

中线电流按图 4.92 中所选定的参考方向，应用 KCL 可得出

$$\dot{I}_N = \dot{I}_A + \dot{I}_B + \dot{I}_C \tag{4.117}$$

根据所接负载情况，可对以上分析计算进行如下讨论。

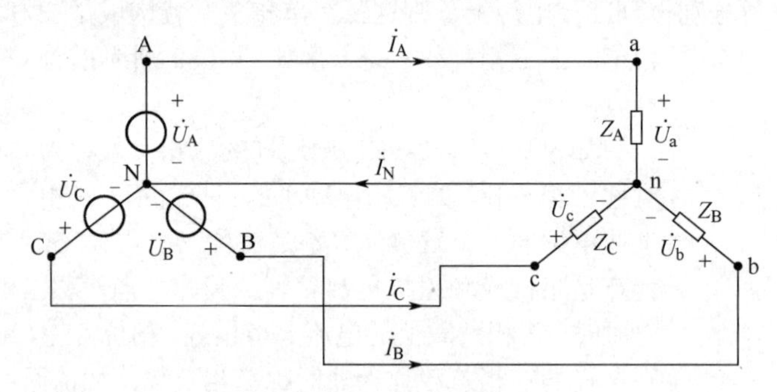

图 4.92　Y-Y 电路原理图

（1）负载对称（即 $Z_A = Z_B = Z_C = Z$ ）时

由于三相电源的相电压也是对称的，所以这时各相电流 $\dot{I}_A$、$\dot{I}_B$、$\dot{I}_C$ 也是对称的。几个相电流有效值的大小相等，相位互差 $120°$ ，电压和电流的相量图如图 4.93 所示。这时中线电流 $\dot{I}_N = \dot{I}_A + \dot{I}_B + \dot{I}_C = 0$ 。因此，这种情况下的电路中性线可以去掉，电路结构如图 4.94 所示。

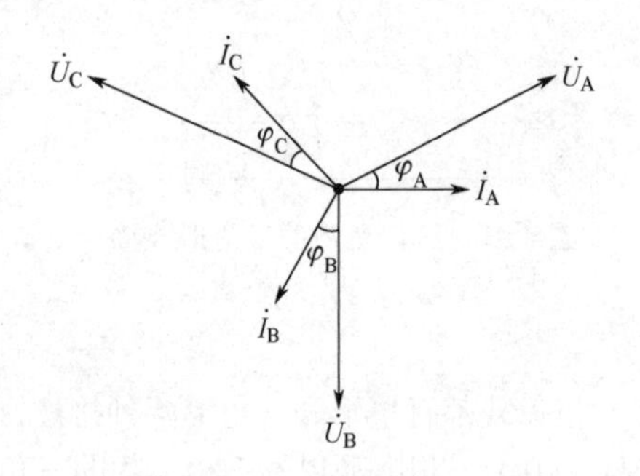

图 4.93　电压和电流的向量图

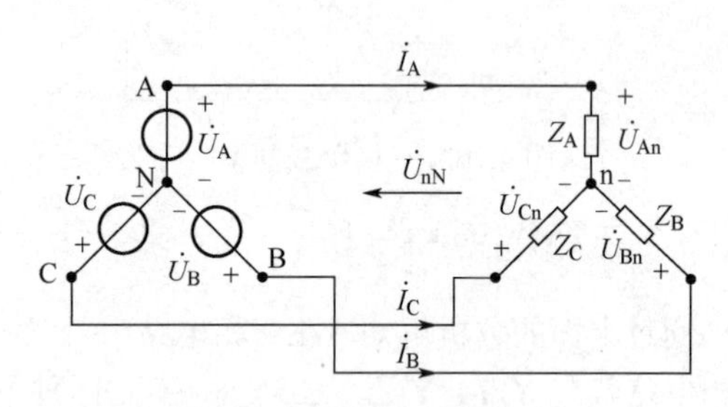

图 4.94　去掉中性线的电路结构

这时负载中点电位与电源中点电位重合，常称为负载星点重合，此时当电源的相电压 $\dot{U}_A$、$\dot{U}_B$、$\dot{U}_C$ 对称时，各相负载上的电压等于电源的相电压也是对称的，即 $\dot{U}_{An} = \dot{U}_A$、$\dot{U}_{Bn} = \dot{U}_B$、$\dot{U}_{Cn} = \dot{U}_C$。所以各相电流 $\dot{I}_A$、$\dot{I}_B$、$\dot{I}_C$ 也是对称的，计算如下

$$\dot{I}_A = \frac{\dot{U}_{An}}{Z} = \frac{\dot{U}_A}{Z}，\ \dot{I}_B = \frac{\dot{U}_{Bn}}{Z} = \frac{\dot{U}_B}{Z}，\ \dot{I}_C = \frac{\dot{U}_{Cn}}{Z} = \frac{\dot{U}_C}{Z} \tag{4.118}$$

可见，三个相电流有效值大小相等、相位互差 $120°$ ，因此，对对称的 Y-Y 电路进行计算时，可以只计算任意一相的电流，利用电流的对称性可以求出另外两相电流。在实际工作中，当负载对

称时，可以采用 Y-Y 结构的三相三线制，节省线路投资。工业中的三相电动机电路、三相工业电炉就是三相三线制的典型例子。

【例 4.34】有一星形连接的三相对称负载，电路如图 4.94 所示，每相的电阻 $R=6\Omega$，感抗 $X_L=8\Omega$。电源线电压对称，设 $u_{AB}=380\sqrt{2}\sin(\omega t+30^\circ)\text{V}$，试求线电流。

解：因为负载对称，电源线电压对称，故为三相对称电路，只需计算一相即可。以 A 相为例。

$$U_A=\frac{U_{AB}}{\sqrt{3}}=\frac{380}{\sqrt{3}}\text{V}\approx 220\text{V}$$

u_A 比 u_{AB} 滞后 30°，故有

$$u_A=220\sqrt{2}\sin\omega t\text{V}$$

A 相电流的有效值为

$$I_A=\frac{U_A}{\sqrt{R^2+X_L^2}}=\frac{220}{\sqrt{6^2+8^2}}\text{A}=22\text{A}$$

i_A 比 u_A 滞后 φ 角，即

$$\varphi=\arctan\frac{X_L}{R}=53.1^\circ$$

所以

$$i_A=22\sqrt{2}\sin(\omega t-53.1^\circ)\text{A}$$

因为电流对称，所以其他两相的线电流为

$$i_B=22\sqrt{2}\sin(\omega t-53.1^\circ-120^\circ)\text{A}=22\sqrt{2}\sin(\omega t-173.1^\circ)\text{A}$$

$$i_C=22\sqrt{2}\sin(\omega t-53.1^\circ+120^\circ)\text{A}=22\sqrt{2}\sin(\omega t+66.9^\circ)\text{A}$$

（2）当三相负载不对称（即 $Z_A\neq Z_B\neq Z_C$）时

这时，尽管每相负载的相电压等于对应的电源相电压，但因负载不等，所以三个相电流是非对称的，因此只能用式（4.115）分别一相一相地进行计算。

【例 4.35】在图 4.95 中，电源电压对称，相电压 $U=220\text{V}$，负载为灯泡组，其电阻分别为 $R_A=5\Omega$，$R_B=10\Omega$，$R_C=20\Omega$，试求负载的相电流及中线电流。灯泡的额定电压为 220 V。

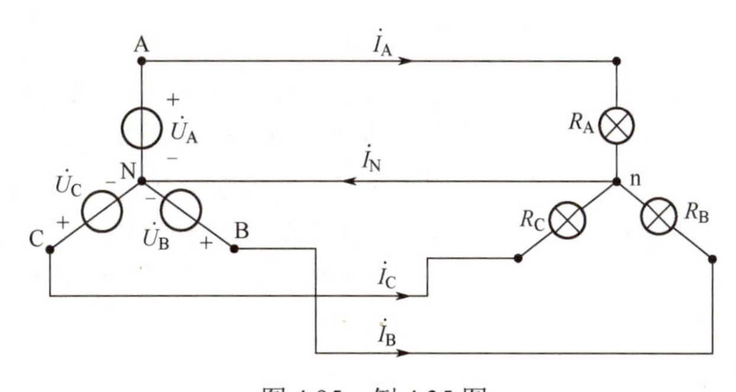

图 4.95　例 4.35 图

解：在图 4.95 所示电路中，因为有中线，且中线阻抗为零，所以虽然三相负载不对称，但这时负载相电压和电源的相电压相等。以 A 相电压为参考相量，即 $\dot{U}_A=220\angle 0^\circ\text{V}$，则

$$\dot{I}_A=\frac{\dot{U}_A}{R_A}=\frac{220\angle 0^\circ}{5}\text{A}=44\text{A}$$

$$\dot{I}_B=\frac{\dot{U}_B}{R_B}=\frac{220\angle -120^\circ}{10}\text{A}=22\angle -120^\circ\text{A}$$

$$\dot{I}_C = \frac{\dot{U}_C}{R_C} = \frac{220\angle 120^\circ}{20}\text{A} = 11\angle 120^\circ\text{A}$$

中线电流为

$$\begin{aligned}\dot{I}_N &= \dot{I}_A + \dot{I}_B + \dot{I}_C = (44\angle 0^\circ + 22\angle -120^\circ + 11\angle 120^\circ)\text{A} \\ &= [44 + (-11 - \text{j}18.9) + (-5.5 + \text{j}9.45)]\text{A} \\ &= (27.5 - \text{j}9.45)\text{A} = 29.1\angle -19^\circ\text{A}\end{aligned}$$

可见，各相电源提供的电流相差很大，有可能造成有的相电源超载运行，有的相电源又处于低载运行，而且中线电流很大。所以在实际工程中，尽可能给三相电源分配接近对称的三相负载是电路设计必须考虑的问题。

（3）三相负载不对称且无中性线时

若在三相负载不对称的情况下采用无中性线的 Y-Y 结构电路，则此时每一相负载两端的电压将不再等于电源的相电压，电路的分析实际上就是一个一般正弦交流电路的分析，可以采用节点电压法进行求解。

电路结构如图 4.94 所示，选择电源中点 N 为参考点，并设点 n 和 N 之间的电压为$\dot{U}_{nN}$，对点 n 列写节点电压方程可得

$$\left(\frac{1}{Z_A} + \frac{1}{Z_B} + \frac{1}{Z_C}\right)\dot{U}_{nN} = \frac{\dot{U}_A}{Z_A} + \frac{\dot{U}_B}{Z_B} + \frac{\dot{U}_C}{Z_C} \tag{4.119}$$

故有

$$\dot{U}_{nN} = \left(\frac{\dot{U}_A}{Z_A} + \frac{\dot{U}_B}{Z_B} + \frac{\dot{U}_C}{Z_C}\right) \Big/ \left(\frac{1}{Z_A} + \frac{1}{Z_B} + \frac{1}{Z_C}\right) \tag{4.120}$$

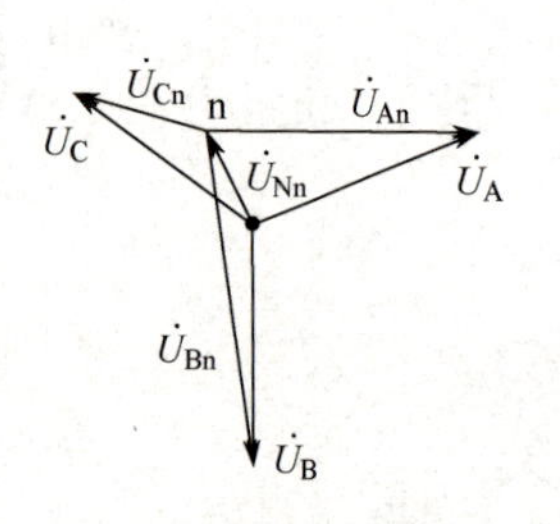

图 4.96 负载不对称的 Y-Y 电路电压相量图

这时，$\dot{U}_{nN} \neq 0$，即负载中点电位偏离了电源中点电位，常称之为负载星点漂移，所以此时电源的相电压$\dot{U}_A$、$\dot{U}_B$、$\dot{U}_C$虽然是对称的，但各相负载上所承受的相电压已不能保持对称了，其相量图如图 4.96 所示。这时有的负载相电压比额定电压高，有的负载相电压比额定电压低，影响负载的正常工作，甚至烧毁电路设备。因此，在实际工作中，当负载不对称时，应采用三相四线制，即当不对称负载做星形连接时，必须有中线。因为有了中线，负载的相电压才能与电源的相电压保持相等，使每相负载都能工作在额定电压下。所以在实际应用的三相四线制系统中，为了不让负载星点漂移，中线应可靠连接，不允许在中线上接入保险丝和开关，并应经常检查中线的状况。

【例 4.36】图 4.97（a）所示电路为相序指示电路。如果使$1/\omega C = R = 1/G$，那么试说明在线电压对称的情况下，如何根据两个灯泡所承受的电压确定相序。

解：图 4.97（a）所示电路可化为图 4.97（b）所示电路。其中性点电压$\dot{U}_{nN}$为

$$\dot{U}_{nN} = \frac{\dot{U}_A \text{j}\omega C + \dot{U}_B G + \dot{U}_C G}{\text{j}\omega C + 2G}$$

代入给定的参数关系并经计算后，有（令$\dot{U}_A = U\angle 0^\circ$）

$$\dot{U}_{nN} = (-0.2 + \text{j}0.6)U \approx 0.63U\angle 108.4^\circ$$

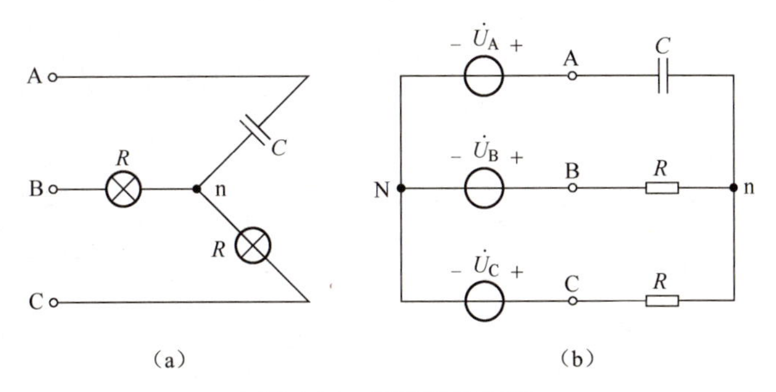

图 4.97　相序指示电路

B 相灯泡所承受的电压为

$$\begin{aligned}\dot{U}_{Bn} &= \dot{U}_{BN} - \dot{U}_{nN} = U\angle -120^\circ - (-0.2 + j0.6)U \\ &= (-0.3 - j1.47)U = 1.5U\angle -101.5^\circ\end{aligned}$$

所以

$$U_{Bn} = 1.5U$$

经类似的计算可求得

$$\begin{aligned}\dot{U}_{Cn} &= \dot{U}_{CN} - \dot{U}_{nN} = U\angle 120^\circ - (-0.2 + j0.6)U \\ &= (-0.3 + j0.266)U = 0.4U\angle 138.4^\circ \\ U_{Cn} &= 0.4U\end{aligned}$$

根据上述结果可以判断：电容器所在的那一相若定为 A 相，则灯泡比较亮的为 B 相，较暗的则为 C 相。另外，根据中性点电压 $\dot{U}_{nN}$，也可由电压相量图判定 $\dot{U}_{Bn} > \dot{U}_{Cn}$。

对于△-Y 结构的三相电路，可以将三相电源等效变换为星形接法，然后根据 Y-Y 电路的分析来进行。等效变换的方法是：依据式（4.113），将三角形连接的对称三相电源幅值除以 $\sqrt{3}$，并将相位移相 -30°，即

$$\dot{U}_A = \sqrt{3}\dot{U}_{AB}\angle -30^\circ，\ \dot{U}_B = \sqrt{3}\dot{U}_{BC}\angle -30^\circ，\ \dot{U}_C = \sqrt{3}\dot{U}_{CA}\angle -30^\circ \tag{4.121}$$

2. Y-△电路分析

Y-△电路的结构如图 4.98 所示。

由该电路可知，三相负载是分别接到三个电源的火线上的，负载的相电压就等于三相电源的线电压。在负载不对称的情况下，各相电流需要一相一相地计算，设线电压相量为

$$\dot{U}_{AB} = U_1\angle 0^\circ，\ \dot{U}_{BC} = U_1\angle -120^\circ，\ \dot{U}_{CA} = U_1\angle 120^\circ$$

设负载相电流为 $\dot{I}_{ab}$、$\dot{I}_{bc}$、$\dot{I}_{ca}$，线电流相量分别为 $\dot{I}_A$、$\dot{I}_B$、$\dot{I}_C$。可得每相相电流为

$$\dot{I}_{ab} = \frac{\dot{U}_{AB}}{Z_{AB}}, \dot{I}_{bc} = \frac{\dot{U}_{BC}}{Z_{BC}}, \dot{I}_{ca} = \frac{\dot{U}_{CA}}{Z_{CA}} \tag{4.122}$$

根据 KCL，可得线电流的相量形式为

$$\dot{I}_A = \dot{I}_{ab} - \dot{I}_{ca}，\ \dot{I}_B = \dot{I}_{bc} - \dot{I}_{ab}，\ \dot{I}_C = \dot{I}_{ca} - \dot{I}_{bc} \tag{4.123}$$

在对称负载的情况下，由于电源线电压是对称的，所以负载的相电压与线电压也是对称的，根据相量图可求得线电流。图 4.99 是对称负载的三角形连接电流相量图，从该图中可以看出，当相电流对称时，线电流也是对称的。用 I_l 表示线电流的有效值，用 I_p 表示相电流的有效值，则

$$\frac{1}{2}I_l = I_p\cos 30^\circ$$

$$I_l = \sqrt{3}I_p \tag{4.124}$$

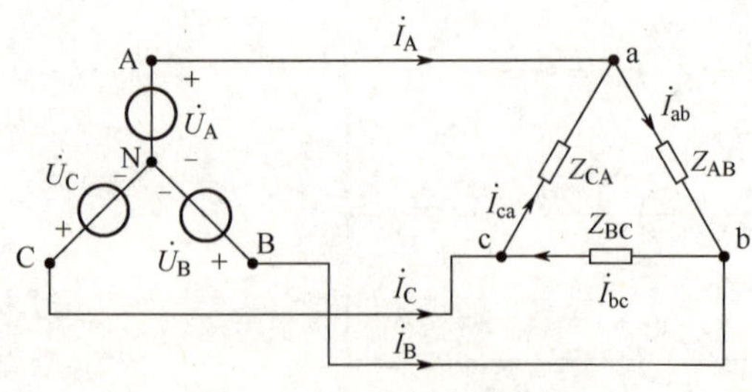

图 4.98 Y-△电路的结构

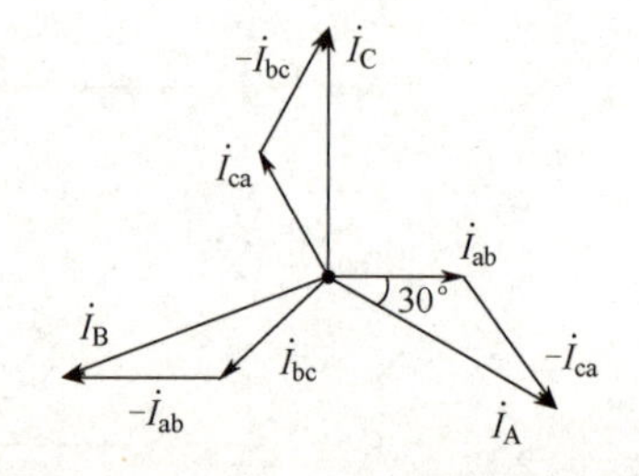

图 4.99 对称负载三角形连接电流相量图

于是得到如下结论。

当对称负载连接成三角形时，相电流是对称的，线电流也是对称的，且线电流有效值是相电流有效值的 $\sqrt{3}$ 倍；线电流与相电流的相位关系为

$$\dot{I}_A = \sqrt{3}\dot{I}_{ab}\angle -30^\circ,\quad \dot{I}_B = \sqrt{3}\dot{I}_{bc}\angle -30^\circ,\quad \dot{I}_C = \sqrt{3}\dot{I}_{ca}\angle -30^\circ \tag{4.125}$$

或统一表示为

$$\dot{I}_1 = \sqrt{3}\dot{I}_P\angle -30^\circ \tag{4.126}$$

对该电路的分析也可以利用第 2 章中所学的星形电阻网络与三角形电阻网络的等效变换，将负载由星形连接转变为三角形连接，然后利用 Y-Y 电路进行分析。

对于△-△结构的电路，其分析方法与 Y-△电路相似，只不过此时的负载相电压等于电源相电压（当然也等于电源线电压）。

【例 4.37】某大楼电灯发生故障，第二层楼和第三层楼所有电灯都突然暗下来，而第一层楼电灯亮度不变，试问这是什么原因？该楼的电灯是如何连接的？同时发现，第三层楼的电灯比第二层楼的电灯还暗些，这又是什么原因？

解：（1）本系统供电线路图如图 4.100 所示。

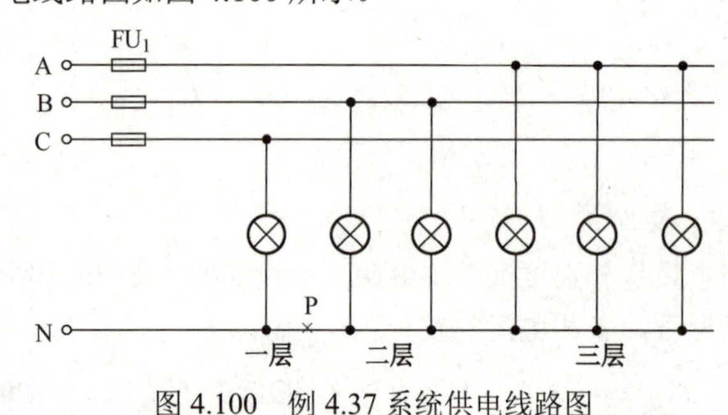

图 4.100 例 4.37 系统供电线路图

（2）因为第一层楼的电灯亮度不变，所以它们仍工作在 220V 相电压上，而第二层楼和第三层楼所有电灯都暗下来，分析当零线在 P 处断开时，第二、三层楼的电灯串联后接在了 A、B 两根相线之间的 380V 电压上，第二层楼和第三层楼电灯数基本相当。

（3）但第三层楼电灯比第二层楼电灯暗一些，可以分析出第三层楼电灯多于第二层楼电灯，即 $R_3 < R_2$，第三层楼电灯上分得的电压小于第二层楼电灯分得的电压。

4.8.4 三相电路的功率

1. 对称负载三相功率的计算

在三相电路中，无论负载为星形连接还是三角形连接，根据功率守恒原理，负载消耗的总平均功率应等于各相负载消耗的平均功率之和，即

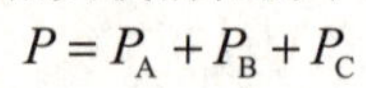

$$P = P_A + P_B + P_C \tag{4.127}$$

当负载对称时，各相消耗的功率相等，并且不难得到用相电压和相电流来求对称三相电路的功率表达式，即

$$P = 3U_{\text{P}}I_{\text{P}}\cos\varphi_Z \tag{4.128}$$

式中，U_{P}、I_{P}为各相负载的相电压和相电流有效值；φ_Z 为负载的阻抗角。

当对称负载星形连接时，$U_{\text{P}} = U_1/\sqrt{3}$，$I_{\text{P}} = I_1$，而当对称负载三角形连接时，$U_{\text{P}} = U_1$，$I_{\text{P}} = I_1/\sqrt{3}$，将两种接法的$U_{\text{P}}$、$I_{\text{P}}$ 分别代入式（4.128），得到用线电压和线电流来求对称三相电路的功率表达式，即

$$P = \sqrt{3}U_1I_1\cos\varphi_Z \tag{4.129}$$

式中，U_1、I_1 为各相负载的线电压和线电流有效值；φ_Z 为负载的阻抗角。

这是对称三相电路的总有功功率。同理可得，负载对称时三相电路的总无功功率为

$$Q = \sqrt{3}U_1I_1\sin\varphi_Z \tag{4.130}$$

因此，总的视在功率为

$$S = \sqrt{P^2 + Q^2} = \sqrt{3}U_1 \cdot I_1 \tag{4.131}$$

【例 4.38】在图 4.101 中，FU 为熔断器，每相负载的电阻 R=6 Ω、感抗 X_{L}=8 Ω，电源线电压为 380V，试计算负载分别进行星形和三角形连接时的三相总有功功率。

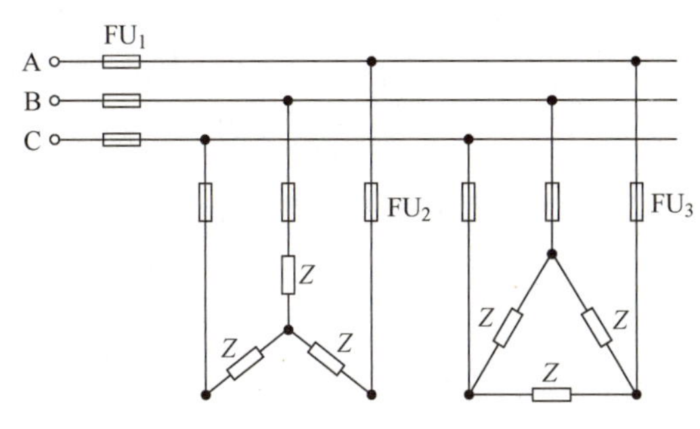

图 4.101　例 4.38 图

解：每相负载的阻抗模为

$$|Z| = \sqrt{R^2 + X_{\text{L}}{}^2} = \sqrt{6^2 + 8^2}\Omega = 10\Omega$$

负载的功率因数为

$$\cos\varphi = \frac{R}{|Z|} = \frac{6}{10} = 0.6$$

（1）负载为星形连接时，其相电压的有效值为

$$U_{\text{P}} = \frac{U_1}{\sqrt{3}} = \frac{380}{\sqrt{3}}\text{V} \approx 220\text{V}$$

线电流等于其相电流，其有效值为

$$I_1 = I_{\text{P}} = \frac{U_{\text{P}}}{|Z|} = \frac{220}{10}\text{A} \approx 22\text{A}$$

所以三相总有功功率为

$$P = \sqrt{3}U_1I_1\cos\varphi = \sqrt{3}\times380\times22\times0.6\text{W} \approx 8.68\times10^3\text{ W}$$

（2）负载为三角形连接时（$U_{\text{P}} = U_1$），相电流的有效值为

$$I_{\text{P}} = \frac{U_{\text{P}}}{|Z|} = \frac{380}{10}\text{A} = 38\text{A}$$

线电流的有效值

$$I_l = \sqrt{3}I_P = \sqrt{3}\times 38\text{A} \approx 66\text{A}$$

所以三相总有功功率为

$$P_\Delta = \sqrt{3}U_l I_l \cos\varphi = \sqrt{3}\times 380\times 66\times 0.6\text{W} \approx 26\times 10^3\text{ W}$$

上述结果表明，在相同的线电压下，负载为三角形连接时获得的有功功率是星形连接的三倍。这一点不难从功率与电流或电压的平方成正比得到解释；因为三角形连接时每相负载的相电压是星形连接时相电压的 $\sqrt{3}$ 倍，所以前者的相电流及线电流均为后者的 $\sqrt{3}$ 倍，因此三角形连接时获得的有功功率为星形连接时获得的平均功率的 3 倍。对于无功功率和视在功率，也有同样的结论。

【例 4.39】 有一台三相异步电动机，每相的等效电阻 $R = 29\Omega$，等效感抗 $X_L = 21.8\Omega$，试求在下列两种情况下电动机的相电流、线电流以及从电源获得的平均功率，并比较所得结果。(1) 绕组连成星形，接于 $U_l = 380\text{V}$ 三相电源上；(2) 绕组连成三角形，接于 $U_l = 220\text{V}$ 三相电源上。

解：(1) 因
$$U_P = \frac{U_l}{\sqrt{3}} = \frac{380}{\sqrt{3}}\text{V} \approx 220\text{V}$$

故
$$I_l = I_P = \frac{U_P}{|Z|} = \frac{220}{\sqrt{29^2 + 21.8^2}}\text{A} \approx 6.1\text{A}$$

所以
$$P = \sqrt{3}U_l I_l \cos\varphi = \sqrt{3}\times 380\times 6.1\times \frac{29}{\sqrt{29^2 + 21.8^2}}\text{W} \approx 3.2\text{kW}$$

(2) 因
$$U_P = U_l$$

故
$$I_P = \frac{U_P}{|Z|} = \frac{220}{\sqrt{29^2 + 21.8^2}}\text{A} \approx 6.1\text{A}$$

则
$$I_l = \sqrt{3}I_P = \sqrt{3}\times 6.1\text{A} \approx 10.5\text{A}$$

所以
$$P = \sqrt{3}U_l I_l \cos\varphi = \sqrt{3}\times 220\times 10.5\times \frac{29}{\sqrt{29^2 + 21.8^2}}\text{W} \approx 3.2\text{kW}$$

由以上结果可知，当三相异步电动机绕组进行星形连接并接于线电压为 380V 的三相电源时，与进行三角形连接并接于线电压为 220V 的三相电源相比，除后者的线电流是前者线电流的 $\sqrt{3}$ 倍外，电动机的相电压、相电流以及获得的功率都是相同的。正因为这样，所以有的三相异步电动机标牌上标有额定电压：380V/220V，接法：Y/△。这表示当电源线电压为 380V 时，电动机的绕组应按星形连接；而当电源线电压为 220V 时，电动机的绕组应按三角形连接。可见，通过负载连接方式的变化，扩大了负载使用的灵活性。

2. 不对称负载三相功率的计算

负载不对称时，应分别先计算出每一相负载的平均功率 P 和无功功率 Q，利用功率守恒原理将每一相负载的平均功率 P 加起来即为总平均功率，三相的无功功率 Q 之和即为总无功功率，由 $S = \sqrt{P^2 + Q^2}$ 计算出总视在功率。

【例 4.40】某大楼为日光灯和白炽灯混合照明，需装 40W 日光灯 210 盏($\cos\varphi_1$=0.5)，60W 白炽灯 90 盏($\cos\varphi_2$=1)，它们的额定电压都是 220V，由 380V/220V 的电网供电。(1) 试分配其负载，并指出应如何接入电网；(2) 这座大楼的平均功率为多大？

解：(1) 按三相负载尽可能对称分配的原则，将 70 盏 40W 日光灯和 30 盏 60W 白炽灯作为一相负载，分别接入电网构成该照明系统，如图 4.102 所示。

(2) 按图 4.102 连接，每盏灯都在额定电压下工作，所以总功率为所有灯的功率之和。

$$P_{总} = (40\times 210 + 60\times 90)\text{W} = 13800\text{W}$$

3. 三相功率的测量

前面介绍了功率的计算方法。在实际使用三相电时，常常通过测量来了解获取电路的功率情况，下面介绍三相电路功率的测量方法。

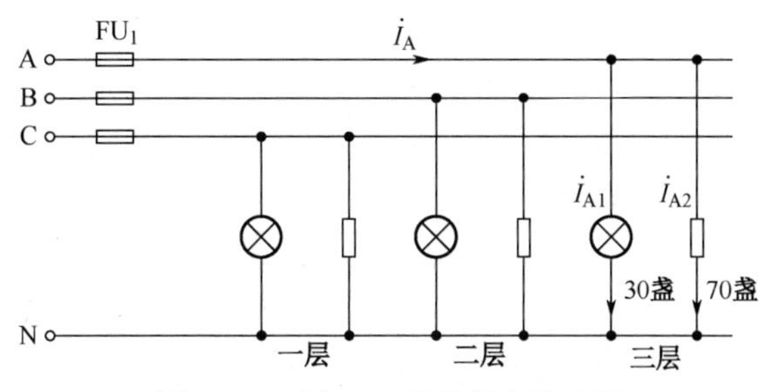

图 4.102　例 4.40 系统供电线路图

（1）一表法

对于对称三相电路，可以用一表法来测量其功率，即用一块单相功率表测得一相功率，然后乘以 3 即得到对称三相负载的总功率，测量电路如图 4.103 所示。

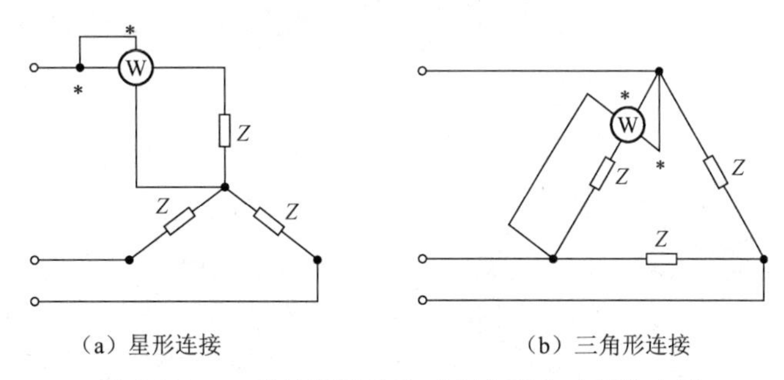

图 4.103　一表法测量对称三相负载总功率的电路

（2）二表法

在三相三线制电路中，不论负载连成星形还是三角形，也不论负载对称与否，都广泛采用二表法来测量三相功率，即用两块单相功率表来测量三相功率，三相总功率为两块功率表的读数之和。图 4.104 所示为二表法测量三相功率的电路，每块功率表的电流线圈中通过的是线电流，电压线圈上所加的电压是线电压，两块功率表的电压线圈的另一端都连接在未串联电流线圈的火线上，作为公共端，两块功率表的电流线圈可以串联在任意两根火线中。

下面通过对图 4.105 所示的负载连成星形的三相三线制电路进行三相瞬时功率分析，说明二表法的正确性。

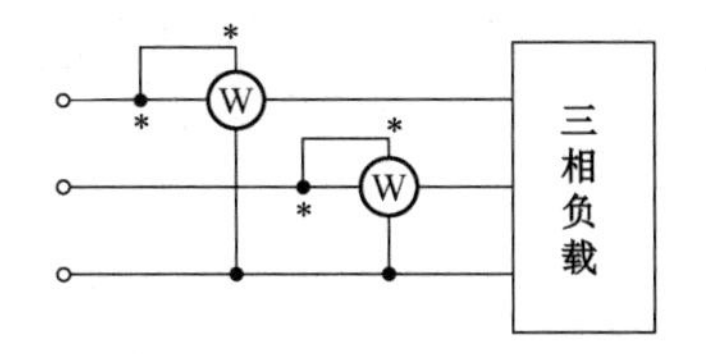

图 4.104　二表法测量三相功率的电路

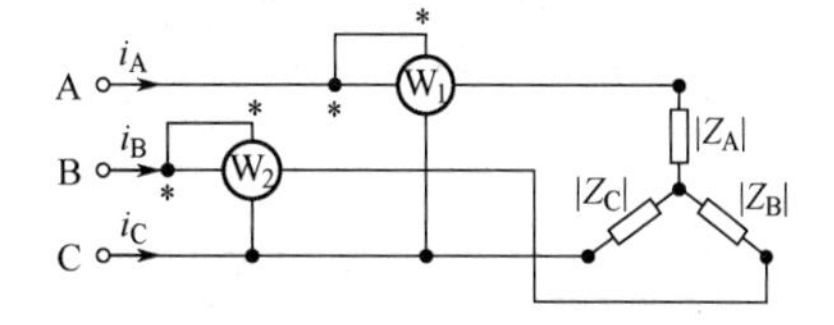

图 4.105　负载连成星形的三相三线制电路

三相瞬时功率为　$p = p_A + p_B + p_C = u_A i_A + u_B i_B + u_C i_C$

由 KCL 可知　$i_A + i_B + i_C = 0$

所以

$$p = u_A i_A + u_B i_B + u_C(-i_A - i_B) = (u_A - u_C)i_A + (u_B - u_C)i_B = u_{AC} i_A + u_{BC} i_B = p_1 + p_2$$

由上式可知，三相功率可用两块单相功率表来测量。

在工程实际中，常用一块三相功率表（或称二元功率表）代替两块单相功率表来测量三相功率，其原理与二表法相同，电路如图 4.106 所示。

（3）三表法

三表法是用三块单相功率表来测量三相功率的方法，三相总功率为三块单相功率表的读数之和。图 4.107 所示为三表法测量三相功率的电路。

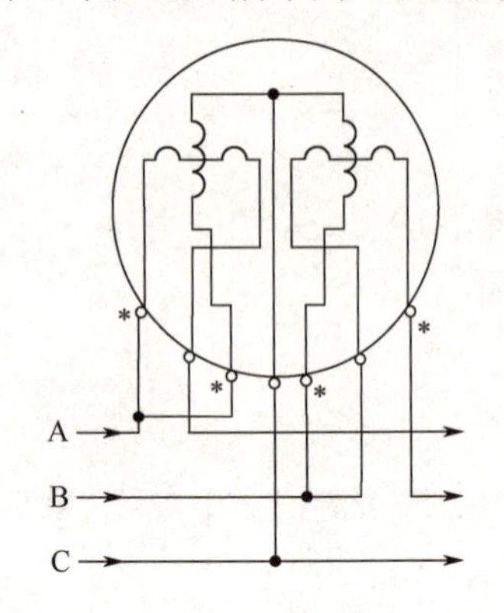

图 4.106　用三相功率表测量三相功率的电路

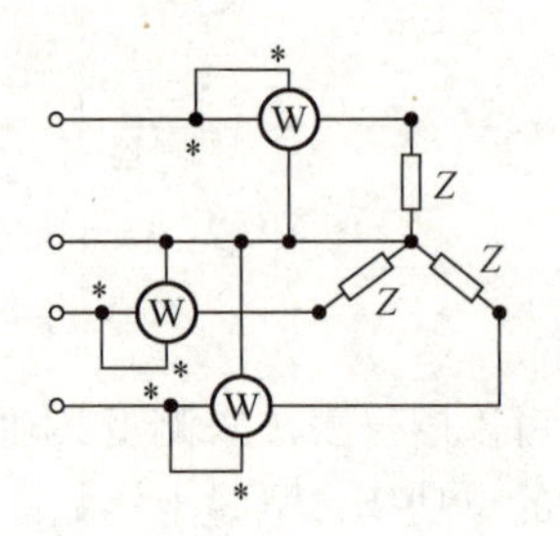

图 4.107　三表法测量三相功率的电路

4.9　非正弦周期信号作用下电路的分析

前面几节中所讨论的正弦稳态电路，其电压和电流均为正弦量。但在实际中，往往会遇到电压和电流虽然是周期性信号但不是正弦量的情况。例如，实验室常用的信号发生器，除产生正弦波外，还能产生矩形波、三角波等非正弦周期信号。在电子工程领域，由语音、图像等转换过来的电信号都不是正弦周期信号；电子计算机中使用的脉冲信号也不是正弦周期信号。

分析非正弦周期性信号作用下的电路，前述电路的基本定律仍然成立，但是和正弦交流电路的分析方法有不同之处。

4.9.1　非正弦周期性信号的傅里叶级数分解

对非正弦周期性信号激励下线性电路的响应，一般采用谐波分析方法即利用在高等数学中学过的傅里叶级数展开法，将非正弦周期性激励电压、电流或外施信号分解为一系列不同频率的正弦量之和，然后分别计算各种频率的正弦量单独作用时在电路中产生的正弦电流和电压分量，最后再根据线性电路的叠加定理，把所得分量叠加，从而得到电路中实际的电流和电压。

设周期为 T，角频率为 ω 的周期性函数满足狄利赫利条件，它可以用傅里叶级数展开

$$f(t)=f(t+T)=a_0+\sum_{n=1}^{\infty}[a_n\cos n\omega t+b_n\sin n\omega t] \tag{4.132}$$

式中，$\omega=\dfrac{2\pi}{T}$，a_0、a_n、b_n 可按照以下公式求得

$$a_0=\frac{1}{2\pi}\int_0^{2\pi}f(t)\mathrm{d}t=\frac{1}{T}\int_0^T f(t)\mathrm{d}t \tag{4.133}$$

$$a_n=\frac{1}{\pi}\int_0^{2\pi}f(t)\cos n\omega t\mathrm{d}(\omega t)=\frac{2}{T}\int_0^T f(t)\cos n\omega t\mathrm{d}t \tag{4.134}$$

$$b_n=\frac{1}{\pi}\int_0^{2\pi}f(t)\sin n\omega t\mathrm{d}(\omega t)=\frac{2}{T}\int_0^T f(t)\sin n\omega t\mathrm{d}t \tag{4.135}$$

为了与正弦信号的一般表达式相对应，常将式（4.132）写成如下形式

$$f(t)=a_0+\sum_{n=1}^{\infty}A_n\sin(n\omega t+\varphi_n) \tag{4.136}$$

其中 $$A_n=\sqrt{a_n^2+b_n^2}\,,\quad \varphi_n=\arctan\frac{a_n}{b_n}$$

式中，a_0 为 $f(t)$ 在一个周期内的平均值，它不随时间的变化而变化，称作直流分量或恒定分量；求和号中的各项则是一系列的正弦量，这些正弦量称为谐波分量。A_n 为各谐波分量的幅值，φ_n 为其初相角。$n=1$ 时的谐波分量 $A_1\sin(\omega_1 t+\varphi_1)$ 的频率与非正弦周期性信号的频率相同，称为基波或一次谐波分量。其余各项的频率皆为非正弦周期性信号频率的整数倍，统称为高次谐波分量，如二次谐波分量、三次谐波分量等。其中 n 为偶数时对应的谐波分量称为偶次谐波分量，n 为奇数时则称奇次谐波分量。

【例 4.41】试将图 4.108 所示的周期性方波电流源分解为傅里叶级数形式。

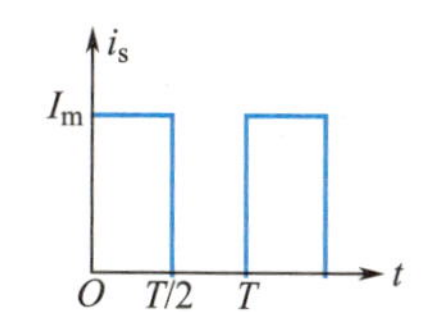

图 4.108　例 4.41 图

解：图中所示方波电流源在一个周期内的表达式为

$$f(t)=\begin{cases}I_m, & 0<t<T/2\\ 0, & T/2\leqslant t\leqslant T\end{cases}$$

由式（4.133）计算直流分量 $$I_0=\frac{1}{T}\int_0^T i(t)\,dt=\frac{1}{T}\int_0^{\frac{T}{2}}I_m\,dt=\frac{I_m}{2}$$

再利用式（4.134）和式（4.135）计算 a_n 、b_n

$$a_n=\frac{2}{T}\int_0^T f(t)\cos\frac{2\pi nt}{T}\,dt=\frac{2}{T}\int_0^{\frac{T}{2}}I_m\cos\frac{2\pi nt}{T}\,d(t)=0$$

$$b_n=\frac{2}{T}\int_0^T f(t)\sin\frac{2\pi nt}{T}\,dt=\frac{2}{T}\int_0^{\frac{T}{2}}I_m\sin\frac{2\pi nt}{T}\,dt=\begin{cases}0, & n=2,4,6\cdots\\ \dfrac{2I_m}{n\pi}, & n=1,3,5\cdots\end{cases}$$

于是图 4.108 所示周期性方波电流源的傅里叶级数展开式为

$$i_S=\frac{I_m}{2}+\frac{2I_m}{\pi}\left(\sin\omega t+\frac{1}{3}\sin 3\omega t+\frac{1}{5}\sin 5\omega t+\cdots\right) \tag{4.137}$$

由上述例题可知，谐波幅值与谐波次数成反比，即谐波的次数越高，幅值越小，所以非正弦周期性信号的傅里叶级数具有收敛性。

把式（4.137）中各谐波幅值与频率的关系绘制成图 4.109 所示的线图，称之为幅值频谱。从图中可以清楚地看出各谐波的相对大小，且只在周期性信号频率的整数倍（0，ω，3ω，…）上有值，这样的频谱称为离散频谱。我们把代表每一频率对应的该频率的幅值的竖线称为谱线。

傅里叶级数在理论上可取无穷多项，但实际计算中可以根据级数的收敛情况以及对求解结果准确度高低的需求选取有限项。当然所取的项数越多，其结果就越接近原始信号。

图 4.110 所示为例 4.41 取前两项和前三项所得的波形。

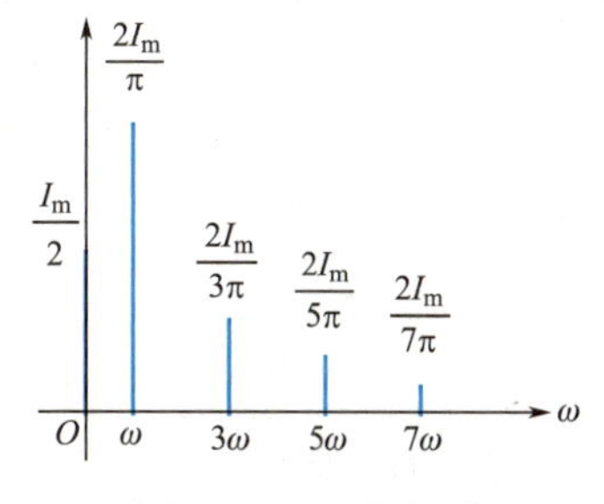

图 4.109　幅值频谱

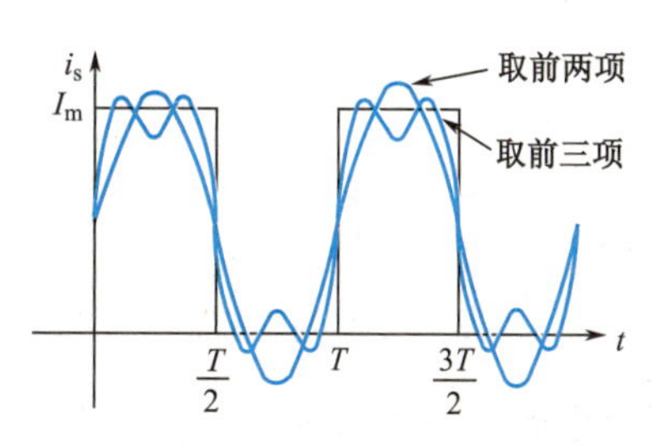

图 4.110　取不同项数谐波合成的波形

4.9.2 非正弦周期性信号的基本参量

1. 有效值

4.1 节中对有效值的定义不仅适用于正弦量，也适用于非正弦周期信号。非正弦周期电流和电压的有效值分别为

$$I=\sqrt{\frac{1}{T}\int_0^T i^2 \mathrm{d}t} \tag{4.138}$$

$$U=\sqrt{\frac{1}{T}\int_0^T u^2 \mathrm{d}t} \tag{4.139}$$

设非正弦周期电流

$$i=I_0+\sum_{n=1}^{\infty} I_{mn}\sin(n\omega t+\theta_n)$$

代入式（4.138）则有

$$I=\sqrt{\frac{1}{T}\int_0^T \left[I_0+\sum_{n=1}^{\infty} I_{mn}\sin(n\omega t+\theta_n)\right]^2 \mathrm{d}t} \tag{4.140}$$

式中，积分括号内$\left[I_0+\sum_{n=1}^{\infty} I_{mn}\sin(n\omega t+\theta_n)\right]^2$展开后有四种类型项：

（1）I_0^2；

（2）$I^2_{mn}\sin^2(n\omega t+\theta_n)$　$(n=1,2,3,\cdots)$，即各次谐波分量的平方；

（3）$2I_0 I_{mn}\sin(n\omega t+\theta_n)$　$(n=1,2,3,\cdots)$；

（4）$I_{mp}\sin(p\omega t+\theta_p)I_{mq}\sin(q\omega t+\theta_q)$　$(p,q=1,2,3,\cdots;p\neq q)$。

由于

$$\int_0^{2\pi}\sin(p\omega t)\sin(q\omega t)\mathrm{d}t=0,\quad p\neq q$$

$$\int_0^{2\pi}\sin(n\omega t)\mathrm{d}t=0$$

（3）、（4）两类项在周期T内的积分为零。所以

$$I=\sqrt{I_0{}^2+\sum_{n=1}^{\infty} I_{mn}^2\sin^2(n\omega t+\theta_n)}=\sqrt{I_0{}^2+\sum_{n=1}^{\infty}\frac{I_{mn}^2}{2}}=\sqrt{I_0^2+I_1^2+I_2^2+\cdots+I_n^2+\cdots} \tag{4.141}$$

同理，非正弦周期电压U的有效值为

$$U=\sqrt{U_0^2+U_1^2+U_2^2+\cdots+U_n^2+\cdots} \tag{4.142}$$

以上结果表明，任意非正弦周期信号的有效值等于它的直流分量与各次谐波分量有效值平方之和的平方根。式（4.141）中的I_1、I_2等为基波、二次谐波等的有效值。

2. 平均值

周期性信号的平均值定义为它在一个周期内的积分结果除以周期。设周期性电流为$i(t)$，其平均值为

$$I_{av}=\frac{1}{T}\int_0^T i(t)\mathrm{d}t \tag{4.143}$$

同理，周期性电压的平均值为

$$U_{av}=\frac{1}{T}\int_0^T u(t)\mathrm{d}t \tag{4.144}$$

根据式（4.143）和式（4.144）很容易得到：正弦周期电流和电压的平均值为零，非正弦周期电流和电压的平均值等于其直流分量。

【例 4.42】非正弦周期性电压、电流分别为

$$u(t)=100+20\sin\omega t+10\sin 2\omega t$$

$$i(t)=10+4\sin(\omega t+45^{\circ})+2\sin(3\omega t+30^{\circ})$$

试分别计算电压、电流的有效值和平均值。

解：电压、电流的有效值分别为

$$U=\sqrt{U_0^2+U_1^2+U_2^2}=\sqrt{100^2+(\frac{20}{\sqrt{2}})^2+(\frac{10}{\sqrt{2}})^2}\text{V}\approx 101.2\text{V}$$

$$I=\sqrt{I_0^2+I_1^2+I_3^2}=\sqrt{10^2+(\frac{4}{\sqrt{2}})^2+(\frac{2}{\sqrt{2}})^2}\text{A}\approx 10.5\text{A}$$

电压、电流的平均值分别为

$$U_{\text{av}}=\frac{1}{T}\int_0^T u(t)\text{d}t=\frac{1}{T}\int_0^T(100+20\sin\omega t+10\sin 2\omega t)\text{d}t\text{V}=100\text{V}$$

$$I_{\text{av}}=\frac{1}{T}\int_0^T i(t)\text{d}t=\frac{1}{T}\int_0^T[10+4\sin(\omega t+45^{\circ})+2\sin(3\omega t+30^{\circ})]\text{d}t\text{A}=10\text{A}$$

3. 平均功率

若一无源二端网络端口的电压u和电流i为基波频率相同的非正弦周期函数，其相应的傅里叶级数展开式分别为

$$u=U_0+\sum_{n=1}^{\infty}U_{\text{m}n}\sin n\omega t+\theta_{\text{u}n})$$

$$i=I_0+\sum_{n=1}^{\infty}I_{\text{m}n}\sin(n\omega t+\theta_{\text{i}n})$$

则该无源二端网络的平均功率为

$$P=\frac{1}{T}\int_0^T p\text{d}t=\frac{1}{T}\int_0^T ui\text{d}t=\frac{1}{T}\int_0^T[U_0+\sum_{n=1}^{\infty}U_{\text{m}n}\sin(n\omega t+\theta_{\text{u}n})]\times[I_0+\sum_{n=1}^{\infty}I_{\text{m}n}\sin(n\omega t+\theta_{\text{i}n})]\text{d}t$$

上式的乘积项展开后有以下四类项：

（1）U_0I_0；

（2）$U_0\ I_{\text{m}n}\sin(n\omega t+\theta_{\text{i}n})$，$I_0U_{\text{m}n}\sin(n\omega t+\theta_{\text{u}n})$；

（3）$U_{\text{m}n}I_{\text{m}n}\sin(n\omega t+\theta_{\text{u}n})\sin(n\omega t+\theta_{\text{i}n})$；

（4）$U_{\text{m}p}\sin(p\omega t+\theta_{\text{u}p})I_{\text{m}q}\sin(q\omega t+\theta_{\text{i}q})]\quad p\neq q$。

其中，（2）、（4）项含有不同频率的两个分量的乘积，在一个周期内的平均值为零；（1）项在一个周期内的平均值仍为U_0I_0；（3）项在一个周期内的平均值为

$$\frac{1}{T}\int_0^T\sum_{n=1}^{\infty}U_{\text{m}n}I_{\text{m}n}\sin(n\omega t+\theta_{\text{u}n})\sin(n\omega t+\theta_{\text{i}n})\text{d}t=\sum_{n=1}^{\infty}\frac{U_{\text{m}n}I_{\text{m}n}}{2}\cos(\theta_{\text{u}n}-\theta_{\text{i}n})=\sum_{n=1}^{\infty}U_nI_n\cos\varphi_n$$

式中，U_n、I_n是第n次谐波电压、电流的有效值；$\varphi_n=\theta_{\text{u}n}-\theta_{\text{i}n}$是第$n$次谐波电压与电流之间的相位差。

于是，得无源二端网络的平均功率为

$$P=U_0I_0+\sum_{n=1}^{\infty}U_nI_n\cos\varphi_n=P_0+P_1+P_2+\cdots \quad (4.145)$$

式（4.145）结果表明，非正弦周期信号电路的平均功率等于各次谐波单独作用时所产生的平均功率之和；不同频率的电压和电流谐波的乘积对平均功率没有贡献，只有同频率的电压、电流才能产生平均功率，这是由三角函数的正交性所决定的。

视频——
非正弦周期信号电路
的有效值和有功功率

【例 4.43】已知某二端网络的外加电压为

$$u(t)=\left[100+100\sin\omega t+30\sin(3\omega t-15^\circ)\right]\text{V}$$

流入端口的电流为

$$i(t)=\left[25+50\sin(2\omega t-45^\circ)+10\sin(3\omega t-75^\circ)\right]\text{A}$$

求二端网络的平均功率 P 。

解：此电路中，电压有一次谐波，但电流没有一次谐波，电流有二次谐波，电压没有二次谐波，所以一次谐波、二次谐波的功率皆为0。

$$\begin{aligned}P&=U_0I_0+U_3I_3\cos\varphi_3=U_0I_0+\frac{U_{3\text{m}}}{\sqrt{2}}\times\frac{I_{3\text{m}}}{\sqrt{2}}\times\cos\varphi_3\\&=\left[100\times25+\frac{30}{\sqrt{2}}\times\frac{10}{\sqrt{2}}\times\cos(-15^\circ+75^\circ)\right]\text{W}\\&=(2500+75)\text{W}\\&=2575\text{W}\end{aligned}$$

4.9.3 非正弦周期信号作用下电路的稳态分析

在 4.9.1 节中已介绍，非正弦周期性信号可分解为直流量和各次谐波之和。因此，非正弦周期性电压（流）源在电路中的作用就和一个直流电压（流）源及一系列不同频率的正弦电压（流）源串（并）联后共同作用在电路的情况一样。

非正弦周期信号激励下线性电路的分析方法与步骤如下。

（1）应用傅里叶级数，将非正弦周期性信号分解成直流分量和各次谐波分量之和。

（2）将分解后的直流分量和各次谐波分量分别单独作用于电路，并利用直流或交流电路的分析方法分别求出各个分量的响应。

（3）对每一个响应，将它的直流分量和各次谐波的瞬时值进行叠加，即得到非正弦周期信号激励下的响应。

视频——
非正弦周期信号电路谐波分析法

这种分析方法称为谐波分析法。注意，不同频率的正弦量相加，必须采用三角函数式，而不能采用相量相加，相量相加只能用于同频率的正弦量。另外，应注意 R 、L 、C 三个参数的影响，当电源直流分量作用于电路时，电容视作开路，电感视作短路。其他各次谐波分量作用于电路时，电阻值 R 与频率无关，而电感和电容则对不同频率谐波分量表现出不同的感抗和容抗。

【例 4.44】 RL 串联电路如图 4.111（a）所示。已知 $R=50\Omega$ ，$L=25\text{mH}$ ，激励信号 u_s 的波形如图 4.111（b）所示，求稳态时电感上的电压 u_L 。

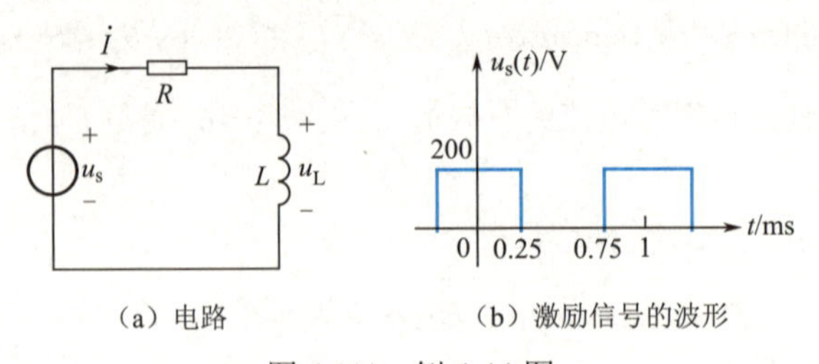

（a）电路　　（b）激励信号的波形

图 4.111　例 4.44 图

解：图 4.111（b）所示方波信号的周期 $T=1\text{ms}$ ，它的傅里叶级数形式为

$$u_\text{s}(t)=\left[100+\frac{400}{\pi}\left(\sin\omega t-\frac{1}{3}\sin3\omega t+\frac{1}{5}\sin5\omega t-\cdots\right)\right]\text{V}$$

且角频率为

$$\omega=2\pi f=2\pi\times10^3\,\text{rad/s}$$

取前三项得
$$u_s(t) \approx \left[100 + \frac{400}{\pi}\sin\omega t - \frac{400}{3\pi}\sin 3\omega t\right]\text{V}$$

采用相量法求解图 4.111（a）电路，有
$$\dot{U}_L = \frac{jX_L}{50 + jX_L}\dot{U}_S$$

现求直流分量及各次谐波分量分别作用时的响应电压。

（1）直流信号作用时，显然$u_{s0} = 100\text{V}$，但此时电感短路，$u_{L0} = 0\text{V}$。

（2）一次谐波作用于电路时，$u_{s1} = \dfrac{400}{\pi}\sin\omega t\ \text{V}$
$$\dot{U}_{s1m} = \frac{400}{\pi}\angle 0^\circ\ \text{V}$$
$$X_{L1} = \omega L = 2\pi \times 10^3 \times 25 \times 10^{-3}\ \Omega \approx 157\Omega$$
$$\dot{U}_{L1m} = \frac{jX_{L1}}{R + jX_{L1}}\dot{U}_{s1m} = \frac{j157}{50 + j157} \times \frac{400}{\pi}\angle 0^\circ\ \text{V} \approx 121.2\angle 17.66^\circ\ \text{V}$$

电压的瞬时值表达式为$u_{L1} = 121.2\sin(\omega t + 17.66^\circ)\text{V}$

（3）三次谐波作用于电路时，$u_{s3} = -\dfrac{400}{3\pi}\sin 3\omega t = \dfrac{400}{3\pi}\sin(3\omega t - 180^\circ)\text{V}$
$$\dot{U}_{s3m} = \frac{400}{3\pi}\angle -180^\circ\ \text{V}$$
$$X_{L3} = 3\omega L = 3 \times 2\pi \times 10^3 \times 25 \times 10^{-3}\ \Omega \approx 471\Omega$$
$$\dot{U}_{L3m} = \frac{jX_{L3}}{R + jX_{L3}}\dot{U}_{s3m} = \frac{j471}{50 + j471} \times \left(\frac{400}{3\pi}\angle -180^\circ\right)\text{V} \approx 42.2\angle -173.95^\circ\ \text{V}$$

电压的瞬时值表达式为　$u_{L3} = 42.2\sin(3\omega t - 173.95^\circ)\text{V}$

将计算所得各次谐波电压的瞬时值叠加可得
$$u_L = u_{L0} + u_{L1} + u_{L3} = \left[121.2\sin(\omega t + 17.66^\circ) + 42.2\sin(3\omega t - 173.95^\circ)\right]\text{V}$$

【例 4.45】在图 4.112 所示 RC 电路中，已知$R = 100\Omega$，$C = 100\mu\text{F}$，输入电压$u_1 = (200 + 100\sqrt{2}\sin 200\pi t)\text{V}$。现将此电压经过 RC 滤波电路进行滤波，试计算输出电压u_2。

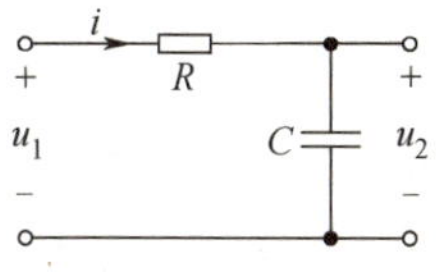

图 4.112　例 4.45 图

解：由于电容不通直流，u_1中的直流分量 200V 全部加在电容两端，所以在输入电压直流分量作用下的输出电压的直流分量为
$$u_{20} = 200\text{V}$$

当输入电压交流分量作用时，$u_{11} = 100\sqrt{2}\sin 200\pi t\text{V}$，对应的相量为
$$\dot{U}_{11} = 100\angle 0^\circ\ \text{V}$$

电容的容抗为
$$X_C = \frac{1}{\omega C} = \frac{1}{200 \times \pi \times 100 \times 10^{-6}}\Omega \approx 15.9\Omega$$

电路的阻抗模为
$$|Z| = \sqrt{R^2 + X_C^2} = \sqrt{100^2 + 15.9^2}\Omega \approx 101.3\Omega$$

电路的阻抗为
$$Z = R - jX_C = |Z|\angle\arctan\angle -\frac{X_C}{R} = 101.3\angle -9^\circ\ \Omega$$

对应的输出电压相量为

$$\dot{U}_{22}=\frac{\dot{U}_{21}}{Z}(-\mathrm{j}X_{\mathrm{C}})=\frac{100\angle 0^{\circ}}{101.3\angle -9^{\circ}}\times 15.9\angle -90^{\circ}\,\mathrm{V}\approx 15.7\angle -81^{\circ}\,\mathrm{V}$$

对应的瞬时值为 $u_{21}=15.7\sqrt{2}\sin(200\pi t-81^{\circ})\mathrm{V}$

所以，输出电压 $u_2=u_{20}+u_{21}=\left[200+15.7\sqrt{2}(200\pi t-81^{\circ})\right]\mathrm{V}$

可见，输出电压的脉动成分远小于直流成分。例 4.45 输入电压和输出电压波形如图 4.113（b）所示。

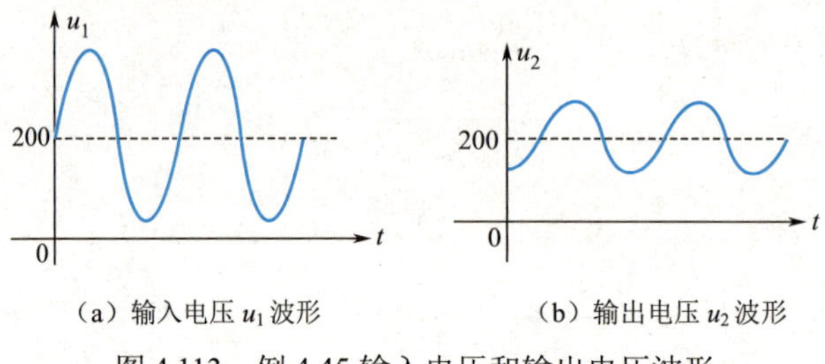

（a）输入电压 u_1 波形　　（b）输出电压 u_2 波形

图 4.113　例 4.45 输入电压和输出电压波形

4.10　应用案例

4.10.1　RC 低频信号发生器电路

在工业、农业、生物医学等领域内，如超声波焊接、核磁共振成像等，都需要功率或大或小、频率或高或低的振荡器产生正弦波，下面以由电阻电容构成选频网络的 RC 低频信号发生器为例说明其工作原理。

图 4.114 所示 RC 低频信号发生器没有输入信号，却能在集成运放的输出端输出频率一定、幅值一定的正弦波，故又称之为振荡器。该电路由选频网络和放大电路组成。RC 串并联网络具有选频的功能，兼作正反馈网络。选频网络的响应为

$$H(\mathrm{j}\omega)=\frac{Z_2}{Z_1+Z_2}=\frac{R//\frac{1}{\mathrm{j}\omega C}}{(R+\frac{1}{\mathrm{j}\omega C})+R//\frac{1}{\mathrm{j}\omega C}}\overset{\omega_0=\frac{1}{RC}}{=}\frac{1}{3+\mathrm{j}(\frac{\omega}{\omega_0}-\frac{\omega_0}{\omega})}$$

幅频响应为

$$|H(\mathrm{j}\omega)|=\frac{1}{\sqrt{3^2+(\frac{\omega}{\omega_0}-\frac{\omega_0}{\omega})^2}}$$

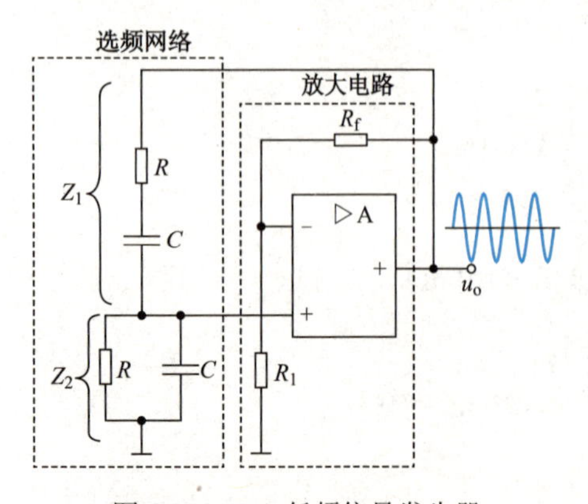

图 4.114　RC 低频信号发生器

相频响应为 $\varphi=-\arctan\frac{1}{3}(\frac{\omega}{\omega_0}-\frac{\omega_0}{\omega})$

显然，对于 $\omega=\omega_0=1/RC$ 的频率成分信号，相移为零，幅频响应最大且为 $1/3$。

当图 4.114 所示电路接通电源时，由此产生的噪声的频谱很广，其中也包括 $\omega=\omega_0=1/RC$ 的频率成分。只有对于频率成分为 $\omega=\omega_0=1/RC$ 的正弦信号，其相移 $\varphi=0$，经 RC 串并联选频网络送至集成运放的同相输入端后，满足正反馈相位条件，使集成运放的输出端电压幅值由小变大，最后受到电路中非线性元件的限制，使振荡器的输出自动地稳定下来，得到频率、幅值都一定的正弦波。

4.10.2　移相器电路

在实际应用中，为了达到某特定效果或者实现对不合理相移的修正，常常需要用到移相电路。由于电感元件的电流滞后电压，电容元件的电流超前电压，所以 RC 电路和 RL 电路都适合做移相电路。

图 4.115（a）所示的 RC 移相电路，电流 $\dot{I}$ 超前电压 $\dot{U}_1$ 相位角 θ。θ 的取值范围为 $0<\theta<90^\circ$，具体取值取决于电路中 R 和 C 的值。

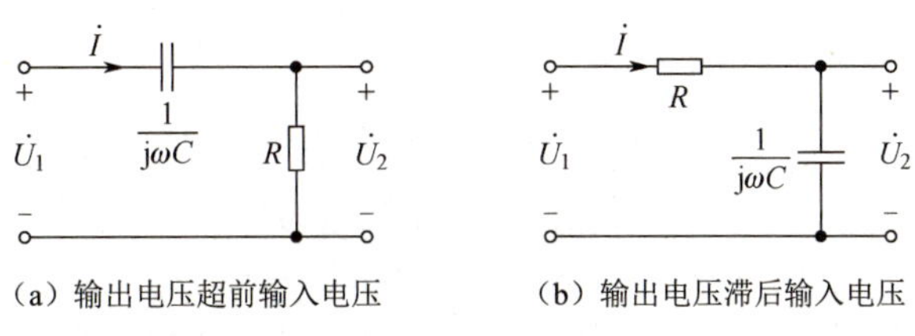

图 4.115　RC 移相电路

电容的容抗 $X_\mathrm{C}=1/\omega C$，则电路的总阻抗 $Z=R-\mathrm{j}X_\mathrm{C}$，阻抗角 $\varphi_Z=-\arctan\dfrac{X_\mathrm{C}}{R}$，即电流 $\dot{I}$ 超前输入电压 $\dot{U}_1$ 的相移量 $\theta=-\varphi_Z=\arctan\dfrac{X_\mathrm{C}}{R}$。又因为电阻两端的输出电压 $\dot{U}_2$ 与电流 $\dot{I}$ 同相，所以输出电压 $\dot{U}_2$ 超前输入电压 $\dot{U}_1$，为正相移 θ，如图 4.116（a）所示。

图 4.115（b）所示电路的输出是电容两端电压，电流 $\dot{I}$ 超前输入电压 $\dot{U}_1$ 的相移量为 θ，输出电压 $\dot{U}_2$ 滞后输入电压 $\dot{U}_1$，是负相移，如图 4.116（b）所示。

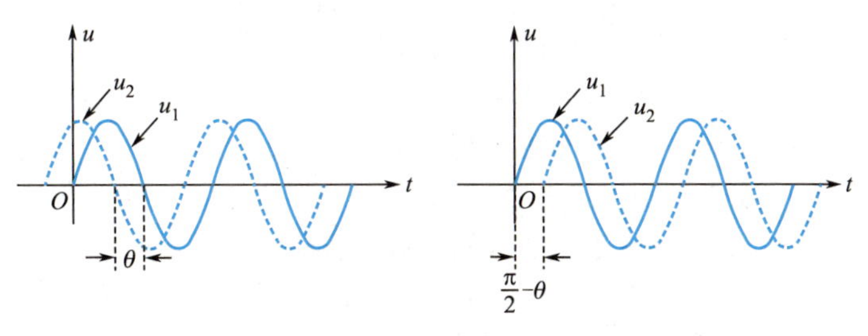

图 4.116　RC 移相电路的相移

需要注意的是，上述 RC 移相电路还是一个分压电路，当相移量增大到接近于 90° 时，输出电压也接近于零。因此，上述移相电路只适合于相移量较小时的情况；若相移量超过 60°，则需要将多个 RC 移相电路连接起来。

除了应用 RC 电路作为移相器，RL 电路同样可以实现移相功能，这里不再赘述。

【例 4.46】试设计一个 RC 移相电路，使输出电压滞后输入电压 90°。

解：对于 RC 电路，当电路阻抗的实部和虚部相等，即电阻的阻值与电容的容抗相等时，相移量为 45°。因此，将两个 RC 移相电路级联起来（见图 4.117），可以实现负相移 90°。

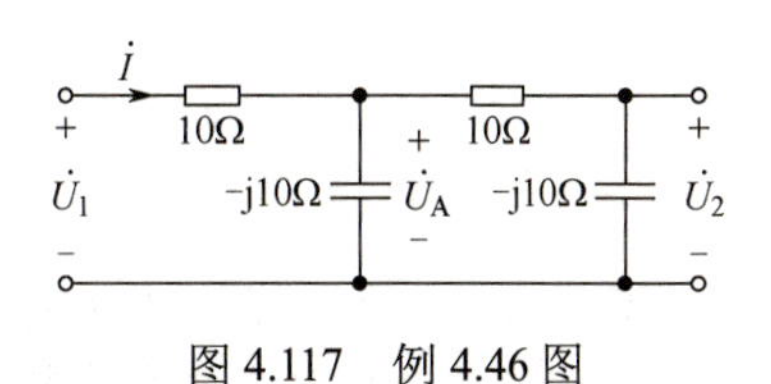

图 4.117　例 4.46 图

电路的阻抗为　$Z=[-\mathrm{j}10//(10-\mathrm{j}10)+10]\Omega=(12-\mathrm{j}6)\Omega$

输入电压 $\dot{U}_\mathrm{A}$ 为

$$\dot{U}_{\mathrm{A}}=\frac{-\mathrm{j}10//(10-\mathrm{j}10)}{-\mathrm{j}10//(10-\mathrm{j}10)+10}\dot{U}_1=\frac{2-\mathrm{j}6}{12-\mathrm{j}6}\dot{U}_1=\frac{\sqrt{2}}{3}\angle-45^\circ\dot{U}_1$$

输出电压$\dot{U}_2$为

$$\dot{U}_2=\frac{-\mathrm{j}10}{10-\mathrm{j}10}\dot{U}_{\mathrm{A}}=\frac{\sqrt{2}}{2}\angle-45^\circ\dot{U}_{\mathrm{A}}=\frac{\sqrt{2}}{2}\angle-45^\circ\times\frac{\sqrt{2}}{3}\angle-45^\circ\dot{U}_1=\frac{1}{3}\angle-90^\circ\dot{U}_1$$

可见输出电压$\dot{U}_2$滞后输入电压$\dot{U}_1$ 90°，但输出电压的大小是输入电压的$1/3$。

4.10.3 收音机调谐电路

RLC 串联和并联谐振电路广泛地应用于收音机的调谐和电视机的选台中，还可以应用于收音机中实现音频信号从射频载波的分离。收音机接收的无线电信号的调制主要有调幅和调频两种。所谓调制就是将携带信息的输入信号（又称调制信号）来控制另一信号（载波），使其某一参数按照调制信号的规律而变化。载波信号一般都是等幅振荡信号，且为高频信号。

如果调制信号控制载波的幅度，则称为幅度调制，简称调幅，用 AM 表示。若调制信号控制载波的频率，则称为频率调制，简称调频，用 FM 表示。对收音机而言，调频接收的工作原理和调幅不一样，但其中的调谐部分基本相同。下面以调幅收音机为例介绍收音机的调谐工作原理。

图 4.118 所示是调幅收音机的原理框图。收音机的天线接收到的调幅无线电信号很多（因为有成百上千个广播电台），由谐振电路将需要的电台从众多电台中选出来。由于接收到的信号一般都非常微弱，因此需要多级放大，以便产生人耳能够识别的音频信号。老式的收音机每个放大级必须调谐到输入信号的频率。标准的 AM（调幅）波段范围为$540\sim1600\,\mathrm{kHz}$。图 4.118 中的天线和射频放大器（RF）放大所选出来的广播信号（如 700kHz），混频器将产生的中频信号（IF=445kHz）加载至输入信号中的音频信号。为了得到中频信号，通过外部旋转可调按钮调节可变电容器来实现，这又称为调谐。本机振荡器与射频放大器联动产生相应的射频信号，该信号又与入射的调幅无线电信号通过混频器输出信号。输出信号包括这两个信号的频率差和频率和。如果谐振电路调谐到接收 700kHz 的信号，振荡器必然产生一 1155kHz 的射频信号，混频器实际上只用到输出的 455kHz 信号，对其两者之和的频率（$1155\mathrm{kHz}+700\mathrm{kHz}=1855\mathrm{kHz}$）一般不使用。在检波器这一级，选出原始的音频信号，去除中频信号；最后通过音频放大器的放大驱动扬声器发声。

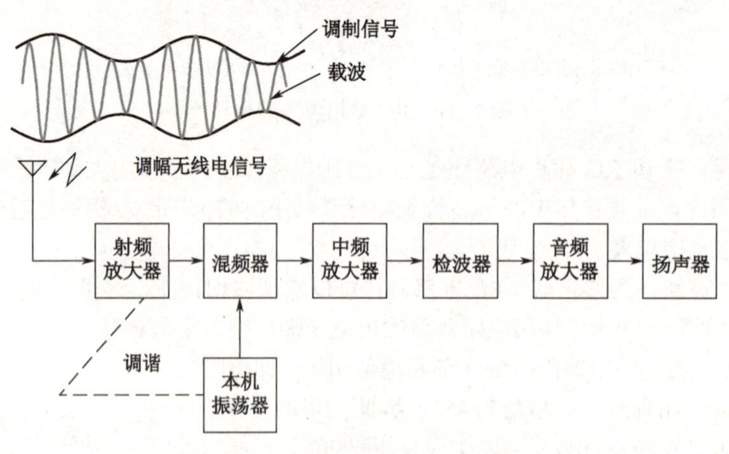

图 4.118 调幅收音机的原理框图

【例 4.47】一个调幅收音机，其调谐电路是 RLC 并联电路，现要求接收波的范围是$540\sim1600\mathrm{kHz}$，已知电感的取值是$4\mu\mathrm{H}$，试计算可变电容器的取值范围。

解：由于采用 RLC 并联电路，运用前面已介绍过的并联谐振知识，可得

$$\omega_0 = 2\pi f_0 = \frac{1}{\sqrt{LC}}, \quad C = \frac{1}{4\pi^2 f_0^2 L}$$

对应于频率为540kHz，相应的电容值为

$$C_1 = \frac{1}{4\pi^2 f_0^2 L} \approx \frac{1}{4\times 3.14^2 \times 540^2 \times 10^6 \times 4\times 10^{-6}}\text{F} \approx 21.725\text{nF}$$

对应于频率为1600kHz，相应的电容值为

$$C_1 = \frac{1}{4\pi^2 f_0^2 L} \approx \frac{1}{4\times 3.14^2 \times 1600^2 \times 10^6 \times 4\times 10^{-6}}\text{F} \approx 2.475\text{nF}$$

因此，可变电容的取值范围为2.5～21.7nF。

4.10.4　舰艇供电系统

舰艇上有大量电气设备，要使它们正常运转就要提供源源不断的电能。舰艇上的电能来源主要包括岸电系统和舰艇自身的发电系统。当舰艇停靠在码头时可以使用陆地电源供电，而在航行中则要依靠自备的电力系统发电。

舰艇电力系统主要由电站、配电装置、电网和负载四部分组成，其中电站是将机械能、化学能等转换为电能并连续提供给舰艇的设备，主要由原动机、发电机、蓄电池和主配电板等部分构成。根据排水量和用电负荷的不同，一艘舰艇会配备 2～5 个电站，每个电站装配 2～3 台发电机，多台发电机组可以单机运行，也可以并联运行，共同为舰艇用电设备供电。

20 世纪 50 年代以前，舰艇主要采用直流电力系统，而 20 世纪 60 年代以后则主要采用交流电力系统，因为交流电力系统设备结构简单、体积小、重量轻、运行可靠、维护保养方便。舰艇电力系统采用的线制主要有三相三线绝缘系统、三相四线系统、利用船体做中性线回路的三相三线系统，如图 4.119 所示。因为舰艇的船体由金属材料构成，是一种良导体，所以利用船体做中性线回路的三相三线系统易发生触电伤亡事故，极不安全，一般不允许建造。三相四线制系统也比较容易发生触电事故，安全性差。而三相三线绝缘系统安全可靠，其中性点不接地，也就是不与船体相接，在线路短路时不会产生较大电流；照明电网与动力电网间没有电的直接联系，互相影响小；电网对地绝缘好的时候，船员不小心碰到电网的任何一根线时，不至于造成触电伤亡事故；发生单相接地时，并不形成短路，仍可维持电气设备的正常运行。因此，舰艇电力系统普遍采用的是三相三线绝缘系统。

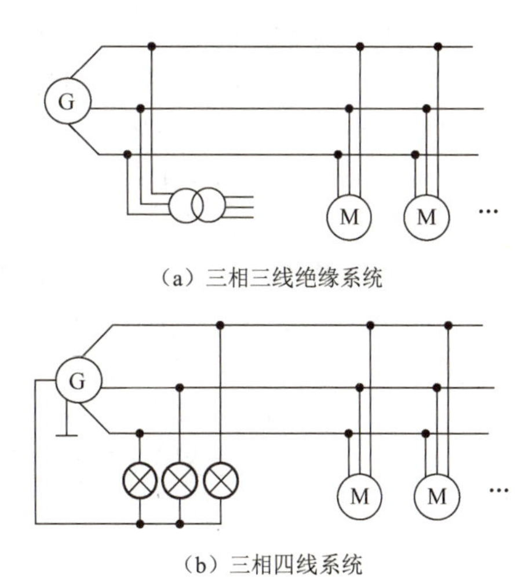

（a）三相三线绝缘系统

（b）三相四线系统

（c）利用船体做中性线回路的三相三线系统

图 4.119　三相交流电系统舰艇电网线制

此外，由于舰艇的导航、救生、通信及紧急照明等系统对供电系统稳定性要求极高，所以除了发电机组的正常供电，还需要配备应急电源以备不时之需。蓄电池就是任何舰艇都离不开的电源设备，常用来作为应急电源或备用电源，为舰艇提供必要的应急照明，向通信、导航、发电机组等设备的启动提供工作电源。

思考题与习题 4

题 4.1 同频率的正弦电压波形 $u_1(t)$、$u_2(t)$ 如图 4.120 所示。试写出 $u_1(t)$、$u_2(t)$ 的瞬时值表达式。

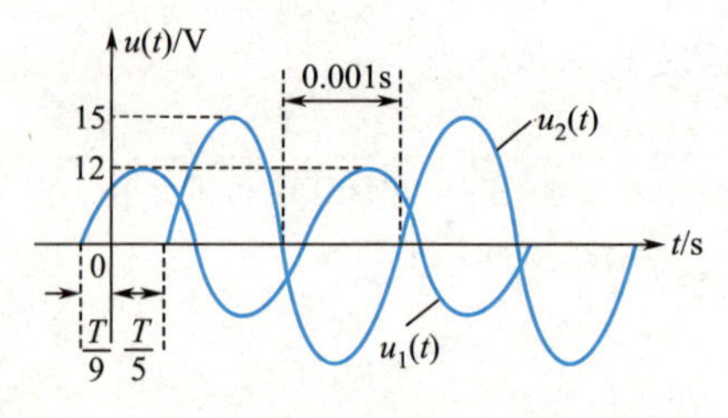

图 4.120 题 4.1 图

题 4.2 若 $u=10\sin(314t+60^\circ)\text{V}$，试写出周期 T、初相位 φ、角频率 ω 以及有效值 U。

题 4.3 某正弦稳态电路中的电压、电流分别为：$u_1(t)=10\sqrt{2}\sin(\omega t+60^\circ)\text{V}$，$u_2(t)=6\sqrt{2}\cos(\omega t+30^\circ)\text{V}$，$i_1(t)=5\sqrt{2}\sin(\omega t-30^\circ)\text{mA}$，$i_2(t)=-\sqrt{2}\cos(\omega t+60^\circ)\text{mA}$。

（1）求 i_2 与 u_1，u_2 和 i_1 之间的相位差，并说明超前、滞后关系；

（2）写出各正弦交流量对应的有效值相量并画出相量图。

题 4.4 试分别用三角函数式、正弦波形及相量图表示正弦量：

（1）$\dot{U}=100\text{e}^{\text{j}30^\circ}\text{V}$；（2）$\dot{I}=(4+\text{j}3)\text{A}$；（3）$\dot{I}=(4-\text{j}3)\text{A}$。

题 4.5 已知电容两端电压为 $u(t)=1414\sin(314t+45^\circ)\text{V}$，若电容 $C=0.01\mu\text{F}$，求电容电流 $i(t)$。

题 4.6 电感电压 $u(t)=141\sin(100t+15^\circ)\text{V}$，若电感 $L=0.01\text{H}$，试求电感电流 $i(t)$。

题 4.7 已知在图 4.121 中，$i_1(t)=\sqrt{6}\sin(\omega t-30^\circ)\text{mA}$，$i_2(t)=\sqrt{2}\sin(\omega t+60^\circ)\text{mA}$，求 $i(t)$ 并画出有效值相量图。

题 4.8 在图 4.122 中，$u_1(t)=100\sin(\omega t-45^\circ)\text{V}$，$u_2(t)=200\sin(\omega t-45^\circ)\text{V}$，$u_3(t)=50\sin(\omega t+135^\circ)\text{V}$，求 $u(t)$ 并画出有效值相量图。

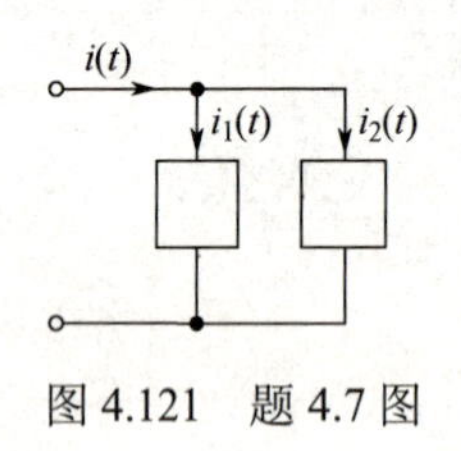

图 4.121 题 4.7 图

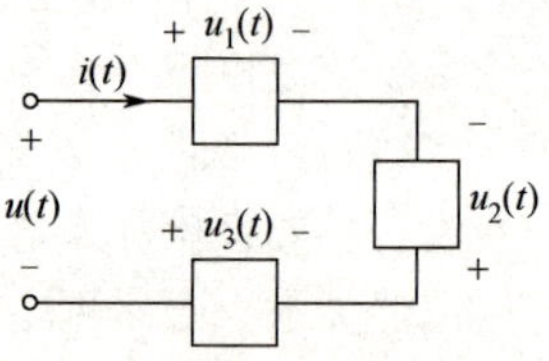

+ u1(t) −
i(t)
+
u(t)
−
+ u3(t) −
−
u2(t)
+

图 4.122 题 4.8 图

题 4.9 正弦稳态电路如图 4.123 所示，$u(t)=200\sqrt{2}\sin(100t+45^\circ)(\text{V})$。求幅值相量 $\dot{U}_{\text{abm}}$、$\dot{I}_{\text{m}}$ 并画相量图。

题 4.10 求图 4.124 所示电路的等效阻抗 Z_{eq}。

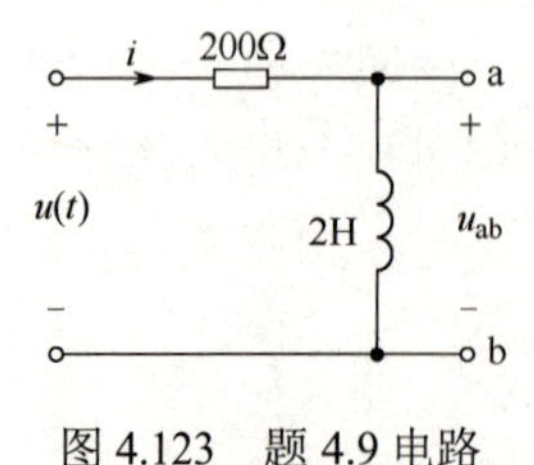

图 4.123 题 4.9 电路

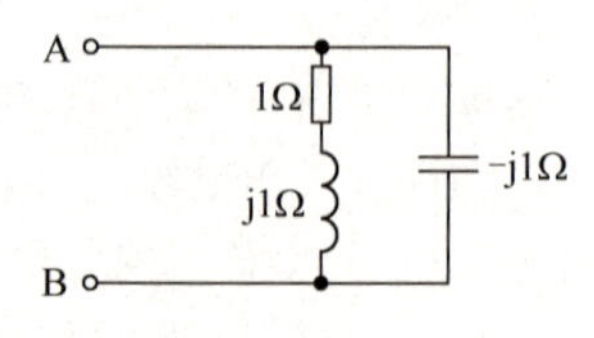

图 4.124 题 4.10 电路

题 4.11　求图 4.125 所示电路的等效阻抗 Z_{eq} 和导纳 Y_{eq}。已知 $Y_1=(0.5+j0.5)S$，$Y_2=(-0.5+j0.5)S$，$Z_3=(2+j2)\Omega$。

题 4.12　电路如图 4.126 所示，求等效阻抗 Z_{eq} 和导纳 Y_{eq}。

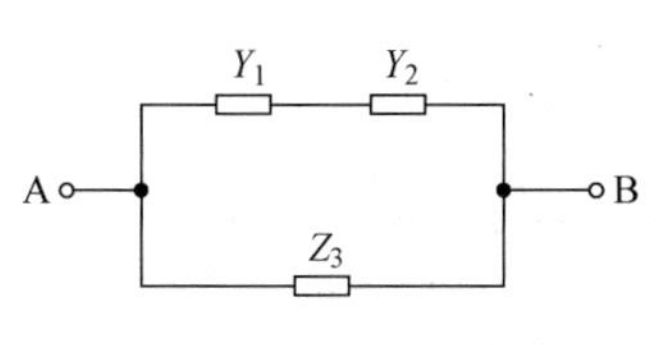

图 4.125　题 4.11 电路

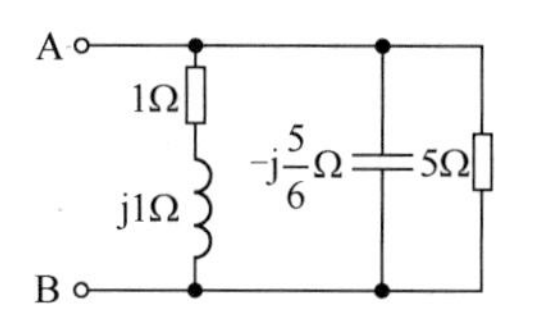

图 4.126　题 4.12 电路

题 4.13　求图 4.127 所示电路的等效导纳。

题 4.14　图 4.128 是一移相电路。如果 $C=0.01\mu F$，输入电压 $u=\sqrt{2}\sin 628t V$，要求输出电压 u_2 超前输入电压 60°，问电阻 R 应为多大？并求输出电压的有效值 U_2。

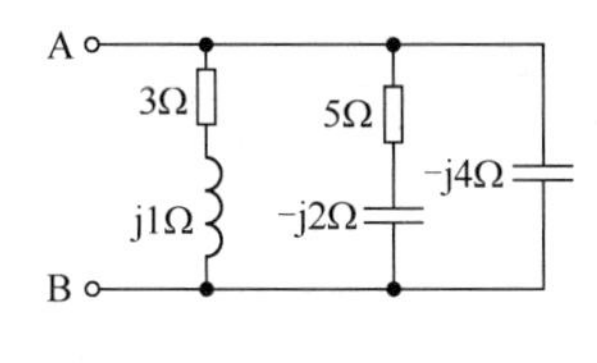

图 4.127　题 4.13 电路

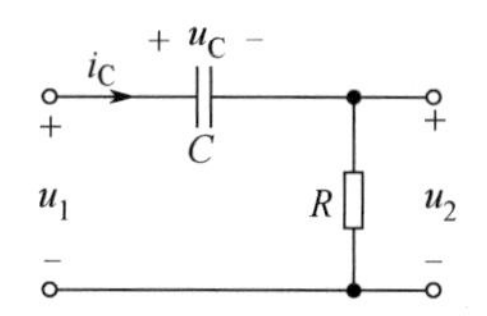

图 4.128　题 4.14 电路

题 4.15　图 4.129 是一移相电路，已知 $R=100\Omega$，输入信号频率为 500Hz。若要求输入电压 u_1 与输出电压 u_2 间的相位差为 45°，试求电容值。

题 4.16　在图 4.130 所示电路中，电流表 A_1 和 A_2 的读数分别为 I_1=7A，I_2=9A。试求：

（1）设 $Z_1=R$，$Z_2=-jX_C$，电流表 A_0 的读数；

（2）设 $Z_1=R$，Z_2 为何种参数才能使电流表 A_0 的读数最大，最大值是多少？

（3）设 $Z_1=jX_L$，Z_2 为何种参数才能使电流表 A_0 的读数最小，最小值是多少？

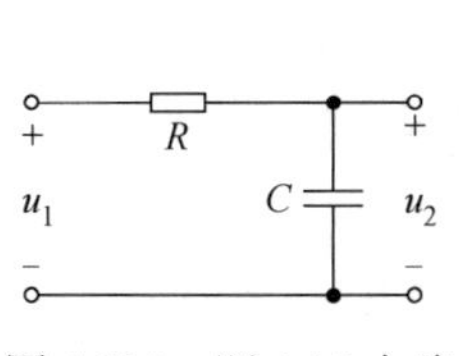

图 4.129　题 4.15 电路

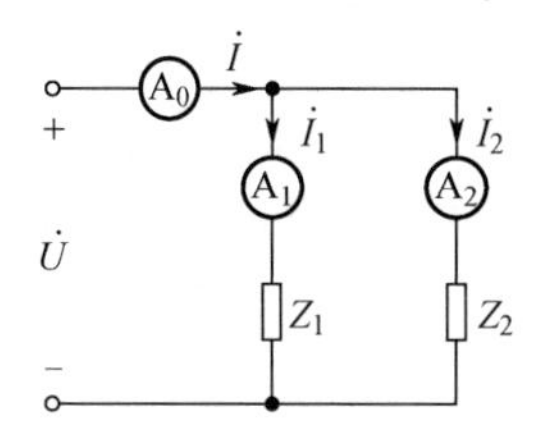

图 4.130　题 4.16 电路

题 4.17　在图 4.131 所示 RLC 并联电路中，已知 $R=5\ \Omega$，$L=5\mu H$，$C=0.4\mu F$，$u=10\sqrt{2}\sin(10^6 t)V$，求总电流 i，并说明电路的性质。

题 4.18　图 4.132 所示 RLC 串联电路中，$R=30\Omega$，$L=0.01H$，$C=10\mu F$，$\dot{U}=10\angle 0^\circ V$，$\omega=2000rad/s$。求 $\dot{I}$、$\dot{U}_L$、$\dot{U}_C$ 并画出相量图。

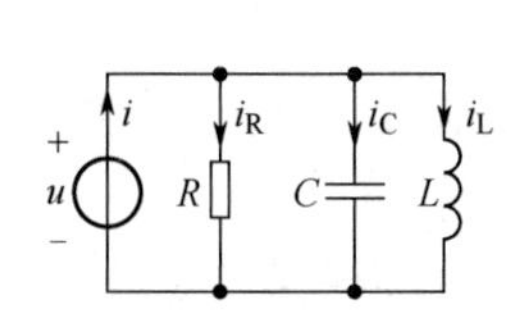

图 4.131　题 4.17 电路

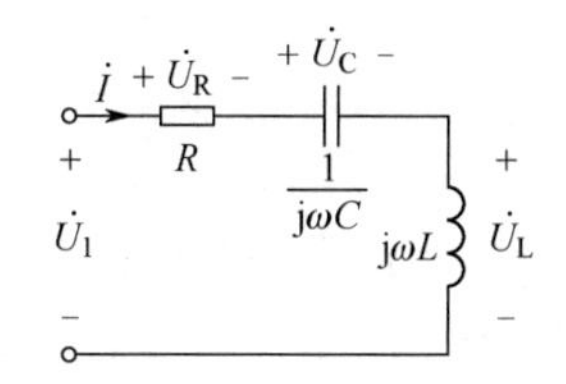

图 4.132　题 4.18 电路

题 4.19　在图 4.133 所示电路中，$I_1 = 10\ \mathrm{A}$，$I_2 = 10\sqrt{2}\ \mathrm{A}$，$U = 220\ \mathrm{V}$，$R_1 = 5\ \Omega$，$R_2 = X_L$。试求$I$、$X_L$、$X_C$和$R_2$。

题 4.20　在图 4.134 所示电路中，已知有效值$U_1 = 100\sqrt{2}\mathrm{V}$，$U = 500\sqrt{2}\mathrm{V}$，$I_2 = 30\mathrm{A}$，$I_3 = 20\mathrm{A}$，电阻$R = 10\Omega$。求$X_1$、$X_2$和$X_3$。

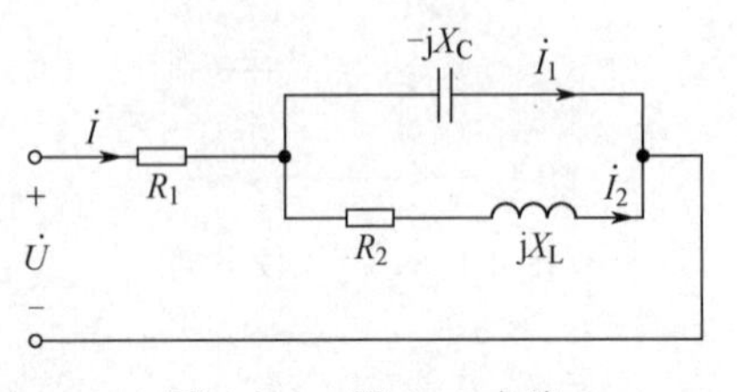

图 4.133　题 4.19 电路

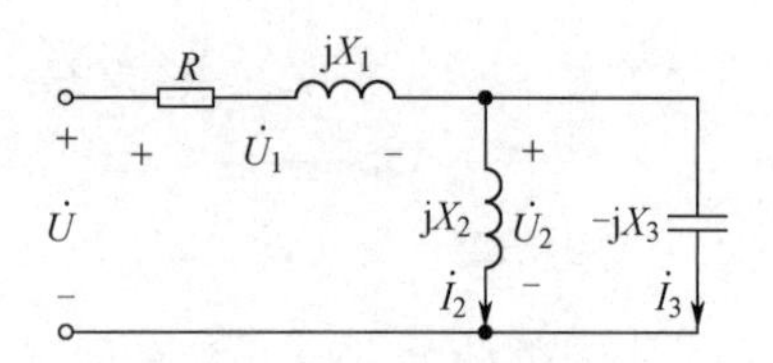

图 4.134　题 4.20 电路

题 4.21　在图 4.135 所示电路中，已知$I_1 = 2\ \mathrm{A}$，$I = 2\sqrt{3}\ \mathrm{A}$，$Z = 50\angle 60^\circ\ \Omega$，$\dot{U}$与$\dot{I}$同相位。

（1）以$\dot{I}_1$为参考相量，画出反映各电压、电流关系的相量图；

（2）求出R、X_C的值及总电压的有效值U。

题 4.22　分别用节点电压法和叠加定理计算图 4.136 所示电路中的电流$\dot{I}_3$。已知$\dot{U}_1 = (100\angle 0^\circ)\mathrm{V}$，$\dot{U}_2 = (200\angle 0^\circ)\mathrm{V}$，$Z_1 = Z_2 = (2 + \mathrm{j}2)\Omega$，$Z_3 = (1 + \mathrm{j})\Omega$。

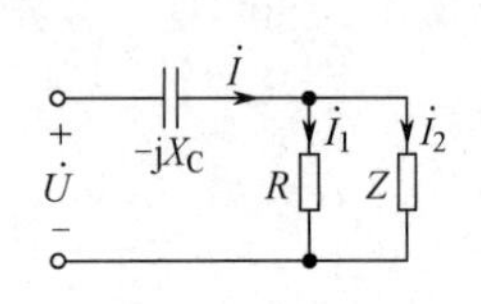

图 4.135　题 4.21 电路

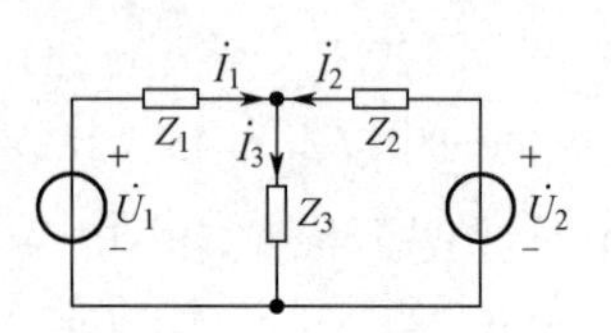

图 4.136　题 4.22 电路

题 4.23　在图 4.137 所示电路中，$\dot{U}_S = 1\angle 0^\circ\ \mathrm{V}$，$\dot{I}_S = 1\angle 0^\circ\ \mathrm{A}$。试分别用戴维南等效定理和节点电压法求$\dot{I}_L$。

题 4.24　在图 4.138 所示电路中，$\dot{U} = 6\angle 60^\circ\ \mathrm{V}$，求它的戴维南等效电路和诺顿等效电路。

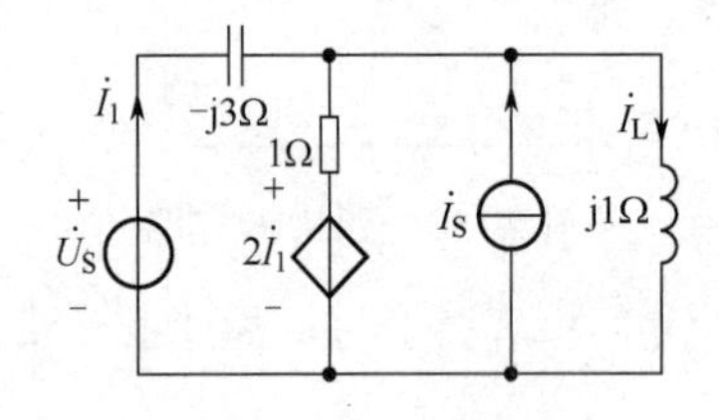

图 4.137　题 4.23 电路

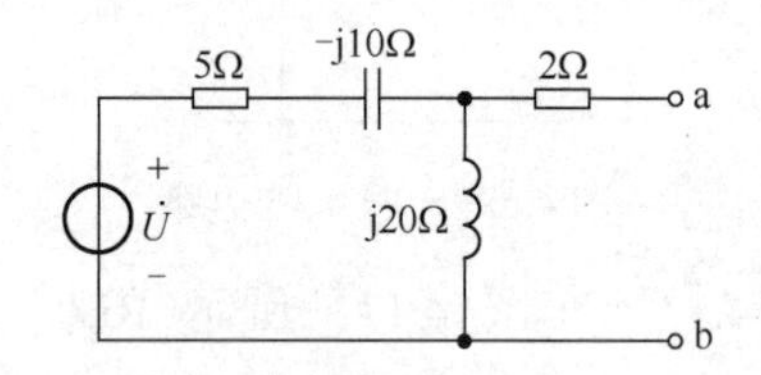

图 4.138　题 4.24 电路

题 4.25　图 4.139 所示电路为一交流电源与直流电源同时作用的电路。已知$u = \sqrt{2}\sin 1000t\mathrm{V}$，$U_0 = 6\mathrm{V}$，$C = 10\mu\mathrm{F}$，$R = 1\mathrm{k}\Omega$，求电流$i$。

题 4.26　在图 4.140 所示电路中，已知$R = 2\Omega$，$L = 1\mathrm{H}$，$C = 0.25\mathrm{F}$，$u = 10\sqrt{2}\sin 2t\mathrm{V}$。求电路的有功功率$P$、无功功率$Q$、视在功率$S$和功率因数$\lambda$。

题 4.27　某负载的有功功率$P = 10\mathrm{kW}$，功率因数$\lambda = 0.6$（感性），负载电压$u = 220\sqrt{2}\sin(3140t)\mathrm{V}$。若要求将电路的功率因数提高到 0.9，应并联多大的电容？

题 4.28　两负载并联，一个负载是电感性的，功率因数为 0.8，消耗功率 9kW，另一个负载是电阻性的，消耗功率 74kW，问总的功率因数是多少？

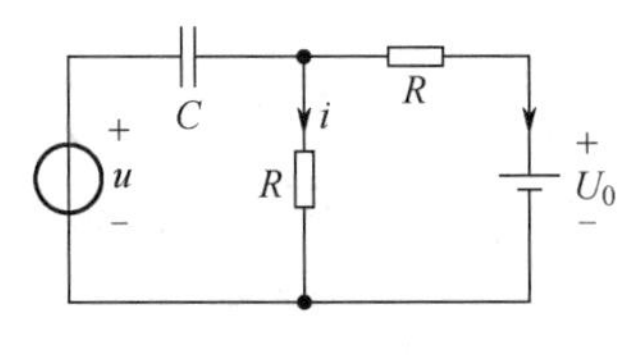

图 4.139　题 4.25 电路

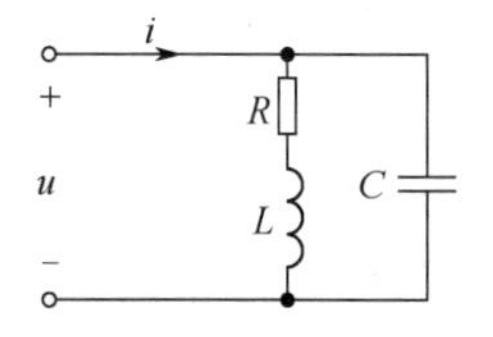

图 4.140　题 4.26 电路

题 4.29　已知一个二端网络的电压、电流为关联参考方向，且 $u=10\sqrt{2}\sin(3140t+30^\circ)\text{V}$，输入电流 $i=50\sqrt{2}\sin(3140t+60^\circ)\text{A}$，试求该二端网络吸收的复功率。

题 4.30　已知一个无源二端网络如图 4.141 所示，其输入端的电压和电流分别为：$u=20\sqrt{2}\sin(100t+10^\circ)\text{V}$，$i=10\sqrt{2}\sin(100t-43^\circ)\text{A}$。求此二端网络的功率因数、有功功率及无功功率。

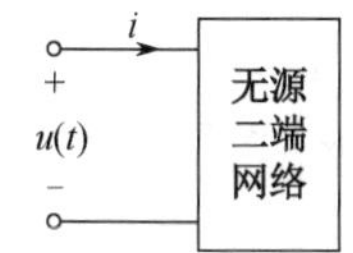

图 4.141　题 4.30 图

题 4.31　已知一个无源二端网络的等效阻抗 $Z=(20+\text{j}25)\Omega$，端口电流 $i=40\sqrt{2}\sin(100t+60^\circ)\text{A}$，求此二端网络的复功率、有功功率及无功功率。

题 4.32　在图 4.142 所示电路中，$u_\text{S}=10\sqrt{2}\sin 100t\text{V}$，要使 Z 获得最大功率，Z 应为多少？最大的功率是多少？

题 4.33　在图 4.143 所示电路中，$i_\text{S}=50\sqrt{2}\sin(3140t+60^\circ)\text{A}$，要使 Z 获得最大功率，Z 应为多少？此时获得最大的功率是多少？

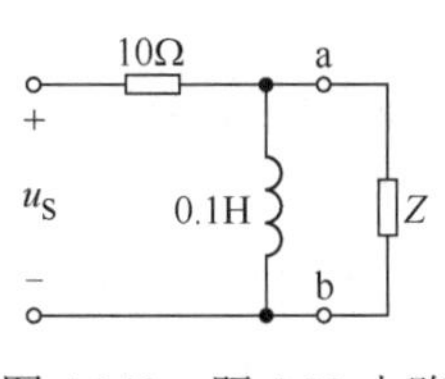

图 4.142　题 4.32 电路

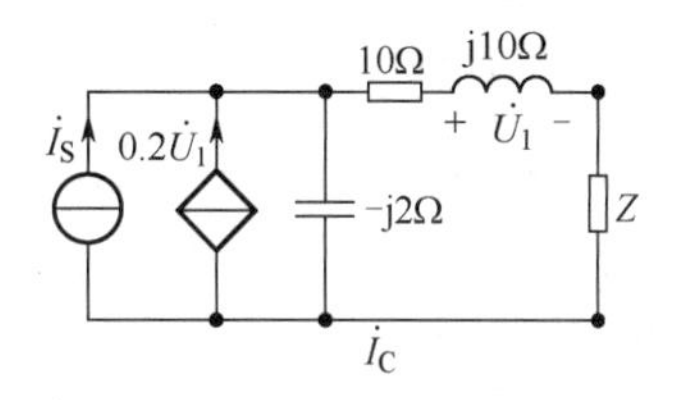

图 4.143　题 4.33 电路

题 4.34　求图 4.144 所示电路的传递函数 $H(\text{j}\omega)=\dfrac{\dot{U}_2}{\dot{U}_1}$。

题 4.35　在图 4.145 所示电路中，$R=2\text{k}\Omega$，$L=2\text{H}$，$C=2\mu\text{F}$，$\omega=250\text{rad/s}$。试求传递函数 $H(\text{j}\omega)=\dfrac{\dot{U}_2}{\dot{U}_1}$，并判定电路滤波器的类型。

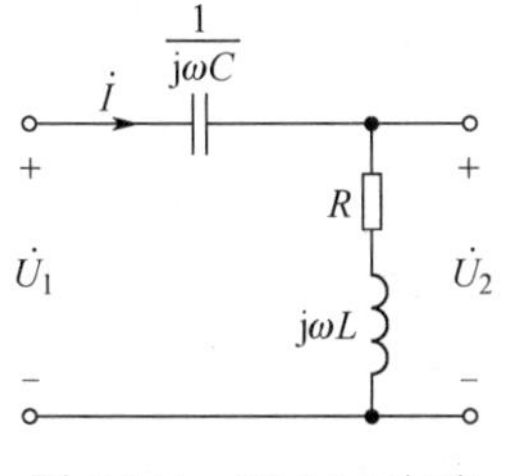

图 4.144　题 4.34 电路

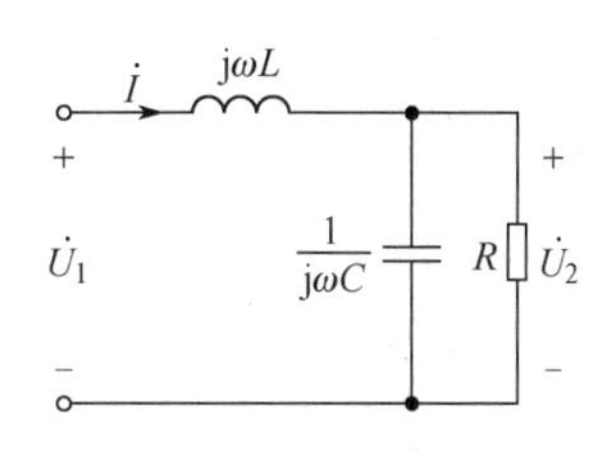

图 4.145　题 4.35 电路

题 4.36　在图 4.146 所示电路中，$L=0.2\text{H}$，$R_1=20\Omega$，$C=4\mu\text{F}$，$R_2=500\Omega$，电路外加正弦电压的有效值 $U=100\text{V}$，求：（1）电路谐振频率 ω_0 和电路电流 $\dot{I}$；（2）画出相量图。

题 4.37　有一 RLC 串联电路，它在电源频率 f 为 500Hz 时发生谐振。谐振时电流 I 为 0.2A，容抗 X_C 为 314Ω，并测得电容电压 U_C 为电源电压的 20 倍。试求该电路的电阻 R 和电感 L。

题 4.38　求图 4.147 所示电路的谐振角频率 ω_0。

图 4.146　题 4.36 电路　　　　图 4.147　题 4.38 电路

题 4.39　求图 4.148 中波形的有效值和平均值。

题 4.40　如图 4.149 所示电路，$u_S = \left[0.5 + \sqrt{2}\sin(t + 45^\circ) + \sqrt{2}\sin 2t\right]$ V，$i_S = \sqrt{2}\sin(t + 45^\circ)$ A。求电流 i 和电压 u_{ab}，并验证功率平衡。

图 4.148　题 4.39 图　　　　图 4.149　题 4.40 电路

题 4.41　在图 4.150 所示电路中，已知输入电压为 $u = \left[180\sin\omega t + 60\sin(3\omega t + 20^\circ)\right]$ V，$R = 6\Omega$，$\omega L = 2\Omega$，$\dfrac{1}{\omega C} = 18\Omega$。试求 i 和 i_C。

题 4.42　当发电机的三相绕组连成星形时，设线电压 $u_{AB} = 380\sqrt{2}\sin(\omega t - 30^\circ)$V，试写出三个相电压和另外两个线电压的三角函数式。

题 4.43　有一台三相发电机，其绕组接成星形，每相额定电压为 220V。在一次试验时，用电压表量得相电压 U_A=U_B=U_C=220 V，而线电压为 U_{AB}= U_{BC}=220V，U_{CA}=380 V，试问这种现象是如何造成的？

题 4.44　在图 4.151 所示电路中，电源电压对称，每相电压 U_P=220V，负载为电灯组，电灯的额定电压为 220V，在额定电压下其电阻分别为 $R_1 = 11\Omega$，$R_2 = R_3 = 22\Omega$。试求负载相电压、每相负载电流及中性线电流。

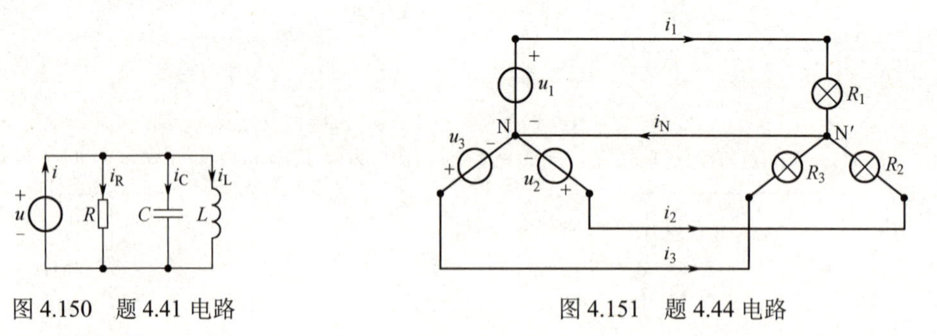

图 4.150　题 4.41 电路　　　　图 4.151　题 4.44 电路

题 4.45　有 220 V、100W 的电灯 66 个，应如何接入线电压为 380 V 的三相四线制电路？求负载在对称情况下的线电流。

题 4.46　图 4.152 所示的是三相四线制电路，电源线电压 U_l=380V。三个电阻性负载接成星形，其电阻为 $R_1 = 11\Omega$，$R_2 = R_3 = 22\Omega$。（1）求负载相电压、相电流及中性线电流；（2）若无中性线，求每相负载的相电压及负载中性点电压。

题 4.47　在线电压为 380 V 的三相电源上．接两组电阻性对称负载，如图 4.153 所示，试求线

电流 I。

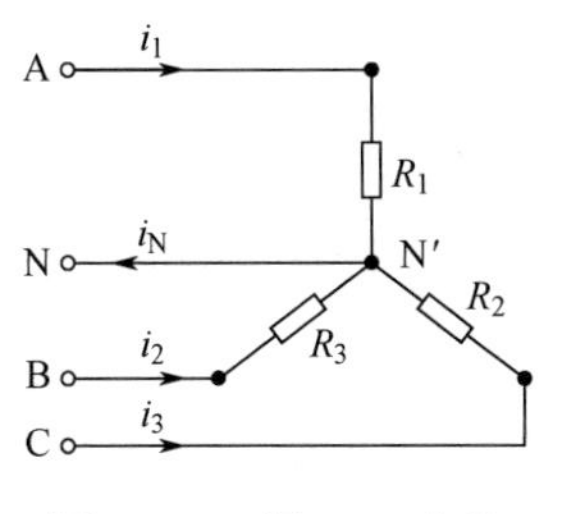

图 4.152　题 4.46 电路

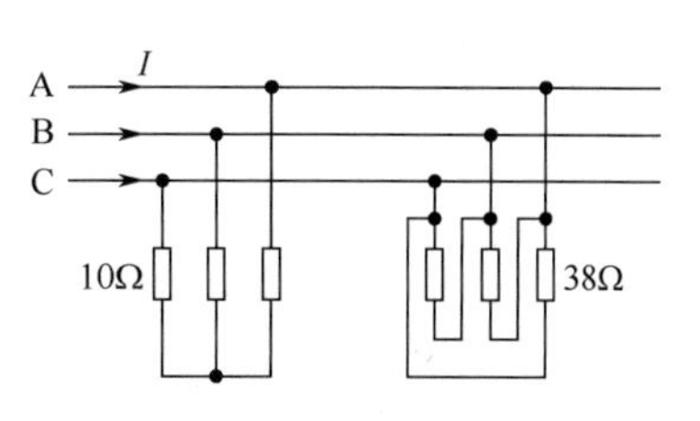

图 4.153　题 4.47 电路

题 4.48　有三相异步电动机，其绕组接成三角形，接在线电压 U_1=380V 的电源上，其平均功率 P=15 kW，功率因数 $\cos\varphi$=0. 8，试求电动机的相电流和电源线电流。

题 4.49　在图 4.154 所示电路中，电源线电压 U_1=380V。（1）如果图中各相负载的阻抗模都等于10Ω，是否可以说负载是对称的。（2）试求各相电流，并用电压与电流的相量图计算中性线电流。如果中性线电流的参考方向选定的与电路图上所示的方向相反，则结果有何不同？（3）试求三相平均功率 P。

题 4.50　在图 4.155 所示电路中，电源线电压 U_1=380 V，频率 f=50 Hz，对称感性负载的功率 P=10 kW，功率因数 $\cos\varphi_1$=0.5。为了将线路功率因数提高到 $\cos\varphi$=0.9，试问在两图中每相并联的补偿电容器的电容值各为多少？你认为采用三角形连接较好还是采用星形连接较好？为什么？（提示：每相电容 $C=\dfrac{P(\tan\varphi_1-\tan\varphi)}{3\omega U^2}$，式中 P 为三相功率(W)，U 为每相电容上所加电压。）

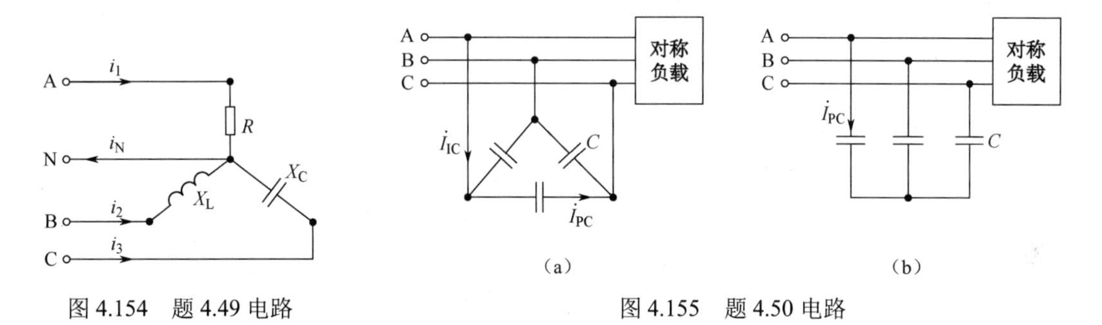

图 4.154　题 4.49 电路　　图 4.155　题 4.50 电路

题 4.51　如果电压相等、输送功率相等、距离相等、线路功率损耗相等，则三相输电线（设负载对称）的用铜量为单相输电线的用铜量的 3/4。试证明之。

题 4.52　某车间有一三相异步电动机，电压为 380V，电流为 6.8A，功率为 3kW，星形连接。试选择测量电动机的线电压、线电流及三相功率（用二表法）用的仪表（包括类型、量程、个数、准确度等），并画出测量接线图。

第 5 章　含二端口元件电路的分析

本章导读信息

前面几章的电路中包括电阻、电容、电感，它们实际上是单端口元件，本章研究的电路中含有二端口元件，我们将其称为含二端口元件电路，典型的二端口元件有变压器、互感器、晶体管等。本章首要的任务是建立二端口元件的伏安关系即元件约束。值得注意的是，二端口元件具有两个端口、四个变量，因此其端口特性比单端口元件更为复杂。在掌握了二端口元件电压电流约束关系后，相应的分析方法其实就是前几章内容的应用。

1. 内容提要

本章首先介绍二端口元件的特性方程，在此基础上介绍含二端口元件电路的分析方法；然后以互感元件和变压器为例，介绍互感现象在实际中的应用，由于在变压器中既有电路问题又有磁路问题，因此在介绍变压器的工作原理前先介绍磁路的相关知识；最后给出二端口元件的几个应用案例。

本章中用到的主要名词与概念有：二端口元件，Y 参数方程与 Y 参数矩阵，正向转移导纳，反向转移导纳，入端导纳，Z 参数方程与 Z 参数矩阵，反向转移阻抗，正向转移阻抗，入端阻抗，H 参数方程与 H 参数矩阵，反向电压传输比，正向电流传输比，G 方程与 G 参数矩阵，T 参数方程与 T 参数矩阵，二端口元件的∏形等效电路，二端口元件的 T 形等效电路，二端口元件的级联、串联、并联、串并联连接有效性，输入阻抗，输出阻抗，特性阻抗，传输系数，衰减常数，互感现象，耦合，自感磁通链，互感磁通链，互感，同名端，自感电压，互感电压，互感抗，耦合系数，紧耦合，松散耦合，全耦合，互感线圈的串联、顺接、顺串、反接、反串、并联，同侧并联电路、顺并，异侧并联电路、反并，互感线圈的 T 形连接，去耦等效电路，一次回路，二次回路，自阻抗，反映阻抗，磁路，磁路欧姆定律，磁阻，磁通势，原绕组，一次绕组，副绕组，二次绕组，主磁通，漏磁通，漏感，空心变压器，全耦合变压器，理想变压器等。

2. 重点与难点

【本章重点】

（1）二端口元件的特性方程；

（2）含二端口元件电路的分析方法；

（3）互感元件的伏安关系；

（4）理想变压器的特性及伏安关系。

【本章难点】

（1）二端口元件的等效电路；

（2）含有互感元件电路的分析方法；

（3）磁路的分析方法；

（4）变压器电路分析。

5.1　二端口元件概述

电能或者电信号通常是通过电路的端口进行传输的，如在通信系统中，电信号从一个端口输入，经过电路处理后从另一个端口输出。这种具有两个端口与外电路相连的电路，不管其内部结构如何，总可以看成一个具有两个端口的元件，称为二端口元件，其电路模型如图 5.1 所示。通常将 1-1′称为输入端口，2-2′称为输出端口。第 1 章中介绍的受控源就是一种二端口元件。

值得注意的是，虽然二端口元件具有四个端子，但并不是所有具有四个端子的电路都可以看成二端口元件。如图 5.2 所示的电路中，1-1′和 2-2′是二端口元件，3-3′和 4-4′不是二端口元件，因为 $i_1=i_1'=i_3'\neq i_3$。

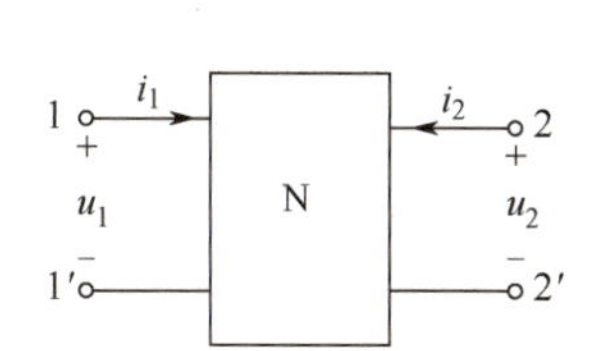

图 5.1　二端口元件电路模型

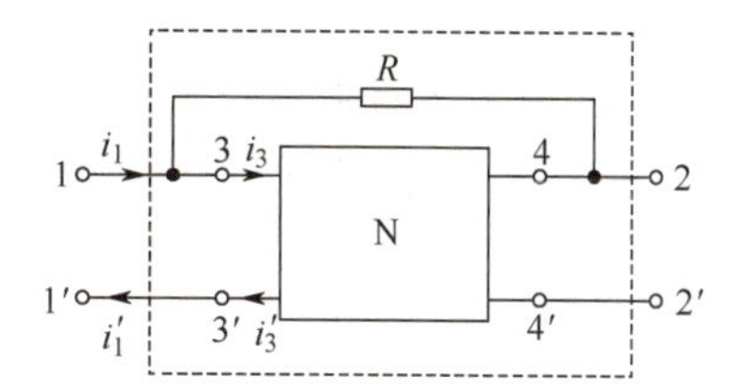

图 5.2　二端口元件实例

本章的研究对象为由线性元件和受控源组成的二端口元件。与前面学习的电路元件一样，在研究二端口元件时，主要考虑的是其端口上的特性，即端口电压和端口电流之间的关系，因此二端口元件的特性可以通过其端口电压和端口电流之间的关系即端口特性方程来表示。从图 5.1 中可以看出，二端口元件具有两个端口、四个端口变量：u_1、i_1、u_2 和 i_2，因此需要两个端口方程来描述其特性。

另外，在时域分析中，u_1、i_1、u_2 和 i_2 都是瞬时值，而在正弦稳态分析中，二端口元件还可以用图 5.3 所示的相量模型来表示，$\dot{U}_1$、$\dot{I}_1$、$\dot{U}_2$、$\dot{I}_2$ 都为相量。本章对二端口元件的描述采用的是相量形式。

视频——二端口元件概述

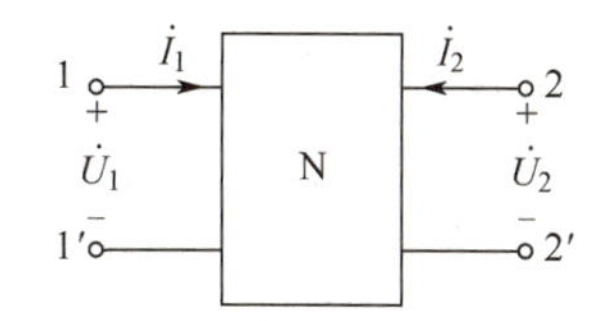

图 5.3　二端口元件的相量模型

5.2　二端口元件的特性方程

在二端口元件的四个端口变量中，可以任意选择其中的两个作为激励，另外两个作为响应，这样就可以得到六组不同的端口特性方程，每一组方程对应于二端口元件的一类端口参数，每一类参数代表着不同的意义。

5.2.1　导纳参数方程与导纳参数矩阵

在图 5.3 所示的二端口元件的相量模型中，当激励为两个端口电压 $\dot{U}_1$、$\dot{U}_2$，响应为两个端口电流 $\dot{I}_1$ 和 $\dot{I}_2$ 时，根据叠加定理可知，端口电流可以看作每个端口电压单独作用时所产生的电流之和，即

$$\begin{cases}\dot{I}_1 = Y_{11}\dot{U}_1 + Y_{12}\dot{U}_2 \\ \dot{I}_2 = Y_{21}\dot{U}_1 + Y_{22}\dot{U}_2\end{cases} \tag{5.1}$$

式中，$Y_{11}\dot{U}_1$和$Y_{12}\dot{U}_2$分别为$\dot{U}_1$和$\dot{U}_2$单独作用时在端口1产生的电流，$Y_{21}\dot{U}_1$和$Y_{22}\dot{U}_2$分别为$\dot{U}_1$和$\dot{U}_2$单独作用时在端口2产生的电流，式（5.1）称为二端口元件的导纳（Y）参数方程，Y_{11}、Y_{12}、Y_{21}和Y_{22}称为二端口元件的导纳参数或Y参数。上述方程也可以写成矩阵的形式：

$$\begin{pmatrix}\dot{I}_1 \\ \dot{I}_2\end{pmatrix} = \begin{pmatrix}Y_{11} & Y_{12} \\ Y_{21} & Y_{22}\end{pmatrix}\begin{pmatrix}\dot{U}_1 \\ \dot{U}_2\end{pmatrix} = \boldsymbol{Y}\begin{pmatrix}\dot{U}_1 \\ \dot{U}_2\end{pmatrix} \tag{5.2}$$

其中

$$\boldsymbol{Y} = \begin{pmatrix}Y_{11} & Y_{12} \\ Y_{21} & Y_{22}\end{pmatrix}$$

称为导纳参数矩阵或Y参数矩阵。

从式（5.1）中可以得出：

$$\begin{cases}Y_{11} = \dfrac{\dot{I}_1}{\dot{U}_1}\Big|_{\dot{U}_2=0} \\ Y_{12} = \dfrac{\dot{I}_1}{\dot{U}_2}\Big|_{\dot{U}_1=0} \\ Y_{21} = \dfrac{\dot{I}_2}{\dot{U}_1}\Big|_{\dot{U}_2=0} \\ Y_{22} = \dfrac{\dot{I}_2}{\dot{U}_2}\Big|_{\dot{U}_1=0}\end{cases} \tag{5.3}$$

因此，Y_{11}是$\dot{U}_2$为零（短路）时端口1-1′上的电流与激励电压之比，即端口1-1′的入端导纳；Y_{21}是$\dot{U}_2$为零（短路）时端口2-2′上电流与激励电压之比，即正向转移导纳；Y_{12}是$\dot{U}_1$为零（短路）时端口1-1′上电流与激励电压之比，即反向转移导纳；Y_{22}是$\dot{U}_1$为零（短路）时端口2-2′上的电流与激励电压之比，即端口2-2′的入端导纳。这几个参数都是在某一端口短路的情况下所得到的具有导纳量纲的函数，其大小只与二端口元件的内部结构有关，与端口所加激励以及外电路的连接方式无关。这就是导纳参数的物理意义。在已知一个二端口元件结构的条件下就可以直接根据各导纳参数的物理意义求取导纳参数矩阵。导纳参数在高频放大电路的分析中得到广泛应用。

【例5.1】 求图5.4（a）所示二端口元件的导纳参数矩阵。

解：根据导纳参数的定义可知：

$$Y_{11} = \frac{\dot{I}_1}{\dot{U}_1}\Big|_{\dot{U}_2=0}$$

将$\dot{U}_2$置零，如图5.4（b）所示，则有：

$$\dot{U}_1 = \dot{I}_1(Z//Z + Z//Z) = \dot{I}_1 Z$$

因此

$$Y_{11} = \frac{\dot{I}_1}{\dot{U}_1}\Big|_{\dot{U}_2=0} = \frac{1}{Z}$$

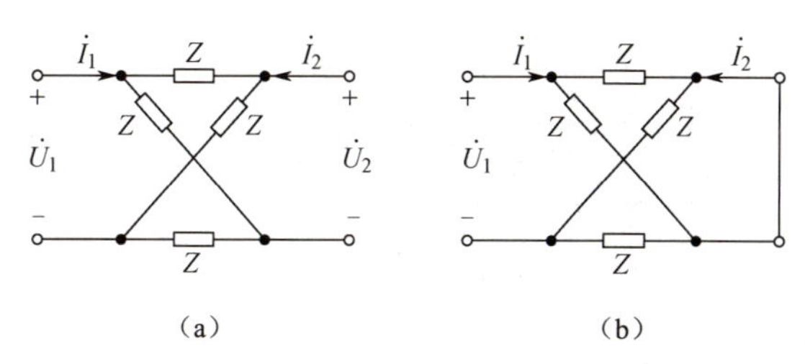

图 5.4　例 5.1 图

同理可得：

$$Y_{12}=\frac{\dot{I}_1}{\dot{U}_2}\Big|_{\dot{U}_1=0}=0$$

$$Y_{21}=\frac{\dot{I}_2}{\dot{U}_1}\Big|_{\dot{U}_2=0}=0$$

$$Y_{22}=\frac{\dot{I}_2}{\dot{U}_2}\Big|_{\dot{U}_1=0}=\frac{1}{Z}$$

所以该二端口元件的导纳参数矩阵为：

$$\boldsymbol{Y}=\begin{bmatrix}\frac{1}{Z} & 0\\ 0 & \frac{1}{Z}\end{bmatrix}$$

【例 5.2】求图 5.5 所示二端口元件的导纳参数矩阵。

解：求二端口元件的导纳参数矩阵可以仿照上例直接根据各参数的物理意义求解，这里不再详细说明，留给读者自己练习。除了这种方法以外，由于导纳参数矩阵表示的是在两个端口电压的作用下所产生的端口电流，因此还可以通过列写节点电压方程来求解其导纳参数矩阵。

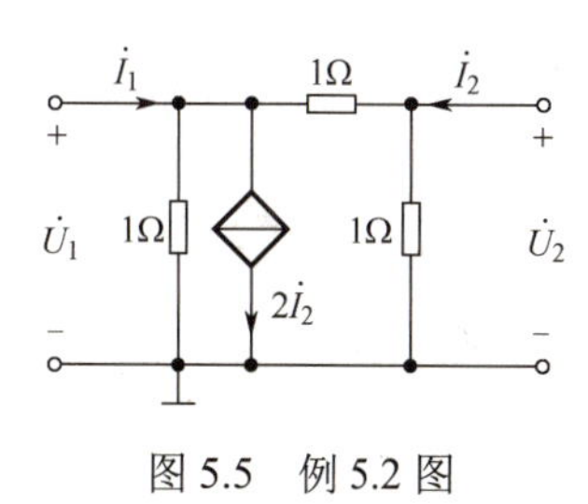

图 5.5　例 5.2 图

选取参考点如图 5.5 所示，则另外两个节点的节点电压方程为：

$$\begin{cases}(1+1)\dot{U}_1-\dot{U}_2=\dot{I}_1-2\dot{I}_2 & （1）\\ (1+1)\dot{U}_2-\dot{U}_1=\dot{I}_2 & （2）\end{cases}$$

将方程（2）代入方程（1）并整理可得：

$$\begin{cases}\dot{I}_1=3\dot{U}_2\\ \dot{I}_2=-\dot{U}_1+2\dot{U}_2\end{cases}$$

这就是原二端口元件的导纳参数方程，由此可以写出其导纳参数矩阵为：

$$\boldsymbol{Y}=\begin{bmatrix}0 & 3\\ -1 & 2\end{bmatrix}$$

5.2.2　阻抗参数方程与阻抗参数矩阵

在图 5.3 所示的二端口元件中，当激励为两个端口电流 $\dot{I}_1$ 和 $\dot{I}_2$，响应为端口电压 $\dot{U}_1$ 和 $\dot{U}_2$ 时，根据叠加定理可知：

$$\begin{cases}\dot{U}_1 = Z_{11}\dot{I}_1 + Z_{12}\dot{I}_2 \\ \dot{U}_2 = Z_{21}\dot{I}_1 + Z_{22}\dot{I}_2\end{cases} \tag{5.4}$$

式（5.4）称为二端口元件的阻抗（Z）参数方程，Z_{11}、Z_{12}、Z_{21} 和 Z_{22} 称为二端口元件的阻抗参数或 Z 参数。上式也可以写成矩阵的形式：

$$\begin{pmatrix}\dot{U}_1 \\ \dot{U}_2\end{pmatrix} = \begin{pmatrix}Z_{11} & Z_{12} \\ Z_{21} & Z_{22}\end{pmatrix}\begin{pmatrix}\dot{I}_1 \\ \dot{I}_2\end{pmatrix} = \boldsymbol{Z}\begin{pmatrix}\dot{I}_1 \\ \dot{I}_2\end{pmatrix} \tag{5.5}$$

其中

$$\boldsymbol{Z} = \begin{pmatrix}Z_{11} & Z_{12} \\ Z_{21} & Z_{22}\end{pmatrix}$$

称为二端口元件的阻抗参数矩阵或 Z 参数矩阵。

从式（5.4）中可以得出：

$$\begin{cases}Z_{11} = \dfrac{\dot{U}_1}{\dot{I}_1}\Big|_{\dot{I}_2=0} \\ Z_{12} = \dfrac{\dot{U}_1}{\dot{I}_2}\Big|_{\dot{I}_1=0} \\ Z_{21} = \dfrac{\dot{U}_2}{\dot{I}_1}\Big|_{\dot{I}_2=0} \\ Z_{22} = \dfrac{\dot{U}_2}{\dot{I}_2}\Big|_{\dot{I}_1=0}\end{cases} \tag{5.6}$$

式中，Z_{11}（Z_{22}）是端口 2-2′（1-1′）开路时 1-1′（2-2′）上的电压与激励电流之比，即端口 1-1′（2-2′）的入端阻抗；Z_{12} 和 Z_{21} 分别是端口 1-1′ 和 2-2′ 开路时的反向转移阻抗和正向转移阻抗，它们都具有阻抗的量纲。这就是阻抗参数的物理意义。

【例 5.3】写出如图 5.6 所示二端口元件的阻抗参数方程。

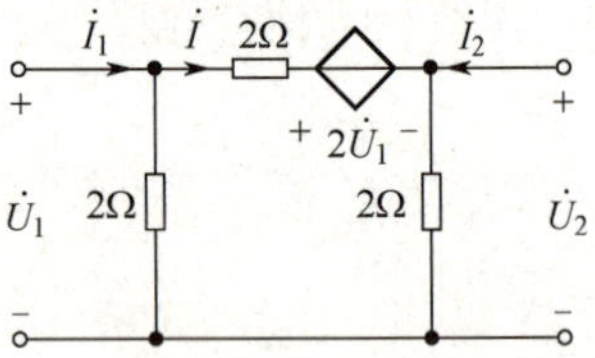

图 5.6　例 5.3 图

解： 阻抗参数方程可以根据阻抗参数的物理意义直接进行求解。

当 $\dot{I}_2 = 0$ 时，端口 2 开路，根据电路可以写出此时电路中两条支路的 KVL 方程为：

$$\begin{cases}\dot{U}_1 = 2(\dot{I}_1 - \dot{I}) & (1) \\ \dot{U}_1 = 2\dot{I} + 2\dot{U}_1 + 2\dot{I} & (2)\end{cases}$$

由方程（2）得：

$$\dot{U}_1 = -4\dot{I}$$

将上式代入方程（1）并整理可得：$\dot{U}_1 = 4\dot{I}_1$

同理

$$\dot{U}_2 = 2\dot{I} = -\frac{\dot{U}_1}{2} = -2\dot{I}_1$$

由此可得：

$$Z_{11}=\frac{\dot{U}_1}{\dot{I}_1}\Big|_{\dot{I}_2=0}=4$$

$$Z_{21}=\frac{\dot{U}_2}{\dot{I}_1}\Big|_{\dot{I}_2=0}=-2$$

同理，当$\dot{I}_1=0$时，端口 1 开路，可以分别求出另外两个参数：

$$Z_{22}=\frac{\dot{U}_2}{\dot{I}_2}\Big|_{\dot{I}_1=0}=0$$

$$Z_{12}=\frac{\dot{U}_1}{\dot{I}_2}\Big|_{\dot{I}_1=0}=2$$

因此原二端口元件的阻抗参数方程为：

$$\begin{cases}\dot{U}_1=4\dot{I}_1+2\dot{I}_2\\ \dot{U}_2=-2\dot{I}_1\end{cases}$$

阻抗参数方程除可以直接根据其物理意义进行求解外，还可以通过列写电路的网孔电流方程得出。

【例 5.4】求图 5.7 所示二端口元件的阻抗参数矩阵。

解：各网孔的网孔电流方程为：

$$\begin{cases}(R-\mathrm{j}\frac{1}{\omega C})\dot{I}_1-\mathrm{j}\frac{1}{\omega C}\dot{I}_2-R\dot{I}=\dot{U}_1 & （1）\\ (R-\mathrm{j}\frac{1}{\omega C})\dot{I}_2-\mathrm{j}\frac{1}{\omega C}\dot{I}_1+R\dot{I}=\dot{U}_2 & （2）\\ (R+R+R)\dot{I}-R\dot{I}_1+R\dot{I}_2=0 & （3）\end{cases}$$

图 5.7　例 5.4 图

由方程（3）得：

$$\dot{I}=\frac{1}{3}\dot{I}_1-\frac{1}{3}\dot{I}_2$$

将上式分别代入网孔电流方程（1）、（2），并整理可得：

$$\begin{cases}(\frac{2R}{3}-\mathrm{j}\frac{1}{\omega C})\dot{I}_1-(\mathrm{j}\frac{1}{\omega C}-\frac{R}{3})\dot{I}_2=\dot{U}_1\\ (\frac{2R}{3}-\mathrm{j}\frac{1}{\omega C})\dot{I}_2-(\mathrm{j}\frac{1}{\omega C}-\frac{R}{3})\dot{I}_1=\dot{U}_2\end{cases}$$

这就是原二端口元件的阻抗参数方程，相应的阻抗参数矩阵为：

$$\boldsymbol{Z}=\begin{bmatrix}(\frac{2R}{3}-\mathrm{j}\frac{1}{\omega C}) & (\frac{R}{3}-\mathrm{j}\frac{1}{\omega C})\\ (\frac{R}{3}-\mathrm{j}\frac{1}{\omega C}) & (\frac{2R}{3}-\mathrm{j}\frac{1}{\omega C})\end{bmatrix}$$

5.2.3　混合参数方程与混合参数矩阵

当二端口元件的两个激励分别位于不同的端口上且一个是电压、一个是电流时就产生了二端口元件的混合参数方程，常称为 H 参数方程。

在图 5.3 所示的二端口元件中，当激励为$\dot{I}_1$和$\dot{U}_2$，响应为$\dot{I}_2$和$\dot{U}_1$时，二端口元件的端口方程可以表示为：

$$\begin{cases} \dot{U}_1 = H_{11}\dot{I}_1 + H_{12}\dot{U}_2 \\ \dot{I}_2 = H_{21}\dot{I}_1 + H_{22}\dot{U}_2 \end{cases} \tag{5.7}$$

式（5.7）即为二端口元件的混合参数方程，H_{11}、H_{12}、H_{21} 和 H_{22} 则称为二端口元件的混合参数。式（5.7）写成矩阵的形式为：

$$\begin{pmatrix} \dot{U}_1 \\ \dot{I}_2 \end{pmatrix} = \begin{pmatrix} H_{11} & H_{12} \\ H_{21} & H_{22} \end{pmatrix} \begin{pmatrix} \dot{I}_1 \\ \dot{U}_2 \end{pmatrix} = \boldsymbol{H} \begin{pmatrix} \dot{I}_1 \\ \dot{U}_2 \end{pmatrix} \tag{5.8}$$

其中

$$\boldsymbol{H} = \begin{pmatrix} H_{11} & H_{12} \\ H_{21} & H_{22} \end{pmatrix}$$

称为混合参数矩阵或 H 参数矩阵。

从式（5.7）中可以得出：

$$\begin{cases} H_{11} = \dfrac{\dot{U}_1}{\dot{I}_1}\Big|_{\dot{U}_2=0} \\ H_{12} = \dfrac{\dot{U}_1}{\dot{U}_2}\Big|_{\dot{I}_1=0} \\ H_{21} = \dfrac{\dot{I}_2}{\dot{I}_1}\Big|_{\dot{U}_2=0} \\ H_{22} = \dfrac{\dot{I}_2}{\dot{U}_2}\Big|_{\dot{I}_1=0} \end{cases} \tag{5.9}$$

式中，H_{11} 是端口 2-2′短路时 1-1′上的输入阻抗；H_{12} 是端口 1-1′开路时的反向电压传输比；H_{21} 是端口 2-2′短路时的正向电流传输比；H_{22} 是端口 1-1′开路时 2-2′上的入端导纳。

【例 5.5】试求图 5.8 所示二端口元件的混合参数矩阵。

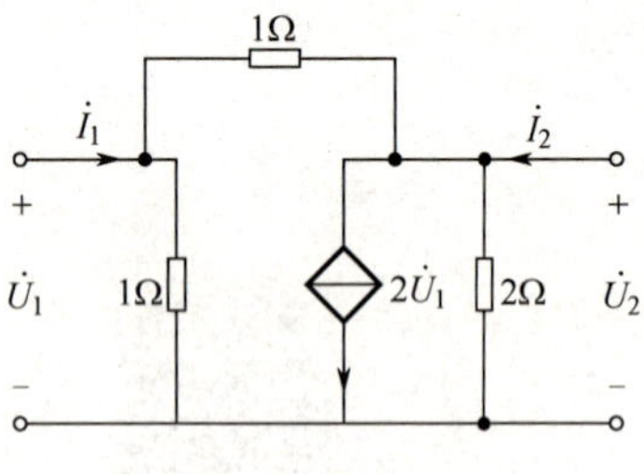

图 5.8 例 5.5 图

解：根据混合参数的物理意义，先令 $\dot{U}_2 = 0$，计算电路在 $\dot{I}_1$ 单独作用下的响应。此时端口 2 被短路，根据电路结构可知，此时

$$\dot{U}_1\Big|_{\dot{U}_2=0} = \frac{\dot{I}_1}{2}\times 1 = \frac{\dot{I}_1}{2}$$

$$\dot{I}_2\Big|_{\dot{U}_2=0} = 2\dot{U}_1 - \frac{\dot{I}_1}{2} = \frac{\dot{I}_1}{2}$$

因此

$$H_{11} = \frac{\dot{U}_1}{\dot{I}_1}\Big|_{\dot{U}_2=0} = 0.5$$

$$H_{21} = \frac{\dot{I}_2}{\dot{I}_1}\Big|_{\dot{U}_2=0} = 0.5$$

接下来令 $\dot{I}_1 = 0$，计算电路在 $\dot{U}_2$ 单独作用下的响应。根据电路可以求出：

$$\dot{U}_1\Big|_{\dot{I}_1=0} = \frac{1}{1+1}\dot{U}_2 = \frac{\dot{U}_2}{2}$$

$$\dot{I}_2|_{\dot{I}_1=0}=\frac{\dot{U}_2}{1+1}+\frac{\dot{U}_2}{2}+2\dot{U}_1=2\dot{U}_2$$

因此

$$H_{12}=\frac{\dot{U}_1}{\dot{U}_2}|_{\dot{I}_1=0}=0.5$$

$$H_{22}=\frac{\dot{I}_2}{\dot{U}_2}|_{\dot{I}_1=0}=2$$

原二端口元件的混合参数矩阵为：

$$\boldsymbol{H}=\begin{bmatrix}0.5 & 0.5\\ 0.5 & 2\end{bmatrix}$$

根据二端口元件的混合参数方程可以得到其含有两个受控源的等效电路，如图 5.9 所示。

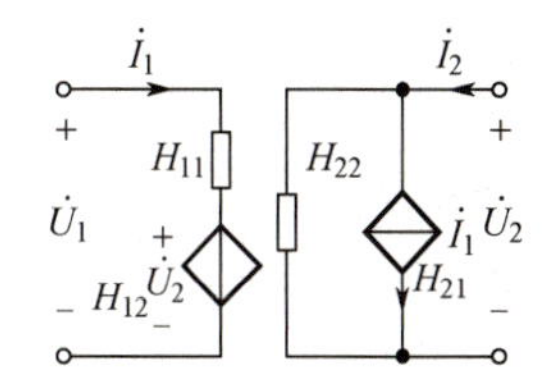

图 5.9　二端口元件的混合参数等效电路

当二端口元件的激励为 $\dot{U}_1$ 和 $\dot{I}_2$，响应为 $\dot{I}_1$ 和 $\dot{U}_2$ 时，可以得到另一种混合参数方程，即 G 参数方程：

$$\begin{cases}\dot{I}_1=G_{11}\dot{U}_1+G_{12}\dot{I}_2\\ \dot{U}_2=G_{21}\dot{U}_1+G_{22}\dot{I}_2\end{cases} \tag{5.10}$$

写成矩阵的形式为：

$$\begin{pmatrix}\dot{I}_1\\ \dot{U}_2\end{pmatrix}=\begin{pmatrix}G_{11} & G_{12}\\ G_{21} & G_{22}\end{pmatrix}\begin{pmatrix}\dot{U}_1\\ \dot{I}_2\end{pmatrix}=\boldsymbol{G}\begin{pmatrix}\dot{U}_1\\ \dot{I}_2\end{pmatrix} \tag{5.11}$$

其中

$$\boldsymbol{G}=\begin{pmatrix}G_{11} & G_{12}\\ G_{21} & G_{22}\end{pmatrix}$$

称为 G 参数矩阵，G_{11}、G_{12}、G_{21} 和 G_{22} 称为二端口元件的 G 参数。关于 G 参数的物理意义这里不再赘述。

二端口元件的混合参数方程在电子技术中有着广泛的应用。

5.2.4　传输参数方程与传输参数矩阵

视频——其他方程与参数

当激励是 $\dot{U}_2$ 和 $\dot{I}_2$、响应为 $\dot{U}_1$ 和 $\dot{I}_1$ 时就产生了二端口元件的传输参数方程，即 T 参数方程。根据图 5.3 所示的二端口元件可知：

$$\begin{cases}\dot{U}_1=T_{11}\dot{U}_2-T_{12}\dot{I}_2\\ \dot{I}_1=T_{21}\dot{U}_2-T_{22}\dot{I}_2\end{cases} \tag{5.12}$$

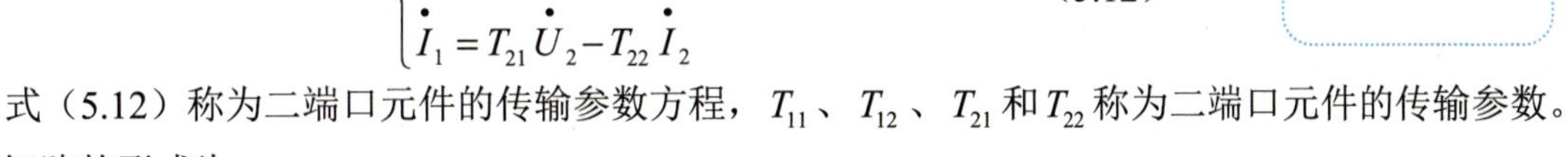

式（5.12）称为二端口元件的传输参数方程，T_{11}、T_{12}、T_{21} 和 T_{22} 称为二端口元件的传输参数。写成矩阵的形式为：

$$\begin{pmatrix}\dot{U}_1\\ \dot{I}_1\end{pmatrix}=\begin{pmatrix}T_{11} & T_{12}\\ T_{21} & T_{22}\end{pmatrix}\begin{pmatrix}\dot{U}_2\\ -\dot{I}_2\end{pmatrix}=\boldsymbol{T}\begin{pmatrix}\dot{U}_2\\ -\dot{I}_2\end{pmatrix} \tag{5.13}$$

其中，矩阵 $\boldsymbol{T}$ 表示传输参数矩阵。上式中 $\dot{I}_2$ 前面的负号是因为在最初定义传输参数方程时，$\dot{I}_2$

的参考方向选取的是和图 5.3 中方向相反的，因此在现在的参考方向下前面要有一个负号。

由式（5.12）可以得出：

$$\begin{cases} T_{11}=\dfrac{\dot{U}_1}{\dot{U}_2}\Big|_{\dot{I}_2=0} \\ T_{12}=-\dfrac{\dot{U}_1}{\dot{I}_2}\Big|_{\dot{U}_2=0} \\ T_{21}=\dfrac{\dot{I}_1}{\dot{U}_2}\Big|_{\dot{I}_2=0} \\ T_{22}=-\dfrac{\dot{I}_1}{\dot{I}_2}\Big|_{\dot{U}_2=0} \end{cases} \tag{5.14}$$

当激励是 $\dot{U}_1$ 和 $\dot{I}_1$、响应为 $\dot{U}_2$ 和 $\dot{I}_2$ 时就产生了二端口元件的逆传输参数方程，即 T' 参数方程：

$$\begin{cases} \dot{U}_2=T'_{11}\dot{U}_1-T'_{12}\dot{I}_1 \\ \dot{I}_2=T'_{21}\dot{U}_1-T'_{22}\dot{I}_1 \end{cases} \tag{5.15}$$

写成矩阵的形式为：

$$\begin{pmatrix} \dot{U}_2 \\ \dot{I}_2 \end{pmatrix}=\begin{pmatrix} T'_{11} & T'_{12} \\ T'_{21} & T'_{22} \end{pmatrix}\begin{pmatrix} \dot{U}_1 \\ -\dot{I}_1 \end{pmatrix}=\boldsymbol{T}'\begin{pmatrix} \dot{U}_1 \\ -\dot{I}_1 \end{pmatrix} \tag{5.16}$$

其中

$$\boldsymbol{T}'=\begin{pmatrix} T'_{11} & T'_{12} \\ T'_{21} & T'_{22} \end{pmatrix}$$

称为二端口元件的逆传输参数矩阵。

【例 5.6】试求如图 5.10 所示电路的传输参数。

图 5.10 例 5.6 图

解：列写电路的 KVL 方程可得：

$$\dot{U}_2=\dot{I}_2R_2+(\dot{I}_1+\dot{I}_2)R=\dot{I}_1R+\dot{I}_2(R_2+R)$$

因此
$$\dot{I}_1=\frac{1}{R}\dot{U}_2-\frac{(R_2+R)}{R}\dot{I}_2$$

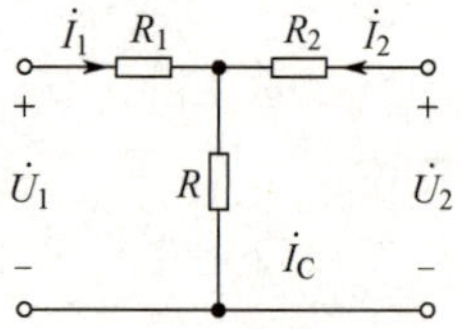

同理

$$\dot{U}_1=\dot{I}_1R_1+(\dot{I}_1+\dot{I}_2)R=(R_1+R)\dot{I}_1+\dot{I}_2R$$

将 $\dot{I}_1$ 的表达式代入上式并整理可得：

$$\dot{U}_1=\frac{R_1+R}{R}\dot{U}_2-\frac{RR_1+RR_2+R_1R_2}{R}\dot{I}_2$$

所以该二端口元件的传输参数为：

$$T_{11}=\frac{R_1+R}{R}，\quad T_{12}=\frac{RR_1+RR_2+R_1R_2}{R}，\quad T_{21}=\frac{1}{R}，\quad T_{22}=\frac{(R_2+R)}{R}$$

二端口元件的传输参数方程在电信和电力传输中有着广泛的应用。

5.2.5 各参数间的关系

二端口元件可以用前面所述的各种参数方程来描述，但应该注意的是，并不是任何一个二端口元件都可以同时用这几类方程来表示，换句话说，对有些结构特殊的二端口元件而言，某种类型的参数方程是不存在的。例如，对于图 5.11 所示的二端口元件，不难发现，其导纳参数方程是不存在的。

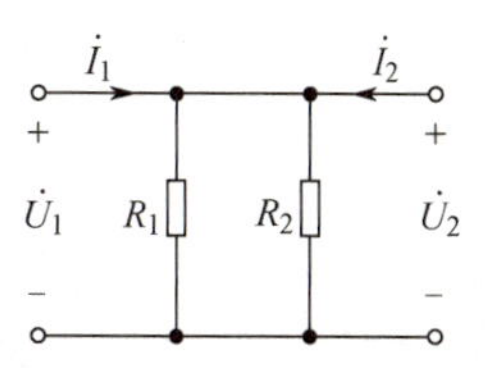

图 5.11　导纳参数方程不存在的二端口元件

在实际应用中常常需要在二端口元件的各种参数方程之间进行转换，如已知二端口元件的导纳参数方程：

$$\begin{cases}\dot{I}_1 = Y_{11}\dot{U}_1 + Y_{12}\dot{U}_2 & （1）\\ \dot{I}_2 = Y_{21}\dot{U}_1 + Y_{22}\dot{U}_2 & （2）\end{cases} \tag{5.17}$$

写成矩阵形式则为：

$$\begin{pmatrix}\dot{I}_1\\ \dot{I}_2\end{pmatrix} = \begin{pmatrix}Y_{11} & Y_{12}\\ Y_{21} & Y_{22}\end{pmatrix}\begin{pmatrix}\dot{U}_1\\ \dot{U}_2\end{pmatrix} = \boldsymbol{Y}\begin{pmatrix}\dot{U}_1\\ \dot{U}_2\end{pmatrix}$$

当 $\boldsymbol{Y}$ 存在逆矩阵时，将方程两边同乘以 $\boldsymbol{Y}^{-1}$ 可以得到：

$$\begin{pmatrix}\dot{U}_1\\ \dot{U}_2\end{pmatrix} = \boldsymbol{Y}^{-1}\begin{pmatrix}\dot{I}_1\\ \dot{I}_2\end{pmatrix} = \frac{1}{\Delta Y}\begin{pmatrix}Y_{22} & -Y_{21}\\ -Y_{12} & Y_{11}\end{pmatrix}\begin{pmatrix}\dot{I}_1\\ \dot{I}_2\end{pmatrix}$$

根据阻抗参数的定义则有：

$$Z = \boldsymbol{Y}^{-1} = \frac{1}{\Delta Y}\begin{pmatrix}Y_{22} & -Y_{21}\\ -Y_{12} & Y_{11}\end{pmatrix} \tag{5.18}$$

其中，$\Delta Y = Y_{11}Y_{22} - Y_{12}Y_{21}$ 为 $\boldsymbol{Y}$ 矩阵的行列式。

根据式（5.17）中的方程（2）可得：

$$\dot{U}_1 = -\frac{Y_{22}}{Y_{21}}\dot{U}_2 + \frac{1}{Y_{21}}\dot{I}_2 \qquad （3）$$

将方程（3）代入方程（1）得：

$$\dot{I}_1 = \frac{Y_{12}Y_{21} - Y_{11}Y_{22}}{Y_{21}}\dot{U}_2 + \frac{Y_{11}}{Y_{21}}\dot{I}_2 \qquad （4）$$

方程（3）和方程（4）就具有传输参数的形式，若令：

$$T_{11} = -\frac{Y_{22}}{Y_{21}},\ T_{12} = -\frac{1}{Y_{21}},\ T_{21} = \frac{Y_{12}Y_{21} - Y_{11}Y_{22}}{Y_{21}},\ T_{22} = -\frac{Y_{11}}{Y_{21}} \tag{5.19}$$

则从导纳参数方程得到了相应的传输参数方程。同样，通过适当的变换可以得到二端口元件的各类参数之间的相互转换关系，这里不再一一推导，而以表格的形式列出，如表 5.1 所示。其中 ΔY 、ΔZ 、ΔH 、ΔT 分别表示各参数矩阵的行列式。

表 5.1　二端口元件四类参数之间的转换关系表

	Z	Y	H	T
Z	$\begin{matrix}Z_{11} & Z_{12}\\ Z_{21} & Z_{22}\end{matrix}$	$\begin{matrix}\frac{Y_{22}}{\Delta Y} & -\frac{Y_{12}}{\Delta Y}\\ -\frac{Y_{21}}{\Delta Y} & \frac{Y_{11}}{\Delta Y}\end{matrix}$	$\begin{matrix}\frac{\Delta H}{H_{22}} & \frac{H_{12}}{H_{22}}\\ -\frac{H_{21}}{H_{22}} & \frac{1}{H_{22}}\end{matrix}$	$\begin{matrix}\frac{T_{11}}{T_{21}} & \frac{\Delta T}{T_{21}}\\ \frac{1}{T_{21}} & \frac{T_{22}}{T_{21}}\end{matrix}$
Y	$\begin{matrix}\frac{Z_{22}}{\Delta Z} & \frac{-Z_{12}}{\Delta Z}\\ -\frac{Z_{21}}{\Delta Z} & \frac{Z_{11}}{\Delta Z}\end{matrix}$	$\begin{matrix}Y_{11} & Y_{12}\\ Y_{21} & Y_{22}\end{matrix}$	$\begin{matrix}\frac{1}{H_{11}} & -\frac{H_{12}}{H_{11}}\\ \frac{H_{21}}{H_{11}} & \frac{\Delta H}{H_{11}}\end{matrix}$	$\begin{matrix}\frac{T_{22}}{T_{12}} & -\frac{\Delta T}{T_{12}}\\ -\frac{1}{T_{12}} & \frac{T_{11}}{T_{12}}\end{matrix}$

续表

	Z	Y	H	T
H	$\frac{\Delta Z}{Z_{22}}$ $\frac{Z_{12}}{Z_{22}}$ $-\frac{Z_{21}}{Z_{22}}$ $\frac{1}{Z_{22}}$	$\frac{1}{Y_{11}}$ $-\frac{Y_{12}}{Y_{11}}$ $\frac{Y_{21}}{Y_{11}}$ $\frac{\Delta Y}{Y_{11}}$	H_{11} H_{12} H_{21} H_{22}	$\frac{T_{12}}{T_{22}}$ $\frac{\Delta T}{T_{22}}$ $-\frac{1}{T_{22}}$ $\frac{T_{21}}{T_{22}}$
T	$\frac{Z_{11}}{Z_{21}}$ $\frac{\Delta Z}{Z_{21}}$ $\frac{1}{Z_{21}}$ $\frac{Z_{22}}{Z_{21}}$	$-\frac{Y_{22}}{Y_{21}}$ $-\frac{1}{Y_{21}}$ $-\frac{\Delta Y}{Y_{21}}$ $-\frac{Y_{11}}{Y_{21}}$	$-\frac{\Delta H}{H_{21}}$ $-\frac{H_{11}}{H_{21}}$ $-\frac{H_{22}}{H_{21}}$ $-\frac{1}{H_{21}}$	T_{11} T_{12} T_{21} T_{22}

如果一个二端口元件满足互易定理，则称其为互易二端口元件。如在图 5.12 所示的两个电路中，若$\dot{U}_1=\dot{U}_2$，则$\dot{I}_2=\dot{I}_1$。对于互易二端口元件，各参数之间存在如下关系：

$$Y_{12}=Y_{21} \tag{5.20}$$

$$Z_{12}=Z_{21} \tag{5.21}$$

$$T_{11}T_{22}-T_{12}T_{21}=1 \tag{5.22}$$

$$T'_{11}T'_{22}-T'_{12}T'_{21}=1 \tag{5.23}$$

$$H_{12}=-H_{21} \tag{5.24}$$

$$G_{12}=-G_{21} \tag{5.25}$$

对于互易二端口元件，最多只有三个独立的参数。

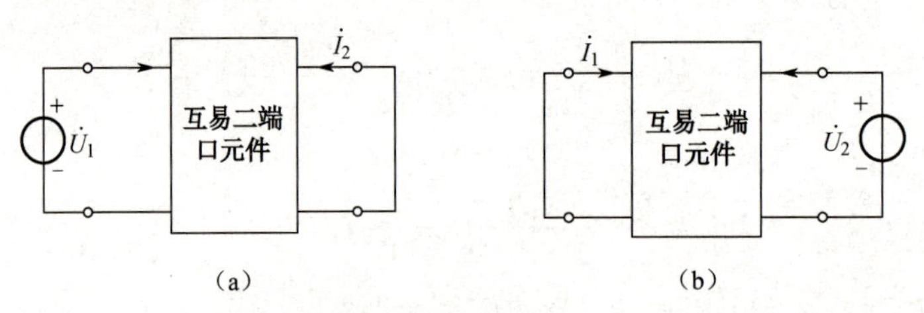

图 5.12 互易二端口元件

如果二端口元件的两个端口对调后端口特性保持不变，则称此二端口元件为对称二端口元件。除对称二端口元件的参数除满足式（5.20）~（5.25）外，还需满足下列关系：

$$Y_{11}=Y_{22} \tag{5.26}$$

$$Z_{11}=Z_{22} \tag{5.27}$$

$$T_{11}=T_{22} \tag{5.28}$$

$$T'_{11}=T'_{22} \tag{5.29}$$

$$H_{11}H_{22}-H_{12}H_{21}=1 \tag{5.30}$$

$$G_{11}G_{22}-G_{12}G_{21}=1 \tag{5.31}$$

对于对称二端口元件，只有两个参数是独立的。

【例 5.7】已知二端口元件的阻抗参数矩阵为：

$$\boldsymbol{Z}=\begin{bmatrix}6 & 4\\ 4 & 6\end{bmatrix}$$

试求其导纳参数矩阵和传输参数矩阵。

解：依题意得：

$$\Delta Z=Z_{11}Z_{22}-Z_{12}Z_{21}=36-16=20$$

根据表 5. 1 可得：

$$Y_{11}=\frac{Z_{22}}{\Delta Z}=\frac{6}{20}=0.3\text{，}\quad Y_{12}=\frac{-Z_{12}}{\Delta Z}=-\frac{4}{20}=-0.2$$

$$Y_{21}=\frac{-Z_{21}}{\Delta Z}=-\frac{4}{20}=-0.2\text{，}\quad Y_{22}=\frac{Z_{11}}{\Delta Z}=\frac{6}{20}=0.3$$

$$T_{11}=\frac{Z_{11}}{Z_{21}}=\frac{6}{4}=1.5\text{，}\quad T_{12}=\frac{\Delta Z}{Z_{21}}=\frac{20}{4}=5$$

$$T_{21}=\frac{1}{Z_{21}}=\frac{1}{4}=0.25\text{，}\quad T_{22}=\frac{Z_{22}}{Z_{21}}=\frac{6}{4}=1.5$$

所以

$$\boldsymbol{Y}=\begin{bmatrix}0.3 & -0.2\\ -0.2 & 0.3\end{bmatrix},\quad \boldsymbol{T}=\begin{bmatrix}1.5 & 5\\ 0.25 & 1.5\end{bmatrix}$$

5.3　含二端口元件电路的分析方法

二端口元件的特性方程是对含二端口元件电路进行分析的基础，列方程的基本依据依然是两类约束。另外，当已知二端口元件特性方程时，也可以将复杂二端口元件用其等效电路来等效代替。

5.3.1　二端口元件的等效

1．导纳参数等效

二端口元件的导纳参数方程为：

$$\begin{cases}\dot{I}_1=Y_{11}\dot{U}_1+Y_{12}\dot{U}_2\\ \dot{I}_2=Y_{21}\dot{U}_1+Y_{22}\dot{U}_2\end{cases}$$

仔细观察不难发现，其内部结构复杂的二端口元件可以用含有两个电压控制的电流源的电路来等效，如图 5.13 所示。

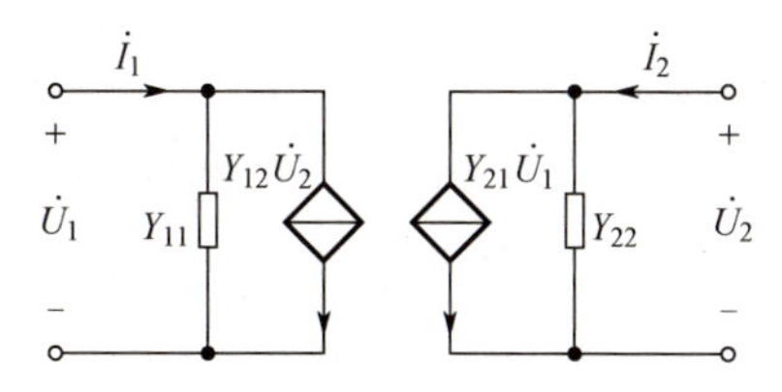

图 5.13　二端口元件导纳参数方程的含受控源的等效电路

将导纳参数方程进行变换可以得到：

$$\begin{cases}\dot{I}_1=Y_{11}\dot{U}_1-(-Y_{12})\dot{U}_2\\ \dot{I}_2=-(-Y_{12})\dot{U}_1+Y_{22}\dot{U}_2+(Y_{21}-Y_{12})\dot{U}_1\end{cases}\tag{5.32}$$

这两个方程可以看成是两个节点的节点电压方程，这两个节点的自电导分别为 Y_{11} 和 Y_{22}，互电导为 $-Y_{12}$。具有上述节点方程的电路结构如图 5.14（a）所示。

这就是二端口元件的∏形等效电路，也就是说，二端口元件可以用由三个导纳元件和一个电压控制电流源组成的二端口元件来等效。当 $Y_{12}=Y_{21}$ 时，二端口元件内部不含受控源，因此可以用图 5.14（b）所示的含有三个导纳的无源∏形电路来等效。

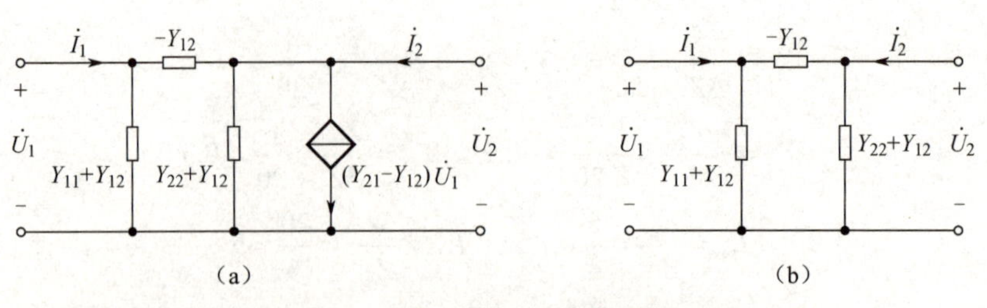

图 5.14　二端口元件的∏形等效电路

【例 5.8】试求图 5.15 所示二端口元件的∏形等效电路。

解：

$$Y_{11}=\frac{\dot{I}_1}{\dot{U}_1}\Big|_{\dot{U}_2=0}=\frac{1}{3}, \quad Y_{12}=\frac{\dot{I}_1}{\dot{U}_2}\Big|_{\dot{U}_1=0}=-\frac{1}{6}$$

$$Y_{21}=\frac{\dot{I}_2}{\dot{U}_1}\Big|_{\dot{U}_2=0}=-\frac{1}{6}, \quad Y_{22}=\frac{\dot{I}_2}{\dot{U}_2}\Big|_{\dot{U}_1=0}=\frac{1}{3}$$

因此该二端口元件的导纳参数矩阵为：

$$\boldsymbol{Y}=\begin{bmatrix}\frac{1}{3} & -\frac{1}{6}\\ -\frac{1}{6} & \frac{1}{3}\end{bmatrix}$$

则其∏形等效电路如图 5.16 所示。

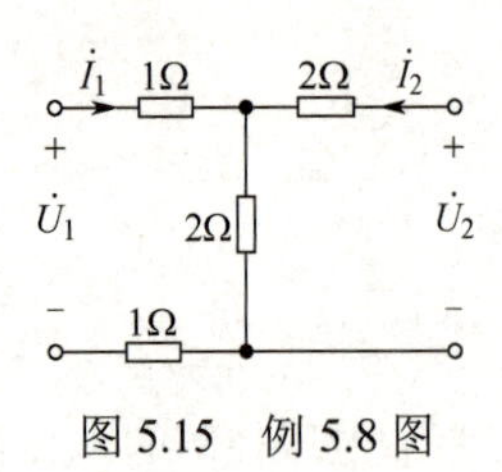

图 5.15　例 5.8 图

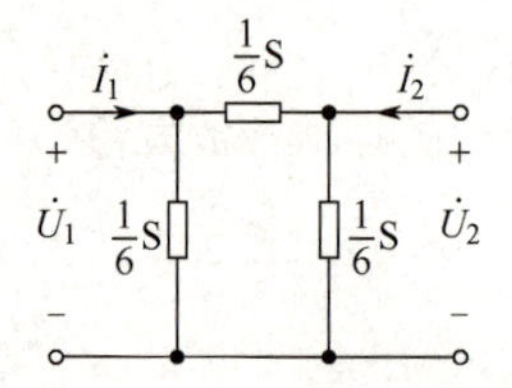

图 5.16　例 5.8 等效电路图

2. 阻抗参数等效

根据二端口元件的阻抗参数方程

$$\begin{cases}\dot{U}_1=Z_{11}\dot{I}_1+Z_{12}\dot{I}_2\\ \dot{U}_2=Z_{21}\dot{I}_1+Z_{22}\dot{I}_2\end{cases}$$

可知，二端口元件可以用含有两个电流控制电压源的电路来等效，如图 5.17 所示。

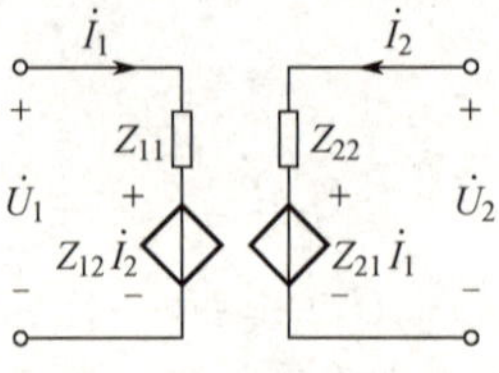

图 5.17　二端口元件阻抗参数方程的含受控源的等效电路

若将阻抗参数方程稍加变换：

$$\dot{U}_1=Z_{11}\dot{I}_1+Z_{12}\dot{I}_2$$

$$\dot{U}_2=Z_{12}\dot{I}_1+Z_{22}\dot{I}_2+(Z_{21}-Z_{12})\dot{I}_1$$

那么这样阻抗参数方程可以看成是以 $\dot{I}_1$ 和 $\dot{I}_2$ 为网孔电流的两个网孔方程，其相应的等效电路如图 5.18（a）所示。

因此，二端口元件可以用三个阻抗元件和一个电流控制电压源组成的二端口元件来等效，这就是二端口元件的 T 形等效电路。当 $Z_{12}=Z_{21}$ 时，二端口元件内部不含受控源，此时原二端口元件就等效为由三个阻抗组成的无源 T 形电路，如图 5.18（b）所示。

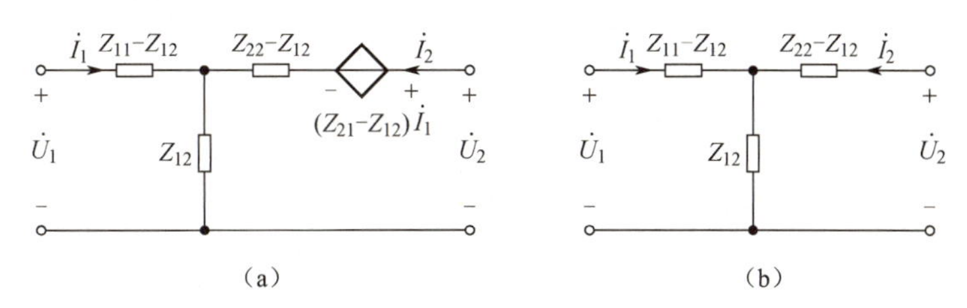

图 5.18　二端口元件的 T 形等效电路

【例 5.9】试求图 5.15 所示二端口元件的 T 形等效电路。

解：该二端口元件的阻抗参数矩阵为：

$$\boldsymbol{Z}=\boldsymbol{Y}^{-1}=\begin{bmatrix}4 & 2\\ 2 & 4\end{bmatrix}$$

因此，其 T 形等效电路如图 5.19 所示。

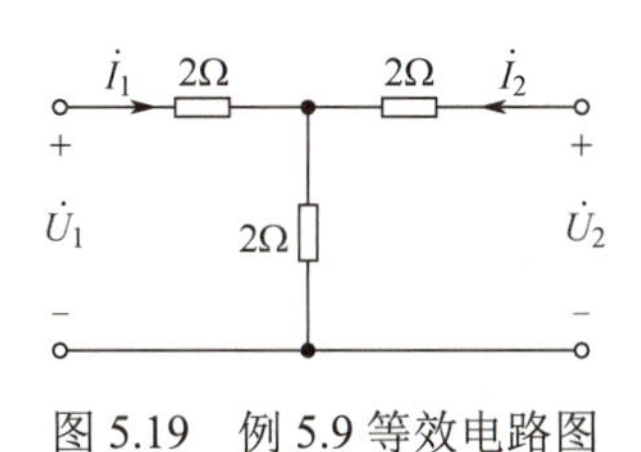

图 5.19　例 5.9 等效电路图

5.3.2　二端口元件的连接

在电路中，两个二端口元件之间的连接方式有级联、串联、并联、串并联等多种。在分析复杂二端口元件时，若是能够将其看成由若干简单二端口元件相互连接组成的，那么将可以大大简化问题的分析；而在进行电路设计时，往往可以将一些简单的二端口元件组合来构成所需要的复杂电路。

1. 级联及其参数关系

将一个二端口元件 N_a 的输出端和另一个二端口元件 N_b 的输入端连接在一起，这样所构成的连接方式称为两个二端口元件的级联，如图 5.20 所示。

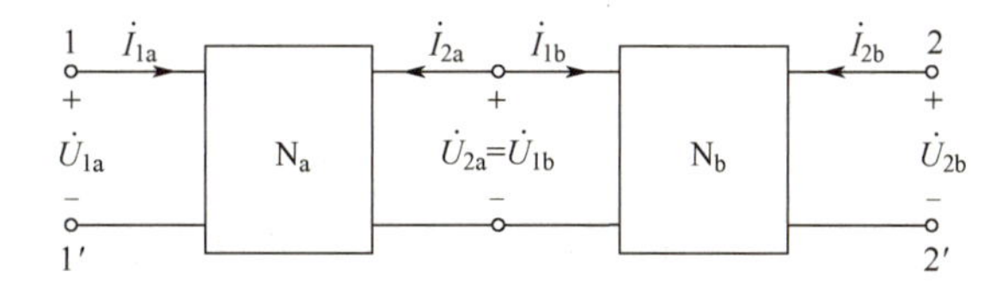

图 5.20　二端口元件的级联

分析两个级联二端口元件的特性方程与原二端口元件的特性方程之间的关系时，采用传输参数方程是最方便的。

对于 N_a，其传输参数方程为：

$$\begin{pmatrix}\dot{U}_{1a}\\ \dot{I}_{1a}\end{pmatrix}=\boldsymbol{T}_a\begin{pmatrix}\dot{U}_{2a}\\ -\dot{I}_{2a}\end{pmatrix}$$

N_b 的传输参数方程为：

$$\begin{pmatrix}\dot{U}_{1b}\\ \dot{I}_{1b}\end{pmatrix}=\boldsymbol{T}_b\begin{pmatrix}\dot{U}_{2b}\\ -\dot{I}_{2b}\end{pmatrix}$$

而

$$\dot{U}_{2a}=\dot{U}_{1b},\dot{I}_{2a}=-\dot{I}_{1b}$$

因此

$$\begin{pmatrix}\dot{U}_{1a}\\ \dot{I}_{1a}\end{pmatrix}=\boldsymbol{T}_a\begin{pmatrix}\dot{U}_{2a}\\ -\dot{I}_{2a}\end{pmatrix}=\boldsymbol{T}_a\begin{pmatrix}\dot{U}_{1b}\\ \dot{I}_{1b}\end{pmatrix}=\boldsymbol{T}_a\boldsymbol{T}_b\begin{pmatrix}\dot{U}_{2b}\\ -\dot{I}_{2b}\end{pmatrix}$$

这就是级联后的二端口元件的传输参数方程。所以级联后的二端口元件的传输参数矩阵为：

$$\boldsymbol{T}=\boldsymbol{T}_a\boldsymbol{T}_b \tag{5.33}$$

【例 5.10】求图 5.21（a）所示二端口元件的传输参数矩阵。

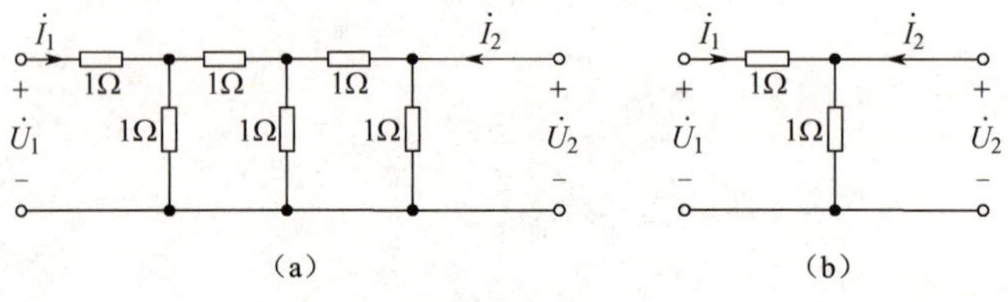

图 5.21　例 5.10 图

解：观察图 5.21（a）所示的二端口元件，能够发现它可以看成三个结构，如图 5.21（b）所示二端口元件的级联。假设图 5.21（b）所示二端口元件的传输参数矩阵为 $\boldsymbol{T}_1$，则根据级联二端口元件传输参数间的关系可知其矩阵为：

$$\boldsymbol{T}=\boldsymbol{T}_1^3$$

而对于图 5.21（b）所示二端口元件，根据电路的 KCL 和 KVL 关系可得：

$$\dot{I}_1=\frac{\dot{U}_2}{1}-\dot{I}_2=\dot{U}_2-\dot{I}_2$$

$$\dot{U}_1=\dot{I}_1\times1+\dot{U}_2=2\dot{U}_2-\dot{I}_2$$

因此

$$\boldsymbol{T}_1=\begin{bmatrix}2&1\\1&1\end{bmatrix}$$

则图 5.21（a）所示的二端口元件的传输参数矩阵为：

$$\boldsymbol{T}=\boldsymbol{T}_1^3=\begin{bmatrix}2&1\\1&1\end{bmatrix}^3=\begin{bmatrix}13&8\\8&5\end{bmatrix}$$

2. 串联及其参数关系

若将两个二端口元件的输入端口和输出端口分别串联，如图 5.22 所示，这种连接方式称为两个二端口元件的串联。

从图 5.22 中可以看出，串联时：

$$\dot{I}_1=\dot{I}_{1a}=\dot{I}_{1b}，\ \dot{I}_2=\dot{I}_{2a}=\dot{I}_{2b}$$

$$\dot{U}_1=\dot{U}_{1a}+\dot{U}_{1b}，\quad \dot{U}_2=\dot{U}_{2a}+\dot{U}_{2b}$$

图 5.22　两个二端口元件的串联

N_a 和 N_b 的阻抗参数方程分别为：

$$\begin{pmatrix}\dot{U}_{1a}\\ \dot{U}_{2a}\end{pmatrix}=\boldsymbol{Z}_a\begin{pmatrix}\dot{I}_{1a}\\ \dot{I}_{2a}\end{pmatrix}$$

$$\begin{pmatrix}\dot{U}_{1b}\\ \dot{U}_{2b}\end{pmatrix}=\boldsymbol{Z}_b\begin{pmatrix}\dot{I}_{1b}\\ \dot{I}_{2b}\end{pmatrix}$$

串联后

$$\begin{pmatrix}\dot{U}_1\\ \dot{U}_2\end{pmatrix}=\begin{pmatrix}\dot{U}_{1a}\\ \dot{U}_{2a}\end{pmatrix}+\begin{pmatrix}\dot{U}_{1b}\\ \dot{U}_{2b}\end{pmatrix}=\boldsymbol{Z}_a\begin{pmatrix}\dot{I}_{1a}\\ \dot{I}_{2a}\end{pmatrix}+\boldsymbol{Z}_b\begin{pmatrix}\dot{I}_{1b}\\ \dot{I}_{2b}\end{pmatrix}=(\boldsymbol{Z}_a+\boldsymbol{Z}_b)\begin{pmatrix}\dot{I}_1\\ \dot{I}_2\end{pmatrix}$$

所以串联后二端口元件的阻抗参数等于原二端口元件的阻抗参数之和，即

$$\boldsymbol{Z}=\boldsymbol{Z}_a+\boldsymbol{Z}_b \tag{5.34}$$

【例 5.11】试求如图 5.23 所示二端口元件的阻抗参数矩阵。

解　该二端口元件可以看成是图 5.24（a）、（b）所示两个二端口元件的串联。

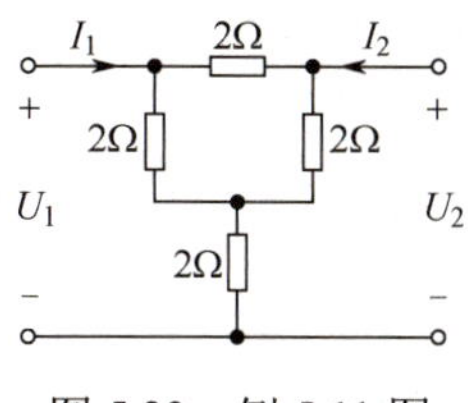

图 5.23　例 5.11 图

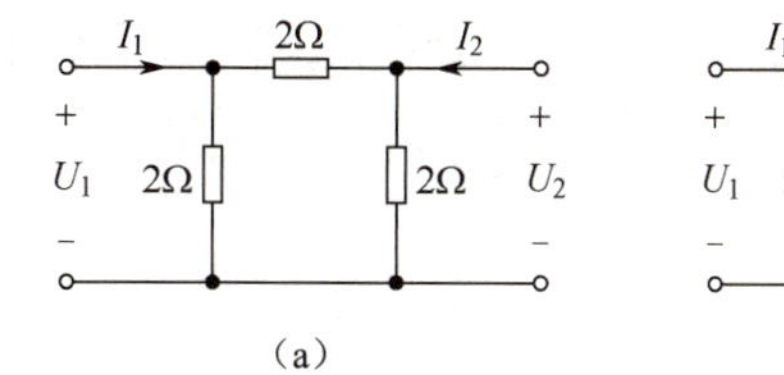

图 5.24　例 5.11 电路可分解成两个二端口元件

对图 5.24（a）所示的二端口元件，可求得其阻抗参数为：

$$Z_{11a}=\frac{4}{3}，\quad Z_{12a}=\frac{2}{3}，\quad Z_{21a}=\frac{2}{3}，\quad Z_{22a}=\frac{4}{3}$$

对图 5.24（b）所示的二端口元件，可求得其阻抗参数为：

$$Z_{11b}=2，\quad Z_{12b}=2，\quad Z_{21b}=2，\quad Z_{22b}=2$$

则图 5.23 所示二端口元件的阻抗参数矩阵为：

$$\boldsymbol{Z}=\boldsymbol{Z}_a+\boldsymbol{Z}_b=\begin{bmatrix}\frac{4}{3} & \frac{2}{3}\\ \frac{2}{3} & \frac{4}{3}\end{bmatrix}+\begin{bmatrix}2 & 2\\ 2 & 2\end{bmatrix}=\begin{bmatrix}\frac{10}{3} & \frac{8}{3}\\ \frac{8}{3} & \frac{10}{3}\end{bmatrix}$$

3. 并联及其参数关系

若将两个二端口元件的输入端口和输出端口分别并联，如图 5.25 所示，这种连接方式称为两个二端口元件的并联。

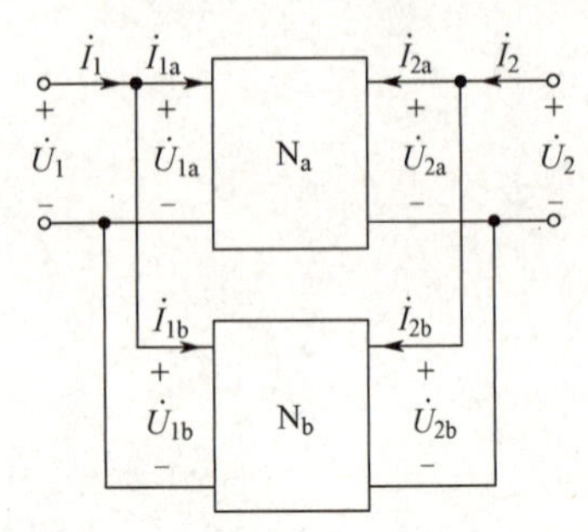

图 5.25　两个二端口元件的并联

并联时各端口电压和电流间的关系为：

$$\dot{U}_1=\dot{U}_{1a}=\dot{U}_{1b}\text{，}\quad \dot{U}_2=\dot{U}_{2a}=\dot{U}_{2b}$$

$$\dot{I}_1=\dot{I}_{1a}+\dot{I}_{1b}\text{，}\quad \dot{I}_2=\dot{I}_{2a}+\dot{I}_{2b}$$

$\mathrm{N_a}$ 和 $\mathrm{N_b}$ 的导纳参数方程分别为：

$$\begin{pmatrix}\dot{I}_{1a}\\ \dot{I}_{2a}\end{pmatrix}=\boldsymbol{Y}_a\begin{pmatrix}\dot{U}_{1a}\\ \dot{U}_{2a}\end{pmatrix}$$

$$\begin{pmatrix}\dot{I}_{1b}\\ \dot{I}_{2b}\end{pmatrix}=\boldsymbol{Y}_b\begin{pmatrix}\dot{U}_{1b}\\ \dot{U}_{2b}\end{pmatrix}$$

并联后

$$\begin{pmatrix}\dot{I}_1\\ \dot{I}_2\end{pmatrix}=\begin{pmatrix}\dot{I}_{1a}\\ \dot{I}_{2a}\end{pmatrix}+\begin{pmatrix}\dot{I}_{1b}\\ \dot{I}_{2b}\end{pmatrix}=\boldsymbol{Y}_a\begin{pmatrix}\dot{U}_{1a}\\ \dot{U}_{2a}\end{pmatrix}+\boldsymbol{Y}_b\begin{pmatrix}\dot{U}_{1b}\\ \dot{U}_{2b}\end{pmatrix}=(\boldsymbol{Y}_a+\boldsymbol{Y}_b)\begin{pmatrix}\dot{U}_1\\ \dot{U}_2\end{pmatrix}$$

所以并联后二端口元件的导纳参数等于原二端口元件的导纳参数之和，即

$$\boldsymbol{Y}=\boldsymbol{Y}_a+\boldsymbol{Y}_b \tag{5.35}$$

【例 5.12】试求图 5.23 所示二端口元件的导纳参数矩阵。

解：图 5.23 所示二端口元件可以看成是图 5.26（a）、（b）所示两个二端口元件的并联。

（a）　　（b）

图 5.26　图 5.23 电路可分解成两个二端口电路

对图 5.26（a）所示二端口元件，可求得其导纳参数为：

$$Y_{11a}=\frac{1}{2}\text{，}\quad Y_{12a}=-\frac{1}{2}\text{，}\quad Y_{21a}=-\frac{1}{2}\text{，}\quad Y_{22a}=\frac{1}{2}$$

对图 5.26（b）所示二端口元件，可求得其导纳参数为：

$$Y_{11b}=\frac{1}{3}\text{，}\quad Y_{12b}=-\frac{1}{6}\text{，}\quad Y_{21b}=-\frac{1}{6}\text{，}\quad Y_{22b}=\frac{1}{3}$$

图 5.23 所示二端口元件的导纳参数矩阵为：

$$\boldsymbol{Y}=\boldsymbol{Y}_a+\boldsymbol{Y}_b=\begin{bmatrix}\frac{1}{2} & -\frac{1}{2}\\ -\frac{1}{2} & \frac{1}{2}\end{bmatrix}+\begin{bmatrix}\frac{1}{3} & -\frac{1}{6}\\ -\frac{1}{6} & \frac{1}{3}\end{bmatrix}=\begin{bmatrix}\frac{5}{6} & -\frac{2}{3}\\ -\frac{2}{3} & \frac{5}{6}\end{bmatrix}$$

4. 连接的有效性

两个二端口元件在进行连接时，每个二端口元件的端口电流关系都不能被破坏，也就是说，每个端口上流入一个端子的电流等于流出另一个端子的电流，这就是二端口元件连接的有效性条件。二端口元件在进行串联、并联、串并联、并串联时，只有在满足有效性条件的情况下，前面得出的连接后电路的参数矩阵与子电路参数矩阵之间的关系才成立，但是级联总是满足有效性条件的。例如，图 5.27（a）、（b）所示的两个二端口元件，经过串联可以得到图 5.27（c）所示的二端口元件。而图 5.27（c）中的二端口元件可以简化为图 5.27（d）的形式。图 5.27（a）中二端口元件的阻抗参数矩阵为：

$$\boldsymbol{Z}_{\mathrm{a}}=\begin{bmatrix}3 & 1\\1 & 1\end{bmatrix}$$

图 5.27（b）中二端口元件的阻抗参数矩阵为：

$$\boldsymbol{Z}_{\mathrm{b}}=\begin{bmatrix}2 & 1\\1 & 2\end{bmatrix}$$

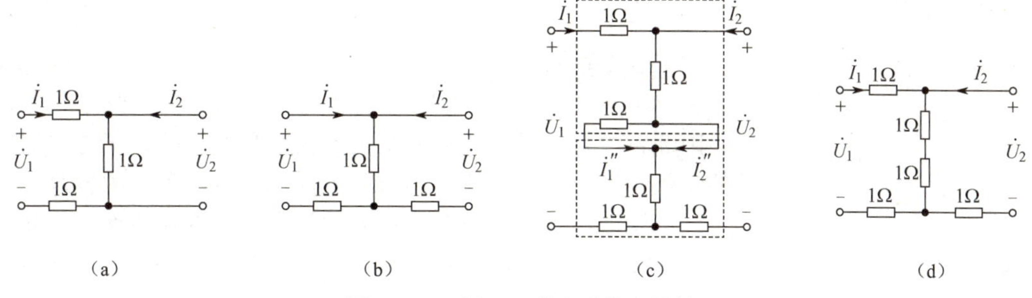

图 5.27　二端口元件串联的有效性

图 5.27（d）中二端口元件的阻抗参数矩阵为：

$$\boldsymbol{Z}_{\mathrm{d}}=\begin{bmatrix}4 & 2\\2 & 3\end{bmatrix}$$

由此可以看出：

$$\boldsymbol{Z}_{\mathrm{d}}\neq\boldsymbol{Z}_{\mathrm{a}}+\boldsymbol{Z}_{\mathrm{b}}$$

要找到造成这种结果的原因，可以通过图 5.27（c）进行分析。在该电路中，连接后中间支路上的电阻被短路，因此：

$$\dot{I}_1''=0\text{，}\quad \dot{I}_2''=\dot{I}_1+\dot{I}_2$$

两个端口上的电流约束关系均被破坏了，所以造成了连接的失效。

在实际应用中，对于已发现的失效连接，可以通过采用合适的方法使其变成有效连接，如变压器隔离等。

5.3.3　具有端接的二端口元件的分析

前面只研究了二端口元件自身的特性，而没有考虑其外电路。在实际应用中，二端口元件还要与外电路相连，如图 5.28 所示，二端口元件的输入端接到电源上（也可以是线性有源单口网络），输出端接上大小为 Z_{L} 的阻抗。对此电路进行分析，需要考虑二端口元件的接入对电源输出电压的影响以及负载上获得的电压、电流或者功率等问题。

1. 输入阻抗

在二端口元件的输出端口接上一个负载 Z_{L} 时，输入端口上的电压与电流的比值称为此二端口元件的输入阻抗，用 Z_{i} 来表示，如图 5.29 所示。

$$Z_{\mathrm{i}}=\frac{\dot{U}_1}{\dot{I}_1}\tag{5.36}$$

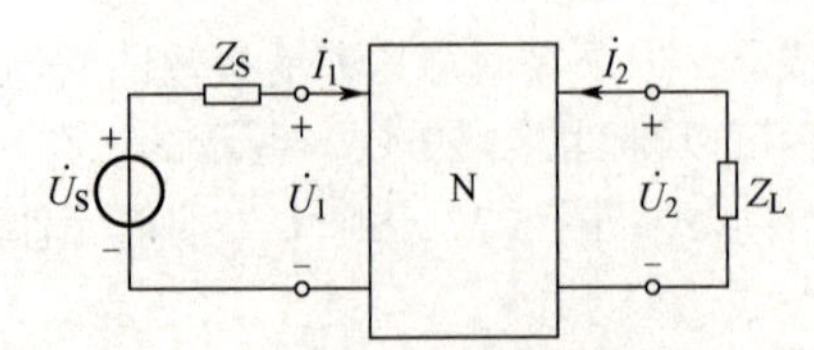

图 5.28 二端口元件外接电源和负载

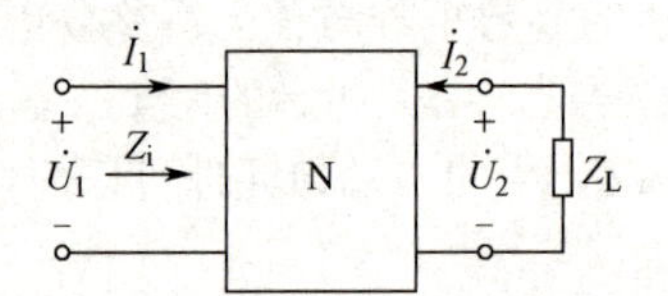

图 5.29 二端口元件的输入阻抗

根据二端口元件的传输特性方程可得：

$$Z_{\mathrm{i}}=\frac{\dot{U}_1}{\dot{I}_1}=\frac{T_{11}\dot{U}_2-T_{12}\dot{I}_2}{T_{21}\dot{U}_2-T_{22}\dot{I}_2} \tag{5.37}$$

将 $\dot{U}_2=-\dot{I}_2Z_{\mathrm{L}}$ 代入式（5.37）可得：

$$Z_{\mathrm{i}}=\frac{\dot{U}_1}{\dot{I}_1}=\frac{T_{11}Z_{\mathrm{L}}+T_{12}}{T_{21}Z_{\mathrm{L}}+T_{22}} \tag{5.38}$$

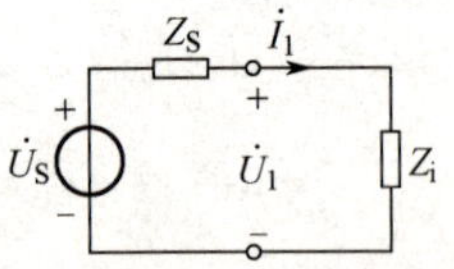

因此，二端口元件的输入阻抗不仅与负载有关，还与二端口元件的特性参数有关，在相同的负载下，通过设计不同的参数可以得到不同的输入阻抗，所以二端口元件具有阻抗变换的作用。此时，图 5.28 的电路可以等效为图 5.30 所示的形式，电源的输出电压为：

$$\dot{U}_1=\frac{Z_{\mathrm{i}}}{Z_{\mathrm{i}}+Z_{\mathrm{S}}}\dot{U}_{\mathrm{S}} \tag{5.39}$$

图 5.30 图 5.28 等效电路

因此，二端口元件的输入电阻对电源的输出电压有明显的影响，为了得到较高的输出电压，$|Z_{\mathrm{i}}|$ 应该越大越好。

在图 5.28 中，输入端口上的电压与电流的比值称为输入导纳，用 Y_{in} 来表示：

$$Y_{\mathrm{in}}=\frac{\dot{I}_1}{\dot{U}_1}=\frac{1}{Z_{\mathrm{in}}} \tag{5.40}$$

【例 5.13】如图 5.31 所示电路，已知二端口元件的传输参数矩阵为：

$$\boldsymbol{T}=\begin{bmatrix}3 & -1\\ 4 & 2\end{bmatrix}$$

求其输入阻抗。

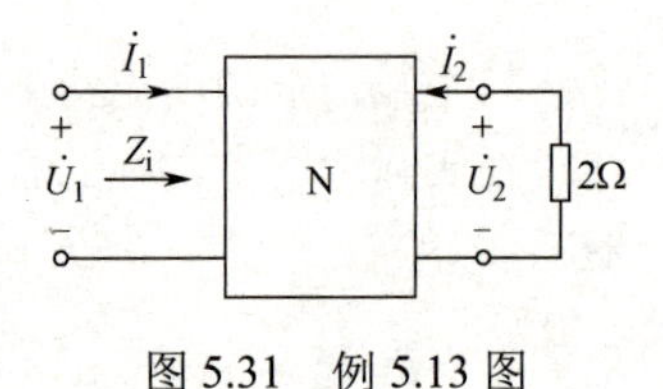

图 5.31 例 5.13 图

解：该二端口元件的传输参数方程为：

$$\begin{cases}\dot{U}_1=3\dot{U}_2+\dot{I}_2\\ \dot{I}_1=4\dot{U}_2-2\dot{I}_2\end{cases}$$

根据电路图可得：

$$\dot{U}_2=-2\dot{I}_2$$

将上式代入传输参数方程可得：

$$\frac{\dot{U}_1}{\dot{I}_1}=\frac{3\dot{U}_2+\dot{I}_2}{4\dot{U}_2-2\dot{I}_2}=\frac{-6\dot{I}_2+\dot{I}_2}{-8\dot{I}_2-2\dot{I}_2}=0.5\Omega$$

因此该电路的输入阻抗为：

$$Z_{\mathrm{i}}=0.5\Omega$$

2．输出阻抗

在图 5.28 中，从输出端口看进去的电路就是一个线性有源单口网络，可以用其戴维南等效电路或诺顿等效电路来等效代替，其戴维南等效电路如图 5.32 所示。

若已知二端口元件的传输特性方程，则当 $\dot{I}_2 = 0$ 时有：

$$\begin{cases} \dot{U}_1 = T_{11}\dot{U}_2 \\ \dot{I}_1 = T_{21}\dot{U}_2 \end{cases} \tag{5.41}$$

而在输入端口有：

$$\dot{U}_1 = \dot{U}_S - Z_S\dot{I}_1 \tag{5.42}$$

因此，开路电压可求得为：

$$\dot{U}_{oc} = \dot{U}_2 = \frac{T_{11}}{T_{21}Z_S + T_{11}}\dot{U}_S \tag{5.43}$$

另外，令 $\dot{U}_S = 0$，此时输出端的等效电路如图 5.33 所示，因此戴维南等效电阻可表示为：

$$Z_o = \frac{\dot{U}_2}{\dot{I}_2} \tag{5.44}$$

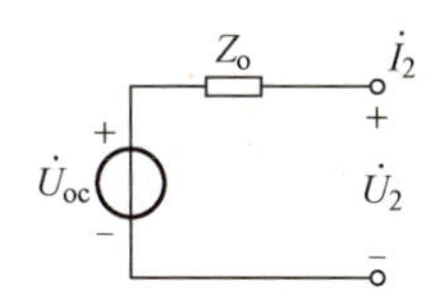

图 5.32　图 5.28 电路输出端口的戴维南等效电路

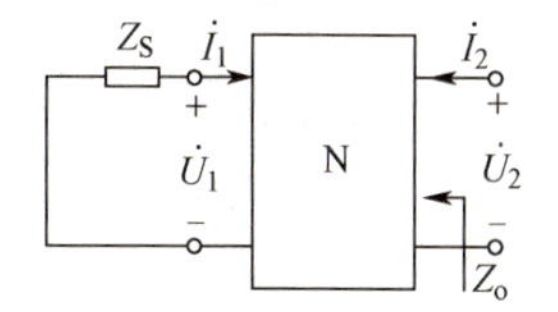

图 5.33　$\dot{U}_S = 0$ 时从输出端看进去的等效电路

而

$$\begin{cases} \dot{U}_1 = T_{11}\dot{U}_2 - T_{12}\dot{I}_2 \\ \dot{I}_1 = T_{21}\dot{U}_2 - T_{22}\dot{I}_2 \\ \dot{U}_1 = -\dot{I}_1 Z_S \end{cases} \tag{5.45}$$

将式（5.45）代入式（5.44）即可求得：

$$Z_o = \frac{T_{22}Z_S + T_{12}}{T_{21}Z_S + T_{11}} \tag{5.46}$$

Z_o 称为此二端口元件的输出阻抗。

求出输出端口的戴维南等效电路后，若在输出端口接上负载 Z_L，则负载电压为：

$$\dot{U}_L = \frac{Z_L}{Z_L + Z_o}\dot{U}_{oc}$$

因此，输出电压的大小受输出阻抗的影响，为减小输出阻抗对负载电压的影响，Z_o 应该越小越好。

3. 特性阻抗与传输系数

通过前面的分析可知，二端口元件的输入阻抗受负载阻抗的影响，输出阻抗受电源内阻抗的影响。当电源内阻抗和负载阻抗均可变时，如果要求二端口元件的输入阻抗等于电源内阻抗、输出阻抗等于负载阻抗，那么就需要同时选择合适的负载和电源内阻抗，而满足上述要求的二端口元件就称为匹配二端口元件，如图 5.34 所示。

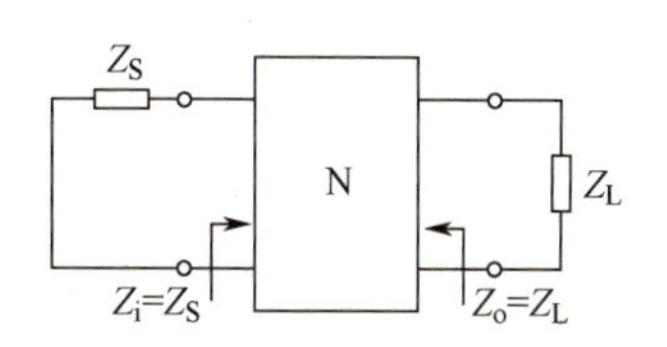

图 5.34　匹配二端口元件

由输入阻抗和输出阻抗的表达式可知，匹配时

$$\begin{cases} Z_i = \dfrac{T_{11}Z_L + T_{12}}{T_{21}Z_L + T_{22}} = Z_S \\ Z_o = \dfrac{T_{22}Z_S + T_{12}}{T_{21}Z_S + T_{11}} = Z_L \end{cases} \tag{5.47}$$

因此，电源内阻抗和负载阻抗的值分别为：

$$Z_S = \sqrt{\frac{T_{11}T_{12}}{T_{21}T_{22}}}, \quad Z_L = \sqrt{\frac{T_{12}T_{22}}{T_{11}T_{21}}} \tag{5.48}$$

这两个阻抗称为二端口元件输入端口和输出端口的特性阻抗，分别用 Z_{c1} 和 Z_{c2} 来表示，即

$$Z_{c1} = \sqrt{\frac{T_{11}T_{12}}{T_{21}T_{22}}}, \quad Z_{c2} = \sqrt{\frac{T_{12}T_{22}}{T_{11}T_{21}}} \tag{5.49}$$

因此，在图 5.34 中，当 $Z_S = Z_{c1}$、$Z_L = Z_{c2}$ 时，$Z_i = Z_S$、$Z_o = Z_L$。

若电源内阻抗与负载阻抗不是同时可变的，那么此时就无法实现两个端口同时匹配连接，但还是可以实现输入端口或输出端口单独匹配连接的。例如，若负载阻抗可变，那么可以通过选择负载阻抗使得：

$$Z_i = \frac{T_{11}Z_L + T_{12}}{T_{21}Z_L + T_{22}} = Z_S \tag{5.50}$$

则此时输入端口是匹配的，但通常情况下输出端口并不匹配，即 $Z_o \neq Z_L$。

对于对称二端口元件有 T_{11}=T_{22}，代入式（5.49）中可以求得对称二端口元件的特性阻抗为：

$$Z_c = Z_{c1} = Z_{c2} = \sqrt{\frac{T_{12}}{T_{21}}}$$

若在对称二端口元件的输出端口接上大小为 Z_c 的阻抗，如图 5.35 所示，则根据其传输特性方程：

$$\begin{cases} \dot{U}_1 = T_{11}\dot{U}_2 - T_{12}\dot{I}_2 \\ \dot{I}_1 = T_{21}\dot{U}_2 - T_{22}\dot{I}_2 \end{cases}$$

对负载端有：$\dot{U}_2 = -Z_c\dot{I}_2$

将上式代入传输参数方程可得：$\begin{cases} \dot{U}_1 = T_{11}\dot{U}_2 + T_{12}\dfrac{\dot{U}_2}{Z_c} \\ \dot{I}_1 = -T_{21}Z_c\dot{I}_2 - T_{22}\dot{I}_2 \end{cases}$

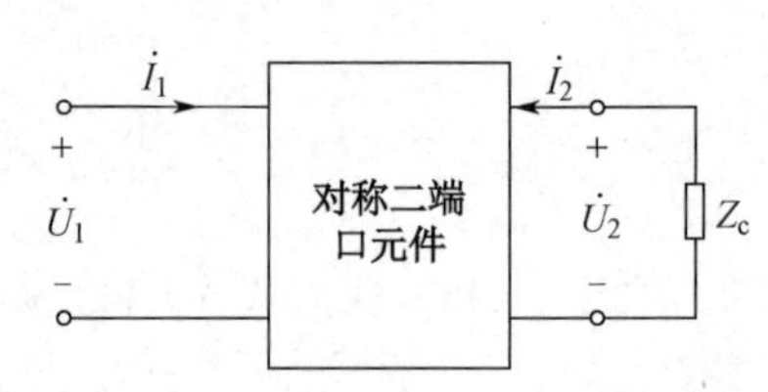

图 5.35 对称二端口元件的输入阻抗

因此

$$\begin{cases} \dot{U}_1 = T_{11}\dot{U}_2 + T_{12}\dfrac{\dot{U}_2}{Z_c} \\ \dot{I}_1 = -T_{21}Z_c\dot{I}_2 - T_{22}\dot{I}_2 \end{cases} \tag{5.51}$$

该比值是一个复数，用 e^{Γ} 来表示：

$$e^{\Gamma} = e^{\alpha + j\beta}$$

其中

$$e^{\alpha} = \frac{U_1}{U_2} = \frac{I_1}{I_2} \tag{5.52}$$

表示输入电压（或电流）与输出电压（或电流）有效值的比值，称为二端口元件的衰减常数：

$$\beta = \varphi_{u1} - \varphi_{u2} = \varphi_{i1} - \varphi_{i2} \tag{5.53}$$

该式表示输入电压（或电流）和输出电压（或电流）的相位差，其中 φ_{i2} 代表 $-\dot{I}_2$ 的相位角。复常数 $\Gamma = \alpha + j\beta$ 称为二端口元件的传输系数，它代表了对称二端口元件接入特性阻抗时其输入电压（或电流）和输出电压（或电流）的幅值和相位之间的关系。

二端口元件的特性阻抗只与电路的结构和参数有关，与外电路无关。

【例 5.14】试求图 5.36 所示二端口元件的特性阻抗。

解：该二端口元件的传输参数为：

$$T_{11}=1.3\text{，}\quad T_{12}=1\text{，}\quad T_{21}=1\text{，}\quad T_{22}=1.5$$

因此，其特性阻抗为：

$$Z_{c1}=\sqrt{\frac{T_{11}T_{12}}{T_{21}T_{22}}}\approx 0.9\Omega$$

$$Z_{c2}=\sqrt{\frac{T_{12}T_{22}}{T_{11}T_{21}}}\approx 1.1\Omega$$

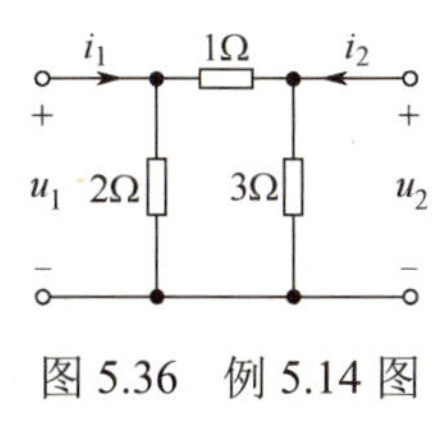

图 5.36　例 5.14 图

5.4　互感元件及其电路分析

互感元件是一种典型的二端口元件，它利用线圈间的磁场耦合作用来传输能量、传递信号。本节将介绍互感元件的基本特性及电路分析方法。

5.4.1 互感元件的基本特性

1．互感现象

当一个线圈中通过的电流发生变化（增加、减小、反向等）时，线圈周围的磁场也将随之发生变化，这时如果有另一个线圈靠近它，那么该线圈中的电流所产生的磁场的磁力线将有一部分通过另一个线圈，电流的变化将使另一个线圈中的磁通发生变化，这种载流线圈之间通过彼此的磁场相互联系的现象称为互感现象，也叫作磁耦合。具有耦合作用的两个线圈称为互感元件，或称为耦合电感。两个有耦合作用的电感可以看作是一个具有 4 个端子的二端口元件。如果多个线圈间存在耦合作用，那么它们所组成的就是多端口互感元件。本节讨论的是由两个线圈组成的互感元件。

如图 5.37 所示，两个电感为 L_1 和 L_2 的线圈同绕在一根铁芯上，其匝数分别为 N_1 和 N_2，如果在 L_1 中通以电流 i_1，那么在 L_1 的周围将会产生磁场，根据右手螺旋定则可确定该磁场的方向。设 i_1 所产生的磁通量为 Φ_{11}，该部分磁通在穿越线圈自身时所产生的磁通链称为自感磁通链，用 ψ_{11} 表示。Φ_{11} 中的一部分将与 L_2 交链，该部分磁通称为 L_1 对 L_2 的互感磁通 Φ_{21}，它与 L_2 交链形成的磁链称为互感磁通链，用 ψ_{21} 表示，它等于 Φ_{21} 与 N_2 的乘积：

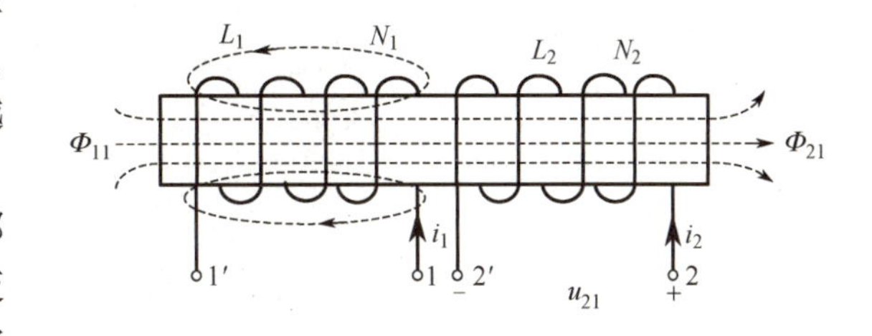

图 5.37　两个线圈的互感

$$\psi_{21}=N_2\Phi_{21}$$

ψ_{21} 与 i_1 的比值定义为 L_1 对 L_2 的互感，记为 M_{21}，即

$$M_{21}=\frac{\psi_{21}}{i_1}$$

同样，L_2 中的电流 i_2 也将产生自感磁通链 ψ_{22} 和互感磁通链 ψ_{12}，　L_2 对 L_1 的互感大小为：

$$M_{12}=\frac{\psi_{12}}{i_2}=\frac{N_1\Phi_{12}}{i_2}$$

当两个线圈周围的磁介质的磁导率为常数时可以证明：

$$M_{12}=M_{21}=M$$

这里 M 为一个常数，称为两个线圈之间的互感。互感的单位与自感相同，也是亨利（H）。

为了定量描述两个耦合线圈的磁耦合紧密程度，把两线圈的互感磁通链与自感磁通链的比值的几何平均值定义为两互感线圈的耦合系数，用k来表示，即

$$k=\sqrt{\frac{\psi_{12}}{\psi_{11}}\cdot\frac{\psi_{21}}{\psi_{22}}}$$

由于$\psi_{11}=L_1i_1$，$\psi_{12}=Mi_2$，$\psi_{22}=L_2i_2$，$\psi_{21}=Mi_1$，代入上式可得：

$$k=\frac{M}{\sqrt{L_1L_2}} \tag{5.54}$$

耦合系数k是用来表征两个线圈间磁耦合程度的量，可以证明，其取值范围为$0\leqslant k\leqslant 1$。当$k<0.5$时称两个线圈是松散耦合的，当$k>0.5$时则称两个线圈是紧耦合的。当$k=1$时表示一个线圈产生的磁通完全与另一个线圈交链，此时两个线圈是完全耦合的，简称全耦合。

k的大小与两个线圈的结构、相互位置以及周围磁介质有关，改变或调整它们的相互位置有可能改变耦合系数的大小。

【例 5.15】两个耦合线圈的耦合系数为 0.8，已知$L_1=4\mu\text{H}$，$L_2=9\mu\text{H}$，则两个线圈的互感为多少？

解：

$$M=k\sqrt{L_1L_2}=0.8\times\sqrt{4\times10^{-6}\times9\times10^{-6}}\text{H}=4.8\mu\text{H}$$

2．互感线圈的同名端

具有互感作用的两个线圈中每个线圈的磁通链都等于自感磁通链和互感磁通链的代数和，即

$$\psi_1=\psi_{11}\pm\psi_{12}$$
$$\psi_2=\pm\psi_{21}+\psi_{22}$$

当自感磁通链的方向和互感磁通链的方向相同时，说明互感对自感起增强作用，互感磁通链前面取正号，反之则说明互感对自感起削弱作用，互感磁通链前面取负号。互感磁通链的方向不仅与线圈中的电流方向有关，也和线圈的绕向有关。但是，如果要在电路中标出线圈的绕向是很不方便的，所以这里引入同名端来解决这个问题。同名端通常采用符号“•”或“*”来标记，如图 5.38 所示。它所代表的含义是：若两个线圈中的电流都从同名端流入（或流出），则互感对自感起增强作用，反之则起削弱作用。它在电路上的意义是：电流在本线圈上产生的自感电压与在另一个线圈上产生的互感电压的极性互为同极性的两个端。

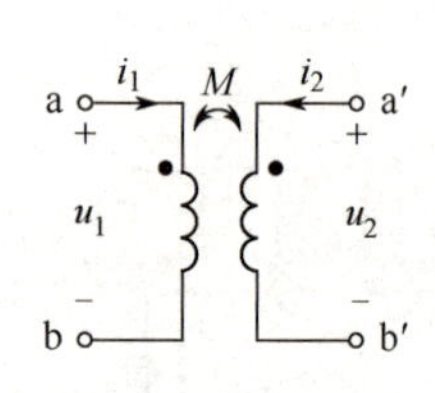

图 5.38 互感线圈的同名端

例如，在图 5.38 中，a 和a′为一对同名端，电流i_1和i_2分别从同名端流入线圈，因此互感磁通链对自感磁通链起增强作用，两个线圈的磁通链可分别表示为：

$$\psi_1=\psi_{11}+\psi_{12}$$
$$\psi_2=\psi_{21}+\psi_{22}$$

两个有耦合的线圈的同名端可以根据它们的绕向和相对位置来判别，也可以通过实验方法来确定。测量互感线圈同名端的电路如图 5.39 所示。图中L_1、L_2为一对耦合线圈的电感，线圈 1 经过一个开关直接接到直流稳压电源上，由于线圈内阻很小，为防止电路中电流过大，在电路中串联一个电阻。在线圈 2 两端串联一块电压表，极性如图 5.39 所示。由电感的动态特性可知，将开关 S 闭合后，流经线圈 1 的电流i_1将由零逐渐增大，直至达到稳态。在开关闭合瞬间，$\dfrac{\mathrm{d}i_1}{\mathrm{d}t}>0$，由于互感的作用，此时在线圈 2 的两端也会产生互感电压，电压表指针将随之发生偏转。如果电压表指针正偏，则表明电压$u_{22'}$的极性与参考极性相同，2 端为高电位端，因此 1 和 2 是一对同名端；反之，如果电压表指针反偏，则表明电压$u_{22'}$的极性与参考极性相反，2′端为高电位端，因此 1 和 2′

为同名端。

需要注意的是，耦合线圈的同名端只取决于线圈的绕向和线圈的相对位置，而与线圈中的电流方向无关。当有两个以上的线圈彼此之间存在耦合时，同名端应当一对一对地加以标记，并且每一个电感中的磁通链将等于自感磁通链与所有互感磁通链的代数和。

【例 5.16】确定图 5.40 所示两个互感线圈的同名端。若 $i_1 = 2\sin t$ ，$i_2 = \cos 2t$ ，试求两线圈的磁通链，已知 $L_1 = 3\text{H}$ ，$L_2 = 5\text{H}$ ，$M = 2\text{H}$ 。

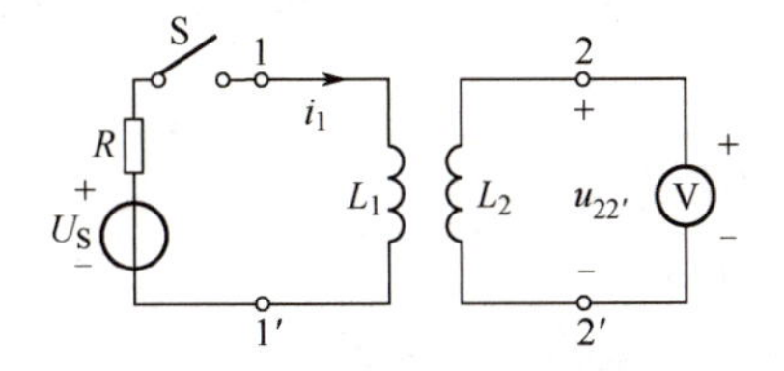

图 5.39　测量互感线圈同名端的电路

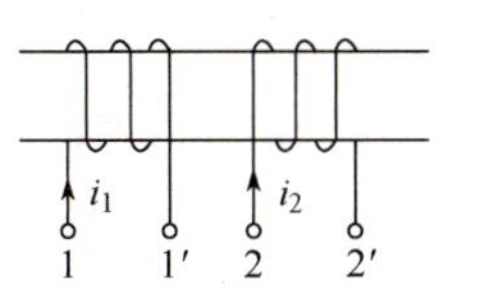

图 5.40　例 5.16 图

解：根据同名端的定义可以判断出 1 和 2′（或 1′和 2）为同名端。由于电流 i_1 和 i_2 是从非同名端流入线圈的，互感起“削弱”作用，各线圈的自感磁通链和互感磁通链分别为：

$$\psi_{11} = L_1 i_1 = 6\sin t\text{Wb}$$
$$\psi_{12} = M i_2 = 2\cos 2t\text{Wb}$$
$$\psi_{22} = L_2 i_2 = 5\cos 2t\text{Wb}$$
$$\psi_{21} = M i_1 = 4\sin t\text{Wb}$$

因此

$$\psi_1 = \psi_{11} - \psi_{12} = (6\sin t - 2\cos 2t)\text{Wb}$$
$$\psi_2 = \psi_{22} - \psi_{21} = (5\cos 2t - 4\sin t)\text{Wb}$$

3．互感元件的电压电流关系

当两线圈中的电流发生变化时，变化的磁通链将在线圈的两端产生感应电压。设电感为 L_1 和 L_2 的线圈的电压和电流分别为 u_1、i_1 和 u_2、i_2 且都取关联参考方向，互感为 M ，则有：

$$\begin{cases} u_1 = \dfrac{\mathrm{d}\psi_1}{\mathrm{d}t} = L_1\dfrac{\mathrm{d}i_1}{\mathrm{d}t} \pm M\dfrac{\mathrm{d}i_2}{\mathrm{d}t} = u_{11} \pm u_{12} \\ u_2 = \dfrac{\mathrm{d}\psi_2}{\mathrm{d}t} = \pm M\dfrac{\mathrm{d}i_1}{\mathrm{d}t} + L_2\dfrac{\mathrm{d}i_2}{\mathrm{d}t} = \pm u_{21} + u_{22} \end{cases} \tag{5.55}$$

式（5.55）表示互感元件的伏安关系，其中 $u_{11} = L_1\dfrac{\mathrm{d}i_1}{\mathrm{d}t}$、$u_{22} = L_2\dfrac{\mathrm{d}i_2}{\mathrm{d}t}$ 称为两线圈的自感电压，$u_{12} = M\dfrac{\mathrm{d}i_2}{\mathrm{d}t}$、$u_{21} = M\dfrac{\mathrm{d}i_1}{\mathrm{d}t}$ 称为互感电压，且 u_{12} 是电流 i_2 在 L_1 中产生的互感电压，u_{21} 是电流 i_1 在 L_2 中产生的互感电压。由此可知，互感元件上的电压是由自感电压和互感电压两部分组成的。

确定两互感线圈的伏安关系的关键是确定式（5.55）中互感电压前面的正负号。例如，图 5.38 中两互感线圈的伏安关系可以表示为：

$$\begin{cases} u_1 = L_1\dfrac{\mathrm{d}i_1}{\mathrm{d}t} + M\dfrac{\mathrm{d}i_2}{\mathrm{d}t} \\ u_2 = M\dfrac{\mathrm{d}i_1}{\mathrm{d}t} + L_2\dfrac{\mathrm{d}i_2}{\mathrm{d}t} \end{cases} \tag{5.56}$$

由此可以得出直接写出互感元件伏安关系的方法为：当线圈的电压与自身电流的参考方向为关联参考方向时，该线圈的自感电压前取“＋”，否则取“－”；当线圈的电压正极性端与在该线圈中产生互感电压的另一线圈的电流流入端为同名端时，该线圈的互感电压前取“＋”，否则取“－”。

【例 5.17】求例 5.16 中两个互感线圈的端电压 u_1 、 u_2 。

解：根据式（5.55）可得：

$$u_1 = L_1 \frac{\mathrm{d}i_1}{\mathrm{d}t} - M\frac{\mathrm{d}i_2}{\mathrm{d}t} = (6\cos t + 4\sin 2t)\mathrm{V}$$

$$u_2 = -M\frac{\mathrm{d}i_1}{\mathrm{d}t} + L_2\frac{\mathrm{d}i_2}{\mathrm{d}t} = (-10\sin 2t - 4\cos t)\mathrm{V}$$

当两个互感线圈中的电流为同频正弦量时，在正弦稳态下，电压、电流方程可用相量形式表示。例如，对图 5.38 所示电路，有：

$$\dot{U}_1 = \mathrm{j}\omega L_1 \dot{I}_1 + \mathrm{j}\omega M \dot{I}_2$$

$$\dot{U}_2 = \mathrm{j}\omega M \dot{I}_1 + \mathrm{j}\omega L_2 \dot{I}_2$$

这就是互感元件的阻抗参数方程，其中 ωM 称为互感抗。根据二端口元件的等效可知，图 5.38 中互感元件的含受控源的电路模型如图 5.41 所示。

在实际中，由于互感元件线圈的电阻不能完全被忽略，考虑到线圈自身的电阻，需要用如图 5.42 所示的电路模型来表示一个实际的互感元件。

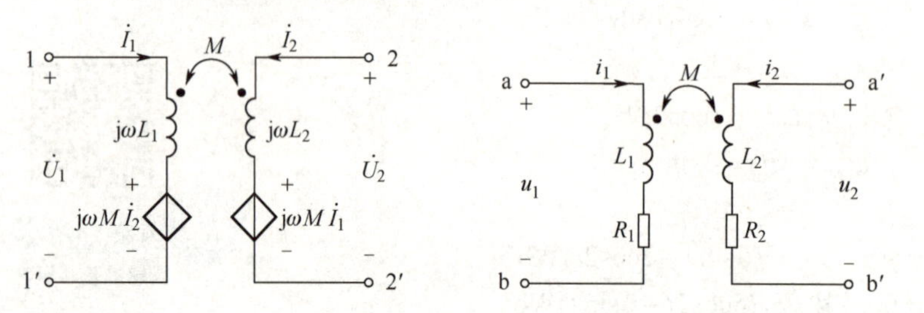

图 5.41 互感元件的含受控源的电路模型　图 5.42 实际互感元件的电路模型

此时其伏安关系可以表示为：

$$\begin{cases} u_1 = L_1\dfrac{\mathrm{d}i_1}{\mathrm{d}t} + M\dfrac{\mathrm{d}i_2}{\mathrm{d}t} + R_1 i_1 \\ u_2 = M\dfrac{\mathrm{d}i_1}{\mathrm{d}t} + L_2\dfrac{\mathrm{d}i_2}{\mathrm{d}t} + R_2 i_2 \end{cases}$$

5.4.2 互感线圈的连接

互感元件的两个线圈在电路中既可以连在一起，也可以不连在一起。当互感元件的两个线圈在电路中连在一起时，其连接方式有串联、并联等不同的方式，每种不同的连接方式都可以用一个无互感的等效电路来等效。

1. 互感线圈的串联

两个有互感的线圈的串联有两种方式：一种是将两线圈的非同名端相连，这种方式称为顺接（或顺串），如图 5.43（a）所示；另一种是将两线圈的同名端相连，这种方式称为反接（或反串），如图 5.44（a）所示。在图 5.43（a）中，电流 i 同时从 L_1 和 L_2 的同名端流入，互感起增强作用，由互感元件的电压电流关系可得：

$$u_1 = L_1\frac{\mathrm{d}i}{\mathrm{d}t} + M\frac{\mathrm{d}i}{\mathrm{d}t} = (L_1 + M)\frac{\mathrm{d}i}{\mathrm{d}t}$$

$$u_2 = L_2\frac{\mathrm{d}i}{\mathrm{d}t} + M\frac{\mathrm{d}i}{\mathrm{d}t} = (L_2 + M)\frac{\mathrm{d}i}{\mathrm{d}t}$$

则该条支路的电压

$$u = u_1 + u_2 = (L_1 + L_2 + 2M)\frac{\mathrm{d}i}{\mathrm{d}t}$$

因此，这条支路可以用一个无互感的支路来等效，如图 5.43（b）所示（也称去耦等效电路），其中：

$$L_{\mathrm{eq}} = L_1 + L_2 + 2M \tag{5.57}$$

由此可知，顺接时的等效电感大于两线圈的自感之和。

在正弦稳态电路中，电压与电流之间的关系也可以用相量形式来表示：

$$\dot{U} = \mathrm{j}\omega(L_1 + L_2 + 2M)\dot{I}$$

则电流 $\dot{I}$ 为：

$$\dot{I} = \frac{\dot{U}}{\mathrm{j}\omega(L_1 + L_2 + 2M)}$$

每一条互感线圈支路的阻抗和电路的输入阻抗分别为：

$$Z_1 = \mathrm{j}\omega(L_1 + M)$$

$$Z_2 = \mathrm{j}\omega(L_2 + M)$$

$$Z = Z_1 + Z_2 = \mathrm{j}\omega(L_1 + L_2 + 2M)$$

在图 5.44（a）中，两线圈是反串的，电流 i 从 L_1 的同名端流入，又从 L_2 的同名端流出，互感起削弱作用，因此有：

$$u_1 = L_1\frac{\mathrm{d}i}{\mathrm{d}t} - M\frac{\mathrm{d}i}{\mathrm{d}t} = (L_1 - M)\frac{\mathrm{d}i}{\mathrm{d}t}$$

$$u_2 = L_2\frac{\mathrm{d}i}{\mathrm{d}t} - M\frac{\mathrm{d}i}{\mathrm{d}t} = (L_2 - M)\frac{\mathrm{d}i}{\mathrm{d}t}$$

和

$$u = u_1 + u_2 = (L_1 + L_2 - 2M)\frac{\mathrm{d}i}{\mathrm{d}t}$$

因此这条支路可以用如图 5.44（b）所示的一个无互感的支路来等效，且等效电感为：

$$L_{\mathrm{eq}} = L_1 + L_2 - 2M \tag{5.58}$$

所以反串时的等效电感小于两线圈的自感之和。

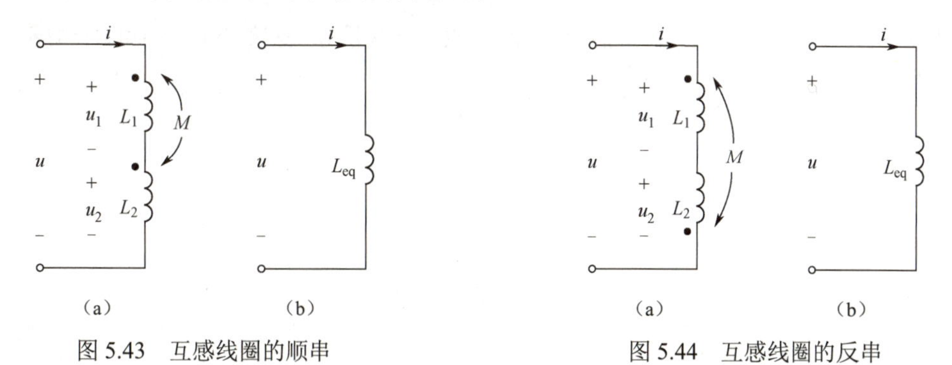

图 5.43　互感线圈的顺串　　图 5.44　互感线圈的反串

在正弦稳态电路中，反串时每一条互感线圈支路的阻抗和电路的输入阻抗分别为：

$$Z_1 = \mathrm{j}\omega(L_1 - M)$$

$$Z_2 = \mathrm{j}\omega(L_2 - M)$$

$$Z = Z_1 + Z_2 = \mathrm{j}\omega(L_1 + L_2 - 2M)$$

2．互感线圈的并联

两个互感线圈并联时也有两种情况：一种是两线圈的同名端连接在同一个节点上，称为同侧并联电路（顺并），如图 5.45（a）所示；另一种是两线圈的非同名端连接在同一节点上，称为异侧并联电路（反并），如图 5.46（a）所示。对同侧并联电路有：

$$i = i_1 + i_2 \tag{5.59}$$

$$u = L_1 \frac{\mathrm{d}i_1}{\mathrm{d}t} + M \frac{\mathrm{d}i_2}{\mathrm{d}t} \tag{5.60}$$

$$u = L_2 \frac{\mathrm{d}i_2}{\mathrm{d}t} + M \frac{\mathrm{d}i_1}{\mathrm{d}t} \tag{5.61}$$

将式（5.59）分别代入式（5.60）和式（5.61）可得：

$$u = M\frac{\mathrm{d}i}{\mathrm{d}t} + (L_1 - M)\frac{\mathrm{d}i_1}{\mathrm{d}t}$$

$$u = M\frac{\mathrm{d}i}{\mathrm{d}t} + (L_2 - M)\frac{\mathrm{d}i_2}{\mathrm{d}t}$$

这样就可以得到如图 5.45（b）所示的无互感的等效电路，其中各等效电感的大小分别为：

$$\begin{cases} L_a = M \\ L_b = L_1 - M \\ L_c = L_2 - M \end{cases}$$

如果在求解时无须知道电流 i_1 和 i_2 的大小，则上述等效电路还可以进一步简化为一个电感，如图 5.45（c）所示。根据电感元件的串并联等效关系可得：

$$L_{eq} = \frac{L_1 L_2 - M^2}{L_1 + L_2 - 2M} \tag{5.62}$$

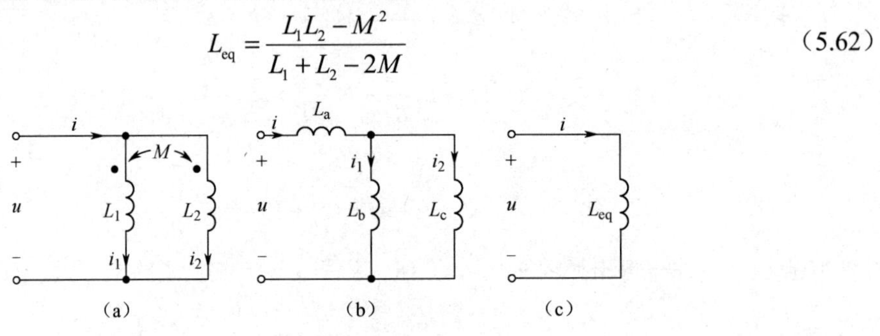

图 5.45　互感线圈的顺并

对于图 5.46（a）所示的反并电路也可以用类似的方法推导出其等效电路中的各电感，不同之处仅在于互感 M 前面的正负号。在图 5.46（b）中：

$$\begin{cases} L_a = -M \\ L_b = L_1 + M \\ L_c = L_2 + M \end{cases}$$

在图 5.46（c）中：

$$L_{eq} = \frac{L_1 L_2 - M^2}{L_1 + L_2 + 2M} \tag{5.63}$$

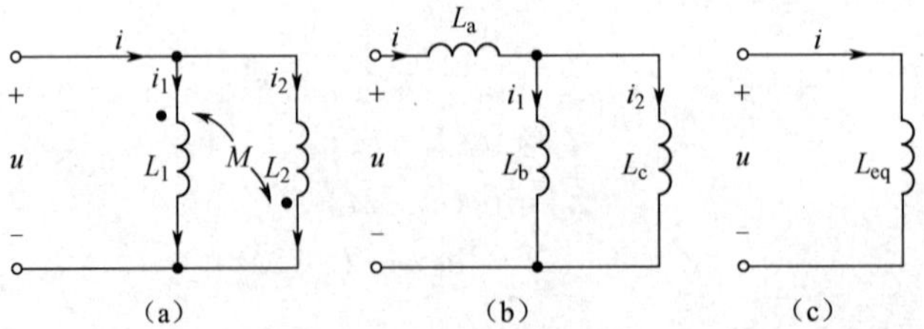

图 5.46　互感线圈的反并

3. 互感线圈的 T 形连接

当互感元件的两个线圈有一个端钮相连即连接后有一个公共端时，其连接方式称为互感线圈的 T 形连接。图 5.47 所示的两个电路都是具有一个公共端的互感线圈的 T 形连接电路，其中图 5.47（a）为同名端相连，图 5.47（b）为非同名端相连。在这两种连接中，去耦法仍然适用，仍可以把含有互感线圈的电路转化为去耦等效电路。

（a）　（b）

图 5.47　互感线圈的 T 形连接

对于 T 形连接的互感线圈，也可以按照与互感线圈并联电路相同的分析方法进行去耦等效变换。例如，对于图 5.47（a）所示的电路，根据 KCL 和 KVL 可以得到：

$$i = i_1 + i_2 \tag{5.64}$$

$$u_1 = L_1 \frac{\mathrm{d}i_1}{\mathrm{d}t} + M \frac{\mathrm{d}i_2}{\mathrm{d}t} \tag{5.65}$$

$$u_2 = L_2 \frac{\mathrm{d}i_2}{\mathrm{d}t} + M \frac{\mathrm{d}i_1}{\mathrm{d}t} \tag{5.66}$$

将式（5.64）分别代入式（5.65）和式（5.66）可得：

$$u_1 = M \frac{\mathrm{d}i}{\mathrm{d}t} + (L_1 - M) \frac{\mathrm{d}i_1}{\mathrm{d}t}$$

$$u_2 = M \frac{\mathrm{d}i}{\mathrm{d}t} + (L_2 - M) \frac{\mathrm{d}i_2}{\mathrm{d}t}$$

由此可以得到如图 5.48（a）所示的去耦等效电路。同理也可以得到当两线圈非同名端相连时的去耦等效电路，如图 5.48（b）所示。可以看到，互感线圈的 T 形连接电路进行去耦等效变换时会在电路中引入新的节点，并且其等效电路参数与互感线圈并联时的去耦等效电路参数相同。

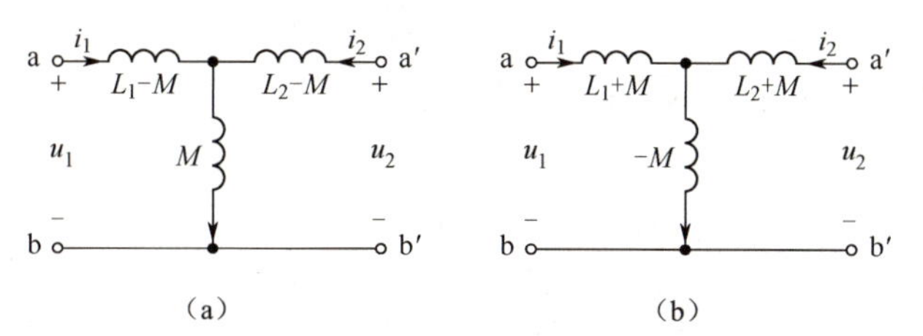

图 5.48　T 形连接的互感线圈的等效电路

应当注意，并不是所有的互感元件电路都有去耦等效电路。

【例 5.18】试求如图 5.49 所示电路中 ab 端的等效电感。

解：原电路的去耦等效电路如图 5.50 所示，则 ab 端的等效电感为：

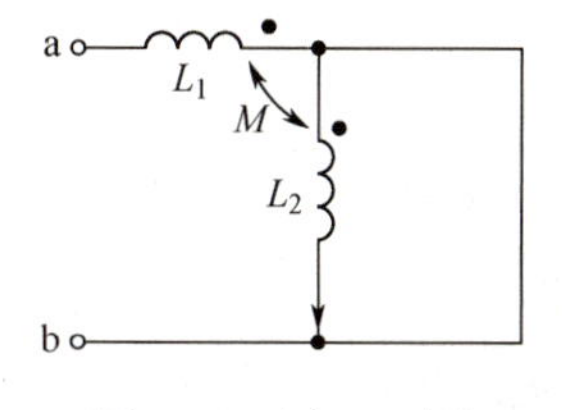

图 5.49　例 5.18 图

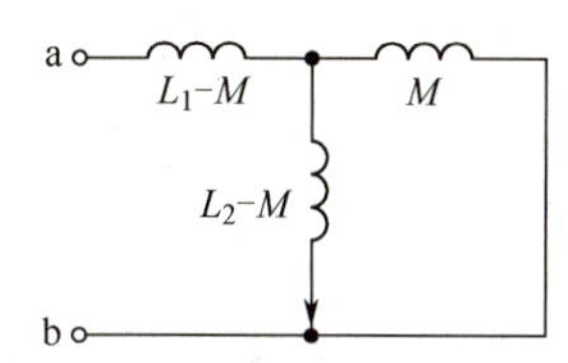

图 5.50　例 5.18 等效电路

$$L = (L_1 - M) + (L_2 - M) // M$$

$$= (L_1 - M) + \frac{M(L_2 - M)}{L_2} = \frac{L_1 L_2 - M^2}{L_2}$$

5.4.3 互感元件电路分析

对含有互感元件电路的分析方法通常有两种：直接计算法和去耦等效法。直接计算法是直接根据两类约束列写电路方程进行求解，去耦等效法则是通过等效变换消除线圈间的耦合作用然后再进行计算。去耦等效法又包括受控源等效分析法、T 形等效分析法等。

1. 直接计算法

对于含有互感元件的电路，可以直接采用前面学过的电路分析方法进行求解，只是在列方程的时候应该特别注意，在计算电压时，每个线圈的电压都由自感电压和互感电压两部分组成。

【例 5.19】试求图 5.51 所示电路中的电流 $\dot{I}$。

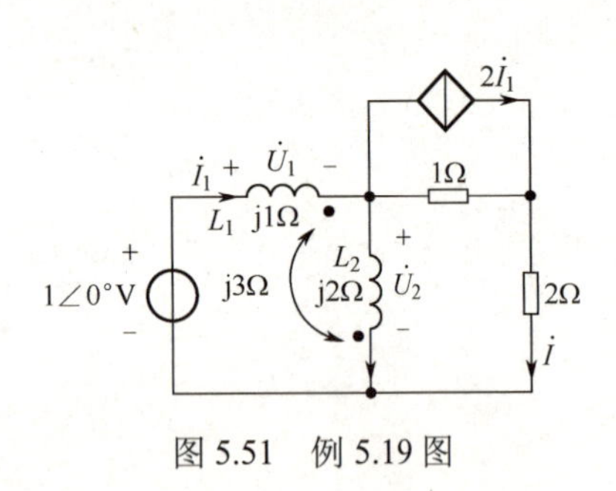

图 5.51 例 5.19 图

解：在含有互感元件的电路中，每个线圈上的电压包括自感电压和互感电压两部分。在关联参考方向的前提下，自感电压总为正，互感电压的正、负取决于引起自感和互感电压的两电流之间的相对流向：当二者均从同名端流入时，互感电压为正；否则为负。

在图 5.51 中，取各电流的方向为参考方向，则 L_1 两端的电压为：

$$\dot{U}_1 = \mathrm{j}1\dot{I}_1 + \mathrm{j}3(\dot{I}_1 - \dot{I})$$

L_2 两端的电压为：

$$\dot{U}_2 = \mathrm{j}2(\dot{I}_1 - \dot{I}) + \mathrm{j}3\dot{I}_1$$

因此，左右两个网孔的 KVL 方程为：

$$\dot{U}_1 + \dot{U}_2 = 1\angle 0^\circ$$

$$3\dot{I} - 2\dot{I}_1 - \dot{U}_2 = 0$$

将互感两端的电压代入网孔电流方程可解得：

$$\dot{I} = 0.3\angle -47^\circ\ \mathrm{A}$$

2. 去耦等效法

含互感元件电路分析的难点在于互感的作用。由于互感元件可以用电流控制电压源来表示互感的作用，因此分析此类电路时就可以用含有受控源的电路模型来对电路进行等效，转化为不含互感的电路后再进行计算。

【例 5.20】试求如图 5.52 所示电路中的电流 $\dot{I}$。

解：将原电路中的互感元件用含有受控源的电路模型来等效代替，如图 5.53 所示。

根据网孔电流法可得左右两个网孔的网孔电流方程为：

$$\begin{cases}(8+\mathrm{j}9+\mathrm{j}6)\dot{I}_1 - \mathrm{j}6\dot{I} - \mathrm{j}4\dot{I}_2 - \mathrm{j}4\dot{I}_1 = 10 \\ (-\mathrm{j}2+\mathrm{j}6)\dot{I} - \mathrm{j}6\dot{I}_1 + \mathrm{j}4\dot{I}_1 = 0\end{cases}$$

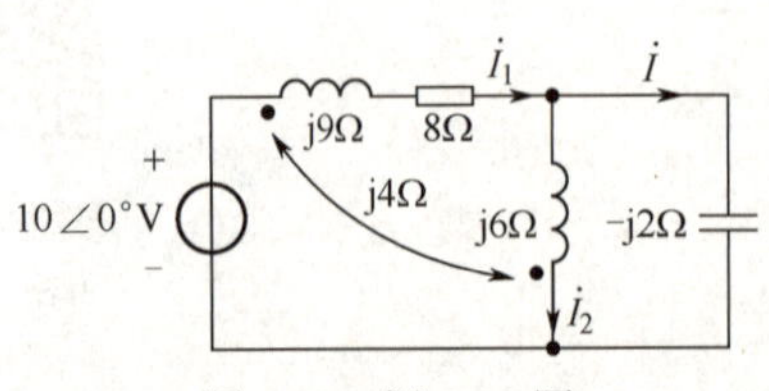

图 5.52 例 5.20 图

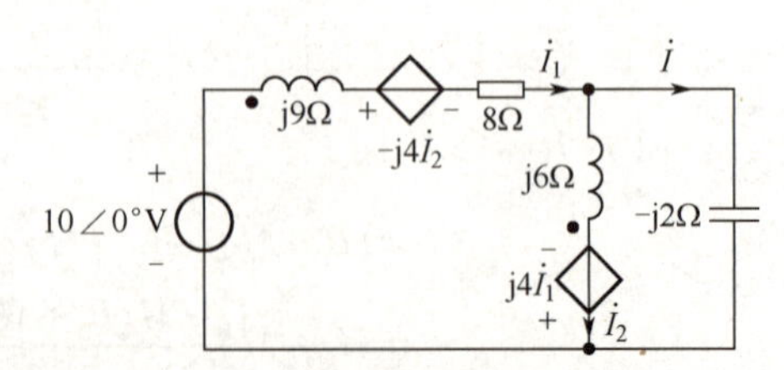

图 5.53 例 5.20 电路的含有受控源等效电路模型

又根据 KCL 可得：$\dot{I}_1 = \dot{I} + \dot{I}_2$

解方程组得：$\dot{I} = 0.5\angle -36.9^\circ\text{A}$

当含有互感元件的电路中线圈的连接方式为串联、并联或者 T 形连接时，还可以根据不同连接方式的等效关系先对电路进行等效变换，然后再根据无耦合电路的分析方法进行求解。

【例 5.21】试求图 5.54（a）所示电路的输入阻抗 Z_i。

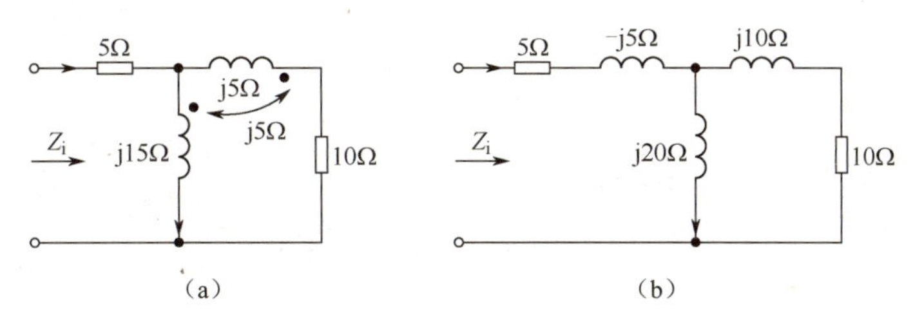

图 5.54　例 5.21 图

解：该电路中互感元件为 T 形连接，因此可以先根据 T 形连接时的等效变换关系得到原电路的去耦等效电路，如图 5.54（b）所示，则其输入阻抗为：

$$Z_i = (5 - \text{j}5)\Omega + \frac{\text{j}20\times(10+\text{j}10)}{\text{j}20+10+\text{j}10}\Omega = (9+\text{j}3)\Omega$$

具有互感作用的两个线圈，当其中一个线圈与电源相连构成一个回路时，称为一次回路，又称为原边回路；另一个线圈与负载相连构成一个回路，称为二次回路，又称为副边回路，如图 5.55 所示。这类电路中一次回路和二次回路并没有直接相连，电路中就有了两个独立的回路，可以对两个回路分别进行求解。

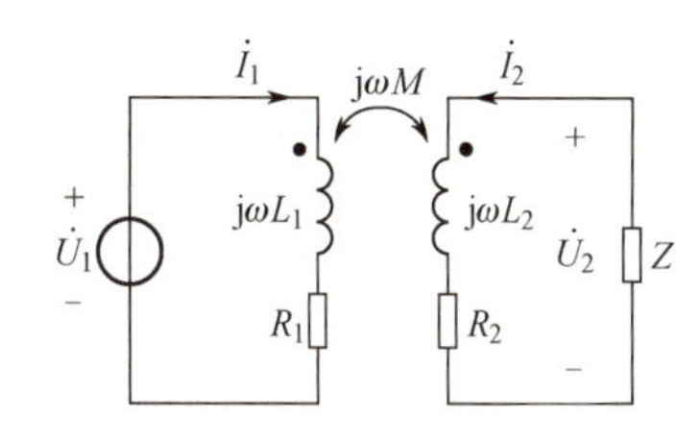

图 5.55　含有互感元件的双回路电路

【例 5.22】对图 5.55 所示电路，试分别求出一次回路和二次回路的电流。

解：对一次回路和二次回路分别应用 KVL 可得：

$$\begin{cases}(R_1 + \text{j}\omega L_1)\dot{I}_1 + \text{j}\omega M\dot{I}_2 = \dot{U}_1 & (1)\\ \text{j}\omega M\dot{I}_1 + (R_2 + \text{j}\omega L_2 + Z)\dot{I}_2 = 0 & (2)\end{cases}$$

解方程得：

$$\dot{I}_1 = \frac{\dot{U}_1}{(R_1+\text{j}\omega L_1) + \dfrac{(\omega M)^2}{(R_2+\text{j}\omega L_2+Z)}} = \frac{\dot{U}_1}{Z_{11} + \dfrac{(\omega M)^2}{Z_{22}}}$$

$$\dot{I}_2 = \frac{\text{j}\omega M\dot{I}_1}{(R_2+\text{j}\omega L_2+Z)}$$

在上面的结果中，$Z_{11} = R_1 + \text{j}\omega L_1$ 称为一次回路的自阻抗；$Z_{22} = R_2 + \text{j}\omega L_2 + Z$ 称为二次回路的自阻抗；$\dfrac{(\omega M)^2}{Z_{22}}$ 是输入端口的等效阻抗，称为二次回路对一次回路的反映阻抗，它是二次回路的阻抗通过互感元件反映到一次回路的等效阻抗。由此可得图 5.55 所示电路中一次回路的等效电路，如图 5.56（a）所示。

对于二次回路，可应用戴维南定理求得其等效电路。当 $\dot{I}_2 = 0$ 时，二次回路的开路电压为：

$$\dot{U}_{2oc} = j\omega M \dot{I}_1 = \frac{j\omega M \dot{U}_1}{Z_{11}}$$

令$\dot{U}_1 = 0$，则对二次回路有：

$$\dot{U}_2 = j\omega M \dot{I}_1 + (R_2 + j\omega L_2)\dot{I}_2$$

而

$$\dot{I}_1 = \frac{-j\omega M \dot{I}_2}{(R_1 + j\omega L_1)}$$

因此二次回路的戴维南等效阻抗为：

$$Z_{eq} = R_2 + j\omega L_2 + \frac{(\omega M)^2}{Z_{11}}$$

其中，$\frac{(\omega M)^2}{Z_{11}}$称为一次回路对二次回路的反映阻抗，由此可得二次回路的戴维南等效电路如图 5.56（b）所示。

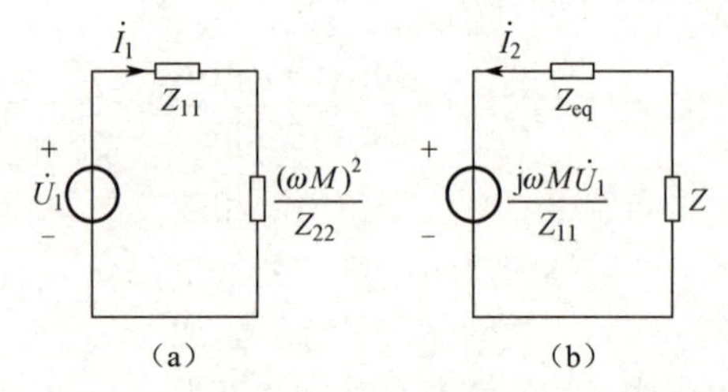

图 5.56　一次回路和二次回路的等效电路

对于含有互感元件的双回路电路，可以直接利用上面的结论得到一次回路和二次回路的等效电路，然后再进行求解。这种方法常称为原（副）边等效电路法，也称反映阻抗法。

5.5　磁路与变压器电路分析

变压器是应用互感现象的一种典型二端口元件，它利用互感原理实现从一个电路到另一个电路的能量或信号传输，在电力系统和电子线路中有着广泛的应用。变压器的种类有很多，除电力系统中常见的升压、降压变压器外，还有自耦变压器、电流互感器和各种专用变压器等。

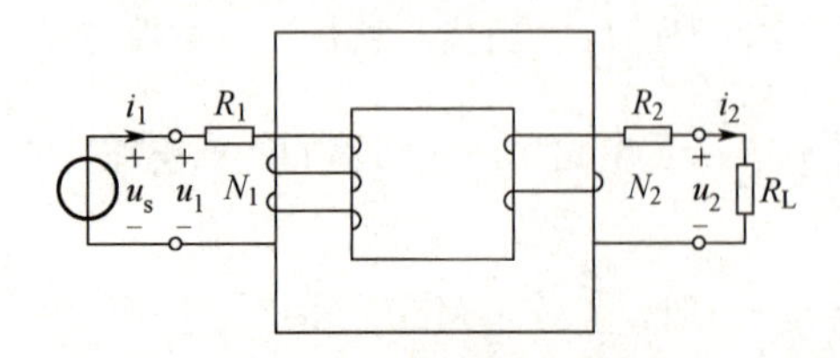

图 5.57　变压器结构图

变压器一般有两个线圈，一个与电源相接，称为原线圈，通常叫一次线圈；另一个与负载相接，称为副线圈，也叫二次线圈，其结构如图 5.57 所示。变压器在原、副线圈之间一般没有电路相连接，而是通过磁场耦合把能量从电源传送到负载。

变压器的一次线圈和二次线圈可以绕在铁磁性材料上，也可以绕在非铁磁性材料上。当两个线圈绕在非铁磁性材料上时，其耦合系数低，但没有铁芯中的各种功率损耗，这种变压器称为空心变压器。空心变压器的电路模型可以用图 5.42 来表示，它被广泛用于高频电路和测量仪器。含空心变压器电路的分析方法与 5.4 节所介绍的含互感元件电路的分析方法相同。当变压器的一次绕组和二次绕组绕在铁磁性材料上时，由于铁芯的磁导率很大，铁芯变压器的特性也与空心变压器不同。接下来重点学习铁芯变压器的工作原理及应用分析。

5.5.1　磁路的基本知识

在很多常用的设备（如变压器、电机等）中都含有铁芯。由于铁芯的磁导率比周围空气或其他物质的磁导率大得多，因此线圈中电流产生的磁通绝大部分都被束缚在铁芯中并形成回路，这就是磁路。在分析铁芯线圈时，不仅有电路的问题，还有磁路的问题，因此本小节先简单介绍有关磁路的基本概念与分析方法。

1. 描述磁场的物理量

磁感应强度（又叫磁通密度）是表示磁场中某点磁场强弱和方向的物理量，用 B 来表示，单位是特斯拉。它与产生磁场的电流之间的方向关系可用右手螺旋定则来确定。

磁感应强度 B 和垂直于磁场方向的某一截面积 A 的乘积称为通过该面积的磁通，用 $\varPhi$ 来表示，即：

$$\varPhi=BA \tag{5.67}$$

磁通的单位是韦伯（Wb），是描述磁场在空间分布的物理量。

磁导率 μ 是表征磁介质导磁性能的物理量，单位是亨利/米（H/m）。实验测得真空中的磁导率为：

$$\mu_0=4\pi\times10^{-7}\ \mathrm{H/m}$$

任意一种物质的磁导率 μ 与 μ_0 的比值称为该物质的相对磁导率，用 μ_r 来表示：

$$\mu_r=\frac{\mu}{\mu_0}$$

磁感应强度与介质磁导率的比值称为磁场强度，用 H 来表示：

$$H=\frac{B}{\mu} \tag{5.68}$$

磁场强度的单位为安/米（A/m）。

2. 磁路的基本定律

（1）安培环路定律

磁场强度沿闭合路径的线积分等于该闭合回线包围的电流的代数和，这就是安培环路定律：

$$\int H\mathrm{d}l=\sum I \tag{5.69}$$

式中，电流的方向由右手螺旋定则确定，也就是说，当电流方向与路径方向符合右手螺旋定则时电流为正，反之为负。

（2）磁路的欧姆定律

N 匝线圈的磁通势 F 定义为：

$$F=Ni$$

式中，N 为线圈的匝数；i 为线圈中的电流。磁通势的单位为安培。

$$R_m=\frac{l}{\mu A}$$

式中，R_m 为磁路的磁阻；l 为沿磁通方向磁路的平均长度；A 为磁路的截面积；μ 为材料的磁导率。

磁阻的单位为 A/Wb。

磁通、磁阻和磁通势之间的关系为：

$$F=R_m\Phi$$

上式与电路中的欧姆定律具有相同的形式，因此称之为磁路的欧姆定律。通过上式可以看出，磁通与电流、磁通势与电动势、磁阻与电阻、磁导率和电导率存在对应关系。

（3）磁路的基尔霍夫定律

进入或穿出任一封闭面的总磁通量的代数和等于零，这就是磁通连续性定律，也叫磁路的基尔霍夫第一定律，可以表示为：

$$\sum\Phi=0$$

任一闭合磁路上磁通势的代数和恒等于磁压降的代数和，这就是磁路的基尔霍夫第二定律：

$$\sum F=\sum NI=\sum Hl=\sum R_m\Phi \tag{5.70}$$

式中，Hl（$R_m\Phi$）为磁压降。

3．磁性材料

材料根据是否导磁可以分为磁性材料和非磁性材料。非磁性材料（如一般的有色金属）的磁导率都是常数，当磁场媒质为非磁性材料时，B 与 H 呈线性关系。磁性材料（如铁、钴、镍等）在没有外磁场的作用时不呈现磁性，但在外磁场的作用下将被磁化而呈现磁性。

铁磁性材料的磁导率很高，μ_r 的值远大于 1。因此，当在具有铁芯的线圈中加入不大的励磁电流时就可以产生足够大的磁通和磁感应强度。在外加磁场 H 的作用下，磁感应强度 B 随磁场强度 H 的变化曲线称为磁化曲线。磁性材料的磁化曲线是非线性的，如图 5.58 所示。

从图 5.58 中可以看出，B 随 H 的增大而增大，当 H 增大到一定程度时，B 几乎不随 H 的增大而增加，进入磁饱和状态。由于

$$\mu=\frac{B}{H}$$

因此，磁性材料的磁导率不是常数，而是随着 H 的变化而变化的，如图 5.58 所示。由于磁通 Φ 与 B 成正比，产生磁通的励磁电流 I 与 H 成正比，因此存在磁性物质时 Φ 与 I 也不成正比。

当在线圈中通以交流电流时，铁芯将被磁化，铁芯线圈中的磁感应强度 B 随磁场强度 H 的变化规律如图 5.59 所示。

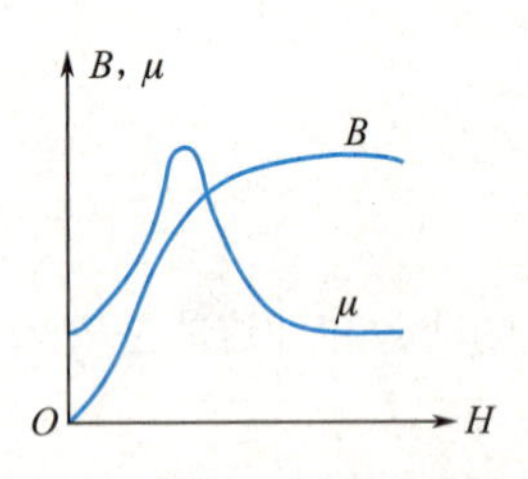

图 5.58 磁性材料的磁化曲线

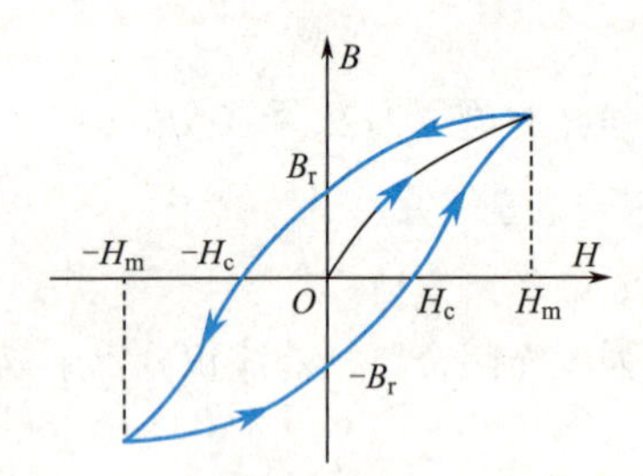

图 5.59 磁滞回线

从图 5.59 中可以看出，磁感应强度 B 随着磁场强度 H 的增大逐渐增大并趋向于饱和，当磁场强度减小时，B 随之减小，但 B 的变化曲线并不是原路返回的，当 H 减小到零时 B 并未减小到零，这说明此时铁芯中的磁性还没有完全消失，此时的磁感应强度称为剩磁感应强度，用 B_r 来表示。要使铁芯中的剩磁消失，需要加一个反向磁场。当改变线圈中电流方向使得 H 反向时，B=0 时的 H 值称为矫顽力，用 H_c 来表示。因此，对于铁磁性材料，其磁感应强度 B 的变化是滞后于磁场强度 H 的变化的，这种特性称为磁滞性，图 5.59 所示的曲线称为磁滞回线。不同磁性材料的磁化曲线与磁滞回线也是不同的，可以通过实验的方法测出来。

磁性材料的种类有很多，从应用功能上可以将磁性材料分为软磁材料、永磁材料、矩磁材料等。其中，软磁材料指的是具有低矫顽力和高磁导率的磁性材料，其磁滞回线较窄，易于磁化和退磁。常用的软磁材料有硅钢片、各种铁氧体等。永磁材料又称“硬磁材料”，一经磁化即能保持恒定磁性，具有宽磁滞回线、高矫顽力和高剩磁的特性，其磁滞回线较宽。常用的永磁材料有铝镍钴合金、铁铬钴合金、稀土永磁材料等。矩磁材料指的是磁滞回线较窄且接近矩形的铁磁材料，它可用作记忆元件，常用的矩磁材料有锂锰铁氧体等。

4、磁路的分析方法

通过上面的分析可知，磁路与电路存在相似的地方，在工程上利用磁路的分析方法可以近似分析磁场的特性。在进行磁路的分析时要注意，由于磁导率 μ 不是常量，因此磁路的欧姆定律不能直接用来进行计算，而只能用于定性分析中。

【例 5.23】如图 5.60 所示的环形绕组，已知 μ_r=5000，R=10cm，r=2cm，线圈的匝数 N=50，线圈中的电流

$$i(t)=\sin(100\pi t)\text{A}$$

试计算其磁通和磁链。

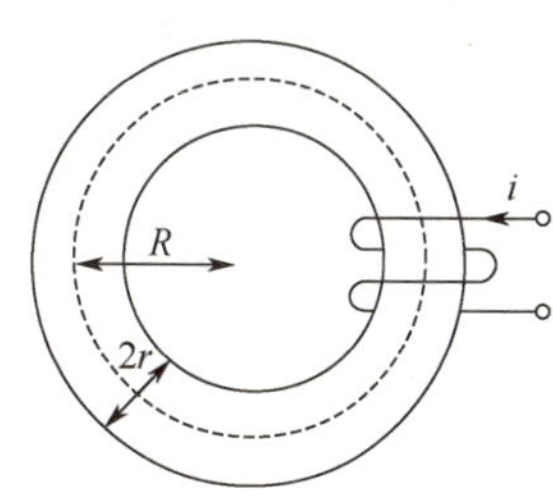

图 5.60　例 5.23 的环形绕组

解：磁路的平均长度为：$l=2\pi R$

绕组横截面积为：$A=\pi r^2$

则磁路的磁阻为：$R_\text{m}=\dfrac{l}{\mu A}=\dfrac{2\pi R}{\mu\pi r^2}=\dfrac{2R}{\mu r^2}$

磁通势为：$F=Ni$

则由磁路的欧姆定律可知：

$$\varPhi=\frac{F}{R_\text{m}}=\frac{\mu N r^2 i}{2R}$$

代入数据可得：

$$\varPhi=\frac{5000\times4\pi\times10^{-7}\times50\times\sin(100\pi t)\times(2\times10^{-2})^2}{2\times10\times10^{-2}}\text{Wb}$$
$$\approx0.63\times10^{-3}\sin(100\pi t)\text{ Wb}$$

磁链为：

$$\psi=N\varPhi=0.03\sin(100\pi t)\text{ Wb}$$

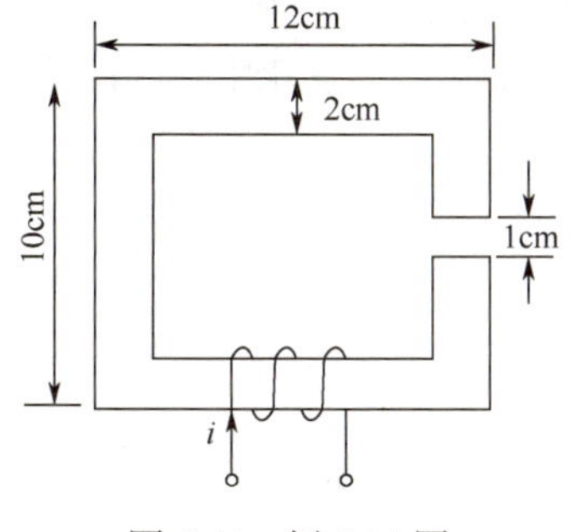

图 5.61　例 5.24 图

【例 5.24】如图 5.61 所示为一带气隙的铁芯，其相对磁导率为 5000，厚度为 2cm。绕组匝数为 2000。要在气隙中建立一个磁感应强度 B 为 0.5T 的磁场，需要施加的电流为多大？

解：铁芯磁路的平均长度为：$l_1=[(10+8)\times2-1]\text{cm}=35\text{cm}$

铁芯截面积为：$A=2\times2\text{cm}^2=4\times10^{-4}\text{ m}^2$

因此铁芯磁阻为：

$$R_\text{m1}=\frac{l_1}{\mu_r\mu_0 A}=\frac{35\times10^{-2}}{5000\times4\pi\times10^{-7}\times4\times10^{-4}}\text{A/ Wb}\approx1.39\times10^5\text{ A/ Wb}$$

气隙磁阻为：

$$R_\text{m2}=\frac{l_2}{\mu_0 A}=\frac{1\times10^{-2}}{4\pi\times10^{-7}\times4\times10^{-4}}\text{A/ Wb}\approx1.99\times10^7\text{ A/ Wb}$$

气隙中的磁通为：

$$\varPhi=BA=0.5\times4\times10^{-4}\text{ Wb}=2\times10^{-4}\text{ Wb}$$

铁芯中的磁通与气隙中的磁通相等。根据磁路的欧姆定律可知磁通势为：

$$\begin{aligned}F&=\Phi(R_{m1}+R_{m2})\\&=2\times10^{-4}\times(1.39\times10^{5}+1.99\times10^{7})\text{A}\\&\approx4000\text{A}\end{aligned}$$

因此，线圈中的电流为：

$$i=\frac{F}{N}=\frac{4000}{2000}\text{A}=2\,\text{A}$$

5.5.2 变压器的工作原理

当在变压器一次绕组和二次绕组中加入铁芯后，磁力线被束缚在由铁芯构成的闭合回路中，其工作原理如图 5.62 所示。假设一次绕组和二次绕组的匝数分别为 N_1 和 N_2。当在一次绕组两端施加电压 u_1 时，绕组中将产生电流 i_1，该电流产生的磁通 Φ_{11} 绝大部分将通过铁芯形成闭合回路，从而与二次绕组交链，这部分磁通用 Φ_{21} 表示。还有少部分磁通未与二次绕组交链，这部分磁通称为漏磁通 $\Phi_{\sigma1}$，则有：

$$\Phi_{11}=\Phi_{21}+\Phi_{\sigma1}$$

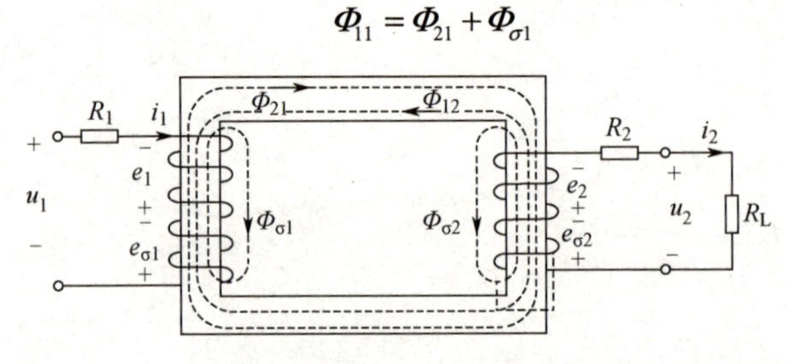

图 5.62 变压器的工作原理

漏磁通主要不通过铁芯，励磁电流 i 与漏磁通之间可以看作是线性关系，因此等效的漏磁电感为常数：

$$L_{\sigma1}=\frac{N\Phi_{\sigma1}}{i}$$

但是主磁通被束缚在铁芯内，铁芯的 B 与 H 之间为非线性关系，因此 i 与主磁通之间也为非线性关系，相应的主磁电感为非线性电感。

若此时二次绕组中接有负载，那么也将有电流流过，二次绕组中的电流产生的磁通 Φ_{22} 将绝大部分通过铁芯与一次绕组交链，这部分磁通用 Φ_{12} 表示，还有少部分磁通未与一次绕组交链，这部分磁通称为二次绕组的漏磁通 $\Phi_{\sigma2}$：

$$\Phi_{22}=\Phi_{12}+\Phi_{\sigma2}$$

铁芯中的主磁通是一次绕组和二次绕组产生的磁通的合成：

$$\Phi=\Phi_{12}-\Phi_{21}$$

则两个绕组的磁通链可分别表示为：

$$\psi_1=N_1(\Phi+\Phi_{\sigma1})=N_1\Phi+\psi_{\sigma1}$$
$$\psi_2=N_2(\Phi-\Phi_{\sigma2})=N_2\Phi+\psi_{\sigma2}$$

式中，$\Psi_{\sigma1}$ 和 $\Psi_{\sigma2}$ 分别为两绕组的漏磁链。

下面分别讨论变压器一次侧和二次侧的电压关系及电流关系。

1. 电压关系

当 u_1 为正弦交流电压时，由主磁通以及漏磁通所产生的感应电动势分别为 e_1 和 $e_{\sigma1}$。对一次回路列写 KVL 方程可得：

$$u_1 = R_1 i - e_1 - e_{\sigma 1} = R_1 i - e_1 - L_{\sigma 1}\frac{\mathrm{d}i_1}{\mathrm{d}t} \tag{5.71}$$

式中，R_1 为一次绕组的电阻；$L_{\sigma 1}$ 为一次绕组的漏感。

设铁芯中的主磁通为：

$$\Phi = \Phi_{\mathrm{m}} \sin \omega t$$

则

$$e_1 = -N_1\frac{\mathrm{d}\Phi}{\mathrm{d}t} = -N_1\omega\Phi_{\mathrm{m}}\cos\omega t = -2\pi f N_1 \Phi_{\mathrm{m}}\sin(\omega t + 90^\circ) = -E_{\mathrm{m}1}\sin(\omega t + 90^\circ) \tag{5.72}$$

其中

$$E_{\mathrm{m}1} = 2\pi f N \Phi_{\mathrm{m}} = \sqrt{2}E_1 \tag{5.73}$$

为主磁感应电动势 e_1 的幅值，E_1 为其有效值，且

$$E_1 = \frac{E_{\mathrm{m}1}}{\sqrt{2}} = 4.44 f N \Phi_{\mathrm{m}} \tag{5.74}$$

同理可知二次绕组的电压为：

$$u_2 = -R_2 i_2 - e_2 - e_{\sigma 2} = -R_2 i_2 - e_2 - L_{\sigma 2}\frac{\mathrm{d}i_2}{\mathrm{d}t} \tag{5.75}$$

式中，R_2 为二次绕组的电阻；$L_{\sigma 2}$ 为二次绕组的漏感，且

$$e_2 = -N_2\frac{\mathrm{d}\Phi}{\mathrm{d}t} = -E_{\mathrm{m}2}\sin(\omega t + 90^\circ)$$

$$E_{\mathrm{m}2} = 2\pi f N_2 \Phi_{\mathrm{m}} = \sqrt{2}E_2$$

$$E_2 = 4.44 f N_2 \Phi_{\mathrm{m}}$$

由于一次绕组和二次绕组的电阻比较小，而且漏磁通远小于主磁通，因此

$$u_1 \approx -e_1 = \sqrt{2}E_1 \sin(\omega t + 90^\circ)$$

$$u_2 \approx -e_2 = \sqrt{2}E_2 \sin(\omega t + 90^\circ)$$

从上式中可以看出，由于变压器一次和二次绕组的匝数不等，因此输出电压和输入电压的大小也不相等。变压器一次侧和二次侧的电压之比为：

$$\frac{u_1}{u_2} = \frac{E_1}{E_2} = \frac{N_1}{N_2} = n \tag{5.76}$$

式中，n 称为变压器的变比。因此，变压器具有电压变换的作用，当输入电压一定时，只要改变变压器一次绕组和二次绕组的匝数比就能得到不同的输出电压。

若二次绕组处于空载状态，则 $i_2 = 0$，$u_{20} = -e_2$。

2. 电流关系

下面考虑一次回路和二次回路的电流关系。在图 5.62 中，变压器空载时，二次电流等于零，绕组中的主磁通 Φ 仅由一次回路的电流产生，此时一次回路电流的主要作用就是使铁芯磁化、产生主磁通，这个电流称为励磁电流，记为 i_{M}。二次侧接上负载后，$i_2 \neq 0$，它所产生的磁通与主磁通方向相反，导致主磁通减小，根据电磁感应定律，为维持主磁通不变，一次回路中的电流 i_1 将增大。由式（5.73）可知，当一次侧所加电源电压 U_1 和频率 f 不变时，E_1 和 Φ_{m} 基本保持不变，也就是说

铁芯中的主磁通在变压器空载或者带载时基本保持不变。根据安培环路定理可得：

$$N_1 i_1 - N_2 i_2 = N_1 i_{\mathrm{M}}$$

因此

$$i_1 = i_{\mathrm{M}} + \frac{N_2}{N_1} i_2$$

空载时变压器一次回路的励磁电流很小，可以近似认为$i_{\mathrm{M}} = 0$，所以

$$i_1 = \frac{N_2}{N_1} i_2$$

即

$$\frac{i_1}{i_2} = \frac{N_2}{N_1} = \frac{1}{n} \tag{5.77}$$

因此，变压器还具有变换电流的作用，且一次电流和二次电流之比等于匝数比的倒数。

在相量模型下，变压器一次侧和二次侧的电压和电流关系还可以写为：

$$\frac{\dot{U}_1}{\dot{U}_2} = n，\quad \frac{\dot{I}_1}{\dot{I}_2} = \frac{1}{n}$$

5.5.3 变压器的损耗

变压器绕组中通过交变电流时，变压器存在功率损耗，这种功率损耗分为三部分：绕组损耗、铁芯损耗和涡流损耗。绕组损耗指的是绕组电阻上的功率损耗，通常称为铜损，用ΔP_{Cu}来表示：

$$\Delta P_{\mathrm{Cu}} = I^2 R$$

式中，R代表绕组电阻。下面重点介绍铁芯损耗和涡流损耗。

1. 铁芯损耗

当在绕组中通过交变电流时，变压器铁芯将会被反复磁化，由于存在磁滞现象，磁化过程中将产生损耗，这种损耗称为铁芯损耗，又称为磁滞损耗，用ΔP_{h}来表示。铁芯损耗将使铁芯发热，且交变电流在一个周期内铁芯单位体积中所产生的能量损耗与磁滞回线的面积成正比。在电机、变压器中，为了减小铁芯损耗，应使用具有较窄磁滞回线的材料，如硅钢，而永磁体则应选用具有宽磁滞回线的材料。

2. 涡流损耗

当在绕组中通以交变电流时，绕组的周围将产生变化的磁通，而铁芯就相当于一个短路的绕组，随着磁场的变化，在铁芯内将产生感应电动势和感应电流，这种感应电流就是涡流。涡流在垂直于磁通方向的平面内流动，因此也将使铁芯因发热而产生损耗，这一部分损耗就称为涡流损耗，用ΔP_{e}来表示。涡流损耗与频率的平方成正比。

为了减小涡流损耗，可以在顺磁场方向用薄铁片层压成铁芯，且使它们相互绝缘。或者使用绝缘黏合剂把铁粉黏在一起制成铁芯。

铁芯中的磁滞损耗和涡流损耗统称为铁损，用ΔP_{Fe}来表示：

$$\Delta P_{\mathrm{Fe}} = \Delta P_{\mathrm{u}} + \Delta P_{\mathrm{e}}$$

铁损与铁芯内磁感应强度的最大值有关，而铜损则与负载大小有关。通常将变压器的输出功率与输入功率的比值称为变压器的效率，用η来表示：

$$\eta = \frac{P_2}{P_1} = \frac{P_2}{P_2 + \Delta P_{\mathrm{Cu}} + \Delta P_{\mathrm{Fe}}}$$

式中，P_2代表变压器的输出功率；P_1代表变压器的输入功率。变压器的效率通常可以达到95%以上。

5.5.4　理想变压器

从上面推导变压器的电压、电流关系的过程可以看出，得到式（5.76）、式（5.77）是对实际变压器进行了一定的理想化，即满足如下三个条件。

（1）变压器无损耗。即变压器的绕组是理想的，绕组电阻 $R_1=R_2=0$；变压器的铁芯是理想的，其损耗为零。

（2）变压器的一次、二次绕组全耦合，即无漏磁通，$L_{\sigma 1}=L_{\sigma 2}=0$。

（3）变压器铁芯的磁导率为无穷大，即建立主磁通不需要磁化电流，$i_M=0$。

此时的变压器可以看成理想变压器。理想变压器的电路模型如图 5.63 所示。

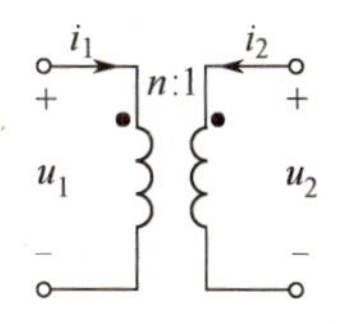

图 5.63　理想变压器的电路模型

因此，理想变压器的电压、电流关系为：

$$\begin{cases} \dfrac{u_1}{u_2}=n \\ \dfrac{i_1}{i_2}=-\dfrac{1}{n} \end{cases} \tag{5.78}$$

在正弦稳态电路中，上式也可以用相量的形式来表示。注意上式中电流关系比式（5.77）多了一个负号，这是因为习惯上理想变压器的电压电流参考方向标注如图 5.63 所示，与图 5.62 中的二次电流方向相反。

理想变压器是一种二端口元件，易知它既不存在导纳参数方程，也不存在阻抗参数方程，但其传输参数方程却不难写出：

$$\begin{bmatrix} \dot{U}_1 \\ \dot{I}_1 \end{bmatrix}=\begin{bmatrix} n & 0 \\ 0 & \dfrac{1}{n} \end{bmatrix}\begin{bmatrix} \dot{U}_2 \\ -\dot{I}_2 \end{bmatrix}$$

且

$$T_{11}T_{22}-T_{12}T_{21}=n\times\frac{1}{n}=1$$

因此，理想变压器是一种互易二端口元件。

理想变压器是一种理想电路元件，在工程上常采用两方面的措施，使实际变压器的性能接近理想变压器。一是尽量采用具有高磁导率的铁磁性材料作为变压器芯子，以保证尽量紧密耦合，使 k 接近 1；二是在保持变比不变的前提下，尽量增加一次、二次绕组的匝数以保证电感足够大。

下面考虑理想变压器的功率。理想变压器的功率应为一次功率和二次功率之和，即：

$$p=u_1i_1+u_2i_2=u_1i_1+(nu_1)(-\frac{1}{n}i_1)=0$$

因此，理想变压器既不是耗能元件也不是储能元件，而是一个变换信号和传输电能的元件。

假设在理想变压器的二次侧接上阻抗 Z_L，如图 5.64 所示，那么从一次侧看进去时变压器的输入阻抗为：

$$Z_i=\frac{u_1}{i_1}=\frac{nu_2}{(-\frac{1}{n}i_2)}=n^2Z_L$$

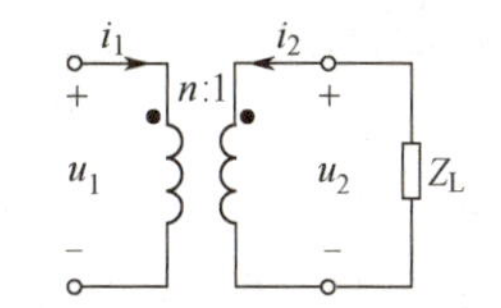

图 5.64　理想变压器的阻抗变换作用

因此，经过理想变压器后负载变成了原来的 n^2 倍，所以理想变压器除具有变换电压和电流的作用外，还具有变换阻抗的作用。

由最大功率传输定理可知，要使负载上获得最大功率，则负载的大小应该与原电路的等效电压源模型的内阻相等，而在实际中很多情况下二者并不相等，而且负载和电源内阻都是固定不变的，因此为了使负载获得最大功率，常用的办法就是在负载和电源之间接入一个元件，使得负载阻抗经过该元件变换之后能与电源内阻相匹配。从前面的分析可知，二端口元件具有阻抗变换作用，当在二端口元件的输出端接上一定的负载时，其输入阻抗是随着负载的变化而变化的。而理想变压器就是一种常用来作为阻抗匹配的二端口元件。根据理想变压器的阻抗变换性质，当在变压器二次侧接入大小为 Z_L 的负载时，变压器一次侧的输入阻抗为：

$$Z_i = n^2 Z_L$$

要实现阻抗匹配，则需要满足：

$$|Z_S| = |Z_i| = n^2 |Z_L|$$

因此变压器的变比为：

$$n = \sqrt{\frac{|Z_S|}{|Z_L|}}$$

也就是说，只要适当调节变压器的匝数比就能够实现阻抗匹配。但要注意，利用变压器只能变换阻抗的大小，不能改变其相位。

【例 5.25】为了使扬声器接到音频功率放大器上时能够正常工作，需要在扬声器和放大器之间接入变压器以实现阻抗匹配，其原理图如图 5.65 所示。已知扬声器的内阻为9Ω，放大器的内阻为225Ω，试问理想变压器的变比应为多少？

解：扬声器的电阻反映到理想变压器一次侧的等效阻抗为

$$R_0 = n^2 R_L = 9n^2$$

根据阻抗匹配原则可得：$9n^2 = 225$

解得：$n = 5$

所以变压器的变比为 5。

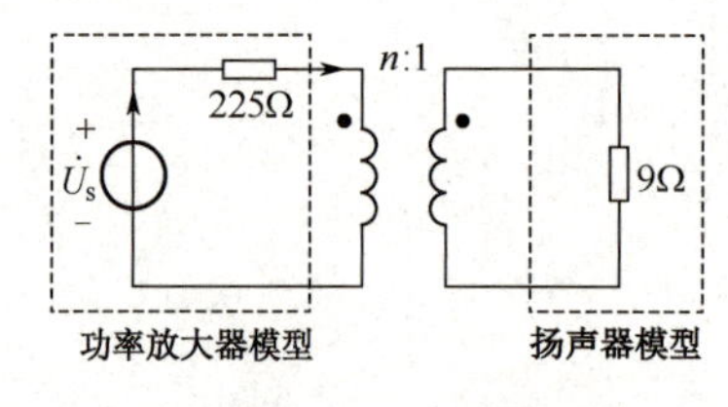

图 5.65 例 5.25 图

视频——理想变压器

5.5.5 实际变压器的电路模型

实际使用的变压器一次绕组和二次绕组不可能做到全耦合，总会存在一定的漏磁通，而且绕组中通过电流时总会有功率损耗，因此需要在理想变压器模型的基础上做出修改，以真实反映实际变压器的工作情况。

先考虑无损耗的全耦合变压器。当变压器的一次绕组和二次绕组完全耦合时称为全耦合变压器，其电路模型如图 5.66 所示。

对全耦合变压器可以得到：

$$\Phi_{11} = \Phi_{21}, \quad \Phi_{22} = \Phi_{12}, \quad \Phi = \Phi_{11} + \Phi_{22}$$

因此

$$\frac{u_1}{u_2} = \frac{d\psi_1}{d\psi_2} = \frac{N_1 d\Phi}{N_2 d\Phi} = \frac{N_1}{N_2} = n \tag{5.79}$$

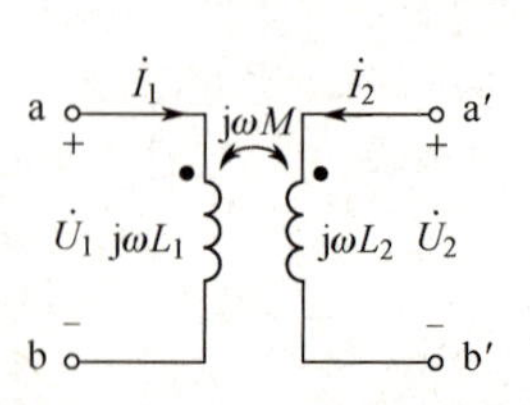

图 5.66 全耦合变压器的电路模型

即全耦合变压器的输入电压、输出电压之比等于变压器的变比。

由图 5.66 可知，全耦合变压器的相量形式的伏安关系为：

$$\begin{cases} \dot{U}_1 = \mathrm{j}\omega L_1 \dot{I}_1 + \mathrm{j}\omega M \dot{I}_2 & (1) \\ \dot{U}_2 = \mathrm{j}\omega M \dot{I}_1 + \mathrm{j}\omega L_2 \dot{I}_2 & (2) \end{cases} \tag{5.80}$$

全耦合时 $k = \frac{M}{\sqrt{L_1 L_2}} = 1$，即 $M = \sqrt{L_1 L_2}$，将此关系代入式（5.80）可得：

$$\frac{\dot{U}_1}{\dot{U}_2} = \sqrt{\frac{L_1}{L_2}}$$

对照式（5.79）则有：

$$\frac{\dot{U}_1}{\dot{U}_2} = \sqrt{\frac{L_1}{L_2}} = n \tag{5.81}$$

而由式（5.80）中方程（1）可得：

$$\dot{I}_1 = \frac{\dot{U}_1 - \mathrm{j}\omega M \dot{I}_2}{\mathrm{j}\omega L_1}$$

将式（5.81）代入上式可得：

$$\dot{I}_1 = \frac{\dot{U}_1}{\mathrm{j}\omega L_1} - \frac{1}{n}\dot{I}_2 \tag{5.82}$$

这就是全耦合变压器的一次侧、二次侧的电流之间的关系。当全耦合变压器的一次绕组、二次绕组的自感 L_1、L_2 和互感 M 趋近于无穷大，但 $\sqrt{\frac{L_1}{L_2}}$ 的值保持不变，即等于匝数比时，全耦合变压器就变成了理想变压器。式（5.82）变为：

$$\dot{I}_1 = -\frac{1}{n}\dot{I}_2$$

此时变压器一次侧、二次侧的电流关系与理想变压器的相同。因此，全耦合变压器一次侧的输入电流 $\dot{I}_1$ 可以分为两部分：一部分与理想变压器相同，可表示为 $\dot{I}_1' = -\frac{1}{n}\dot{I}_2$；另一部分是流经电感 L_1 的电流 $\dot{I}_0 = \dot{I}_1 - \dot{I}_1'$，即变压器的励磁电流。这样全耦合无损耗变压器可以用图 5.67 所示的电路模型来表示，它是由虚线框内所表示的一个变比为 n 的理想变压器和其一次侧输入端口上并联一个电感 L_1 组成的。

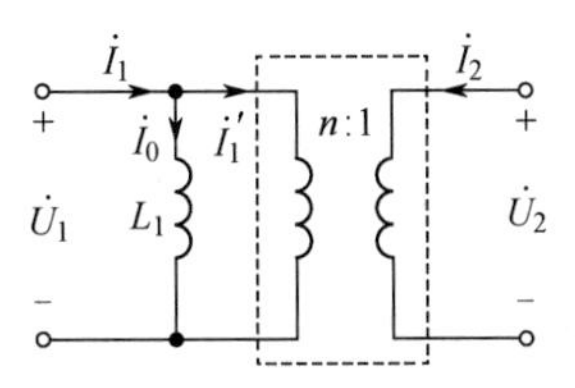

图 5.67　全耦合无损耗变压器的电路模型

接下来考虑耦合系数 $k \neq 1$ 的无损耗变压器。此时每个绕组的磁通都由主磁通 Φ 和漏磁通 $\Phi_{\sigma1}$（$\Phi_{\sigma2}$）组成，一次侧、二次侧的磁链分别为：

$$\psi_1 = N_1(\Phi + \Phi_{\sigma1}) = N_1\Phi + \psi_{\sigma1} = (L_1 + L_{\sigma1})i_1 + Mi_2 = L_1' i_1 + Mi_2$$

$$\psi_2 = N_2(\Phi + \Phi_{\sigma2}) = N_2\Phi + \psi_{\sigma2} = (L_2 + L_{\sigma2})i_2 + Mi_1 = L_2' i_2 + Mi_1$$

其中 $L_1' = L_1 + L_{\sigma1}$ 为一次绕组的电感，$L_2' = L_2 + L_{\sigma2}$ 为二次绕组的电感。在主磁通的作用下变压

器是全耦合的，对于全耦合变压器，耦合系数为 1，因此有：

$$\frac{L_2'-L_{\sigma2}}{L_1'-L_{\sigma1}}=\frac{L_2}{L_1}=\frac{1}{n^2}$$

令 $u_1'=N_1\dfrac{\mathrm{d}\Phi}{\mathrm{d}t}$，$u_2'=N_2\dfrac{\mathrm{d}\Phi}{\mathrm{d}t}$，于是有 $\dfrac{u_1'}{u_2'}=\dfrac{N_1}{N_2}=n$，电压 u_1' 和 u_2' 为全耦合变压器的一次、二次电压。显然只要在全耦合无损耗变压器的等效电路的一次侧、二次侧计入漏感就能得到 $k\neq1$ 时无损耗变压器的等效电路模型，如图 5.68 所示。

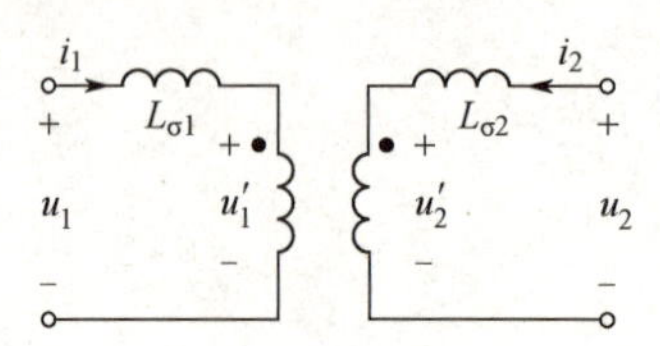

图 5.68　$k\neq1$ 时无损耗变压器的等效模型

视频——实际变压器的电路模型

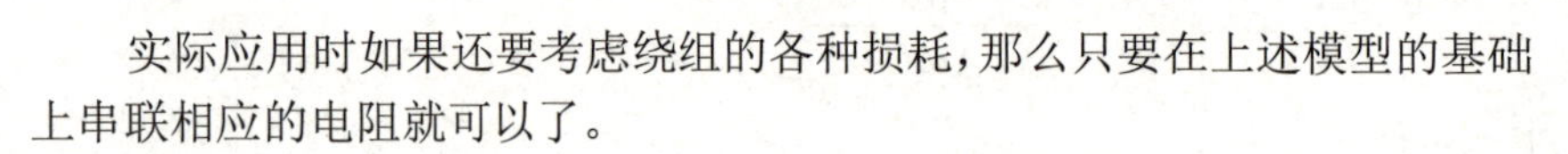

实际应用时如果还要考虑绕组的各种损耗，那么只要在上述模型的基础上串联相应的电阻就可以了。

5.5.6　变压器电路分析

1．理想变压器电路分析

理想变压器的特点都体现在其电压、电流变换关系和阻抗变换关系中，在分析含理想变压器的电路时，除可以直接根据电路结构列写电路方程外，还可以根据其阻抗变换性质对电路进行变换，或者根据戴维南定理或诺顿定理进行等效变换后再进行求解。

【例 5.26】电路如图 5.69（a）所示，已知 $u_S(t)=8\sqrt{2}\sin t$ V，试求电流 $\dot{I}_1$ 以及 R_L 上消耗的平均功率 P_L。

解法一　原电路的相量模型如图 5.69（b）所示，变压器一次回路和二次回路的 KVL 方程分别为：

$$16\dot{I}_1+\dot{U}_1=8$$

$$\left(\frac{1}{\frac{1}{\mathrm{j}}+\frac{1}{-\mathrm{j}}+1}\right)\dot{I}_2=\dot{U}_2$$

而在图示的参考方向下，一次侧和二次侧的电压、电流之间的关系为：

$$\frac{\dot{U}_1}{\dot{U}_2}=2\,,\quad \frac{\dot{I}_1}{\dot{I}_2}=\frac{1}{2}$$

联立求解可得：$\dot{I}_1=0.4\angle0^\circ\,\mathrm{A}$，$\dot{U}_2=0.8\angle0^\circ\,\mathrm{V}$

R_L 上消耗的平均功率为：$P_L=\dfrac{U_2^2}{R_L}=0.64\mathrm{W}$

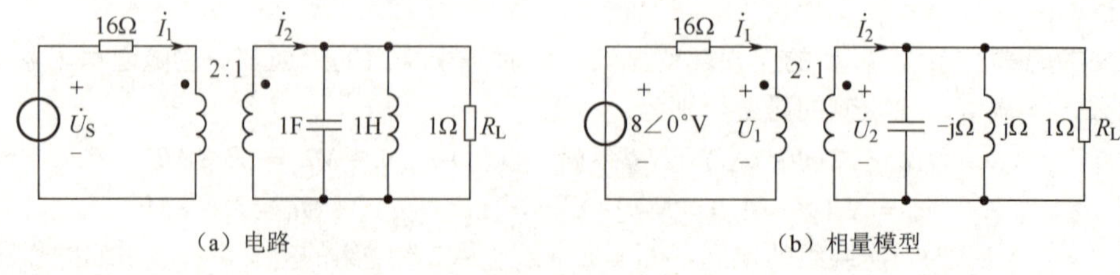

图 5.69　例 5.26 图

解法二　变压器二次侧的等效阻抗为：$Z_0 = (\dfrac{1}{\dfrac{1}{\mathrm{j}} + \dfrac{1}{-\mathrm{j}} + 1})\Omega = 1\Omega$

则根据变压器的阻抗变换关系，一次侧的入端复阻抗为：

$$Z_{\mathrm{i}} = n^2 Z_0 = 4\Omega$$

因此，变压器一次侧的等效电路如图 5.70 所示。

根据 KVL 可得：$$16\dot{I}_1 + 4\dot{I}_1 = 8$$

解得：$$\dot{I}_1 = 0.4\angle 0^\circ \mathrm{A}$$

则二次电流 $$\dot{I}_2 = 2\dot{I}_1 = 0.8\angle 0^\circ \mathrm{A}$$

因此，R_{L} 上消耗的平均功率为：$P_{\mathrm{L}} = I_{\mathrm{L}}^2 R_{\mathrm{L}} = (\dfrac{R_{\mathrm{L}}}{Z_0} \times I_2)^2 R_{\mathrm{L}} = 0.64\mathrm{W}$

解法三　先求原电路中变压器二次侧左侧部分电路的戴维南等效电路。二次侧开路时 $\dot{I}_2 = 0$，因此 $\dot{I}_1 = 0$，$\dot{U}_1 = \dot{U}_{\mathrm{S}} = 8\angle 0^\circ \mathrm{V}$，开路电压为：

$$\dot{U}_{\mathrm{oc}} = \dot{U}_2 = \frac{1}{2}\dot{U}_1 = 4\angle 0^\circ \mathrm{V}$$

从二次侧向左看进去的等效电阻为：

$$Z = \frac{\dot{U}_2}{-\dot{I}_2} = \frac{\frac{1}{2}\dot{U}_1}{-2\dot{I}_1} = -\frac{1}{4} \times \frac{\dot{U}_1}{\dot{I}_1} = 4\Omega$$

因此，原电路的戴维南等效电路如图 5.71 所示。

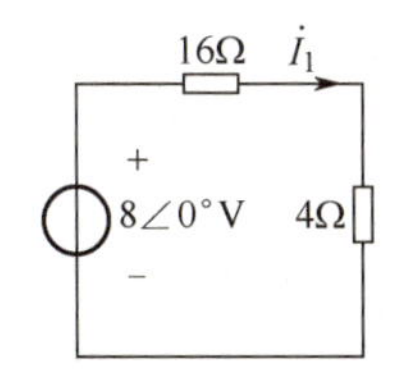

图 5.70　变压器一次侧的等效电路

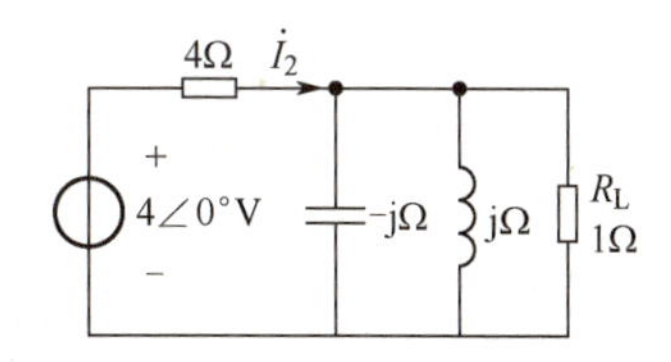

图 5.71　例 5.26 电路的戴维南等效电路

$$\therefore \dot{I}_2 = \frac{\dot{U}_{\mathrm{oc}}}{Z + Z_0} = \frac{4\angle 0^\circ}{4+1}\mathrm{A} = 0.8\angle 0^\circ \mathrm{A}$$

负载电流为：$$\dot{I}_{\mathrm{L}} = \frac{1}{1 + \frac{1}{\mathrm{j}} + (-\frac{1}{\mathrm{j}})}\dot{I}_2 = 0.8\angle 0^\circ \mathrm{A}$$

R_{L} 上消耗的平均功率为：$P_{\mathrm{L}} = I_{\mathrm{L}}^2 R_{\mathrm{L}} = 0.64\mathrm{W}$

2. 全耦合变压器电路分析

全耦合变压器的实质就是两个完全耦合的互感线圈，因此对于含全耦合变压器的电路除可以根据全耦合变压器的电压、电流特性进行求解外，还可以根据含有互感电路的分析方法进行求解。

【例 5.27】　含全耦合变压器电路如图 5.72 所示，已知 $\omega = 1$，试求电路中的电流 $\dot{I}_1$ 和 $\dot{I}_2$。

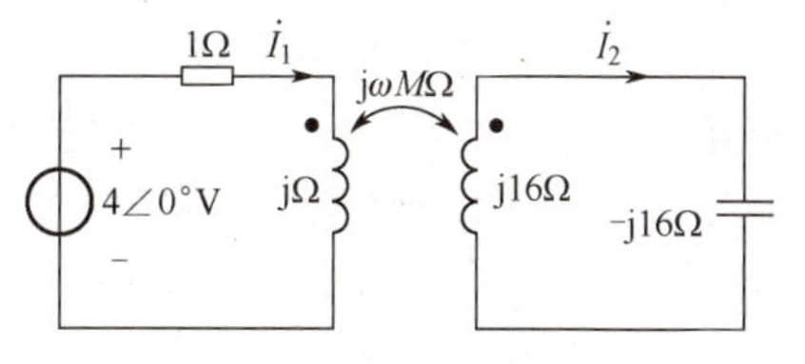

图 5.72　例 5.27 图

解法一　由 $\omega = 1$ 可知：$L_1 = 1\mathrm{H}$，$L_2 = 16\mathrm{H}$

根据全耦合关系可得： $M=\sqrt{L_1L_2}=4\text{H}$

变压器一次回路和二次回路的 KVL 方程分别为：

$$(1+\text{j})\dot{I}_1-\text{j}4\dot{I}_2=4\angle 0^\circ$$

$$(\text{j}16-\text{j}16)\dot{I}_2-\text{j}4\dot{I}_1=0$$

解方程可得：$\dot{I}_1=0\text{A}$，$\dot{I}_2=1\angle 90^\circ\text{A}$

解法二 设全耦合变压器的一次电压和二次电压分别为$\dot{U}_1$和$\dot{U}_2$，则根据全耦合变压器的电压、电流关系可得：

$$\begin{cases}\dfrac{\dot{U}_1}{\dot{U}_2}=\sqrt{\dfrac{L_1}{L_2}}=n=0.25\\[2ex] \dot{I}_1=\dfrac{\dot{U}_1}{\text{j}\omega L_1}+\dfrac{1}{n}\dot{I}_2=-\text{j}\dot{U}_1+4\dot{I}_2\end{cases}$$

而对原电路中一次回路和二次回路分别应用 KVL 可得：

$$\begin{cases}\dot{I}_1+\dot{U}_1=4\angle 0^\circ\\ \text{j}16\dot{I}_2+\dot{U}_2=0\end{cases}$$

联立求解上述方程可解得： $\dot{I}_1=0\text{A}$，$\dot{I}_2=1\angle 90^\circ\text{A}$

解法三 原电路的去耦等效电路如图 5.73 所示。

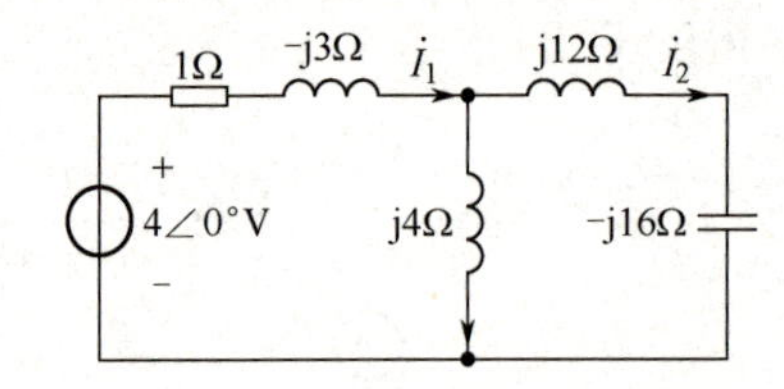

图 5.73 例 5.27 电路的去耦等效电路

则左右两个网孔的网孔电流方程为：

$$(1-\text{j}3+\text{j}4)\dot{I}_1-\text{j}4\dot{I}_2=4\angle 0^\circ$$

$$(\text{j}12+\text{j}4-\text{j}16)\dot{I}_2-\text{j}4\dot{I}_1=0$$

所得结果与前面直接求解的结果相同。

5.6 应用案例

5.6.1 三极管放大电路

三极管是在电子技术中有着广泛应用的一种器件，其电路符号（NPN 型）如图 5.74（a）所示。三极管有三个极：基极（b）、集电极（c）和发射极（e），在不同的应用场合下三极管有不同的等效模型。如在低频小信号放大电路中，三极管可用其混合参数等效模型来表示，而在高频小信号条件下则可用其导纳参数等效模型来表示。下面以在实际中应用广泛的三极管低频小信号放大电路为例来介绍三极管的等效电路模型及分析方法。

在共射接法的放大电路中，如图 5.74（b）所示，在低频小信号作用下，可以将三极管看成一个线性二端口元件，利用二端口元件的混合参数来表示输入端口、输出端口的电压和电流关系，这种模型称为三极管的共射混合参数等效模型，如图 5.74（c）所示。

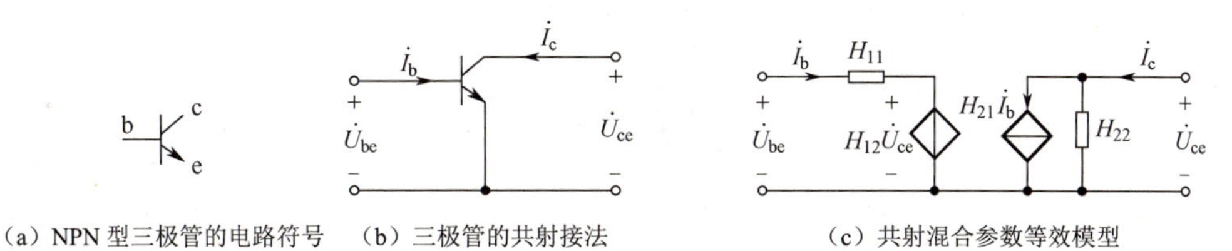

（a）NPN 型三极管的电路符号　（b）三极管的共射接法　（c）共射混合参数等效模型

图 5.74　三极管的共射混合参数等效模型

从图 5.74（b）中可以看出，共射接法时三极管可以看成一个二端口元件，其中 b-e 为输入端口，c-e 为输出端口。根据等效电路模型可以写出该二端口元件的混合参数方程为：

$$\begin{cases}\dot{U}_{be}=H_{11}\dot{I}_b+H_{12}\dot{U}_{ce}\\ \dot{I}_c=H_{21}\dot{I}_b+H_{22}\dot{U}_{ce}\end{cases}$$

其中，$H_{11}=\left.\dfrac{\dot{U}_{be}}{\dot{I}_b}\right|_{\dot{U}_{ce}=0}=r_{be}$ 代表小信号作用下 b-e 间的动态电阻；

$H_{12}=\left.\dfrac{\dot{U}_{be}}{\dot{U}_{ce}}\right|_{\dot{I}_b=0}$ 代表三极管输出回路电压对输入回路电压的影响，称为内反馈系数；

$H_{21}=\left.\dfrac{\dot{I}_c}{\dot{I}_b}\right|_{\dot{U}_{ce}=0}=\beta$ 代表在 Q 点附近三极管的电流放大系数；

$H_{22}=\left.\dfrac{\dot{I}_c}{\dot{U}_{ce}}\right|_{\dot{I}_b=0}$ 表示输出特性曲线上翘的程度，通常将 $\dfrac{1}{H_{22}}$ 称为 c-e 间的动态电阻。

由于内反馈系数很小，在近似分析中可以忽略不计，而在输出回路中动态电阻通常很大，因此三极管的共射混合参数等效模型可以简化为图 5.75 所示的形式。

【例 5.28】 如图 5.76 所示的三极管共射放大交流通路，试求其电压放大倍数 $\dfrac{\dot{U}_o}{\dot{U}_i}$。已知 $H_{11}=500\Omega$，$H_{12}=0.002$，$H_{21}=100$，$H_{22}=0\Omega$，$\dot{U}_i=1\angle 0^\circ\text{V}$，$R_1=1.5\text{k}\Omega$，$R_L=2\text{k}\Omega$。

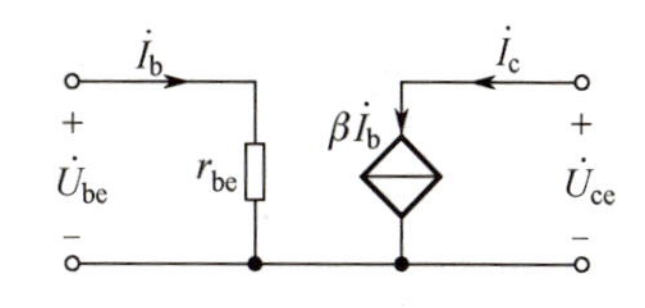

图 5.75　三极管的共射混合参数等效模型

解： 将三极管用其混合参数等效模型来表示，原电路可等效如图 5.77 所示模型。

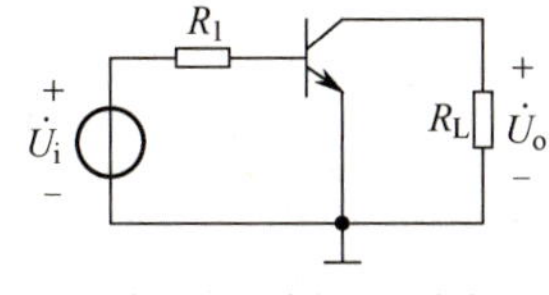

图 5.76　例 5.28 图

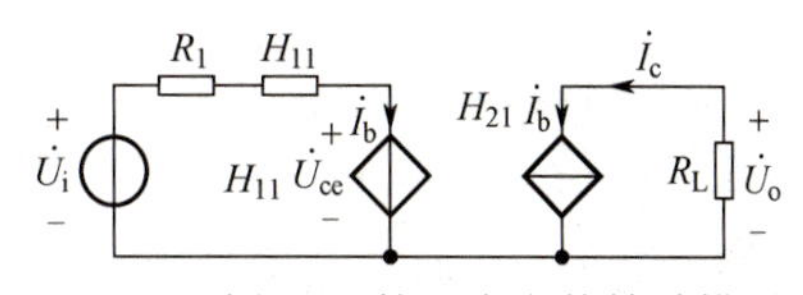

图 5.77　例 5.28 的混合参数等效模型

则电压放大倍数

$$\frac{\dot{U}_o}{\dot{U}_i}=\frac{-\dot{I}_c R_L}{(R_1+H_{11})\dot{I}_b+H_{12}\dot{U}_{ce}}$$

$$=\frac{-H_{21}\dot{I}_{b}R_{L}}{(R_{1}+H_{11})\dot{I}_{b}+H_{12}(-H_{21}\dot{I}_{b}R_{L})}$$

$$=\frac{-H_{21}R_{L}}{R_{1}+H_{11}-H_{12}H_{21}R_{L}}$$

代入数据可得：

$$\frac{\dot{U}_{o}}{\dot{U}_{i}}=-125$$

即原电路的电压放大倍数为-125，负号表示输出与输入相位相反。

5.6.2 电流互感器

在电力系统中，很多情况下需要对电路中的电流进行测量，但是电路中电流变化的范围很大，可能从几安到几万安，而且电路电压也很高，不能直接对电流进行测量。电流互感器可以将待测的大电流变换成小电流，从而起到测量和隔离保护的作用。

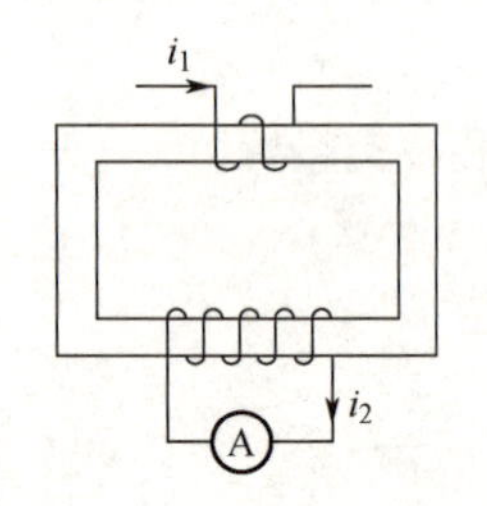

图 5.78 电流互感器的工作原理

电流互感器是利用变压器原理制成的，其工作原理如图 5.78 所示。一次绕组和二次绕组绕制在铁芯上，一次绕组串联在被测电路中，匝数为 N_1；二次绕组接电流表，匝数为 N_2，$N_1<N_2$。一次电流与二次电流之间的关系可以表示为：

$$\frac{I_1}{I_2}=\frac{N_2}{N_1}=k$$

因此，根据电流表的读数以及电流变换系数 k 就可以得到待测电流的大小。在使用中，由于二次绕组所接测量仪表的阻抗很小，因此电压很低，可以保障操作人员和仪表的安全性。

在使用电流互感器时应该注意以下两点。

（1）二次绕组使用时不能开路。如果二次绕组开路，则铁芯中的电流会急剧增大，铁芯损耗急剧增加，将会烧坏绕组，而且在二次绕组两端将感应出高电压，危及操作人员安全。

（2）铁芯、二次绕组应可靠接地。

5.6.3 飞机通信中的振荡电路

飞机在与地面进行通信时，信息需要加载在载波信号上并通过天线发射出去。载波信号通常为特定频率的高频正弦信号，可由正弦波振荡电路产生。常用的正弦波振荡电路有 RC 正弦波振荡电路、LC 正弦波振荡电路、石英晶体振荡电路等。其中，变压器反馈式 LC 振荡电路易于起振，所产生的正弦波波形好，因此在实际中应用广泛。

变压器反馈式正弦波振荡电路如图 5.79 所示。正弦波振荡电路特定频率的正弦波都是利用电路的自激振荡产生的。电路上电的瞬间会产生电噪声，其中含有各种频率成分的正弦波。L_1 与 C 组成的并联谐振电路，将某一特定频率的正弦信号选出来，通过 L_1 和 L_2 的互感作用反馈到共发射极放大电路的输入端，经过放大、反馈、再放大，信号的幅值逐渐增强，这样就能产生所需要的特定频率的正弦波了。在这个电路中，要使电路能够产生自激振荡，经过变压器二次绕组反馈到放大电路输入端的信号的极性必须与输入信号的极性相同，因此在电路连接时变压器的同名

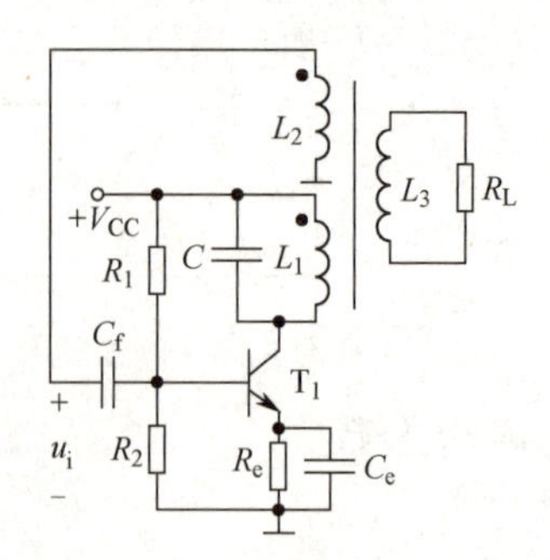

图 5.79 变压器反馈式正弦波振荡电路

端必须正确。假设输入信号的对地极性为正，由于共射放大电路的输出信号与输入信号反相，因此变压器一次绕组电压的极性为“上正下负”，要使二次绕组上端的对地极性也为正，那么二次绕组电压的极性应为“上正下负”，因此 L_1 与 L_2 的上端应为同名端，如图 5.79 所示。若同名端连接错误，那么电路就不能产生正弦波。

图 5.79 所示电路的等效电路如图 5.80 所示。其中 R 为 LC 谐振回路、负载等的总损耗，L_1 为考虑到第 3 个回路参数折合到变压器一次侧的等效电感，L_2 为二次侧的电感，$R_i=R_1//R_2//r_{be}$ 为放大电路的输入电阻。根据前面所学互感理论可知，在图 5.80 中，从 AB 端向右侧看过去的等效电路如图 5.81 所示。

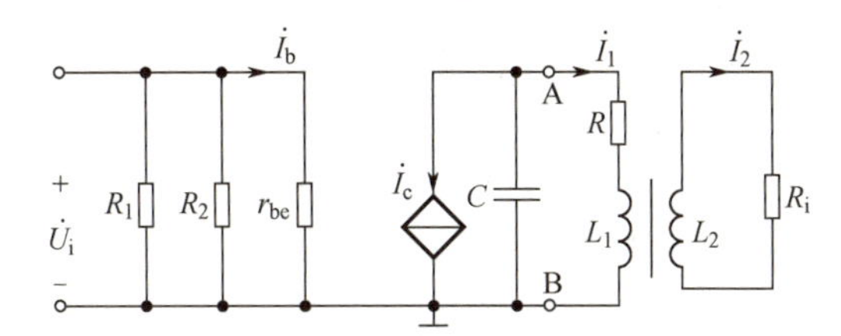

图 5.80　变压器反馈式正弦波振荡电路的等效电路

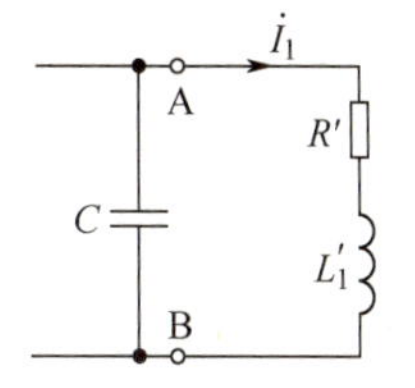

图 5.81　变压器部分的等效电路

其中

$$R'=R+\frac{\omega^2M^2}{R_i^2+\omega^2L_2^2}\cdot R_i$$

$$L_1'=L_1-\frac{\omega^2M^2}{R_i^2+\omega^2L_2^2}\cdot L_2$$

分别为折合到变压器一次侧的电阻与电感，M 为一次绕组与二次绕组的等效互感。

因此，该 LC 振荡电路的振荡频率为：

$$f_0\approx\frac{1}{2\pi\sqrt{L_1'C}}$$

在实际中也可以用集成运放组成的同相比例运算电路代替晶体管共射放大电路作为放大环节以构成正弦波振荡电路。

思考题与习题 5

题 5.1　试求如图 5.82 所示二端口元件的导纳参数。

题 5.2　试求如图 5.83 所示二端口元件的导纳参数矩阵和阻抗参数矩阵。

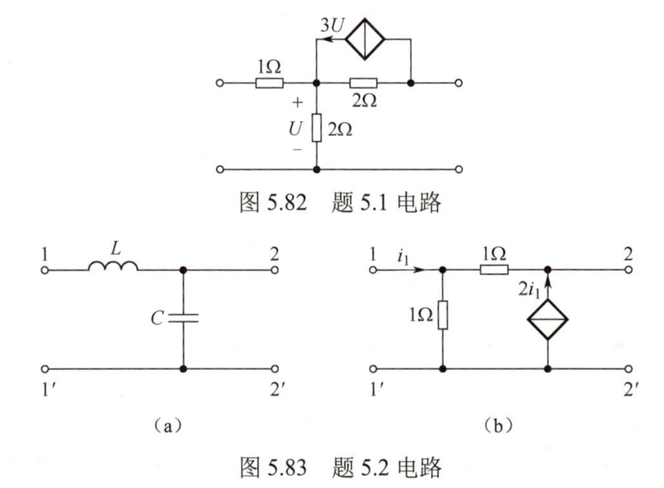

图 5.82　题 5.1 电路

图 5.83　题 5.2 电路

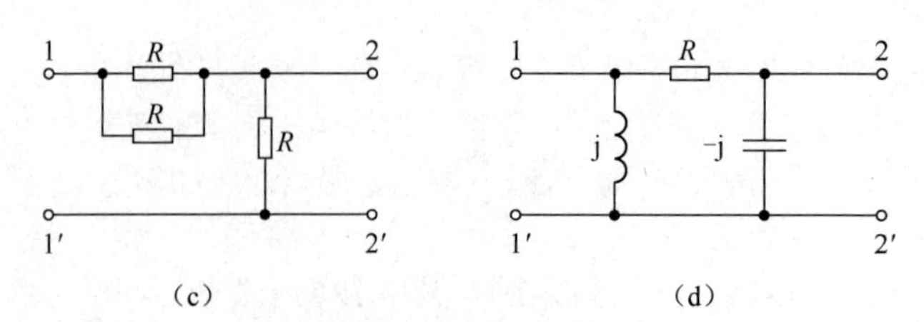

图 5.83　题 5.2 电路（续）

题 5.3　试求如图 5.84 所示二端口元件的阻抗参数。

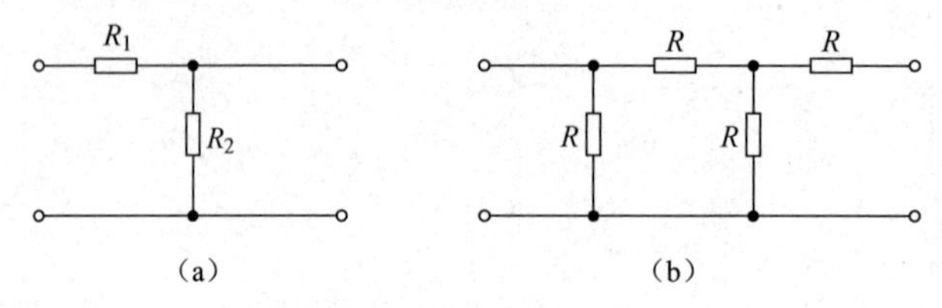

图 5.84　题 5.3 电路

题 5.4　试求如图 5.85 所示二端口元件的阻抗参数。

题 5.5　已知二端口元件的阻抗参数矩阵为：

$$\boldsymbol{Z}=\begin{bmatrix}20 & 16\\ 1 & 8\end{bmatrix}$$

试设计满足该参数的电路。

题 5.6　试求如图 5.86 所示二端口元件的混合参数矩阵。

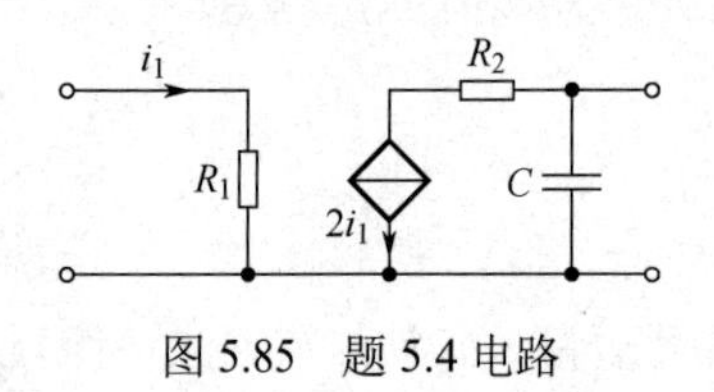

图 5.85　题 5.4 电路

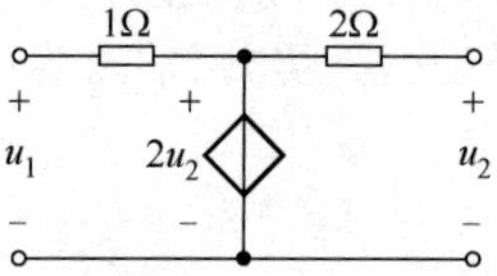

图 5.86　题 5.6 电路

题 5.7　已知如图 5.87 所示二端口元件的混合参数矩阵为：

$$\boldsymbol{H}=\begin{bmatrix}10 & 2\\ -1 & 0.5\end{bmatrix}$$

试求 $\dfrac{U_1}{U_2}$ 。

题 5.8　试求如图 5.88 所示二端口元件的传输参数矩阵。

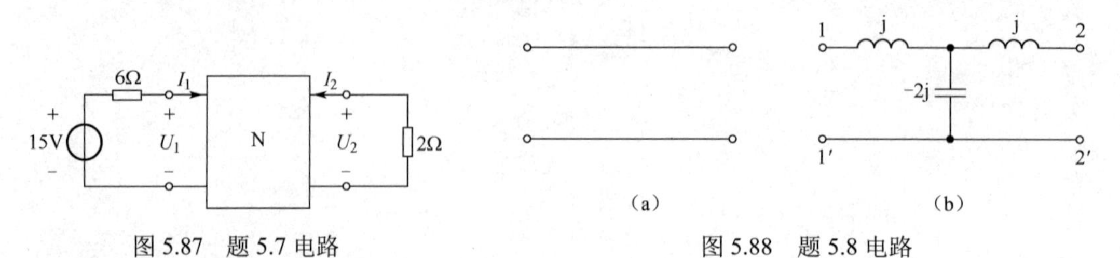

图 5.87　题 5.7 电路　　图 5.88　题 5.8 电路

题 5.9 已知一个二端口元件的导纳参数矩阵为：

$$\boldsymbol{Y}=\begin{bmatrix}5 & -4\\ -4 & 6\end{bmatrix}$$

试求该二端口元件的混合参数矩阵，并判断该二端口元件中是否含有受控源？

题 5.10　图 5.89 所示为晶体三极管的 T 形等效电路，求其阻抗参数。

题 5.11　试由导纳参数矩阵推导传输参数矩阵。

题 5.12　已知二端口元件的传输参数矩阵为：

$$\boldsymbol{T}=\begin{bmatrix}8 & -2\\ 3 & 1.5\end{bmatrix}$$

试求其混合参数矩阵。

题 5.13　如图 5.90 所示电路为两个二端口元件的级联，试求其传输参数矩阵。

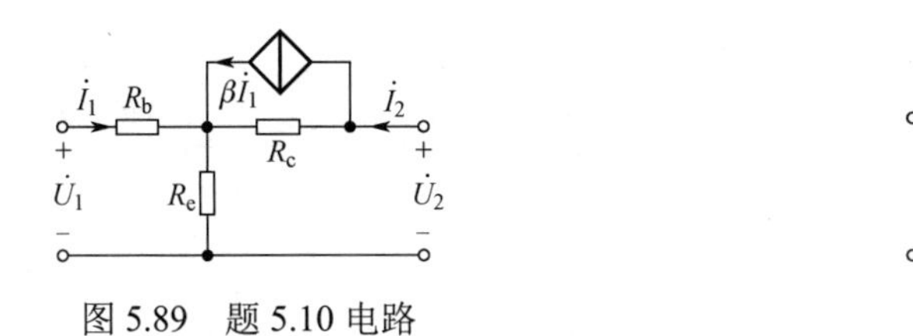

图 5.89　题 5.10 电路

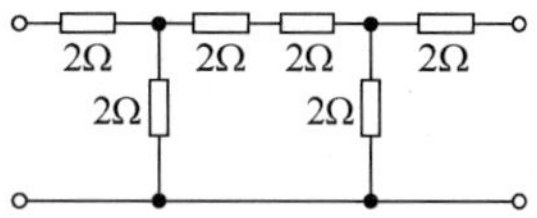

图 5.90　题 5.13 电路

题 5.14　如图 5.91 所示二端口元件，已知 N_1 的阻抗参数矩阵为：

$$\boldsymbol{Z}=\begin{bmatrix}15 & 6\\ 12 & 9\end{bmatrix}$$

试求该二端口元件的阻抗参数。

题 5.15　求如图 5.92 所示二端口元件的阻抗参数。

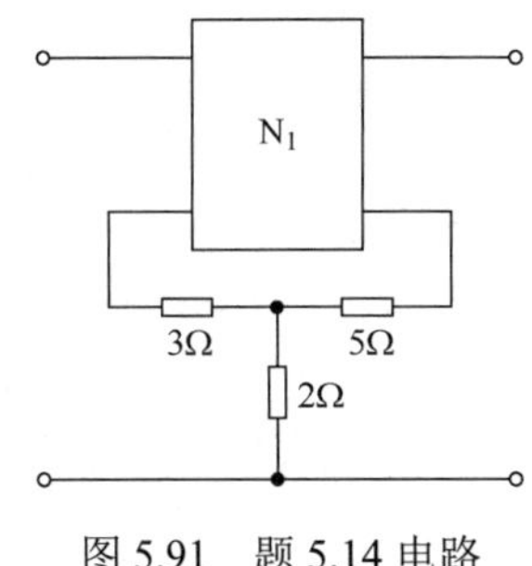

图 5.91　题 5.14 电路

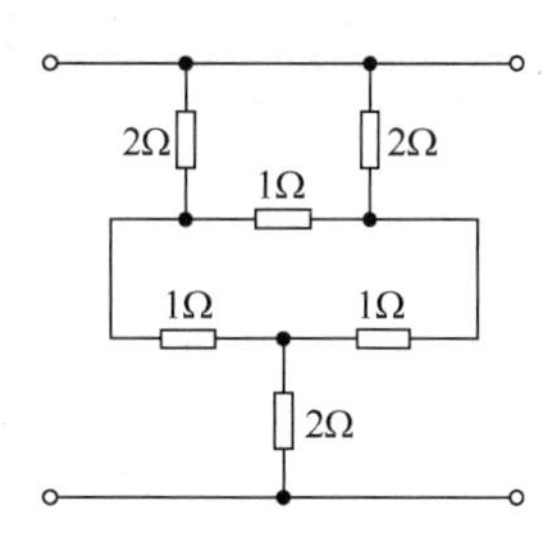

图 5.92　题 5.15 电路

题 5.16　试求如图 5.93 所示二端口元件的导纳参数。

题 5.17　试求如图 5.94 所示二端口元件的 T 形等效电路。

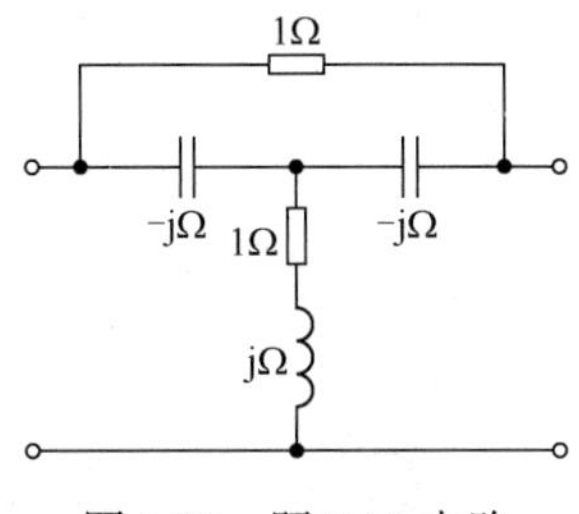

图 5.93　题 5.16 电路

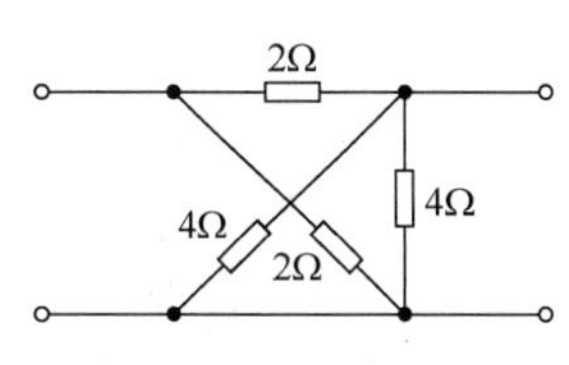

图 5.94　题 5.17 电路

题 5.18　已知二端口元件的传输参数矩阵为：

$$\boldsymbol{T}=\begin{bmatrix}1 & 4\\ 2 & 0.5\end{bmatrix}$$

试求其∏形等效电路。

题 5.19　已知二端口元件的阻抗参数矩阵为：

$$Z=\begin{bmatrix}9 & 6\\3 & 1\end{bmatrix}$$

试求其 T 形等效电路。

题 5.20　如图 5.95 所示二端口元件，已知其阻抗参数矩阵为：

$$Z=\begin{bmatrix}2 & 4\\1 & -3\end{bmatrix}$$

试求当 R 为何值时可获得最大功率？最大功率为多少？

题 5.21　试求如图 5.96 所示二端口元件的特性阻抗和传输系数。

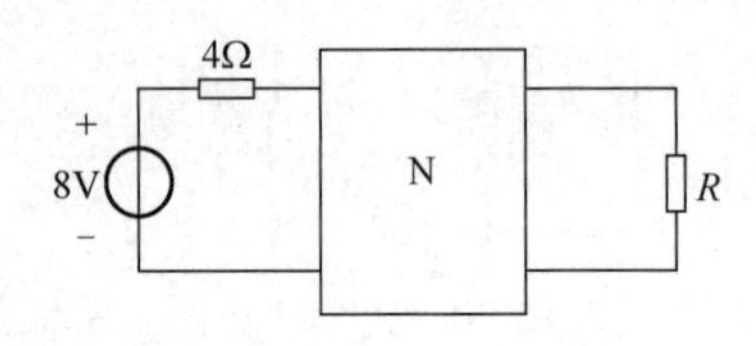

图 5.95　题 5.20 电路

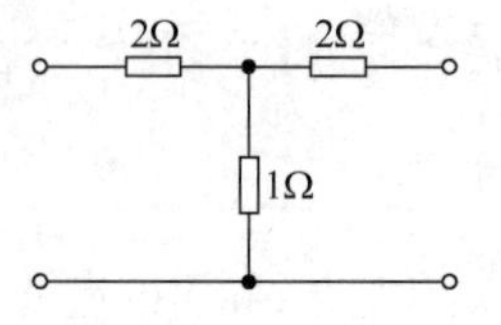

图 5.96　题 5.21 电路

题 5.22　如图 5.97 所示二端口元件，已知 $\dot{U}_S = 10\angle 0^\circ\text{V}$，试求当 $Z_L = Z_C$ 时负载上消耗的功率。

题 5.23　用变压器能否实现直流电压耦合？

题 5.24　为什么将两互感线圈串联或并联时，必须注意同名端，否则当接到电源时有烧毁的危险？

题 5.25　互感线圈的耦合系数能否等于零？

题 5.26　试标出图 5.98 所示互感元件的同名端。

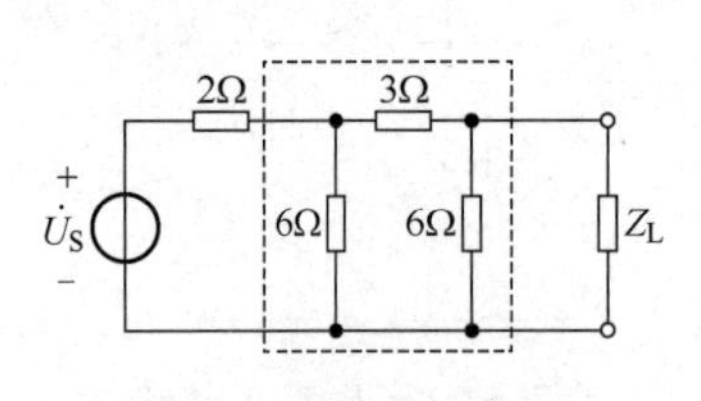

图 5.97　题 5.22 电路

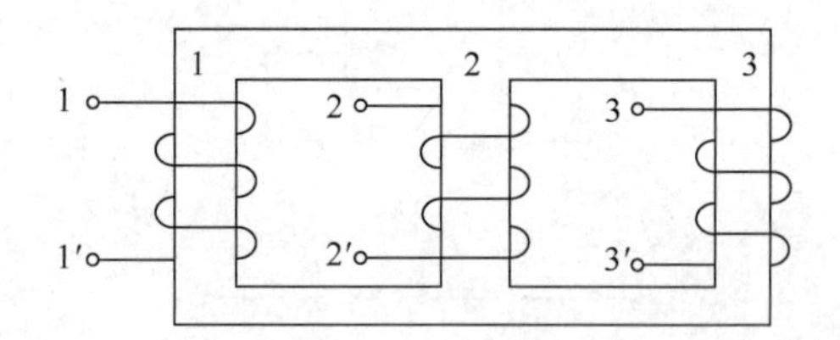

图 5.98　题 5.26 图

题 5.27　在图 5.99 所示的电路中，两个线圈的额定电压均为 110V，当外加电压分别为 110V 和 220V 时，线圈 1 和 2 的四个端钮应该如何连接？

题 5.28　试求图 5.100 所示电路中 a、b 两端的电压。

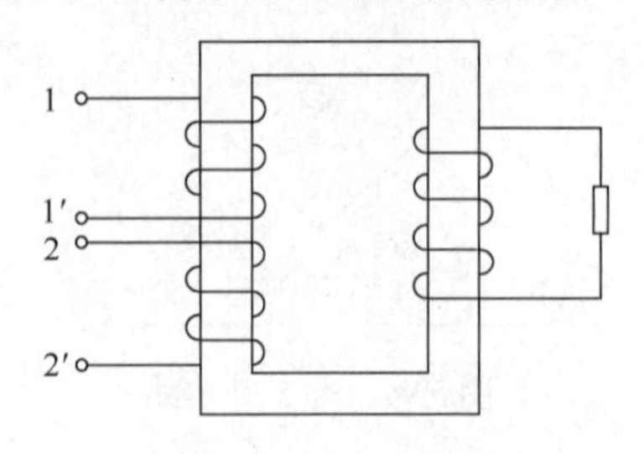

图 5.99　题 5.27 电路

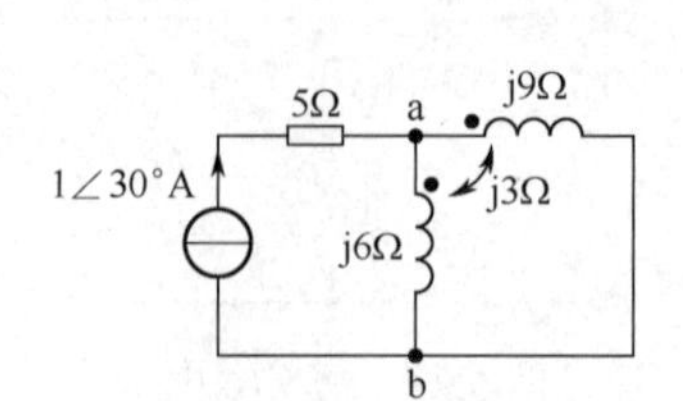

图 5.100　题 5.28 电路

题 5.29　试求图 5.101 所示电路的等效电感。

题 5.30　试计算图 5.102 所示三个互感线圈的总电感。

题 5.31　两个线圈，当顺串时总电感为 180mH，反串时总电感为 120mH，若其中一个线圈的电感是另一个的 4 倍，求 L_1、L_2 和 M，并计算耦合系数 k。

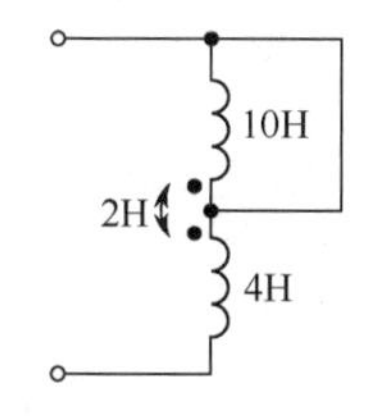

图 5.101　题 5.29 电路

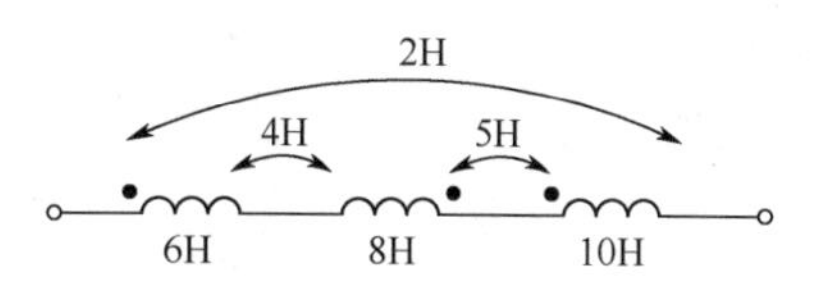

图 5.102　题 5.30 电路

题 5.32　试求图 5.103 所示电路的入端阻抗。

题 5.33　试计算图 5.104 所示电路中的电压 $\dot{U}$ 。

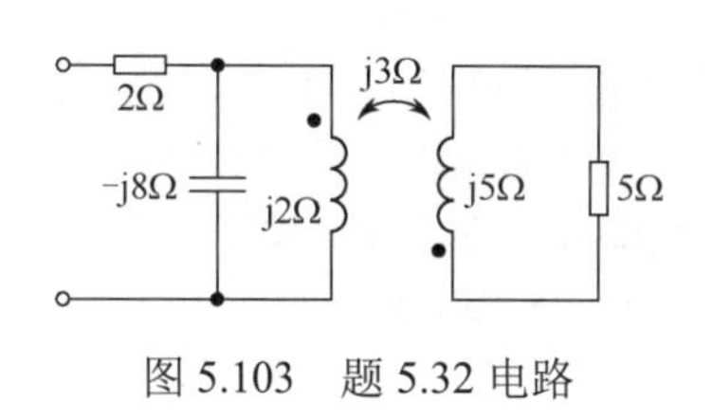

图 5.103　题 5.32 电路

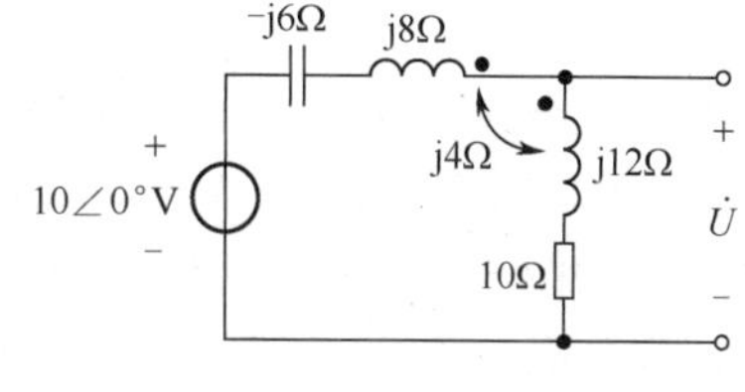

图 5.104　题 5.33 电路

题 5.34　试求图 5.105 所示电路的诺顿等效电路。

题 5.35　试写出图 5.106 所示互感元件的伏安关系式。

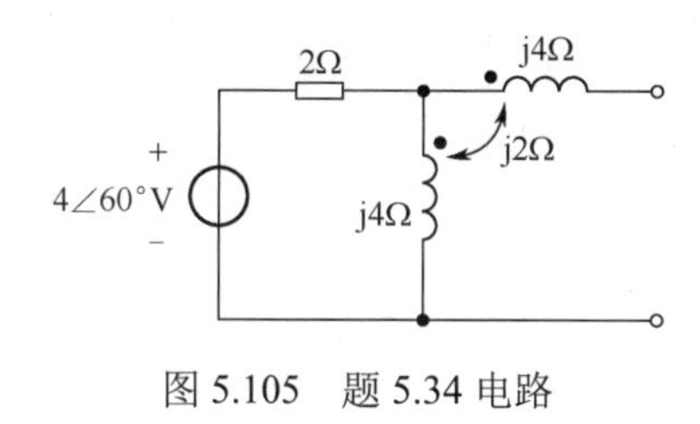

图 5.105　题 5.34 电路

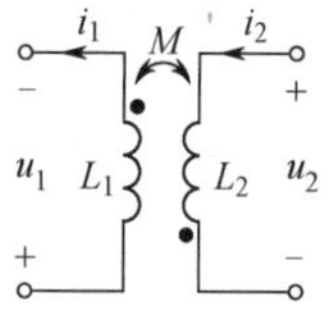

图 5.106　题 5.35 电路

题 5.36　在图 5.107 所示电路中，已知两个线圈的参数为：$R_1 = R_2 = 100\Omega$，$L_1 = 3\text{H}$，$L_2 = 10\text{H}$，$M = 5\text{H}$，正弦电源的电压 $\dot{U} = 220\angle 0^\circ \text{V}$，$\omega = 100\text{rad/s}$ 。

（1）试求两线圈端电压，并做出电路的相量图。

（2）电路中串联多大的电容可使电路发生串联谐振？

（3）画出该电路的去耦等效电路。

题 5.37　在图 5.108 所示电路中，若 $\dot{U}_2 = \dot{U}_S$，那么理想变压器的变比应为多少？

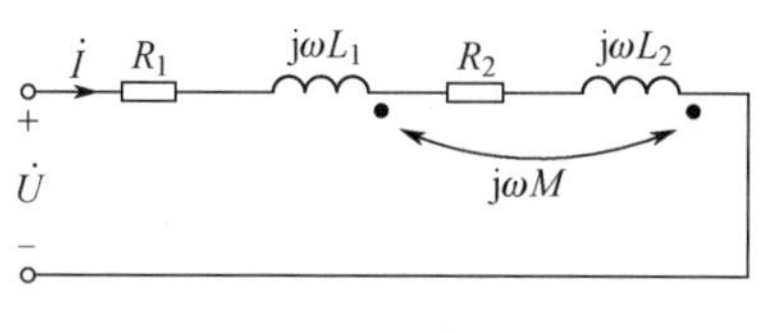

图 5.107　题 5.36 电路

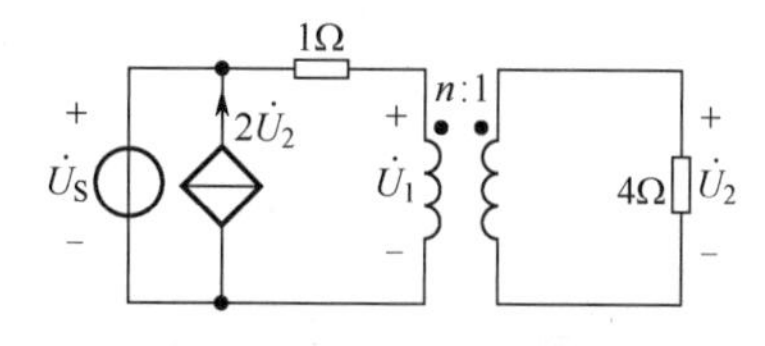

图 5.108　题 5.37 电路

题 5.38　试计算图 5.109 所示电路的输入阻抗。

题 5.39　在图 5.110 所示电路中，要使负载获得最大功率，则变压器的变比 n 应为多少？并计算该最大功率的值。

题 5.40　试求图 5.111 所示电路中的电流 $\dot{I}$ 。

题 5.41　将一个有效值为 220V、频率为 60Hz 的电压施加到 500 匝的绕组上，试计算绕组的磁通峰值和有效值。

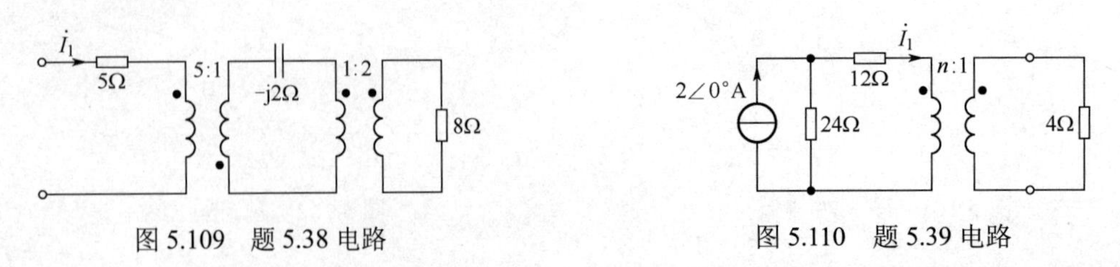

图 5.109　题 5.38 电路　　　图 5.110　题 5.39 电路

题 5.42　一个 200 匝的环形绕组，如图 5.60 所示，已知 r=1cm，R=10cm。当在此绕组上通以 $i = 0.1\sin(100t)$A 的电流时，电压 $u = 0.5\sin(100t + 90°)$V，试确定磁通 $\varPhi$ 的表达式以及铁芯的相对磁导率。

题 5.43　一个铁芯线圈，加上 10V 直流电压时，通过的电流为 0.5A；加上 220V 交流电压时，通过的电流为 2A，消耗的功率为 128W。试求后一种情况下线圈的铜损、铁损以及功率因数。

题 5.44　如图 5.112 所示的磁路，铁芯的平均长度为 100cm，铁芯截面积为 20cm^2，空气隙长度为 1cm，截面积为 20cm^2，当磁路中的磁通 $\varPhi = 0.001$Wb 时，铁芯中的磁场强度为 5A/cm。试求铁芯和气隙磁阻以及线圈的磁通势。

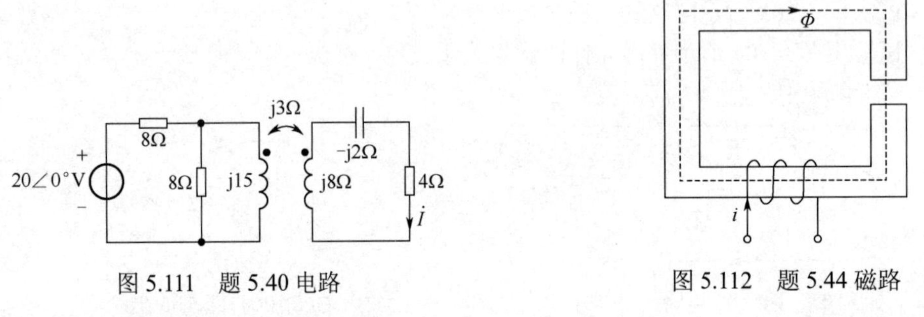

图 5.111　题 5.40 电路　　　图 5.112　题 5.44 磁路

题 5.45　一个交流铁芯线圈，接在 f=50Hz 的正弦交流电源上，铁芯中磁通的最大值为 1.5×10^{-3}Wb。若在此铁芯上再绕一个匝数为 500 的线圈，那么线圈开路时其两端电压为多大？

第 6 章　交流电动机及应用

本章导读信息

电机是实现机械能与电能相互转换的装置，将机械能转换为电能的电机称为发电机，将电能转换为机械能的电机称为电动机。电机有交流电机和直流电机两大类，交流电机又分为异步电机和同步电机，直流电机按照励磁方式也可分为他励、并励、串励和复励四种。学习本章内容，首先要理解旋转磁场的产生和电机转动原理；其次要从电路角度参照变压器分析定子电路和转子电路中电压、电流与旋转磁通的关系；最后要依据洛伦兹力计算出使电机转动的电磁转矩，进而获取交流电动机的机械特性、启动/调速/制动方法。

1. 内容提要

本章首先介绍三相异步电动机的构造，然后分析其工作原理，最后通过对定子转子电路分析得出电路中的电动势、电流、频率等主要物理量信息。在电路分析之后重点对三相异步电动机的机械特性进行分析讨论，在此基础上分析电动机的启动、调速及制动的基本方法，最后介绍交流电动机的应用案例。

本章用到的主要名词与概念有：电动机、三相异步电动机、定子、转子、笼型转子、绕线式转子、旋转磁场、旋转磁场的转向、旋转磁场的极数、旋转磁场的转速、转子转速、磁场转速、转差率、额定转速、转子电路、定子电路、转子频率、转子电动势、转子感抗、转子电流、转子的功率因数、电磁转矩、额定转矩、最大转矩、启动转矩、启动性能、直接启动、降压启动、星形−三角形（Y-△）换接启动、自耦降压启动、变频调速、变极调速、变转差率调速、能耗制动、反接制动、发电反馈制动。

2. 重点难点

【本章重点】

（1）三相异步电动机的基本原理；

（2）三相异步电动机的机械特性；

（3）三相异步电动机的启动、调速及制动。

【本章难点】

（1）三相异步电动机的基本原理；

（2）三相异步电动机的机械特性。

6.1 概　　述

电机是实现能量转换或信号转换的电磁装置，用作能量转换的电机称为动力电机，用作信号转换的电机称为控制电机。在动力电机中，将机械能转换为电能的称为发电机，将电能转换为机械能的称为电动机。任何电机理论上既可当作发电机运行，也可当作电动机运行，所以电机是一种双向的能量转换装置，这一特性称为电机的可逆原理。现代各种生产机械都广泛应用电动机来驱动。按照电流种类的不同，电动机可以分为交流电动机和直流电动机两大类。交流电动机按照转子的运动是否与定子磁场同步，分为同步电动机和异步电动机两种，每种又有单相和三相之分。

同步电动机的转子始终与定子磁场同步旋转，具有功率因数可以调节的优点。单相同步电动机的容量都很小，常用于要求恒速的自动和遥控装置以及钟表、仪表工业中。三相同步电动机常用于要求转速恒定和需要改善功率因数的、电动机容量在数百千瓦级的设备中，随着变频技术日益成熟，同步电动机的启动和调速问题都得到了改善，从而扩大了应用范围。

异步电动机（又称为感应电动机）的转子与定子磁场存在转速差。单相异步电动机广泛应用于电动工具、家用电器、医疗器械和自动控制系统中。三相异步电动机结构简单、价格便宜、运行可靠、维护方便，是当前应用最广泛的电动机之一。据统计，异步电动机的总容量约占各类电动机总容量的 85%。

直流电动机按照励磁方式的不同，分为他励、并励、串励和复励等四种。直流电动机具有优良的启动和调速性能，且驱动系统相对简单，常用于需要大范围调速或精确控制电动机输出的场合，目前在工业领域中仍占有一席之地。

根据使用场合的不同，电动机可分为动力电动机和控制电动机。动力电动机中以交流异步电动机使用最为广泛。控制电动机的体积和输出功率均较小，常用于控制信号的传递和转换。

本章重点介绍三相异步电动机的构造、工作原理、机械特性以及启动、调速和制动等内容。

6.2 三相异步电动机的构造

三相异步电动机分为两个基本部分：定子（固定部分）和转子（旋转部分），其构造如图 6.1 所示。

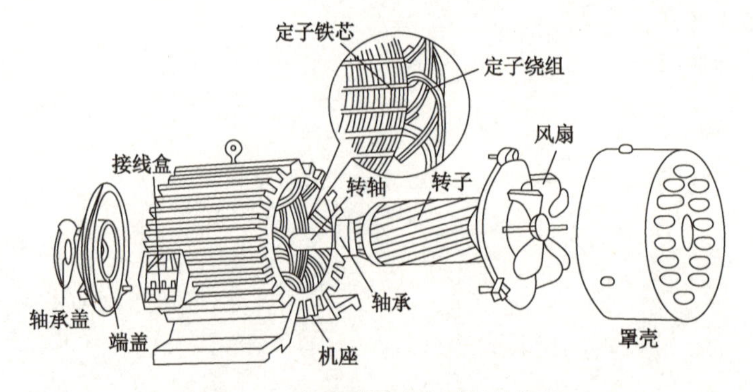

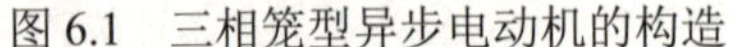
图 6.1　三相笼型异步电动机的构造

1. 定子部分

定子由定子铁芯、定子绕组、机座、端盖和接线盒等组成。定子铁芯由 0.5mm 厚的硅钢片叠压而成，在环状的内圆上均匀地开有许多槽，硅钢片间涂有绝缘漆。定子铁芯的作用是导磁。三相定子绕组由绝缘铜导线绕制而成，三个绕组在空间上彼此相差 120° 并嵌放在定子槽内，如图 6.2（a）所示。三个定子绕组共有六个引出端子，分别固定在接线盒里，接线端标有定子绕组的首末端，分别为 U_1U_2、V_1V_2、W_1W_2。根据电动机电源电压的不同，定子绕组可连接成星形或三角形，如图 6.2（b）、（c）所示。在原理图中，三相绕组常用 AX、BY、CZ 表示。

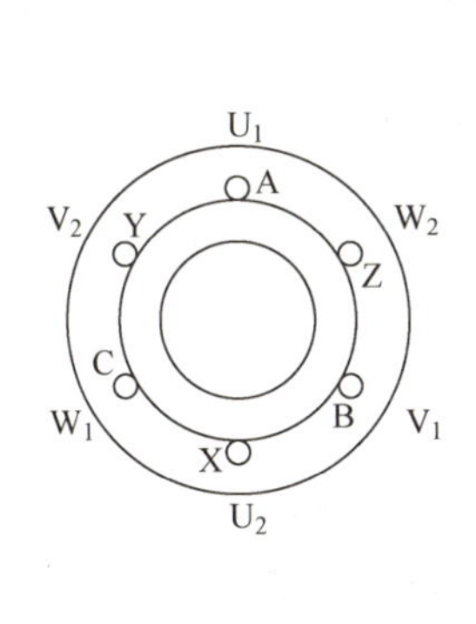

（a）绕组在定子槽内的空间位置

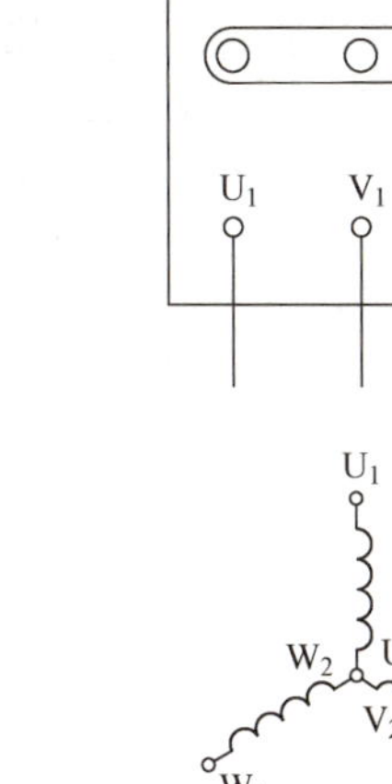

（b）绕组在接线盒内的星形连接

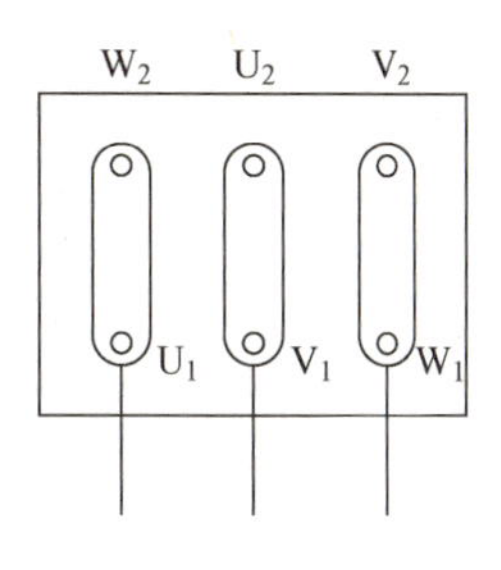

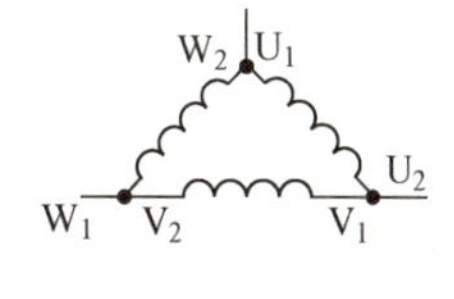

（c）绕组在接线盒内的三角形连接

图 6.2　定子绕组的结构与连接

2. 转子部分

转子由转轴、转子（转子铁芯、转子绕组）和风扇组成。转轴由高碳钢制成，用来支撑转子铁芯、转子绕组等。转子铁芯由硅钢片叠压而成，其外圆周上均匀开有许多槽，槽内嵌放转子绕组。转子绕组有笼型和绕线式两种。

（1）笼型转子。铜条笼型转子在转子槽内放置裸铜条，在铁芯端部用短路环将铜条焊接起来，形状如鼠笼的称为铜条笼型转子，如图 6.3（a）所示。将槽内导体、两端短路环和风扇叶片用铝铸成一个整体的称为铸铝转子，如图 6.3（b）所示。

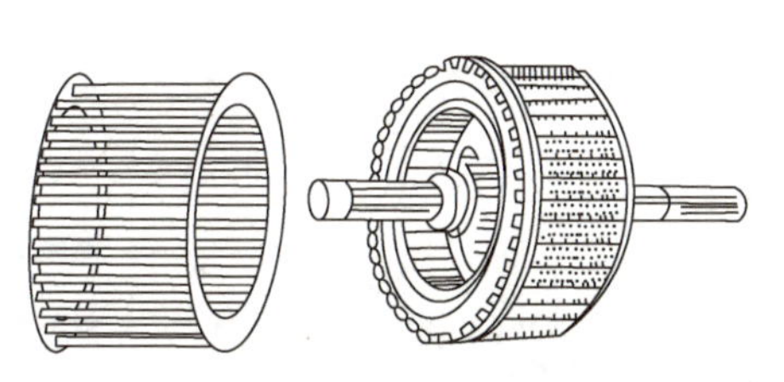
（a）用铜条做绕组的笼型转子

风扇

（b）铸铝转子

图 6.3　笼型转子

（2）绕线式转子由绝缘导线绕制而成，绕组的相数和定子绕组相同。转子三相绕组一般连接成星形，三根引出线连接在固定于转轴上的三个集电环中，由一组固定在端盖上的电刷将集电环与外电路接通，如图 6.4 所示。

笼型转子与绕线式转子只是在构造上不同，它们的工作原理是一样的。三相笼型异步电动机结构简单、价格低廉、工作可靠、使用方便，已在生产

上广泛应用。

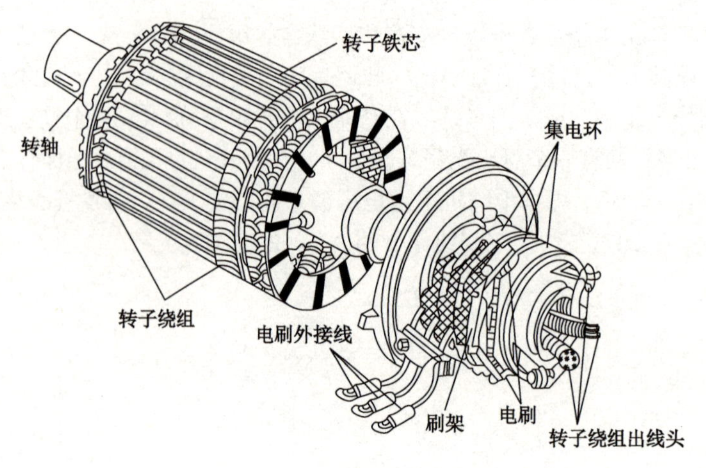

图 6.4　绕线式转子

6.3　三相异步电动机的工作原理

电机都是利用电与磁的相互转换和相互作用制成的。三相异步电动机是通过三相绕组产生在空间旋转的磁场。在讨论三相异步电动机的工作原理之前，先要了解旋转磁场的问题。

6.3.1　旋转磁场

1. 旋转磁场的产生

三相异步电动机的定子铁芯中放有三相对称绕组 U_1U_2、V_1V_2 和 W_1W_2，连接成星形，如图 6.5 所示，如果接入对称三相电源，则绕组中会产生对称三相电流，如图 6.5（b）所示。

$$i_A = I_m \sin \omega t$$

$$i_B = I_m \sin(\omega t - 120^\circ)$$

$$i_C = I_m \sin(\omega t + 120^\circ)$$

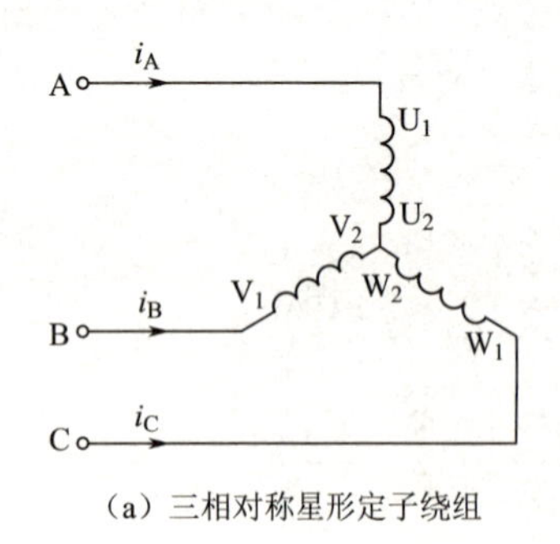

（a）三相对称星形定子绕组

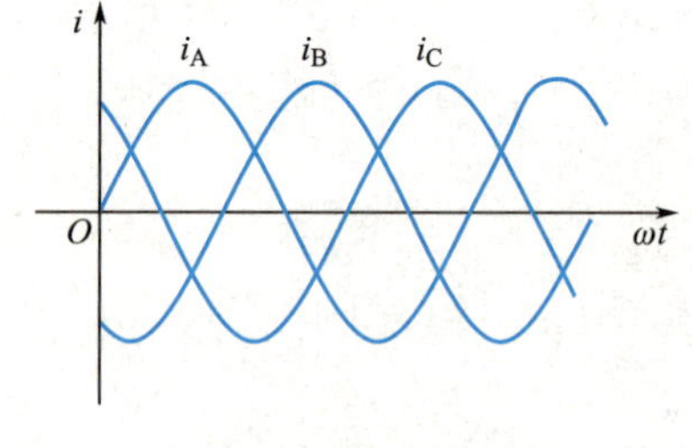

（b）定子绕组中三相电流的波形图

图 6.5　定子三相对称绕组与电流

视频——
旋转磁场的产生

设电流从定子绕组首端（U_1、V_1 和 W_1 端）流到末端（U_2、V_2 和 W_2 端）的方向作为电流的参考方向，当电流为正半周时，电流的瞬时值为正，电流从首端流入，末端流出；当电流为负半周时，电流的瞬时值为负，电流从末端流入，首端流出。电流流入绕组端用符号⊗表示，流出绕组端用符号⊙表示，如图 6.6 所示。

在 ωt=0° 的瞬间，定子绕组中的电流方向如图 6.6（a）所示。这时 $i_A = 0$，无电流；i_B 为负值，电流从 V_2 端流入，V_1 端流出；i_C 为正值，电流从 W_1 端流入，W_2 端流出。用右手螺旋定则确定每相电流所产生的磁场方向，便可得出三相电流的合成磁场，如图 6.6（a）所示。此时，合成磁场轴线的方向是自上而下的。

同理，在 ωt=120° 的瞬间，i_B=0；i_A 为正值，电流从 U_1 端流入，U_2 端流出；i_C 为负值，电流从 W_2 端流入，W_1 端流出。三相电流产生的合成磁场如图 6.6（b）所示。此刻，合成磁场在空间上由图 6.6（a）位置沿顺时针方向旋转了 120°。

在 ωt=240° 的瞬间，i_C=0；i_A 为负值，电流从 U_2 端流入，U_1 端流出；i_B 为正值，电流从 V_1 端流入，V_2 端流出。三相电流产生的合成磁场如图 6.6（c）所示。此刻，合成磁场在空间位置沿顺时针方向又旋转了 120°（合成磁场现已沿顺时针方向旋转了 240°）。

ωt =360° 与 ωt=0° 瞬间的定子绕组中的电流方向一致，即三相电流产生的合成磁场如图 6.6（d）所示。此刻，合成磁场在空间位置由图 6.6（a）开始，沿顺时针方向旋转了 360°。

由上述内容可知，在定子绕组中通入三相对称电流后，它们共同产生的合成磁场随电流的交变而在空间上不断地旋转着，这就是旋转磁场。图 6.6 所示三相交流电流交变一周时，旋转磁场在空间上也旋转了一周，其转速为 n_0，旋转方向为顺时针。

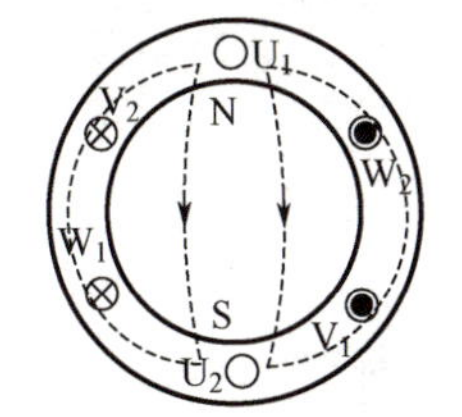

（a）ωt=0° 时的合成磁场

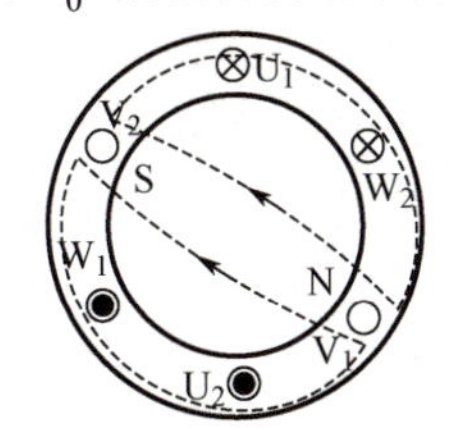

（b）ωt=120° 时的合成磁场

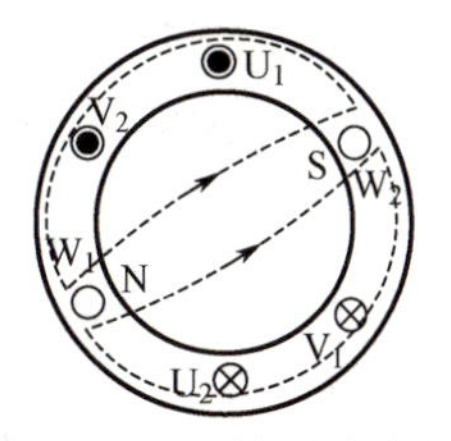

（c）ωt=240° 时的合成磁场

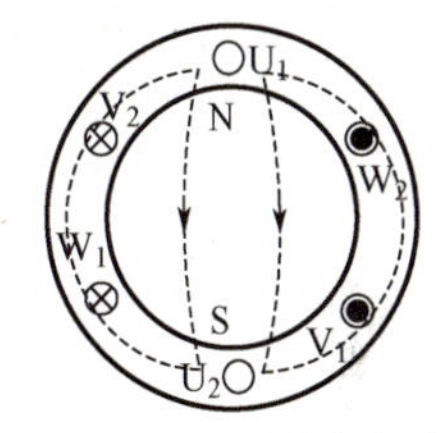

（d）ωt=360° 时的合成磁场

图 6.6　三相电流产生的旋转磁场（p=1）

2．旋转磁场的转向

设外加三相交流电流 i_A、i_B、i_C 的相序为正相序，即三相电流达到最大值的顺序为 A→B→C 称为正相序，图 6.6 所示的顺时针旋转磁场方向是由正相序的三相电流产生的。在不改变三相电源相序条件下，当三相电源与定子绕组的连接顺序改变时（连接的三个绕组中的任意两根端线对调位置），旋转磁场的方向将发生改变。例如，在图 6.7 中，定子绕组与三相电源连接时，绕组的 B 与 C 两根端线对调连接电源，则旋转磁场因此反转。这就是改变三相电动机旋转方向的电磁原理。

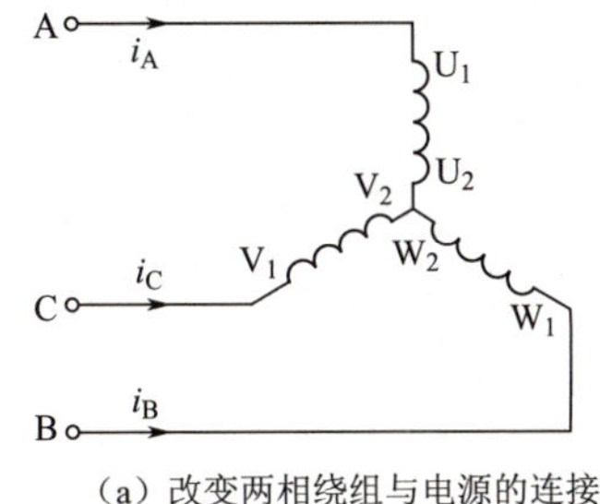

（a）改变两相绕组与电源的连接

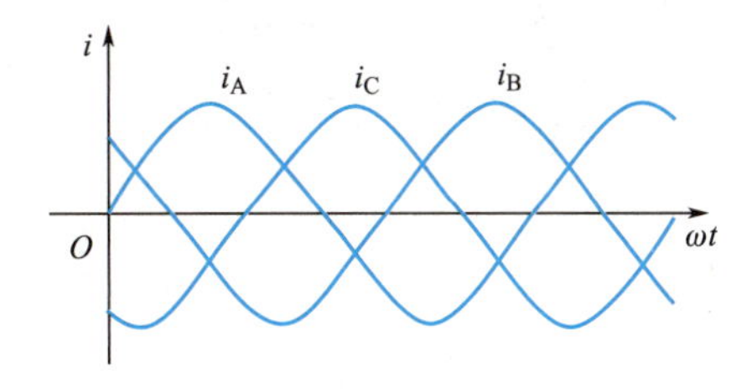

（b）三相绕组中电流的波形

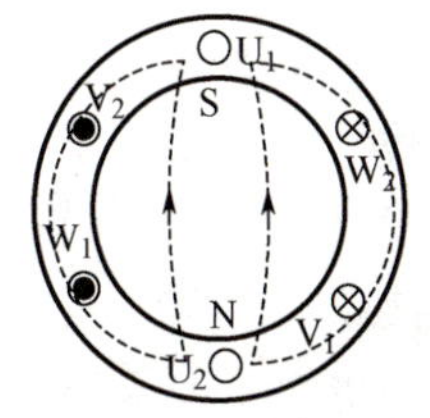

（a）ωt=0° 时的合成磁场

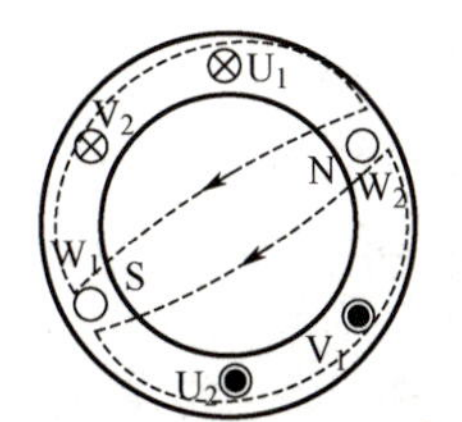

（b）ωt=120° 时的合成磁场

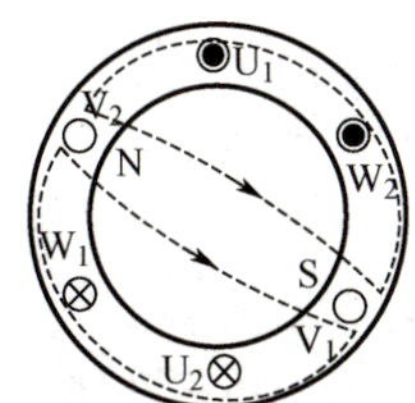

（c）ωt=240° 时的合成磁场

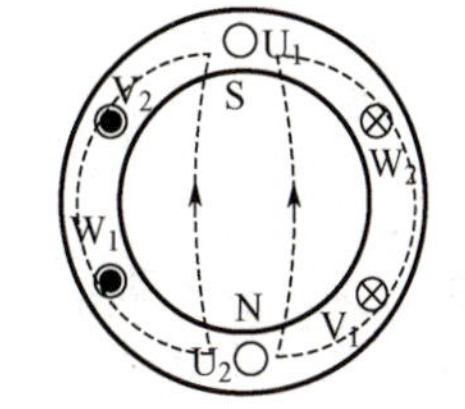

（d）ωt=360° 时的合成磁场

图 6.7　旋转磁场的反转

3. 旋转磁场的极数和转速

三相异步电动机的极数就是旋转磁场的极数。旋转磁场的极数和三相绕组的结构有关。在图 6.6 所示的情况下，每相绕组只有一个线圈，绕组的首端之间相差 120°，则产生的旋转磁场具有一对磁极，即 p=1（p 表示磁极对数）。如果定子绕组结构和连接如图 6.8 所示，即每相绕组有两个线圈串联，绕组的首端之间相差 60°，则产生的旋转磁场具有两对磁极，即 p=2，如图 6.9 所示。

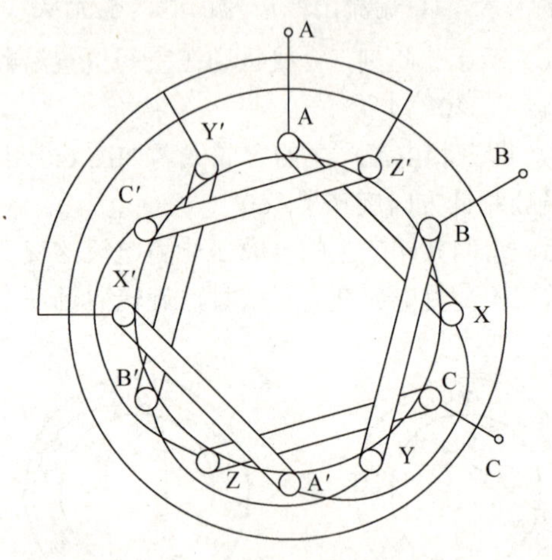

（a）定子绕组结构与连接图

（b）定子绕组连接电路原理图

图 6.8　产生两对磁极旋转磁场的定子绕组接线图

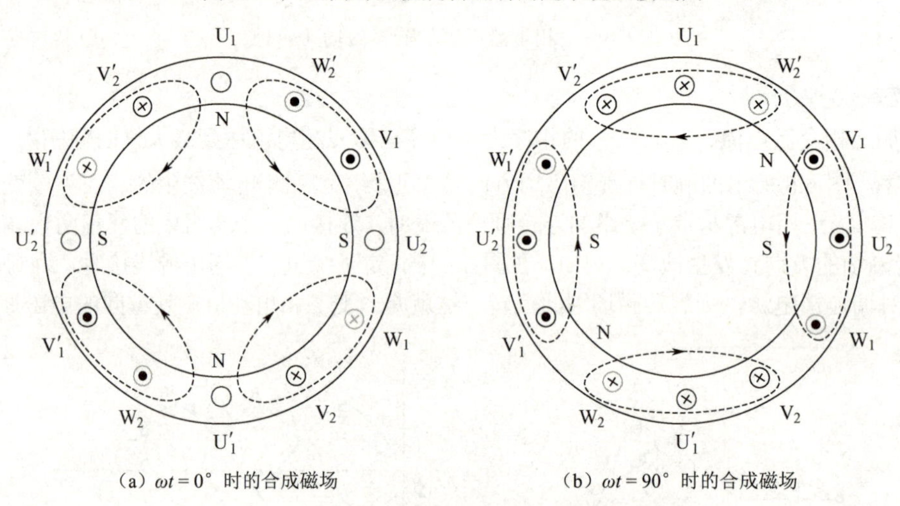

（a）$\omega t=0°$ 时的合成磁场

（b）$\omega t=90°$ 时的合成磁场

图 6.9　三相电流产生两对磁极旋转磁场（p=2）

三相异步电动机的转速与旋转磁场的转速 n_0 有关，而旋转磁场的转速取决于磁场的极数和电源频率。在磁极对数 p=1 的情况下，当电流变化了一个周期时，磁场恰好在空间也旋转了一周。设电流的频率为 f_1，即电流每秒钟改变 f_1 次（每分钟改变 $60f_1$ 次），则旋转磁场的转速 $n_0=60f_1$。

当旋转磁场具有两对磁极时，如图 6.9 所示，电流从 ωt=0° 变化到 ωt=90°，磁场在空间旋转了 45°。当电流变化一个周期，磁场仅旋转半周时，是磁极对数 p=1 情况下转速的一半，即磁极对数 p=2 时，旋转磁场转速 $n_0=60f_1/2$。

以此类推，在磁极对数为 p 时，电流变化一个周期，磁场将在空间旋转 $1/p$ 圈，即磁场的同步转速 n_0 为

$$n_0=\frac{60f_1}{p} \tag{6.1}$$

式中，n_0 为同步转速，单位为转/分（r/min）；f_1 为外加三相对称交流电源的频率，单位为赫兹（Hz）；p 为磁极对数。

【例 6.1】有一台 Y2-132S-4 三相异步电动机，电源频率 f_1=50Hz。试求电动机的磁极对数 p 和同步转速 n_0。注意，三相异步电动机型号的最后一位表示磁极对数（即磁极对数=2p）。

解：根据三相异步电动机型号 Y2-132S-4 的尾数，得磁极对数 p 为

$$p=\frac{4}{2}=2$$

由式（6.1）得同步转速 n_0 为

$$n_0=\frac{60f_1}{p}=\frac{60\times 50}{2}\text{r/min}=1500\text{r/min}$$

6.3.2 三相异步电动机转子转动的原理

三相异步电动机转子转动的原理如图 6.10 所示，N、S 表示旋转磁场的两极，转子中只显示出两根导条（铜或铝）。当旋转磁场向顺时针方向旋转时，其磁力线切割转子导条，导条中就感应出电动势。电动势的方向由右手螺旋定则确定。应用右手螺旋定则时，可假设磁极不动，而转子导条向逆时针方向旋转切割磁力线，这与实际上磁极顺时针方向旋转时磁力线切割转子导条是相当的。

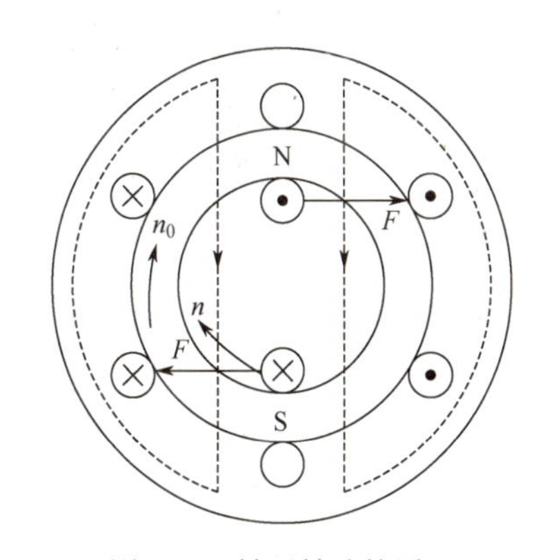

图 6.10 转子转动的原理

在电动势的作用下，闭合的导条中就有电流。这个电流与旋转磁场相互作用，使转子导条受到电磁力 F 的作用。电磁力的方向可用左手螺旋定则确定，由电磁力产生电磁转矩，转子就转动起来。由图 6.10 可见，电动机转子转动的方向和磁极旋转的方向相同。当旋转磁场反转时，电动机也跟着反转。

由图 6.10 可见，电动机转子转动的方向与磁场旋转的方向相同，但转子的转速 n 不可能达到与旋转磁场的同步转速 n_0 相等，即 $n<n_0$。这是因为，如果两者相等，则转子与旋转磁场之间就没有相对运动，因而磁通就不切割转子导条，转子电动势、转子电流以及转矩也就都不存在了。因此，转子不可能继续以 n_0 的转速转动，转子转速与同步转速之间必须有差别，这就是异步电动机名称的由来。而旋转磁场的转速 n_0 常称为同步转速。

视频——
三相异步电动机
转子的转动原理

通常用转差率 s 来表示转子转速 n 与同步转速 n_0 相差的程度，即

$$s=\frac{n_0-n}{n_0} \tag{6.2}$$

转差率是三相异步电动机的一个重要物理量。转子转速越接近同步转速，则转差率越小。由于三相异步电动机的额定转速与同步转速相近，所以它的转差率很小。通常三相异步电动机在额定负载时的转差率为 1%～9%。当 n=0 时（启动初始瞬间），s=1，这时转差率最大。式（6.2）也可写为

$$n=(1-s)n_0 \tag{6.3}$$

【例 6.2】有一台三相异步电动机，其额定转速 n=950r/min。试求电动机的极数和额定负载时的转差率。电源频率 f_1=50Hz。磁极对数与同步转速的对应关系见表 6.1。

表 6.1 磁极对数 p 与同步转速 n_0 的对应关系

p	1	2	3	4	5	6
n_0/(r/min)	3000	1500	1000	750	600	500

解： 由于电动机的额定转速接近而略小于同步转速，而同步转速对应于不同的极数有一系列固定的数值。显然，与 950r/min 最相近的同步转速 n_0=1000r/min，与此相应的磁极对数 p=3。因此，额定负载时的转差率为

$$s=\frac{n_0-n}{n_0}=\frac{1000-950}{1000}=0.05$$

6.4 三相异步电动机电路模型及分析

通过前面的分析可知，三相异步电动机的工作原理与变压器相似，都利用电磁感应原理，其中定子绕组相当于一次绕组，从电源取用电流和功率，转子绕组相当于二次绕组，通过电磁感应产生感应电动势和电流。不同之处在于，变压器通过二次绕组输出电流和电功率，而三相异步电动机利用二次绕组的感应电流产生电磁转矩，输出机械功率。因此在分析三相异步电动机时可以参照变压器的分析方法来进行，由此就可以得到三相异步电动机的每相电路图，如图 6.11 所示，其中 R_1、R_2 分别为定子电路和转子电路的电阻。

当定子绕组接上三相电源（相电压为 u_1）时，则有三相电流（相电流为 i_1）通过。定子三相电流产生旋转磁场，其磁通通过定子和转子铁芯而闭合。该磁场不仅在转子每相绕组中要感应出电动势 e_2（由此产生电流 i_2），而且在定子每相绕组中也要感应出电动势 e_1（实际上三相异步电动机中的旋转磁场是由定子电流和转子电流共同产生的）。此外，漏磁通在定子绕组和转子绕组中产生漏磁电动势 $e_{\sigma1}$ 和 $e_{\sigma2}$。假设定子和转子每相绕组的匝数分别为 N_1 和 N_2，下面对定子转路和转子电路进行分析。

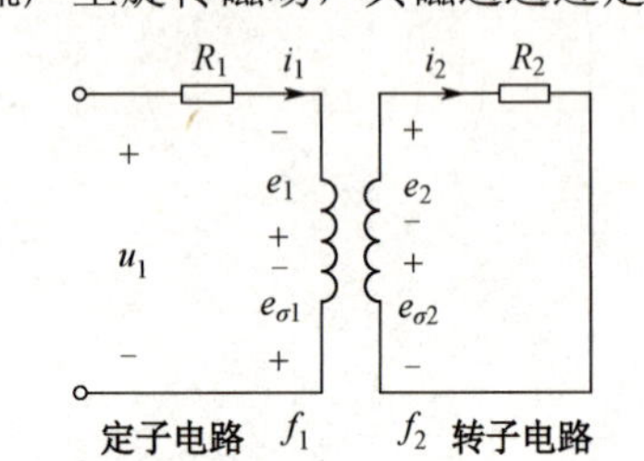

图 6.11　三相异步电动机的每相电路图

视频——
三相异步电动机的
电路模型分析

6.4.1 定子电路

定子电路（每相）的电压方程为

$$u_1=R_1i_1+(-e_{\sigma1})+(-e_1)=R_1i_1+L_{\sigma1}\frac{\mathrm{d}i_1}{\mathrm{d}t}+(-e_1) \tag{6.4}$$

相量表示为

$$\dot{U}_1=R_1\dot{I}_1+(-\dot{E}_{\sigma1})+(-\dot{E}_1)=R_1\dot{I}_1+\mathrm{j}X_1\dot{I}_1+(-\dot{E}_1) \tag{6.5}$$

式中，R_1 和 X_1 分别为定子每相绕组的电阻和漏磁感抗。

当绕组的电阻和漏磁感抗可以忽略时，可以得出

$$\dot{U}_1\approx-\dot{E}_1 \tag{6.6}$$

和

$$E_1=4.44f_1N_1\Phi_\mathrm{m}\approx U_1 \tag{6.7}$$

式中，Φ_m 是通过每相绕组的磁通最大值，在数值上它等于旋转磁场的每极磁通；f_1 是 e_1 的频率。因为旋转磁场和定子间的相对转速为 n_0，所以

$$f_1=\frac{pn_0}{60} \tag{6.8}$$

即等于电源或定子电流的频率，见式（6.1）。

6.4.2　转子电路

转子电路（每相）的电压方程为

$$e_2 = R_2 i_2 + (-e_{\sigma 2}) = R_2 i_2 + L_{\sigma 2}\frac{\mathrm{d}i_2}{\mathrm{d}t} \tag{6.9}$$

相量表示为

$$\dot{E}_2 = R_2 \dot{I}_2 + (-\dot{E}_{\sigma 2}) = R_2 \dot{I}_2 + \mathrm{j}X_2 \dot{I}_2 \tag{6.10}$$

式中，R_2 和 X_2 分别为转子每相绕组的电阻和漏磁感抗。

转子电路的各个物理量对电动机的性能都有影响，分别叙述如下。

1. 转子频率 f_2

因为旋转磁场和转子间的相对转速为（$n_0 - n$），所以转子频率（转子感应电动势的频率）

$$f_2 = \frac{p(n_0 - n)}{60} \tag{6.11}$$

上式也可写成

$$f_2 = \frac{n_0 - n}{n_0} \times \frac{pn_0}{60} = sf_1 \tag{6.12}$$

可见转子频率 f_2 与转差率 s 有关，也就是与转速 n 有关。

在 $n=0$，即 $s=1$ 时（电动机启动初始瞬间），转子与旋转磁场间的相对转速最大，旋转磁通切割转子导条的速度最快，此时 f_2 最高，即 $f_2=f_1$。异步电动机在额定负载时，s 为 1%～9%，则 f_2 为 0.5～4.5Hz（$f_1=50$Hz）。

2. 转子电动势 E_2

转子电动势 E_2 的有效值为

$$E_2 = 4.44 f_2 N_2 \Phi_\mathrm{m} = 4.44 s f_1 N_2 \Phi_\mathrm{m} \tag{6.13}$$

在 $n=0$，即 $s=1$ 时，转子电动势为

$$E_{20} = 4.44 f_1 N_2 \Phi_\mathrm{m} \tag{6.14}$$

这时 $f_2=f_1$，转子电动势最大。

由以上两式可得出

$$E_2 = sE_{20} \tag{6.15}$$

可见转子电动势 E_2 与转差率 s 有关。

3. 转子感抗 X_2

转子感抗 X_2 与转子频率 f_2 有关，即

$$X_2 = 2\pi f_2 L_{\sigma 2} = 2\pi s f_1 L_{\sigma 2} \tag{6.16}$$

在 $n=0$，即 $s=1$ 时，转子感抗为

$$X_{20} = 2\pi f_1 L_{\sigma 2} \tag{6.17}$$

这时 $f_2=f_1$，转子感抗最大。

由以上两式可得出

$$X_2 = sX_{20} \tag{6.18}$$

可见转子感抗 X_2 与转差率 s 有关。

4. 转子电流 I_2

转子每相电路的电流可由式（6.10）得出，即

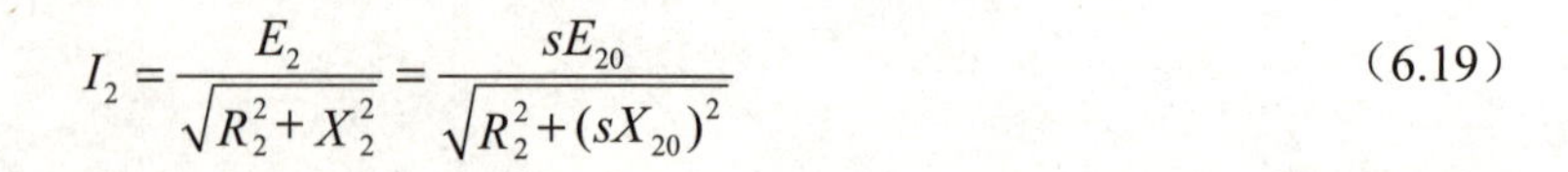

$$I_2=\frac{E_2}{\sqrt{R_2^2+X_2^2}}=\frac{sE_{20}}{\sqrt{R_2^2+(sX_{20})^2}} \tag{6.19}$$

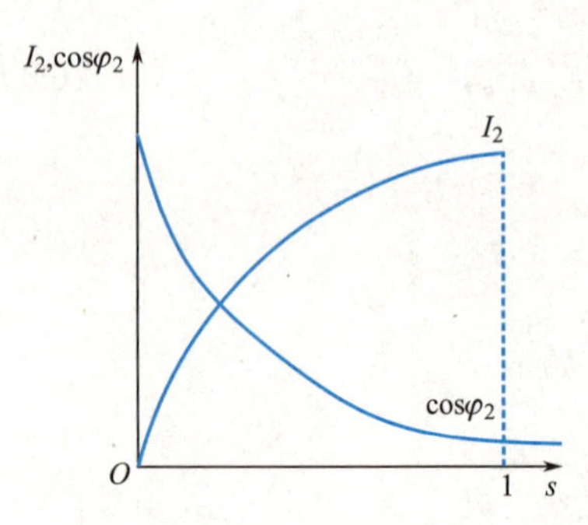

图 6.12 I_2 和 $\cos\varphi_2$ 与转差率 s 的关系

可见转子电流 I_2 也与转差率 s 有关。当 s 增大，即转速 n 降低时，转子与旋转磁场间的相对转速（n_0-n）增大，转子导体切割磁通的速度提高，于是 E_2 增大，I_2 也增大。I_2 随 s 变化的关系可用图 6.12 所示的曲线表示。当 $s=0$，即 $n_0-n=0$ 时，$I_2=0$；当 s 很小时，$R_2\geqslant sX_{20}$，$I_2\approx\frac{sE_{20}}{R_2}$，即与 s 近似成正比；当 s 接近 1 时，$sX_{20}\gg R_2$，$I_2\approx\frac{E_{20}}{X_{20}}=$ 常数。

5. 转子电路的功率因数 $\cos\varphi_2$

由于转子有漏磁通，相应的感抗为 X_2，因此 $\dot{I}_2$ 比 $\dot{E}_2$ 滞后 φ_2 角。因而转子电路的功率因数为

$$\cos\varphi_2=\frac{R_2}{\sqrt{R_2^2+X_2^2}}=\frac{R_2}{\sqrt{R_2^2+(sX_{20})^2}} \tag{6.20}$$

它也与转差率 s 有关。当 s 增大时，X_2 也增大，于是 φ_2 增大，即 $\cos\varphi_2$ 减小。$\cos\varphi_2$ 随 s 的变化关系如图 6.12 所示。当 s 很小时，$R_2\gg sX_{20}$，$\cos\varphi_2\approx1$；当 s 接近 1 时，$\cos\varphi_2\approx\frac{R_2}{sX_{20}}$，即两者之间近似有双曲线的关系。

由上述内容可知，转子电路中的各个物理量，如电动势、电流、频率、感抗及功率因数等都与转差率有关，也与转速有关。

6.4.3 三相异步电动机的功率

三相异步电动机在工作时，电源提供的电功率为

$$P_1=3U_1I_1\cos\varphi_1 \tag{6.21}$$

式中，U_1、I_1、$\cos\varphi_1$ 分别为定子的相电压、相电流及定子功率因数。此功率通过定子产生的旋转磁场与转子的相互作用传递到转子，便是转子的电磁功率 $P_{\rm M}$。在传递过程中，由于定子电流的存在，定子中将产生铜损 $P_{{\rm cu}_1}$ 和铁损 $P_{{\rm Fe}_1}$。因此电磁功率与电源输出功率的关系可以表示为

$$P_{\rm M}=P_1-P_{{\rm Cu}_1}-P_{{\rm Fe}_1} \tag{6.22}$$

根据转子电路的等效电路可知，传到转子上的电磁功率就是转子消耗的有功功率，因此

$$P_{\rm M}=3U_2I_2\cos\varphi_2 \tag{6.23}$$

而转子消耗的总有功功率的一部分将通过转子电流的铜损消耗掉，另一部分则转变为机械功率进行输出。由于转子电流的频率很低，转子电路的铁损可以忽略不计。因此，转子输出的总机械功率 $P_{\rm m}$ 为

$$P_{\rm m}=P_{\rm M}-P_{{\rm Cu}_2} \tag{6.24}$$

式中，$P_{{\rm Cu}_2}$ 为转子铜损。转子在输出机械功率时，电动机的轴承摩擦、电刷摩擦、风阻摩擦等也将产生损耗，这部分损耗的功率用机械损耗功率 $P'_{\rm m}$ 来表示。因此三相异步电动机轴上的输出功率 P_2 可表示为

$$P_2=P_{\rm m}-P'_{\rm m} \tag{6.25}$$

由式（6.22）、式（6.24）、式（6.25）可知，三相异步电动机的输出功率与输入功率的关系为

$$P_2=P_1-P_{{\rm Cu}_1}-P_{{\rm Fe}_1}-P_{{\rm Cu}_2}-P'_{\rm m} \tag{6.26}$$

因此，三相异步电动机在工作时由于各种损耗的存在，其输出的功率总小于输入功率。为了衡量三相异步电动机损耗的大小，将输出功率与输入功率的比值定义为其效率，用 η 来表示

$$\eta = \frac{P_2}{P_1} \tag{6.27}$$

可见，效率越高，表示电动机在工作过程中的损耗就越小。

6.5　三相异步电动机的转矩与机械特性

6.5.1　电磁转矩

电磁转矩是转子中各载流导体在旋转磁场的作用下，受到电磁力所形成的转矩总和，是三相异步电动机重要的物理量之一。电磁转矩的大小与转子电流、旋转磁场以及转子电路的功率因数有关，它们之间的关系可以用下式来表示

$$T = K_{\mathrm{T}}\Phi I_2 \cos\varphi_2 \tag{6.28}$$

式中，K_{T} 是一常数，它与电动机的结构有关；Φ 为旋转磁场每极的磁通量。

根据式（6.7）、式（6.19）和式（6.20），电磁转矩可以进一步表示为

$$T = K\frac{sR_2U_1^2}{R_2^2 + (sX_{20})^2} \tag{6.29}$$

式中，K 是与电动机结构、电源频率等有关的常数；U_1 是定子每相输入电压；R_2 是转子电阻；X_{20} 是启动时的转子感抗。由式（6.29）可知，影响三相异步电动机的电磁转矩的因素有很多，定子电路的电压、转差率以及转子电路的阻抗都会改变其电磁转矩。

由式（6.29）可知，当电源电压一定时，电磁转矩 T 是转差率 s 的函数，随 s 的变化而变化，这个特性称为三相异步电动机的转矩特性。根据式（6.29）就可以得到电磁转矩 T 随 s 变化的曲线，称为三相异步电动机的转矩特性曲线，如图 6.13 所示。

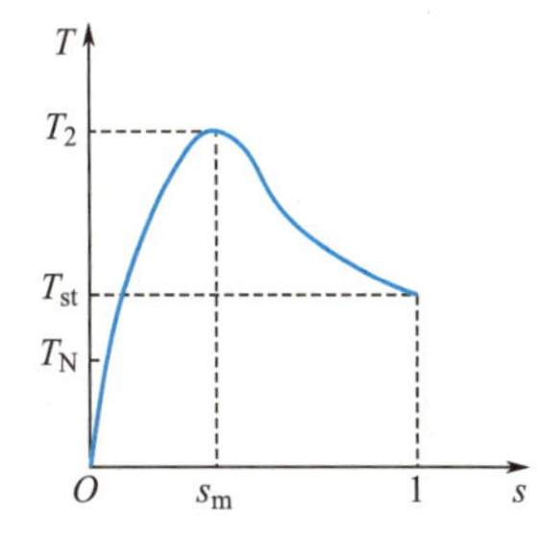

图 6.13　三相异步电动机的转矩特性曲线

当转差率很小，$sX_{20} \ll R_2$ 时，电磁转矩近似与转差率成正比；而当转差率很大，$sX_{20} \gg R_2$ 时，电磁转矩近似与转差率成反比。因此三相异步电动机在运行时是对转差率敏感的，当 s 较小时，电磁转矩随 s 的增大而增大，电动机可以稳定运行；而当 s 较大时，电磁转矩随 s 的增大而减小，电动机不能稳定运行。在转矩特性曲线上还有几个关键值 T_{N}、$T_{\max}$ 和 T_{st}，将在下节讨论。

从式（6.29）中还可以看出，电磁转矩正比于定子每相输入电压的平方。因此，三相异步电动机在运行时对电源电压的波动也很敏感，电磁转矩随电压的变化而变化的曲线如图 6.14 所示。电源电压的波动会导致电动机电磁转矩的波动很大。特别是在欠压运行时，电磁转矩下降很多，电动机转速将下降很多，转差率增大，转子电流将大大增大，定子电流随之增大，电动机处于过载状态而过热，甚至发生停车事故。

另外，电磁转矩也将随转子电阻的变化而变化，其关系如图 6.15 所示。利用这种特性可以通过外接电阻来改变绕线式异步电动机的电磁转矩。

电动机运行时，除了拖动转轴转动的电磁转矩 T，另外施加在转轴上的还有两个阻转矩，一个是输出到负载上的输出转矩 T_2，另一个是电动机风阻摩擦、轴承摩擦等损耗对应的空载转矩 T_0。要

使电动机稳定恒速运行，则必须满足转矩平衡条件，即

$$T = T_0 + T_2 \tag{6.30}$$

通常 T_0 很小，可以忽略不计，因此

$$T \approx T_2 \tag{6.31}$$

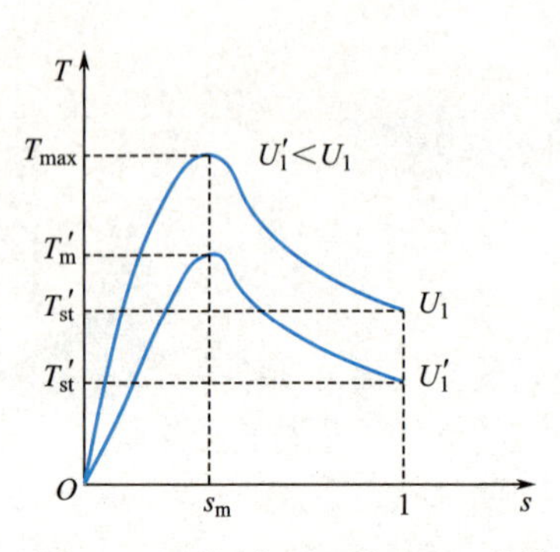

图 6.14　不同电压下的 $T=f(s)$ 曲线

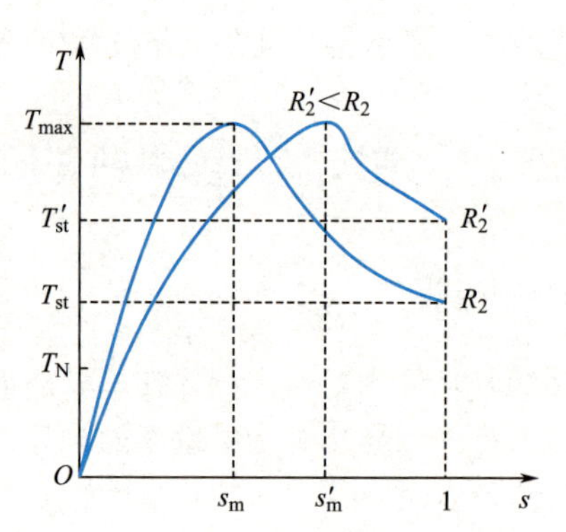

图 6.15　不同转子电阻下的 $T=f(s)$ 曲线

6.5.2　机械特性

在转矩特性曲线中，将 s 坐标轴换成 n 坐标轴，把 T 坐标轴平行右移到 s=1（n=0）处，再按顺时针方向旋转 90°，即可得到转子转速 n 随电磁转矩 T 变化的曲线，也就是三相异步电动机的机械特性曲线，如图 6.16 所示。另外，有文献资料把转矩特性和机械特性统称为机械特性。

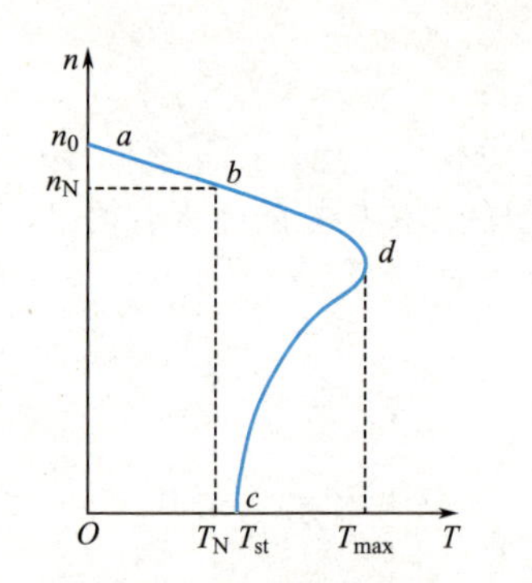

图 6.16　三相异步电动机的机械特性曲线

从驱动生产机械的角度考虑，三相异步电动机在使用时更关注的是机械负载变动对电动机转速的影响以及电动机的启动、调速等问题，因此对电动机机械特性的研究很重要。

从机械特性曲线可以看出，在曲线上有四个关键点。

在特性曲线的 a 点，电动机的电磁转矩为零，转速最大，等于同步转速，转差率等于 0，此时称电动机处于理想空载点，因为这时电动机空载运行且没有任何损耗，其转速称为理想空载转速。

b 点为电动机的额定工作点。此时电动机工作在额定电压下，以额定转速 n_N 运行，电动机转轴上输出的转矩为其额定转矩 T_N，输出额定功率 P_N，额定状态下的转差率称为额定转差率 s_N。电动机在额定状态时的转速通常是接近且略小于其同步转速的。

根据功率与电磁转矩的关系可知，三相异步电动机的输出转矩可以表示为

$$T_2 = \frac{P_2}{\omega} \tag{6.32}$$

式中，P_2 是电动机转轴上输出的机械功率；ω 为电动机轴的旋转角速度。ω 与转速的关系可以表示为

$$\omega = \frac{2\pi n}{60} \tag{6.33}$$

由式（6.31）～式（6.33）可得

$$T \approx T_2 = \frac{P_2}{\frac{2\pi n}{60}} \approx 9.55\frac{P_2}{n} \tag{6.34}$$

在式（6.34）中，转矩的单位是牛·米（N·m），功率的单位是瓦（W），转速的单位是转/分（r/min）。若功率采用千瓦作为单位，则可以得到转矩的另一种表示方法

$$T = 9550\frac{P_2}{n} \tag{6.35}$$

将式（6.35）中的输出功率与转速用额定功率和额定转速来代替就可以求得电动机的额定转矩。

【例 6.3】有一台三相异步电动机的额定功率为 15kW，电源线电压为 380V，线电流为 31.4A，额定转速 n_N=970r/min，功率因数 $\cos\varphi$＝0.88，求：（1）电动机的额定转矩；（2）电动机满载运行时的输入电功率；（3）电动机满载运行时的效率。

解：（1）电动机的额定转矩

$$T_N = 9550\frac{P_{2N}}{n_N} = 9550\times\frac{15}{970}\mathrm{N\cdot m} \approx 147.7\mathrm{N\cdot m}$$

（2）电动机满载运行时输入的电功率为

$$P_1 = \sqrt{3}U_1I_1\cos\varphi_1 = \sqrt{3}\times380\times31.4\times0.88\mathrm{W} \approx 18.2\mathrm{kW}$$

（3）额定功率为 15kW 的电动机效率为

$$\eta = \frac{P_{2N}}{P_1} = \frac{15}{18.2}\times100\% \approx 82.4\%$$

c 点称为启动工作点。在这一点上，转速 n=0，代表电动机启动的瞬间。此时的转矩称为启动转矩 T_{st}，这时的转差率最大，为 1。由式（6.29）可知

$$T_{st} = K\frac{R_2U_1^2}{R_2^2 + X_{20}^2} \tag{6.36}$$

由式（6.36）可知，T_{st} 与 U_1^2 和 R_2 有关。当电源电压 U_1 降低时，启动转矩会减小。当转子电阻适当增大时，启动转矩会增大。由此可见，调整这些参数可以改变电动机的启动性能。

T_{st} 体现了电动机直接启动的能力。若 $T_{st}>T_L$，则电动机能启动，否则将无法启动。将启动转矩与额定转矩的比值定义为三相异步电动机的启动系数，用 K_{st} 来表示

$$K_{st} = \frac{T_{st}}{T_N} \tag{6.37}$$

启动系数是衡量电动机启动能力的重要参数，一般其数值为 1.4～2.2。

机械特性曲线上的第四个关键点就是 d 点，称为临界工作点。在这一点上，转矩最大，用 T_{max} 来表示。此时的转差率称为临界转差率 s_m，转速称为临界转速 n_m。这个临界点的参数可以通过令 $\mathrm{d}T/\mathrm{d}s$=0 得

$$\frac{\mathrm{d}T}{\mathrm{d}s} = \frac{\mathrm{d}}{\mathrm{d}s}\left[K\frac{sR_2U_2^2}{R_2^2+(sX_{20})^2}\right] = K\frac{\left[R_2^2+(sX_{20})^2\right]R_2U_1^2 - sR_2U_1^2(2sX_{20}^2)}{\left[R_2^2+(sX_{20})^2\right]^2} = 0 \tag{6.38}$$

得

$$s_m = \frac{R_2}{X_{20}} \tag{6.39}$$

将 s_m 代入式（6.29）得

$$T_{max} = K\frac{U_1^2}{2X_{20}} \tag{6.40}$$

T_{max} 代表电动机带动最大负载的能力。如果 $T_L>T_{max}$，则电动机将发生“堵转”现象。此时，电动机的电流是额定电流的数倍，若时间过长，则电动机过热，导致被烧坏。如果过载时间较短，则不会立即过热而损坏。电动机的负载转矩超过额定转矩称为过载，常用过载系数 λ 来标定电动机的过载能力，即

$$\lambda=\frac{T_{\max}}{T_{\mathrm{N}}} \tag{6.41}$$

一般三相异步电动机的过载系数为1.8～2.2。选用电动机时，应考虑可能出现的最大负载转矩，根据所选电动机的过载系数计算出电动机的最大转矩，它必须大于最大负载转矩。

从图 6.16 中可以看出，三相异步电动机启动时，启动转矩必须大于负载转矩，这样电动机才能正常启动。启动后电磁转矩随电动机转速逐渐增大，直到增大到 $T_{\max}$，然后转矩减小并使电动机稳定运行于 $T=T_L$。当负载转矩发生变化时，电动机也能自动调整其电磁转矩，以达到新的平衡。如果负载转矩减小，那么电动机的转速将增大，转差率减小，转子电流 I_2 随之减小，电磁转矩减小直至等于负载转矩，这样电磁转矩与负载转矩达到一个新的平衡，电动机稳定运行，转速比之前的高。负载转矩增大时电磁转矩的变化则相反。电动机的电磁转矩可以随负载的变化而自动调整的能力称为自适应负载能力。自适应负载能力是电动机区别于其他动力机械的重要特点。

因此，机械特性曲线的 *ad* 段是电动机的稳定运行区。如果 *ac* 段比较平坦，那么当负载的转矩发生变化时，电动机的转速变化不大，这种机械特性称为硬机械特性。三相异步电动机的这种特性非常适用于一般金属切削机床，车削时吃刀量增大而电动机的转速没有较大变化。如果 *ac* 段的斜率较大，那么当负载的转矩发生变化时，电动机的转速变化也较大，这种机械特性称为软机械特性。如电动汽车在平路上的速度较快，爬坡时希望速度自动减慢，也就是希望其电动机具有软机械特性。因此，在不同使用场合应选用具有合适机械特性的电动机。

【例 6.4】有一台四极异步电动机的额定输出功率为 28kW，额定转速为 1470r/min，启动系数 $K_{\mathrm{st}}=1.6$，过载系数 $\lambda=2.0$，试求异步电动机的：（1）额定转矩；（2）启动转矩；（3）最大转矩。

解：（1）电动机的额定转矩为

$$T_{\mathrm{N}}=9550\times\frac{28}{1470}\mathrm{N\cdot m}\approx 181.9\mathrm{N\cdot m}$$

（2）电动机的启动转矩为

$$T_{\mathrm{st}}=K_{\mathrm{st}}T_{\mathrm{N}}\approx 291\mathrm{N\cdot m}$$

（3）电动机的最大转矩为

$$T_{\max}=\lambda T_{\mathrm{N}}\approx 363.8\mathrm{N\cdot m}$$

6.6 三相异步电动机的使用

6.6.1 三相异步电动机的启动

异步电动机由静止状态过渡到稳定运行状态的过程称为启动。电动机的启动性能好坏对生产的影响很大，在使用电动机时要考虑电动机的启动性能和启动方法。

异步电动机的启动性能包括启动电流、启动转矩、启动时间及绕组发热等，其中启动电流和启动转矩是主要的。

启动瞬间，由于 $n=0$，$s=1$，转子电流最大，定子电流必然增大，一般中小型笼型异步电动机的定子启动电流（指线电流）为额定电流的 5～7 倍。启动电流过大会使电动机绕组承受很大的电磁力并发热。启动时间越长，发热越严重，电动机的绝缘老化越快，使用寿命越短。另外，启动电流过大，会引起电网电压波动，影响电网中其他用电设备的正常运行。虽然转子启动电流较大，但由于功率因数 $\cos\varphi_2$ 很小，实际的启动转矩并不大，为额定转矩的 1.0～2.2 倍。当启动转矩过小时，会使电动机启动过程长，有时甚至不能启动。启动时间长，消耗能量多，对电动机也不利。

异步电动机的启动应满足以下几点要求。

（1）减小启动电流，并使启动转矩满足负载要求。

（2）启动方法应正确可靠，启动设备应简单经济，便于操作。

（3）启动过程中，功率损耗应尽可能小。

为减小启动电流，必须采用适当的启动方法。下面主要介绍笼型异步电动机的启动方法，它分为直接启动和降压启动。

1. 直接启动

直接启动就是利用闸刀开关或接触器直接将额定电压加到电动机上。这种启动方法具有简单、经济且快速的优点，但由于启动电流较大，启动瞬间会造成电网电压突然下降，影响负载正常工作。

一台电动机能否直接启动，要根据电力管理部门的相关规定来确定。在电动机由独立变压器供电的情况下，如果电动机启动频繁，则其功率不能超过变压器容量的 20%；如果电动机不经常启动，则其功率只要不超过变压器容量的 30%即可。如果电动机和照明负载公用一台变压器供电，则规定电动机启动时引起的电网电压降不能超过额定电压的 5%。20～30kW 以下的异步电动机一般采用直接启动。

2. 降压启动

功率较大的电动机在直接启动时电流太大，对电网的影响较大，应采用降压启动来限制启动电流，即在启动时降低在电动机定子绕组上的电压，以减小启动电流。笼型异步电动机常用的降压启动方法有星形-三角形（Y-△）换接启动、自耦降压启动。

（1）星形-三角形（Y-△）换接启动

如果电动机工作时，其定子绕组连接成三角形，那么在启动时可先将其连接成星形，待转速接近额定值时再换接成三角形。这样，当定子绕组在启动时，每相电压降到正常工作电压的 $\frac{1}{\sqrt{3}}$。

图 6.17 所示是定子绕组的两种连接法，Z 为启动时每相绕组的等效阻抗。当定子绕组连接成星形时，线电流 I_{lY} 和相电流 I_{PY} 相等，即

$$I_{lY}=I_{PY}=\frac{U_1}{\sqrt{3}|Z|} \tag{6.42}$$

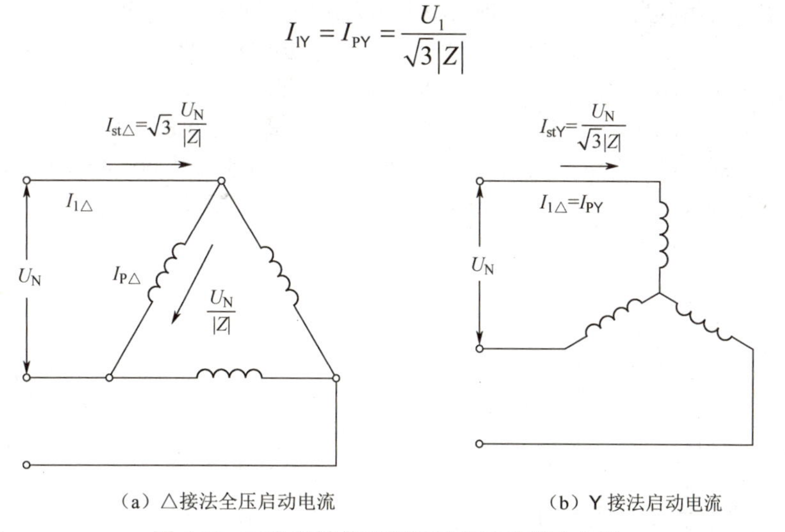

（a）△接法全压启动电流　（b）Y 接法启动电流

图 6.17　三角形连接和星形连接时的启动电流

当定子绕组连接成三角形时，线电流 $I_{l\triangle}$ 是相电流 $I_{P\triangle}$ 的 $\sqrt{3}$ 倍，即

$$I_{1\triangle}=\sqrt{3}I_{\mathrm{P}\triangle}=\sqrt{3}\frac{U_1}{|Z|} \tag{6.43}$$

比较式（6.42）和式（6.43），可得

$$\frac{I_{1\mathrm{Y}}}{I_{1\triangle}}=\frac{1}{3} \tag{6.44}$$

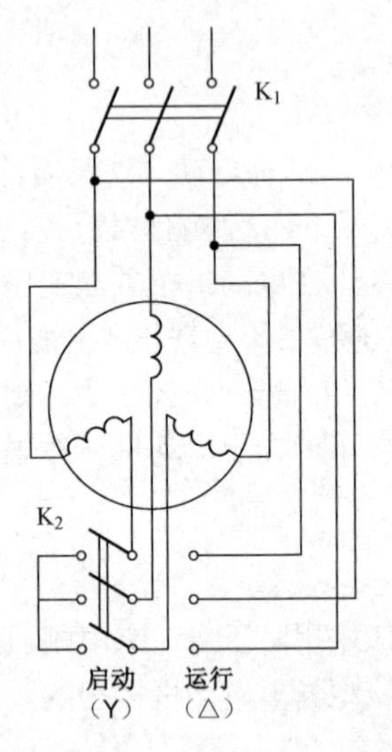

图 6.18　星形-三角形启动器的原理

即降压启动时的电流为直接启动时的 1/3，启动转矩也降为直接启动时的 1/3。

$I_{\mathrm{st}\triangle}$ 和 I_{stY} 分别为三角形和星形连接时的启动电流，U_{N} 是额定电压。由于电动机的转矩与定子电流成正比，星形连接的启动转矩只有三角形连接的 1/3，因此，星形-三角形换接启动只适用于空载或轻载启动。

星形-三角形启动器的原理如图 6.18 所示。启动时，先将开关 K_1 闭合，电源接通，再将开关 K_2 接至“启动”侧，电动机连接成星形。等电动机接近额定转速时，再将开关 K_2 接至“运行”侧，电动机换接成三角形。星形-三角形启动器的体积小、成本低、寿命长、动作可靠。目前 4～100kW 的异步电动机均采用 380V 三角形连接，因此星形-三角形启动器得到了广泛的应用。

（2）自耦降压启动

自耦降压启动利用自耦变压器进行降压启动。自耦变压器上备有 2～3 组抽头，输出不同的电压。这种方法的优点是使用灵活，不受定子绕组接线方式的限制，缺点是设备笨重、投资大。

自耦降压启动接线图如图 6.19 所示。启动时开关 K_1 闭合，接通电源，开关 K_2 接至“启动”位置，降低电压启动。当转速接近额定值时，开关 K_2 接至“运转”位置，自耦变压器脱离电源，进行全压运行。

当采用自耦变压器降压启动时，不仅启动电流会减小，而且启动转矩也会减小。如果选择的自耦变压器的变比为 K（$K<1$），则启动电流和启动转矩都为直接启动的 K 倍。自耦降压启动适用于容量较大或不能采用星形-三角形启动器的笼型异步电动机。

对于绕线式异步电动机，在启动时，只要转子电路中接入大小适当的启动电阻 R_{st} 就可以达到减小启动电流的目的。同时由图 6.16 可以看出，此时启动转矩会增大，绕线式异步电动机启动时的接线图如图 6.20 所示，它启动后，随着转速的上升将启动电阻逐段切除。

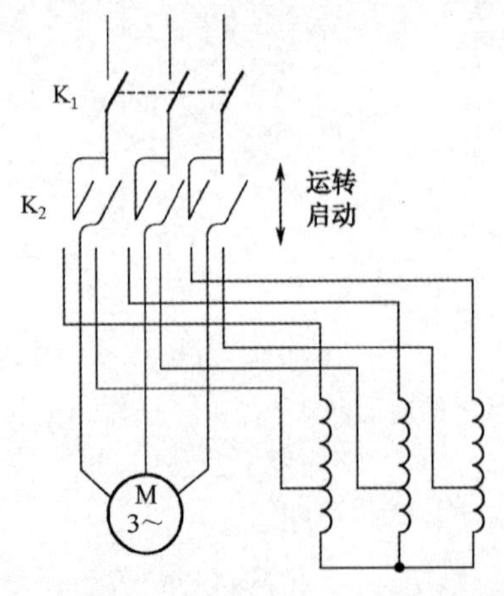

图 6.19　自耦降压启动接线图

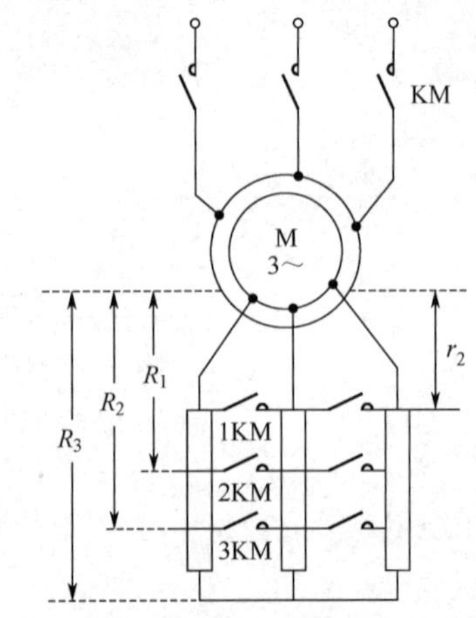

图 6.20　绕线式异步电动机启动时的接线图

绕线式异步电动机常用于对启动转矩要求较大的生产机械上，如卷扬机、锻压机、起重机及转炉等。

【例6.5】某三相异步电动机的启动系数$K_{st}=1.5$，采用Y-△换接启动，试问在下述情况下电动机能否启动？（1）负载转矩为$0.6T_N$；（2）负载转矩为$0.3T_N$。

解：电动机直接启动的启动转矩为

$$T_{st\triangle}=K_{st}T_N=1.5T_N$$

Y-△换接启动时的启动转矩

$$T_{stY}=\frac{T_{st\triangle}}{3}\approx 0.5T_N$$

因此

（1）当负载转矩为$0.6T_N$时，$T_{stY}<T_L$，电动机不能启动；

（2）当负载转矩为$0.3T_N$时，$T_{stY}>T_L$，电动机能启动。

【例 6.6】某三相异步电动机，$U_N=380\text{ V}$，$n_N=1440\text{r/m}$，$P_N=5\text{kW}$，$K_{st}=1.2$，在额定负载情况下，若$U=0.85U_N$，试说明电动机能否满载启动。

解：电动机的额定转矩为

$$T_N=9550\times\frac{5}{1440}\text{N}\cdot\text{m}\approx 33.2\text{N}\cdot\text{m}$$

启动转矩为

$$T_{st}=1.2T_N\approx 39.8\text{N}\cdot\text{m}$$

若$U=0.85\ U_N$，由于$T_{st}\propto U^2_1$，因此此时的启动转矩为

$$T_{st}'=0.85^2\times T_{st}\approx 28.8\text{N}\cdot\text{m}<T_N$$

因此它不能满载启动。

6.6.2　三相异步电动机的调速

电动机的调速是在一定的负载下，根据生产需要通过改变电动机的电路参数，达到改变电动机转速的目的。例如，各种切削机床的主轴运动随着工件与刀具的材料、工件直径、加工工艺的要求及走刀量等的不同，有不同的转速，以获得最高的生产率和保证加工质量。

由电动机的转速公式

$$n=(1-s)n_0=(1-s)\frac{60f_1}{p} \tag{6.45}$$

可知，改变电动机转速的方法有：改变电源频率f_1、改变磁极对数p和改变转差率s。前两种方法适用于笼型异步电动机调速，后一种适用于绕线式异步电动机调速。

1. 变频调速

改变电动机供电的电源频率，可进行无级调速。近年来变频调速技术发展得很快，变频调速装置的基本原理如图 6.21 所示，它主要由整流器和逆变器两大部分组成。

频率f为 50Hz 的三相交流电压经整流器整流变为直流电压，再经过晶闸管逆变器变成所需频率的交流电源并供给三相异步电动机。由于频率是可连续调节的，所以三相异步电动机的变频调速是无级的，并具有硬机械特性。

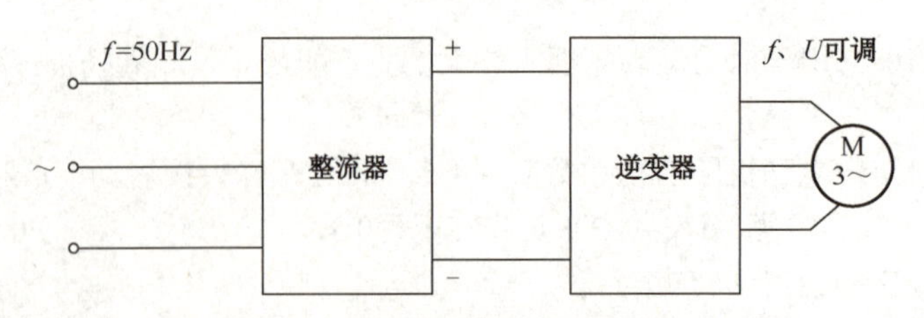

图 6.21 变频调速装置的基本原理

2. 变极调速

由于 $n_0 = \dfrac{60 f_1}{p}$，磁极对数 p 减小一半，旋转磁场的转速 n_0 提高一倍，转子转速 n 也近似提高一倍。因此改变磁极对数 p 可以得到不同的转速，但是磁极对数 p 只能成对变化，所以这种调速是有级的。

磁极对数的改变需要通过改变定子绕组的接法来实现。图 6.22 所示为定子绕组的两种接法。把 A 相绕组分成两半：线圈 A_1X_1 和 A_2X_2。图 6.22（a）中是两个线圈串联，易知 p=2。图 6.22（b）中是两个线圈反并联（头尾相接），经分析可知 p=1。在换极时，一个线圈中的电流方向不变，而另一个线圈中的电流必须改变。

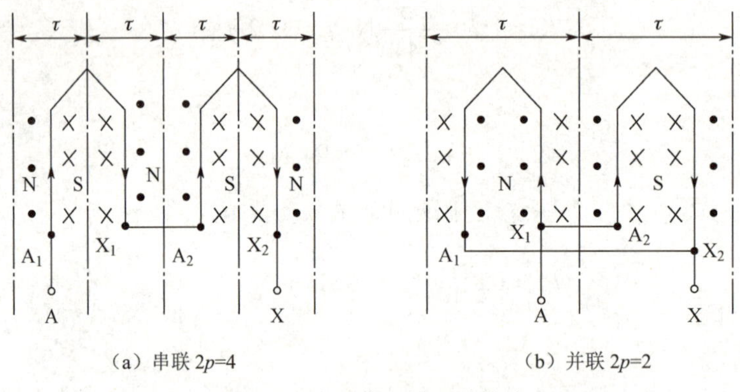

图 6.22 定子绕组的两种接法

双速电动机在机床上应用得较多，如某些镗床、磨床、铣床等。变极调速只适用于笼型异步电动机。

3. 变转差率调速

变转差率调速方法适用于绕线式异步电动机。由图 6.15 可知，转子绕组外部电阻的接入将增大电动机的转差率，随之带来的是电动机转速的降低。如图 6.23 所示，转子电阻由 R_2 增至 R_2' 后，拖动负载工作的电动机转速由 n_1 调至 n_2。运行于 n_1 的电动机在 R_2 变为 R_2' 的瞬间，惯性的作用使电动机转速仍为 n_1，因 R_2' 的接入，使转子电流立即减小，而使转矩减小至小于额定值 T_N，电动机开始自然减速而使 s 增大，电磁转矩又随之上升，直至转速落到 n_2，电磁转矩重新等于负载转矩时，电动机达到新的稳定状态，调速结束。

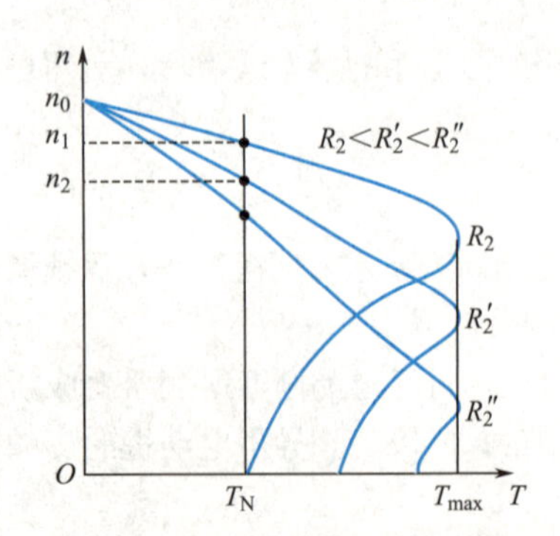

图 6.23 绕线式异步电动机调节转子电阻 R_2 的调速

如果连续改变 R_2，则变

转差率调速可实现连续平滑调速，若分段改变 R_2，则变转差率调速是分级调速。由于转差率加大会导致电动机的机械特性变软，并且加大转子铜损从而降低电动机的运行效率，所以这种方法只适用于在短时间内调节转速。

6.6.3　三相异步电动机的制动

三相异步电动机切断电源后，由于惯性不能立刻停止。如果生产设备要求准确迅速停机，就需要对电动机进行强迫制动。电动机制动，要求转矩与转子的转动方向相反，这时的转矩称为制动转矩。制动方法有电磁抱闸和利用电动机本身反向电磁转矩来制动两种方法。

下面只介绍利用电动机本身反向电磁转矩制动的常用方法：能耗制动、反接制动、发电反馈制动。

1. 能耗制动

能耗制动方法就是在电动机切断三相电源的同时，将其中两相接通直流电源（见图 6.24），使直流电流流入定子绕组。此时，定子绕组中直流电流的磁场固定，转子由于惯性继续沿原方向转动。根据右手螺旋定则和左手螺旋定则可以确定，转子电流与固定磁场相互作用产生的转矩方向与电动机转动的方向相反，起到制动的作用。制动转矩的大小与直流电流的大小有关。直流电流一般为电动机额定电流的 0.5～1 倍。

这种方法用消耗转子的动能（转换为电能）进行制动，称为能耗制动。能耗制动能量消耗小，制动平稳，但需要直流电源，适用于一些机床的制动。

2. 反接制动

三相异步电动机正常稳定运行时，将任意两相电源线对调，三相电源的相序突然改变，旋转磁场也立即随之反转。转子因惯性仍沿原方向旋转，此时旋转磁场转动的方向同转子转动的方向刚好相反。转子导条（绕组）切割旋转磁场的方向与原来的相反，产生的感应电流的方向相反，由感应电流产生的电磁转矩方向也相反，产生强烈制动转矩，电动机转速迅速下降为零（见图 6.25）。这时，需及时切断电源，否则电动机将反向启动旋转。

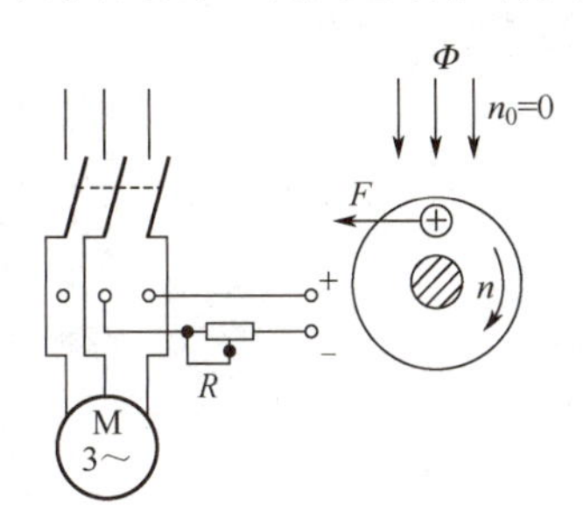

图 6.24　能耗制动

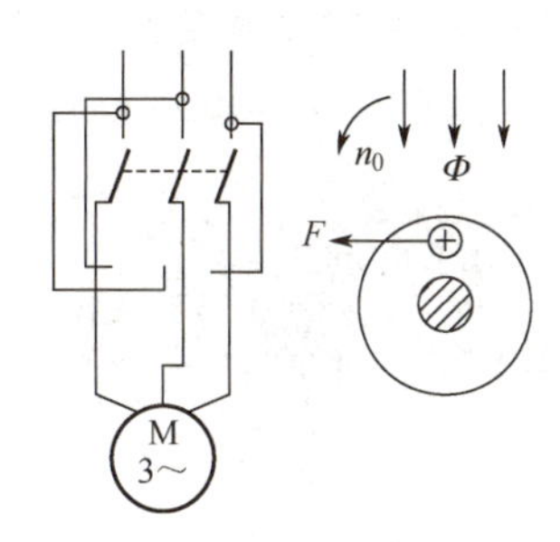

图 6.25　反接制动

由于在反接制动时旋转磁场与转子的相对转速（n_0+n）很大，所以在转子回路中会产生很大的冲击电流，从而对电源产生冲击。为了限制电流，在制动时，常在笼型异步电动机定子电路串接电阻限流。在电源反接制动下，电动机不仅从电源吸取能量，还从机械轴上吸收机械能（由机械系统降速时释放的动能转换而来）并转换为电能，这两部分能量都消耗在转子电阻上。

这种制动比较简单，效果较好，但能量消耗大，适用于一些中型车床和铣床主轴的制动。

3. 发电反馈制动

发电反馈制动是利用电动机转子在转速 n 超过旋转磁场同步转速 n_0

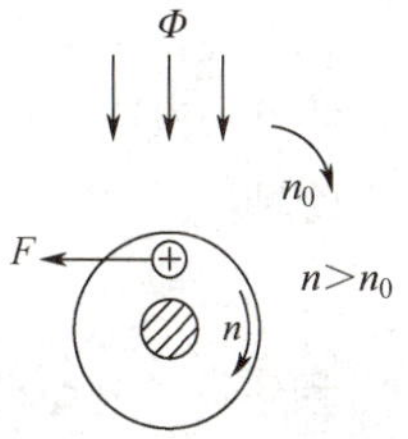

图 6.26　发电反馈制动

时所产生的制动转矩来实现的（见图 6.26）。当起重机快速下放重物时，就会发生发电反馈制动。重物拖动转子，使其转速 $n>n_0$，重物受到制动而等速下降。此时电动机已转入发电机运行，将重物的位能转换为电能并反馈到电网中，因此称之为发电反馈制动。

在采用变磁极对数方法将电动机从高速调到低速的过程中，因为刚开始将磁极对数 p 加倍时，磁场转速立即减半，而转子转速由于惯性只能逐渐下降，因此会出现 $n>n_0$ 的情况，也会发生发电反馈制动。

拓展阅读：北京冬奥会中的黑科技——"猎豹"的电动机驱动

6.6.4 三相异步电动机的铭牌数据

每台电动机的机壳上都有一块金属标牌，称为电动机的铭牌。铭牌上标示着电动机的主要技术数据，如型号、额定功率、接法等，这些数据是选用电动机的主要依据。要正确使用电动机，必须先看懂其铭牌。下面以图 6.27 所示某电动机的铭牌数据为例，来说明三相异步电动机的主要铭牌数据及其含义。

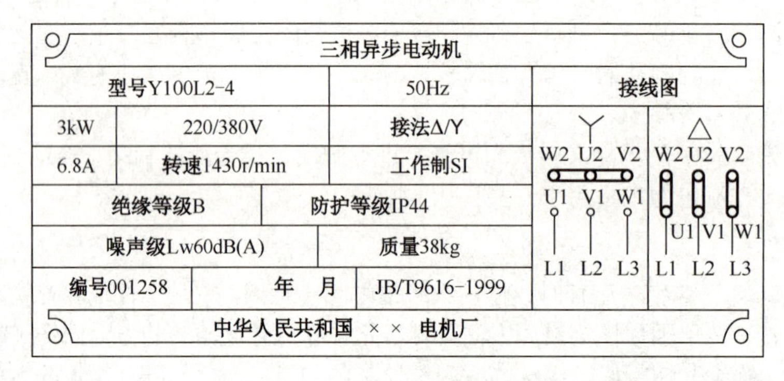

图 6.27 三相异步电动机铭牌示例

1. 型号

电动机的型号是用来规范产品的名称、规格和型式的，通常由产品代号、规格代号等组成。电动机的型号及含义如图 6.28 所示。

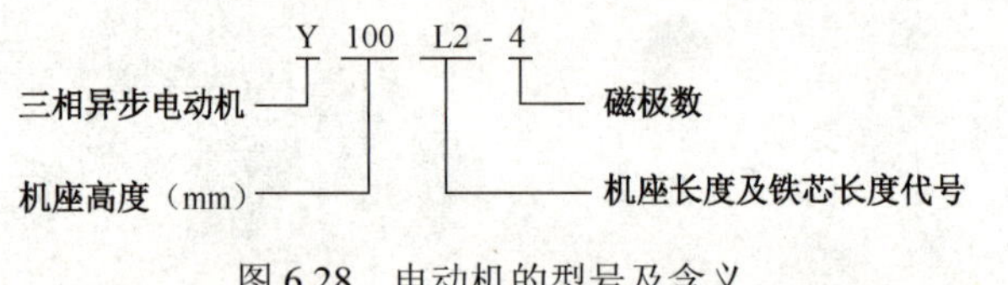

图 6.28 电动机的型号及含义

拓展阅读：
三相异步电动机的铭牌数据

在图 6.28 中，第一部分字母为类型代号，表示电动机的类型，用汉语拼音字母表示。如 Y 表示三相异步电动机，YD 系列为变级调速三相异步电动机、YEJ 系列为电磁制动三相异步电动机、YCT 系列为电磁调速三相异步电动机、YB 系列为隔爆型防爆三相异步电动机等。第二部分数字代表电动机的机座高度，单位为 mm，即本型电动机机座中心的高度为 100mm。第三部分为英文字母和数字的组合，其中英文字母表示机座长度，分别为 Large 长机座（用 L 表示）、Middle 中机座（用 M 表示）、Small 短机座（用 S 表示）；数字表示铁芯长度的代号，按照从短至长的数字排列，如 L2 表示的是长机座，铁芯的长度为 2 号。第四部分数字代表电动机的磁极数。磁极数越大，电动机的转速就越慢。

2. 频率

频率是指电动机所接交流电源的频率，如我国电网采用 50Hz 的频率，英国、美国等国家的电源频率为 60Hz。

3．额定功率

电动机的额定功率是指电动机在额定工作状态下运行时，轴上所输出的机械功率，一般用 kW（千瓦）表示。

4．额定电压

电动机的额定电压是指在额定运行状态下，电动机定子绕组上应加的线电压，是电动机所用电源的电压标准等级。电动机在额定状态下运行时，加在每一相定子绕组上的电压（相电压）是一定的，当这个电压为 380V 时，定子绕组必为△连接，而当每一相定子绕组电压为 220V 时，额定电压标注为 220/380V，分别对应△和 Y 两种接法。

5．额定电流

电动机的额定电流是指电动机在额定电压、额定功率和额定负载下定子绕组的线电流。电动机定子绕组为△接法时，线电流是相电流的 $\sqrt{3}$ 倍；Y 接法时，线电流等于相电流。

6．接线方法

接线方法是指电动机定子绕组的连接方式，有 Y/△两种接法。我国生产的 Y 系列中、小型低压异步电动机，额定功率在 3kW 以上的，额定电压为 380V，绕组为△连接，即在接线盒中用短接片把 U_1 和 W_2、V_1 和 U_2、W_1 和 V_2 连接起来，然后从 U_1、V_1、W_1 引出线分别接三相交流电源；额定功率在 3kW 及以下的，额定电压为 220V，绕组为 Y 连接，即在接线盒中用短接片把 U_2、V_2、W_2 连接起来，然后从 U_1、V_1、W_1 引出线分别接三相交流电源。

7．额定转速

电动机在额定电压、额定频率和额定功率下，每分钟的转速为电动机的额定转速。

8．工作制

电动机的工作制是指它在额定条件下允许连续运行时间的长短，可分为连续工作制、短时工作制、断续周期工作制三类。连续工作制代号为 S1，是指该电动机在铭牌上规定的额定条件下，能够长时间连续运行。短时工作制代号为 S2，是指该电动机在铭牌规定的额定条件下，能够在限定时间内短时运行。断续周期工作制代号为 S3，是指该电动机在铭牌规定的额定条件下，只能断续周期性地运行。

9．绝缘等级

电动机的绝缘等级是指电动机绕组所用绝缘材料的耐热等级，也就是最高容许温度。绝缘材料按耐热能力可分为 Y、A、E、B、F、H、C 共 7 个等级，它们的允许工作温度分别为 90℃、105℃、120℃、130℃、155℃、180℃和 180℃以上。Y 系列的电动机采用 B 级绝缘，主要由云母、石棉、玻璃丝经有机胶胶合或浸渍而成，它的极限温度为 130℃。

10．防护等级

电动机的防护等级分为防接触的防护等级和防水的防护等级。一般防护等级为 IP44，IP 为特征字母“国际防护”的缩写，第一个“4”表示 4 级防固体（防止大于 1mm 的固体进入电动机），第二个“4”表示 4 级防水（任何方向溅水应无有害影响）。

除了上面这些技术数据，电动机铭牌上通常还会标注功率因数、效率等数据。

11．功率因数 $\cos\varphi$

功率因数 $\cos\varphi$ 是指电动机在额定运行状态下的功率因数。电动机轻载时功率因数较小，约为 0.2，满载时功率因数较大，一般为 0.75～0.93。

12．效率 η_N

电动机铭牌上标注的效率指的是在额定工作状态下的效率。

【例 6.7】有一台三相异步电动机，△连接，其额定数据如表 6.2 所示。

表 6.2　三相异步电动机的额定数据

功率（P_N）	转速（n_N）	电压（U_N）	效率（η_N）	功率因数（$\cos\varphi$）	I_{st}/I_N	K_{st}	λ
55kW	1440r/min	380V	90%	0.86	6.5	1.5	2.1

试求：（1）额定电流、额定转差率、额定转矩 T_N、最大转矩 T_{max}、启动转矩 T_{st}。

（2）若负载转矩为 450 N·m，试问在 $U=U_N$ 和 $U'=0.8U_N$ 两种情况下，电动机能否直接启动？

（3）若负载转矩为 280 N·m，从电源取用的电流不得超过 360 A，能否采用 Y-△启动？

（4）当 $T_L=0.3T_N$ 和 $T_L=0.6T_N$ 时，能否采用 Y-△启动？

解：（1）由电动机的技术数据可知

$$I_N=\frac{P_N\times10^3}{\sqrt{3}U\cos\varphi\cdot\eta_N}=\frac{55\times10^3}{\sqrt{3}\times380\times0.86\times0.9}\text{A}\approx108\text{A}$$

由 $n=1440\text{r/min}$ 可知，电动机是四极的，即 $p=2$，$n_0=1500\text{r/min}$，所以额定转差率为

$$s_N=\frac{n_0-n}{n_0}=\frac{1500-1440}{1500}=0.04$$

额定转矩：$$T_N=9550\frac{P_N}{n}=9550\times\frac{55}{1440}\text{N}\cdot\text{m}\approx364.8\text{N}\cdot\text{m}$$

最大转矩：$$T_{max}=\lambda T_N=2.1\times364.8\text{N}\cdot\text{m}\approx766.1\text{N}\cdot\text{m}$$

启动转矩：$$T_{st}=K_{st}T_N=1.5\times364.8\text{N}\cdot\text{m}\approx547.2\text{N}\cdot\text{m}$$

（2）若负载转矩为 450 N·m，则

当 $U=U_N$ 时，$T_{st}>T_L$，电动机能启动；

当 $U'=0.8\,U_N$ 时，$T_{st}'=(0.8)^2T_{st}\approx350\text{N}\cdot\text{m}<T_L$，电动机不能直接启动。

（3）直接启动时电动机的启动电流为

$$I_{st}=6.5I_N=702\text{A}$$

采用 Y-△启动时，启动电流为

$$I_{stY}=\frac{1}{3}I_{st}=234\text{A}$$

启动转矩

$$T_{stY}=\frac{1}{3}T_{st}=182.4\text{N}\cdot\text{m}$$

若负载转矩为 280N·m，采用 Y-△启动，则 $T_{stY}<T_L$，因此不能采用 Y-△启动。

（4）$T_L=0.3T_N\approx109.4\text{N}\cdot\text{m}<T_{stY}$，因此可以采用 Y-△启动；

$T_L=0.6T_N\approx218.9\text{N}\cdot\text{m}>T_{stY}$，因此不能采用 Y-△启动。

6.7 应用案例

6.7.1 电动汽车动力系统

电动汽车与燃油汽车的主要区别在于它们的驱动系统。电动汽车用电动机驱动，用动力电池、燃料电池、电容器或高速飞轮等作为相应的储能装置；燃油汽车则采用汽油或柴油作为燃料，由内燃机驱动。

电动汽车基本结构如图 6.29 所示，分为三个子系统：电驱动子系统、能源子系统和辅助控制子系统。其中，电驱动子系统由电子控制器、功率转换器、电动机、机械传动装置和车轮组成；能源子系统由能量源、能量管理系统和能量单元组成。辅助控制子系统由辅助动力源、温度控制单元和助力转向单元组成。根据从制动踏板和加速踏板输入的信号，电子控制器发出相应的控制指令来控制功率转换器中功率装置的通断，功率转换器的功能是调节电动机和电源之间的功率流。当电动汽车制动时，再生制动的动能被电源吸收，此时功率流的方向要反向。能量管理系统和电子控制器一起控制再生制动及其能量的回收，能量管理系统和充电机一同控制充电并监测电源的使用情况。辅助动力源供给电动汽车辅助系统不同等级的电压并提供必要的动力，它主要给动力转向、空调、制动及其他辅助装置提供动力。除从制动踏板和加速踏板给电动汽车输入信号外，转向盘输入也是一个很重要的输入信号，助力转向单元根据转向盘的角位置来决定汽车能否灵活地转向。

电动汽车的电驱动系统一般由驱动电动机、离合器、齿轮箱和差速器组成，这是纯电动汽车传动系统布置的常规形式。电动汽车的驱动电动机常用的有交流异步电动机和直流电动机。其中，交流异步电动机是一种应用广泛的电动机，它运行可靠、转速高、成本低。从技术水平看，交流异步电动机驱动系统是电动汽车用驱动系统的理想选择，但是，它在高速运行时转子容易发热，需要对电动机进行冷却，且其提速性能较差。因此，交流异步电动机适合大功率、低速车辆，尤其是驱动系统功率需求较大的大型电动客车，如国内主流客车企业生产的广汽 GZ6120EV1、金龙 XMQ6126YE、申沃 SWB6121EV2 等电动客车均采用交流异步电动机。

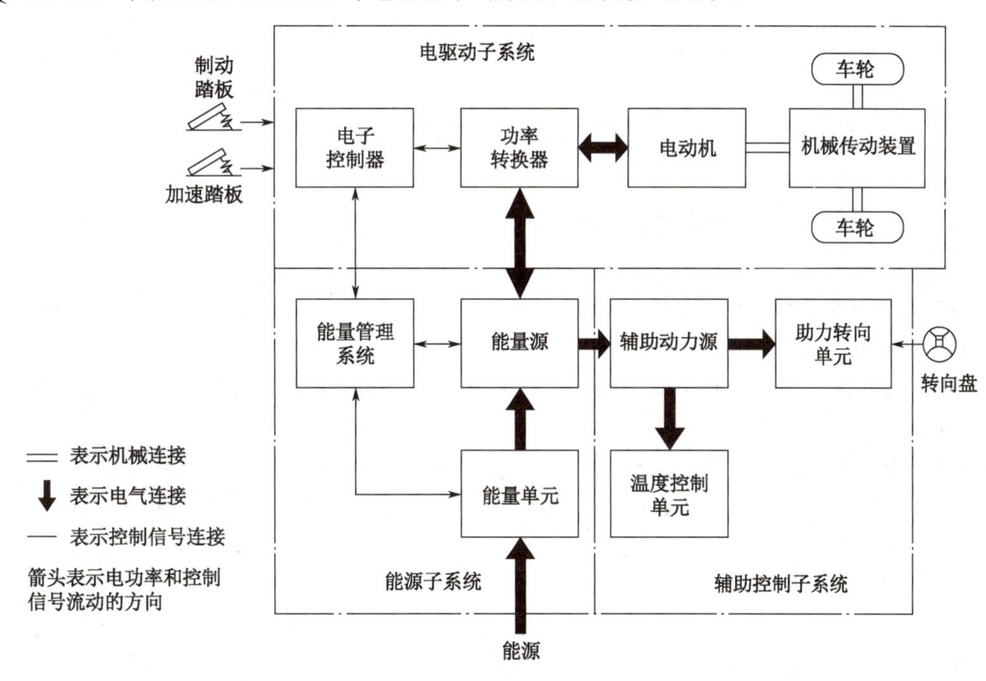

图 6.29　电动汽车基本结构

6.7.2　全电炮控系统

某型水陆坦克在国内首次采用全电炮控系统，与传统的液压炮控系统相比，全电炮控系统具有稳定精度高、可靠性好、体积小、重量轻的优点。该坦克的炮塔正面装甲在 1000m 距离处可防 25mm 穿甲弹，车体正面装甲在 100m 距离处可防 12.7mm 穿甲弹，后面和侧面装甲在 100m 距离处可防 7.62mm 穿甲弹，顶部装甲可防 7.62mm 普通弹。

坦克炮全电控制系统简称全电炮控系统，主要指高低向分系统采用电力传动控制系统代替传统的电液控制系统。全电炮控系统包含高低向和方位向两个分系统。该系统需工作于瞄准、稳定和伺服三种状态，因而它的方位向分系统和高低向分系统都是由电力传动控制系统配上陀螺仪、调节器和机械传动控制等组成的。全电炮控系统的最大特点是采用电力传动控制系统替代传统的电液控制系统来驱动火炮做高低俯仰运动；其中的关键是需要一个机械传动装置将电力传动系统中电动机的旋转运动变换成直线运动，以驱动火炮的俯仰。采用交流电动机中的永磁同步电动机（PMSM）作为控制系统，其低速性能较好，容易满足全电炮控系统在瞄准状态下需要大范围内无级调速的要求。永磁同步电动机磁场定向控制（FOC）原理如图 6.30 所示。

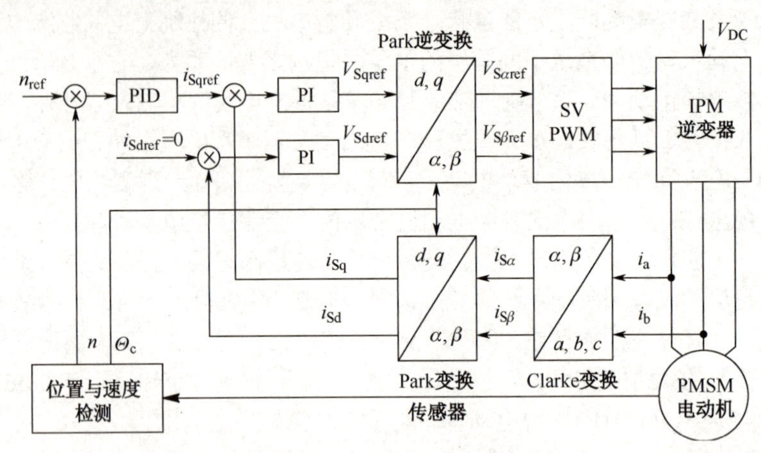

图 6.30　FOC 原理图

思考题与习题 6

题 6.1　在三相异步电动机启动初始瞬间，即 $s=1$ 时，为什么转子电流 I_s 大，而转子电路的功率因数 $\cos\varphi_2$ 小？

题 6.2　Y280M-2 型三相异步电动机的额定数据如下：90kW，2790r/min，50Hz。试求其额定转差率和转子电流的频率。

题 6.3　某人在检修三相异步电动机时，将转子抽掉，而在定子绕组上加三相额定电压，这会产生什么后果？

题 6.4　频率为 60Hz 的三相异步电动机，若接在 50Hz 的电源上使用，将会发生何种现象？

题 6.5　三相异步电动机在一定的负载转矩下运行时，如果电源电压降低，那么电动机的转矩、电流及转速有无变化？

题 6.6　有些三相异步电动机有 380/220V 两种额定电压，定子绕组可以接成星形，也可以接成三角形。试问在什么情况下采用哪种连接方法？采用这两种连接法时，电动机的额定值（功率、相电压、线电压、相电流、线电流、效率、功率因数、转速等）有无改变？

题 6.7　三相笼型异步电动机在空载和满载两种情况下的启动转矩哪个大？

题 6.8　某飞机的三相异步电动机的额定转速为 2850r/min。当负载转矩为额定转矩的一半时，电动机的转速约为多少？

题 6.9　三相异步电动机在正常运行时，如果转子突然卡住而不能转动，试问这时电动机的电流有何改变？对电动机有何影响？

题 6.10　为什么三相异步电动机不在最大转矩 T_{max} 处或接近最大转矩处运行？

题 6.11　f=400Hz 的三相异步电动机，转子转速 n=2860r/min 时，转子的频率是多少？

题 6.12　一台三相异步电动机，旋转磁场的转速 $n_1=1500\text{r/min}$，这台电动机的极数是多少？在电动机转子转速 $n=0\text{r/min}$ 和 $n=1470\text{r/min}$ 时，该电动机的转差率 s 是多少？

题 6.13　一台三相异步电动机，$p = 3$，额定转速 $n_N = 960\text{r/min}$。转子电阻 $R_2 = 0.02\Omega$，$X_{20} = 0.08\Omega$，转子电动势 $E_{20} = 20\text{V}$，电源频率 $f = 50\text{Hz}$。求该电动机在启动时和额定转速下，转子电流 I_2 是多少？

题 6.14　一台三相异步电动机，当电源线电压为 380V 时，电动机的三相定子绕组为三角形连接，电动机的 $I_{st}/I_N = 6$，额定电流 $I_N = 15\text{A}$。（1）求三角形连接时电动机的启动电流；（2）若启动改为星形连接，启动电流为多大？（3）电动机带负载和空载下启动，启动电流相同吗？

题 6.15　某三相异步电动机的 $P_N = 40\text{kW}$，$U_N = 380\text{V}$，$f = 50\text{Hz}$，$n = 2930\text{r/min}$，$\eta = 0.9$，$\cos\varphi = 0.85$，$I_{st}/I_N = 5.5$，$T_{st}/T_N = 1.2$，三角形连接，采用 Y-△启动，求：（1）启动电流和启动转矩；（2）保证能顺利启动的最大负载转矩是其额定转矩的多少？

题 6.16　三角形连接的三相异步电动机的额定数据如下

功率/kW	转速/(r/min)	电压/V	效率	功率因数	I_{st}/I_N	T_{st}/T_N	T_{max}/T_N
7.5	1470	380	86.2%	0.81	7.0	2.0	2.2

试求：（1）额定电流和启动电流；（2）额定转矩、最大转矩和启动转矩；（3）在额定负载情况下，电动机能否采用 Y-△启动？

题 6.17　三相异步电动机在电源断掉一根线后为什么不能启动？在运行中断掉一根线为什么还能继续转动？长时间运行是否可行？

题 6.18　某三相异步电动机的铭牌数据如下：$U_N = 380\text{V}$，$P_N = 55\text{kW}$，$n_N = 1480\text{r/min}$，$T_{st}/T_N = 1.8$，$T_m/T_N = 2$，试求：（1）画出电动机的机械特性近似曲线；（2）当电动机带额定负载运行时，电源电压短时间降低，最低允许降低到多少伏？

第7章　直流电动机及应用

本章导读信息

直流电动机其实比交流电动机发展早，这是因为最早的电源是电池，直流电动机具有调速范围广、调速特性平滑、启动转矩较大等优点，因此，它常用于驱动对调速要求较高的生产机械（如龙门刨床、镗床、轧钢机等）或者需要较大启动转矩的生产机械（如起重机械、钻井平台），现在无人系统如无人机、无人车等普遍采用直流电动机进行驱动。学习本章内容，首先要理解直流电动机转动原理；其次要根据直流电动机等效电路和洛伦兹力计算公式，推导出其机械特性，并分析启动/调速方法；最后要注意关注直流电动机和交流电动机在结构、工作原理、机械特性、调速方式等各方面的差异。

1. 内容提要

本章主要介绍直流电机的构造、基本工作原理，以及直流电动机的机械特性、启动/反转与调速方法及其应用案例。本章涉及的概念与名词术语主要有：直流电机、直流发电机、直流电动机、磁极、励磁绕组、电枢、电枢绕组、磁通、感应电动势、换向器、电磁力、电磁转矩、阻转矩、驱动转矩、负载转矩、机械特性、并励、他励、电枢电流、铜损耗、调磁、调压等。

2. 重点难点

【本章重点】

（1）直流电机的构造及基本工作原理；

（2）直流电动机的机械特性；

（3）直流电动机的启动与反转方法；

（4）直流电动机的调速方法。

【本章难点】

（1）直流电机的基本工作原理；

（2）直流电动机的机械特性。

7.1　直流电机的构造

直流电机是实现机械能和直流电能相互转换的装置。直流电机用作发电机时，可将机械能转换为电能；用作电动机时，可将电能转换为机械能。直流电机的组成如图7.1所示，主要由磁极、电枢和换向器三部分组成。

1. 磁极

直流电机的磁极通常由电磁铁构成，固定在机座（即电机外壳）上，用于在电机中产生磁场。如图7.2所示，直流电机的磁极分成极心和极掌（也称极靴）两部分。极心上放置励磁绕组（通常也称激磁绕组或定子绕组），用于产生磁场；极掌的作用是使电机空气隙中磁感应强度的分布更均匀。机座也是磁路的一部分，通常用铸钢制成，与磁极一起构成了直流电机的定子。在小型直流电机中，为了减小体积，有时也采用永久磁铁作为磁极。

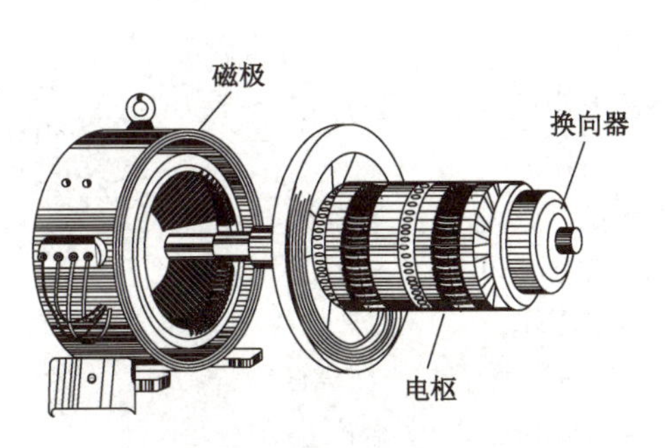

图 7.1　直流电机的组成

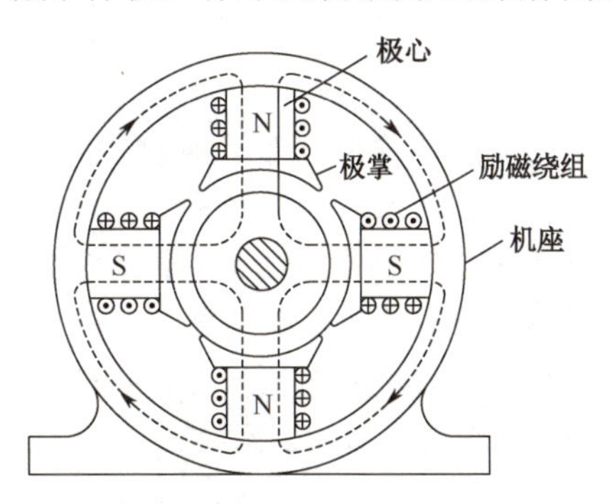

图 7.2　直流电机的磁极与磁路

2. 电枢

电枢又称为转子，是直流电机中旋转并产生感应电动势的部分。如图 7.3 所示，电枢铁芯呈圆柱状，由硅钢片叠成，表面冲有槽，槽中放电枢绕组。电枢绕组由一定数目的电枢线圈按一定的规律连接而成，它是直流电机的电路部分，也是利用感应电动势产生电磁转矩进行机电能量转换的部分。

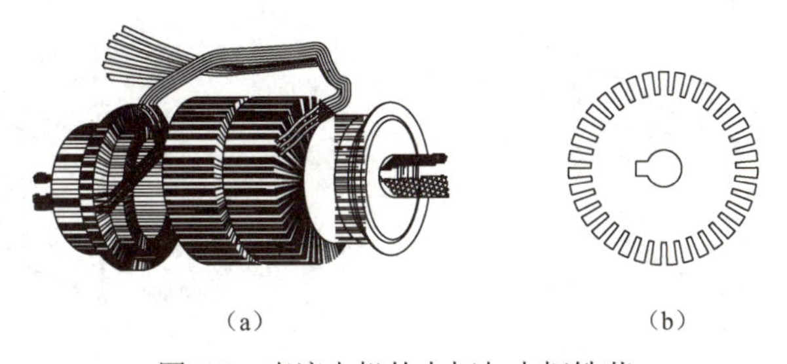

（a）　（b）

图 7.3　直流电机的电枢与电枢铁芯

3. 换向器（整流子）

换向器是直流电机中的一种特有装置，其外形如图 7.4（a）所示，主要由许多换向片组成。图 7.4（b）所示是换向器的剖面图。它由楔形铜片组成，铜片间用云母垫片（或某种塑料垫片）绝缘。换向片放置在套筒上，用压圈固定；压圈本身又用螺母紧固。换向器装在转轴上，电枢绕组的导线按一定规则与换向片相连接。换向器的凸出部分用于焊接电枢绕组。在换向器的表面用弹簧压着固定的电刷，使转动的电枢绕组得以同外电路连接起来。换向器是直流电机的典型特征，易于识别。

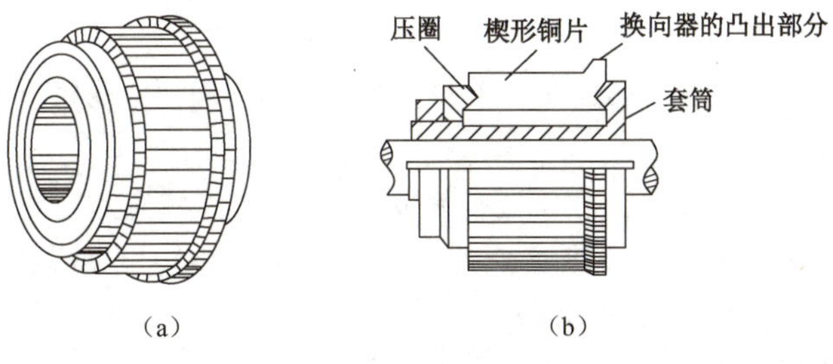

（a）　（b）

图 7.4　换向器

7.2 直流电机的基本工作原理

任何电机的工作原理都是建立在电磁力和电磁感应基础之上的，直流电机也是如此。

直流电机既可以作为直流电动机将电能转换为机械能，又可以作为直流发电机将机械能转换为电能。为了讨论直流电机的工作原理，可分别采用图7.5和图7.6来分析这两种不同运行状态下直流电机的工作原理。

图7.5是经简化后的直流电机的工作原理。如图7.5（a）所示，若在AB间加一个直流电压U，即A端为+，B端为-，则在电枢导体ab、cd中会产生电流I_a，由左手螺旋定则可知，ab受力方向向里，cd受力方向向外，这样便在线圈（电枢）的轴线上产生一逆时针方向的转矩，使得线圈按逆时针方向转动。当线圈转到90º时，由于电枢导体均不切割磁力线，所以它们均不受力，但在惯性的作用下，线圈继续转动。如图7.5（b）所示，当线圈转到180°时，cd在上面，而ab在下面，由于有换向片的作用，电流I_a的方向不变，所以cd受力方向向里，ab受力方向向外，在线圈的轴线上产生的转矩的方向仍为逆时针，因此线圈仍按逆时针方向转动。该过程一直维持下去，使得线圈始终按该方向转动，这就是直流电机的工作原理。

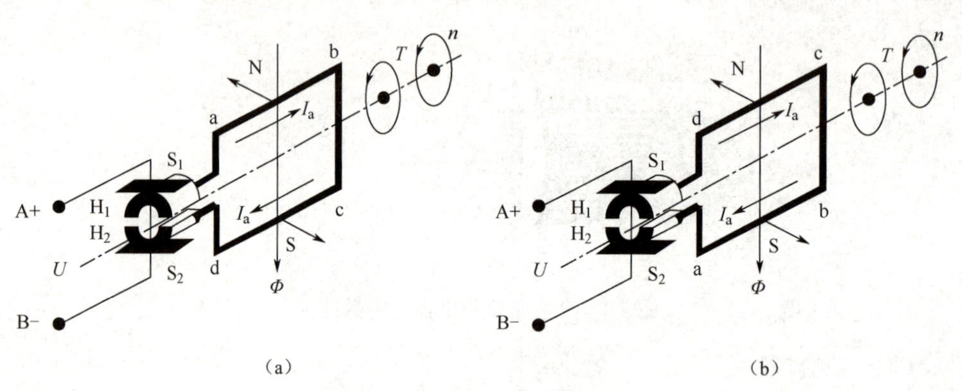

图7.5 直流电机的工作原理

由上述分析可知，对直流电机来说，换向器的作用是将外加的直流电流转换为电枢绕组（线圈）中的交变电流，并保证在每一磁极下，电枢导体中电流的方向始终不变，以产生方向恒定的转矩，从而使得电枢在磁场中按该转矩方向转动。

直流电机的电枢线圈通电后在磁场中受力而转动，这是问题的一个方面。另外，当电枢在磁场中转动时，线圈中也会产生感应电动势；这个电动势的方向与电流或外加电压的方向总是相反的，所以称为反电动势。

直流电机电枢绕组中的电流与磁通相互作用，产生电磁力和电磁转矩。直流电机的电磁转矩T可用下式表示

$$T = K_T \Phi I_a \tag{7.1}$$

式中，K_T是与电机结构有关的常数；磁通Φ的单位是韦伯（Wb）；I_a是电枢电流（转子电流），单位为安培（A）；T的单位是牛·米（N·m）。

图7.6是经简化后的直流发电机的工作原理。图中，Φ为直流发电机主磁极产生的磁通，abcd为电枢绕组，且与两个换向片H_1、H_2相连，H_1、H_2上压着电刷S_1、S_2，从中引出两个端子A、B。

如图7.6（a）所示，假设电枢由产生原动力的原动机（如水力发动机、风力发动机等）驱动在磁场中以转速n逆时针方向旋转，则在ab、cd导体中会产生感应电动势e，其方向可由右手螺旋定

则确定，显然 A 端为+，B 端为−。如图 7.6（b）所示，当电枢转过 180° 时，cd 在上面，而 ab 在下面，同样产生感应电动势 e，其方向分别与原来的相反，但由于有换向片和电刷的缘故，A 端仍为+，B 端仍为−，因此在电刷间的 AB 端出现一个极性不变的电动势。所以，换向器的作用是将直流发电机电枢绕组内的电动势转换成电刷间极性不变的电动势。当 AB 两端接上一定的负载时，在电动势 e 的作用下就在电枢回路中产生电流 I_a，该电流通常称为电枢电流。

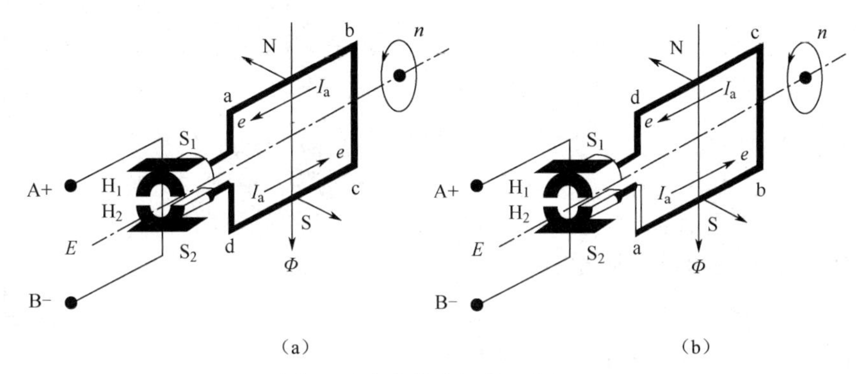

图 7.6　直流发电机的工作原理

直流电机电刷间的电动势可用下式表示

$$E = K_E \Phi n \tag{7.2}$$

式中，Φ 是一个磁极的磁通，单位是韦伯（Wb）；n 是电枢转速，单位是转/分（r/min）；K_E 是与电机结构有关的常数；电动势 E 的单位是伏特（V）。

直流电动机与直流发电机的电磁转矩的作用是不同的。

直流电动机的电磁转矩是驱动转矩，它使电枢转动。因此，电动机的电磁转矩 T 必须与机械负载转矩 T_2 及空载损耗转矩 T_0 相平衡。当轴上的机械负载发生变化时，电动机的转速、电动势、电流及电磁转矩将自动进行调整，以适应负载的变化，保持新的平衡。例如，当负载增大，即阻转矩增大时，电动机的电磁转矩便暂时小于阻转矩，所以转速开始下降。随着转速的下降，当磁通 Φ 不变时，反电动势 E 必将减小，而电枢电流将增大，于是电磁转矩也随之增大。直到电磁转矩与阻转矩达到新的平衡后，转速不再下降，而电动机以低于原来的转速稳定运行。这时的电枢电流已大于原来的值，也就是说从电源输入的功率增加了（电源电压保持不变）。

直流发电机的电磁转矩是阻转矩，它与电枢转动的方向或原动机的驱动转矩的方向相反。因此，在发电机等速转动时，原动机的驱动转矩 T_1 必须与发电机的电磁转矩 T 及空载损耗转矩 T_0 相平衡。当发电机的负载增大时，电磁转矩和输出功率也随之增大。这时原动机的驱动转矩和所供给的机械功率也必须相应增大，以保持转矩之间及功率之间的平衡，而转速基本上不变。

由上述分析可知，直流电机作为发电机运行和作为电动机运行时，虽然都产生电动势和电磁转矩，但两者的作用截然相反：作为发电机运行时，电源电动势 E 和电枢电流 I_a 方向相同，原动机的驱动转矩 T_1 等于发电机的阻转矩 T 及空载损耗转矩 T_0 之和；作为电动机运行时，反电动势 E 和电枢电流 I_a 方向相反，电动机的驱动转矩 T 等于负载转矩 T_2 及空载损耗转矩 T_0 之和。

直流电机的转矩与转子的角速度的乘积等于功率。由于空载损耗转矩的存在，直流电机的能量转换效率不可能为 100%。直流电机的额定效率 η_N 是指在额定运行状态下输出功率与输入功率之比。对直流发电机而言，η_N 是指额定功率与原动机所输入的机械功率之比；对直流电动机而言，η_N 是指额定功率与输入的电功率之比。

在电网输入给直流电动机的电功率 P_1 中，扣除电枢电阻的铜损 P_{Cu} 后，全部转换成电磁功率 P；电磁功率 P 的一部分转换成直流电动机轴上输出的机械功率 P_2，另一部分为直流电动机的空载损耗功率 P_0（包括铁损 P_{Fe} 和机械损耗 P_m）。因此，直流电动机的功率平衡方程式为

$$P_1 = P_{Cu} + P = P_{Cu} + P_2 + P_0 = P_{Cu} + P_2 + P_{Fe} + P_m \tag{7.3}$$

7.3 直流电动机的机械特性

拓展阅读:
协同探索与创新的结晶——直流电动机的发展历史

在 7.2 节中已讨论了直流电动机的工作原理，现在进一步分析它的运行情况。直流电动机按励磁方式分为他励、并励、串励和复励四种。

1. 他励直流电动机

他励直流电动机（以下简称他励电动机）的特点是：励磁绕组是由外电源供电的，励磁电流不受电枢端电压或电枢电流的影响。此外，永磁式直流电机用永久磁铁来产生主磁场，因此也属于这一类。

2. 并励直流电动机

并励直流电动机（以下简称并励电动机）的特点是：励磁绕组与电枢两端并联，电枢的端电压供给励磁电流。其励磁绕组的导线较细且匝数较大，因此电阻较大，能通过的电流较小。

3. 串励直流电动机

串励直流电动机的特点是：励磁绕组与电枢串联，电动机的负载电流既是电枢电流又是励磁电流。其励磁绕组的导线较粗且匝数较小，因此电阻较小，能通过的电流较大。

4. 复励直流电动机

复励直流电动机的特点是：它有两个励磁绕组，一个并联在电枢的两端，另一个与电枢串联。

因为并励、串励、复励直流电动机的励磁电流是电枢电流的一部分或全部，所以把它们统称为自励直流电动机。

本书只讨论比较常用的并励电动机和他励电动机，它们的原理电路如图 7.7 所示。并励电动机的励磁绕组与电枢是并联的，由同一直流电压 U 供电；他励电动机的励磁绕组与电枢是分离的，分别由励磁电源电压 U_f 和电枢电源电压 U 两个直流电源供电。

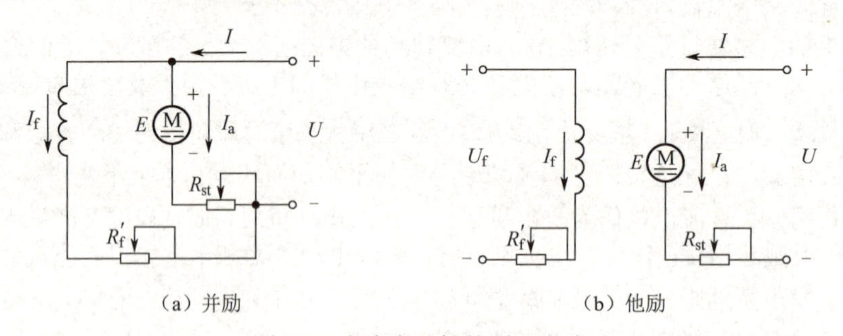

图 7.7　直流电动机的原理电路

下面以常用的并励电动机为例来分析它的机械特性以及启动、反转和调速特性。他励电动机和并励电动机虽然连接方式不同，但其特性基本相同。

并励电动机的励磁绕组与电枢并联，其电源电压 U 与电枢电流 I_a、励磁电流 I_f 之间的关系可以表示为

$$I_a = \frac{U - E}{R_a} \tag{7.4}$$

$$I_f = \frac{U}{R_f} \tag{7.5}$$

由于电枢电阻 R_a 通常很小，因此电枢电流 I_a 通常远大于励磁电流 I_f，总电流

$$I = I_a + I_f \approx I_a \tag{7.6}$$

由式（7.6）可知，当电源电压 U 和励磁电路的电阻 R_f（包括励磁绕组的电阻和励磁调节电阻 R'_f）保持不变时，励磁电流 I_f 以及由它所产生的磁通 $\varPhi$ 也保持不变，即 $\varPhi=$ 常数。由于直流电动机的电磁转矩 T 是电枢电流 I_a 与磁通相互作用产生的，因此，电动机的转矩也就和电枢电流成正比，即

$$T = K_T \varPhi I_a = K I_a \tag{7.7}$$

并励电动机的特点之一就是：磁通等于常数，转矩与电枢电流成正比。

直流电动机的电磁转矩 T 等于轴上输出的机械功率除以角频率，因此有

$$T = \frac{P_2}{\omega} = \frac{P_2}{2\pi \frac{n}{60}} \approx 9.55\frac{P_2}{n} \tag{7.8}$$

在 7.2 节中已经阐述过，当电动机的转矩 T 与机械负载转矩 T_2 及空载损耗转矩 T_0 相平衡时，电动机将等速转动；当轴上的机械负载发生变化时，将引起电动机的转速、电流及电磁转矩等发生变化。在电源电压 U 和励磁电路的电阻 R_f 为常数的条件下，用于描述电动机的转速 n 与转矩 T 之间关系的 $n=f(T)$ 曲线称为机械特性曲线。

综合式（7.2）和式（7.4）可得

$$n = \frac{E}{K_E \varPhi} = \frac{U - R_a I_a}{K_E \varPhi} \tag{7.9}$$

再根据式（7.1）用 T 替代 I_a，则式（7.9）可写成

$$n = \frac{U}{K_E \varPhi} - \frac{R_a}{K_E K_T \varPhi^2} T = n_0 - \Delta n \tag{7.10}$$

式（7.10）中的 n_0 是 $T=0$ 时的转速，称为理想空载转速

$$n_0 = \frac{U}{K_E \varPhi} \tag{7.11}$$

理想空载转速实际上是不能达到的，因为即使电动机轴上没有施加机械负载，电动机的转矩也不可能为零，因为此时还存在空载损耗转矩。

式（7.10）中的 Δn 称为转速降，它表明当负载增大时，电动机的转速会下降。

$$\Delta n = \frac{R_a}{K_E K_T \varPhi^2} T \tag{7.12}$$

转速降是由电枢电阻 R_a 引起的。由式（7.9）可知，当负载增大时，I_a 随着增大，使得 $R_a I_a$ 增大。由于电源电压 U 不变，因此电动势 E 减小，导致转速 n 降低。

并励电动机的机械特性曲线如图 7.8 所示，图中的 T_N 称为额定转矩，n_N 称为额定转速。由于 R_a 很小，在负载变化时，转速的变化不大。因此，并励电动机具有较硬的机械特性（转速与转矩的关系近似于线性），这是它的一个显著特点。

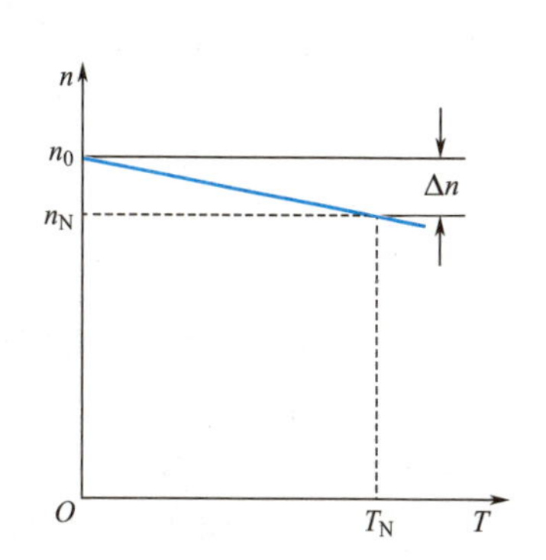

图 7.8　并励电动机的机械特性曲线

【例 7.1】有一并励电动机，其额定数据如下：$P_2 = 22\text{kW}$，$U = 110\text{V}$，$n = 1000\ \text{r/min}$，效率 $\eta = 0.84$；并已知 $R_a = 0.04\Omega$，$R_f = 27.5\Omega$。试求：(1) 额定电流 I、额定励磁电流 I_f 及额定电枢电流 I_a；(2) 空载损耗功率 P_0；(3) 额定转矩 T；(4) 反电动势 E。

解：（1）P_2是输出（机械）功率，额定输入（电）功率为

$$P_1=\frac{P_2}{\eta}=\frac{22}{0.84}\text{kW}\approx 26.19\text{kW}$$

额定电流

$$I=\frac{P_1}{U}=\frac{26.19\times 10^3}{110}\text{A}\approx 238\text{A}$$

额定励磁电流

$$I_\text{f}=\frac{110}{27.5}\text{A}\approx 4\text{A}$$

额定电枢电流

$$I_\text{a}=I-I_\text{f}\approx(238-4)\text{A}=234\text{A}$$

（2）电枢电路铜损耗

$$P_\text{Cu}=R_\text{a}I_\text{a}^2=0.04\times 234^2\text{ W}\approx 2190\text{W}$$

总损耗功率

$$\Delta P=P_1-P_2=(26190-22000)\text{W}=4190\text{W}$$

空载损耗功率

$$P_0=\Delta P-P_\text{Cu}=(4190-2190)\text{W}\approx 2000\text{W}$$

（3）额定转矩

$$T=9.55\frac{P_2}{n}=9.55\times\frac{22000}{1000}\text{N}\cdot\text{m}\approx 210\text{N}\cdot\text{m}$$

（4）反电动势

$$E=U-R_\text{a}I_\text{a}=(110-0.04\times 234)\text{V}=100.64\text{V}$$

7.4 并励电动机的启动与反转

电动机接到电源后开始启动，转速将从零逐渐上升到稳定值。在此过程中，电动机的运行特性与稳定运行时存在差异。

并励电动机在稳定运行时，其电枢电流为

$$I_\text{a}=\frac{U-E}{R_\text{a}} \tag{7.13}$$

因为电枢电阻R_a很小，所以电源电压U和反电动势E极为接近。

在电动机启动的初始瞬间，$n=0$，所以$E=K_\text{E}\Phi n=0$。此时电枢电流（即直接启动时的电枢电流）为

$$I_\text{ast}=\frac{U}{R_\text{a}} \tag{7.14}$$

由于R_a很小，启动电流将达到额定电流的10～20倍，这是不允许的。

因为并励电动机的转矩正比于电枢电流，所以它的启动转矩很大，会产生机械冲击，使传动机构（如齿轮）遭受损坏。

因此，必须限制启动电流。限制启动电流的方法就是启动时在电枢电路中串接启动电阻R_st，如图7.7所示。这时电枢中的启动电流初始值

$$I_\text{ast}=\frac{U}{R_\text{a}+R_\text{st}} \tag{7.15}$$

而启动电阻则可由式（7.15）确定，即

$$R_{st}=\frac{U}{I_{ast}}-R_a \tag{7.16}$$

一般规定启动电流不应超过额定电流的 1.5～2.5 倍。

启动时，将启动电阻设置为最大值，待启动后，随着电动机转速的上升，把它逐段减小。

必须注意，当直流电动机在启动或工作时，励磁电路一定要接通，不能让它断开（启动时要满励磁）。否则，由于磁路中只有很小的剩磁，可能发生下述事故。

（1）如果电动机是静止的，由于转矩太小（$T=K_T\Phi I_a$），它将不能启动，这时反电动势为零，电枢电流很大，电枢绕组有被烧坏的危险。

（2）如果电动机在有载运行时断开励磁电路，反电动势立即减小而使电枢电流增大，同时由于所产生的转矩不能满足负载的需要，电动机必将减速而停转，更加促使电枢电流的增大，以致烧毁电枢绕组和换向器。

（3）如果电动机在空载运行，则它的转速可能上升到很高的值（这种事故称为“飞车”），使电动机遭受严重的机械损伤，而且因电枢电流过大而将绕组烧坏。

如果要改变直流电动机的转动方向，则必须改变电磁转矩的方向。由左手螺旋定则可知：在磁场方向固定的情况下，必须改变电枢电流的方向；如果电枢电流的方向不变，那么改变励磁电流的方向同样可以达到反转的目的。

【例 7.2】在例 7.1 中，（1）求电枢中的直接启动电流的初始值；（2）如果使启动电流不超过额定电流的 1.5 倍，求启动电阻。

解：（1）$I_{ast}=\frac{U}{R_a}=\frac{110}{0.04}\text{A}=2750\text{ A}$

（2）$R_{st}=\frac{U}{I_{ast}}-R_a=\frac{U}{1.5I_a}-R_a=\left(\frac{110}{1.5\times 234}-0.04\right)\Omega\approx 0.27\Omega$

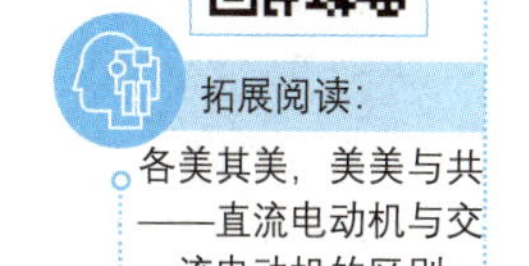

拓展阅读：各美其美，美美与共——直流电动机与交流电动机的区别

7.5　并励（或他励）电动机的调速

并励（或他励）电动机和交流异步电动机比较起来，虽然结构复杂，价格高，维修也不方便，但是在调速性能上有其独特的优点。虽然笼型异步电动机通过变频调速可以实现无级调速，但其调速设备复杂，投资较大。因此，对调速性能要求高的生产机械，还常采用直流电动机。由于并励电动机能无级调速，所以机械变速齿轮箱可以大大简化。

电动机的调速就是在同一负载下获得不同的转速，以满足生产要求。

根据并励（或他励）电动机的转速公式

$$n=\frac{U-I_aR_a}{K_E\Phi} \tag{7.17}$$

可知，改变磁通 Φ、电枢电压 U 和电枢电阻 R_a 都可以实现直流电动机的调速。由于变电枢电阻调速需要在电枢回路中加入可调电阻（在负载转矩不变时，电枢电流 I_a 保持不变，而机械特性的斜率会增大，转速会下降），会造成电动机的功率损耗增大，所以不太适合大功率直流电动机的调速。在实际应用中，通常采用改变磁通或电枢电压的方法来实现直流电动机的调速。

7.5.1　变磁通（调磁）调速

在图 7.7 中，当保持电源电压 U 为额定值时，调节电阻 R'_f，改变励磁电流 I_f 以改变磁通。

由式

$$n=\frac{U}{K_{\mathrm{E}}\varPhi}-\frac{R_{\mathrm{a}}}{K_{\mathrm{E}}K_{\mathrm{T}}\varPhi^{2}}T=n_{0}-\Delta n \tag{7.18}$$

可知，当磁通$\varPhi$减小时，n_0会升高，转速降Δn也会增大；但由于后者与$\varPhi^2$成反比，所以磁通越小，机械特性曲线也就越陡，但仍具有一定硬度，如图 7.9 所示。

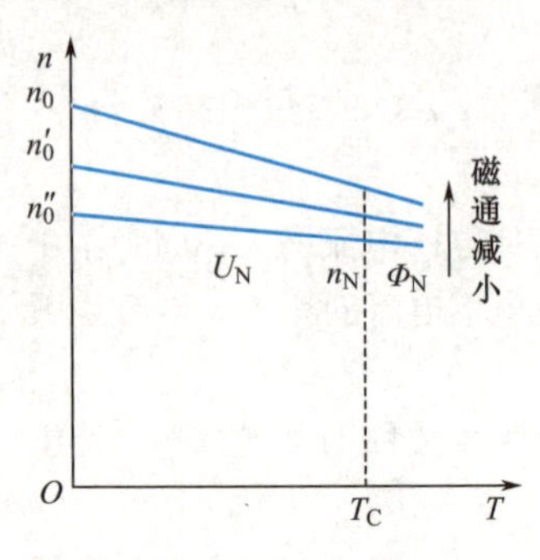

图 7.9 调磁时的机械特性曲线

在一定负载下，$\varPhi$越小，则n越高。由于电动机在额定状态运行时，它的磁路已接近饱和，所以通常只是减小磁通（$\varPhi<\varPhi_{\mathrm{N}}$），将转速往上调（$n>n_{\mathrm{N}}$）。

调速的过程如下。当电压U保持恒定时，减小磁通$\varPhi$。由于机械惯性，转速不立即发生变化，于是反电动势$E=K_{\mathrm{E}}\varPhi n$就减小，$I_{\mathrm{a}}$随之增加。由于$I_{\mathrm{a}}$增加的影响超过$\varPhi$减小的影响，所以转矩$T=K_{\mathrm{T}}\varPhi I_{\mathrm{a}}$也就增加。如果阻转矩$T_{\mathrm{C}}$（$T_{\mathrm{C}}=T_2+T_0$）未变，则$T>T_{\mathrm{C}}$，转速$n$上升。随着$n$的升高，反电动势$E$增大，$I_{\mathrm{a}}$和$T$也随着减小，直到$T=T_{\mathrm{C}}$时为止。但这时转速比原来的值已经升高了。

上述的调速过程是假设负载转矩保持不变的。由于$\varPhi$的减小会使I_{a}增大，如果在调速前电动机已在额定电流下运行，那么调速后的电流必定会超过额定电流，这是不允许的。从发热的角度考虑，调速后的电流仍应保持额定值，也就是电动机在高速运转时其负载转矩必须减小。因此，这种调速方法仅适用于转矩与转速成反比而输出功率基本上不变（恒功率调速）的场合，如用于切削机床中。

这种调速方法有下列优点。

（1）调速平滑，可得到无级调速。

（2）调速经济，控制方便。

（3）机械特性较硬，稳定性较好。

（4）对专门生产的调磁电动机，其调速范围可达 3～4 倍，如 530～2120r/min 及 310～1240r/min。

【例 7.3】有一台并励电动机，已知：U=110V，E=90V，R_{a}=20Ω，I_{a}=1A，n=3000r/min。为了提高转速，把励磁调节电阻增大，使磁通$\varPhi$减小 10%，若负载转矩不变，问转速如何变化？

解：令$\varPhi$减小 10%，即$\varPhi'=0.9\varPhi$，所以电流必须增大到I'_{a}，以维持转矩不变，即

$$K_{\mathrm{T}}\varPhi I_{\mathrm{a}}=K_{\mathrm{T}}\varPhi' I'_{\mathrm{a}}$$

由此得

$$I'_{\mathrm{a}}=\frac{\varPhi I_{\mathrm{a}}}{\varPhi'}=\frac{1}{0.9}\mathrm{A}\approx 1.11\mathrm{A}$$

磁通减小后的转速n'对原来的转速n之比为

$$\frac{n'}{n}=\frac{E'/K_{\mathrm{E}}\varPhi'}{E/K_{\mathrm{E}}\varPhi}=\frac{E'\varPhi}{E\varPhi'}=\frac{(U-R_{\mathrm{a}}I'_{\mathrm{a}})\varPhi}{(U-R_{\mathrm{a}}I_{\mathrm{a}})\varPhi'}=\frac{(110-20\times 1.11)\times 1}{(110-20\times 1)\times 0.9}\approx 1.084$$

即转速增加了 8.4%。

7.5.2 变电枢电压（调压）调速

当保持他励电动机的励磁电流I_{f}为额定值时，降低电枢电压U，则由式（7.18）可知，n_0变低了，但Δn未改变。因此，改变U可得出一族平行的机械特性曲线，如图 7.10 所示。在一定负载下，U越低，则n越低。为了保证电动机的绝缘不受损害，通常只是降低电压（$U<U_{\mathrm{N}}$），将转速往下调（$n<n_{\mathrm{N}}$）。

调速的过程如下。在磁通 Φ 保持不变时减小电压 U，由于转速不立即发生变化，反电动势 E 也暂不变化，于是电流 I_a 减小了，转矩 T 也减小了。如果阻转矩 T_C 未变，则 $T < T_C$，转速 n 下降。随着 n 的下降，反电动势 E 减小，I_a 和 T 也随之增大，直到 $T = T_C$ 时为止。但这时转速比原来的值已经降低了。

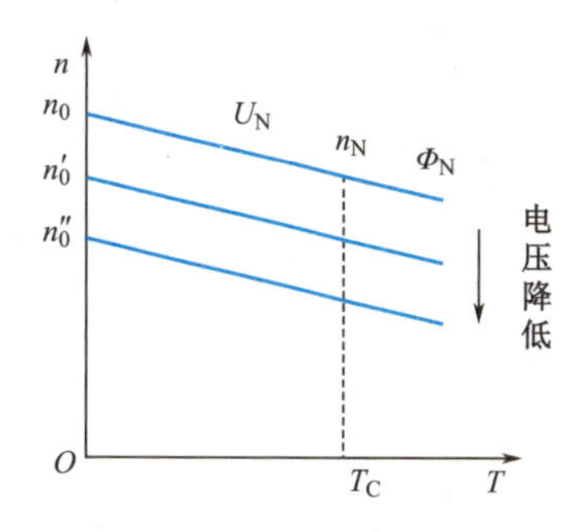

图 7.10　调压时的机械特性曲线

由于调速时磁通不变，如果在一定的额定电流下调速，则电动机的输出转矩也是一定的（恒转矩调速）。例如，起重设备中常用这种调速方法。

这种调速方法有下列优点。

（1）机械特性较硬，并且电压降低后硬度不变，稳定性较好；

（2）调速范围较大，可达 6～10 倍。

（3）可均匀调节电枢电压，得到平滑的无级调速。

但是这种调速方法需要电压可以调节的专用设备，所需费用较高。

近年来已普遍采用晶闸管整流电源对电动机进行调压和调磁，以改变它的转速。

【例 7.4】有一台他励电动机，已知：U =220V，I_a =53.8A，n =1500r/min，R_a =0.7Ω。现将电枢电压降低一半，而负载转矩不变，问转速降低多少？设励磁电流保持不变。

解：由 $T = K_T\Phi I_a$ 可知，在保持负载转矩和励磁电流不变的条件下，电枢电流也会保持不变。

电压降低后的转速 n' 对原来的转速 n 之比为

$$\frac{n'}{n} = \frac{E'/K_E\Phi}{E/K_E\Phi} = \frac{E'}{E} = \frac{U' - R_aI'_a}{U - R_aI_a} = \frac{110 - 0.7\times53.8}{220 - 0.7\times53.8} \approx 0.4$$

即转速降低到原来的 40%。

7.6　应 用 案 例

7.6.1　卫星姿态控制

近年来小卫星的发展受到高度重视，太空中小卫星的姿态需要经常调整，如太阳能充电时需将太阳能帆板朝向太阳，而执行拍照等任务时需将镜头对准被拍摄目标。这种运动可以通过反作用飞轮来实现。飞轮具有较大的转动惯量，在加速和减速时提供反作用力作用于卫星，使其改变姿态。反作用飞轮一般由特制的无刷和无铁直流电动机驱动，电动机与飞轮一体化设计，它能降低驱动功率，并在运转速度范围内保持固定力矩以保证最小力矩波动并防止电磁黏结效应。每个卫星上装有互相垂直的 3 台飞轮，控制卫星的姿态在 3 个自由度上转动。对飞轮的要求是：（1）控制特性好，能比较精确地实现正反转、加速、减速、力矩与速度控制；（2）长寿命，能在真空、低温和存在高能粒子辐射的恶劣环境下连续可靠地运行 2 年以上；（3）重量轻，减小火箭发射的负载和燃料成本；（4）功耗低，以减小太阳能电池的体积和重量。卫星上还有另一种飞轮称为偏置动量轮，用于提供稳定的角动量，保持卫星姿态的稳定性，这种飞轮要求能提供较大的转动惯量。例如，我国发射的风云 3 号卫星采用角动量为 8N·m·s 的反作用飞轮 3 台，角动量为 68N·m·s 的偏置动量轮 2 台，其最大转速为 5100r/min。

拓展阅读：
浪子回头金不换——
无刷直流电动机发明人李红涛的传奇故事

如图 7.11 所示，用于卫星姿态控制的反作用飞轮由三相轮流换向的无刷直流电动机驱动，同时采用霍尔传感器监测其转速，采用电流传感器监测其转矩，通过闭环控制，就可以有效地降低飞轮转速和转矩的波动。

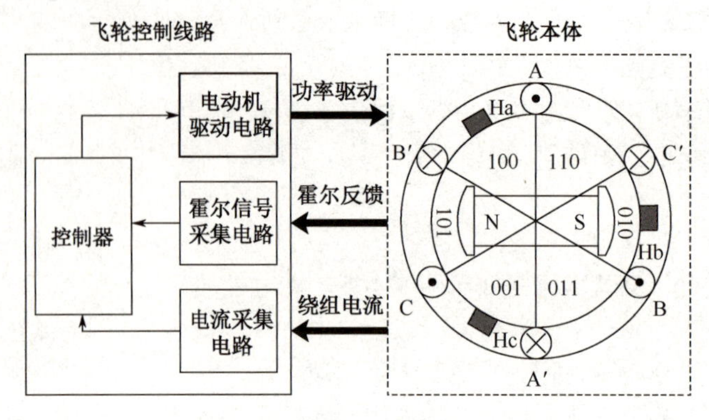

图 7.11 反作用飞轮控制示意图

7.6.2 舰艇驱动

目前常规动力潜艇的主动力是柴油机和直流电动机，故称之为柴电动力潜艇。在水面上时，柴油机带动发电机发出直流电使直流电动机转动，进而带动螺旋桨旋转。在水下时，柴油机因缺乏氧气而不能使用，直流电动机的电源由蓄电池提供。在核动力潜艇中，法国的全部核潜艇都采用电动机驱动方式，俄、英、美等国的核潜艇虽然主要采用的是“核反应堆（锅炉）-热交换器-涡轮机-减速机-螺旋桨”的驱动方式，但也将电动机驱动作为备用动力。目前国内外都在研究采用无刷永磁直流电动机驱动，电动机驱动功率为 2～30MW，转速为 100～200r/min。在驱动策略上，一种方式是整个潜艇的主推力采用电动机驱动，另一种方式是用传统的发动机提供主推力，用电动机作为辅助推力系统，用于慢速巡航推进。电动机驱动的优点是噪声低、不易暴露目标、控制灵活。舰船综合电力驱动系统结构示意图如图 7.12 所示。

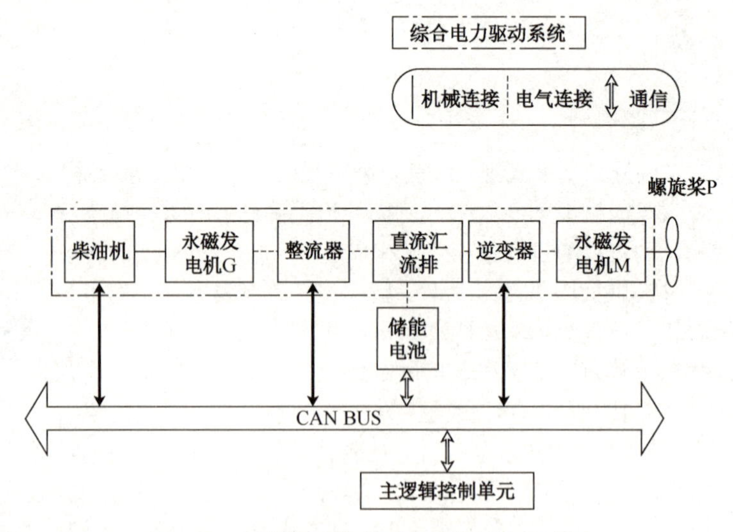

图 7.12 舰船综合电力驱动系统结构示意图

水面舰艇的动力系统，以前是蒸汽动力，后来是内燃机、燃气轮机、蒸汽轮机、核动力汽轮机，这些驱动装置都没有摆脱机械传动，都要采用粗大的传动轴和齿轮组，存在重量大、耗能大、高速转动时噪声大等问题，导致舰艇的隐身性能差。从 20 世纪 80 年代开始，第三代舰艇逐步采用电力驱动，也就是原动机输出电力，通过把电源直接送到螺旋桨上，避免了原动机、齿轮、传动轴的传动形式。其好处在于：动力机械安装部位灵活；电力驱动通信、导航、武器设备、日常设备方便；大大简化舰艇的动力系统结构，提高舰艇的效率，降低振动噪声；为使用新概念舰载武器提供了条件；是舰船信息化、智能化发展的必然趋势，代表舰船动力系统未来的发展方向。

现有的第三代舰艇普遍采用原动机提供中等电压的交流供电系统，其缺点是：（1）原动机体积偏大；（2）当舰艇需要制动和加速时，需要改变一台或多台原动机的转速，由于改变原动机的转速会直接影响交流电的频率，从而会造成冲击电压，可能会严重损害发电机组和设备，不利于系统稳定，于是会造成供电连续性不高、供电效率不高，甚至故障频发；（3）目前所采用的中压交流电力系统，依然需要变速箱和主轴带动螺旋桨，其噪声还会有一部分传到水中。

2017 年，马伟明院士带领的团队提出了全新的中压直流驱动方案。中压直流综合电力系统不仅可以取消中压交流系统中的一些设备，特别是大型的整流设备，而且对动力源的转速要求大大地降低了，舰艇加速减速时，改变动力源的转速，这对直流电动机供电没有影响，对电网的影响也较小，电网的稳定性好。当然，采用电力推进就可以节省空间去容纳其他的舰载武器。所以，中压直流驱动是舰船电力系统发展的必然趋势之一。

7.6.3　雷达扫描

雷达是利用电磁波探测目标的电子设备，它发射电磁波对目标进行照射并接收其回波，由此获得目标至电磁波发射点的距离。雷达天线可以将电磁波聚成波束，具有定向发射和接收电磁波的功能，它按一定的扫描规律运行，而雷达天线的指向通过大型驱动装置来改变，要求驱动电动机运行平稳、直接驱动、易于控制、运行可靠。直流电动机作为雷达扫描系统的动力源，其调速性能的好坏直接影响雷达系统的探测范围、测角精度、角度分辨力、抗干扰性能和适应性能。根据雷达大小、扫描运动规律的不同，驱动电动机的速度和力矩也不同，大型雷达扫描驱动力矩达到 110kN·m 以上，转速为 2r/min 左右。为实现电动机转速的良好控制，通常需要在直流电动机动态结构的基础上设计电流、转速双闭环直流调速系统，并采用模糊控制等技术进一步提升直流电动机的调速性能。雷达扫描控制系统结构示意图如图 7.13 所示。

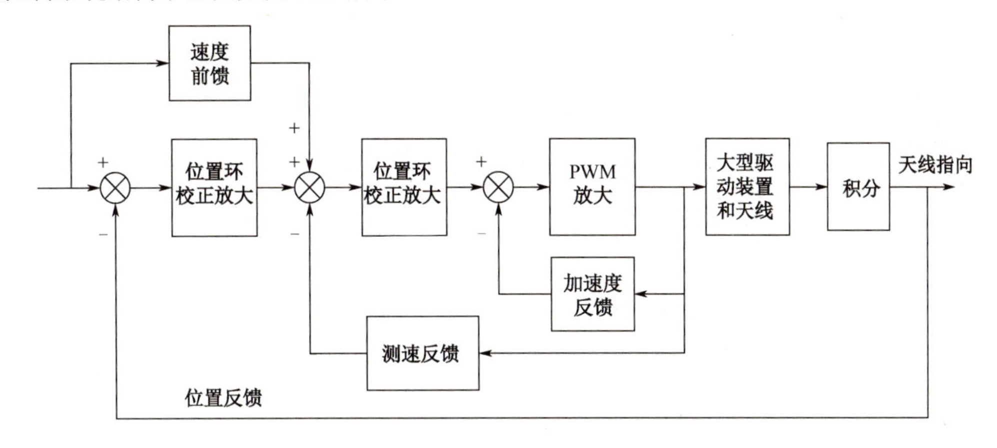

图 7.13　雷达扫描控制系统结构示意图

思考题与习题 7

题 7.1　如果将电枢绕组装在定子上，磁极装在转子上，换向器和电刷怎样装置，才能作为直流电动机运行？

题 7.2　怎样才能改变直流电动机的转向？

题 7.3　一台他励直流电动机所拖动的负载转矩 T_L 为常数，当电势电压或电枢附加电阻改变时，能否改变其稳定运行状态下电枢电流的大小？为什么？这时拖动系统中哪些量必然要发生变化？

题 7.4　一台他励直流电动机在稳态下运行时，反电动势 $E = E_1$，若负载转矩 T_L 为常数，外加电压和电枢回路中的电阻不变，问减弱磁通使转速上升到新的稳态值后，电枢反电动势将如何变化？是大于、小于还是等于 E_1？

题 7.5　一台直流发电机，其铭牌数据如下：$P_N = 180\text{kW}$，$U_N = 230\text{V}$，$n_N = 1450\text{r/min}$，$\eta_N = 89.5\%$，试求：（1）该发电机的额定电流；（2）电流保持为额定值而电压下降为 100V 时，原动机的输出功率（设此时 $\eta = \eta_N$）。

题 7.6　某他励直流电动机的铭牌数据如下：$P_N = 7.5\text{kW}$，$U_N = 220\text{V}$，$n_N = 1500\text{r/min}$，$\eta_N = 88.5\%$，试求该电动机的额定电流和额定转矩。

题 7.7　一台他励直流发电机的铭牌数据如下：$P_N = 15\text{kW}$，$U_N = 230\text{V}$，$I_N = 65.3\text{A}$，$n_N = 2850\text{r/min}$，$R_a = 0.25\Omega$，其空载特性为：

U_0 / V	115	184	230	253	256
I_f / A	0.442	0.802	1.2	1.686	2.1

若需要在额定电流下得到 150V 和 220V 的端电压，问其励磁电流分别为多少？

题 7.8　一台他励直流电动机的铭牌数据如下：$P_N = 5.5\text{kW}$，$U_N = 110\text{V}$，$I_N = 62\text{A}$，$n_N = 1000\text{r/min}$，设该电动机电枢绕组的铜损占总损耗的 60%，试计算并绘出它的固有机械特性曲线。

题 7.9　一台他励直流电动机的铭牌数据如下：$P_N = 6.5\text{kW}$，$U_N = 220\text{V}$，$I_N = 33.4\text{A}$，$n_N = 1500\text{r/min}$，$R_a = 0.242\Omega$，试计算此电动机的如下特性并绘出其图形：（1）固有机械特性；（2）电枢附加电阻为 3Ω 时的人为机械特性；（3）电枢电压为 $U_N / 2$ 时的人为机械特性；（4）磁通 $\Phi = 0.8\Phi_N$ 时的人为机械特性。

题 7.10　电动机的电磁转矩是驱动性质的转矩，电磁转矩增大时，转速似乎应该上升，但从直流电动机的机械特性来看，电磁转矩增大时，转速反而下降，试分析这是什么原因。

题 7.11　一台他励直流电动机，其额定数据如下：$P_N = 2.2\text{kW}$，$U_N = U_f = 110V$，$n_N = 1500\text{r/min}$，$\eta_N = 0.8$，$R_a = 0.4\Omega$，$R_f = 82.7\Omega$。试求：（1）额定电枢电流 I_{aN}；（2）额定励磁电流 I_{fN}；（3）电枢回路及励磁回路的铜损 P_{Cu} 以及铁损与机械损耗之和 P_0；（4）额定电磁转矩 T_N；（5）额定电流时的反电动势 E_N；（6）直接启动时的启动电流 I_{st}；（7）若要使启动电流不超过额定电流的 2 倍，启动电阻为多大？此时启动转矩又为多少？

题 7.12　他励直流电动机的调速方法有哪些？它们的特点是什么？

题 7.13　一台他励直流电动机拖动一台卷扬机构，在电动机拖动重物匀速上升时将电枢电源突然反接，试利用机械特性从机电过程上说明：（1）从反接开始到系统达到新的稳定平衡状态之间，电动机经历了几种运行状态；（2）最后在什么状态下建立系统新的稳定平衡点；（3）各种状态下转速变化的机电过程怎样。

第 8 章　控制电机及应用

本章导读信息

控制电机主要应用在自动控制系统中，用于信号的检测、转换和传递，也可用作测量、执行单元。常用的控制电机有伺服电动机、步进电动机、测速发电机和自整角机等，功率小、体积小、重量轻，人们称之为微特电机。控制电机的原理和第 6 章、7 章所述的交流电动机和直流电动机的原理类似，本章的学习重点是把握典型控制电机的特点和应用原理。

1. 内容提要

本章主要介绍伺服电动机的分类、结构、工作原理、控制方法、机械特性和调节特性；步进电动机的工作原理和控制方式；测速发电机的工作原理、输出特性以及产生误差的原因和减小误差的方法；直线异步电动机的结构、工作原理和应用。

本章中用到的主要名词与概念有：控制电机、微特电机、伺服电动机、交流伺服电动机、直流伺服电动机、杯形转子、控制绕组、励磁绕组、机械特性、调节特性、步进电机、单三拍、六拍、双三拍、测速发电机、直流测速发电机、交流异步测速发电机、直流调速系统、双闭环、直线电动机、直线异步电动机、直线同步电动机等。

2. 重点难点

【本章重点】

（1）交流伺服电动机的结构及工作原理；

（2）单相异步电动机的机械特性；

（3）交流伺服电动机的控制方法；

（4）交流伺服电动机的机械特性和调节特性；

（5）步进电动机的工作方式；

（6）测速发电机的误差和减小误差的方法。

【本章难点】

（1）交流伺服电动机的控制方法；

（2）交流伺服电动机的机械特性和调节特性。

8.1　伺服电动机

伺服电动机又称执行电动机，是一种控制电机。它能将控制电压转换为转矩或转速以驱动控制对象。伺服电动机转子受输入信号控制，并能快速反应，位置非常精准，在自动控制系统中用作执行元件。伺服电动机具有机电时间常数小、线性度高等特性，可把接收到的电压信号转换成电动机轴上的角位移或角速度输出。从结构上区分，伺服电动机可分为交流伺服电动机和直流伺服电动机两大类，其中直流伺服电动机的输出功率较大。

8.1.1 交流伺服电动机

1. 基本结构

交流伺服电动机实际上就是两相异步电动机。它的定子上装有两套绕组，一套是励磁绕组，另一套是控制绕组，两套绕组在空间上相隔90°。交流伺服电动机的转子目前有两种：一种为笼型转子，另一种为非磁性杯形转子。笼型转子与三相笼型异步电动机的转子相比较，主要采用了高电导率的铝或黄铜制作转子导体，目的是消除自转现象。对于杯形转子，为了减小其转动惯量，常采用铝合金或铜合金制成空心薄壁圆筒，如图 8.1 所示。

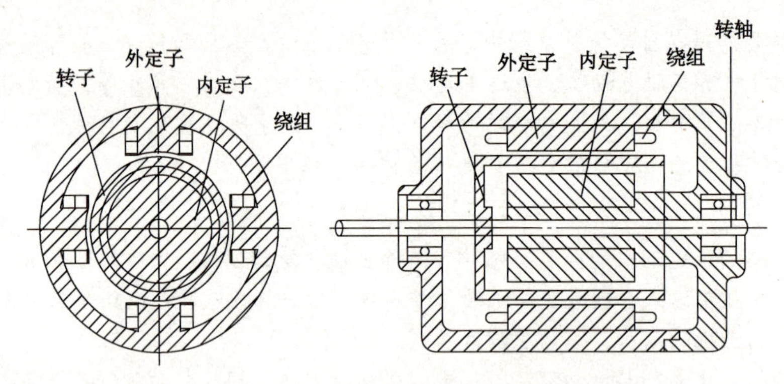

图 8.1 杯形转子交流伺服电动机结构图

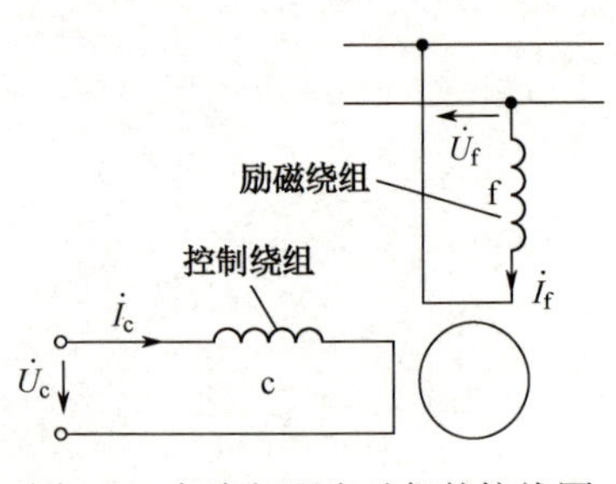

图 8.2 交流伺服电动机的接线图

图 8.2 是交流伺服电动机的接线图。励磁绕组 f 接到电压为 $\dot{U}_f$ 的交流电源上，控制绕组 c 接到输入控制电压 $\dot{U}_c$ 上，$\dot{U}_f$ 与 $\dot{U}_c$ 为同频率有相位差的交流电压。

2. 基本工作原理

两相交流伺服电动机以单相异步电动机工作原理为基础。从图 8.2 中可知，励磁绕组接到电压一定的交流电网上，当有控制信号输入时，两相绕组便产生旋转磁场。该磁场与转子中的感应电流相互作用产生转矩，使转子跟着旋转磁场以一定的转差率转动，其同步转速为

$$n_0 = 60\frac{f}{p} \tag{8.1}$$

式中，n_0 为同步转速；f 为交流电网工作频率；p 为定子绕组磁极对数。转向与旋转磁场的方向相同，若把控制电压的相位改变180°，则可改变伺服电动机的旋转方向。

对伺服电动机的要求是控制电压一旦取消，电动机就必须立即停止转动。但根据单相异步电动机的工作原理，电动机转子开始转动后，若取消控制电压 $\dot{U}_c$，则仅剩励磁电压单相供电，它将继续转动，该现象称为自转。这意味着不能通过 $\dot{U}_c$ 控制电动机停转，必须采取其他方法消除自转现象。

3. 控制方法

交流伺服电动机不仅要具有受控于控制信号而启动和停转的伺服性，还要具有转速变化的可控性。两相交流伺服电动机的控制方法有以下三种。

（1）幅值控制，即保持控制电压 $\dot{U}_c$ 相位不变，仅改变其幅值。

（2）相位控制，即保持控制电压 $\dot{U}_c$ 幅值不变，仅改变其相位。

（3）幅值-相位控制，同时改变控制电压 $\dot{U}_c$ 的幅值和相位。

幅值控制在生产中应用得最多，下面通过幅值控制法，简要介绍交流伺服电动机的机械特性和调节特性。

4. 机械特性和调节特性

机械特性和调节特性是交流伺服电动机的主要特性，这些特性描述了交流伺服电动机的可控性、启动转矩以及线性程度。

幅值控制接线图如图 8.3 所示，始终保持控制电压 $\dot{U}_c$ 与励磁电压 $\dot{U}_f$ 之间的相位差为 $90°$，通过改变控制电压 $\dot{U}_c$ 的幅值来调节交流伺服电动机的转速，即可以得到不同控制电压下的机械特性曲线，如图 8.4 所示。令 $\alpha = \dfrac{U_c}{U_f}$，为幅值控制的信号系数。由图 8.4 可知，在一定的负载转矩下，控制电压越高，转差率越小，电动机的转速就越高，不同的控制电压对应着不同的转速。

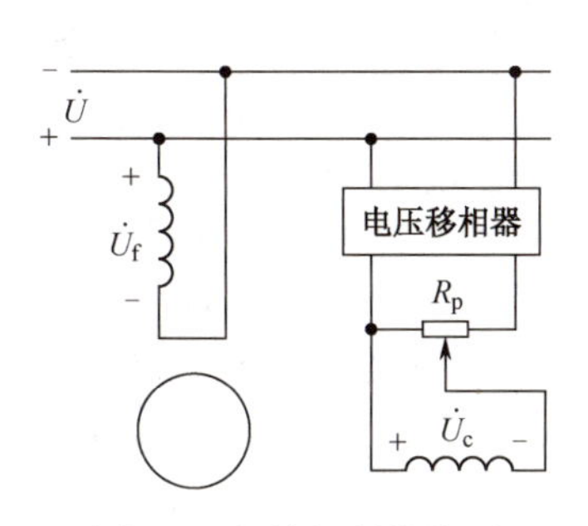

图 8.3　幅值控制接线图

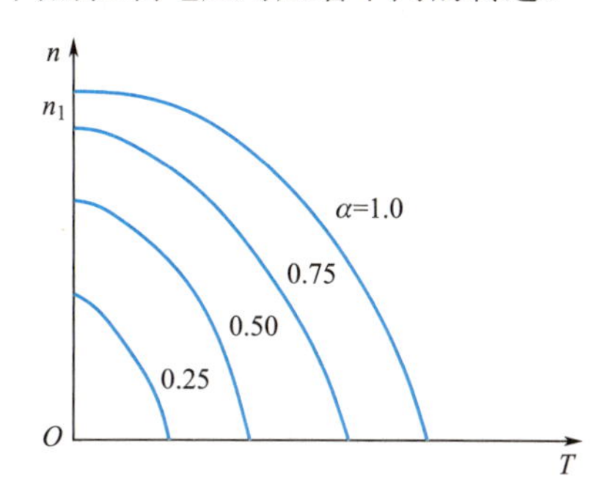

图 8.4　幅值控制的机械特性曲线

幅值控制的调节特性曲线如图 8.5 所示，即转矩 T 一定时 $n = f(\alpha)$ 的曲线。调节特性曲线是非线性的，只有在转速和信号系数都较小时，调节特性才近似为直线。在自动控制系统中，一般要求伺服电动机有线性的调节特性，所以交流伺服电动机应在信号系数较小和转速较低的条件下运行。

为了扩大调速范围，可将交流伺服电动机的电源频率提高到 400Hz，这样同步转速 n_0 会成比例地提高，转子转速 n 也相应地提高。

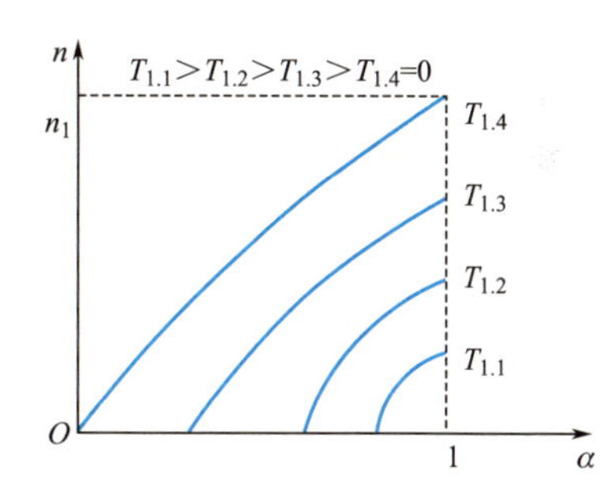

图 8.5　幅值控制的调节特性曲线

8.1.2　直流伺服电动机

直流伺服电动机是低惯量的微型直流电动机。根据定子磁极的种类，它一般可分为永磁式和电磁式。永磁式直流伺服电动机的磁极为永久磁铁，电磁式直流伺服电动机的磁极为电磁铁。

直流伺服电动机通常采用电枢控制，即保持励磁磁通一定，通过改变电枢电压实现对电动机转速和转矩的控制。直流伺服电动机广泛应用于便携式电子记录设备、精密机床等仪器设备中。直流伺服电动机特性主要包括机械特性和调节特性。

1. 机械特性

机械特性是指控制电压恒定时，直流伺服电动机的转速随转矩变化的规律，即 U_c 为常数时，$n = f(T)$。直流伺服电动机的机械特性与普通直流电动机的机械特性相似。

直流电动机的机械特性为

$$n=\frac{U}{K_{\mathrm{E}}\Phi}-\frac{R}{K_{\mathrm{E}}K_{\mathrm{T}}\Phi^{2}}T \tag{8.2}$$

在电枢控制方式的直流伺服电动机中，控制电压U_{c}加在电枢绕组上，即$U=U_{\mathrm{c}}$，代入式（8.2），得到直流伺服电动机的机械特性表达式为

$$n=\frac{U_{\mathrm{c}}}{K_{\mathrm{E}}\Phi}-\frac{R}{K_{\mathrm{E}}K_{\mathrm{T}}\Phi^{2}}T=n_{0}-\beta T \tag{8.3}$$

式中，$n_{0}=\dfrac{U_{\mathrm{c}}}{K_{\mathrm{E}}\Phi}$为理想空载转速；$\beta=\dfrac{R}{K_{\mathrm{E}}K_{\mathrm{T}}\Phi^{2}}$为斜率。

从式（8.3）中可知，当控制电压U_{c}一定时，随着转矩T的增大，转速n成比例下降。直流伺服电动机机械特性的线性度较好，其斜率为β。当β不变时，可得到一组平行的机械特性曲线，如图 8.6 所示。

2. 调节特性

调节特性是指转矩恒定时，电动机的转速随控制电压变化的规律，即T为常数时，$n=f(U_{\mathrm{c}})$，调节特性也称控制特性，如图 8.7 所示。从式（8.3）中可知，调节特性也是直线，具有较好的线性度。

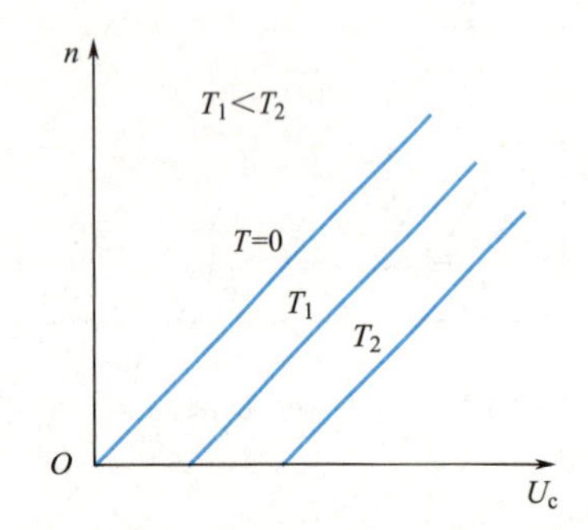

图 8.6　直流伺服电动机的机械特性曲线

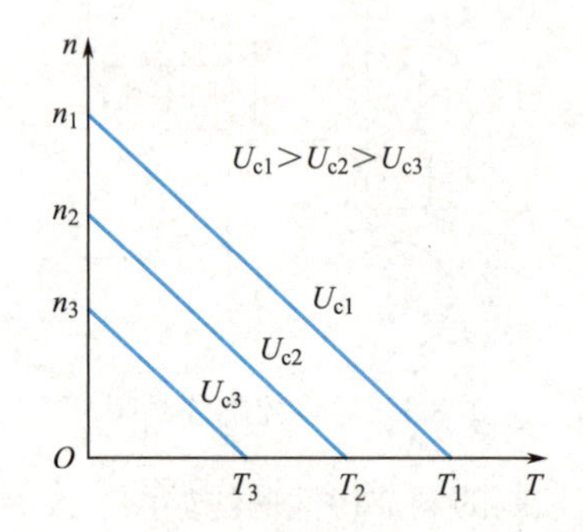

图 8.7　直流伺服电动机的调节特性曲线

调节特性与横轴的交点（$n=0$）表示在一定负载转矩下电动机的始动电压。只有控制电压大于始动电压，电动机才能启动。在式（8.3）中，令$n=0$，即可计算出始动电压：

$$U_{\mathrm{c0}}=\frac{RT}{K_{\mathrm{T}}\Phi} \tag{8.4}$$

视频——伺服电动机

一般把调节特性上横坐标从零到始动电压这一区间称为失灵区。在失灵区内，即使电枢有外加电压，电动机也无法转动。由图 8.7 可知，其负载转矩越大，失灵区也越大。

直流伺服电动机的优点是启动转矩大、机械特性和调节特性的线性度比较好、调速范围较宽。

8.2　步进电动机

步进电动机又称脉冲马达，是一种将电脉冲信号转换为线位移或角位移的开环控制元件，在数字控制系统中广泛应用。例如，在数控机床中，将加工零件的图形、尺寸及工艺要求编制成一定符号的加工指令，输入计算机，计算机根据输入的数据进行运算，发出电脉冲信号。步进电动机每接收一个

脉冲，便转过一定的角度，带动工作台或刀架移动一定距离（或转动一定角度）。

步进电动机应用系统的基本组成如图 8.8 所示。计算机输出的电脉冲不能直接用来驱动步进电动机，通常先采用脉冲分配器将电脉冲按通电工作方式进行分配，然后经脉冲放大器进行功率放大，驱动步进电动机工作。其中脉冲分配器和脉冲放大器称为步进电动机的驱动电源。

图 8.8　步进电动机应用系统的基本组成

步进电动机目前有永磁式、永磁感应式和反应式（磁阻式）三种类型，其中应用最多的是反应式步进电动机。下面以三相反应式步进电动机为例，分析其基本结构和工作原理。三相反应式步进电动机的结构如图 8.9 所示，它分为定子和转子两部分，定子具有均匀分布的六个磁极，磁极上绕有绕组，两个相对的磁极组成一相，绕组的接法如图 8.9 所示。假定转子具有均匀分布的四个齿。

三相步进电动机的工作方式可分为：单三拍、六拍和双三拍等，下面分析几种不同工作方式的工作原理。

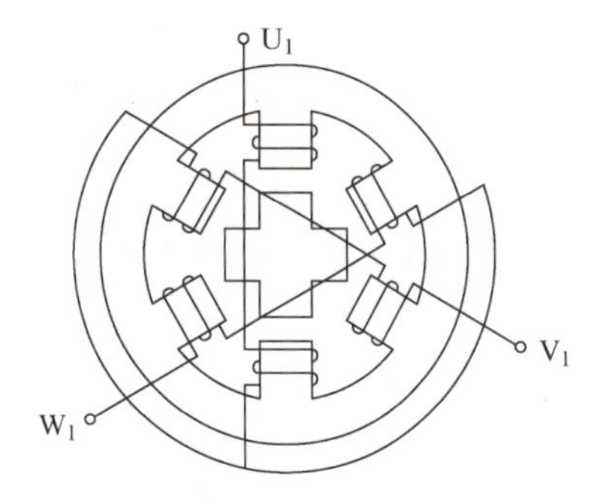

图 8.9　三相反应式步进电动机的结构

8.2.1　单三拍

设 U 相首先通电（V、W 两相不通电），产生 U_1U_2 轴线方向的磁通，并通过转子形成闭合回路。这时 U_1、U_2 极就成为电磁铁的 N、S 极。在磁场的作用下，转子总是力图转到磁阻最小的位置，也就是要转到转子的齿对齐 U_1、U_2 极的位置，如图 8.10（a）所示。接着 V 相通电，U、W 两相不通电，转子便以顺时针方向转过 30°，它的齿和 V_1、V_2 极对齐，如图 8.10（b）所示。随后 W 相通电（U、V 两相不通电），转子又以顺时针方向转过 30°，它的齿和 W_1、W_2 极对齐，如图 8.10（c）所示。不难理解，当脉冲信号一个一个发送时，如果按 U→V→W→U→…的顺序轮流通电，则电动机转子便以顺时针方向一步一步地转动。每一步的转角为 30°，这个角度又称为步距角。电流换接三次，磁场旋转一周，转子前进了一个齿距角（转子为四个齿时齿距角为 90°）。如果按 U→W→V→U→…的顺序通电，则电动机转子便以逆时针方向转动。这种通电方式称为单三拍方式。

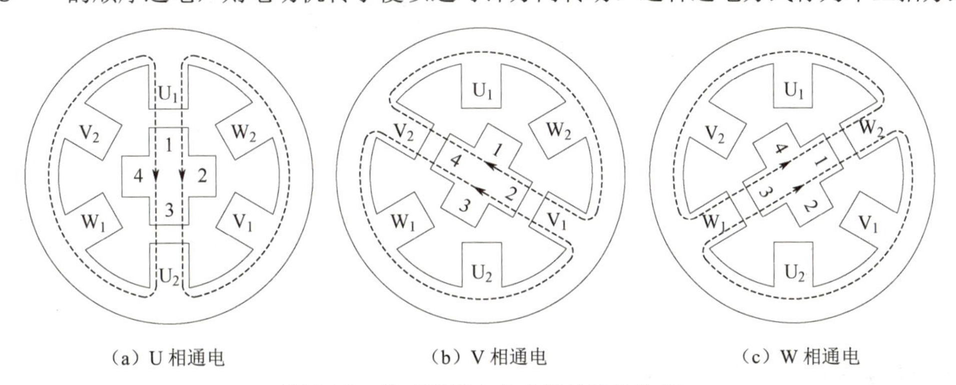

图 8.10　单三拍通电方式时转子的位置

8.2.2　六拍

设 U 相首先通电，转子齿 1、3 和定子 U_1、U_2 极对齐，如图 8.11（a）所示。然后在 U 相继续通电的情况下接通 V 相，这时定子 V_1、V_2 极对转子齿 2、4 有磁拉力，使转子以顺时针方向转动，

但是 U_1、U_2 极继续拉住齿 1、3。因此，转子转到两个磁拉力平衡时为止，这时转子的位置如图 8. 11（b）所示，即转子从图 8.11（a）的位置以顺时针方向转过了 15°。接着 U 相断电，V 相继续通电。这时转子齿 2、4 和定子 V_1、V_2 极对齐，如图 8. 11（c）所示，转子从图 8.11（b）的位置又转过了 15°。而后接通 W 相，V 相仍然继续通电，这时转子又转过了 15°，其位置如图 8.11（d）所示。所以如果按 U→UV→V→VW→W→WU→U→…的顺序轮流通电，则转子便以顺时针方向一步一步地转动，步距角为 15°。电流换接六次，磁场旋转一周，转子前进了一个齿距角。如果按 U→UW→W→WV→V→VU→U→…的顺序轮流通电，则电动机转子以逆时针方向转动。这种通电方式称为六拍方式。

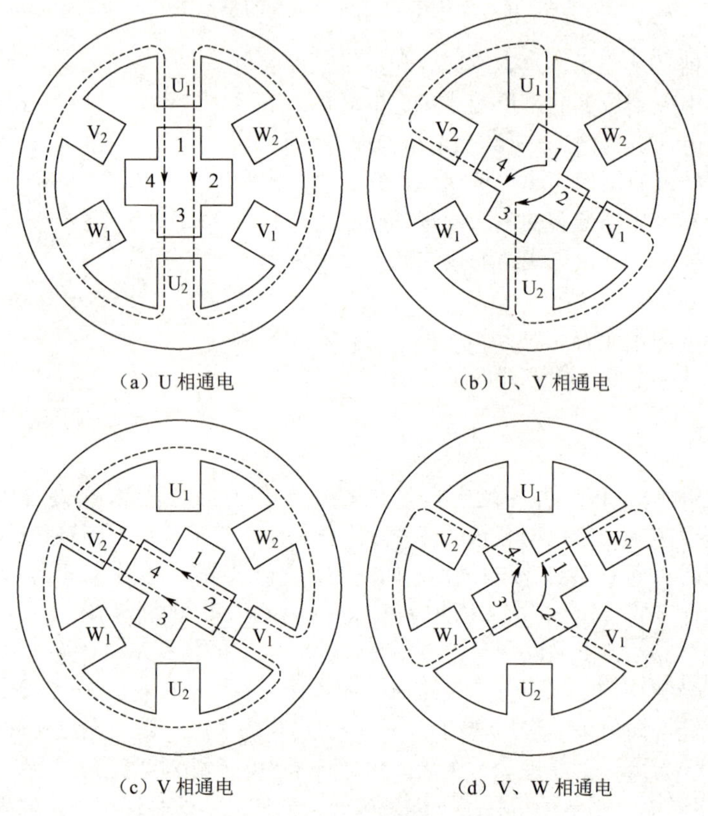

图 8.11　六拍通电方式时转子的位置

8.2.3　双三拍

如果定子每次都是两相通电，即按 UV→VW→WU→UV→…的顺序通电，则称为双三拍方式。由图 8.11（b）和图 8.11（d）可见，步距角也是 30°。由上述内容可知，采用双三拍方式时，转子走三步前进了一个齿距角，每走一步前进了三分之一齿距角；采用六拍方式时，转子走六步前进了一个齿距角，每走一步前进了六分之一齿距角。因此步距角 θ 可用下式计算

$$\theta = \frac{360^\circ}{Z_r m} \tag{8.5}$$

式中，Z_r 是转子齿数；m 是运行拍数。

步进电动机常见的步距角是 3° 或 1.5°。由式（8.5）可知，当转子上有 40 个齿时，齿距角为 9°。为使转子齿和定子齿对齐，两者的齿宽和齿距必须相等。因此，定子上除六个极外，在每个极面上还有五个和转子齿一样的小齿。三相反应式步进电动机的结构如图 8.12 所示。

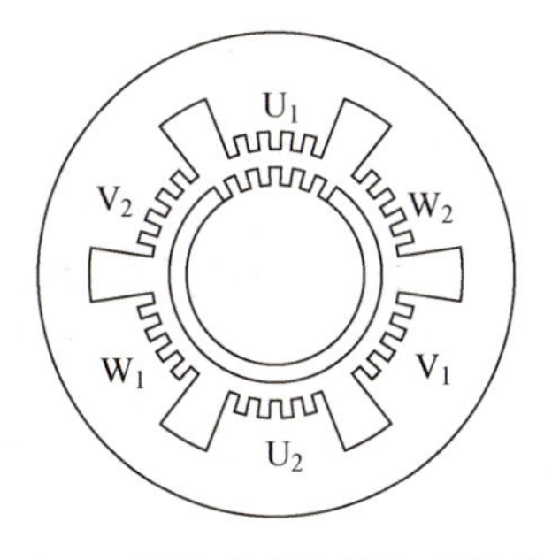

图 8.12　三相反应式步进电动机的结构

步进电动机具有结构简单、维护方便、精确度高、启动灵敏、停车准确等性能。此外，步进电动机的转速取决于电脉冲频率，频率越高，转速越快。

8.3　测速发电机

测速发电机是把机械转速转换为与转速成正比的电压信号的微型电机。在自动控制系统和模拟计算装置中，测速发电机作为检测元件得到了广泛的应用。在交流、直流调速系统中，利用测速发电机检测速度，构成速度和电流双闭环中的速度反馈，可以大大改善控制系统的性能，提高控制系统的精度。

测速发电机主要有直流测速发电机、交流测速发电机和霍尔效应测速发电机等几类。目前应用广泛的是直流测速发电机和交流测速发电机。

8.3.1　直流测速发电机

直流测速发电机是一种微型直流发电机，按励磁方式的不同，分为永磁式和电磁式两种。永磁式的国产型号为 CY 系列，电磁式的国产型号为 ZCF 系列。

永磁式直流测速发电机不需要励磁绕组，采用永久磁铁作为磁极，由矫顽磁力较高的磁钢制成，结构简单，使用方便。电磁式直流测速发电机由他励方式励磁，他励直流测速发电机的原理如图 8.13 所示。直流测速发电机的重要特性是其输出特性。

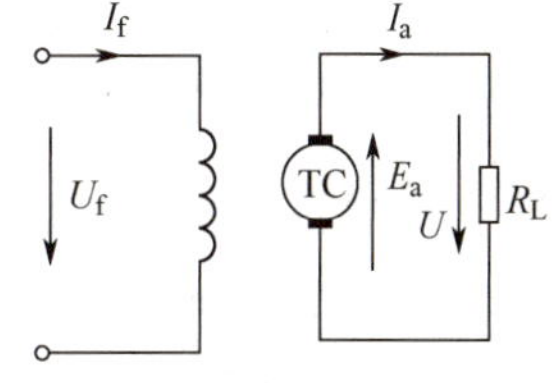

图 8.13　他励直流测速发电机的原理

1. 输出特性

输出特性是指励磁电流（励磁磁通 Φ）和负载电阻 R_L 都为常数时，直流测速发电机的输出电压随转子转速的变化规律，即 $U = f(n)$。

当定子每极磁通 Φ 为常数时，发电机的电枢电动势为

$$E_a = K_E \Phi n$$

当电枢回路电阻为 R_a，发电机接负载电阻 R_L 时，输出电压为

$$U = E_a - I_a R_a = E_a - \frac{U}{R_L} R_a$$

整理可得

$$U = \frac{E_a}{1+\dfrac{R_a}{R_L}} = \frac{K_E \Phi n}{1+\dfrac{R_a}{R_L}} = \beta n \tag{8.6}$$

式中，$\beta=\dfrac{K_E\Phi}{1+\dfrac{R_a}{R_L}}$ 为常数。

由式（8.6）可以得出，输出电压 U 与转速 n 成正比，输出特性为直线，如图 8.14 所示。当空载时，$R_L=\infty$，其斜率 $\beta=K_E\Phi$，R_L 越小，斜率 β 越小。

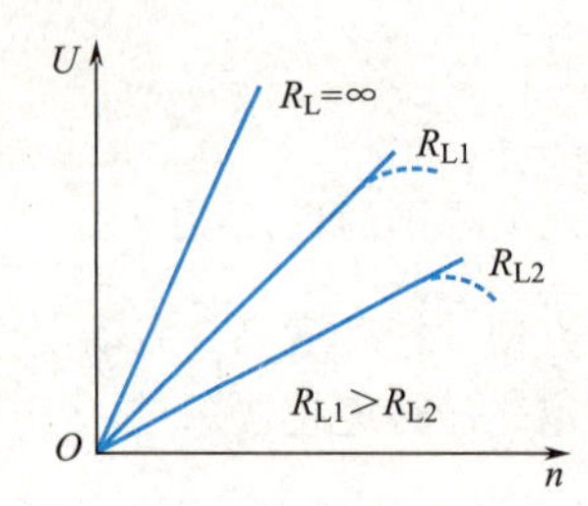

图 8.14　直流测速发电机输出特性

2．直流测速发电机的误差和减小误差的方法

在实际运行中，直流测速发电机的输出电压与转速之间并非严格的线性关系，实际输出特性如图 8.14 中的虚线所示。实际输出电压与理想输出电压之间存在误差，产生误差的原因是多方面的，温度变化是其中之一。例如，励磁绕组的温度升高，使励磁绕组的电阻 R_f 变大，励磁电流 I_f 减小，磁通 Φ 减小，从而使输出电压降低。电枢反应的去磁作用是产生误差的主要原因。当转速 n 升高时，E_a 较大，电枢电流 I_a 也较大，电枢反应变强，电枢反应去磁效应使磁通 Φ 减小，E_a 也会减小，输出电压 U 随转速 n 的增大而速度增加放慢，使得输出特性曲线微微向下弯曲。

为了减小温度变化对输出特性的影响，测速发电机的磁路应较为饱和。当磁路饱和时，励磁电流变化引起的磁通变化就较小；但如果温度变化太大则会影响输出的稳定性，这时可以采取一些措施，如在励磁回路中串接比励磁绕组阻值大几倍的电阻来稳定励磁电流，或者串接负温度系数的热敏电阻进行调节。

8.3.2　交流异步测速发电机

1．基本结构

交流异步测速发电机的结构和空心杯形转子交流伺服电动机相同，定子上有两个相差 90° 的绕组。工作时，一个加励磁电压，称为励磁绕组；另一个用来输出电压，称为输出绕组。转子也有笼型和杯形两种。笼型转子转动惯量大、性能较差；杯形转子通常是用非磁性材料制成的空心薄壁圆筒，杯壁厚为 0.2~0.3mm，通常用电阻率较高的硅锰青铜或锡锌青铜制成，杯子底部固定在转轴上。杯形转子转动惯量小、电阻大、漏电抗小、输出特性线性度好，因此得到了广泛应用。

2．工作原理

交流异步测速发电机的工作原理如图 8.15 所示。杯形转子可以看成由很多导条并联而成。当励磁绕组加上一定的交流励磁电压 $\dot{U}_f$ 时，励磁电流 $\dot{I}_f$ 会在励磁绕组轴线方位上产生变化的脉振磁通势和脉振磁通 Φ_d，脉振的频率与电源频率相同。设

$$\Phi_d=\Phi_{dm}\sin\omega t \tag{8.7}$$

其参考方向如图 8.15 所示。

当转子静止时，磁通 Φ_d 在励磁绕组中产生如图 8.15（a）所示的电动势 $\dot{E}_f$，在转子导体中产生电动势 $\dot{E}_d$ 和电流 $\dot{I}_d$。由于转子杯壁很薄，且用高电阻率材料制成，转子电阻远大于转子漏电抗，

所以转子漏电抗可忽略，因此可认为 $\dot{E}_{\mathrm{d}}$ 与 $\dot{I}_{\mathrm{d}}$ 相位相同。应用右手螺旋定则可以判断出各个变量的参考方向，左半部为电流流入导体，右半部为电流流出导体，并可知 $\dot{I}_{\mathrm{d}}$ 产生的磁通势方向也在励磁绕组的轴线方向，故 $\boldsymbol{\Phi}_{\mathrm{d}}$ 是由 $\dot{I}_{\mathrm{f}}$ 产生的磁通势和 $\dot{I}_{\mathrm{d}}$ 产生的磁通势共同产生的。在忽略励磁绕组的漏阻抗时，有

$$\dot{U}_{\mathrm{f}}=-\dot{E}_{\mathrm{f}}=\mathrm{j}4.44k_{\mathrm{wf}}N_{\mathrm{f}}f\dot{\boldsymbol{\Phi}}_{\mathrm{dm}} \tag{8.8}$$

$$\dot{E}_{\mathrm{d}}=\mathrm{j}4.44k_{\mathrm{wf}}N_{\mathrm{r}}f\dot{\boldsymbol{\Phi}}_{\mathrm{dm}} \tag{8.9}$$

式中，N_{f} 是励磁绕组的匝数；N_{r} 是输出绕组的匝数；k_{wf} 是由测速发电机结构决定的常数。

由于 $\dot{\boldsymbol{\Phi}}_{\mathrm{dm}}$ 的交变方向与输出绕组的轴线垂直，不会在输出绕组中产生感应电动势，故：

（1）当转子静止，即转子转速 $n=0$ 时，输出绕组的输出电压等于零。

（2）当转子旋转时，转子绕组中 $\dot{E}_{\mathrm{d}}$ 仍然存在，还会有因为转子切割 $\boldsymbol{\Phi}_{\mathrm{d}}$ 而产生的电动势 $\dot{E}_{\mathrm{q}}$ 和电流 $\dot{I}_{\mathrm{q}}$，根据右手螺旋定则，它们的参考方向如图 8.15（b）所示，上半部为电流流入导体，下半部为电流流出导体，其瞬时值为

$$e_{\mathrm{q}}=C_1\boldsymbol{\Phi}_{\mathrm{d}}n=C_1n\boldsymbol{\Phi}_{\mathrm{dm}}\sin\omega t$$

式中，C_1 是与交流异步测速发电机结构相关的常数。由右手螺旋定则可知，$\dot{I}_{\mathrm{q}}$ 将产生与输出绕组轴线方向一致的磁通势和磁通 $\boldsymbol{\Phi}_{\mathrm{q}}$ 为

$$\boldsymbol{\Phi}_{\mathrm{q}}=C_2e_{\mathrm{q}}=C_1C_2n\boldsymbol{\Phi}_{\mathrm{dm}}\sin\omega t=\boldsymbol{\Phi}_{\mathrm{qm}}\sin\omega t \tag{8.10}$$

式中，C_2 也是与交流异步测速发电机结构有关的常数。

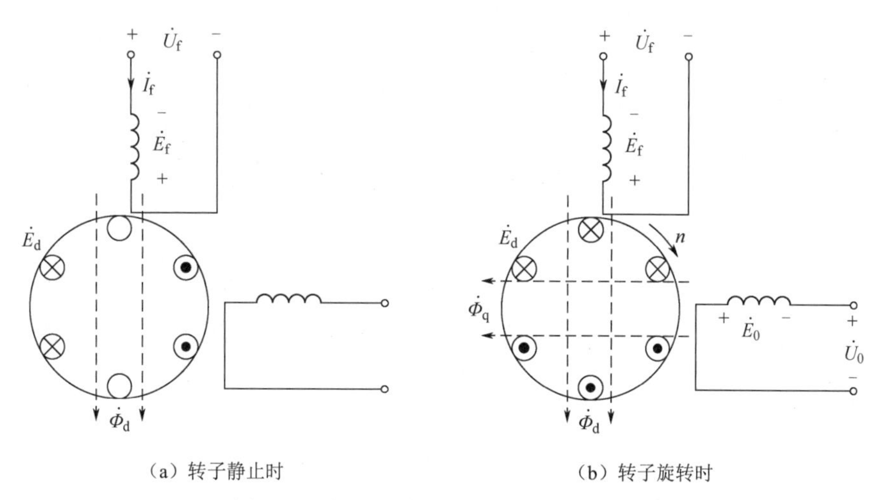

（a）转子静止时　　（b）转子旋转时

图 8.15　交流异步测速发电机的工作原理

比较式（8.7）和式（8.10）可知，$\boldsymbol{\Phi}_{\mathrm{q}}$ 与 $\boldsymbol{\Phi}_{\mathrm{d}}$ 相位相同，因此其最大值相量为

$$\dot{\boldsymbol{\Phi}}_{\mathrm{qm}}=C_1C_2n\dot{\boldsymbol{\Phi}}_{\mathrm{dm}} \tag{8.11}$$

由于 $\boldsymbol{\Phi}_{\mathrm{q}}$ 是在输出绕组轴线方位上交变的脉振磁通，它必然会在输出绕组中产生感应电动势 e_0，其有效值相量为

$$\dot{E}_0=-\mathrm{j}4.44k_{\mathrm{w0}}N_0f\dot{\boldsymbol{\Phi}}_{\mathrm{qm}}=-\mathrm{j}4.44k_{\mathrm{w0}}N_0C_1C_2fn\dot{\boldsymbol{\Phi}}_{\mathrm{dm}} \tag{8.12}$$

若选择输出电压 $\dot{U}_0$ 的参考方向如图 8.15（b）所示，并将 $\dot{\boldsymbol{\Phi}}_{\mathrm{dm}}$ 用式（8.8）代入，便可得到测速发电机的空载输出电压为

$$\dot{U}_0 = -\dot{E}_0 = C_1 C_2 \frac{k_{w0} N_0}{k_{wf} N_f} n \dot{U}_f \tag{8.13}$$

可见，交流异步测速发电机的空载输出电压具有以下特点。

（1）输出电压与励磁电压频率相同。

（2）输出电压与励磁电压相位相同。

（3）输出电压的大小与转速成正比。

实际使用情况与理想情况之间存在一定的误差，例如，输出电压与转速之间的非线性误差、输出电压与励磁电压之间的相位误差，转子静止时输出电压的零偏误差等。

选用交流异步测速发电机时，应使负载阻抗远大于交流异步测速发电机的输出阻抗，使其工作状态接近空载，以减少上述误差。

8.4　直线电动机

直线电动机是一种不需要中间传动机构、能直接将电能转换为直线运动的伺服驱动元件，为高性能的机电传动和控制开辟了新领域，在交通运输、机械工业和仪器工业中得到了广泛应用。

直线电动机传动的特点如下。

（1）无须将旋转运动转换为直线运动的中间机构，可以节约成本、缩小体积。

（2）直接传动反应速度快、灵敏度高、随动性好、准确度高。

（3）容易密封、不怕污染、适应性强。

（4）散热条件好、线负荷和电流密度允许较大、额定容量高。

（5）装配灵活性好，可以与其他机件合成一体。

原则上，每一种旋转电动机都有其相应的直线电动机，故其种类很多。根据工作原理，直线电动机可分为直线异步电动机、直线直流电动机和直线同步电动机三种。下面只简单介绍直线异步电动机。

8.4.1　直线异步电动机的结构

直线异步电动机与笼型异步电动机的工作原理完全相同，两者只是在结构上有所差别。直线异步电动机的结构如图 8.16（b）所示，它相当于将图 8.16（a）所示的旋转异步电动机沿径向剖开，并将定子、转子圆周展开成平面。直线异步电动机的定子一般视为一次侧，转子（也称动子）视为二次侧，因为形状呈扁平状，所以也称之为扁平形直线异步电动机。

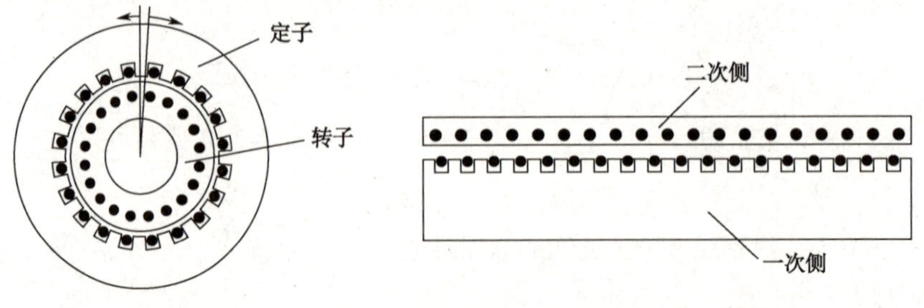

（a）旋转异步电动机　　（b）直线异步电动机的结构

图 8.16　旋转异步电动机到直线异步电动机的结构演变

将图 8.16（b）中的二次侧用一块导电的金属板（如钢板）代替，一次绕组用对应的磁极来表示，如图 8.17（a）所示。钢板可以看成由无限多根导条并列组成。因此，图 8.17（a）和图 8.16（b）所示的两种电动机是等效的，它们的定子、转子之间相互作用的原理一样。若将图 8.17（a）中的钢板卷成圆柱状的钢棒，定子磁极围绕钢棒卷成圆筒形，就得到圆筒形直线异步电动机，如图 8.17（b）所示。

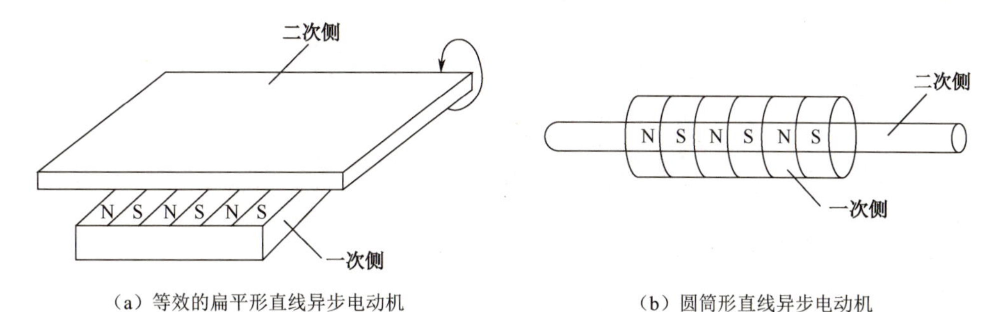

（a）等效的扁平形直线异步电动机　　（b）圆筒形直线异步电动机

图 8.17　扁平形直线异步电动机到圆筒形直线异步电动机的结构演变

在实际应用中，一次侧和二次侧的长度通常不相等，图 8.18 所示为单边形直线异步电动机，图 8.19 所示为双边形直线异步电动机。

由于短一次侧直线异步电动机比较常用，下面以它为例来说明其工作原理。

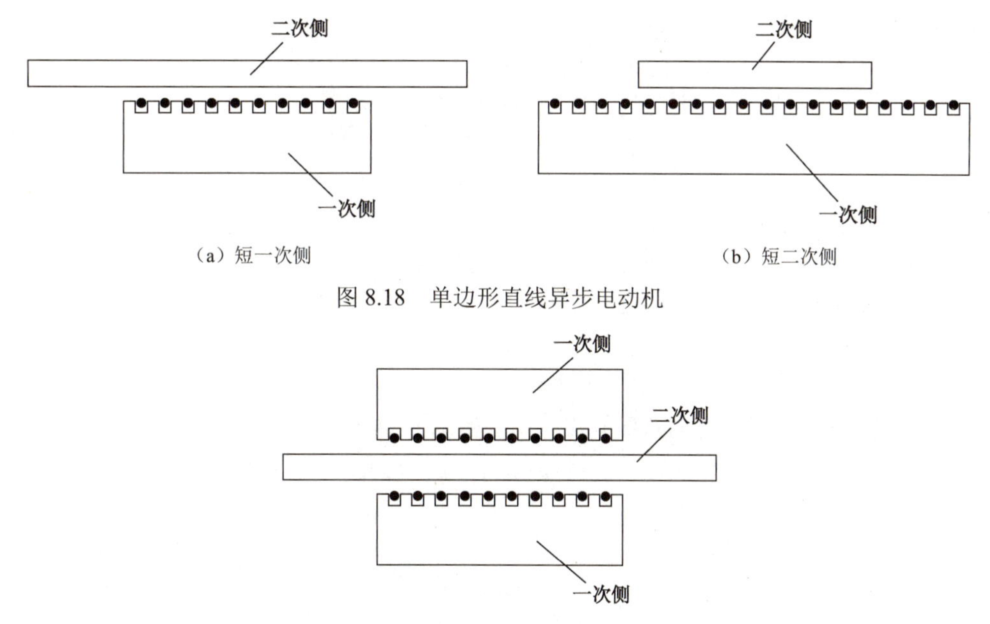

（a）短一次侧　　（b）短二次侧

图 8.18　单边形直线异步电动机

图 8.19　双边形直线异步电动机

8.4.2　直线异步电动机的工作原理

直线异步电动机是由旋转异步电动机演变而来的，当一次侧的三相绕组通入三相对称电流后，会产生一个气隙磁场，这个气隙磁场不是旋转的，而是按 A、B、C 通电的相序做直线移动的，如图 8.20 所示，图中 X、Y、Z 分别为 A、B、C 相的末端，该磁场称为行波磁场。显然，行波磁场的移动速度与旋转磁场在定子内圆表面的线速度是一样的，这个速度称为同步速度，用 v_s 表示

$$v_s = 2f\tau \tag{8.14}$$

式中，τ 为极距，单位为cm；f 为电源频率，单位为Hz。

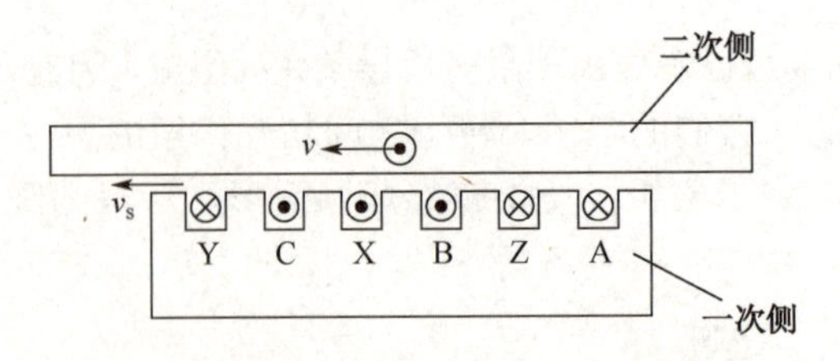

图 8.20 直线异步电动机的工作原理示意图

在行波磁场的切割下，二次侧导条将产生感应电动势和电流，所有导条的电流和气隙磁场相互作用，产生切向电磁力 F，如果一次侧固定不动，那么二次侧就顺着行波磁场运动的方向做直线运动。

直线异步电动机的推力公式与三相异步电动机转矩公式类似，即

$$F = KpI_2\Phi_m \cos\varphi_2 \tag{8.15}$$

式中，K 为电动机结构常数；p 为一次磁极对数；I_2 为二次电流；Φ_m 为一对一次磁极的磁通量的幅值；$\cos\varphi_2$ 为二次功率因数。

在推力 F 的作用下，二次运动速度 v 应小于同步速度 v_s，则转差率 s 为

$$s = \frac{v_s - v}{v_s} \tag{8.16}$$

故二次移动速度为

$$v = v_s(1-s) = 2\tau f(1-s) \tag{8.17}$$

式（8.17）表明，直线异步电动机的速度与极距及电源频率成正比，因此，改变极距或电源频率都可以改变直线异步电动机的速度。

与旋转异步电动机一样，改变直线异步电动机一次绕组的通电相序，可以改变该电动机运动的方向，从而使其做往复运动。

直线异步电动机的机械特性、调速特性等都与交流伺服电动机相似，因此，直线异步电动机的启动和调速以及制动方法与旋转异步电动机的相同。

8.4.3 直线同步电动机

直线同步电动机的定子绕组与直线异步电动机的定子绕组相同，是直线放置的三相绕组。但是转子结构不同，直线同步电动机的转子中装有通入直流的励磁绕组，而直线异步电动机的转子就是一块金属导体，没有绕组。

直线同步电动机的工作原理是：当定子三相绕组接三相交流电源、转子励磁绕组接直流电源时，三相定子绕组电流产生的直线运动磁场与转子励磁绕组电流产生的直流磁场相互作用，带动转子及负载做直线运动，其运动速度等于定子磁场的运动速度，即同步速度 v_s。

若定子磁场是水平方向的直线运动磁场，则直线同步电动机能产生水平方向的电磁力，推动转子及负载在水平方向做直线运动。直线同步电动机主要用于吊车传动、金属传送带、冲压锻压机床以及高速电力机车等设备。

8.5 应用案例

8.5.1 直线异步电动机应用案例——磁悬浮列车

众所周知，磁极之间会产生电磁作用力，异极性磁极间会产生电磁吸引力，同极性磁极间会产生电磁排斥力。如果作用在重物上的电磁力的方向与重物重力方向相反，当其大小大到足以克服重

物重力的作用时，则重物将在电磁力的作用下在空中悬浮起来，这种现象称为磁悬浮，磁悬浮列车就是这一现象的典型应用。

磁悬浮列车没有引擎还能高速运行，采用的是直线异步电动机。它是将三相异步电动机沿轴线剖开拉平，构成一次侧和二次侧两部分。一次侧表面开槽，放置三相绕组，绕组通电后产生的不再是旋转磁场，而是位移磁场（也称行波磁场）。轨道就会变成一节一节带有 N 极和 S 极的电磁铁，轨道磁铁 N 极与列车磁铁 N 极相斥会将列车往前推，下一节轨道磁铁 N 极与列车磁铁 S 极相吸会将列车往前拉，轨道上的电磁铁会根据列车前进而不断变化磁极，以保证磁悬浮列车不断向前推进，磁力既可以让列车悬浮又可以推动列车前进。

高速磁悬浮是轨道交通技术的制高点，目前在这一领域技术领先的国家是德国、日本和中国。

8.5.2　伺服电动机应用案例——武器站

武器站的研究和应用已经有二十多年的历史，从最初的机械式武器站，发展成为集态势感知和火力打击于一体的智能化武器站。武器站一般装备于车辆、坦克、舰艇和航空飞行器等机动平台上，通过较低成本的改装就可以实现武器站的配备，提高现役装备的战斗力。武器站装备在车辆和坦克上时，一般以顶置的形式进行安装，操作人员在车内通过操控终端实现对武器站的控制，避免直接暴露于敌军火力攻击范围内，增强人员防护性；武器站装备在舰艇上时，可以安装到甲板边缘，从而实现对空中、水面和水下目标的探测和打击；武器站装备在飞行器上时，武器站一般倒挂于机体的前部，实现对地面和空中目标的火力打击。正因为武器站强大的火力系统和运动性能，使得武器站比传统的火炮系统更具作战优势，世界各军事强国都积极开发先进武器站系统，并应用于现代战场。

武器站是战争和科技相互作用的时代产物，在二十多年的时间里发展迅速。特别是自伊拉克战争以来，武器站在城市攻坚、山地作战等现代战场环境中具有出色的作战效果，在反恐、防暴和维和等不同作战强度场景中具有广泛的应用需求，促使各国相继加大了对新式武器站的研发投入。在公开报道的武器站中，以美国、挪威、以色列、德国等国家的产品最为成熟。

我国为巩固国家安全防御建设，提高军队防御能力，紧跟世界发展步伐，科学地开展武器站的研制工作。总体来说，国内武器站的发展起步晚、底子薄，从而造成国产武器站体系化和应用程度的不足。近年来，国内加快了武器站等无人武器系统的研制进度，现在国内军工和民企都加紧了对武器站的研制、改进和升级工作。

思考题与习题 8

题 8.1　什么是交流伺服电动机的自转现象？怎样克服这一现象？

题 8.2　一台交流伺服电动机，若加上额定电压，电源频率为 50 Hz，磁极对数 p=1，试问它的理想空载转速为多少？

题 8.3　有一台直流伺服电动机，电枢控制电压和励磁电压均保持不变，当负载增加时，该电动机的控制电流、电磁转矩和转速如何变化？

题 8.4　有一台直流伺服电动机，当电枢控制电压 $U_e = 110V$ 时，电枢电流 $I_{a1} = 0.05A$，转速 $n = 3000r/min$；加负载后，电枢电流 $I_{a2} = 2A$，转速 $n_2 = 1500r/min$，试求出其机械特性 $n = f(t)$。

题 8.5　若直流伺服电动机的励磁电压一定，当电枢控制电压 $U_e = 100V$ 时，理想空载转速 $n_0 = 3000r/min$；当 $U_e = 50V$ 时，n_0 等于多少？

题 8.6 交流异步测速发电机在理想情况下，为什么转子不动时没有输出电压？转子转动后，为什么输出电压与转子转速成正比？

题 8.7 某直流测速发电机，已知 $R_a = 180\Omega$，$n = 3000\text{r}/\text{min}$，$R_L = 2000\Omega$，$U = 50\text{V}$，试求出该转速下的输出电流和空载输出电压。

题 8.8 某直流测速发电机，在转速为 $3000\text{r}/\text{min}$ 时，空载输出电压为 52 V；接上 2000Ω 的负载电阻后，输出电压为 50V。试求当转速为 $1500\text{r}/\text{min}$ 时，负载电阻为 5000Ω 时的输出电压。

题 8.9 直流测速发电机与交流测速发电机各有何优缺点？

题 8.10 一台直线异步电动机，已知电源频率为 50 Hz，极距 τ 为 10cm，额定运行时的转差率 s 为 0.05，试求其额定速度。

题 8.11 步进电动机的运行特性与输入脉冲频率有什么关系？

题 8.12 步进电动机的步距角的含义是什么？一台步进电动机可以有两个步距角，如 $3^\circ/1.5^\circ$，这是什么意思？什么是单三拍、单双六拍和双三拍？

题 8.13 一台五相反应式步进电动机，采用五相十拍运行方式时，步距角为 1.5°，若脉冲电源的频率为 3000 Hz，试问转速是多少？

题 8.14 一台五相反应式步进电动机，其步距角为 $1.5^\circ/0.75^\circ$，试问该电动机的转子齿数是多少？

题 8.15 为什么步距角小、最大静转矩大的步进电动机的启动频率和运行频率高？

题 8.16 负载转矩和转动惯量对步进电动机的启动频率和运行频率有什么影响？

题 8.17 直线异步电动机较旋转异步电动机有哪些优缺点？

题 8.18 何谓磁悬浮力？现代的磁悬浮列车常用哪些方法产生磁悬浮力？

第 9 章　电气控制系统

本章导读信息

电机在实际应用中往往需要根据工作过程要求进行启动、停止、调速等系列控制，本章主要介绍如何利用接触控制器和可编程逻辑控制器（Programmable Logic Controller，PLC）实现上述控制。学习本章内容，首先要了解接触控制器和 PLC 的原理，然后要建立逻辑思维以便设计相应的控制电路。

1. 内容提要

本章主要介绍低压控制电器的结构、工作原理、图形符号，以及继电接触器控制电路和可编程控制器。

本章用到的主要名词与概念有：低压控制电器，低压刀开关、组合开关、按钮、熔断器、热继电器、低压断路器、交流接触器、中间继电器、时间继电器、主触点、辅助触点、继电接触器控制电路、点动、启停控制、正反转控制、失电压保护、可编程控制器、梯形图和指令语句表等。

2. 重点难点

【本章重点】

（1）低压控制电器；

（2）继电接触器控制电路的分析方法；

（3）可编程控制器控制的基本方法。

【本章难点】

（1）继电接触器控制电路；

（2）可编程控制器的应用。

9.1　低压控制电器

继电器控制系统中常用的低压控制电器有两类：一类是手动控制的通断电器，也称为主令电器，如开关、按钮等；另一类是用于自动控制的通断电器，如接触器、继电器等，这类电器依靠控制电压、电流或其他物理量来改变其工作状态。控制电器通常兼有保护功能，便于安装和使用。例如，在刀开关中一般都配有熔断器，自动开关则兼有短路、过载、失电压等保护功能。部分常用电机、电器的图形符号如表 9.1 所示。

表 9.1 常用电机、电器的图形符号

名称		图形符号
电机的一般符号 *必须用字母代替，如： G 发动机 M 电动机 SM 伺服电动机		
同步电动机		 MS
三相笼型异步电动机		 M 3～
三相绕线式异步电动机		 M 3～
接触器与继电器的线圈		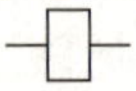
接触器的主触点	动合	
	动断	
继电器的触点与接触器的辅助触点	动合	
	动断	
时间继电器触点	动合延时闭合	
行程开关的触点	动合	
	动断	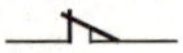

名称		图形符号
双绕组变压器		
三极开关的一般符号（多线表示）		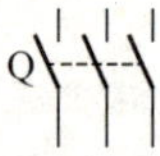 Q
照明灯 信号灯		
熔断器		
按钮触点	动合	
	动断	
时间继电器触点	通电延时线圈	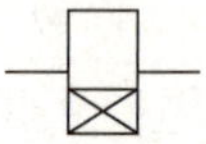
	断电延时线圈	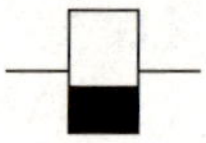
	动断延时断开	
	动合延时断开	
	动断延时闭合	
热继电器	动断触点	
	发热元件	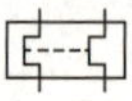

9.1.1 低压刀开关

低压刀开关是手动控制电器中的基本设备，其结构和操作方法较为简单，主要用作通断小容量的低压配电线路，或者用于直接启停小容量电动机。刀的极数分为单极、双极和三极三种，每种又有单掷与双掷的区别。刀开关由刀片（动触头）和刀座（静触头）装在瓷质的底板上再配上胶木盖构成。其电路及文字符号如图 9.1 所示。

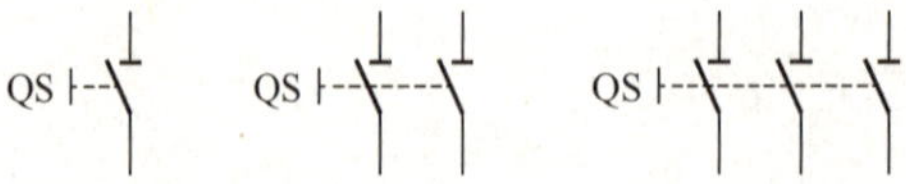

QS　QS　QS

单极　双极　三极

图 9.1 低压刀开关电路及文字符号

低压刀开关用于不频繁地接通和切断电源，选用刀开关时应根据电源的负载情况确定其额定电压和额定电流等参数。两极和三极刀开关自身均配有熔断器，用刀开关切断电流时，由于电路中电感和空气电离的作用，刀片与刀座分开时会产生电弧，特别是当切断较大电流时，电弧持续不易熄灭，因此，为了安全不允许用无隔弧、无灭弧装置的刀开关切断大电流。

9.1.2 组合开关

组合开关又称转换开关，是由数层动、静触片在绝缘盒内组装而成的。动触片装在转轴上，用手柄转动转轴使动触片与静触片接通或断开，可实现多条线路、不同连接方式的转换。组合开关中的弹簧可使动、静触片快速断开，有利于熄灭电弧。但组合开关的触片允许流过的电流有限，一般在交流380V、直流 220V 以及电流 100A 以下的电路中作为电源开关使用。组合开关具有体积小、使用方便等特点，广泛用于配电柜和机床控制电路中。组合开关的结构和图形符号如图 9.2 所示。

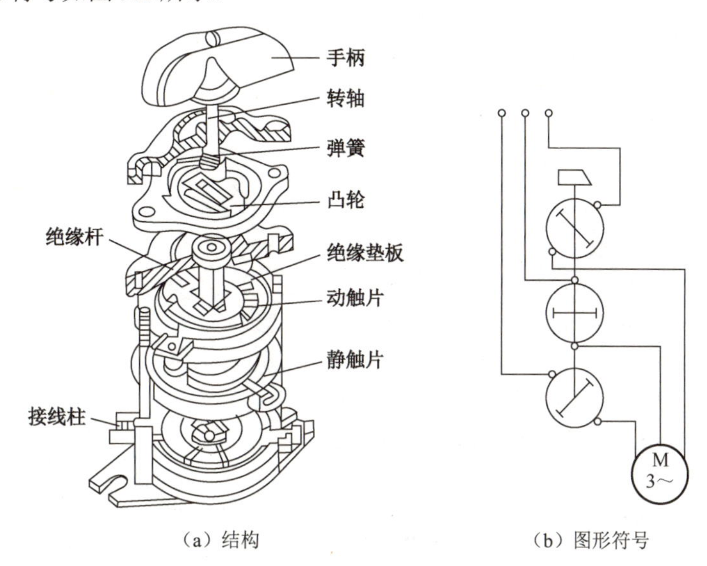

（a）结构 （b）图形符号

图 9.2 组合开关的结构和图形符号

9.1.3 按钮

按钮是一种手动主令电器，它与刀开关不一样，按钮在按下后接通，松开后靠弹簧力将它恢复到断开的状态，按钮一般不用于分合主电路，负荷电流不通过它的触头，它只起发出“接通”和“断开”信号的作用。常见的按钮是复合式的，它包括一个动合触头和一个动断触头，图 9.3（a）、（b）所示为按钮的结构和图形符号。

当按压按钮帽时，动触点下移，使动断触点断开，动合触点闭合，当松开按钮帽时，由于复位弹簧的作用，动触点复位，动断和动合触点恢复到原来的状态。在电器控制电路中，启动按钮（按钮的触点为动合触点）用来接通电气设备，用符号“ST”表示。停止按钮（按钮的触点为动断触点）用于断开电气设备，用符号“STP”表示。复合按钮用于联锁控制电路中，其两对触点不能同时用作“启动按钮”和“停止按钮”。为了便于识别各个按钮的作用，通常按钮帽有不同的颜色，一般停车按钮用红色表示，启动按钮用绿色或黑色表示。

还有一种手动闭锁式按钮，其内部带有自锁机关，当按下按钮时，自锁机关会将其动合触点锁住，保持在闭合状态，只有再次按动其按钮时，自锁机关释放，动合触点才打开。这种闭锁式按钮开关常用作电子仪器和家用电器的电源开关，其图形符号如图 9.3（c）所示。

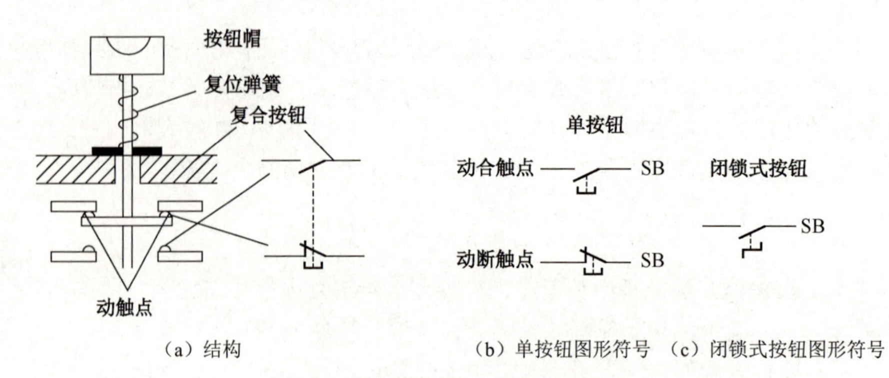

（a）结构 （b）单按钮图形符号 （c）闭锁式按钮图形符号

图 9.3 按钮的结构及图形符号

按钮还可以按操作方式、防护方式进行分类，其类别、特点和代号如表 9.2 所示。

表 9.2 按钮类别、特点和代号

类别	应用特点	代号
开启式	适用于嵌装固定在开关板、控制柜或控制台的面板上	K
保护式	带保护外壳，可以防止内部零件受机械损伤或人触及带电部分	H
防水式	带密封的外壳，可防止雨水侵入	S
防腐式	能防止化工腐蚀性气体的侵入	F
防爆式	能用于含爆炸性气体与尘埃的地方而不引起传爆，如煤矿等场所	B
旋钮式	用手把旋转操作触点，有通断两个位置，一般为面板安装式	X
钥匙式	用钥匙插入旋转进行操作，可防止误操作或供专人操作	Y
紧急式	有红色大蘑菇钮头突出于外，作为紧急情况时切断电源使用	J 或 M
自持按钮	按钮内装有自持用电磁机构，主要用于发电厂、变电站或试验设备中，操作人员互通信号及发出指令等，一般为面板操作	Z
带灯按钮	按钮内装有信号灯，除用于发布操作命令外，兼作信号指示，多用于控制柜、控制台的面板上	D
组合式	多个按钮组合	E
联锁式	多个触点互相联锁	C

按钮若按用途和触点的结构分类可分为常开按钮、常闭按钮和复合按钮。

9.1.4 熔断器

熔断器是一种常见的短路保护器件。熔断器按照其结构和用途分为插入式、螺旋式、无填料密封式、有填料密封式和快速式等。图 9.4（a）所示为熔断器图形符号。熔断器中的熔丝或熔片统称为熔体。熔体一般用电阻率较高的易熔合金制成。熔断器串接在电路中，在额定电流情况下，熔体不熔断，当发生短路或严重过载时，熔体立即熔断切断电源，保护电路和设备不被损坏。

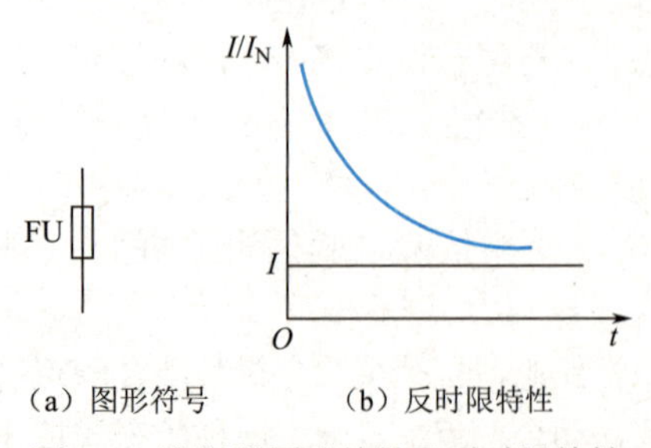

（a）图形符号 （b）反时限特性

图 9.4 熔断器图形符号及反时限特性

熔断器具有反时限特性，如图 9.4（b）所示，通过熔体的过载电流倍数 I/I_N 越大，熔断所需时间就越短。

熔断器额定电流 I_N 的选择应遵循如下原则：对电阻负载（如电灯、电阻炉等），熔体的额定电流 I_N 可按等于或稍大于负载额定电流 I_L 进行选择，即 $I_N \geqslant I_L$。对电动机等启动电流 I_{st} 大于工作电流 I_L 的负载，熔断器额定电流 I_N 的选择原则是，既要有短路保护作用，又要在启动瞬间熔断器不能熔断，应依实际情况确定。

9.1.5　热继电器

热继电器触点的动作不是由电磁力产生的，而是由发热元件产生机械变形推动机构动作来完成的，其主要用于电动机的过载保护。图 9.5 所示为热继电器的内部结构，图 9.6 所示为其图形符号。

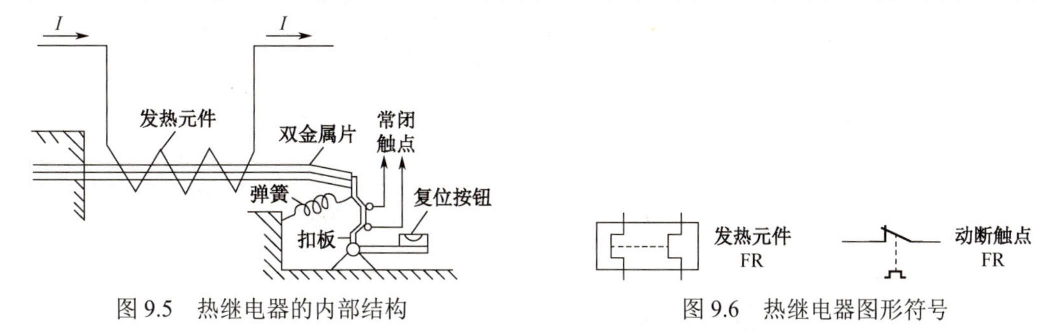

图 9.5　热继电器的内部结构　　　　图 9.6　热继电器图形符号

热继电器的发热元件串接在电动机的主电路中，常闭触点串接在电动机的控制电路中。正常情况下，双金属片变形不大，但当电动机过载到一定程度时，热继电器将在规定时间内产生动作，切断电动机的供电电路，使电动机断电停车，避免受到损坏。

应当指出，热继电器具有热惯性，所以只能用作过载保护，而不能用作短路保护。这种特性符合电动机的使用需要，可避免电动机启动时的短时过电流而造成不必要的停车。

目前热继电器多为三相（三个发热元件）式，并兼有断相保护功能。将交流接触器和热继电器组装在一起，用以直接启动三相笼型异步电动机的成套电器称为磁力启动器。

9.1.6　低压断路器

低压断路器俗称空气自动开关。在功能上，它相当于刀开关、热继电器、过电流继电器和欠电压继电器的组合，能有效地对电路进行过载、短路和欠电压保护，以及不频繁地分、合电路。一旦电路发生故障，其保护装置立即动作切断电路，当故障排除后，无须更换零件，可迅速恢复供电。图 9.7 所示为低压断路器的结构，低压断路器的三副主触点串联在被保护的三相主电路中，由于搭钩勾住弹簧，使主触点保持闭合状态。当电路正常工作时，过电流脱扣器中线圈所产生的吸力不能将它的衔铁吸合。如果电路发生短路或产生较大电流，则过电流脱扣器中线圈所产生的吸力增大，将衔铁吸合，并撞击杠杆，把搭钩顶上去，在弹簧的作用下切断主触点，从而实现短路保护。如果电路上电压下降或失去电压，则欠电压脱扣器的吸力减小或失去吸力，衔铁被弹簧拉开，撞击杠杆，把搭钩顶开，切断主触点，从而实现过载保护。

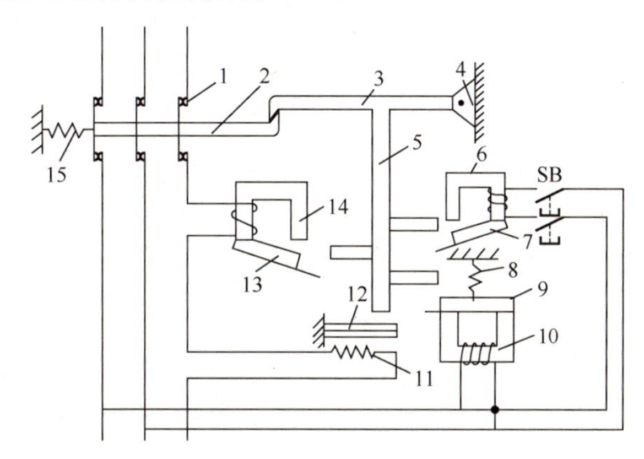

1—主触点；2—锁键；3—搭钩；4—转轴；5—杠杆；6—分励脱扣器；7/9/13—衔铁；
8/15—弹簧；10—欠电压脱扣器；11—发热元件；12—双金属片；14—过电流脱扣器

图 9.7　低压断路器的结构

9.1.7 交流接触器

交流接触器和下面将要介绍的中间继电器的基本结构相似，都采用电磁工作原理，属于电磁式低压电器。

交流接触器主要由电磁系统、触点系统和灭弧装置三大部分组成，其结构示意图如图 9.8 所示。

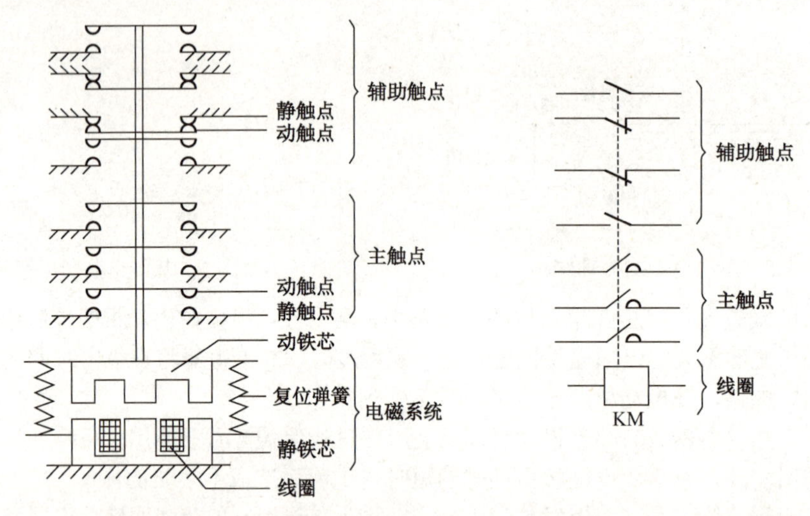

（a）电磁系统和触点系统组成的结构示意图　（b）图形符号组成的结构示意图

图 9.8　交流接触器的结构示意图（灭弧装置未画）

交流接触器的工作原理是：当线圈通电后，动铁芯带动触点动作，使动断（常闭）触点断开，动合（常开）触点闭合；当线圈断电时，动铁芯在弹簧的反作用力下释放，各触点随之复位。交流接触器的图形符号如图 9.9 所示。

交流接触器适用于交流电压 380V 及以下的电路中，可以频繁地接通和分断主电路，它主要用于控制电动机、电热设备、电焊机和机床控制电路中。交流接触器不仅具有低压释放保护功能，还适用于远距离控制，但是它不具备短路保护作用。

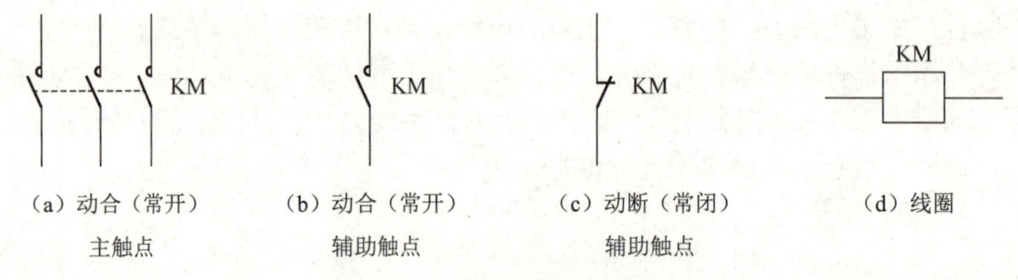

（a）动合（常开）主触点　（b）动合（常开）辅助触点　（c）动断（常闭）辅助触点　（d）线圈

图 9.9　交流接触器的图形符号

常用的交流接触器有 CJ20、CJX1、CJX2、CJ12 和引进德国 BBC 公司生产技术的 B 系列，其型号的含义如图 9.10 所示。

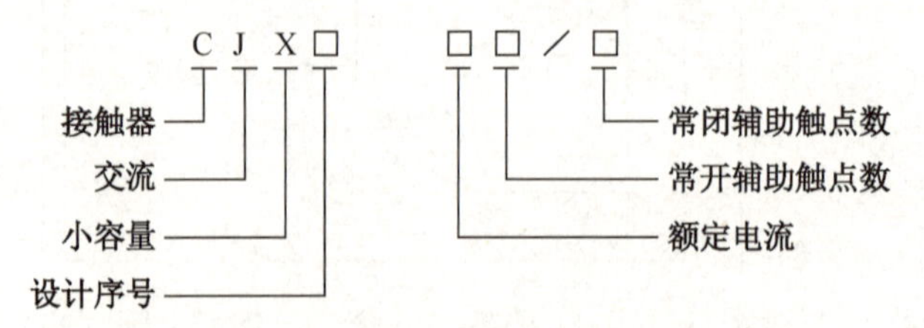

图 9.10　交流接触器型号的含义

9.1.8　中间继电器

中间继电器主要用来传递信号或同时控制多个电路，也可以直接用它来控制小容量电动机或其他电气执行元件，起到增加触点容量和扩展触点数量的作用。中间继电器的结构和工作原理与交流接触器基本相同，与交流接触器的主要区别在于交流接触器的主触点可以通过大电流，而中间继电器的触点只能通过小电流。因此，中间继电器一般用在控制电路中。当采用其他小容量的继电器控制接触器，继电器的容量或触点数量不足时，可采用中间继电器进行扩展。

中间继电器的图形符号如图 9.11 所示。常用的中间继电器有 JZ7、JZ11、JZ14 及 JZ15 等系列，其触点数量可达 8 对，触点形式可任意组合。

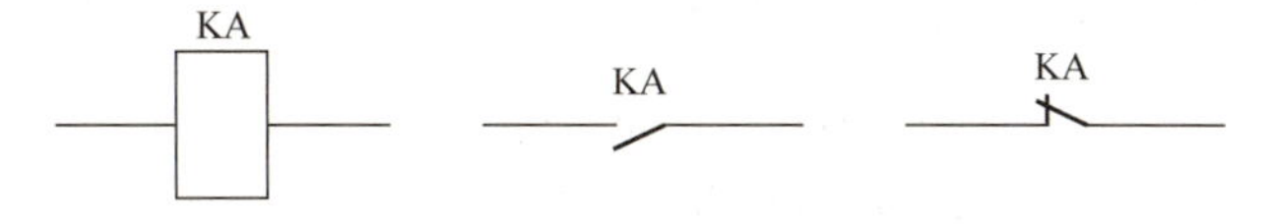

图 9.11　中间继电器的图形符号

9.1.9　时间继电器

时间继电器是指当加入（或去掉）输入的动作信号后，其输出电路需经过规定的准确时间才产生跳跃式变化的一种继电器。时间继电器有电磁式和电子式两种，前者是在电磁式控制继电器上加装空气阻尼（如气囊）或机械阻尼（钟表机械）而组成的，后者利用电子延时电路来实现延时动作。时间继电器的图形符号如图 9.12 所示。

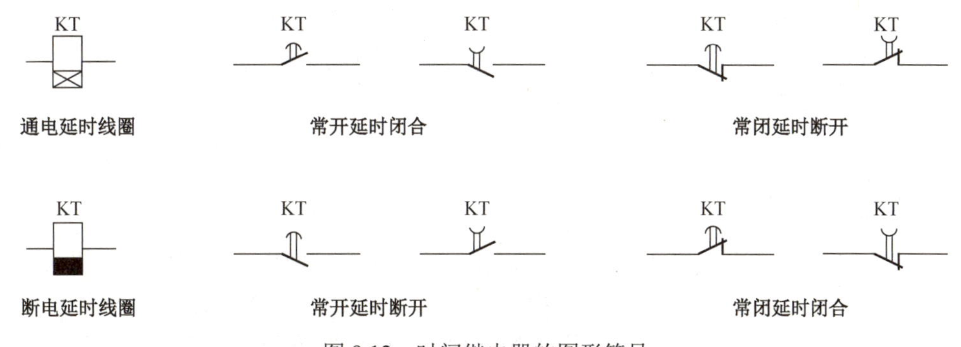

图 9.12　时间继电器的图形符号

9.2　继电接触器控制电路

采用继电器、接触器和主令电器等低压电器组成的有触点控制系统称为继电接触器，其主要应用在控制电动机启动、制动、反转和调速的系统中。

控制电路图是用图形符号和文字符号表示，为完成一定控制目的各种电器连接的电路图。要分析清楚控制电路图，除了要掌握各种电机、电器的必要特点，还要注意以下几点。

（1）应了解机械设备特点和工艺过程，掌握生产过程对控制电路的要求。

（2）要掌握控制电路构成的特点，通常一个系统的总控制电路分为主电路和控制电路两部分。其中主电路的负载是电动机、照明或电加热等设备，所以通过的电流较大，要使用接通和分断能力较强的电器（接触器、断路器等）来操作。此外，在主电路中需设有各种保护电器如熔断器、热继电器等，以保证电源和负载的运行安全。控制电路则为实现生产工艺过程、对负载的运行情况如启动、停车、制动、调速和反转等进行控制，一般是通过按钮、行程开关等主令电器发出指令，控制接触器吸引线圈的工作状态来完成的，有时还要借助其他控制电器如中间继电器、时间继电器等完成复杂的控制功能。

（3）为表达清楚和识图方便，在一份总控制电路图中，同一电器的有些部件经常不画在一起，而是分布在不同的地方，甚至不在一张图上。例如，一个接触器的主触点在主电路图中，而它的吸引线圈和辅助触点在控制电路图中，但同一电器的不同部件都用同一文字符号标明。

（4）电路图中的所有电器的触头状态均为常态，即吸引线圈不带电、按钮没按下的情况等。

（5）一般控制电路，其各条支路的排列常依据生产工艺顺序的先后，由上至下进行。

控制电路都是用若干个基本电路和一些保护措施组合而成的，因此，分析掌握一些常用控制电路，是学习继电接触控制系统的关键，下面介绍几个电动机控制的基本电路。

9.2.1 三相异步电动机的点动控制电路

点动控制常用于吊车、横梁的位置移位，以及刀架、刀具的调整等。图 9.13 所示为一种三相异步电动机的点动控制电路，左边为主电路，主电路由刀开关 QS、熔断器 FU、接触器 KM 的主触点和电动机构成。右边点画线框内为控制电路，控制电路由按钮 SB、接触器线圈 KM 串联构成。

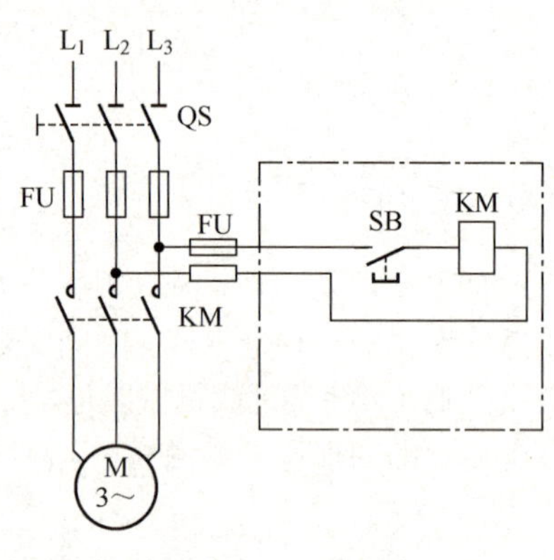

图 9.13 三相异步电动机的点动控制电路

工作时，首先合上刀开关 QS，这时电动机不会运转，当按下按钮 SB 时，接触器线圈 KM 通电产生电磁力，KM 的三个动合主触点吸合，使电动机与三相电源接通，启动运转。松开按钮 SB，接触器线圈 KM 断电失磁，主触点断开恢复常态，电动机断电停止运转。这样就实现了电动机的点动控制，熔断器 FU 的作用是对电源进行短路保护。

9.2.2 三相异步电动机的直接启、停控制电路

图 9.14 所示为三相异步电动机的启、停控制电路。与图 9.13 所示的三相异步电动机的点动控制电路比较，该控制电路增加了接触器 KM 的一个动合（常开）辅助触点，停车按钮 1SB 和热继电器 FR。

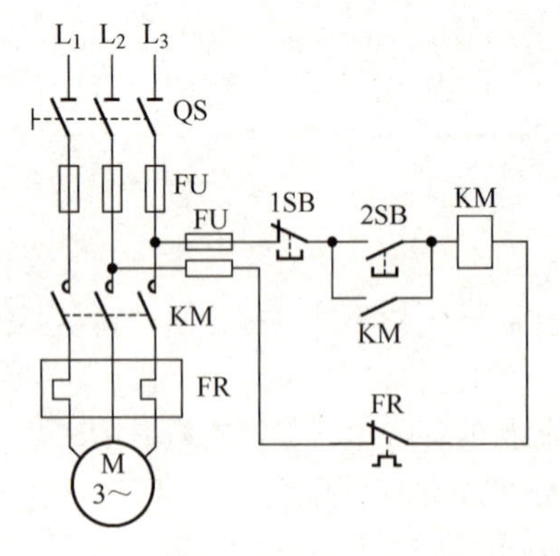

图 9.14 三相异步电动机启、停控制电路

该控制电路结构的特点是：热继电器 FR 的发热元件接在主电路中，反映负载电流，它的动断（常闭）触点 FR 与接触器 KM 的吸引线圈串联在控制电路中，控制接触器 KM 的工作。

工作时，首先合上刀开关 QS，按下启动按钮 2SB，接触器 KM 吸合，其三个主触点闭合使电动机启动，同时其辅助触点也闭合。当松开启动按钮 2SB 后，接触器仍能通过自己的辅助触点自保持供电，这个环节称为“自锁”环节。

当需要停车时，按下停车按钮 1SB，切断控制回路，使接触器 KM 的吸引线圈断电，其主触点与辅助触点均返回断开状态，电动机断电停车。

视频——
继电接触器控制电路
——点动启停控制

当出现电动机过载或断相时，主电路电流增大，当电流增大到热继电器的额定值（动作电流值）时，热继电器动作，它的动断（常闭）触点 FR 切断控制电路，接触器线圈断电，主触点断开主电路，电动机停车得到保护。

该控制电路还具有失电压保护功能。电动机在运转时，若电源电压降低或突然停电，会使接触器 KM 失去应有电磁力而返回常态，同时切断主电路和控制电路，电动机停车。当电源恢复正常时，由于启动按钮和接触器辅助触点均处于断开状态，电动机不会自行启动，保证了设备和人身安全。

9.2.3　三相异步电动机的异地控制电路

异地控制又称多地点控制，即多个地点均可控制一台电动机启动或停止。这种控制方式应用较广，现以锅炉房的鼓风机为例来说明异地控制，其电路如图 9.15 所示。

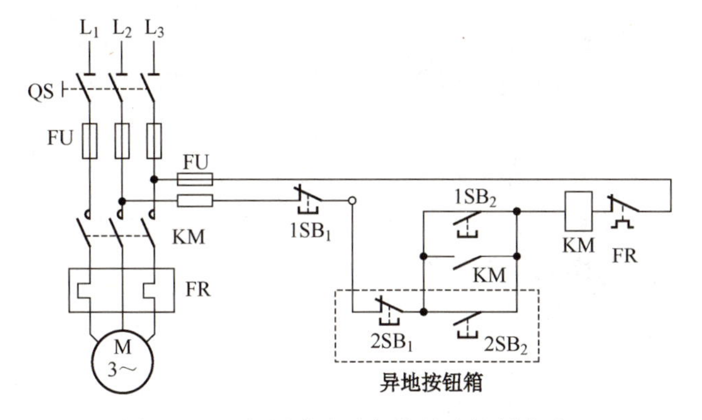

图 9.15　三相异步电动机的异地控制电路

视频——
继电接触器控制电路
——正反转控制

图 9.15 中控制按钮 $1SB_1$ 和 $1SB_2$ 设于本地控制箱内，$2SB_1$ 和 $2SB_2$ 设于异地按钮箱内。启动按钮 $1SB_2$ 和 $2SB_2$ 并联，只要按下其中一个，都能启动鼓风机转动。停止按钮 $1SB_1$ 和 $2SB_1$ 串联，只按下其中一个，就能停止鼓风机转动。

9.2.4　三相异步电动机的正反转控制电路

卷扬机的上下操作、车间刨床的往返操作都是通过控制其电动机的正反转来实现的。根据三相异步电动机的工作原理，要改变三相异步电动机的转向，只需将电动机接到三相电源的三根电源线中的任意两根对调（改变输入电动机的电流相序）即可。

图 9.16（a）所示为三相异步电动机正反转控制电路的主电路。接触器 KM_F 控制电动机正转，接触器 KM_R 控制电动机反转。图 9.16（b）、图 9.16（c）所示的控制电路控制主电路图中接触器 KM_F 和 KM_R 的工作状态，如果控制电路使主电路接触器 KM_F 和 KM_R 同时工作，即 6 个主触点同时闭合，则将造成主电路的电压源短路。为了避免这种情况的发生，控制电路回路中要引入正反转的电气联锁或机械互锁，这样电动机就不会发生正反转控制同时有效的情况，即正转运行时，反转不工作。

在图 9.16（b）所示控制电路中，引入电气联锁，在正转控制回路中串入反转接触器 KM_R 的一个动断辅助触点，在反转控制回路中串入一个正转接触器 KM_F 的动断辅助触点。这两个动断辅助触点称为电气联锁触点。其工作原理是：按下正转启动按钮 SB_F，正转线圈 KM_F 通电，主触点 KM_F 闭合，同时，动断辅助触点 KM_F 打开，反转线圈 KM_R 断电；同理，按下反转启动按钮 SB_R，反转线圈 KM_R 通电，主触点 KM_R 闭合，正转线圈 KM_F 断电。

可见，图 9.16（b）所示控制电路中的电气联锁触点能保证两个接触器 KM_F、KM_R 不会同时工作。但是这种控制电路的缺点是正反转不能直接切换，必须先按下停止按钮 SB 后，再按下启动按钮 SB_F 或 SB_R。即当在正转过程中要求反转时，必须先按停止按钮 SB 让电气联锁触点闭合后，才能按反转启动按钮使电动机工作。

由于图 9.16（b）所示控制电路的正反转切换操作不方便，将该控制电路中的启动按钮改为具有机械互锁功能的启动按钮，如图 9.16（c）所示。这个改进电路的优点是：如果要使正转运行的电动机反转，则不必先按停止按钮 SB，只要直接按下反转启动按钮 SB_R 即可，反之亦然。

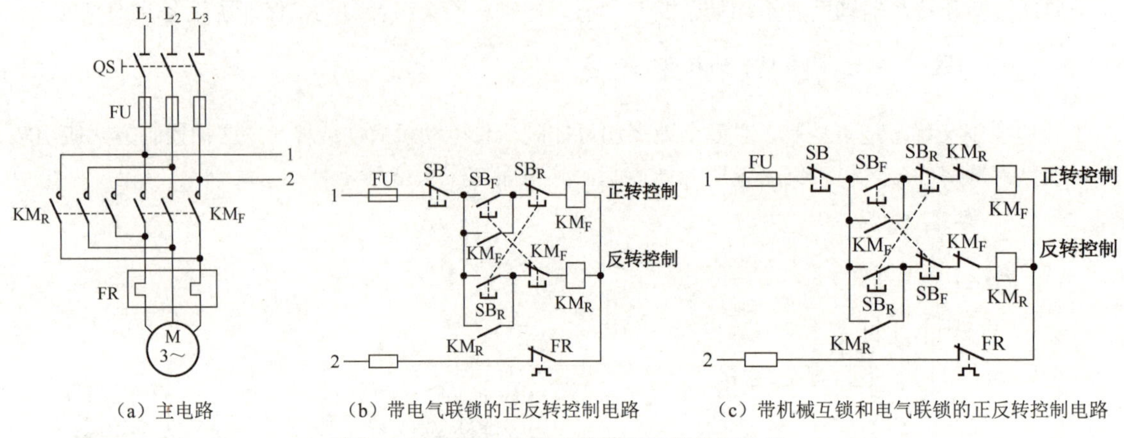

（a）主电路　（b）带电气联锁的正反转控制电路　（c）带机械互锁和电气联锁的正反转控制电路

图 9.16　三相异步电动机的正反转控制电路

9.2.5　三相异步电动机的时间控制电路

在工业生产中，很多加工和控制过程是按照时间进行控制的。例如，热处理工件的分段加热时间控制，电动机按时间先后顺序启、停控制，电动机 Y-△启动控制等，这类控制都是利用时间继电器实现的。

图 9.17 所示是某钻床切削自动循环控制电路，该电路可实现刀架进给电动机的启动、停车、正反转运动及其运动状态的自动转换。其中，SQ_1、SQ_2 是行程开关的触点，用来控制钻床的始点和终点；KT 为时间继电器，用于延时控制；KV 为速度继电器。自动循环控制过程请读者自行分析。

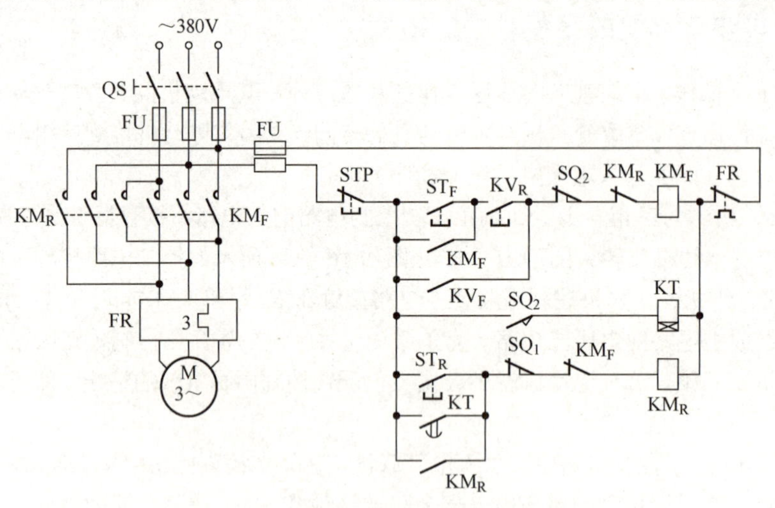

图 9.17　某钻床切削自动循环控制电路

9.3　可编程控制器

可编程控制器把复杂的继电器控制逻辑转换为由中央处理器、输入变换器、输出变换器及用户程序进行处理的开关量控制逻辑，实现了硬件逻辑的软件化，克服了复杂的继电接触器控制系统可靠性和灵活性较差的弊端，具有通用性强、使用方便、适应面广、可靠性高、抗干扰能力强、编程简单的优点，在现代控制系统中普遍采用。

9.3.1　可编程控制器概述

自 1969 年美国 DEC 公司研制出世界上第一台可编程逻辑控制器以来，经过几十年的发展与实践，其功能和性能已经有了很大的提高，从当初用于逻辑控制和顺序控制领域扩展到运动控制和过程控制领域。可编程逻辑控制器也可称为可编程控制器（Programmable Controller），由于个人计算机也简称 PC，为了避免混淆，可编程控制器常用 PLC 表示。

PLC 是在传统的顺序控制器的基础上引入了微电子技术、计算机技术、自动控制技术和通信技术而形成的一代新型工业控制装置。它采用可编程的存储器存储操作指令，在操作指令控制下执行逻辑运算，并通过数字式、模拟式的 I/O 控制各种机械设备或生产过程。PLC 及其外围设备都按易与工业控制系统连成一个整体、易于扩充其功能的原则来进行设计。PLC 发展迅速，一是向体积更小、速度更快、功能更强和价格更低的方向发展；二是向大型化、网络化和多功能方向发展，以便与现代网络相连接，组建大型的控制系统。

现代工业生产是复杂多样的，它们对控制的要求也各不相同。可编程控制器由于具有以下特点而深受工程技术人员的欢迎。

（1）可靠性高，抗干扰能力强。这往往是用户选择控制装置的首要条件。PLC 的生产厂家在硬件和软件上采取了一系列抗干扰措施，使它可以直接安装于工业现场并稳定可靠地工作。

（2）模块化结构，扩展能力强。由于 PLC 产品均成系列化生产，品种齐全，多数采用模块式的硬件结构，可根据现场需要进行不同功能的扩展和组装，一种型号的 PLC 可用于控制从几个 I/O 点到几百个 I/O 点的控制系统。

（3）编程方便，易于使用。梯形图是一种图形编程语言，与多年来工业现场使用的电气控制图非常相似，理解方式也相同，近年来又发展了面向对象的顺控流程图语言，也称功能图，使编程更简单方便，非常适合现场人员学习。

（4）控制系统设计、安装、调试方便。PLC 中含有大量的相当于中间继电器、时间继电器和计数器等的“软元件”，又用程序（软接线）代替硬接线，与外部设备连接方便。它采用统一接线方式的可拆装的活动端子排，提供不同的端子功能适用于多种电气规格。设计人员只要有 PLC 就可以进行控制系统设计及在实验室进行模拟调试。

（5）功能完善。除基本的逻辑控制、定时、计数和算术运算等功能外，配合特殊功能模块还可以实现点位控制、PID 运算、过程控制和数字控制等功能，为方便工厂管理也可以与上位机通信，对设备进行远程控制。

由于 PLC 具有上述特点，使得它的应用范围极为广泛，可以说只要有工厂、有控制要求，就会有 PLC 的应用。

视频——
可编程控制器
基本内容

9.3.2　可编程控制器的组成与性能指标

1. 可编程控制器的组成

PLC 是以微处理器为核心的一种特殊的工业用计算机，其结构与一般的计算机类似，如图 9.18 所示，它只是一台增强了 I/O 功能的可与控制对象方便连接的计算机。其完成控制的实质是按一定算法进行 I/O 变换，并将这个变换物理实现，应用于工业现场。

（1）输入寄存器

输入寄存器可按位进行寻址，每一位对应一个开关量，其值反映了开关量的状态，其值的改变由输入开关量驱动，并保持一个扫描周期。CPU 可以读其值，但不可以写或进行修改。

（2）输出寄存器

输出寄存器的每一位都表明了 PLC 在下一个时间段的输出值，而程序循环执行开始时输出寄存器的值，表明上一个时间段的真实输出值。在程序执行过程中，CPU 可以读取寄存器的数值，并作为条件参与控制，也可以对其进行修改，而中间的变换仅仅影响寄存器的值，只有最后的修改才对输出接点的状态产生影响。

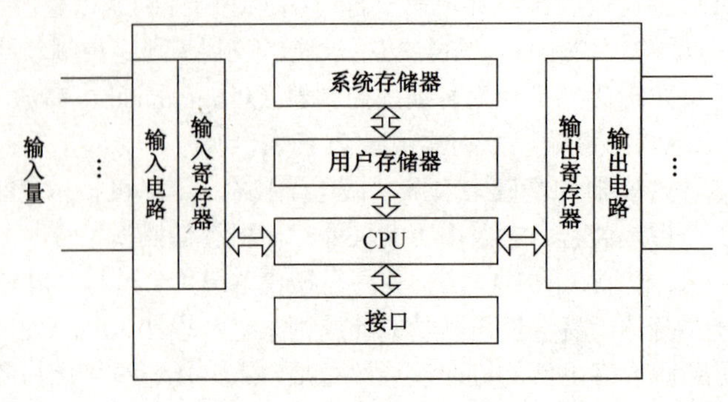

图 9.18 PLC 的结构

（3）存储器

存储器分为系统存储器和用户存储器。系统存储器存储的是系统程序，它由厂家开发固化，用户不能更改，PLC 要在系统程序的管理下运行。用户存储器中存放的是用户程序和运行所需要的资源，I/O 寄存器的值作为条件决定存储器中的程序如何被执行，从而完成复杂的控制功能。

（4）CPU

CPU 控制 I/O 寄存器的读、写时序以及对存储器单元中程序的解释执行工作，是 PLC 的控制中心。

（5）接口

接口用于 PLC 与其他设备和模块之间信号的传递，主要有扩展接口、存储器接口与通信接口等。扩展接口用于扩展 I/O 模块，使 PLC 的控制规模配置得更加灵活，这种扩展接口实际上为总线形式；存储器接口是为了扩展 PLC 的存储规模而设置的，用于扩展用户程序存储区和用户数据参数存储区；通信接口是为了在 PLC 与 PLC、PLC 与计算机之间建立通信网络而设立的接口。

2. 可编程控制器的性能指标

（1）存储容量：这里专指用户存储器的存储容量，它限定了用户所编制程序的长短。大、中、小型 PLC 的存储容量变化范围一般为 2KB~2MB。

（2）I/O 点数：指 PLC 面板上的 I/O 端子的个数。I/O 点数越多，外部可连接的 I/O 器件就越多，控制规模就越大，它是衡量 PLC 性能的重要指标之一。

（3）扫描速度：指 PLC 执行程序的快慢，体现了计算机控制取代继电器控制的吻合程度。从自动控制的观点来看，它决定了系统的实时性和稳定性。

（4）指令：指令的多少是衡量 PLC 能力强弱的指标。它决定了计算机发挥运算功能、完成复杂控制的能力。

（5）内部寄存器的配置和容量：直接由用户编程进行操作，在可靠性、适应性、扫描速度和控制精度等方面都对 PLC 做了补充。

（6）扩展能力：包括 I/O 点数的扩展和 PLC 功能的扩展两方面的内容（即模块式和集中封装式系统的可扩展性）。

（7）特殊功能单元：该单元种类越多，也就是说 PLC 的功能越多。典型的特殊功能有模拟量、模糊控制和联网等。

不同的分类标准会造成不同的分类结果，PLC 常用的分类方法有如下两种：按其 I/O 点数一般分为微型（32 点以下）、小型（128 点以下）、中型（1024 点以下）、大型（2048 点以下）和超大型（2048 点以上）5 种；按结构可分为箱体式、模块式和平板式 3 种。

9.3.3 可编程控制器的工作原理

PLC 本质上是一种计算机控制系统，它在系统软件的支持下，通过执行用户程序由硬件完成系统控制任务。由于它是用于工业现场的控制系统，CPU 在分析逻辑后确定执行任务，其工作方式有自己的特点。

CPU 连续执行用户程序和任务的循环序列称为扫描。如图 9.19 所示，CPU 的扫描周期包括读输入、执行程序、处理通信请求、执行 CPU 自诊断及写输出等内容。

PLC 可被看成是在系统软件支持下的一种扫描设备。它一直周而复始地循环扫描并执行由系统软件规定的任务。用户程序只是扫描周期的一个组成部分，用户程序不运行时，PLC 也在扫描，只不过在一个周期中去除了执行程序和读输入、写输出这几部分内容。

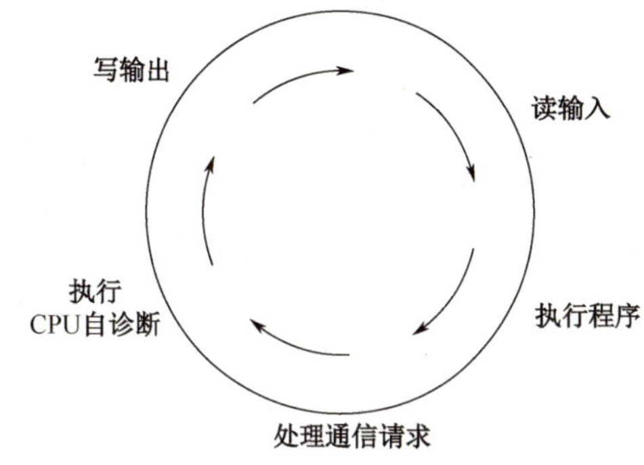

图 9.19 CPU 的扫描周期

循环扫描有如下特点。

（1）扫描过程周而复始地进行，读输入、写输出和用户程序是否执行是可控的。

（2）输入映像寄存器的内容是由设备驱动的，在程序执行过程中的一个工作周期内输入映像寄存器的值保持不变，CPU 采用集中输入的控制思想，只能使用输入映像寄存器的值来控制程序的执行。

（3）执行程序完毕后的输出映像寄存器的值决定下一个扫描周期的输出值，而在执行程序阶段，输出映像寄存器的值既可以作为控制执行程序的条件，同时又可以被程序修改用于存储中间结果或下一个扫描周期的输出结果。此时的修改不会影响输出锁存器的现在输出值，这是与输入映像寄存器完全不同的。

（4）对同一个输出单元的多次使用、修改次序会造成不同的执行结果。由于输出映像寄存器的值可以作为执行程序的条件，所以程序的下一个扫描周期的集中输出结果是与编程顺序有关的，即最后一次的修改决定下一个周期的输出值，这是编程人员要注意的问题。

（5）各个电路和不同的扫描阶段会造成输入和输出的延迟，这是 PLC 的主要缺点。从输入端信号发生变化到输出端对输入端信号变化做出反应需要一段时间，这段时间就称为 PLC 的响应时间或延迟时间。各 PLC 生产厂家为了缩小延迟时间采取了很多措施，延迟时间是编程人员选择 PLC 时的一个重要指标。

由于 PLC 采用循环扫描的工作方式，而且对输入信号和输出信号只在每个扫描周期的固定时间集中输入和输出，所以必然会产生输出信号相对输入信号滞后的现象。扫描周期越长，滞后现象越严重。对慢速控制系统这是允许的，当控制系统对实时性要求较高时，滞后现象就成了一个突出的问题，所以编程人员需对不同型号 PLC 的延迟时间有较为详细的了解。同时可以看出，输入状态想要得到响应，开关量信号宽度至少要大于一个扫描周期才能保证被 PLC 采集到。

9.3.4 可编程控制器的编程语言

PLC 是通过程序对系统进行控制的。它作为一种专用计算机，为了适应其应用领域，一定有其专用的语言。不同的 PLC 产品的指令系统各异，但主要指令基本一致，下面以西门子（SIEMENS）PLC 产品 S7-200 为例，简单地介绍其结构特点及指令系统。西门子公司的 PLC 产品包括 LOGO、S7-200、S7-1200、S7-300、S7-400 等。西门子 S7 系列 PLC 体积小、速度快，具有网络通信能力，功能强，可靠性高。S7 系列 PLC 产品可分为微型 PLC（如 S7-200），小规模性能要求的 PLC（如 S7-300），以及中、高性能要求的 PLC（如 S7-400）等。中、小型 PLC 的编程语言多为梯形图和指令语句表。

1. 梯形图

梯形图是一种比较通用的编程语言，它是在继电接触器控制电路的基础上演变而来的。要想实现由电气控制电路向 PLC 控制的梯形图的程序转化，还要了解两者的符号对照关系。表 9.3 是 PLC 与电气控制系统的电气符号对照表。两者的图形符号虽然相似，但元件构造有本质区别。PLC 的内部器件，如计数器、定时器和控制继电器等均是由数字电路构成的所谓软器件，如以高电平状态作为常开触点，以低电平状态作为常闭触点。用户程序的执行过程就是按控制要求以电平的变化完成各种操作，使某些软器件启动、连接的过程。

表 9.3 PLC 与电气控制系统的电气符号对照表

项目	电气符号	PLC 符号
动合触点	——╱——	——┤ ├——
动断触点	——┴╲——	——┤/├——
线圈	——▭——	——( )——

现以三相笼型异步电动机启、停控制电路为例，说明实现 PLC 控制系统的基本过程及梯形图的编写方法。采用 PLC 构成的电动机启、停控制电路的主电路如图 9.20（a）所示，其控制电路用 PLC 编程实现。其做法如下。

图 9.20（b）所示为继电器控制电路，当 SB_1 闭合时，继电器 KM 线圈得电，KM 自锁触头闭合，锁定 KM 线圈得电，电动机连续运行；当 SB_2 断开时，KM 线圈失电，KM 自锁触头断开，解除锁定，电动机停转。

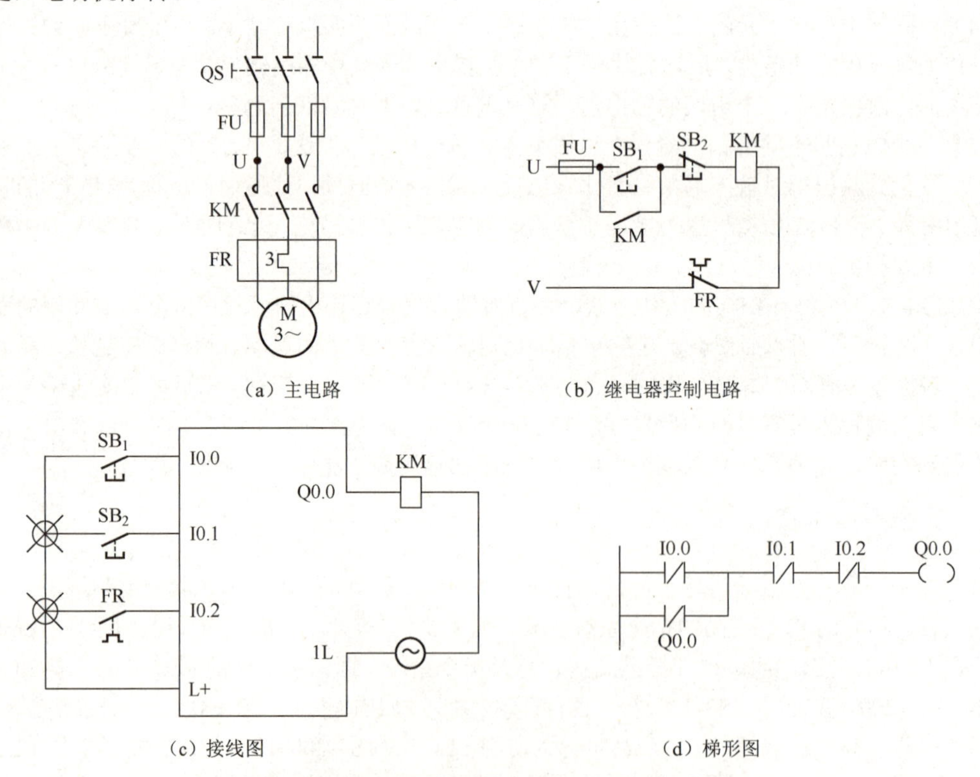

图 9.20 采用 PLC 构成的电动机启、停控制电路

输入设备、输出负载和 PLC 对应的 I/O 端口的接线图如图 9.20（c）所示。图中 I0.0、I0.1、I0.2 为 PLC 输入继电器，Q0.0 为 PLC 输出继电器。在 PLC 的输入端口 I0.0 接启动按钮 SB_1，I0.1 接停止按钮 SB_2，在输出端口 Q0.0 接接触器线圈 KM，这些外部输入、输出器件均配备相应的外部驱动电源。用编程器将图 9.20（d）所示的梯形图写入 PLC 程序存储区内，PLC 即可按照这一控制程序工作。PLC 不断地反复对输入端口采样，当按下按钮 SB_1 时，内部常开触点 I0.0 闭合，内部输出继电器线圈 Q0.0 接通，其常开触点 Q0.0 闭合产生自锁，使接触器 KM 线圈通电，电动机运转。当按下按钮 SB_2 时，内部常闭触点 I0.1 断开，输出继电器线圈 Q0.0 断电，电动机停转。

上例表明，图 9.20 中的继电器并不是实际的继电器，它实质上是存储器中的每一位触发器。该触发器为“1”时，相当于继电器接通；该触发器为“0”时，相当于继电器断开。因此，PLC 将控制要求以程序的形式写入存储器，这些程序就相当于继电接触控制的各个器件、触点及接线。当需要改变控制要求时，只需修改程序和少量外部接线。这些继电器在 PLC 中也称为“软继电器”。

画梯形图的要求如下。

（1）梯形图按从左至右、自上而下的顺序编写。PLC 将按此顺序执行程序。

（2）梯形图左边的竖线称为起始母线，每一逻辑行必须从起始母线画起，每一逻辑行的右边以继电器线圈、计数器、定时器或专门指令作为结束。不能将继电器线圈、计数器、定时器直接与起始母线相连。

（3）每一逻辑行内的触点既可以串联，也可以并联，但输出继电器线圈之间只可以并联不能串联。同一继电器、计数器、定时器的触点可多次反复使用。

（4）梯形图中与 I/O 设备相连的输入触点和输出线圈不是物理触点和线圈，用户程序是根据 PLC 内 I/O 状态寄存器的内容执行的，与现场开关的实际状态有时并不相同。输入映像寄存器并不能完全看成是现场所接的开关或按钮，特别是当现场 PLC 输入端接常闭按钮时，编程要特别注意。

（5）整理梯形图，注意避免因 PLC 的周期扫描工作方式可能引起的错误。

2. 指令语句表

指令语句表与计算机汇编语言相似，是用 PLC 指令助记符按控制要求组成语句表的一种编程方式。S7-200 系列 PLC 的编程指令比较丰富，由于篇幅有限，在此只简单介绍其基本逻辑指令，详细的编程指令参见 S7-200 可编程控制器系统手册。

S7-200 系列的基本逻辑指令与 FX 系列和 CPMIA 系列基本逻辑指令大体相似，编程和梯形图表达方式也相差不多。表 9.4 列出了 S7-200 系列的基本逻辑指令。

表 9.4　S7-200 系列的基本逻辑指令

指令名称	指令符	功能	操作数
取	LD bit	读入逻辑行或电路块的第一个常开接点	Bit: I,Q,M,SM,T,C,V,S
取反	LDN bit	读入逻辑行或电路块的第一个常闭接点	
与	A bit	串联一个常开接点	
与非	AN bit	串联一个常闭接点	
或	O bit	并联一个常开接点	
或非	ON bit	并联一个常闭接点	
电路块与	ALD	串联一个电路块	无 Bit:Q,M,SM,T,c,v,s Bit: Q,M, SM,V, S
电路块或	OLD	并联一个电路块	
输出	= bit	输出逻辑行的运算结果	
置位	S bit, N	置继电器状态为接通	
复位	R bit, N	使继电器复位为断开	

例如，对图 9.20 所示的梯形图，用指令语句表编写的程序如下。

语句号	指令助记符	操作数（器件号）
0	LD	I0.0
1	O	Q0.0
2	LD	I0.1
3	AN	I0.2
4	=	Q0.0

上例表明，指令语句表就像是描述绘制梯形图的文字，每条语句都由指令助记符和操作数两部分构成。所谓指令助记符就是各条指令功能的英文名称简写。目前，各 PLC 生产厂家采用的指令助记符不统一，但编程方法是一致的。

9.3.5 可编程控制器在电动机控制中的应用

在各行业广泛使用的电气设备和生产机械中，其自动控制系统大多以各类电动机或其他执行电器为被控对象，生产过程和工艺要求不同，对控制系统的要求也不同，但无论控制系统的规模有多大，都是由一些基本的控制环节组成的。本小节以广泛使用的三相笼型异步电动机为例，介绍电动机控制的基本控制环节及采用 PLC 实现对异步电动机的控制。

视频——
可编程控制器实现电动机正反转

下面以 S7-200 PLC 为例，介绍三相笼型异步电动机正反转 PLC 控制的方法。如图 9.21 所示，SB_1 为停机按钮，SB_2、SB_3 分别为正转、反转启动按钮，KM_1、KM_2 分别为正转、反转接触控制器，FR 为热继电器（对电动机进行过载保护），另外要求该电动机的正反转有电气互锁控制。

根据上述要求，PLC 外部 I/O 接线及电动机的主电路如图 9.21（a）所示。电动机正反转控制电路的梯形图如图 9.21（b）所示。

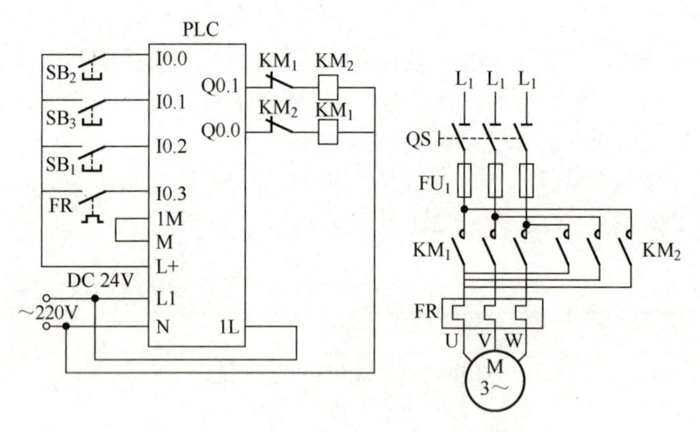

（a）PLC 外部 I/O 接线及电动机的主电路

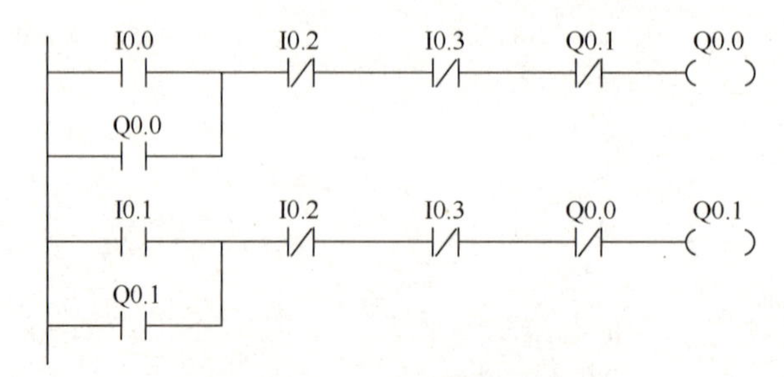

（b）电动机正反转控制电路的梯形图

图 9.21 三相笼型异步电动机正反转启、停控制电路

根据梯形图，用指令语句表编写的电动机正转程序如下。

语句号	指令助记符	操作数（器件号）
0	LD	I0.0
1	O	Q0.0
2	AN	I0.2
3	AN	I0.3
4	AN	Q0.1
5	=	Q0.0

用指令语句表编写的电动机反转程序如下。

语句号	指令助记符	操作数（器件号）
0	LD	I0.1
1	O	Q0.1
2	AN	I0.2
3	AN	I0.3
4	AN	Q0.0
5	=	Q0.1

在实际设计控制电路时，应注意自锁、互锁和联锁的关系。自锁是实现长期运行的措施；互锁是可逆电路中防止两电器同时通电，避免产生事故的措施；联锁是实现多个控制电器之间相互联系、相互制约的措施，它们实质上是逻辑“与”“或”“非”的关系。

9.4 应用案例

9.4.1 电梯拖动系统与控制系统

电梯是垂直运动的运输工具。电梯拖动系统经历了从简单到复杂的过程，到目前为止，应用于电梯的拖动系统主要有：单双速交流电动机拖动系统、交流电动机定子调压调速拖动系统、直流发电机-电动机可控硅励磁拖动系统和 VVVF（Variable Voltage and Variable Frequency）调速拖动系统等。不同的拖动系统在运行速度、乘坐舒适感、维修、造价等方面有较大差别。VVVF 调速拖动系统是目前新的电梯拖动系统，它虽然采用交流电动机驱动，却可以达到直流电动机的水平，控制速度可达 6m/s，且体积小、重量轻、效率高、节省能源，几乎包括以往电梯的所有优点。

电梯控制系统主要有两种方式：由电梯专用多 CPU 组成的控制系统和由 PLC 构成的控制系统。前者具有控制灵活、功能强、易于专业化生产和成本较低等优点，但其技术要求高，必须具有产品开发能力。PLC 则具有体积小、功能强、程序设计简单、灵活通用、维护方便等优点，特别是它的高可靠性和较强的适应恶劣工业环境的能力受到中小生产厂商的欢迎，目前在中低速度电梯控制系统中主要采用 PLC 控制系统。

9.4.2 自动化生产线

自动化生产线是在流水线和自动化专机基础上发展形成的机电一体化系统。它通过自动化输送系统及其他辅助装置，按照特定的生产流程，将各种自动化专机连接成一体，并通过气动、液压、电动机、传感器和电气控制系统使各部分协调动作，整个系统按照规定的程序自动地工作，连续、稳定地生产出符合技术要求的特定产品。

自动化生产线是现代工业的生命线，广泛应用于机械制造、电子信息、石油化工、轻工纺织、食品、制药、汽车制造以及军工生产等行业，适用于设计成熟、市场需求量较大、装配工序多、长期生产的产品。采用自动化生产线生产的产品具有性能稳定、所需人工少、生产效率高、单件产品的制造成本大幅降低和占用场地少等优势。例如，汽车自动化生产线通过网络技术将生产线构成一个完整的工业网络系统，确保冲压、焊装、树脂、涂装及总装等整条生产线高效有序运行，这种超高的自动化程度、统一的控制系统、严格的生产节奏保证了汽车制造中的高效率、高精度和低能耗。

思考题与习题 9

题 9.1　在线圈额定电压相同的前提下，交流电器与直流电器能否相互替代使用？为什么？

题 9.2　交流接触器衔铁吸合前后，电磁吸力的大小有何不同？线圈中电流的大小有何不同？

题 9.3　交流电磁机构的铁芯采用硅钢片做成，且在其端部必须装短路铜环，它们的作用是什么？

题 9.4　三相异步电动机过载保护装置为什么至少采用两个发热元件的热继电器？在电力拖动控制电路中，是否可用熔断器代替热继电器？为什么？

题 9.5　什么叫自锁、互锁和联锁控制环节？它们在控制电路中分别起什么作用？

题 9.6　什么叫多地点控制环节？它是怎样实现的？试绘图说明。

题 9.7　试画出三相异步电动机既能连续工作，又能点动工作的继电接触器控制电路。

题 9.8　根据图 9.22 所示电路做实验，将开关 Q 合上后按下启动按钮 SB_2，发现有下列故障，并分析和处理故障。

（1）接触器 KM 不动作。

（2）接触器 KM 动作，但是电动机不转动。

（3）电动机转动，但是一松手电动机就不转。

（4）接触器动作，但是不能吸合。

（5）接触器触头有明显的颤动，噪声很大。

（6）接触线圈冒烟甚至烧坏。

（7）电动机不转动或转动得极慢，并有“嗡嗡”声。

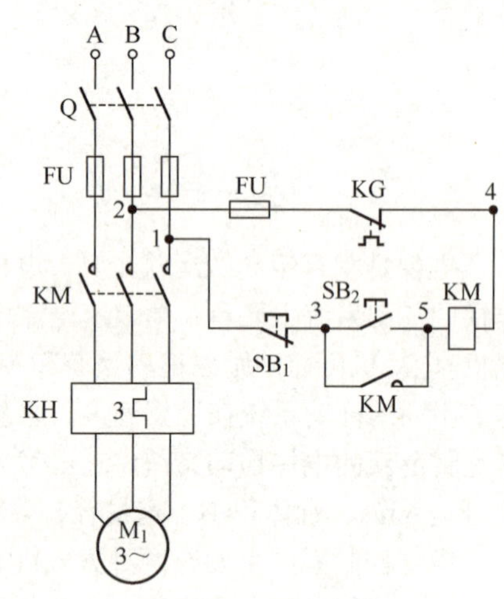

图 9.22　题 9.8 图

题 9.9　控制要求：有两台电动机 M_1、M_2。

（1）开机时，先开 M_1，M_1 开机 20s 后才允许 M_2 开机。

（2）停机时，先停 M_2，M_2 停机 10s 后 M_1 自动停机。

（3）如果不满足电动机启、停顺序要求，则电路中的报警电路应发报警信号（如红灯指示或电铃报警等）。

画出控制电路原理图。

题 9.10　图 9.23 所示为两台三相笼型异步电动机同时启、停和单独启、停的单向运行控制电路。

（1）说明各文字符号所表示的元器件名称。

（2）说明 Q 在电路中的作用。

（3）简述同时启、停的工作过程。

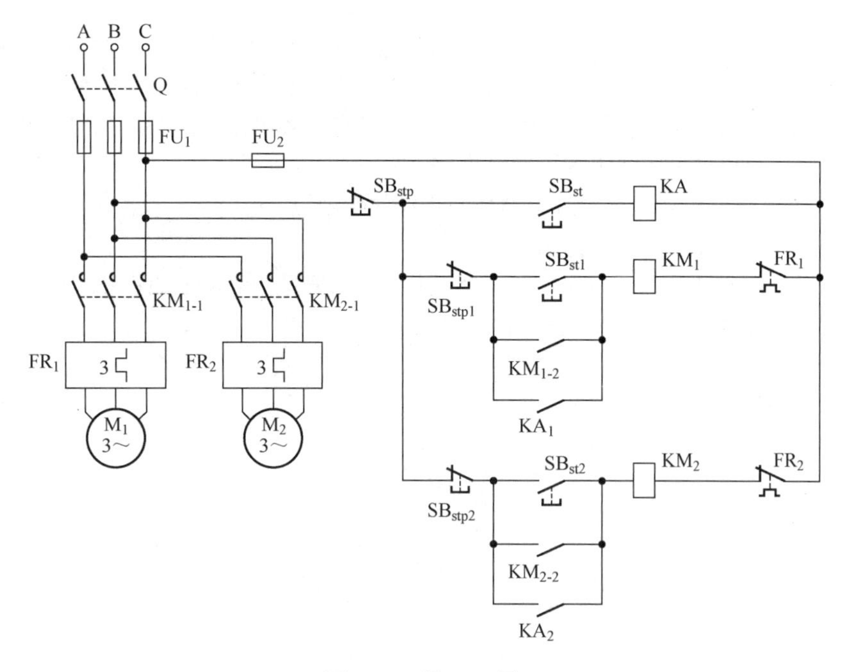

图 9.23　题 9.10 图

题 9.11　根据下列 5 个要求，分别绘出控制电路（M_1 和 M_2 都是三相笼型异步电动机）。

（1）电动机 M_1 启动后，M_2 才能启动，M_2 并能独立停车。

（2）电动机 M_1 启动后，M_2 才能启动，M_2 并能点动。

（3）M_1 先启动，经过一定延时后，M_2 再自行启动。

（4）M_1 先启动，经过一定延时后，M_2 再自行启动，M_2 启动后，M_1 立即停车。

（5）启动时，M_1 启动后 M_2 才能启动；停止时，M_2 停止后 M_1 才能停止。

题 9.12　分析图 9.24 所示电路的控制功能，并说明电路的工作过程。

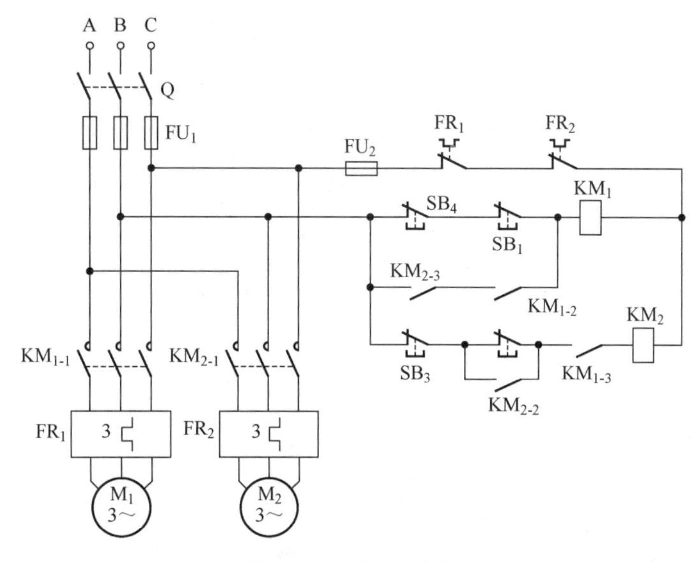

图 9.24　题 9.12 图

题 9.13　三相笼型异步电动机在什么前提下可采用 Y-△启动？这样做的目的是什么？在启动加速过程中，如果始终不能转换为△连接，会有什么后果？故障主要出现在哪些元件上？

题 9.14　小型梁式吊车上有三台电动机：横梁电动机 M_1，带动横梁在车间前后移动；小车电

动机 M_2，带动提升机构的小车在横梁上左右移动；提升电动机 M_3，升降重物。三台电动机都采用点动控制。在横梁一端的两侧装有行程开关用作终端保护，即当吊车移到车间终端时，就把行程开关撞开，电动机停下来，以免撞到墙上而造成重大人身和设备事故。在提升机构上也装有行程开关用作提升终端保护。根据上述要求画出控制电路。

题 9.15　比较 PLC 控制系统和继电器控制系统的优缺点。

题 9.16　简述 PLC 常用编程语言的特点。

题 9.17　梯形图与传统的继电器控制电器图相比，常开触点、常闭触点和线圈是如何表示的？

题 9.18　梯形图和继电器控制电器图的主要区别是什么？

第 10 章　电工测量与安全用电

本章导读信息

电工测量与安全用电是将所学电工知识与技能运用于现实生活的集中体现。电工测量既是识电的基础，也是未来课程学习和科学研究必备的技能；安全用电既是常识，也要求讲究科学。本章学习要求是，首先要熟悉测量仪器原理和操作方法；其次要能够利用相关仪器构建电压、电流、功率等电气参数，以及电阻、电容等元件参数的测量方法和数据处理方法；最后要依据科学原理理解如何有效安全用电。

1. 内容提要

本章主要介绍电工测量的基本知识、常用电工测量仪表的原理与使用、常用电量的测量方法和安全用电，在例题中紧密结合典型的实际应用电路，并进行适当的分析，最后联系实际介绍典型电力系统的组成。

本章主要概念和名词有：人体电阻、电流对人体的影响、安全电压、安全电压等级、单相直接触电、低压中性点、两相直接触电、跨步电压触电、接地、接地体、接地电阻、保护接地、工作接地、重复接地、保护接零、静电防护、电气防雷、电气防火、电气防爆。

2. 重点与难点

【本章重点】

（1）常用电工测量方式与测量方法，测量误差与减小测量误差方法，测量数据的处理；

（2）常用电工测量仪表的基本原理，被测量电路与仪表的连接，合理选择仪表的量程；

（3）常用电量的测量；

（4）人体电阻的概念、电流对人体的影响、人体触电的几种方式，建立安全电压的概念，安全电压等级，接地、保护接零措施对安全用电的原理。

【本章难点】

安全电压的概念，安全电压等级，接地、保护接零措施对安全用电的原理。

10.1 电工测量概述

各种电学量和磁学量的测量，统称为电工测量，即借助于测量设备，将被测电学量或磁学量与作为测量单位的同类标准电学量或磁学量进行比较，从而确定被测量大小的过程。电路中各个物理量的大小，理论上可以通过电路分析与计算的方法求得，而在工程实际中，常常采用实验测量的方法获得，也就是用电工测量仪表去测量，通过测量获得的数据，分析判断电路的工作状态。本节是对电工测量的概述，介绍电工测量过程所包含的要素、常用电工测量方式与测量方法、测量误差及减小误差的方法、测量数据的处理。

视频——电工测量概述

10.1.1 电工测量的要素

一个完整的电工测量过程，通常包括如下几个要素。

1. 测量对象

测量对象包括电学量和磁学量。通常要求测量的电学量可分为电量和电参量，电量有电流、电压、功率、能量、频率、相位等；电参量有电阻、电容、电感等。要求测量的磁学量有磁感应强度、磁通、磁导率等。

2. 测量方式和测量方法

根据测量的目的和被测量的性质，可选择不同的测量方式和不同的测量方法。

3. 测量设备

对被测量与标准量进行比较的测量设备，包括测量仪器和作为测量单位参与测量的度量器。进行电量或磁量测量所需的仪器仪表，统称为电工测量仪表。电工测量仪表是根据被测电量或磁量的性质，按照一定原理制成的。电工测量中使用的标准电量或磁量是电量或磁量测量单位的复制体，称为电学度量器。电学度量器是电气测量设备的重要组成部分，它不仅作为标准量参与测量过程，而且是维持电磁学单位统一，保证量值准确传递的器具。电工测量中常用的电学度量器有标准电阻、标准电容、标准电感等。

除以上三个主要方面外，测量过程中还必须建立测量设备所必需的工作条件；慎重地进行操作，认真记录测量数据；考虑测量条件的实际情况进行数据处理，以确定测量结果和测量误差。

10.1.2 常用电工测量方式与测量方法

在电工测量过程中，首先要选择适当的测量方式和测量方法，将被测量与作为标准量的度量器进行直接或间接的比较，从而得到测量结果。

1. 测量方式的分类

电工测量方式主要有如下三种。

1）直接测量方式

在测量过程中，能够直接将被测量与同类标准量进行比较，或者能够直接用事先刻度好的测量仪器对被测量进行测量，从而直接获得被测量数值的测量方式称为直接测量。例如，用电压表测量电压、电能表测量电能以及用直流电桥测量电阻等都属于直接测量。直接测量方式广泛应用于工程测量中。

2）间接测量方式

当被测量由于某种原因不能直接测量时，可以通过直接测量与被测量有一定函数关系的物理量，然后按函数关系计算出被测量的数值，这种间接获得测量结果的方式称为间接测量。例如，用伏安法测量电阻，是利用电压表和电流表分别测量出电阻两端的电压和通过该电阻的电流，然后根据欧姆定律计算出被测电阻的大小。间接测量方式广泛应用于科研、实验室及工程测量中。

3）组合测量方式

当被测量有多个时，它们彼此间又具有一定的函数关系，并能以某些可测量的不同组合形式表示，那么可先通过直接或间接方式测量这些组合量的数值，再通过联立方程组求得未知被测量的数值。这种测量方式称为组合测量方式。

例如，导体的电阻 R_t 随温度 t 变化，两者之间的函数表达式为

$$R_t=R_{20}[1+\alpha(t-20)+\beta(t-20)^2]$$

如果要确定某种导体的电阻 R_t 与温度 t 之间的关系，则须测定温度系数 α 、 β 以及在 20°C 时该导体的电阻 R_{20} 。为此，可分别测出该导体在 20°C 和 t_1 、 t_2 时的电阻值 R_{20} 、 R_1 、 R_2 ，并代入函数表达式中，得到由两个方程式组成的方程组，求解方程组即可求出温度系数 α 、 β 。

在组合测试中，所列出的方程式数目应等于未知被测量的数目。

2. 测量方法的分类

在测量过程中，作为测量单位的度量器既可以直接参与也可以间接参与。根据度量器参与测量过程的方式，可以把电工测量方法分为直读测量法和比较测量法两种。

1）直读测量法

用直接指示被测量大小的指示仪表进行测量，能够直接从仪表刻度盘上读取被测量数值的测量方法，称为直读测量法。用直读测量法时，度量器不直接参与测量过程，而是间接地参与测量过程。例如，用欧姆表测量电阻时，从指针在刻度尺上指示的刻度可以直接读出被测电阻的数值。这一读数被认为是可信的，因为欧姆表刻度尺的刻度事先用标准电阻进行了校验，标准电阻已将其量值和单位传递给欧姆表，间接地参与了测量过程。直读测量法的过程简单、操作容易、读数迅速，但其测量的准确度不高。

2）比较测量法

将被测量与度量器在比较仪器中直接比较，从而获得被测量数值的方法称为比较测量法。标准量的实体保存在国家级的计量部门中，作为检验各级度量器的标准量使用。日常使用的标准量是标准量的复制品。比较测量法使用的仪表称为比较仪表，例如，电桥、电位差计等。在电工测量中，比较测量法具有很高的测量准确度，可以达到±0.001%，但测量时操作比较麻烦，相应的测量设备也比较昂贵。

根据被测量与度量器进行比较时的不同特点，又可将比较测量法分为零值法、较差法和替代法三种。

（1）零值法。

零值法又称平衡法，它是利用被测量对仪器的作用，与标准量对仪器的作用相互抵消，由指零仪表做出判断的方法。即当指零仪表指示为零时，表示两者的作用相等，仪表达到平衡状态，此时按一定的关系可计算出被测量的数值。显然，零值法测量的准确度主要取决于度量器的准确度和指零仪表的灵敏度。

例如，在测量具有高内阻的线性有源二端网络的开路电压时，为避免用电压表直接测量所造成的较大误差，往往利用零值法测量，如图 10.1 所示。将一低内阻的稳压电源与被测线性有源二端网络相比较，当稳压电源的输出电压与线性有源二端网络的开路电压相等时，

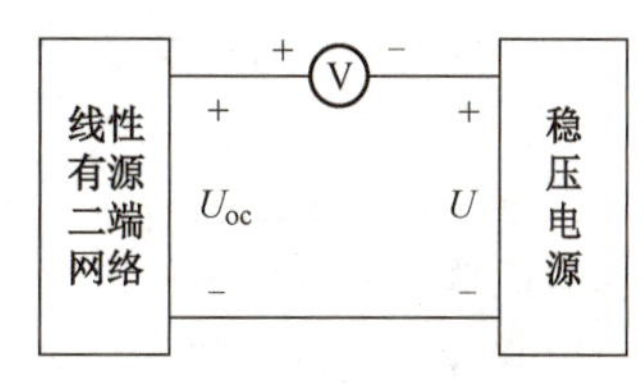

图 10.1　零值法测量线性有源二端网络 U_{oc}

电压表的指示为零。此时，稳压电源的输出电压即为被测线性有源二端网络的开路电压。

（2）较差法。

较差法是通过测量被测量与标准量的差值，或者正比于该差值的量，根据标准量来确定被测量数值的方法。较差法可以达到较高的测量准确度。

（3）替代法。

替代法是分别把被测量和标准量先后接入同一测量仪器，在不改变仪器工作状态的情况下，使两次测量仪器的示值相同，即可根据标准量来确定被测量的数值。用替代法测量时，由于替代前后仪器的工作状态是一样的，因此仪器本身性能和外界因素对替代前后的影响几乎是相同的，这样就有效地克服了所有外界因素对测量结果的影响。替代法测量的准确度主要取决于度量器的准确度和仪表的灵敏度。

10.1.3 测量误差与数据处理

在实际测量中，由于受到测量方法、测量设备、试验条件及观测经验等多方面因素的影响，会使测量结果与被测量真值之间存在一定的差别，这种差别称为测量误差。

1. 测量误差的分类

根据测量误差的性质和产生的原因，测量误差可分为系统误差、随机误差和疏忽误差三类。

1）系统误差

在多次测量同一个量时，如果误差的数值大小和符号保持恒定，或者遵循一定的规律变化，那么这类误差就称为系统误差。系统误差的数值大小和符号能够准确确定，因此经常被用来修正测量数据。

产生系统误差的原因主要有以下几个方面。

（1）测量仪表仪器和环境造成的误差。测量仪表仪器本身结构和制作工艺的不够完善，如仪表指示刻度不够准确，会造成系统误差；使用测量仪表仪器时未满足所规定的使用环境条件，如安装位置不够正确、环境温度不符合要求等，也会造成系统误差。

（2）测量方法和理论造成的误差。测量方法不完善或者测量所依据的理论不完善，如采用近似公式、忽略了电源内阻等，都会造成系统误差。

（3）人员误差。人员误差也称个人误差，它是由测量人员的最小分辨力、感官的生理变化、反应速度或习惯等因素而带来的误差。这种误差因人而异，并与个人实验时的心理或生理状态有关。

从以上引起系统误差的原因分析可知，系统误差的主要特点是：系统误差产生在测量之前，具有确定性，多次测量也不能减小和消除它，即不具有抵偿性。

2）随机误差

随机误差又称偶然误差。在相同条件下多次重复测量同一被测量时，随机误差的数值会发生变化，且没有固定的变化规律。产生随机误差的原因有很多，如温度、磁场、电源频率等的偶然变化都可能引起这种误差；另外，观测者本身感官分辨力的限制也是随机误差的一个来源。随机误差反映了测量的精密度，随机误差越小，精密度就越高。

随机误差具有以下四个特点。

（1）有界性。在有限次测量中，随机误差总是有界限的，不可能出现无穷大的随机误差。

（2）对称性。在一定测量条件下的有限次测量中，绝对值相等的正误差与负误差出现的次数大致相同。

（3）抵偿性。由于随机误差具有对称性，因此取这些误差的算术平均值时，绝对值相等的正负误差便相互抵消。

（4）单峰性。随机误差不会等于零，它总是在零的附近随机波动，波动时大时小，且绝对值小的误差出现的次数多于绝对值大的误差出现的次数。

系统误差和随机误差是两类性质完全不同的误差。系统误差反映在一定条件下误差出现的必然性，而随机误差则反映在一定条件下误差出现的可能性。

3）疏忽误差

明显与实验测量结果不相符的误差称为疏忽误差，又称过失误差或粗大误差。它主要是由测量过程中某些意外发生的不正常因素造成的，包括测量人员的主观原因和外界条件的客观原因两个方面。疏忽误差是一种严重偏离测量结果的误差，含有疏忽误差的测量数据是不可靠的，应当舍去。

2. 减小误差的方法

测量误差是不可能绝对消除的，但要尽可能减小误差对测量结果的影响，使其减小到允许的范围内。

减小误差，应根据误差的来源和性质采取相应的措施和方法。必须指出，一个测量结果中有可能同时存在系统误差、随机误差和疏忽误差，除了疏忽误差可以明显判断出来并去除外，要明显区分系统误差和随机误差是不容易的，所以应根据测量的要求和这两者对测量结果的影响程度来选择减小误差的方法。常用的三类减小误差的方法如下。

1）减小系统误差的方法

根据实际情况选择适当的方法来减小系统误差，其中常用的方法如下。

（1）预先研究可能产生误差的来源并加以适当校正，包括测量前校正所有有关的仪表仪器，审核有关的测量方案和理论，确定有关的校正公式、曲线和数据等。

（2）消除产生误差的根源。例如，测量前认真检查有关仪表仪器是否调整好，仪表指针是否指在零位；检查仪表仪器是否安放在合适的位置上，各种界限是否正确；选好利于观测仪表的位置，以免出现因视觉而产生的误差。

（3）采取特殊的测量方法。针对出现系统误差的不同情况，可分别采取以下特殊的测量方法，以减小系统误差。

① 正负误差补偿法。当系统误差为恒值时，可对被测量在不同的测量条件下进行两次测量，并使一次误差为正，另一次误差为负（两次误差绝对值相等），然后求出这两次测量数据的平均值，作为测量结果。

例如，为消除恒定的外磁场对磁电式仪表所造成的系统误差，假设在测量初始位置时，外磁场与仪表内磁场叠加，使测量出现正误差，此时仪表指针的偏转角为

$$\alpha_1=\alpha+\Delta\alpha$$

式中，α 为仪表指针在无外磁场影响下的正确偏转角；$\Delta\alpha$ 为仪表指针在外磁场作用下产生的附加偏转角。

然后将仪表从初始位置转动180°，使外磁场对仪表产生相反的影响，这时仪表指针的偏转角为

$$\alpha_2=\alpha-\Delta\alpha$$

取两次读数的平均值，即

$$(\alpha_1+\alpha_2)/2=[(\alpha+\Delta\alpha)+(\alpha-\Delta\alpha)]/2=\alpha$$

由于测量结果是取两次读数之和的一半，所以系统误差正负值相互抵消。

② 换位法。当系统误差为恒值时，通过适当安排，对被测量进行两次测量，并使产生误差的因素从相反的方面影响测量结果，然后取两次测量结果的平均值，以达到减小或消除系统误差的目的。例如，用双臂电桥测量电阻时，为了减小因比率臂电阻不准确造成的误差，可采取换臂的办法，将两个比率臂电阻的位置调换一下，再进行一次测量，然后取两次测量结果的平均值。

③ 替代法。采用替代法测量时，被测量的误差与仪表仪器本身及外界因素无关，而只与标准量的准确度有关。一般情况下，标准量的误差很小，可以忽略，因此，替代法可以大大减小或消除

系统误差。

2）减小随机误差的方法

减小随机误差可采用在同一条件下，对被测量进行足够多的重复测量，取各次测量结果的算术平均值作为测量结果方法。测量次数越多，其随机误差的影响越小，测量结果的算术平均值就越接近真值。

随机误差一般较小，工程上常可忽略。

3）减小疏忽误差的方法

由于疏忽误差绝大多数情况下是由测量人员粗心大意造成的，所以提高测量人员的技术水平、培养严谨的科学态度和工作作风、加强责任心，以及在测量过程中集中注意力、一丝不苟是避免疏忽误差的关键。保证测量条件在整个测量过程中稳定不变，避免在外界条件剧烈变化时进行测量，也可使疏忽误差产生的机会大为减少。

3. 测量数据的处理

数据处理是电工测量中必不可少的工作。测量时如何从标尺上正确读取数据，如何整理数据，如何进行近似计算，如何按照预先规定或技术标准做出正确判断，都是测量人员必须掌握的基础知识。

在实际测量过程中，用多少位数字来表示测量或计算结果对最终结果的精度有着较大的影响。测量时，由于测量误差的存在，测量人员只能从标度尺读取一定位数的近似值，读取数据的位数越多，不但不能提高测量结果的准确度，反而使计算工作量大大增加，容易出差错；而读取位数过少，显然也会增大误差。那么，测量数据究竟该取多少位呢？要回答这个问题，先要了解欠准数字的含义和测量数据的定位。

1）欠准数字的含义及测量数据的定位

如果用量程为 10mA 的电流表测量某电流，当指针指在 6.5～6.6mA 的中间时，则测量数据就是 6.55mA。其中，6.5mA 是准确值，而百分位上的数字 5 是估计数字。估计数字就称为欠准数字。欠准数字可以是 0～9 中的任意一个数字。读取测量数据时，只能取一位欠准数字，而且必须读取一位欠准数字。

一般来说，测量数据的位数要根据仪表的精度而定，即测量数据应读取到仪表标度尺最小分度值的后一位。显然小数右边的 0 不能随意删去，它虽然与数值的大小无关，但它具有定位和表示仪表精度的作用。若删去小数右边的 0，则降低了仪表的精度；若在小数的右边随意增添 0，则夸大了仪表的精度。

2）有效数字及有效位数的确定

由以上分析可知，测量数据最后一位数字必须是欠准数字，欠准数字为 0 时，也必须写出来。从测量数据左侧的第一个非 0 数字到欠准数字的所有数字都是有效数字，有效数字的个数就是有效位数。

对于任意一个非零数，其有效数字及其有效位数的确定原则如下。

（1）纯小数的有效数字及有效位数的确定。从纯小数左边第一个非 0 数字起到最右边数字止的各个数字都是有效数字，其个数就是纯小数的有效位数。例如，0.18、0.018、0.0018 均有两位有效数字，即有效位数均为 2；而数 0.180、0.1800、0.18000 则分别有 3、4、5 位有效数字，即有效位数分别为 3、4、5。

（2）非纯小数的有效数字及有效位数的确定。从整数的最高位起到小数的最低位止，各位上的数字都是有效数字，整数位数与小数位数之和就是有效位数。如 18.65、3.075、4.010 均有 4 位有效数字，即有效位数均为 4。

（3）右边含若干个 0 的整数的有效数字及有效位数的表示方法。在这种情况下，若无特别说明，则各个数字均为有效数字，该整数的位数就等于有效位数。如果题设条件中指明了有效位数，而有效位数又不等于原数的整数位数，则可以用科学计数法表示，即把该数写成含 1 位整数的非纯小数与 10^n 乘积的形式。此非纯小数的各个数字均为有效数字，有效数字个数为有效位数。如需将数 7200 分别表示为有效位数为 2、3、4、5 的数，可分别写成 7.2×10^3、7.20×10^3、7.200×10^3、7.2000×10^3。

由以上分析可得如下结论。

（1）在有效数字中，左侧第一位不能为 0。

（2）有效位数确定后，小数右边有 0 时，不能随意删去 0；也不能在小数右边随意添加 0。

（3）有效位数确定后，整数的位数不一定就是有效位数，有效位数由题设条件或实际情况决定。

（4）有效位数确定后，整数末位的 0 不一定是有效数字。

（5）用科学计数法表示整数的有效数字和有效位数时，将小数位数加 1 就得到有效位数；一个右边含若干个 0 的整数可以用科学计数法表示为含不同有效位数的数。

10.2　电工测量仪表

电工测量仪表是实现电工测量过程所需技术工具的总称。在电工、电子产品的生产、调试过程中，以及电气设备的检测、维修时都离不开电工测量仪表。本节介绍电工测量仪表的分类、误差与准确度、选用原则和使用注意事项。

10.2.1　电工测量仪表的分类

电工测量仪表在现代各种测量技术中占有重要的地位，它具有下述几个主要优点。

（1）结构简单、使用方便，并有足够的准确度。

（2）可以灵活地安装在需要进行测量的地方，并可实现自动记录。

（3）可以解决远距离的测量问题，为集中管理和控制提供了条件。

（4）与各类传感器配合，可以利用电工测量的方法对非电量（如温度、压力、速度、水位及机械变形等）进行测量。

电工测量仪表的产品种类很多，它们的分类方法也各异。通常所用到的电工测量仪表常按照下列几个方面来分类。

（1）按电工测量仪表的结构和用途，其大体可分为下列几种类型。

①指示仪表类，包括各种安装式指示仪表、各种实验室及可携式指示仪表等。直读式仪表就是指示仪表类，它将被测量的数值由仪表指针在刻度盘上直接指示出来。常用的电流表、电压表等均属指示仪表类。

②比较仪表类，包括直流电桥、交流电桥、电位差计、标准电阻箱、标准电感、标准电容等。比较仪表类需将被测量与标准量进行比较后才能得出被测量的数量。

③记录/显示器仪表类。记录仪表将被测量的数值记录下来，显示器仪表将被测量的变化规律及数据显示出来。

（2）按被测量对象的种类可分为电流表、电压表、功率表、电能表、频率表、相位表等。

（3）按工作原理可分为磁电式、电磁式、电动式、感应式仪表等。

（4）按被测量电流的种类可分为直流、交流和交直流两用仪表。

（5）按显示方式可分为指针式（模拟式）仪表和数字式仪表。指针式仪表用指针和刻度盘指示被测量的数值；数字式仪表先将被测量的模拟量转化为数字量，然后用数字显示被测量的数值。

（6）按使用方式可分为安装式仪表和可携式仪表。

（7）按准确度可分为0.1、0.2、0.5、1.0、1.5、2.5和5.0共7个等级。

电工测量仪表的表盘上有许多表示其技术特性的标准符号。根据国家标准的规定，每个仪表上必须标有表示测量对象的单位、工作电流种类、相数、准确度等级、测量机构的类别、使用条件级别、工作位置、绝缘强度试验电压的大小、仪表型号和各种额定值等标志符号。表10.1所示为常用电工测量仪表的符号及意义。

表10.1 常用电工测量仪表的符号及意义

分类	符号	名称	被测量的种类
电流种类	—	直流电表	直流电流、电压
	～	交流电表	交流电流、电压、功率
	≃	交直流两用电表	直流电量或交流电量
	≋或3~	三相交流电表	三相交流电流、电压、功率
测量对象	(A) (mA) (μA)	安培表、毫安表、微安表	电流
	(V) (kV)	伏特表、千伏表	电压
	(W) (kW)	瓦特表、千瓦表	功率
	kW·h	千瓦时表	电能量
	(φ)	相位表	相位差
	(f)	频率表	频率
	(Ω) (MΩ)	欧姆表、兆欧表	电阻、绝缘电阻
工作原理		磁电式仪表	电流、电压、电阻
		电磁式仪表	电流、电压
		电动式仪表	电流、电压、电功率、功率因数、电能量
		整流式仪表	电流、电压
		感应式仪表	电功率、电能量
准确度等级	1.0	1.0级电表	以标尺量限的百分数表示
	(1.5)	1.5级电表	以标尺值的百分数表示
绝缘等级	2kV	绝缘强度试验电压	表示仪表绝缘经过2kV耐压测试
工作位置	→或⊓	仪表水平放置	
	↑或⊥	仪表垂直放置	

续表

分类	符号	名称	被测量的种类
工作位置	∠60°	仪表倾斜放置	
端钮	+	正端钮	
	-	负端钮	
	±或*	公共端钮	
	⊥或⏚	接地端钮	
工作环境	A（三角形内）	工作环境-0～40℃，湿度在 85%以下	
	B（三角形内）	工作环境-20～50℃，湿度在 85%以下	
	C（三角形内）	工作环境-40～60℃，湿度在 98%以下	

【例 10.1】理解如图 10.2 所示仪表表盘中各标准符号所代表的相关技术特性。

图 10.2 例 10.1 图

解：根据图 10.2 所示仪表盘上所标出的标准符号可知，该仪表的相关技术特性如下：字母 A 表示安培表；⦚表示电磁式；~表示适用于交流电的测量；1.5 表示仪表准确度等级为 1.5 级；⊥表示使用时需垂直安装。

10.2.2 电工测量仪表的误差与准确度

无论制造工艺如何完美，仪表的误差总是客观存在的。电工测量仪表误差是测量结果（简称示值）与被测量的真实值（简称真值）之间的差异。而电工测量仪表的准确度是示值与真值的相接近的程度，是测量结果准确程度的量度。可见，仪表的准确度越高，其误差就越小。因此，实际测量中往往采用误差的大小来表示准确度的高低。

1. 仪表误差的分类

根据引起误差的原因不同，仪表误差可分为基本误差和附加误差两类。

（1）基本误差是指在规定的温度、湿度、频率、波形、放置方式以及无外界电磁场干扰等正常工作条件下，由于制造工艺的限制，仪表本身所固有的误差。例如，仪表活动部分的机械摩擦误差、标尺刻度不准确、轴承与轴尖间隙过大造成的误差等都属于基本误差范围。

（2）附加误差是指由于外界因素的影响和仪表放置不符合规定等原因所产生的额外误差。例如，由于环境温度、湿度、频率、外界电磁场、波形等变化而造成的测量误差都属于附加误差范围。附加误差有些可以消除或限制在一定范围内，而基本误差却不可避免。

2．仪表误差的表示方法

仪表误差的大小常用绝对误差、相对误差、引用误差 3 种表示方法。设测量结果（示值）为 A_X，被测量真实值（真值）为 A_O，仪表量限（满标度值）为 A_m，则有如下几种误差的定义。

（1）绝对误差：测量结果的示值与被测量的真值之间的差值称为绝对误差，写作 ΔA。绝对误差 ΔA 表示为

$$\Delta A = A_X - A_O \tag{10.1}$$

绝对误差的单位与被测量的单位一致，且有正负之分。当测量值 A_X 比真值 A_O 大时，ΔA 为正，否则为负。当测量同一个量时，ΔA 的绝对值越小，测量结果越准确。

由于测量结果的真值往往难以确定，因此在实际测量中，通常用高准确度仪表的示值 A 作为被测量的真值 A_O，有时也用理论计算值代替真值 A_O。此处，A 与真值 A_O 并不相等，但相比于测量结果的示值更接近于真值 A_O。

为得到被测量的真值，式（10.1）可写成

$$A_O = A_X - \Delta A = A_X + (-\Delta A) = A_X + C \tag{10.2}$$

式中，C 为修正值，$C = -\Delta A$，即修正值与绝对误差大小相等、符号相反。

（2）相对误差：测量的绝对误差 ΔA 与被测量的真值之比称为相对误差，写作 γ。相对误差 γ 用百分数表示为

$$\gamma = \frac{\Delta A}{A_O} \times 100\% \tag{10.3}$$

相对误差没有单位，但有正负之分。

【例 10.2】用两只电压表测量两个大小不同的电压，电压表 1 在测量真值为 50V 的电压时，示值为 51V，电压表 2 在测量真值为 5V 的电压时，示值为 5.5V，分别求两只电压表在上述测量中的绝对误差和相对误差。

解：两只电压表的绝对误差分别为

$$\Delta A_1 = A_{X1} - A_{O1} = (51 - 50)\text{V} = 1\text{V}$$

$$\Delta A_2 = A_{X2} - A_{O2} = (5.5 - 5)\text{V} = 0.5\text{V}$$

两只电压表的相对误差分别为

$$\gamma_1 = \Delta A_1 / A_{O1} \times 100\% = 1/50 \times 100\% = 2\%$$

$$\gamma_2 = \Delta A_2 / A_{O2} \times 100\% = 0.5/5 \times 100\% = 10\%$$

由以上计算结果可知：电压表 1 的绝对误差大于电压表 2，但电压表 1 的相对误差小于电压表 2。由此可知，绝对误差仅能反映测量结果的示值与被测量的真值之间差值本身的大小，而相对误差更适合于对不同测量结果的测量误差进行比较。因此，在工程上凡是要求计算测量结果的误差或是评价测量结果的准确程度，都用相对误差。

值得指出的是，相对误差虽然能够表明测量结果与被测量的真值之间的差异程度，也能够说明测量不同数值时的准确程度，但却难以衡量仪表本身性能的好坏，即仪表的准确度。

（3）引用误差：测量的绝对误差 ΔA 与仪表量限 A_m 之比称为引用误差，写作 γ_m。引用误差 γ_m 用百分数表示为

$$\gamma_m = \frac{\Delta A}{A_m} \times 100\% \tag{10.4}$$

引用误差没有单位，但有正负之分。

引用误差能从一定程度上较好地反映仪表本身性能的好坏，但由于在仪表测量范围内的每个示值的绝对误差 ΔA 均不相同，故引用误差仍与仪表具体示值有关，而不能简单地看作常数。在正常工作条件下，通常可认为最大绝对误差是不变的。因此，为唯一评价仪表的准确程度，引入最大引

用误差的概念。

最大引用误差是指测量的最大绝对误差ΔA_m与仪表量限A_m之比，写作δ。最大引用误差δ用百分数表示为

$$\delta=\frac{\Delta A_m}{A_m}\times 100\% \tag{10.5}$$

3．仪表的准确度

仪表的准确度是指仪表测量结果与实际值的接近程度。国家标准中规定以最大引用误差来表示仪表的准确度（$\pm K\%$），即

$$\pm K\%=\frac{\Delta A_m}{A_m}\times 100\% \tag{10.6}$$

K表示仪表的准确度等级，我国直读式电工测量仪表分为 0.1、0.2、0.5、1.0、1.5、2.5 和 5.0 共 7 个等级。如准确度等级为 2.5 级的仪表，其最大引用误差为±2.5%。因此，级数越小，仪表的准确度越高。已知仪表准确度等级和仪表的最大量程即可计算出该仪表可能产生的最大绝对误差。

【例 10.3】有一准确度等级为 1.0 级的电压表，其最大量程为 150V，分别计算该表在正常条件下，测量 150V 和 10V 电压时的实际相对误差。

解：由仪表准确度和最大量程可计算出仪表可能产生的最大绝对误差为

$$\Delta A_m=\pm K\%\times A_m=(\pm 1.0\%)\times 150\text{V}=\pm 1.5\text{V}$$

测量 150V 电压时的最大相对误差为

$$\gamma_1=\frac{\Delta A_m}{A_{1m}}=\frac{\pm 1.5}{150}\times 100\%=\pm 1.0\%$$

测量 10V 电压时的最大相对误差为

$$\gamma_2=\frac{\Delta A_m}{A_{2m}}=\frac{\pm 1.5}{10}\times 100\%=\pm 15\%$$

由以上计算结果可知：在一般情况下，测量结果的准确度并不等于仪表的准确度，只有当被测量正好等于仪表量程时，两者才会相等；实际测量时，为保证测量结果的准确性，不仅要考虑仪表的准确度，还要选择合适的量程。因为被测量比仪表量程小得越多，测量结果可能出现的最大相对误差值也越大。因此，在选择仪表的量程时应使被测量的读数占仪表量程的 1/2～2/3，这样才能达到较好的测量效果。

通常，准确度等级较高（0.1 级、0.2 级、0.5 级）的仪表常用来进行精密测量或作为标准表来校正其他仪表，0.5 级至 2.5 级的仪表用于实验测量，1.5 级至 5.0 级的仪表用于工程测量。

10.2.3　电工测量仪表的选用原则

为了获得准确可靠的测量结果，在选择和使用电工测量仪表时，应遵循以下原则。

1．仪表类型的选择

首先，要根据测量对象的种类和性质，选择相应的仪表。例如，根据测量对象的种类是电压、电流还是功率，选择使用电压表、电流表、功率表。根据测量对象的性质是直流量还是交流量，选择使用直流电表、交流电表。

2．仪表内阻的选择

在仪表的标度盘或说明书中都标明了该表的内阻值，这是为了准确测量和扩大量限时必要的参数之一。在测量电流时，电流表的内阻要尽量小些，一般原则是电流表的内阻要小于 1/100 的被测对象的电阻值，如果不具备这个条件或有更高的精度要求，则需在准确了解或测量电流的情况

下，把电流表内阻考虑在内加以计算。在测量电压时，电压表的内阻要尽量大些，尤其在电源负载能力较小的情况下，电压表的内阻最好大于 100 倍的被测对象的电阻值，如果电源负载能力较强，则可不考虑。

3. 仪表量程的选择

选择仪表的量程有两方面内容：一是根据需要选择单量程或多量程仪表；二是在使用仪表进行测量时，被测物理量的大小不能太靠近上下量限，太靠近下量限时读数困难且误差较大，太靠近上量限时，一旦过载，容易对仪表造成冲击，一般是在量程的中间为好。

4. 仪表准确度的选择

仪表的准确度越高，测量的结果越可靠。但是不应盲目追求使用高准确度仪表，因为仪表准确度越高，价格就越贵，使用条件越严格。仪表准确度选择的一般原则是：仪表的准确度应在被测物理量允许误差的 1/3～1/10，这个原则称为“1/3 原则”，也有的技术文献要求选择“高一级原则”，例如，当允许误差为 1%时，选用 0.5 级。

5. 适用频率的选择

一般仪表都有适用频率范围和频率响应问题，不在适用频率之内时，误差会增加很多。市场上的交流表多为 50Hz，当被测信号频率达到 60Hz 或以上时，则需另外选择频率适用的仪表。

6. 引线的选择

在测量电流时，要选择引线的截面积，不仅不要发热，而且要保证电路的压降不要过大；在测量电压时，虽然电流不大，但电路的压降问题特别是在小信号时要引起注意。在工程上，对测量电路的要求，要比控制电路高些、严些，一般截面积要尽量大些，长度要尽量短些。

10.2.4 电工测量仪表的使用注意事项

正确使用电工测量仪表是获得准确的测量结果、防止仪表损坏和保证人身安全的前提。因此，在使用电工测量仪表进行测量时，需要了解相关的使用注意事项。在此，主要对电工测量仪表的通用使用注意事项进行介绍。

（1）搬运和装拆电工测量仪表时应小心，要轻拿轻放，不可受到强烈的振动或撞击，以防损坏仪表的零件，特别是电工测量仪表的轴承和游丝。

（2）安装或拆卸电工测量仪表时，应先切断电源，以免发生人身伤害事故或损坏测量机构。

（3）装设电工测量仪表的地方应清洁、干燥、无振动，附近无强烈的磁场源（如电动机、电力变压器等）存在，不可将电工测量仪表安装在高温的地方。

（4）根据电工测量仪表所规定的工作位置（垂直、水平或倾斜）进行安装，安装时须平正，表面应便于读数，位置不宜过高或过低。

（5）电工测量仪表接入电路前，应先估计电路上要测量的电压、电流等是否在仪表最大的量程以内，避免仪表过载引起指针打弯或烧坏仪表线圈。若不能预先估计，则应从仪表的最大量程开始，采用试触的方法来判断被测量是否大于仪表量程。

（6）电工测量仪表的指针须经常进行零位调整。在测量之前，仪表指针应指在零点位置，如略有差距，可旋动仪表上的零位矫正旋钮，使指针恢复到零点的位置。

（7）电工测量仪表的引线必须适当，要能负担测量时的负荷而不致过热，且不致产生很大的电压降而影响仪表的读数。当仪表带有专用导线时，在使用时应将专用导线连接。连接的部分要干净、牢靠，以免因接触不良而影响测量效果。

（8）电工测量仪表应定期使用干布擦拭，以保持清洁。

10.3　常用电量的测量

本节介绍电压、电流、功率、电能的基本测量方法。

10.3.1　电压的测量

测量直流电压通常采用磁电式电压表，测量交流电压主要采用电磁式电压表，电压表必须与被测电路并联，如图 10.3（a）所示。为了使电路工作不因接入电压表而受影响，电压表的内阻必须很大。此外，测量直流电压时还要注意仪表的极性和仪表的量程。

由于测量直流电压时采用的是磁电式电压表，其测量机构（表头）所允许通过的电流很小，所以它能测量的电压也很小。当需要测量较大的直流电压时，需在测量机构上串联一个称为倍压器的高值电阻 R_V，用于扩大电压表的量程，如图 10.3（b）所示。该倍压器的加入使得分布在磁电式电压表测量机构上的电压 U_0 仅为被测电压 U 的一部分，其关系为

$$\frac{U}{U_0}=\frac{R_0+R_V}{R_0} \tag{10.7}$$

由式（10.7）可得所串联的倍压器的电阻值为

$$R_V=R_0\left(\frac{U}{U_0}-1\right) \tag{10.8}$$

式中，R_0 是测量机构的电阻。由式（10.8）可知，可根据所需测量电压的大小来确定倍压器电阻的大小，所需扩大的量程越大，倍压器的电阻越大。多量程电压表具有多个标有不同量程的接头，这些接头可分别与相应阻值的倍压器串联。电磁式电压表和磁电式电压表均须串联倍压器。

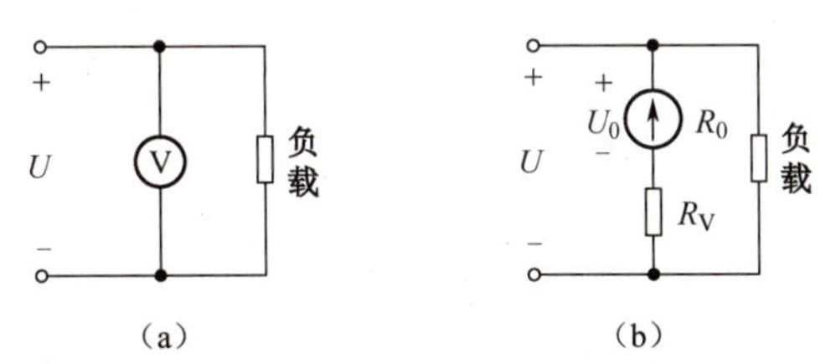

图 10.3　测量电压的电路连接与倍压器

【例 10.4】有一电压表，其量程为 10V，内阻为 2500Ω。如果将其量程扩大至 50V，则需串联的倍压器电阻为多大？

解：根据式（10.8）可得所串联的倍压器电阻为

$$R_V=R_0\left(\frac{U}{U_0}-1\right)=2500\times\left(\frac{50}{10}-1\right)\Omega=10000\Omega$$

10.3.2　电流的测量

测量直流电流通常使用磁电式电流表，测量交流电流主要使用电磁式电流表。电流表应串联在电路中，如图 10.4（a）所示。为使电路的工作不因接入电流表而受影响，电流表的内阻一般是很小的。在使用时务要特别注意，绝对不能将电流表并联在电路两端，否则会因过电流而烧毁仪表，同时，在测量直流电流时应注意仪表的极性和仪表的量程。

由于测量直流电流时采用的是磁电式电流表，而此电流表的测量机构（表头）所允许通过的电流很小，因此，当需要测量较大直流电流时，需在测量机构上并联一个称为分流器的低值电阻 R_A，用于扩大电流表的量程，如图 10.4（b）所示。该分流器的加入使得通过磁电式电流表测量机构的

电流 I_0 仅为被测电流 I 的一部分，其关系为

$$I_0 = \frac{R_A}{R_A + R_0} I \tag{10.9}$$

由式（10.9）可得所并联的分流器电阻为

$$R_A = \frac{R_0}{\dfrac{I}{I_0} - 1} \tag{10.10}$$

式中，R_0 是测量机构的电阻。由式（10.10）可知，可根据所需测量电流的大小来确定分流器电阻的大小，所需扩大的量程越大，分流器的电阻越小。多量程电流表具有多个标有不同量程的接头，这些接头可分别与相应阻值的分流器并联。分流器一般置于电流表的内部，成为仪表的一部分，但较大电流的分流器常置于仪表的外部。

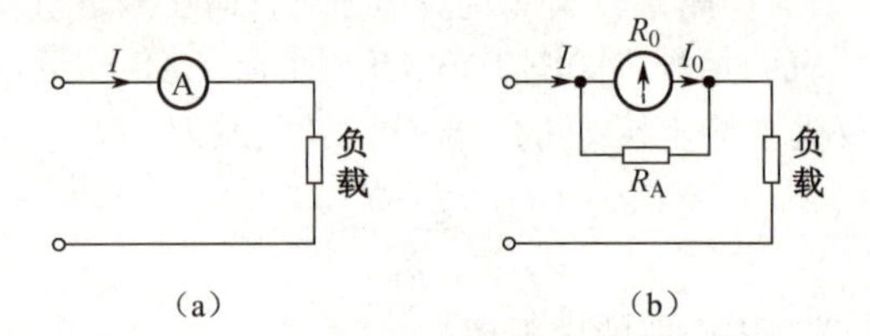

图 10.4　测量电流的电路连接与分流器

【例 10.5】有一磁电式电流表，当无分流器时，表头的满标值刻度为 10mA，表头电阻为 20Ω。如果将其量程扩大到 1A，则所并联的分流器电阻为多大?

解：根据式（10.10）可得所并联的分流器电阻为

$$R_A = \frac{R_0}{\dfrac{I}{I_0} - 1} = \frac{20}{\dfrac{1}{0.01} - 1} \Omega \approx 0.202\Omega$$

采用电磁式电流表测量交流电流时，不用分流器来扩大量程。这是因为，电磁式电流表的线圈是固定的，可以允许通过较大电流。同时，在测量交流电流时，由于电流的分配不仅与电阻有关，而且与电感有关，因此分流器很难制得精确。在工程实际中，几百安培以上的交流大电流的测量，一般是利用电流互感器先将待测的电流变为小电流，再通过电流表来测量的。这里，电流互感器起到扩大量程的作用。

当遇到不便于拆线或不能切断电路的情况下进行电流测量的场合时，需要使用钳形电流表。钳形电流表是一种用于测量正在运行的电气电路中电流大小的仪表，在电气设备的安装、调试、运行、维护和用电检查工作中得到了广泛的应用。

1．钳形电流表的结构及工作原理

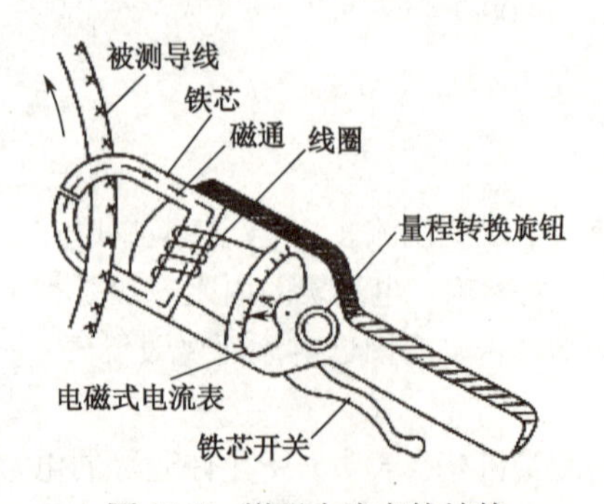

图 10.5　钳形电流表的结构

钳形电流表简称钳形表，其结构如图 10.5 所示。测量部分主要由一只电磁式电流表和穿心式电流互感器组成。穿心式电流互感器的铁芯做成活动开口，且成钳形，其一次绕组为穿过互感器中心的被测导线，二次绕组则缠绕在铁芯上与电流表相连。量程转换旋钮实现测量量程的选择。铁芯开关用于控制穿心式电流互感器铁芯的开合，以便使其钳入被测导线。测量时，按动铁芯开关，钳口打开，将被测载流导线置于穿心式电流互感器中间，当被测载流导线中有交流电流流过时，交流电流的磁通在互感器二次绕组中感应出电流，使电磁式电流表的指针发生偏转，在表盘上可读出被测交流电流值。

2. 钳形电流表的使用方法

为保证仪表安全和测量准确，必须掌握钳形电流表的使用方法。

（1）测量前，检查其指针是否在零位，否则进行机械调零。

（2）测量时，将其量程转换旋钮转到合适的挡位，手持胶木手柄，用食指等四指勾住铁芯开关，用力一握，按动铁芯开关，将被测导线从铁芯开口处引入铁芯中央，松开铁芯开关使铁芯闭合，电磁式电流表指针偏转，读取测量值。再按动铁芯开关，取出被测导线，完成测量工作。

（3）测量后，将量程转换旋钮放置最高挡，以防下次使用时操作不慎引起仪表损坏。

3. 钳形电流表使用时的注意事项

（1）被测电路电压不得超过钳形电流表所规定的使用电压，以防止其绝缘击穿，导致触电事故的发生。

（2）若不清楚被测电流大小，应由大到小逐级选择合适挡位进行测量，不能用小量程挡测量大电流。

（3）在测量过程中，不得转动量程转换旋钮。当需要转换量程时，应先脱离被测电路，再转换量程。

（4）为提高测量值的准确度，被测导线应置于钳口中央。

10.3.3　功率的测量

1. 直流电路功率的测量

直流电路中负载的功率等于负载上电压和流过电流的乘积，用公式表示为 $P=UI$。因此，可以用直流电压表和电流表分别测量电路中的电压和电流，两者相乘即可得到功率，称之为伏安法测功率。设接入的电压表的内阻为 R_V，电流表的内阻为 R_A，被测负载的电阻为 R_Z。当 $R_V >> R_Z$ 时，按照图 10.6（a）所示电路接线，当 $R_A << R_Z$ 时，按照图 10.6（b）所示电路接线。

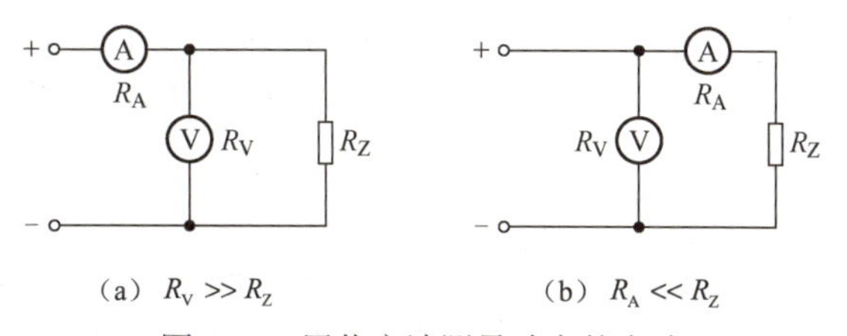

（a）$R_V >> R_Z$　　（b）$R_A << R_Z$

图 10.6　用伏安法测量功率的电路

直流电路的功率同样可直接用直流功率表来测量，功率表的读数就是被测负载的功率值。

视频——
常用电量的测量——
功率和电能的测量

2. 单相交流电路功率的测量

测量单相交流电路功率多采用电动式交直流两用功率表，它内含一个固定线圈和一个可动线圈。测量时，将仪表的固定线圈与负载串联，反映负载中的电流，因而固定线圈又叫电流线圈；将可动线圈与负载并联，反映负载中的两端电压，所以可动线圈又叫电压线圈。

图 10.7 是直流和单相交流功率测量表的原理图、符号及接线图。固定线圈的匝数较少，导线较粗，电阻很小，作为电流线圈与负载串联。可动线圈的匝数较多，导线较细，作为电压线圈与负载并联。由于并联线圈串有高阻值的倍压器，它的感抗与其电阻相比可以忽略不计，所以可以认为其中电流 I_2 与两端的电压 u 同相。对于电动式仪表，指针的偏转角 $\sigma = kI_1I_2\cos\varphi$，这里 I_1 为负载电流的有效值，I_2 与负载电压的有效值 U 成正比，φ 为负载电流与电压之间的相位差，而 $\cos\varphi$ 为电

路的功率因数。因此，$\sigma = kI_1I_2\cos\varphi$ 也可写成

$$\sigma = k'UI\cos\varphi = k'P$$

即电动式功率表中指针的偏转角 σ 与电路的平均功率 P 成正比。

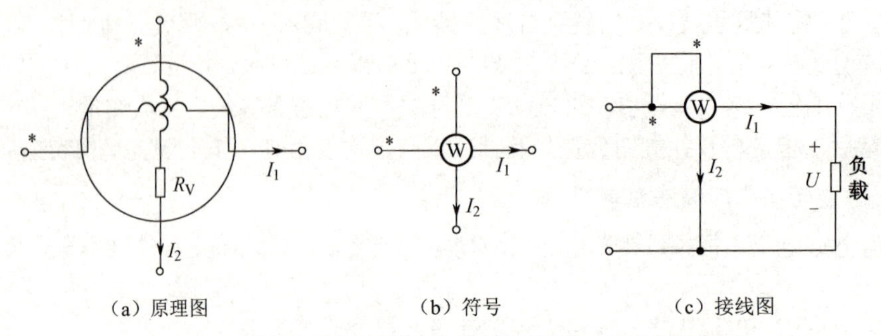

图 10.7　直流和单相交流功率表的原理图、符号及接线图

如果将电动式功率表的两个线圈中的任意一个反接，指针就反向偏转，这样就不能读出功率的数值了。因此，为了保证功率表正确连接，在两个线圈的始端标以“±”或“*”号，这两端均应连接在电源的同一端，如图 10.7（c）所示。

10.3.4　电能的测量

电能的测量通常使用电能表。电能表的种类有很多，常用的有机械式电能表、电子式电能表等；按照结构分为单相电能表、三相三线电能表、三相四线电能表三种；按照用途分为有功电能表、无功电能表两种。

1．电能表的结构及工作原理

在机械式电能表中，以交流感应式电能表居多，它主要由励磁、阻尼、走字和基座等部分组成。其中励磁部分又分为电流和电压两部分，其构造和基本原理如图 10.8（a）所示。电压线圈是常通电流的，产生磁通 ϕ_U，ϕ_U 的大小与电压成正比；电流线圈在有负载时才通过电流产生磁通 ϕ，ϕ 与通过的电流成正比。在构造上，置 ϕ 于左右两点，而方向相反；同时，置 ϕ_U 于 ϕ 的两点中间，如图 10.8（b）所示。再置走字系统的铝盘于上述磁场中，因此，铝盘切割上述三点交变磁场产生力矩而转动，转动速度取决于三点合力的大小。阻尼部分由永久磁铁组成，转盘转动后，涡流与永久磁铁的磁场相互作用，使转盘受到一个反方向的磁场力，从而产生制动力矩，致使转盘以某一转速旋转，其转速与负载功率的大小成正比，从而避免因惯性作用而使铝盘越转越快，以及在负荷消除后阻止铝盘继续旋转。走字部分除铝盘外，还有轴、齿轮和计数器等，用来计算电度表转盘的转数，以实现电能的测量和计算，通过蜗杆及齿轮等传动机构带动字轮转动，从而直接显示出电能的度数。基座部分由底座、罩盖和接线柱等组成。

三相三线电能表、三相四线电能表的构造及工作原理与单相电能表基本相同。三相三线电能表由两组如同单相电能表的励磁部分组合而成，而由一组走字部分构成复合计数；三相四线电能表则由三组如同单相电能表的励磁部分组合而成，也由一组走字部分构成复合计数。

目前，市场上常用的是电子式电能表。电子式电能表是将电压、电流施加在固态的电子元器件上，通过电子元器件或专用集成电路输出与瓦·时成比例的脉冲仪表，故电子式电能表又称为静止式电能表。与传统机械式电能表相比，电子式电能表具有准确度高、负载范围宽、功能扩展性强、能自动抄表、易于实现网络通信、防窃电等特点。

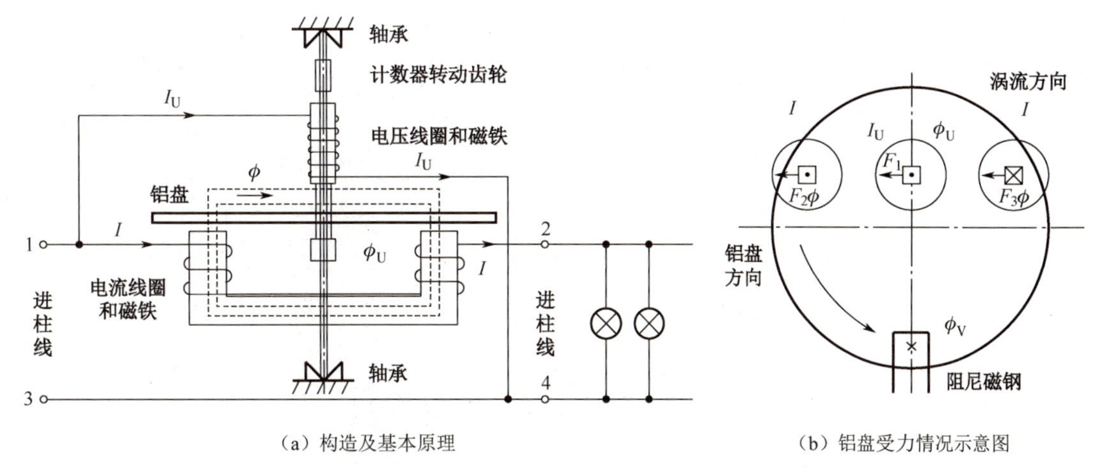

（a）构造及基本原理　　（b）铝盘受力情况示意图

图 10.8　交流感应式电能表构造及基本原理和铝盘受力情况示意图

2. 交流电路有功电能的测量

交流电路的供电分为单相、三相三线和三相四线等形式，作为测量交流电路有功电能用的电能表也相应分为这三种形式。

（1）单相电能表的接线。单相电能表共有四根连接导线，两根输入，两根输出。电流线圈与负载串联，电压线圈与负载并联，两个线圈的电源端均应接在相（火）线上，并靠电源侧。在低压小电流线路中，电能表可直接接在线路上，图 10.9 所示为单相电能表的接线图。这种接线方式适用于城乡居民生活用电。

（2）三相三线电能表的接线。在低压三相三线制电路中，通常采用二元件的三相电能表进行电能测量。若线路上的负载电流未超过电能表量程，则可直接接在线路上，图 10.10 所示为三相三线电能表的接线图。这种接线方式适用于三相负荷较平衡电能的测量。

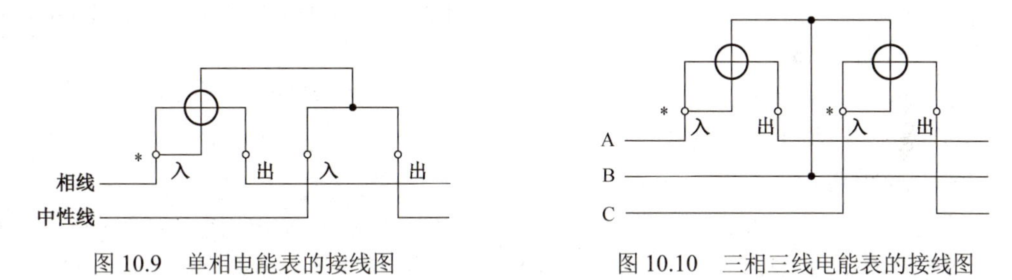

图 10.9　单相电能表的接线图　　图 10.10　三相三线电能表的接线图

（3）三相四线电能表的接线。在低压三相四线制电路中，通常采用三元件的三相电能表进行电能测量。若线路上的负载电流未超过电能表量程，则可直接接在线路上，图 10.11 所示为三相四线电能表的接线图。由于三相四线计量方式采用三元件电能表，受三相负荷不平衡的影响较小，所以采用这种接线方式比较普遍。

3. 三相三线交流电路无功电能的测量

无功电能在电路中促使线路增加损耗，对无功电能的测量，可以设法提高功率因数，在国民经济中有着极其重要的意义。

它可以用三相三线无功电能表直接测量，其接线图如图 10.12 所示。如果没有三相三线无功电能表，也可以用三相三线有功电能表利用跨相 90° 的接法来测量。其中，三相三线有功电能表的接线图如图 10.10 所示，将其改成图 10.12 所示接线图即可。

$$无功电能值=\frac{\sqrt{3}}{2}\times 有功电能表读数$$

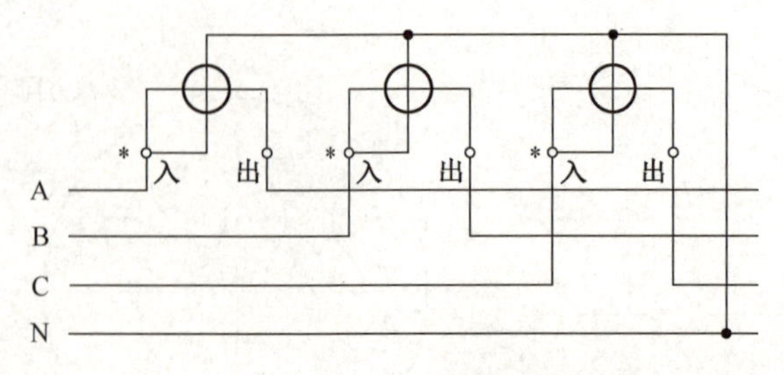

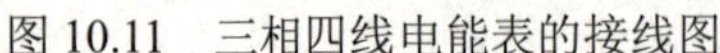
图 10.11　三相四线电能表的接线图

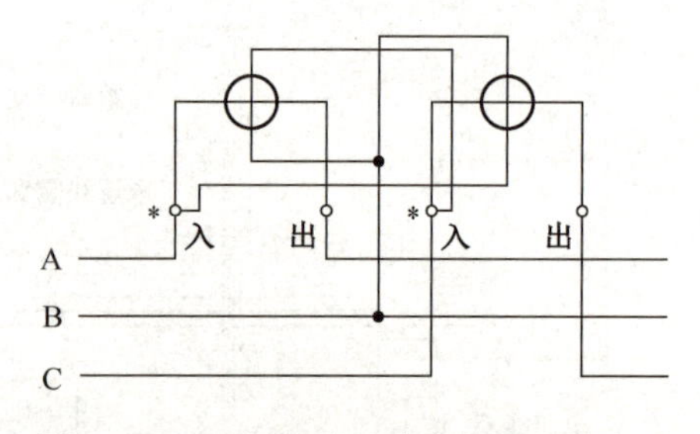

图 10.12　三相三线无功电能表的接线图

10.4　常用电参量的测量

10.4.1　电阻的测量

工程和实验中的被测器件或设备的电阻值范围很宽，从测量的角度将电阻分为三类：1Ω 以下为低值电阻，如短导线电阻；1Ω~1MΩ 为中值电阻；1MΩ 以上为高值电阻，如不良导体和绝缘材料的电阻。

针对不同范围的被测对象，常用的测量方法有：万用表法、伏安法、电桥法、兆欧表法等。

1. 万用表法测量电阻

用万用表测量电阻是最常用的一种测量方法。万用表又称三用表，可测量多种电参量，并具有多量程。由于它具有测量种类多、使用简单、携带方便、价格低等许多优点，在生产、测试、维护等方面已成为必不可少的基本测量工具。万用表有磁电式和数字式两种。用万用表测量电阻的操作非常简便，即将万用表转换开关置于电阻挡，将被测电阻接在相应的测量端子上，便构成电阻测量电路。

使用万用表时应注意转换开关的挡位和量程，绝对不能在带电线路上使用电阻挡测量，用毕应将转换开关转到电压挡位的高电压量程位置。

2. 伏安法测量电阻

用电流表、电压表来测量被测支路或元件的电阻，称为伏安法，即用电流表测量被测支路或元件中流过的电流，用电压表测量被测支路或元件两端的电压，然后根据欧姆定律 $R = U / I$ 计算出测量值。用伏安法测量电阻的电路参见图 10.6。

3. 电桥法测量电阻

电桥是一种比较式仪表，测量时将被测量与已知标准量进行比较，从而确定被测量的大小。它的准确度和灵敏度都较高。电桥分为两类：直流电桥和交流电桥。直流电桥可以用来测量中值电阻（1Ω ～ 0.1MΩ ）。

常用的是单臂直流电桥（惠斯通电桥），它是用来测量中值电阻的，其电路如图 10.13 所示。当检流计 G 中无电流通过时，这种状态称为电桥达到平衡。电桥平衡的条件为

$$R_1 R_4 = R_2 R_3$$

设 R_1=R_x 为被测电阻，则

$$R_x = \frac{R_2}{R_4} R_3 \tag{10.11}$$

式中，$\frac{R_2}{R_4}$称为电桥的比臂，R_3称为较臂。测量时先将比臂调到一定比值，然后再调节较臂直到电桥平衡为止。

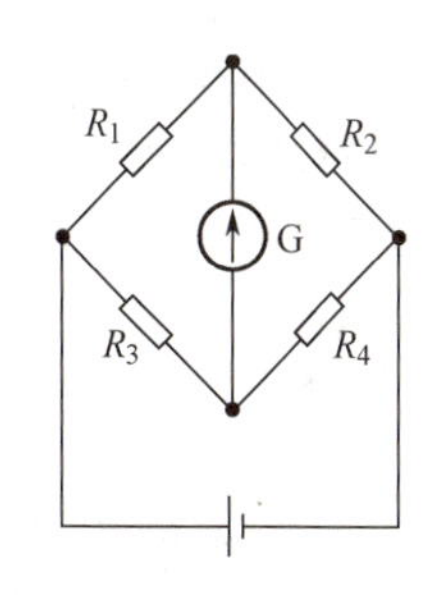

图 10.13 单臂直流电桥测量电阻

电桥也可以在不平衡的情况下来测量：先将电桥调节到平衡，当R_x有所变化时，电桥的平衡被破坏，检流计中流过电流，这个电流与R_x有一定的函数关系，因此，可以直接读出被测电阻或引起电阻发生变化的某种非电量的大小。不平衡电桥一般用在非电量的电测技术中。

4. 兆欧表法测量电阻

兆欧表（又名摇表）是一种简便、常用的测量绝缘电阻的仪表，其测量对象是阻值在兆欧以上的高值电阻。因此，该表内电源采用能产生数百伏到数千伏电压的手摇发电机。

1）兆欧表的选用

选用兆欧表时，其额定电压一定要与被测电气设备或线路的工作电压相适应，测量范围也应与被测绝缘电阻的范围相吻合。表 10.2 列举了不同额定电压的兆欧表的选用。

表 10.2 不同额定电压的兆欧表的选用

测量对象	被测绝缘的额定电压/V	所选兆欧表的额定电压/V
线圈绝缘电阻	500 以下	500
	500 以上	1000
电机及电力变压器线圈绝缘电阻	500 以上	1000～2500
发电机线圈绝缘电阻	380 以下	1000
电气设备线圈绝缘电阻	500 以下	500～1000
	500 以上	2500
绝缘子绝缘电阻	—	2500～5000

2）兆欧表的接线和使用方法

兆欧表有三个接线柱，上面分别标有线路（L）、接地（E）和保护环（G），兆欧表的结构如图 10.14 所示。

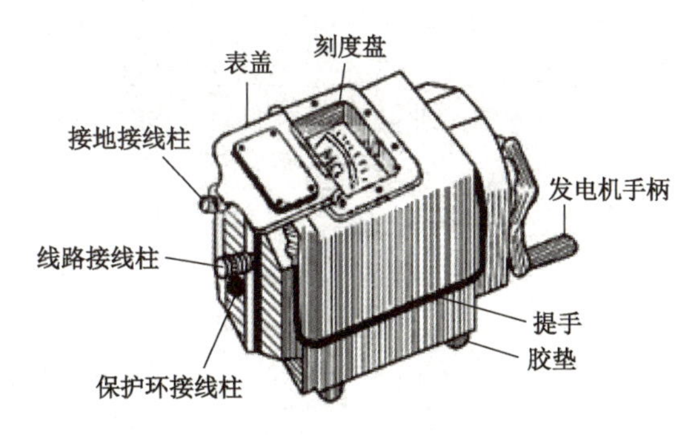

图 10.14 兆欧表的结构

用兆欧表测量绝缘电阻时的接法如图 10.15 所示。

（1）照明及动力线路对地绝缘电阻的测量：其接线如图 10.15（a）所示。将兆欧表 E 接线柱可靠接地，L 接线柱与被测线路连接。按顺时针方向由慢到快摇动兆欧表的发电机手柄，大约 1 分钟的时间，待兆欧表指针稳定后读数。这时兆欧表指示的数值就是被测线路的对地绝缘电阻，单位是 MΩ 。

（2）电缆绝缘电阻的测量：其接线如图 10.15（b）所示。将兆欧表 E 接线柱接电缆外壳，G 接线柱接电缆线芯与外壳之间的绝缘层上，L 接线柱接电缆线芯，按顺时针方向摇动兆欧表的发电机手柄并读数。测量结果是电缆线芯与电缆外壳的绝缘电阻。

（3）电动机绝缘电阻的测量：拆开电动机绕组的 Y 或△连接的连线，用兆欧表的 E 和 L 两接线柱分别接电动机的两相绕组，如图 10.15（c）所示。按顺时针方向摇动兆欧表的发电机手柄并读数。此接法测出的是电动机的相间绝缘电阻。电动机对地绝缘电阻的测量接线如图 10.15（d）所示。E 接线柱接电动机机壳（应清除机壳上接触处的漆或锈等），L 接线柱接在电动机绕组上。摇动兆欧表的发电机手柄并读数，测量出电动机对地绝缘电阻。

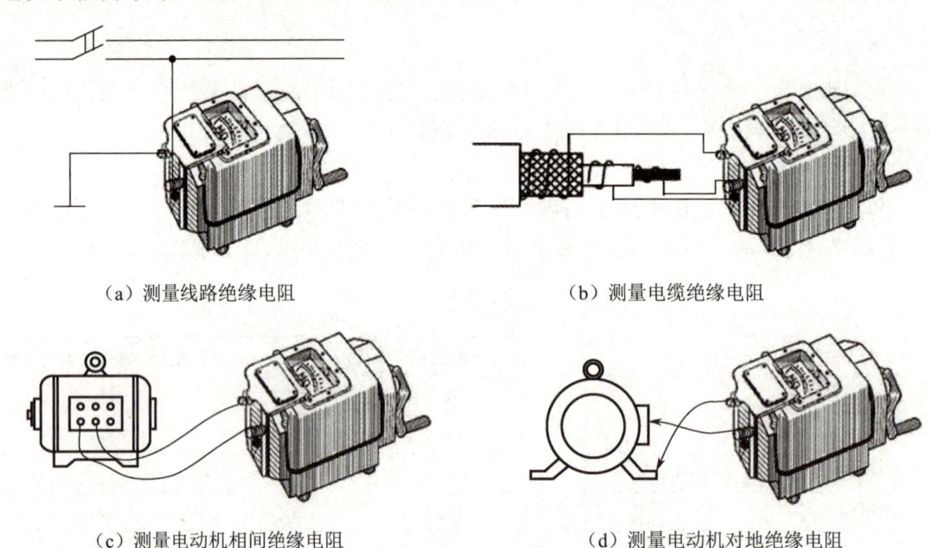

（a）测量线路绝缘电阻　（b）测量电缆绝缘电阻

（c）测量电动机相间绝缘电阻　（d）测量电动机对地绝缘电阻

图 10.15　用兆欧表测量绝缘电阻时的接法

3）兆欧表使用注意事项

（1）根据使用的电压等级不同，所测量绝缘电阻的一般经验值是：每千伏要有大于或等于 1MΩ 的绝缘电阻。这样才能满足绝缘要求。

（2）测量设备的绝缘电阻时，必须先切断设备的电源。对含有较大电容的设备（如电容器、变压器、电机及电缆线路等），必须先进行放电。

（3）兆欧表应水平放置，未接线之前，应先摇动兆欧表的发电机手柄，观察指针是否在“∞”处，再将 L 和 E 两接线柱短路，慢慢摇动兆欧表的发电机手柄，指针应指在“0”处。经开、短路试验，证实兆欧表完好方可进行测量。

（4）兆欧表的引线应用多股软线，且两根引线切忌绞在一起，以免造成测量数据不准确。

（5）兆欧表测量完毕，应立即使被测物放电，在兆欧表的发电机手柄未停止转动和被测物未放电前，不可用手去触及被测物的测量部位或进行拆线，以防止触电。

（6）被测物表面应擦拭干净，不得有污物（如漆等），以免造成测量数据不准确。

10.4.2　电容的测量

常用的电容测量方法有：万用表法、电桥法、RLC 串联谐振法、电压法、时间常数法等。

视频——
常用电参量的测量——
电容和电感的测量

1. 万用表法测量电容

现在的数字万用表大多数具有测量电容的功能。测量时，将已放电的电容两引脚直接插入万用表的 C_x 插孔，选取适当的电容量程后即可读取显示数据。

2. 电桥法测量电容

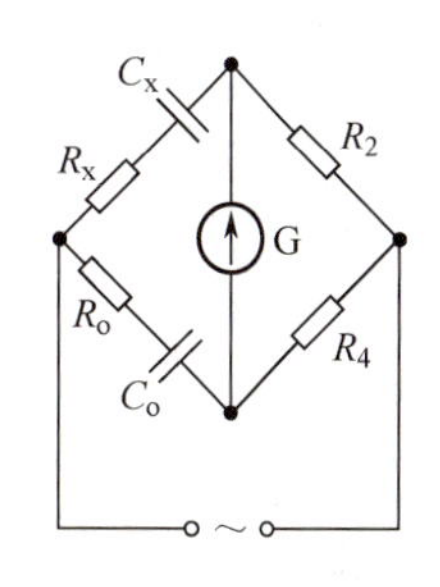

图 10.16　交流电桥测量电容

测量电容需要采用交流电桥，如图 10.16 所示。交流电源一般是低频信号发生器，指零仪器是交流检流计或耳机。电阻 R_2 和电阻 R_4 作为两臂，被测电容 C_x（C_x 和 R_x 串联为实际电容的模型，其中，R_x 是电容的介质损耗所反映出的一个等效电阻）作为一臂，无损耗的标准电容（C_o）和标准电阻（R_o）串联后作为另一臂。

电桥平衡的条件为

$$\left(R_x - \mathrm{j}\frac{1}{\omega C_x}\right)R_4 = \left(R_o - \mathrm{j}\frac{1}{\omega C_o}\right)R_2$$

由此得

$$R_x = \frac{R_2}{R_4}R_o \tag{10.12}$$

$$C_x = \frac{R_4}{R_2}C_o \tag{10.13}$$

为了同时满足以上两式的平衡关系，必须反复调节 $\frac{R_2}{R_4}$ 和 R_o（或 C_o）直到平衡为止。

3. RLC 串联谐振法测量电容

RLC 串联谐振电路如图 10.17 所示，将已知电阻、电感（电阻为 r）与被测电容串联，并以正弦信号 u_i 作为激励。正弦信号的幅值固定不变，而频率 f 可调。当电阻上的电压 u_R 与输入信号 u_i 同相时，表明电路发生了谐振。

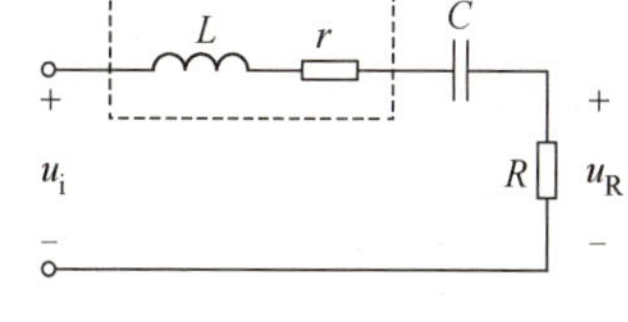

图 10.17　RLC 串联谐振电路

当电路发生谐振时，电路的谐振频率为

$$f = \frac{1}{2\pi\sqrt{LC}}$$

因此，在测量出谐振频率 f 后，可计算得到电容的值

$$C = \frac{1}{4\pi^2 f^2 L} \tag{10.14}$$

4. 电压法测量电容

电压法测量电容的电路如图 10.18 所示，将被测电容与电阻串联，以频率为 f 的正弦信号 u_i 作为激励，交流毫伏表分别测量出电压 u_i、u_C、u_R 的交流有效值 U_i、U_C、U_R 中的任意两个，即可计算出电容值 C。

该电路的相量图如图 10.19 所示。

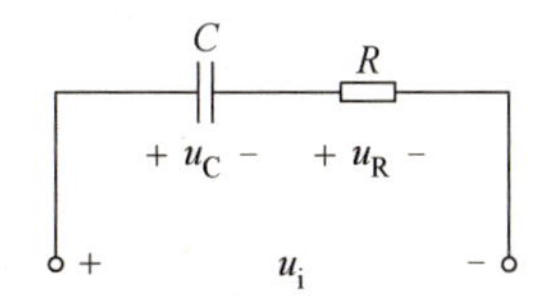

图 10.18　电压法测量电容的电路

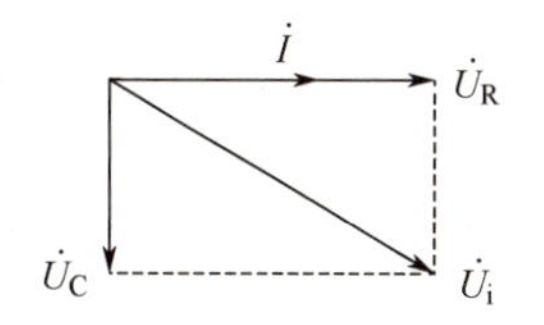

图 10.19　电压法测量电容的相量图

由于流过电容和电阻的电流相同，因此有

$$\frac{U_{\mathrm{i}}}{\sqrt{R^{2}+(\frac{1}{\omega C})^{2}}}=\frac{U_{\mathrm{R}}}{R}=\frac{U_{\mathrm{C}}}{\frac{1}{\omega C}}=2\pi fCU_{\mathrm{C}}$$

从而有

$$C=\frac{U_{\mathrm{R}}}{2\pi fRU_{\mathrm{C}}}=\frac{U_{\mathrm{R}}}{2\pi fR\sqrt{U_{\mathrm{i}}^{2}-U_{\mathrm{R}}^{2}}} \tag{10.15}$$

5. 时间常数法测量电容

如图 10.20 所示，将电阻和被测电容串联，构成一阶 RC 动态电路，以幅值为U_{S}的脉冲信号作为输入信号u_{i}，合理地选择电阻的值，用示波器观测u_{C}的波形，使电容两端的电压u_{C}的波形如图 10.21 所示。

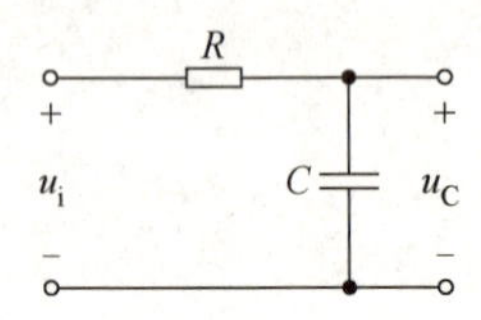

图 10.20 一阶 RC 动态电路

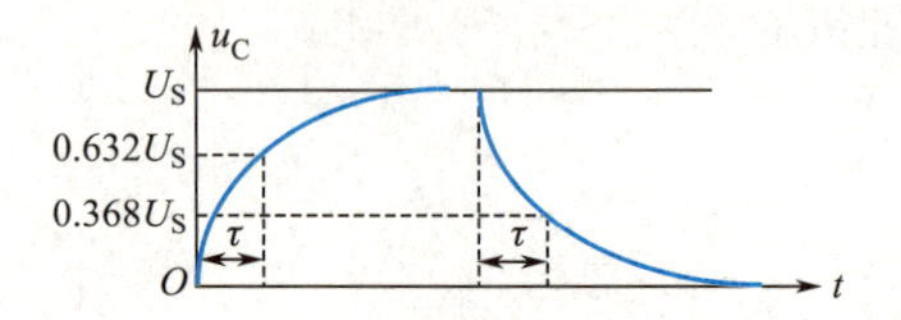

图 10.21 利用电容的充放电波形测量时间常数

一阶 RC 动态电路的零状态响应可以表示为

$$u_{\mathrm{C}}(t)=U_{\mathrm{S}}(1-\mathrm{e}^{-\frac{t}{\tau}})$$

当$t=\tau$时，有

$$u_{\mathrm{C}}(\tau)=(1-\mathrm{e}^{-1})U_{\mathrm{S}}=0.632U_{\mathrm{S}}$$

一阶 RC 动态电路的零输入响应可以表示为

$$u_{\mathrm{C}}(t)=U_{\mathrm{S}}\mathrm{e}^{-\frac{t}{\tau}}$$

当$t=\tau$时，有

$$u_{\mathrm{C}}(\tau)=\mathrm{e}^{-1}U_{\mathrm{S}}=0.368U_{\mathrm{S}}$$

式中，时间常数$\tau=RC$。

从图 10.21 中可以看出，电容两端的电压u_{C}从 0 上升到$0.632U_{\mathrm{S}}$所需的时间以及从U_{S}下降到$0.368U_{\mathrm{S}}$所需的时间均为时间常数τ，因此在电容充放电时均可对τ进行测量。在得到τ以后，即可根据$C=\tau/R$计算出电容的值 C。

10.4.3 电感的测量

常用的电感测量方法有：电桥法、RLC 串联谐振法、电压法、时间常数法等。

1. 电桥法测量电感

测量电感同样采用交流电桥，如图 10.22 所示。其中，R_{x}和L_{x}是被测电感元件的电阻和电感。

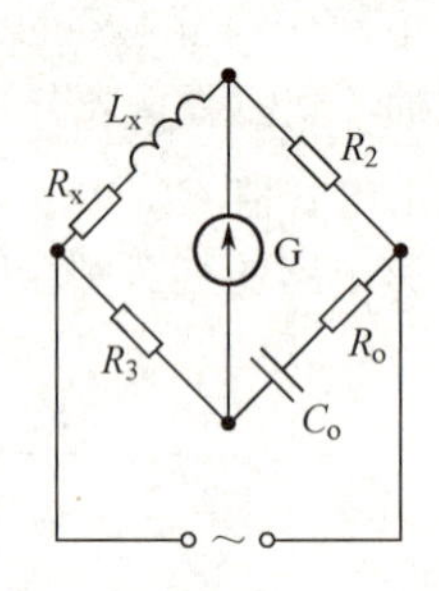

图 10.22 交流电桥测量电感

电桥平衡的条件为

$$R_2R_3=\left(R_{\mathrm{x}}+\mathrm{j}\omega L_{\mathrm{x}}\right)\left(R_{\mathrm{o}}-\mathrm{j}\frac{1}{\omega C_{\mathrm{o}}}\right)$$

由上式可得出

$$L_x = \frac{R_2 R_3 C_o}{1+(\omega R_o C_o)^2} \tag{10.16}$$

$$R_x = \frac{R_2 R_3 R_o (\omega C_o)^2}{1+(\omega R_o C_o)^2} \tag{10.17}$$

为了同时满足上述两式的平衡关系，必须反复调节 R_2 和 R_o 直到平衡为止。

2．RLC 串联谐振法测量电感

RLC 串联谐振电路如图 10.17 所示，此时，电路中的电阻 R、电容 C 为已知量，被测量为电感 L（内阻为 r）。

根据电路谐振时的公式可推得

$$L = \frac{1}{4\pi^2 f^2 C} \tag{10.18}$$

同时，在谐振时有如下关系成立

$$\frac{U_i}{r+R} = \frac{U_R}{R}$$

式中，U_i、U_R 分别为 u_i、u_R 的有效值，据此可计算出电感的内阻 r

$$r = \left(\frac{U_i}{U_R} - 1\right) R \tag{10.19}$$

3．电压法测量电感

电压法测量电感的电路如图 10.23 所示，将被测电感与电阻串联，以频率为 f 的正弦信号 u_i 作为激励，分别测量出电压 u_i、u_{Lr}、u_R 的交流有效值 U_i、U_{Lr}、U_R，即可计算出电感值 L 与内阻 r。

该电路的相量图如图 10.24 所示。若设 $\dot{U}_i$ 与 $\dot{U}_R$ 的夹角为 α、$\dot{U}_{Lr}$ 与 $\dot{U}_R$ 的夹角为 β，则有

$$U_i \sin\alpha = U_{Lr} \sin\beta$$

$$U_i \cos\alpha = U_R + U_{Lr} \cos\beta$$

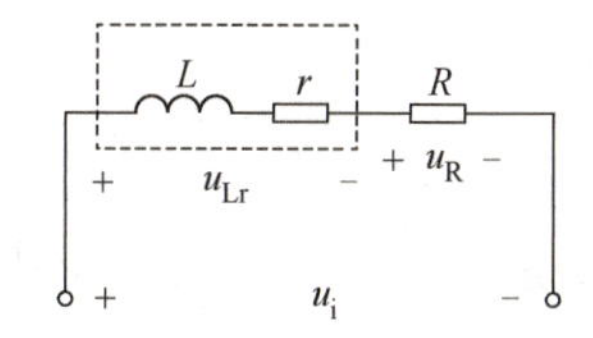

图 10.23　电压法测量电感的电路

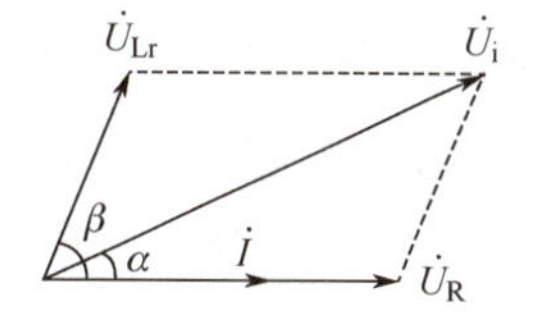

图 10.24　电压法测量电感的相量图

因为

$$\tan\alpha = \frac{\omega L}{R+r}$$

$$\tan\beta = \frac{\omega L}{r}$$

从而可计算得到

$$L = \frac{\sqrt{R^2 U_{Lr}^2 - r^2 U_R^2}}{2\pi f U_R} = \frac{R\sqrt{4U_R^2 U_{Lr}^2 - (U_i^2 - U_{Lr}^2 - U_R^2)^2}}{4\pi f U_R^2} \tag{10.20}$$

$$r = R \cdot \frac{U_i^2 - U_{Lr}^2 - U_R^2}{2U_R^2} \tag{10.21}$$

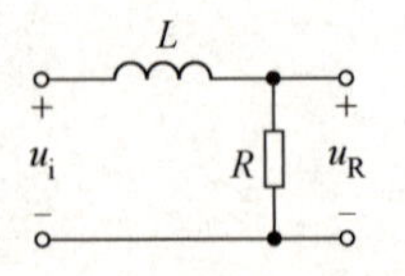

图 10.25　一阶 RL 动态电路

4. 时间常数法测量电感

如图 10.25 所示，将被测电感与电阻串联，构成一阶 RL 动态电路，以幅值为 U_S 的脉冲信号作为输入信号 u_i，合理地选择电阻的值，可以使流过电感的电流波形与图 10.21 中 u_C 的波形类似，而电阻两端的电压 u_R 与流过电感的电流称正比，因此利用示波器观察 u_R 的波形，就可以测量出电路的时间常数 τ。

由于一阶 RL 动态电路的时间常数 $\tau=L/R$，因此根据 $L=R\tau$ 即可计算出电感的值 L。

10.5　安全用电常识

电能便于转换、传输，是极为便利的能源。正确地利用电能可以造福人类，但如果使用不当，则可能会发生人身伤亡和设备损坏事故，甚至引发爆炸和火灾，给个人或国家造成巨大的经济损失。所谓安全用电，是指在保证人身和设备安全的前提下，正确地使用电力以及为此目的而采取的科学措施和手段。本节介绍安全用电的基本常识，以帮助读者获得驾驭电力的知识和技能。

10.5.1　电流对人体的影响

1. 电流对人体的伤害

电流对人体的伤害有电伤和电击两种。电伤主要是指电流通过人体外表或人体与带电体之间产生电弧而造成的体表创伤，如电弧的烧伤以及电弧熔化金属渗入皮肤等伤害。电击是指电流通过人体时对人体内部造成的伤害，主要由于电流热效应、化学效应和机械效应等原因，影响人的呼吸，伤害人的心脏和神经系统，造成人体内部组织破坏、炭化和坏死，乃至死亡。

电击和电伤有时同时发生，特别是在安培数量级电流以及雷击高压触电时更为常见。绝大多数触电事故都是电击造成的，而且大部分发生在低压系统，在数十至数百毫安工频电流作用下，使人的机体产生病理性反应，轻的有针刺痛感、痉挛、血压升高、心律不齐以及昏迷等，重的造成呼吸停止、心脏停搏、心室纤维性颤动等，直接危及人的生命。

2. 电流对人体的伤害的因素

电流对人体的伤害主要与以下五个因素有关。

（1）与通过人体的电流大小有关。通常，通过人体的电流越大，人体的生理反应越明显、越强烈，生命危险性也越大。电流对人体的影响如表 10.3 所示。

表 10.3　电流对人体的影响

电流/mA	作用的特征	
	交流电（50～60Hz）	直流电
0.6～1.5	开始有感觉，手轻微颤抖	没有感觉
2～3	手指强烈颤抖	没有感觉
5～7	手部痉挛	感觉痒和热
8～10	手部剧痛，勉强可摆脱电源	热感觉增加
20～35	手迅速剧痛麻痹，不能摆脱带电体，呼吸困难	热感觉更大，手部轻微痉挛
50～80	呼吸困难麻痹，心室开始颤动	手部痉挛，呼吸困难
90～100	呼吸麻痹，心室经 3s 即发生麻痹而停止跳动	呼吸麻痹

（2）与通电时间长短有关。当通电时间短于心脏一个搏动周期时（约 750ms），一般不会发生

有生命危险的心室纤维性颤动；但当触电正好发生在心脏搏动周期中的易损期（即心室壁的肌肉细胞重新形成极化电位血液放出期）时，仍会发生心室颤动。通电时间越长，伤害程度越严重。

（3）与通电途径有关。凡是电流直接流经或接近心脏和脑部的途径最危险，极容易引起心室颤动而致死，如从右手到胸再到左手，就是最危险的路径。电流通过中枢神经系统，会引起中枢神经系统严重失调而造成窒息，导致死亡。电流通过头部会使人立即昏迷，若电流流经大脑，则会对大脑造成严重损伤，甚至死亡。电流通过脊髓会造成人体瘫痪，电流从纵向通过人体时，比横向更易于发生心室颤动，危险性更大。

（4）与通过电流频率有关。在相同电压下，同一大小的电流通过人体时，电流频率不同，对人体伤害程度也不同，交流的伤害程度比直流的重。以 50～100Hz 范围内对人的伤害程度最严重，低于或高于上述频率范围时，危险性相对减小，死亡危险性降低，各种频率的电流死亡率如表 10.4 所示。

表 10.4　各种频率的电流死亡率

频率/Hz	10～25	50	50～100	120	200	500	1000
死亡率/%	31	95	45	31	22	14	11

（5）与人体的状况有关。电流对人体的伤害除了与人体的电阻有关外，还与性别、健康状况和年龄有关。女性比男性对电敏感性强；受电击后，小孩受到的伤害重于成年人；患有心脏病或其他严重疾病的体弱多病者比健康人受电击时，伤害更严重。

10.5.2　人体电阻及安全电压

在制定保护措施时除主要考虑安全电流外，安全电压也是一个不可忽视的因素。而以保护人体安全为目的的安全电压的确定又与人体电阻有密切关系。所以了解人体电阻对制定保护措施，实现安全用电有重要意义。

1. 人体电阻

人体电阻主要由两部分组成：一部分是体内组织、关节、血液和肌肉等构成的体内电阻；另一部分是手、脚皮肤表面角质层构成的皮肤电阻。体内电阻可以认为是恒定的，其数值为500Ω，与接触电压无关。皮肤电阻随着皮肤表面的干燥或潮湿状态而变化，也随着接触电压的大小而变化。电压升高，人体电阻随之下降。当接触电压为 200V 时，在皮肤表面干燥的情况下，人体电阻可达3000Ω，当皮肤表面潮湿时，可降至1000Ω，平均值约为2000Ω。从保护人体安全的角度出发，在研究保护措施时人体电阻一般取1000Ω 以下（不考虑衣服、鞋袜的绝缘电阻）。

2. 安全电压

安全电压是指不危及人身安全的电压。具体地说，可以认为安全电压是不致发生直接使人死亡或者是不足以导致残废的电压值。

我国以电气设备为对象，为防止工矿企业在劳动生产过程中因触电而造成人身直接伤害，制定了由特定电源供电的安全电压国家标准（GB 3805—2008）。它对安全电压的明确定义是：为防止触电事故而采用的特定电源供电的电压系列。这个电压系列的上限值，在正常和故障情况下，任何两导体之间或任一导体与地之间均不得超过交流（50~500Hz）有效值 50V。

为了确保人身安全，采用安全电压还必须具备以下条件。

（1）除采用独立电源外，其电源的输入电路与输出电路必须实行电路上的隔离。通常专用的双线圈变压器就能满足这一要求；而自耦变压器则严禁做安全电压的电源变压器。

（2）工作在安全电压下的电路必须与其他电气系统和任何无关的导电部分实行电气上的隔离，

以防因电磁感应等原因使较高的电压窜入安全电压供电电路。

（3）当电气设备采用了24V以上安全电压时，必须采取防止直接接触带电体的保护措施，其电路必须与大地绝缘。

3. 安全电压等级及选用

在安全电压的国家标准中，把各种电气设备选用的安全电压划分成五个等级，即42V、36V、24V、12V和6V，可根据使用环境、人员和使用方式等因素具体确定。安全电压作为设备的电源。通常，在有触电危险的场所使用手持式电动工具等，多使用42V安全电压；在矿井、多导电粉尘等场所使用的行灯等，多使用36V安全电压；某些人体可能偶然触及带电体的设备，多选用6～24V安全电压。安全电压等级及选用举例如表10.5所示。

表10.5 安全电压等级及选用举例

安全电压（交流有效值）/V		选用举例
额定值	空载上限值	
42	50	在有触电危险的场所使用手持式电动工具等
36	43	潮湿场合，如矿井、多导电粉尘及类似场合使用的行灯等
24	29	工作面积狭窄，操作者较大面积接触带电体的场所，如锅炉、金属容器内
12	15	人体需要长期触及器具及器具上带电体的场所
6	8	

注：表中列出的空载上限值主要是因为某些重负载的电气设备，其额定值虽然符合规定，但空载时的电压却很高，若空载电压超过规定上限值，仍然不能认为符合安全电压标准。

10.5.3 人体触电方式

除电力人员外，人体触电事故大多发生在低压侧，即电压等级为380V/220V侧。例如，进户线绝缘层破损（未能及时进行检修）使搭衣服的铁丝器具带电、湿手拧灯泡误触金属灯口、家用电器绝缘层破损而带电等。

总之，人体触电主要有直接接触触电和间接接触触电。

直接接触触电是指电气设备在正常运行时，人体直接接触或过分靠近电气设备的带电部分而造成的触电。此种触电危险性高，往往后果严重。

间接接触触电是指电气设备在故障情况下（如绝缘损坏使其外壳带电），正常时人体触及不带电，而故障时人体触及外露可导电的金属部分所造成的触电。大多数触电事故属于这一种。

视频——
安全用电常识——
触电的危害及预防

下面具体介绍这两种触电的类型。

1. 直接接触触电

人体与带电体直接接触是一种很危险的触电事故，此时通过人体的电流与电力系统的中性点是否接地以及人体的触电方式有关。

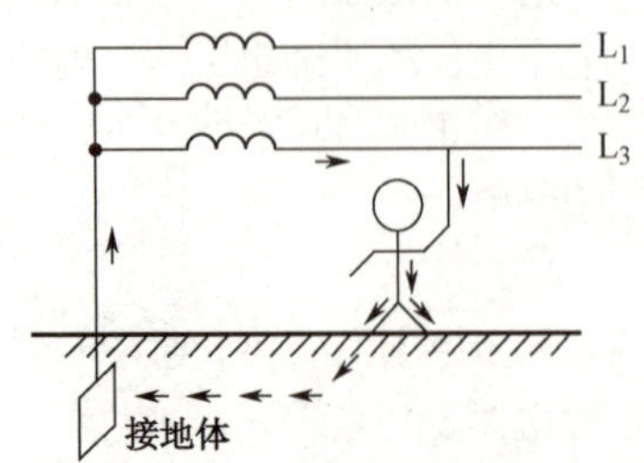

图10.26 低压中性点直接接地的单相直接触电

1）单相直接触电

单相直接触电是指人体的一部分在接触一根带电相线的同时，另一部分又与大地（或零线）接触，电流经人体到大地（或零线）形成回路，如图10.26、图10.27所示。在触电事例中，发生单相直接触电的情况较多，如检修带电线路和设备时，不做好防护措施或接触漏电的电气设备外壳及绝缘损坏的导线，都会造成单相直接触电。其常见的形式如下。

（1）低压中性点直接接地的单相直接触电。

如图 10.26 所示，在中性点接地的电网中，当人体触及一相带电体时，该相电流通过人体经大地回到中性点形成回路，由于人体电阻比中性点直接接地电阻大得多，电压几乎全部加在人体上，造成触电。此时，流过人体的电流为

$$I_r = \frac{U_P}{R_r + R_0} \approx 129\text{mA} \gg 50\text{mA}$$

式中，U_P为电网相电压 220V；R_0为中性点接地电阻4Ω；R_r为人体电阻1700Ω。由此可知，当电源中性点接地时，流过人体的电流I_r为 129mA，远大于 50mA 的危险电流值，因此这种触电对人体很危险。为减小触电的危险，禁止湿手及赤脚站在地面上接触电气设备。

（2）低压中性点不接地的单相直接触电。

如图 10.27 所示，在 1000V 电压以下时，人体碰到任何一相带电体，该相电流通过人体经另外两根相线的对地绝缘电阻和分布电容而形成回路，如果相线对地绝缘电阻较高，则一般不会造成人体的伤害。当电气设备、导线绝缘损坏或老化、空气潮湿，其对地绝缘电阻降低时，同样会发生电流通过人体流入大地的单相直接触电事故。

2）两相直接触电

两相直接触电是指人体的不同部位同时接触两根带电相线时的触电。这时不管电网中性点是否接地，人体都在线电压作用下，电流从一相流经人体进入另一相构成回路触电，这种触电因线电压高，危险性很大，如图 10.28 所示。

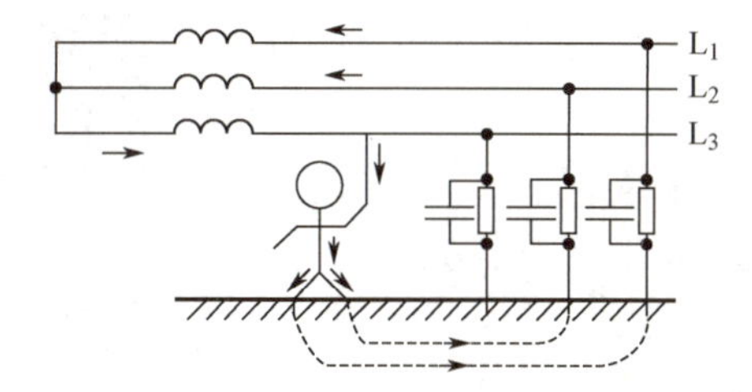

图 10.27 低压中性点不接地的单相直接触电

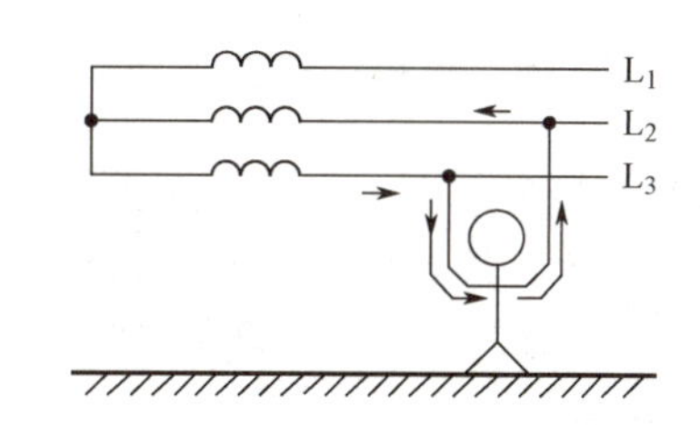

图 10.28 两相直接触电

当在 380V/220V 的中性点不接地系统中出现两相直接触电事故时，通过人体的电流为

$$I_r = \frac{U_L}{R_r} \approx 223.5\text{mA} \gg 50\text{mA}$$

式中，U_L为电网线电压 380V；R_r为人体电阻1700Ω。此时人处于线电压下，通过人体的电流很大，两相直接触电比单相直接触电的伤害要大得多。

2. 间接接触触电

间接接触触电对人体的危害程度与接触电压有关。其造成的伤亡事故相当多。我国一些地区的统计资料说明，有近一半的触电死亡事故是由间接接触触电造成的。

间接接触触电主要包括跨步电压触电和接触电压触电。

1）跨步电压触电

设备的带电体发生对地短路或电力线断落接地时会在导线周围地面形成一个强电场，其电位分布是以接地点为中心的圆形向周围扩散并逐步降低，一般距接地体 20m 处电位为零。当有人跨进这个区域时，由于分开的两脚间（按 0.8m 计算）有电位差，形成电流从一只脚流进，另一只脚流出而造成的触电，称作跨步电压触电。

如图 10.29 所示，跨步电压U_b的大小与人和接地点的距离、两脚之间的跨距、接地电流I_d的大小等因素有关。离接地点越近，跨步电压越大（图 10.29 中跨步电压$U_{b1} > U_{b2}$）。一般在 20m 以

外，跨步电压就降为 0。如果误入接地点附近，则应双脚并拢或单脚跳出危险区。

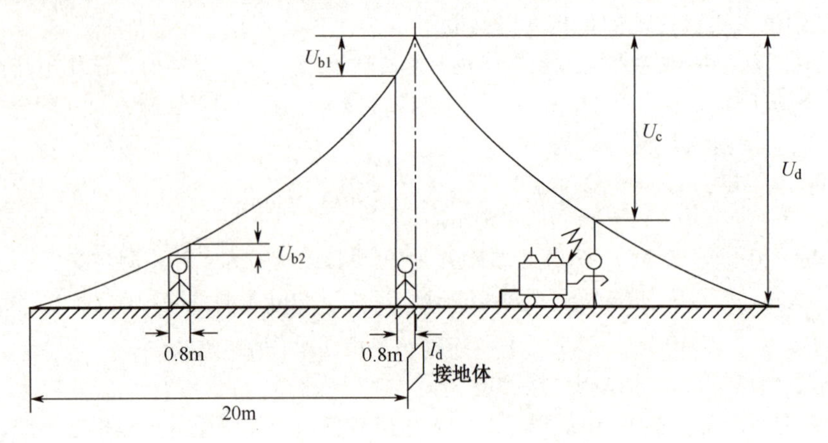

图 10.29　对地电压、跨步电压与接触电压示意图

2）接触电压触电

当电气设备内部绝缘层损坏而与外壳接触时，外壳带电。当人站在地上触及带电设备的外壳时，就会承受一定的电压，即为接触电压 U_c 。由接触电压造成的触电事故称为接触电压触电。

如图 10.29 所示，接触电压 U_c 的大小与故障设备离接地体的距离有关，距离越远，接触电压越大。若故障设备离接地体为 20m，则接触电压 U_c 接近对地电压 U_d ，人体触及设备外壳时受到的伤害最大。

10.5.4　接地与接零

接地与接零是安全用电的主要保护措施。接地与接零是否符合技术要求，关系到能否保证人身和设备安全。因此，正确选择接地、接零方式，正确安装接地、接零装置是非常重要的。

视频——
安全用电常识——
接地保护

1. 接地

电气设备的任何金属部分与土壤之间做良好的电气连接的措施就称为接地。在接地中，埋入土壤中主要起散流作用的金属导体称为接地体。电气设备接地部分与接地体连接用的金属导线称为接地线。接地体与接地线的总和称为接地装置。通常所说接地装置的接地电阻，就是指接地体的对地电阻（包括散流电阻）和接地线电阻之和，其电阻值不得超过 4Ω 。

1）保护接地

在电力系统中，凡是为了防止电气设备的金属外壳因发生意外带电而危及人身和设备安全的接地，叫作保护接地。保护接地适用于变压器中性点不直接接地的电网中。

如图 10.30 所示，在变压器中性点不直接接地的低压供电系统中，一台电动机的外壳如果没有接地，那么当某一绕组的绝缘损坏与机座或铁芯短接时，电动机的外壳就会带电（这种现象是经常会发生的）。这时，若有人触及这台电动机的外壳，漏电设备对地短路电流 I_d 通过人体（阻值 R_a）和电网对地阻抗 Z 形成回路，人就会遭受电击伤（即触电）。如果这台电动机外壳已接地，如图 10.31 所示，因为接地电阻 R_b 很小（几欧）而人体电阻 R_a 较大，且串联分得相电压远远小于对地阻抗 Z 上的电压，所以漏电设备对地短路电流绝大部分通过接地装置流经大地和电网对地阻抗 Z 形成回路，而流过人体的电流就相应减小，对人身的安全威胁也就大为降低。

2）工作接地

在 380V/220V 三相四线制供电系统中，变压器低压侧中性点的接地称为工作接地。接地后的中性点称为零点，中性线称为零线。

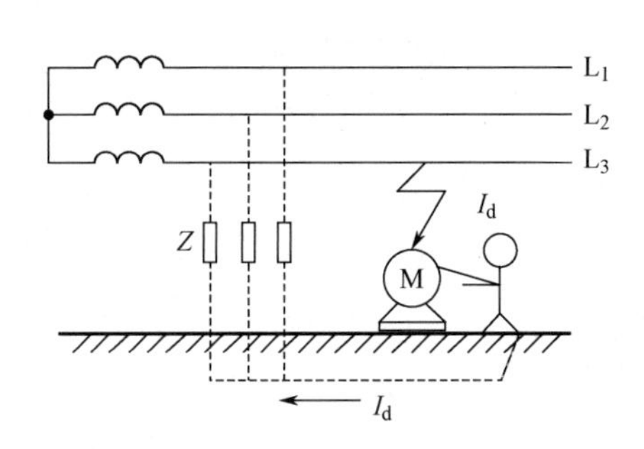

图 10.30　不接地的危险

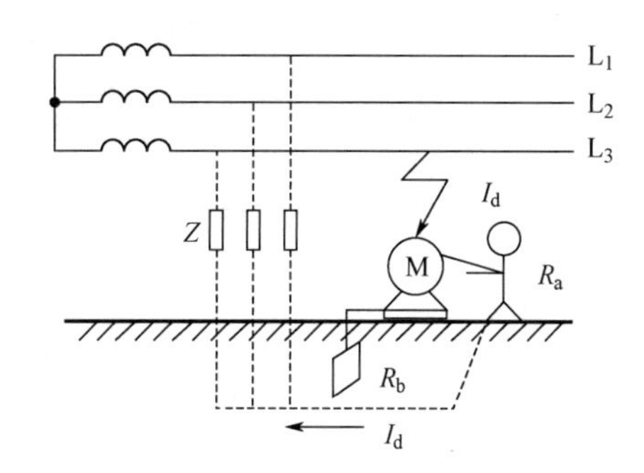

图 10.31　保护接地的原理图

如图 10.32 所示，在变压器中性点不直接接地的低压供电系统中，一台电动机的外壳已采用了接零措施，但如果中性点不接地，当某一相（L_3）相对地发生短路故障时，由于设备与地、人与地及接地点的接触电阻较大，加上土壤的电阻，使单相接地电流不是很大，电气设备仍可维持运行。但这个电流是通过设备和人体回到零线而形成回路的，对设备和人体都会有很大的危害。同时这个电流因较小不足以引起系统或支路的保护装置动作，故障可能长期存在。系统中所有接零设备对地的电压都将会升高到接近相电压，触电的可能性和危险性都很大。没有接地的两相电压升高而接近线电压，增加了触电危害。如果中性点采用了工作接地，如图 10.33 所示，上述危害将会减轻或消除。这时接地短路电流 I_N 主要通过接地点的接触电阻 R 和工作接地电阻 R_0 及土壤电阻形成回路，零线对地的电压（即所有接零设备外壳上的电压）为

$$U_0 \approx \frac{R_0}{R_0+R}U=\frac{4\Omega}{4\Omega+10\Omega}\cdot 220\text{V}=63\text{V}$$

式中，设接地电阻 R_0=4Ω，接触电阻 R=10Ω。接地电阻 R_0 尤为关键，其值越小，单相接地后零线的对地电压越小，这样对操作人员和设备越安全，对另外两相的电压影响也越小。

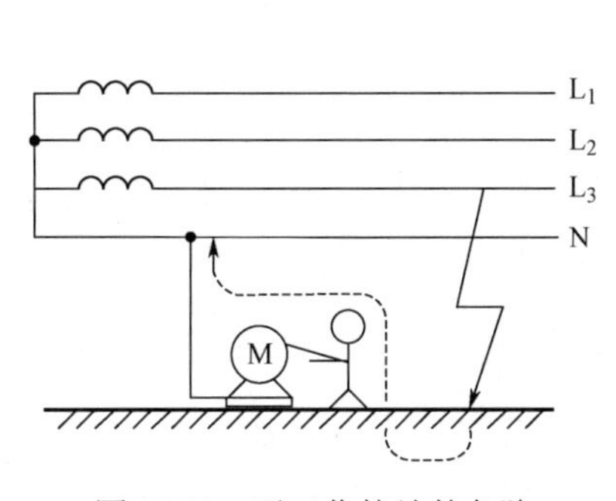

图 10.32　无工作接地的危险

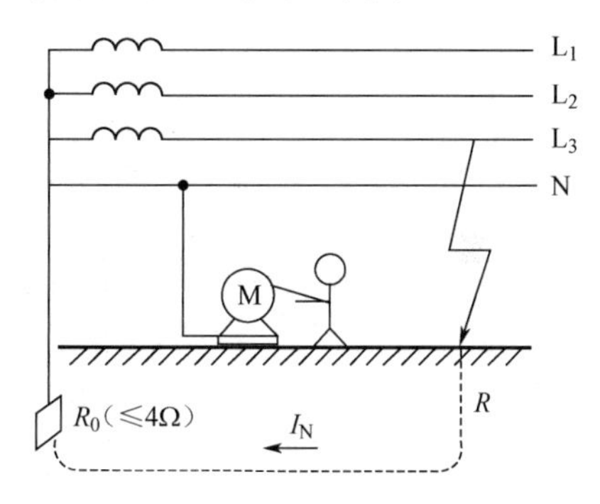

图 10.33　工作接地的原理图

此外，采用工作接地还可以降低高压窜入低压的危险性。如果没有设置工作接地，则当由于某种原因引起高压窜入低压后，将引起低压侧的电压增高，绝缘损坏导致发生更大的危害，如图 10.34 所示。

如果中性点进行了可靠接地，则当发生高压窜入低压的故障时，零线对地电压为

$$U_0=I_N R_0$$

同样，限制 R_0 可以使 U_0 维持在一个安全的范围内。根据规程，零线电压不得大于 120V，因此，R_0 应满足

$$R_0 \leqslant \frac{120\text{V}}{I_N}$$

对于不接地的高压电网，接地电流一般不大于 30A，因此，R_0 不大于 4Ω 可以满足要求。

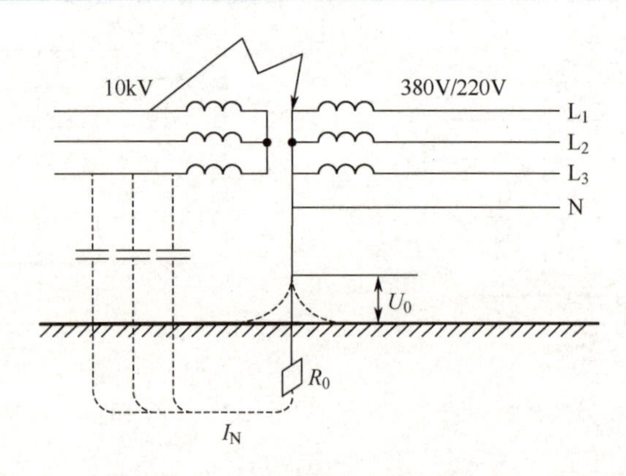

图 10.34 变压器中性点接地时高压窜入低压示意图

2. 接零

在 1000V 以下变压器中性点直接接地的系统中，一切电气设备的外壳在正常情况下不带电的金属部分与电网零线进行可靠连接，有效地起到了保护人身和设备安全的作用，称为接零。接零适用于变压器中性点直接接地的低压电网中。

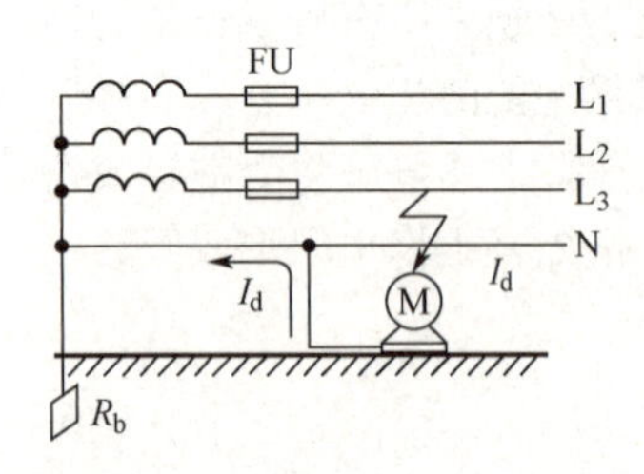

图 10.35 接零保护安全作用

如图 10.35 所示，当某一相绝缘损坏导致电源相线碰壳时，形成相线和零线的单相短路，短路电流总是超出正常工作电流很多倍的，能使线路上保护装置（如熔断器）迅速动作，切断电源，从而把事故点与电源断开，防止触电危险。

因此，在 380V/220V 三相四线制中性点直接接地的系统中，不论环境如何，凡因绝缘损坏而呈现对地电压的金属部分，都应接零。

3. 重复接地

将零线的一处或多处通过接地装置与大地再次连接称为重复接地。它是保护接零系统中不可缺少的安全技术措施，其安全作用表现在以下四个方面。

（1）降低漏电设备对地电压。当接零保护的设备发生碰壳时，保护电器要有 0.3～3s 的动作时间，此时设备外壳对地电压等于中性点对地电压和单相短路电流在零线中产生电压降的相量和。此电压比安全电压高得多，在此期间人仍有触电的危险性。如图 10.36 所示，如果在设备接零处再加一接地装置，就可以降低设备碰壳时的对地电压了。

（2）减轻零线断线的危险。如果接零保护的设备零线断了，此时又发生碰壳事故，则由于人体电阻比接地电阻 R_0 大很多，相电压几乎全部加在人体上，这是很危险的。如果重复接地（电阻为 R_c），则设备相电压被 R_c 和工作接地电阻 R_0 共同分担，此时的电压就小多了，如图 10.37 所示。

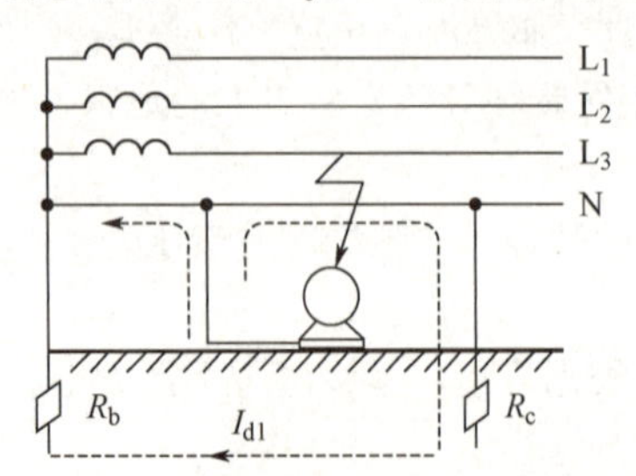

图 10.36 有重复接地降低漏电电压

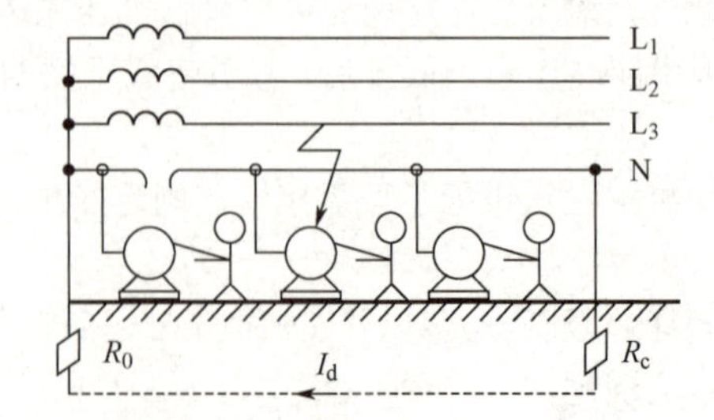

图 10.37 有重复接地零线断线的情况

（3）缩短事故持续时间。由于工作接地和重复接地构成零线并联分支，当发生短路时能增加短路电流，加速保护装置的动作速度，缩短事故持续时间。

（4）改善架空线路的防雷性能。架空线路上的重复接地对雷电流有分流作用，有利于限制雷电过电压。

4．电气系统保护措施的选用

（1）在变压器中性点不接地的三相四线制系统中，电气设备只能应用保护接地，不允许应用保护接零。

若采用保护接零，当系统中任意一相发生接地时，整个系统仍照常运行，但大地与接地线等电位，那么接在零线上的用电设备外壳对地电压降等于接地的相线从接地点到中性点的电压值，这是十分危险的。

（2）在变压器中性点直接接地（工作接地）系统中，电气设备只能应用保护接零，不能单独应用保护接地。

若单独采用保护接地，则接地电阻 R_b 与人体电阻 R_a 并联，所分得电压约为相电压的一半，人体有部分短路电流通过，不能很好地起到保护作用，如图 10.38 所示。

（3）在变压器中性点直接接地系统中不能一部分设备接零，另一部分设备接地，混用。

如图 10.39 所示，当保护接地设备 M_2 发生碰壳事故时，电流 I_d 通过 R_b 和 R_0 串联形成回路，因此电流 I_d 不会太大，这一电流一般不会使短路保护装置动作，漏电设备会长期带电，而且由于相电压 U_0 的存在，零线对地电压也为 110V，人若触及零线也会发生触电危险。

如果把 M_2 设备的外壳再同电网的零线连接起来，就能满足安全要求了。这时，M_1、M_2 设备同时采用接零，而 M_2 的接地成了系统的重复接地，对安全是有益无害的。

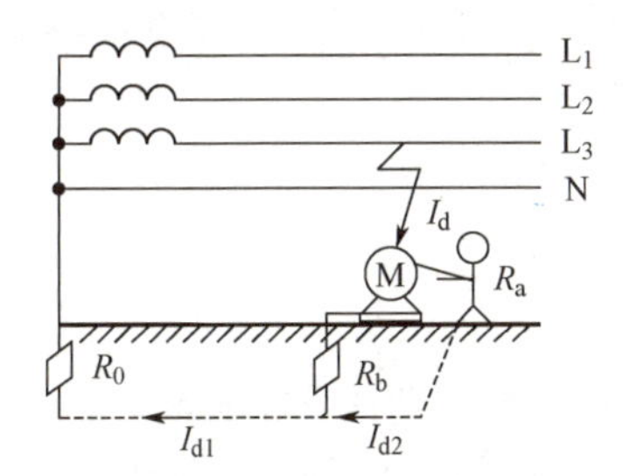

图 10.38　接地网中单纯接地保护的危险情况

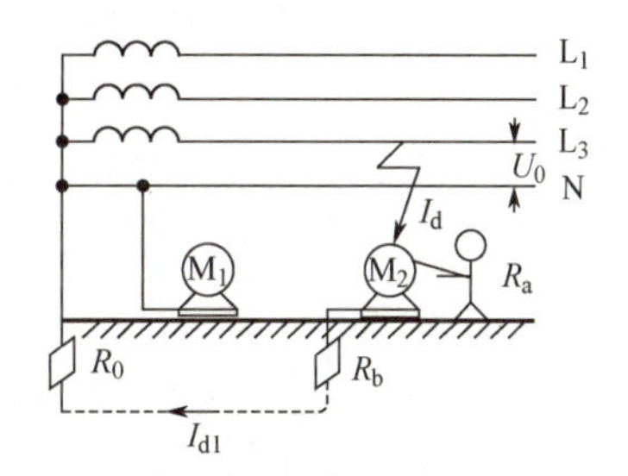

图 10.39　接地和接零混用的危险

（4）在保护零线的线路上，不允许装设开关或熔断器。

在三相四线制供电系统中，通常负载是不对称的，零线中有电流，因而零线对地电压不为零，距电源越远电压越高，但一般在安全值之下，无危险性。为确保设备外壳对地电压为零，专设保护零线 E，如图 10.40 所示。工作零线在进入建筑物入门处要接地，进门后再另设一保护零线，这样就成为三相五线制。所有的接零设备都要通过 3 孔插座（L、N、E）接到保护零线上。正常工作时，工作零线中有电流，保护零线中不应有电流。

（5）在采用保护接零系统中还要间隔一定距离及在终端进行重复接地。

5．自然接地体和人工接地体

凡是与大地有可靠接触的埋设在地下的金属管道（流经可燃或爆炸物质的除外）、钻管、自流井的插入管、建筑物及构筑物的钢筋混凝土基础中的钢筋和金属构架、直接埋设在地下的电缆金属外皮（铅外皮除外）等兼作接地体的都称为自然接地体。在条件许可时，应优先利用自然接地体，可以节省钢材、施工费，还

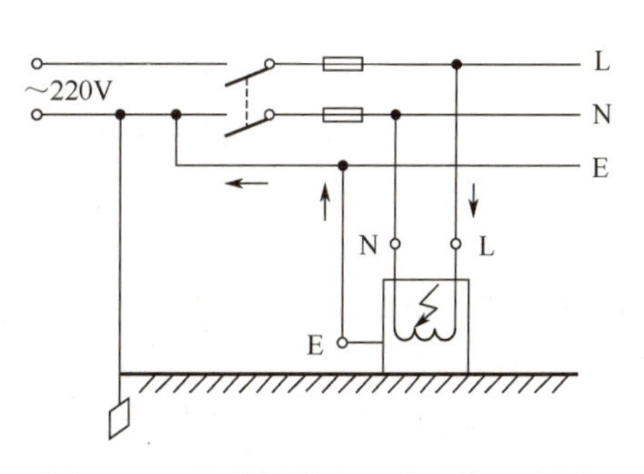

图 10.40　保护零线与工作零线示意图

可以降低接地电阻。当自然接地体不能满足条件时，把专门制作的钢管、角钢、扁钢、圆钢等按一定要求垂直埋设于地下（多岩石地区，可水平埋设），就构成了人工接地体。

10.5.5 静电防护及电气防雷防火防爆

1. 静电的危害及防护

在日常生活中，静电是一种常见的带电现象，静电产生于物体与物体的接触表面，液体与固体或固体与液体接触表面存在电离层，当接触面分离时，在各自表面产生过剩电荷即静电荷。静电荷通过摩擦起电、破断起电、感应起电等多种途径产生、积累、泄漏以至消失。

静电的危害和静电的特点联系在一起。从安全方面考虑，静电能量不大，但静电电压高，容易产生电晕放电，很可能发展成为火花放电。因此，当人体接近带电体时，就会受到意外的电击，给人体造成伤害。由静电放电火花引起的爆炸和火灾事故是静电最为严重的危害。防止静电危害的方法是多方面的，常见的防护措施有以下几种。

1）接地

接地是消除导体上静电的最简单的方法（但不能消除绝缘体上的静电）。理论上即使1MΩ 的接地电阻，静电仍很容易快速泄漏；在实际应用中，静电导体与大地间的总泄漏电阻在100Ω 以下即可。

2）静电中和

对于绝缘性物体宜用中和法消除静电，其原理是设法使带电体附近的空气电离，利用极性相反的电荷被吸向带电体而使静电中和。按照使空气电离方法的不同分为以下几种：感应式静电消除器、离子风中和器、外加电源式消电器、放射性中和器（利用放射性同位素的射线使空气电离）。

3）泄漏法

泄漏法就是降低绝缘性很强物体的绝缘程度，加快静电消除。增加空气湿度，湿度增加后可降低某些绝缘材料的表面电阻率，有利于静电的消除。

2. 雷电的危害及防护

雷电是一种自然现象，通常产生于较强对流的积雨云中。云中电荷的分布非常复杂，总体而言，云的上半部分以正电荷为主，下半部分以负电荷为主。因此，云层之间形成一个电位差。当电位差达到足以穿透中间的水汽的程度时，就会产生电离放电，即闪电。放电过程中，由于在电离通道中温度迅速升高，使水汽体积迅速膨胀，产生类似爆炸式反应及强烈的冲击波，导致发出巨大的轰鸣声，这就是人们看到和听到的电闪雷鸣。雷电分为直击雷、感应雷、球形雷和雷电侵入波等四种。

雷电的危害巨大，主要有以下几个方面。一是电磁性质的破坏。雷击的高压电破坏电气设备和导线的绝缘，在金属物体的间隙形成火花放电，引起爆炸，雷电入侵波侵入室内，危及设备和人身安全。二是机械性质的破坏。当雷电击中树木、电杆等物体时，造成被击物体的破坏和爆炸；雷击产生的冲击气浪也对附近的物体造成破坏。三是热性质的破坏。雷击时在极短的时间内释放出强大的热能，使金属熔化、树木烧焦、房屋及物资烧毁。四是跨步电压破坏。雷击电流通过接地装置或地面向周围土壤扩散，形成电压降，使该区域的人畜受到跨步电压的伤害。

雷电的防护是多方面的，常见的防护措施如下。

（1）防止直接雷击措施。直击雷防护是防止雷电直接击在建筑物、构筑物、电气网络或电气装置上。其主要措施是设法引导雷击时的雷电流按照预先安排好的通道泄入大地，从而避免雷电向被保护的建筑物放电。避雷，实际上就是引雷，一般采用避雷针、避雷带和避雷网作为避雷接闪器，再由接闪器、引下线和接地装置组成防止直击雷的防雷装置。

（2）要使建筑物本身和内部设备不受雷电损害最有效的办法之一就是，为建筑物设计一套完善的防雷方案，为了适应不同种类雷电的防护，必须采用接雷、均压、分流、屏蔽、接地等相关技术措施。有效利用建筑物内部主筋进行良好焊接组成网络，形成有效的屏蔽和等电位。

（3）采用浪涌保护器来保护供电线路免受雷电的干扰。我们经常遇见的低压线路受到雷电干扰形成浪涌瞬间高压，这种瞬间高压对电机、照明、弱电设备危害很大，根据现在防雷措施的要求，一般采用浪涌保护器进行保护。

（4）采用等电位连接可以有效防止雷电电流在导体中的相互流动，采用电磁屏蔽技术可有效防止雷电对弱电设备的伤害。

3. 电气火灾的危害及防护

电气火灾在火灾事故中占有很大的比例，往往导致重大人身事故，设备、线路和建筑物的重大破坏，还可能造成大规模长时间停电，给国家财产造成重大损失。

电气火灾的成因有很多，几乎所有的电气故障都可能导致电气着火。如设备材料选择不当，线路过载、短路或漏电，照明及电热设备故障，熔断器的烧断、接触不良，以及雷击、静电等，都可能引起高温、高热或者产生电弧、放电火花，从而引发火灾事故。

要预防电气火灾，需要针对电气线路、设备发生短路、过热的原因，采取预防性措施，以降低电气火灾发生的可能性，具体措施如下。

（1）实行三级配电两级保护的配电设置，即总箱、分箱、开关箱三级配电，总箱和开关箱必须分设短路过载保护和漏电保护。利用自动短路器，在线路或设备一旦出现短路或过载故障时及时切断电源，防止事故扩大。

（2）正确地选择导线型号规格，合理采用配线方式，依据机械强度、发热条件、电压损耗、绝缘等级等综合因素选择导线规格和型号，以满足安全用电的需求，杜绝电气火灾的发生。

（3）严格导线连接工艺，避免导线接触不良。导线连接不牢、接触不良、铜铝接头电解腐蚀，都会增大接触电阻，使接头处过热，甚至产生火花。

（4）防止电火花、电弧。电火花是指电极间击穿放电现象。电弧是大量火花汇集，电弧产生的温度可达 3000°C 以上，是火灾一大危险因素。在电气线路和设备施工运行过程中应严防事故火花，控制工作火花。

（5）改善散热条件，防止设备过热。保持设备运行中发热和散热平衡，防止设备过热引起的火灾；保持设备具有良好的散热环境和散热条件，采用强制通风，提高热对流；增加散热板面积，提高热辐射能力；扩大设备间距，提高散热效果。

（6）易引起火灾的场所，应注意加强防火，配置防火器材。

4. 电气爆炸的危害及防护

由电气引发爆炸的原因有很多，危害极大，主要发生在含有易燃、易爆气体、粉尘的场所。当空气中汽油的含量比达到 1%~6%，乙炔达到 1.5%~82%，液化石油气达到 3.5%~16.5%，家用管道煤气达到 5%~30%，氢气达到 4%~80%，氨气达到 15%~28%时，如果遇到电火花或高温、高热，就会引发爆炸。各种纺织纤维粉尘、碾米厂的粉尘，达到一定浓度也会引起爆炸。

为了防止电气爆炸的发生，在有易燃、易爆气体、粉尘的场所，应合理选用防爆电气设备，正确敷设电气线路，保持场所良好通风；应保证电气设备的正常运行，防止短路、过载；应安装自动断电保护装置，对危险性大的设备应安装在危险区域外；防爆场所一定要选用防爆电机等防爆设备，使用便携式电气设备应特别注意安全；电源应采用三相五线制与单相三线制线路，线路接头采用熔焊或钎焊等连接固定。

拓展阅读：电气设备防雷击措施

10.6 应用案例

电力系统是由发电厂、送变电线路、供配电所和用电等环节组成的电能产生与消费系统。发电厂按照所利用的能源种类可分为水力、火力、核能、风力、太阳能、沼气、潮汐等多种。现在世界各国建造得较多的主要是水力发电厂和火力发电厂。近些年来，随着环保意识的增强，国家对大批小型火力发电厂实行了关、停和撤除等措施，并大力倡导发展清洁能源，如风电等。

视频——认识电力系统

各种发电厂中的发电机几乎都是三相同步发电机，它也分为定子和转子两个基本组成部分。定子由机座、铁芯和三相绕组等组成，与三相异步电动机基本一样。同步发电机的定子常称为电枢，同步发电机的转子是磁极，有显极和隐极两种。显极式转子具有凸出的磁极，显而易见，励磁绕组绕在磁极上，如图 10.41 所示。隐极式转子呈圆柱状，励磁绕组分布在转子大半个表面的槽中，如图 10.42 所示。和同步电动机一样，励磁电流也是经电刷和滑环流入励磁绕组的。目前已采用半导体励磁系统，即同步发电机的励磁电流由交流励磁机经整流器整流后供给励磁使用。

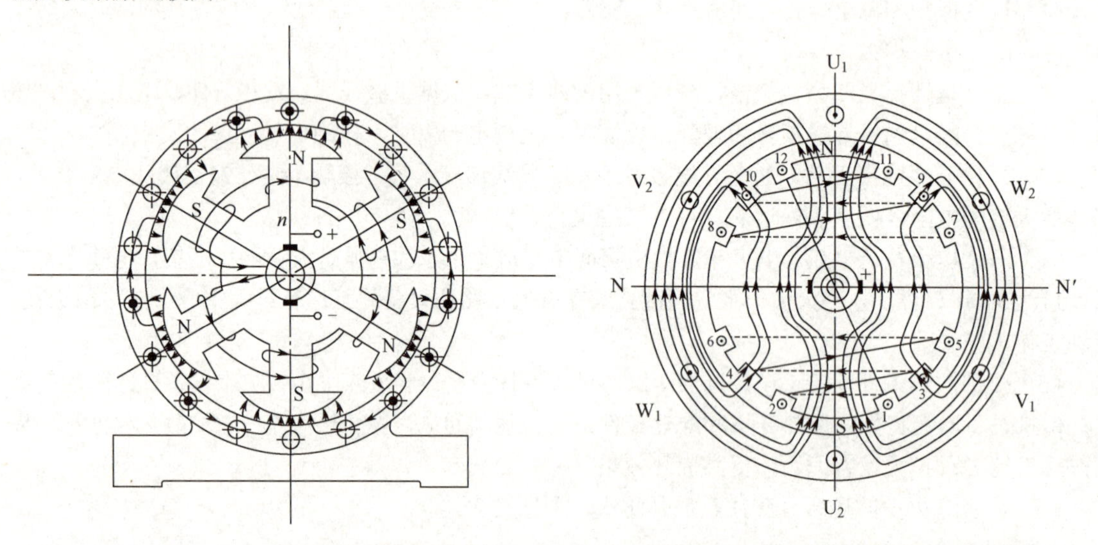

图 10.41　显极式同步发电机示意图

图 10.42　隐极式同步发电机示意图

显极式同步发电机的结构较为简单，但是机械强度较低，适用于低速（通常 n 为 1000 r/min 以下）状况。水轮发电机（原动机为水轮机）和柴油发电机（原动机为柴油机）皆为显极式的。例如，安装在三峡电站的国产 700MW 水轮发电机的转速为 75r/min（极数为 80），其单机容量是目前世界上最大的。隐极式同步发电机的制造工艺较为复杂，但是机械强度较高，适用于高速（n 为 3000r/min 或 1500r/min）状况。汽轮发电机（原动机为汽轮机）多半是隐极式的，目前汽轮发电机的单机容量已超过 1000 MW，国产三相同步发电机的标准额定电压有 400/230 V 和 3.15 kV、6.3kV、10.5 kV、13.8 kV、15.75 kV、18 kV、20 kV、22 kV、24 kV、26 kV 等多种。

大中型发电厂大多建在产煤地区或水力资源丰富的地区附近，距离用电地区往往是几十千米、几百千米乃至一千千米以上。所以，发电厂生产的电能要用高压输电线输送到用电地区，然后再降压分配给各用户。电能从发电厂传输到用户要通过导线系统，这个系统称为电力网。

现在常常将同一地区的各种发电厂联合起来组成一个强大的电力系统，可以提高各发电厂的设备利用率，合理调配各发电厂的负载，以提高可靠性和经济性。

送电距离越远，要求输电线的电压越高。我国国家标准中规定输电线的额定电压为 35 kV、110 kV、220 kV、330 kV、500 kV、750 kV、1000 kV 等。图 10.43 所示为输电线路的示例。

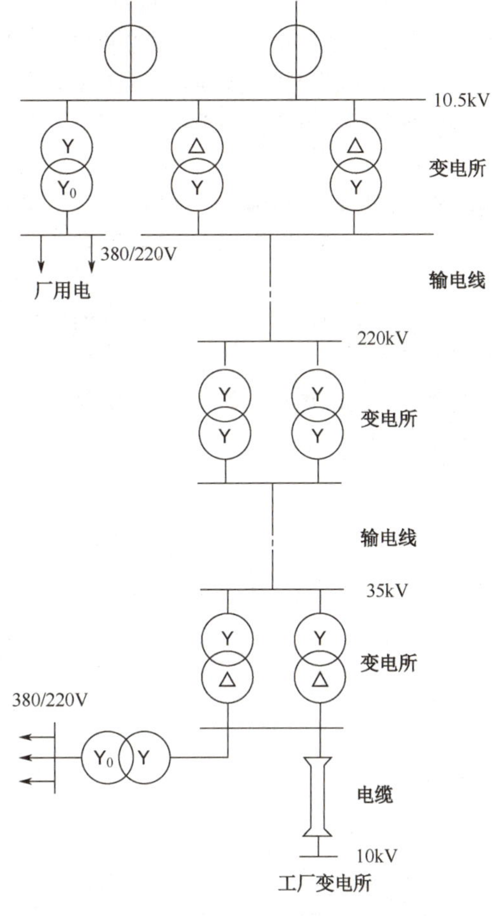

图 10.43　输电线路的示例

除交流输电外，还有直流输电，其结构原理如图 10.44 所示。整流将交流变换为直流，逆变则反之。

直流输电的能耗较小，无线电干扰较小，输电线路造价也较低，但逆变和整流部分较为复杂。从三峡到华东地区和华南地区已建有 50×10^4V 的直流输电线路。

拓展阅读：
北京冬奥会场馆电力系统

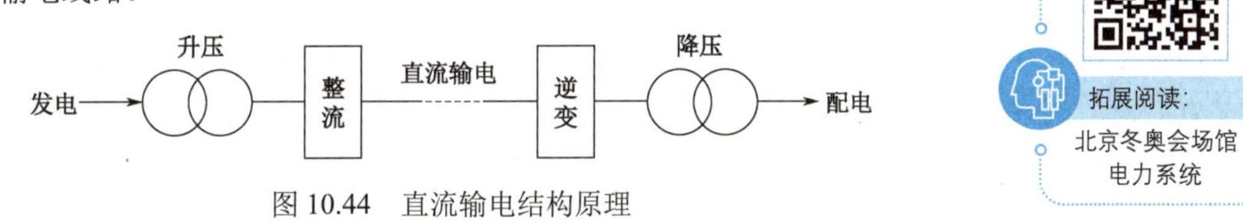

图 10.44　直流输电结构原理

思考题与习题 10

题 10.1　电工测量仪表有哪些分类？

题 10.2　某电流表的量程为 1mA，通过检定知其修正值为-0.02mA，用该电流表测量某一电流，示值为 0.91mA，问被测电流的实际值和测量中存在的绝对误差各为多少？

题 10.3　仪表的准确度有哪几个等级，等级是用什么误差来划分的？

题 10.4　电源电压的实际值为 220V，现用准确度为 1.5 级、满标值为 250V 和准确度为 1.0 级、满标值 500V 的两个电压表去测量，试问哪个读数比较准确？

题 10.5　用准确度为 2.5 级、满标值为 250V 的电压表去测量 110V 的电压，试问相对测量误差为多少？如果允许的相对测量误差不应超过 5%，试确定这只电压表适宜测量的最小电压值。

题 10.6　用一量程为 100V 的电压表测量一负载电压，当读数为 40V 时的最大相对误差为 ± 2.5%，则电压表的准确度为多少？

题 10.7　有一个毫安表的内阻为10Ω，满标值为 10mA。（1）如果把它改装成满标值为 250V 的电压表，问必须串联多大的电阻？（2）如果把它改装成满标值为 200mA 的电流表，问必须并联多大的电阻？

题 10.8　图 10.45 所示为一电阻分压电路，用一内阻 R_V 分别为 25kΩ、50kΩ、500kΩ 的电压表测量时，其读数各为多少？由此得出什么结论？

题 10.9　图 10.46 所示为测量电压的电位计电路，其中 $R_1+R_2=50\Omega$，$R_3=44\Omega$，$E=3V$。当调节滑动触点使电流表中无电流通过时，试求被测电压 U_x 的值。

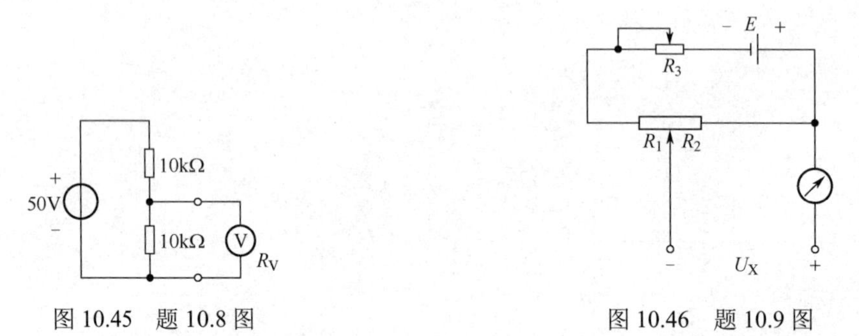

图 10.45　题 10.8 图　　　图 10.46　题 10.9 图

题 10.10　图 10.47 所示是万用表中的直流毫安挡电路。表头内阻 $R_0=10\Omega$，满标值电流 $I_0=0.1mA$。现欲使其量程扩大为 1mA、10mA 及 100mA，试求分流器电阻 R_1、R_2 及 R_3。

题 10.11　某一单相交流负载，其额定电压 $U_N=220V$，工作电流为 4～6A，现有一块电动式功率表满刻度为 150 格，额定电流为 5A、7A，额定电压为 75V、150V、300V，额定功率因数 $\lambda_N=0.5$。（1）确定所采用的电压，电流量程，并计算出刻度每格所表示的功率值。（2）若功率表接法正确，其读数为 25 格，则该负载的功率为多少？

题 10.12　现在市场上出售的单相电能表有 2.5A、3A、5A 和 10A 等规格，有两个用户，其中一用户家里装有 25W 和 40W 白炽灯各一盏；另一用户家里电器较多，其总的视在功率为 800V•A，问应选何种规格的电能表？都选 10A 的电能表可以么？为什么？

题 10.13　图 10.48 所示是用伏安法测量电阻 R 的两种电路。因为电流表有内阻 R_A，电压表有内阻 R_V，所以两种测量方法都将引入误差。试分析它们的误差，并讨论这两种方法的适用条件。（即适用于测量阻值大一点的还是小一点的电阻，可以减小误差。）

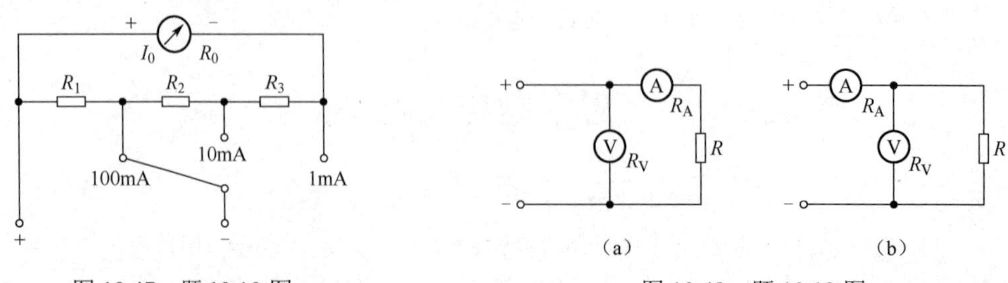

图 10.47　题 10.10 图　　　图 10.48　题 10.13 图

题 10.14　兆欧表的额定电压应如何选择？

题 10.15　什么情况下可能发生触电？如何防止触电事故的发生？一旦发生触电如何处理？

题 10.16　为什么鸟停在一根高压裸电线上不会触电，而站在地上的人碰到 220V 的单根电线却有触电危险？

题 10.17　为什么开关一定要接在相线（火线）上？

题 10.18　为什么在中性点接地的系统中不采用保护接地？

题 10.19　通常家用电器（如电冰箱等）大多数使用单相交流电，为什么多采用三脚插头？国家标准规定，单相电源插座左边插孔为零线右边插孔为相线（火线）即左零右相，如果接反了会有什么后果？

题 10.20　图 10.49 所示为保护接地和保护接零混用的接线，其中设备 A 的金属外壳接地，设备 B 的金属外壳接零。设工作接地的接地电阻 R_N 和设备 A 的接地电阻 R_A 相等，问当设备 A 的金属外壳碰到某相线时，设备 B 对地电压是多少？从计算结果中可以得出什么结论？

题 10.21　图 10.50 中零线上的熔丝烧断，洗衣机开关接通后，金属外壳对地的电压是多少？这种接法符合安全用电的要求么？

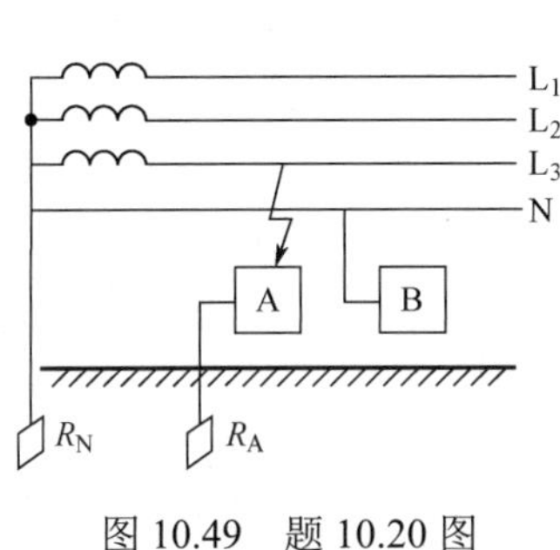

图 10.49　题 10.20 图

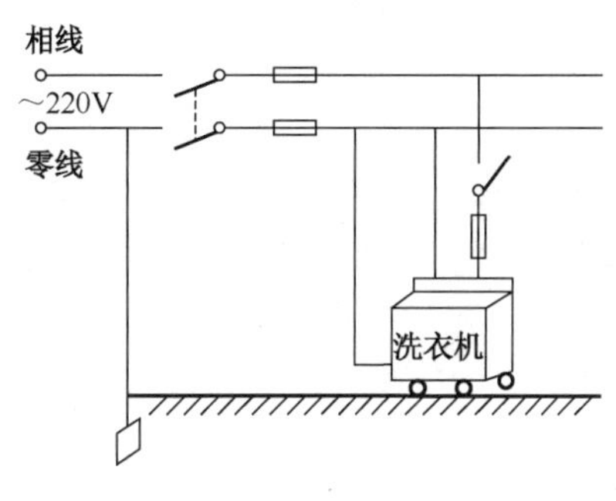

图 10.50　题 10.21 图

题 10.22　试判断图 10.51 中三个三眼插座接线图中哪一个正确？

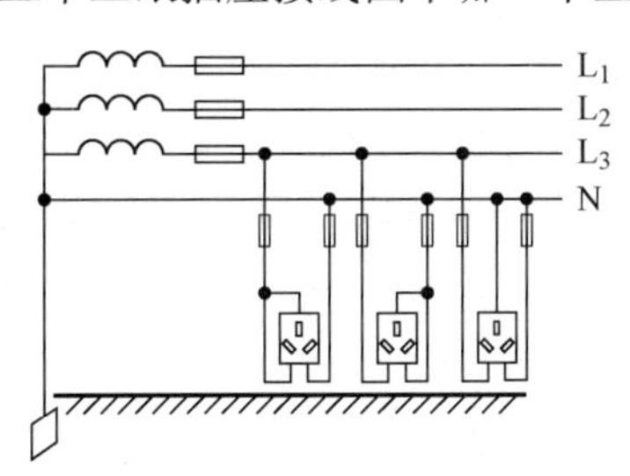

图 10.51　题 10.22 图

参考文献

[1] 王贵峰，朱呈祥. 电力电子与电气传动[M]. 西安：西安电子科技大学出版社，2020.
[2] 秦曾煌，姜三勇. 电工学 [M]. 7 版. 北京：高等教育出版社，2009.
[3] 王英. 电工技术基础（电工学）[M]. 北京：机械工业出版社，2015.
[4] 顾榕，童美松. 电工学原理[M]. 北京：电子工业出版社，2014.
[5] 汪建，刘大伟. 电路原理（上册）[M]. 北京：清华大学出版社，2020.
[6] 王勤，刘海春，翁晓光. 电工技术[M]. 北京：科学出版社，2020.
[7] 吴青萍，沈凯. 电路基础[M]. 北京：北京理工大学出版社，2019.
[8] 史仪凯. 电工技术[M]. 北京：高等教育出版社，2021.
[9] 托马斯・L・弗洛伊德. 电路基础[M]. 北京：机械工业出版社，2018.
[10] 林孔元，王萍等. 电气工程学概论[M]. 北京：高等教育出版社，2019.1
[11] Allan R. Hambley. 电工学原理与应用[M]. 北京：电子工业出版社，2021.
[12] 高玉良. 电工与电子技术[M]. 北京：高等教育出版社，2019.
[13] 秦曾煌. 电工学（上册）：电工技术 [M]. 北京：高等教育出版社，2004.
[14] 潘孟春，张玘，单庆晓. 电力电子与电气传动 [M]. 2 版. 长沙：国防科技大学出版社，2009.
[15] 程继航，李正魁. 电工电子技术基础[M]. 北京：电子工业出版社，2016.
[16] Stephen D.Umans. 电机学[M]. 7 版. 北京：电子工业出版社，2021.
[17] 彭鸿才，边春元. 电机原理及拖动[M]. 3 版. 北京：机械工业出版社，2015.
[18] 高大威. 汽车驱动电机原理与控制[M]. 北京：清华大学出版社，2022.
[19] 舒长胜，孟庆德. 舰炮武器系统应用工程基础[M]. 北京：国防工业出版社，2014.
[20] 王震坡，孙逢春，刘鹏. 电动汽车原理与应用技术[M]. 北京：机械工业出版社，2016.
[21] 苏少平，高琳，杜锦华等.电机学[M]. 北京：机械工业出版社，2021.
[22] 杜明星，黄孙，信建国等.电机与拖动[M]. 天津：天津大学出版社，2022.
[23] 吴硕. 电机拖动与控制技术[M]. 沈阳：东北大学出版社，2022.
[24] 杨耕，罗应立. 电机原理与电力拖动系统[M]. 北京：机械工业出版社，2022.
[25] 李坤，刘辉. 电机与电气控制技术[M]. 2 版. 北京：北京理工大学出版社，2022.
[26] 王森，张爱军，吕宗枢. 电机学[M]. 2 版. 北京：高等教育出版社，2022.
[27] 戈宝军. 电机学[M]. 北京：高等教育出版社，2020.
[28] William H.Hayt, Jr.Jack E.Kemmerly, Jamie D.Philips, Steven M.Durbin.工程电路分析[M]. 9 版. 北京：电子工业出版社，2021.